版权声明

THE NEW DICTIONARY OF KLEINIAN THOUGHT by ELIZABETH BOTT SPILLIUS (AUTHOR), JANE MILTON (AUTHOR), PENELOPE GARVEY (AUTHOR), CYRIL COUVE (AUTHOR), DEBORAH STEINER (AUTHOR)

Copyright © 2011 The Melanie Klein Trust and Robert Hinshelwood

This edition arranged with The Marsh Agency Ltd., through BIG APPLE AGENCY, LABUAN, MALAYSIA. Simplified Chinese edition copyright © 2025 by China Light Industry Press Ltd. / Beijing Multi-Million New Era Culture and Media Company, Ltd., All rights reserved.

保留所有权利。非经中国轻工业出版社"万千心理"书面授权，任何人不得以任何方式（包括但不限于电子、机械、手工或其他尚未被发明或应用的技术手段）复印、拍照、扫描、录音、朗读、存储、发表本书中任何部分或本书全部内容（包括但不限于光盘、音频、视频等）。中国轻工业出版社"万千心理"未授权任何机构提供源自本书内容的电子文件阅览、收听或下载服务。如有此类非法行为，查实必究。

The New Dictionary of Kleinian Thought

克莱因学派思想新辞典

[英]
伊丽莎白·博特·斯皮利厄斯（Elizabeth Bott Spillius）
简·米尔顿（Jane Milton）
佩妮洛普·加维（Penelope Garvey）
西里尔·库弗（Cyril Couve）
德博拉·斯坦纳（Deborah Steiner）

著

胡芸 土惠莹 徐丽 等 译
姜启壮 王应婴 杨颖 审校

中国轻工业出版社

图书在版编目(CIP)数据

克莱因学派思想新辞典/(英)伊丽莎白·博特·斯皮利厄斯(Elizabeth Bott Spillius)等著；胡芸等译.--北京：中国轻工业出版社，2025.2. -- ISBN 978-7-5184-4841-8

Ⅰ.B84-065

中国国家版本馆CIP数据核字第2024CG4690号

责任编辑：刘　雅　　　　　　责任终审：张乃柬
策划编辑：刘　雅　阎　兰　　责任校对：刘志颖　　　责任监印：吴维斌

出版发行：中国轻工业出版社（北京鲁谷东街5号，邮编：100040）
印　　刷：三河市鑫金马印装有限公司
经　　销：各地新华书店
版　　次：2025年2月第1版第1次印刷
开　　本：710×1000　1/16　印张：38.5
字　　数：580千字
书　　号：ISBN 978-7-5184-4841-8　定价：178.00元
读者热线：010-65181109
发行电话：010-85119832　010-85119912
网　　址：http://www.chlip.com.cn　http://www.wqedu.com
电子信箱：1012305542@qq.com
版权所有　侵权必究
如发现图书残缺请拨打读者热线联系调换

220048Y2X101ZYW

The New Dictionary of Kleinian Thought

克莱因学派思想新辞典

[英]
伊丽莎白·博特·斯皮利厄斯（Elizabeth Bott Spillius）
简·米尔顿（Jane Milton）
佩妮洛普·加维（Penelope Garvey）
西里尔·库弗（Cyril Couve）
德博拉·斯坦纳（Deborah Steiner）
著

陈 举　郭 为　胡 芸
王惠莹　肖 军　徐 丽　译
于丽丽　赵燕青　朱明珍
（按姓氏拼音排序）

姜启壮　王应婴　杨 颖　审校

中国轻工业出版社

译 者 序

《克莱因学派思想新辞典》(*The New Dictionary of Kleinian Thought*)，更像是一本翔实的关于克莱因学派重要思想、概念的文献综述与索引。很难找到一本书如此全面、系统地提炼和阐述了克莱因学派重要概念与思想的界定，以及它们的提出、发展、演变的进程和内在动力。本书包含12个主要条目和154个一般条目。主要条目全部按照概念的定义，主要历史性文献，弗洛伊德的历史贡献与发展，对克莱因的继承、发展与演变，以及克莱因的后继者的主要发展来呈现。

《克莱因学派思想新辞典》，之所以是"新"，是相对于R.D.欣谢尔伍德（R. D. Hinshelwood）所著的《克莱因学派思想辞典》(*A Dictionary of Kleinian Thought*)的第一版（1989）和第二版（1991）而言。伊丽莎白·斯皮利厄斯（Elizabeth Spillius）受欣谢尔伍德以及克莱因基金会委托，与其他几位精神分析师编撰了新版，旨在将不断发展的克莱因学派思想、概念纳入其中。

精神分析的活力一部分在于治疗师和精神分析师基于自己时代的临床实践不断创造出新的理论与概念，并拓展和改变已有概念的内涵与外延。但这既是活力，也带来混淆。如同提到弗洛伊德很多重要概念，都需要追问这是弗洛伊德哪一时期的概念与思想。本书的妙处在于，在克莱因学派思想所涉及的这些重要概念、思想中，它们都清晰地展示了弗洛伊德、克莱因及其后继者在不同时期的演变与发展，读者可以清楚地看见演变的过程和内在动力。无疑，所有对克莱因学派思想感兴趣的同行都可以从本书中受益，厘清自己思考的坐标。不仅如此，其他流派的同行也可以在与这本书的对话中，借着阅读克莱因学派的思想，更清晰地看见相同与差异，这些都将拓展思考的空间。思想的交流与碰撞，既带来包罗万象，也带来自在笃行。

正是基于这本书的重要性，在四川和光临床心理学研究院（下文简称"和光")的克莱因学派翻译团队讨论书籍翻译的选择时，胡芸第一时间推荐了本书，并在随后作为牵头人，邀约了和光翻译团队中的八位同事，组建了以徐丽、王惠莹和胡芸为组长，陈举、郭为、肖军、于丽丽、赵燕青、朱明珍为组员的翻译团队。所有译者都是近些年不断学习和思考克莱因学派的理论并且将之运用于临床工作的咨询师。对于作为工具书的辞典进行翻译，必然需要用词的精准、遣词造句的严谨。这么多人参与，仅风格和术语的统一，都是非常大的工作量。翻译团队也在翻译之后，不断进行相互校对，并邀约了姜启壮、王应婴和杨颖对本辞典的不同章节进行审校。姜启壮也作为总审校，既整体上统一各类概念，又在细微处调整用词。尽管如此，谬误、不精准之处依然在所难免。

专业书籍的翻译既是引入学术研究和促进专业发展的有利路径，也是译者与作者的深层对话。他山之石，可以攻玉。和光始终致力于在中国文化、社会背景下深耕临床实践与理论思考，同时成立了专业的翻译团队，通过翻译来引进优秀、富有影响力的专业书籍，吸收国外专业领域优秀同行、先行者的思想，促进我们自身的反思、整合与发展。

行文至此，我查阅了我们的第一次翻译小组会议记录，时间为2021年2月24日。3年多时间已经悄然过去，本书也将迎来与读者的见面。我们非常高兴，并期待这本凝聚了大量心血的翻译之作能够给读者带来阅读和思考的乐趣，同时也充满忐忑。作为一本辞典的译者，我们深知其中尚有许多不足，期待读者的反馈与指正。同时，本书得以出版，也要感谢中国轻工业出版社万千心理对于翻译出版专业书籍的坚持与付出。本书的编辑刘雅女士付出了大量的时间、精力，做出诸多贡献。在翻译和校对的过程中，有很多术语翻译的讨论与确定，也得到了很多优秀同行的支持，在这里一并感谢。

胡芸 姜启壮

内容与作者简介

《克莱因学派思想新辞典》(*The New Dictionary of Kleinian Thought*)提供了对克莱因学派思想全面且完全可理解的阐述。本书全面更新了R.D.欣谢尔伍德（R. D. Hinshelwood）备受赞誉的原著，借鉴了自其出版以来克莱因学派理论和实践领域的许多发展。

这本书首先在根据历史和主题组织的学术论文中，解决了克莱因学派精神分析思想的12个主要条目。讨论的主题包括：无意识幻想、儿童分析、内部客体、偏执-分裂心位、抑郁心位、俄狄浦斯情结、投射性认同、超我、嫉毁、象征形成、病理性组织和技术。

在此之后，一般条目按字母顺序列出，让读者可以了解特定主题——从"卡尔·亚伯拉罕"到"整体客体"，并根据需要进行深入研究。因此，本书将成为精神分析师、心理治疗师以及所有对克莱因学派思想感兴趣的人的必备读物。

伊丽莎白·博特·斯皮利厄斯（Elizabeth Bott Spillius）：最初的学术背景是人类学，她是英国精神分析研究所的培训分析师和英国精神分析学会（British Psychoanalytical Society）的杰出研究员。

简·米尔顿（Jane Milton）：精神分析研究所的研究员和培训分析师。在成为全职精神分析从业者之前，她曾在塔维斯托克诊所担任心理治疗师。

佩妮洛普·加维（Penelope Garvey）：精神分析研究所的研究员和培训分析师。她从事私人精神分析工作，并在普利茅斯的国家医疗服务体系（National Health Service, NHS）中担任临床心理学家和心理治疗师。

西里尔·库弗（Cyril Couve）：英国精神分析学会的会员，是一名全职私人执业的精神分析师。他曾是塔维斯托克诊所的顾问临床心理学家。

德博拉·斯坦纳（Deborah Steiner）：英国精神分析学会的会员。她拥有成人、儿童和青少年精神分析方面的资格，曾担任英国国家医疗服务体系高级职位。

前　言

R.D.欣谢尔伍德所著的《克莱因学派思想辞典》(*A Dictionary of Kleinian Thought*, 1989, 1991；后文简称《辞典》)已被证明是了解克莱因学派理论和实践极其宝贵的资料来源，被译成至少七种语言，广泛受到学生和分析师们评论、引用和使用。自1991年版出版以来，当代克莱因学派思想和著作不断扩展，这让鲍勃·欣谢尔伍德（即R.D.欣谢尔伍德）意识到需要再出一个新版本。在完成了创作两个原始版本的艰巨任务后，他向伊丽莎白·斯皮利厄斯和梅兰妮·克莱因信托基金解释说，他很难承担进一步的工作，信托基金表示同意支持这一项目。

2003年，在伊丽莎白·斯皮利厄斯的主持和参与下成立了一个小组，成员还包括佩妮洛普·加维、简·米尔顿、西里尔·库弗和德博拉·斯坦纳。我们最初的设想是，我们的工作只是更新一些条目的中小型任务。然而，我们很快发现，"更新"并不能简单地移植到"原作"上。在很多情况下，发展似乎导致了对原始概念的修改，而这些修改需要纳入定义中。一些概念已不再那么重要了；而另一些概念则得到了发展和完善。这意味着比我们预想的要多得多的工作和讨论。总的来说，我们认为我们的讨论以及随后对词条的修改使我们得到了一套令人满意的详尽定义，但我们也意识到，我们的定义在很大程度上缺乏鲍勃最初措辞的自发性。此外，新辞典的"风格"也不如原始版本那么一致，因为我们每个人都按照自己的方式写作。

在为这本新版辞典的出版而努力奋斗的过程中，我们发现自己不断为鲍勃当初编写《辞典》时所表现出的创造力感到震惊。这个项目最初的灵感来自鲍勃·欣谢尔伍德的出版商罗伯特·扬（Robert Young）的一个想法，鲍勃以极大的天赋和勤奋接受并发展了这个想法。作为一个由五人组成的团队，我们完全了解他一个人所做的大量工作。

克莱因学派的概念通常涉及人类心灵中非常原始的元素。它们有时似乎远离常识，就像亚原子物理学中那些难以把握的粒子，而有时它们却能让人立即感觉到直觉上的意义。然而，书面文字很难传递出对概念的真正理解，读者需要通过探究自己和他人的心灵来进一步理解这些概念。克莱因的概念与精神分析的临床基础特别密切相关——在很大程度上，克莱因的理论是临床理论，它非常重视主观体验。克莱因的基础始终是病人在材料中所表现出的心理内容，几乎没有一篇克莱因的论文没有大量临床材料来支持其论点。克莱因，治疗室里如此杰出的一位观察者，在1926年到1946年之间的特殊争论里，当她感到自己的观点受到争议时，她总是会依靠这种力量来论证自己的观点。

克莱因进入职业生涯和精神分析的时间相对较晚，没有医学或教学等背景；但她拥有一种新的临床技术，这种技术使她能够触及成人和儿童心灵中比迄今为止所探索到的更原始的层面。她为自己的儿童游戏技术所带来的力量而激动不已，并热衷于展示它的有用性。但是，她的技术的新颖性和威力并没有给她带来她所寻求的安全地位，相反：她的非凡成果在某种程度上使她成为正统精神分析界中一个尴尬和离经叛道的成员。克莱因学派的精神分析最初（现在也是）饱受争议——常常是痛苦而尖锐的争论，要么被热情接受，要么被憎恨，甚至被禁止。这或许反映了克莱因学派精神分析所处理的材料——被爱与毁灭的激情所困扰的婴儿般的和精神错乱的心灵。

在处理克莱因的大量作品及其同事和后继者作品日益发展的过程中，我们沿用了鲍勃·欣谢尔伍德将条目划分为"主要条目"和"一般条目"的做法。主要条目部分尽可能按时间顺序排列，涵盖了我们现在认为的克莱因的基本概念，这些概念最终源自弗洛伊德，而由克莱因进一步发展，并由她的继任者加以阐述。这些包括：无意识幻想、儿童分析、内部客体、偏执-分裂心位、抑郁心位、俄狄浦斯情结、投射性认同、超我、嫉毁、象征形成和病理性组织，以及最后的技术。

辞典的第二部分，即一般条目部分，按字母顺序排列[1]，涵盖了为精神分析

---

[1] 涉及人名部分，优先按照其姓氏的字母排序，比如"Karl Abraham"优先按姓氏"Abraham"。——译者注

思维提供基石的无数概念。它们都与概念矩阵交叉引用，读者可以根据自己的兴趣进行选择。与旧版《辞典》相比，我们对"主要"和"一般"条目下的内容做了一些改动，一方面是为了尽可能避免重复，另一方面是为了突出我们认为对克莱因特别重要的主题（"儿童分析"）或在过去20年中变得越来越重要的主题（"病理性组织""象征形成"）。

克莱因对"焦虑"概念的根本性关注与"防御机制"概念一样，本应成为一个主要条目，但我们认为这些概念是如此庞大和多样，与许多其他概念的定义密切相关，因此我们继续采用鲍勃的做法来处理它们，以避免重复。例如，"焦虑"在至少七个其他词条的定义中处于核心地位："防御机制""抑郁性焦虑""内疚""不可名状的恐惧""对抑郁性焦虑的偏执防御""迫害"和"恐惧症"。同样，"主要"和"一般"的许多条目也讨论了"防御"条目的内容。

我们决定保留鲍勃·欣谢尔伍德在前几版中煞费苦心提供的截至1989年的克莱因学派出版物综合参考书目。不过，我们没有尝试继续收录1989年之后的书目，因为我们认为，随着后克莱因时代作品的蓬勃发展，这将会占据太多的篇幅。

我们非常感谢鲍勃·欣谢尔伍德富有想象力地创作了《辞典》，并慷慨且无条件地将新版的任务交给我们。我们希望他的众多满怀感激的忠实读者们能够原谅我们不可避免地在这部作品上留下我们自己的印记，我们也希望他们会发现，这部作品对得起并尊重了他最初的设想。

伊丽莎白·博特·斯皮利厄斯（Elizabeth Bott Spillius）

简·米尔顿（Jane Milton）

佩妮洛普·加维（Penelope Garvey）

西里尔·库弗（Cyril Couve）

德博拉·斯坦纳（Deborah Steiner）

参 考 文 献

Hinshelwood, R. D. (1989) *A Dictionary of Kleinian Thought*. London: Free Association Books.

Hinshelwood, R. D. (1991) *A Dictionary of Kleinian Thought* (2nd edition, revised and enlarged). London: Free Association Books.

致　　谢

首先，感谢鲍勃·欣谢尔伍德最初编写的辞典，并慷慨地允许我们进行这次重大修订。非常感谢梅兰妮·克莱因信托基金，是他们将这项工作委托给我们，并耐心地支持我们完成这项耗时比预期要长得多的工作。

我们要感谢许多人在我们工作期间给予的支持和建议。伊丽莎白·斯皮利厄斯是我们睿智的精神分析前辈和协调人。在多次会议上，她热情地招待了我们。我们在会上就各自的条目"互帮互助"，并讨论和辩论了克莱因理论的方方面面。当需要进一步的建议时，我们向同事们请教，请他们在自己擅长的领域提供帮助，我们非常感谢他们。他们是戴维·贝尔（David Bell）、迈克尔·费尔德曼（Michael Feldman）、阿尔贝托·哈恩（Alberto Hahn）、克里斯·莫森（Chris Mawson）、迈克尔·拉斯坦（Michael Rustin）、安妮-玛丽·桑德勒（Anne-Marie Sandler）和约翰·斯坦纳（John Steiner）。精神分析研究所图书馆的海伦·马丁（Hélène Martin）和萨文·莫里斯（Saven Morris）非常热心地帮助我们查询参考资料。

最后，我们要感谢劳特利奇（Routledge）的团队在本书出版的各个阶段所提供的帮助和高效率的工作。

目　录

第一部分　主要条目 / 001

1　无意识幻想｜Unconscious phantasy / 002
2　儿童分析｜Child analysis / 017
3　内部客体｜Internal objects / 043
4　偏执-分裂心位｜Paranoid-schizoid position / 067
5　抑郁心位｜Depressive position / 089
6　俄狄浦斯情结｜Oedipus complex / 109
7　投射性认同｜Projective identification / 133
8　超我｜Superego / 156
9　嫉毁｜Envy / 176
10　象征形成｜Symbol formation / 196
11　病理性组织｜Pathological organisations / 207
12　技术｜Technique / 230

第二部分　一般条目 / 251

卡尔·亚伯拉罕｜Karl Abraham / 252
（治疗室外）付诸行动／（治疗室内）付诸行动｜Acting-out/acting-in / 255
黏附性认同｜Adhesive identification / 258
攻击性｜Aggression / 259
α功能｜Alpha-function / 261
矛盾心理｜Ambivalence / 262
美国精神分析与克莱因的关系｜American psychoanalysis in relation to Klein / 263
湮灭｜Annihilation / 266
焦虑｜Anxiety / 268

同化｜Assimilation ／ 270

自闭症｜Autism ／ 271

婴儿｜Babies ／ 273

婴儿观察｜Baby observation ／ 274

坏客体｜Bad object ／ 274

基本假设｜Basic assumptions ／ 275

β元素｜Beta-elements ／ 277

埃丝特·比克｜Esther Bick ／ 278

威尔弗雷德·比昂｜Wilfred Bion ／ 280

怪异客体｜Bizarre objects ／ 284

乳房｜Breast ／ 285

阉割｜Castration ／ 286

经典精神分析｜Classical psychoanalysis ／ 287

性交｜Coitus ／ 287

结合父母形象｜Combined parent figure ／ 288

部分本能｜Component instincts ／ 290

关切｜Concern ／ 294

混淆状态｜Confusional states ／ 295

体质因素｜Constitutional factor ／ 296

接触屏障｜Contact barrier ／ 297

容器／被涵容｜Container/contained ／ 297

轻蔑｜Contempt ／ 303

论战（1941—1945）｜Controversial Discussions（1941—1945） ／ 304

反移情｜Countertransference ／ 306

创造力｜Creativity ／ 314

犯罪｜Criminality ／ 316

死本能｜Death instinct ／ 317

防御机制｜Defence mechanisms ／ 325

否认｜Denial ／ 329

诋毁｜Denigration ／ 330

人格解体 | Depersonalisation / 330

损耗 | Depletion / 330

抑郁性焦虑 | Depressive anxiety / 331

发展 | Development / 335

梦 | Dreams / 336

经济学模型 | Economic model / 337

自我 | Ego / 340

自我心理学 | Ego psychology / 343

共情 | Empathy / 343

环境 | Environment / 344

求知欲 | Epistemophilia / 344

外部客体 | External object / 348

外部世界/环境 | External world/environment / 349

外化 | Externalisation / 357

粪便 | Faeces / 357

罗纳德·费尔贝恩 | Ronald Fairbairn / 358

父亲 | Father / 363

女性气质 | Femininity / 365

女性化阶段 | Femininity phase / 366

碎片化 | Fragmentation / 368

安娜·弗洛伊德 | Anna Freud / 369

遗传连续性 | Genetic continuity / 370

好客体 | Good object / 372

感恩 | Gratitude / 373

贪婪 | Greed / 374

网格图 | Grid / 375

怨怼 | Grievance / 375

内疚 | Guilt / 377

宝拉·海曼 | Paula Heimann / 378

癔症 | Hysteria / 380

它我 | Id / 382

理想客体 | Ideal object / 383

理想化 | Idealisation / 384

认同 | Identification / 386

体内化 | Incorporation / 390

婴儿观察 | Infant observation / 390

抑制 | Inhibition / 392

先天知识 | Innate knowledge / 393

本能 | Instincts / 395

整合 | Integration / 399

内部现实 | Internal reality / 400

内化 | Internalisation / 400

内摄 | Introjection / 401

苏珊·艾萨克斯 | Susan Isaacs / 406

嫉妒 | Jealousy / 407

贝蒂·约瑟夫 | Betty Joseph / 408

梅兰妮·克莱因 | Melanie Klein / 411

克莱因团体 | Kleinian Group / 413

力比多 | Libido / 415

生本能 | Life instinct / 420

联结 | Linking / 421

丧失 | Loss / 424

爱 | Love / 425

躁狂性防御 | Manic defences / 426

躁狂性修复 | Manic reparation / 428

男性气质 | Masculinity / 428

自慰幻想 | Masturbation phantasies / 428

唐纳德·梅尔泽 | Donald Meltzer / 430

记忆与欲望 | Memory and desire / 433

心身问题 | Mind-body problem / 434

母亲｜Mother ／ 436

哀悼｜Mourning ／ 436

不可名状的恐惧｜Nameless dread ／ 437

自恋｜Narcissism ／ 438

负性治疗反应｜Negative therapeutic reaction ／ 446

客体关系学派｜Object-Relations School ／ 449

客体｜Objects ／ 454

强迫性防御｜Obsessional defences ／ 456

全能｜Omnipotence ／ 462

偏执｜Paranoia ／ 463

对抑郁性焦虑的偏执性防御｜Paranoid defence against depressive anxiety ／ 464

部分客体｜Part-objects ／ 464

阴茎与阳具｜Penis and phallus ／ 466

迫害｜Persecution ／ 469

拟人化｜Personification ／ 470

倒错｜Perversion ／ 471

恐惧症｜Phobia ／ 476

游戏｜Play ／ 478

游戏技术｜Play technique ／ 480

毒害｜Poisoning ／ 480

心位｜Position ／ 481

前概念｜Preconception ／ 483

原初场景｜Primal scene ／ 483

投射｜Projection ／ 485

在偏执-分裂心位和抑郁心位之间的移动｜Ps ↔ D ／ 488

精神变化｜Psychic change ／ 490

精神发展｜Psychic development ／ 491

精神平衡｜Psychic equilibrium ／ 495

精神痛苦｜Psychic pain ／ 496

精神现实｜Psychic reality ／ 497

精神病 | Psychosis / 499

实现 | Realisation / 503

修复 | Reparation / 504

压抑 | Repression / 506

阻抗 | Resistance / 508

复原/恢复 | Restitution/restoration / 509

遐想 | Reverie / 510

赫伯特·罗森菲尔德 | Herbert Rosenfeld / 511

施虐 | Sadism / 513

汉娜·西格尔 | Hanna Segal / 514

自体 | Self / 517

皮肤 | Skin / 518

社会防御系统 | Social defence systems / 523

社会 | Society / 526

分裂 | Splitting / 526

结构 | Structure / 533

象征等同 | Symbolic equation / 540

症状 | Symptom / 542

牙齿 | Teeth / 543

思考和知识 | Thinking and knowledge / 544

移情 | Transference / 552

治疗联盟 | Treatment alliance / 556

无意识 | The unconscious / 557

无意识内疚 | Unconscious guilt / 558

整体客体 | Whole object / 560

克莱因学派出版物列表（1920—1989）/ 561

第一部分

主 要 条 目

1 无意识幻想 | Unconscious phantasy

定　义

在克莱因学派的理论中，无意识幻想是每一个心理过程的基础，伴随所有的心理活动。它们是身体内包含着本能的身体事件的心理表征，也是一些身体感觉，这些身体感觉被解释为与引起这些感觉的客体之间的关系。幻想既是力比多冲动和攻击性冲动的心理表达，也是抵御这些冲动的防御机制。精神分析的众多治疗行为可以被描述为将无意识幻想转化为有意识思想的尝试。

弗洛伊德引入了无意识幻想和幻想（phantasising）的概念，他认为这是人类心智由系统发育遗传而来的能力。克莱因采纳了他关于无意识幻想的观点，但是对这个观点进行了相当大的扩展，这是由于她与儿童的工作使她对儿童幻想的广泛内容拥有丰富的经验。她和她的继承者们强调，幻想与经验相互作用，形成了个体不断发展的智力和情感特征；幻想被视为一种基本能力，构造了思想、梦、症状和防御模式的基础，并塑造他们。

重　要　文　献

S.弗洛伊德（1911，1916）

1911	《关于心理功能两条原则的构想》（*Formulations on the two principles of mental functioning*） 幻想按照快乐原则运作，将"思想的现实与外部现实等同起来，愿望与愿望的实现相提并论"（p. 225）。当本能的愿望受挫时，幻想就很可能出现。
1916—1917	《症状形成的途径》（*The paths to the formation of symptoms*），《精神分析导论》（*Introductory Lectures on Psychoanalysis*）第23讲 "原初幻想"（原初场景、被成年人诱惑、阉割）的来源存在于本能之中，是先天的，是系统发育禀赋的一部分。幻想作为精神现实而存在。

M.克莱因（1921, 1923a, 1936, 1952以及她的大部分论文）

克莱因没有定义幻想，但她强调在她与儿童和成年人的工作中幻想显而易见。

1921	《儿童的发展》（The development of a child） 生动描述了儿童的无意识幻想伴随着基于现实的活动。
1936	《断奶》（Weaning） 克莱因认为，分析表明幻想"几乎从出生开始"就存在于婴儿的心智中。
1952	《婴儿行为观察》（Observations on the behaviour of young infants） 关于乳房的无意识知识自婴儿出生时就存在，是系统发育遗传（p. 117）。

其他文献

1948	S. 艾萨克斯《幻想的本质和功能》（The nature and function of phantasy） 无意识幻想被定义为"心理的必然结果，本能的心理表征"和"无意识心理过程的主要内容"，并被描述为是对焦虑的防御。
1962	W. 比昂《从经验中学习》（Learning from Experience） 假设个体天生具有"前概念（preconception）"，如果在经验中"实现"，就可能产生"概念（conception）"。
1991	H. 西格尔《梦、幻想与艺术》（Dream, Phantasy and Art）中的"幻想"。 幻想是克莱因学派思想中的一个核心概念，被认为是表达冲动和防御的主要核心活动。幻想和感知之间存在持续的相互作用。
1991	R. D. 欣谢尔伍德《克莱因学派思想辞典》（第二版）（A Dictionary of Kleinian Thought, 2nd edition）。 强调克莱因的发现，即幻想可能伴随着"现实"的活动。无意识幻想默认了这样一种信念，即身体的感觉由内部精神客体引起。在1941—1945年的论战中，对无意识幻想进行了详细讨论。

年表和讨论

术语"无意识幻想":拼写与含义

斯特雷奇(Strachey)做了明确的阐述,如下所示:

"Phantasy",这个单词的拼写引起了很大麻烦。基于牛津大词典(在"Fantasy"词条)中的讨论,这里采用以"ph"开头的形式,该讨论的结论是:在现代用法中,"fantasy"和"phantasy",尽管它们在发音和词源学上是一致的,但往往被理解为彼此不同的词,前者的主要意义是"善变的、突发奇想的、异想天开的发明",而后者的意义是"想象力,有远见的概念"。因此,这里用"ph"形式来描述技术心理现象(the technical psychological phenomenon)。但"f"开头的形式也在适当的场合使用[例如,见《弗洛伊德全集标准编辑》(*Standard Edition*)17、227和330]。

(Strachey, 1966, p. 24)

苏珊·艾萨克斯(Susan Isaacs, 1948, p. 80)建议使用"ph"开头的来表示无意识幻想,"f"开头的表示意识层面的幻想。一些分析师采纳了艾萨克斯的建议,但大多数英国分析师现在都使用"ph"来表示无意识和有意识幻想,至少部分原因是很难确定病人的幻想是无意识的、默认有意识的还是完全有意识的。拉普朗什和庞泰利斯(Laplanche & Pontalis, 1968)批评了艾萨克斯的用法,因为在他们看来,这不符合弗洛伊德想强调的观点:倒错者的有意识幻想,偏执狂病人的妄想性恐惧以及歇斯底里病人的无意识幻想之间具有深刻的亲属关系。大多数美国分析师使用"f"开头的拼法既指有意识幻想也指无意识幻想,这使得拼写情况变得进一步复杂。

然而,关于幻想这个术语含义的问题和它的拼写问题一样复杂。不管它的拼写和正式定义是什么,这个术语坚决地暗示着牛津词典和斯特雷奇所描述的相反意义。第一种含义是"善变的、突发奇想的、异想天开的发明",根据对物质现实的公认原则,它描述了一些微不足道的、不真实的或无关紧要的东西。

第二种含义是"想象力、有远见的概念",它的内涵可能是更伟大的真理,这个真理可能超越了对物质现实的公认原则。牛津词典和斯特雷奇都没有描述第三种可能性,即幻想可能符合对现实普遍公认的信念。因此,"幻想"这个术语和"无意识幻想"这个术语在更大的程度上包含了某些内在矛盾,这些矛盾允许并常常加剧了精神分析中的争论和分歧。一般而言,在日常谈话和精神分析师之间,人们倾向于认为第一种含义是首要的含义,也就是说,人们倾向于期望幻想不会顺应物质现实,而且它们有可能不真实,以及微不足道。

弗洛伊德和克莱因关于无意识幻想的观点

弗洛伊德提出了无意识幻想的概念,但在他早期出版的著作中,尤其是1900年出版的《梦的解析》(*The Interpretation of Dreams*)中,他几乎没有使用这个术语;他释梦的方法使用了"无意识愿望(unconscious wish)"这个概念,但是并没有明确讨论无意识愿望与无意识幻想之间的关系。"幻想(Phantasy)"一词出现在朵拉的案例史(1905)中,甚至在《歇斯底里的幻想及其与双性恋的关系》(*Hysterical phantasies and their relation to bisexuality*, 1908)中更加明确。在这本书中,弗洛伊德说,某些幻想"一直都是无意识的",但大多数幻想最初是作为白日梦存在,也就是说,作为有意识的幻想,在后来被压抑了。

弗洛伊德在不同的论文中强调了幻想的几个方面。在1911年发表的《关于心理功能两条原则的构想》一文中,他对第一个方面的描述如下。

> 随着现实原则的引入,一种思维活动被分离出来,它不再受限于现实检验,而仅仅服从于快乐原则。这种活动便是幻想,它在儿童游戏中已经开始存在,后来,继续作为白日梦而存在,放弃了对真实客体的依赖。
>
> (Freud, 1911, p. 222)

> ……无意识(压抑)过程最奇怪的特征在于它们完全无视现实检验;它们将思想的现实与外部现实等同起来,将愿望与愿望的实现等同起来。因此也很难把无意识幻想和已经成为无意识的记忆区分开。
>
> (Freud, 1911, p. 225)

他在1916年特别清楚地描述了无意识幻想的第二个方面,他说有某些普遍的"原初"幻想是人类系统发育遗传的一部分。在他看来,有三种这样的幻想:原初场景,被成年人所诱惑,以及阉割的威胁(Freud, 1916—1917)。后来在同一篇论文中,弗洛伊德试图解决幻想的"非现实性"问题,以及分析师应该对病人的幻想所采取的态度。他对这个问题的思考使他产生了卓越的新概念——精神现实(psychical reality)。

> 病人为自己创造了这些幻想,这仍然是一个事实,而且这一事实对他的神经症的重要性丝毫不亚于他是否真正经历了这些幻想所包含的事情。与物质现实相比,幻想更具有精神现实性,我们逐渐认识到,在神经症的世界中,精神现实是决定性的一种现实。
>
> (Freud, 1916—1917, p. 368)

因此,弗洛伊德的明确观点是分析师必须分析对于病人而言在心理上真实的东西。与此同时,纵观弗洛伊德的著作,他对幻想的基本观点是,它是愿望的满足,也是非现实的。

克莱因采纳了弗洛伊德关于无意识幻想的观点,尽管在她的思想中她对幻想的看法比弗洛伊德对幻想的看法更为宽泛,也对这一概念更明确地赋予了首要位置。她没有对这个术语给出正式的定义,但是她几乎在每一篇早期的论文(例如1921, 1923a, 1923b, 1925, 1933, 1936)中都提到了幻想。她发现,她所分析的儿童们都十分沉浸于幻想之中,既有意识的也有无意识的,这些幻想包括:出生,死亡,原初场景,他们自己和父母的身体过程,外部世界和内部世界的好坏客体,与俄狄浦斯情结相关的关系和情感,以及早期残酷的超我。儿童那些有意识的和无意识的、充满憎恨和破坏性的凶残幻想,以及他们因这些幻想而产生的焦虑和内疚都给她留下深刻印象。事实上,一些评论家(例如Perelberg, 2005)断言,克莱因明确认为无意识的幻想源于死本能,但是在克莱因后期的著作中,通过强调爱和破坏性幻想以及爱与恨之间的冲突,对破坏性幻想的这种强调已得到平衡。最后,克莱因将她在儿童和成人身上发现的各种幻想概念化,最终融合到了她最终描述为偏执-分裂心位和抑郁心位的心理组织中(Klein, 1935, 1940, 1946;见"偏执-分裂心位"和"抑郁心位")。

克莱因拓宽了无意识幻想的概念，不仅包括她在儿童幻想中发现的无处不在的新内容，还包括他们的幻想通常与内摄（introjection）和投射有关的事实。换句话说，她观察到，儿童幻想把事物从外部客体纳入自身，并把他们自身和内部客体的不同部分放入外部客体之中，因此克莱因的幻想概念逐渐包含了比弗洛伊德概念更多的个人内部世界和外部世界之间的相互作用。因此，无意识幻想逐渐成为克莱因主要且基本的概念。汉娜·西格尔（Hanna Segal）认为，与弗洛伊德相比，无意识幻想成为克莱因更为核心的概念。正如她所说：

> 我认为弗洛伊德思想的主旨是：幻想不是一种初级活动。它与梦、症状、过失和艺术有着同一根源，并且可以与之相提并论；它不是构成梦、症状、思想和艺术的基础。相反，对于克莱因来说，无意识幻想是核心的初级活动，冲动和防御的原始表达，它与知觉不断相互作用，改变它，但也被改变。

（Segal, 1991, p. 30）

像弗洛伊德一样，克莱因假设，就像某些特定的幻想本身一样，幻想的活动与生俱来。她进行了更深入的思考，因为她认为不仅幻想（动词phantasising）和幻想（名词phantasies）是遗传性的，能够进行某些现实感知的能力也是如此。她说：

> 事实上，在出生后生命的开始阶段，对乳房的无意识知识是存在的，对乳房的感觉经验只能被认为是一种系统发育遗传。

（Klein, 1952, p. 117）

克莱因还认为幻想的能力"几乎从出生开始"就存在，她说：

> 分析工作已经表明，几个月大的婴儿无疑会沉浸于幻想的构建。我认为这是最原始的心理活动，幻想几乎从婴儿出生起就存在于他们的心灵中。

（Klein, 1936, p. 290）

克莱因在很大程度上同意苏珊·艾萨克斯的定义，她把无意识幻想描述为

"无意识心理过程的主要内容"和"心理的必然结果，本能的心理表征"（Isaacs, 1948, p. 81）。艾萨克斯认为包括基于破坏性冲动和力比多冲动的幻想是重要的，她明确表示，"幻想很快也会成为对抗焦虑的一种手段，抑制和控制本能冲动的途径，以及表达修复性愿望的方法"（Isaacs, 1948, p. 62）。她还认为，早期的各种幻想是基于身体感觉和"可塑意象（plastic images）"——视觉、听觉、动觉、触觉、味觉、嗅觉——而且只是后来才以语言形式出现（Isaacs, 1948, p. 82）。汉娜·西格尔类似地描述了防御机制和幻想之间的关系，她说："观察者描述为机制的内容被当事人体验和描述为具体的幻想。"（Segal, 1994, p. 6）

论战中的幻想概念

从1941年到1945年间，在英国精神分析学会的论战中，克莱因和艾萨克斯关于幻想的观点成为讨论的核心概念性主题。这些讨论的主要内容在珀尔·金（Pearl King）和里卡尔多·斯坦纳（Riccardo Steiner）编辑的不朽著作《弗洛伊德—克莱因论战：1941—1945》（*The Freud-Klein Controversies, 1941—1945*, 1991）中有所阐述。

毫不奇怪，安娜·弗洛伊德和在第二次世界大战前刚来到伦敦的维也纳分析师们，在讨论幻想这一概念时，追随了弗洛伊德关于幻想的用法。当维也纳分析师们定义"幻想"一词时，他们倾向于遵循弗洛伊德在1911年关于幻想的观点，即认为幻想符合快乐原则，而非他在1916年到1917年对"原初"幻想的描述。所有的维也纳分析师和部分英国分析师都不赞同克莱因将幻想和客体关系定位于早期的观点，因为他们认为婴儿不能进行像幻想这样的复杂活动。安娜·弗洛伊德、爱德华·格洛弗（Edward Glover）、布赖尔利（Brierley）和其他人尤其批评克莱因和艾萨克斯拓展了幻想的定义，正如安娜·弗洛伊德所说，克莱因等人认为幻想包括了"思考、现实-思考、记忆、愿望、渴望，简而言之，就是婴儿的所有心理活动"（King & Steiner, 1991, p. 424）。

因此，无意识幻想的问题在英国精神分析学会具有相当重要的历史意义。尽管在论战讨论中没有就幻想的定义达成正式的一致意见，但是英国精神分析学会已经不再认为这个话题是有争议的问题。当存在不同的观点时，允许大家相互不同。

幻想的多重功能：实例

人们普遍认为，幻想是复杂的概念，许多动机、感觉、想法和经验都可能促进特定幻想的形成。有些幻想表达了防御性或破坏性的动机，而另一些则是建设性的且富有想象力的；有些幻想可能会表明关于内部或外部现实的假设，以供经验证实，而另一些幻想则表明了无可置疑的先验知识。幻想蕴含无限可能，这里将描述关于幻想的三种常见方面：幻想与身体，幻想与内部世界，以及作为防御的幻想。

无意识幻想与身体

克莱因在她早期与儿童的工作中发现，他们的幻想会特别关注自己的身体，关注他们对父母身体和父母之间关系的信念。幻想可能是儿童用来解释身体经验的方式，罗伯特·欣谢尔伍德（Robert Hinshelwood）对此有很好的描述，他指出无意识幻想包括对具体感觉到的内部客体活动的信念（Hinshelwood, 1991, p. 34；见"儿童分析"）。

幻想与内部世界

克莱因关于幻想的观点极大地丰富了她对儿童（和成人）情感生活的理解，她认为，与客体关系的幻想不仅与外部客体有关，也与内部内摄的客体有关，这些客体以想象的方式存在于个体的身体里和心智中，构建起内部世界，而内部世界的事件甚至比个体与外部世界的互动更夸张地充满了爱和恨。克莱因发现她分析的儿童们经常拥有暴力而残忍的幻想，由此往后推，她假设从一开始小婴儿主要被恐惧和愤怒的感觉所占据，他们的幻想是暴力而施虐的，包括指向父母的，尤其是针对母亲的攻击性幻想。克莱因认为，好的经验逐渐与好的幻想结合起来，因此婴儿开始生活在更加复杂的世界里，她的幻想当中既有好的客体又有坏的客体。克莱因没有表态，究竟是经验产生了幻想，还是主要由幻想塑造了经验的意义。她传递的总体印象是，影响是双向的，但她肯定地认为婴儿不仅仅是环境影响的被动接受者。在对投射性认同的早期描述中，克莱因说道：

这种观点使人们更容易理解，为什么儿童会对他的父母形成如此骇人和幻想性的形象了。因为他将那些源于他自己的攻击性本能而产生的焦虑认作是对外部客体的恐惧，一方面因为他把那个客体作为攻击性本能的外部目标，另一方面因为他把它们（攻击性本能）投射进它（外部客体）内部，所以它们（攻击性本能）似乎是由外部发起并针对自己的。

(Klein, 1933, p. 250)

作为防御的幻想

汉娜·西格尔特别强调了"防御通过幻想来表达"这一观点，她说，对精神分析师来说，防御机制的内容是由病人在幻想中表达出来的 (Segal, 1964a, 1964b)。在下面这个表达防御的幻想例子中，一位病人意识到她依赖分析师，她正为意识到这一点而感到挣扎。在度假归来后，她报告了如下梦境。

你本来要来我的乡间小屋跟我做一次治疗，但那不是乡间小屋，而是富丽堂皇的房子。门铃响了。我以为会是你，但不是，是我兄弟的朋友们，那些大笨蛋把我们的热情好客当作理所当然。我说没地方了，他们不能进来。他们走了。在他们离开后，我的一个孩子说："难道你没有注意到他们非常渴望有个地方可以住吗？"我说："快点，去追他们，告诉他们可以住在阁楼里。"我想给他们每人10英镑[1]，但是我怀疑我是否有足够的钱（10英镑是当时病人的分析费）。

(Spillius, 2007, p. 205)

在这个例子中，梦中潜在的幻想是通过角色的颠倒来表达的：病人扮演分析师的角色，分析师扮演"兄弟的朋友，大笨蛋"，就像任何一个孩子都知道的那样，他们渴望得到10英镑和住的地方。而且分析师应该付钱给病人，而不是病人付钱给分析师。病人毫无困难地看到了这一切。然而，同样重要的是，这次

---

[1] 英镑：英国的法定货币和货币单位名称。按当前汇率，1英镑约等于9.4元人民币。由于文中引用文本选自2007年发表的文献，且对应的案例发生的真实时间可能更早，出于严谨，不宜直接按照当前汇率或者2007年的汇率进行换算。——译者注

开启了一个微小但持续的进展，病人允许自己对分析师有依赖的态度以及让自己对分析师抱有期待。她变得更能接受自己的依赖，也更能接受自己对依赖的讨厌。角色颠倒的幻想就不再那么有必要了。

幻想概念的新近用法

克莱因学派的分析师继续在临床工作中使用无意识幻想的概念，与克莱因、艾萨克斯和其他克莱因学派的分析师在20世纪40年代使用无意识幻想的方式相比，几乎没有什么变化。虽然幻想这一概念在论战中发挥了非常重要的作用，但自那时以来，英国或其他欧洲国家专门针对这一概念进行理论分析的出版物相对较少，而且所撰写的论文远没有论战中那样具有争议性。

也许分析师对论战时期困扰他们的问题已经不那么关心了，他们不太确定，对儿童和成人所采用的分析方法是否能够揭示关于幻想确切的系统发育基础，或者是否能够确切地了解当儿童还是婴儿的时候幻想在他们心智中的形式，而不是年龄较大的儿童和成人在接受分析时"婴儿般的"幻想在他们心智中的形式。自20世纪40年代以来，关于这个概念的论文相对较少。

与弗洛伊德和克莱因一样，莫尼-克尔（Money-Kyrle, 1956）认为幻想是一种遗传能力，尽管他用"突变"和"自然选择"这两个更科学的语言表达了自己的观点。1968年，拉普朗什和庞泰利斯重新审视了弗洛伊德关于诱惑在幻想发展中作用的理论，指出引起诱惑幻想的原因，弗洛伊德归因于系统发育遗传，"可以理解为前结构，通过父母的幻想得以实现和传递"（Laplanche & Pontalis, 1968, p. 17）。

在比昂的"前概念"与"实现"匹配形成"概念"的想法中，他并没有明确使用"幻想"这个词；尽管西格尔认为他在这个概念化中的"前概念"可以被描述为幻想（Bion, 1962; Segal, 1964b）。

汉娜·西格尔强调幻想的破坏性和建设性方面，特别关注作为防御使用的幻想，同时注意到幻想作为对现实进行检验的可能假设，因此幻想是思维发展的重要因素（Segal, 1964a, 1964b, 1991, 1994）。

罗纳德·布里顿（Ronald Britton, 1995）在《幻想与虚构中的现实与非现实》（*Reality and unreality in phantasy and fiction*）一书中，将病人对"另一个房

间"的想法描述为幻想的空间，在这个空间里，缺失的客体被认为与俄狄浦斯三角中的另一成员继续他的生活。罗伯特·欣谢尔伍德（Hinshelwood, 1991）在本辞典的前一版中详细描述了幻想概念的发展，其中特别详尽地记述了英国精神分析学会论战中有关幻想的讨论。约翰·斯坦纳（John Steiner, 1993）发展出了这样的观点：某些病人有"精神撤退（psychic retreat）"的幻想，他们相信这种幻想可以保护他们免受偏执-分裂思维的迫害，并且远离抑郁心位思维的内疚和痛苦。

当代弗洛伊德学派的分析师约瑟夫·桑德勒和安妮-玛丽·桑德勒（Joseph Sandler & Anne-Marie Sandler, 1994），桑德勒、霍尔德、戴尔和德雷埃尔（Sandler, Holder, Dare & Dreher, 1997），描述了幻想在他们心智模型中的作用，他们将其描述为由"过去的无意识""现在的无意识"和"意识"组成（Sandler, Holder, Dare & Dreher, 1997）。这个模型大致类似于弗洛伊德提出的由三个部分组成的心智地形学模型，即"系统无意识""系统前意识"和"系统意识"（Freud, 1900）。安妮-玛丽·桑德勒和桑德勒认为，"过去的无意识"无法被直接体验到，其中的幻想是在分析工作的过程中被建构起来的，而"现在的无意识"幻想可以在移情中被直接体验和解释。西格尔（Segal, 1994, p. 400）不同意"过去的无意识"不能被直接分析的观点。但是，西格尔和桑德勒之间观点的差异主要是因为克莱因学派的工作并不使用弗洛伊德或桑德勒的心智地形学模型。

罗杰·佩龙（Roger Perron, 2001）秉承法国传统，讨论了弗洛伊德关于幻想的工作，包括他的无意识幻想、原初幻想、幻想的遗传以及幻想与现实之间的关系等概念所涉及的问题。他为弗洛伊德的讨论和定义提供了建设性的结论。但是，如果幻想是根据所有人相同的通用图式构建的，那是因为每个人都受到相同的基本条件的支配：每个人都有母亲；每个人的心理都被镌刻在一个三角框架内，其中第二个父母角色介入其中（根据文化的不同，可以是父亲、舅舅等）；每个人都有机会使用语言以及象征化过程等（Perron, 2001, p. 592）。"现实是对幻想所保持的欲望的抵抗。"（Perron, 2001, p. 594）

伊丽莎白·斯皮利厄斯（Elizabeth Spillius, 2001）将弗洛伊德的"无意识幻想"的作用，尤其是弗洛伊德在1911年的论文《关于心理功能两条原则的构想》中的描述，以及克莱因的"无意识幻想"的作用进行了比较，克莱因强调这一概念在儿童和成人的思维和感觉中的普遍存在性和重要性。（斯皮利厄斯随后的观点表明，克莱因的论文对弗洛伊德关于无意识幻想这一观点的解释过于狭隘，因为这篇论文将弗洛伊德对无意识幻想的定义局限在他1911年的论文中。）

里卡尔多·斯坦纳（Riccardo Steiner, 2003）编选了几篇关于无意识幻想的论文，并贡献了一篇详细的概述，其中描述了幻想概念在概念和实践上的复杂性，包括讨论弗洛伊德、克莱因、艾萨克斯、西格尔和当代弗洛伊德派分析师马克·索尔姆斯（Mark Solms）、约瑟夫·桑德勒和安妮-玛丽·桑德勒对这一概念的使用，也讨论了法国的拉普朗什和庞泰利斯（Laplanche & Pontalis, 1968）对这一概念的使用，他们强调诱惑这个主题。

罗西纳·佩雷尔贝格（Rosine Perelberg, 2005, 2006）讨论了幻想、时间和事后（*après-coup*）这些概念；在论战中，维也纳派及后来的"独立学派"分析师论述了其中的一些概念。她认为，克莱因学派在论战中使用了无意识幻想的概念，而后来的克莱因学派思想并没有完全公正地反映弗洛伊德在这一主题上的观点的复杂性。

尽管最近的克莱因学派的论文很少将对幻想概念的理论讨论作为中心主题，但是这个概念在临床工作和日常中都在持续地使用，并理所当然地被视为是克莱因学派方法的核心部分。

重要观点：总结

- 无意识幻想是所有心理过程和活动的基础。它们不仅是攻击性和力比多冲动的心理表达，也是对这些冲动的防御机制。
- **弗洛伊德的用法**：无意识幻想是弗洛伊德引入的术语，它的用法有些变化。1911年：幻想无视现实检验，将思想的现实与外部现实等同起来。1916年至1917年：幻想和某些幻想（原初场景、诱惑、阉割）是遗传来的。精神现实这一概念与物质现实相反，是分析师必须应对的部分。
- **艾萨克斯**：无意识幻想被定义为"无意识心理过程的主要内容"和"心理的必然结果，本能的心理表征"。有防御的幻想，也有欲望的幻想。

- **克莱因**：她对幻想的观点基于弗洛伊德和艾萨克斯的定义，但比弗洛伊德的定义更广阔。与弗洛伊德相比，幻想在克莱因的思想和理论中占据了更明显的中心地位。克莱因在儿童的游戏和思考中发现大量幻想的丰富表达，特别是关于出生、死亡、原初场景以及自身和父母身体过程的幻想。和弗洛伊德一样，克莱因认为幻想是遗传而来的能力。与弗洛伊德相比，克莱因更强调幻想涉及内摄、投射、内部客体之间以及与外部世界的关系。克莱因关于无意识幻想的观点对她最终形成偏执-分裂心位和抑郁心位的概念非常重要。

参 考 文 献

Bion, W. (1962) *Learning from Experience*. London: Heinemann.

Britton, R. (1995) 'Reality and unreality in phantasy and fiction', in E. Spector Person, P. Fonagy and S. Figueira (eds) *On Freud's 'Creative Writers and Day-Dreaming'*. London: Yale University Press, pp. 82-106.

Freud, S. (1900) *The Interpretation of Dreams*, *S.E. 5*. London: Hogarth Press, Ch. 7.

—— (1905) 'Fragment of an analysis of a case of hysteria', *S.E. 7*. London: Hogarth Press.

—— (1908) 'Hysterical phantasies and their relation to bisexuality', *S.E. 9*. London: Hogarth Press, pp. 155-166.

—— (1911) 'Formulations on the two principles of mental functioning', *S.E. 12*. London: Hogarth Press, pp. 213-226.

—— (1916-1917) Lecture 23, 'The paths to the formation of symptoms', *Introductory Lectures on Psycho-Analysis, S.E. 16*. London: Hogarth Press, pp. 358-372.

Hinshelwood, R. D. (1991) 'Unconscious phantasy', in *A Dictionary of Kleinian Thought*, 2nd edition. London: Free Association Books, pp. 32-46.

Isaacs, S. (1948) 'The nature and function of phantasy', *Int. J. Psycho-Anal*. 29: 73-97.

King, P. and Steiner, R. (1991) *The Freud-Klein Controversies*, 1941-1945. London: Tavistock/Routledge.

Klein, M. (1921) 'The development of a child', in *The Writings of Melanie Klein*,

Vol. 1. London: Hogarth Press, pp. 1-53.

—— (1923a) 'The role of the school in the libidinal development of the child', in *The Writings of Melanie Klein*, Vol. 1. London: Hogarth Press, pp. 59-76.

—— (1923b) 'Early analysis', in *The Writings of Melanie Klein*, Vol. 1. London: Hogarth Press, pp. 77-105.

—— (1925) 'A contribution to the psychogenesis of tics', in *The Writings of Melanie Klein*, Vol. 1. London: Hogarth Press, pp. 106-127.

—— (1933) 'The early development of conscience in the child', in *The Writings of Melanie Klein*, Vol. 1. London: Hogarth Press, pp. 248-257.

—— (1935) 'A contribution to the psychogenesis of manic-depressive states', in *The Writings of Melanie Klein*, Vol. 1. London: Hogarth Press, pp. 262-289.

—— (1936) 'Weaning', in *The Writings of Melanie Klein*, Vol. 1. London: Hogarth Press, pp. 290-305.

—— (1940) 'Mourning and its relation to manic-depressive states', in *The Writings of Melanie Klein*, Vol. 1. London: Hogarth Press, pp. 344-369.

—— (1946) 'Notes on some schizoid mechanisms', in The *Writings of Melanie Klein*, Vol. 3. London: Hogarth Press, pp. 1-24.

—— (1952) 'On observing the behaviour of young infants', in *The Writings of Melanie Klein*, Vol. 3. London: Hogarth Press, pp. 94-121.

Laplanche, J. and Pontalis, J.-R. (1968) 'Fantasy and the origins of sexuality', *Int. J. Psycho-Anal.* 49: 1-18.

Money-Kyrle, R. (1956) 'The world of the unconscious and the world of common sense', *Br. J. Philos. Sc.* 7. Also in D. Meltzer and E. O'Shaughnessy (eds) *The Collected Papers of Roger Money-Kyrle*. Strath Tay: Clunie Press (1978), pp. 318-329.

Perelberg, R. (2005) 'Unconscious phantasy and après-coup: "From the History of an Infantile Neurosis" (the Wolf Man)', in R. Perelberg (ed.) *Freud: A Modern Reader*. London: Whurr Publishers, pp. 206-223.

—— (2006) 'The Controversial Discussions and après-coup', *Int. J. Psycho-Anal.* 87: 1199-1220.

Perron, R. (2001) 'The unconscious and primal phantasies', *Int. J. Psycho-Anal.* 82: 583-595.

Sandler, J. and Sandler, A.-M. (1994) 'Phantasy and its transformations: a Contemporary Freudian View', *Int. J. Psycho-Anal.* 75: 387-394. Also in R. Steiner (ed.) *Unconscious Phantasy*. London: Karnac (2003), pp. 77-88.

Sandler, J., Holder, A., Dare, C. and Dreher, U. (1997) *Freud's Models of the Mind*.

London: Karnac.

Segal, H. (1964a) *Introduction to the Work of Melanie Klein*. London: Heinemann.

—— (1964b) 'Symposium on phantasy – "Fantasy and other mental processes" ', *Int. J. Psycho-Anal.* 45: 191-194.

—— (1991) 'Phantasy', in *Dream, Phantasy and Art*. London: Routledge, pp. 16-30.

—— (1994) 'Phantasy and reality', *Int. J. Psycho-Anal.* 75: 395-401.

Spillius, E. (2001) 'Freud and Klein on the concept of phantasy', *Int. J. Psycho-Anal.* 82: 361-373.

—— (2007) 'Freud and Klein on the concept of phantasy', in Elizabeth Spillius, P. Roth and R. Rusbridger (eds) *Encounters with Melanie Klein*. London: Routledge, pp. 163-182.

Steiner, J. (1993) *Psychic Retreats: Organizations in Psychotic, Neurotic and Borderline Patients*. London: Routledge.

Steiner, R. (2003) 'Introduction', in R. Steiner (ed.) *Unconscious Phantasy*. London: Karnac, pp. 1-66.

Strachey, J. (1966) 'Notes on some technical terms whose translation calls for comment', *S.E. 1*. London: Hogarth Press, p. xxiv.

2 儿童分析 | Child analysis

定 义

在20世纪20年代，梅兰妮·克莱因开始发展出分析性治疗方法，使她能够对言语交流手段有限、年龄非常小的儿童进行治疗。她开始认识到，虽然儿童的游戏看似与成人经典分析中的交流有很大的不同，但这是儿童病人自由联想的方式，她开始观察并利用它来探索他们内心的冲突和幻想。她对焦虑的本质有着持久的兴趣，她相信孩子们有理解自己的能力，这使她能够对儿童病人各种形式的材料使用解释的方法（interpretive approach），这些材料包括：游戏、言语、幻想和行为。这使她与那些在儿童工作中使用更具教育性方法的同事之间的冲突日益加剧。

重 要 文 献

1921	M. 克莱因《儿童的发展》 克莱因著作的特点已十分鲜明，即她接纳言语、游戏、行为和梦境作为孩子无意识心智的表达。
1923a	M. 克莱因《学校在儿童力比多发展中的作用》（*The role of the school in the libidinal development of the child*） 克莱因观察到攻击性幻想的抑制作用。使用游戏技术可以产生更多的分析材料 [13岁的费利克斯（Felix），5岁的弗里茨（Fritz），9岁的格蕾特（Grete）]。
1923b	M. 克莱因《早期分析》（*Early analysis*） 克莱因提出了诸如焦虑、抑制、症状和象征形成等议题。她介绍了她关于早期俄狄浦斯情结和解决俄狄浦斯焦虑以促进发展的观点（费利克斯、弗里茨、格蕾特）。

1925	M. 克莱因《论抽动的心理成因》(*A contribution to the psychogenesis of tics*) 这种抽动可以追溯到自慰焦虑，这种焦虑涉及与在性交中结合的父母的认同，是超我形成的核心因素。
1926	M. 克莱因《早期分析的心理学原则》(*The psychological principles of early analysis*) 早期施虐及其与俄狄浦斯情结早期阶段以及超我形成的关系 [3岁3个月的特露德 (Trude)；2.5岁的丽塔 (Rita)；4岁3个月的露丝 (Ruth)]。
1927a	M. 克莱因《正常儿童的犯罪倾向》(*Criminal tendencies in normal children*) 残酷超我的运作方式与更正常良知的运作方式有所不同。对爱与恨的冲突越来越感兴趣 [4岁的杰拉尔德 (Gerald)；3岁9个月的彼得 (Peter) 和一个12岁的不知名的男孩]。
1927b	M. 克莱因《儿童分析研讨》(*Symposium on child analysis*) 克莱因主张需要从一开始就解释正性移情和负性移情。
1928	M. 克莱因《俄狄浦斯情结的早期阶段》(*The early stages of Oedipus complex*) 在这个阶段，当口腔和肛门的虐待冲动占主导地位时，俄狄浦斯情结的早期发动与断奶有关。她强调了这些冲动所产生的痛苦、仇恨和焦虑。
1929a	M. 克莱因《儿童游戏中的拟人化》(*Personification in the play of children*) 儿童的游戏源自内部意象，游戏中的分裂和投射过程是对抗焦虑的防御。这些过程涉及将内部形象移情到分析师身上 [6岁的埃尔娜 (Erna)；6岁的乔治 (George)；2.5岁的丽塔]。
1930	M. 克莱因《象征形成在自我发展中的重要性》(*The importance of symbol formation in the development of the ego*) 克莱因澄清了儿童精神病的根本原因。她向我们展示了，可以与那些没有发展出象征能力和没有表现出任何情绪的精神病性儿童进行接触 [4岁的迪克 (Dick)]。
1931	M. 克莱因《对智力抑制理论的贡献》(*A contribution to the theory of intellectual inhibition*) 进一步探讨了与儿童对母亲身体的施虐攻击相关的焦虑，因为母亲的身体代表生命和知识来源，以及随之而来的对好奇心和学习的抑制 [7岁的约翰 (John)]。
1932	M. 克莱因《早期分析技术》(*The technique of early analysis*) 克莱因描述了她的游戏技术 (3岁3个月的彼得；2.5岁的丽塔；3岁3个月的特露德；4岁3个月的露丝)。

1932	M. 克莱因《一名6岁女孩的强迫性神经症》(*An obsessional neurosis in a six year old girl*) 埃尔娜是个非常不安的孩子，饱受失眠、强迫症状和学习严重抑制的折磨（埃尔娜）。
1932	M. 克莱因《潜伏期儿童的分析技术》(*The technique of analysis in the latency period*) 克莱因在不同儿童身上的技术变化，例如沙发和玩具的使用 [9岁的格蕾特；7岁的英奇（Inge）；9.5岁的肯尼思（Kenneth）；沃纳（Werner）；9.5岁的埃贡（Egon）]。
1945	M. 克莱因《从早期焦虑的角度讨论俄狄浦斯情结》(*The Oedipus complex in the light of early anxieties*) 对她早期关于俄狄浦斯情结陈述的发展和改进 [10岁的理查德（Richard）；2.5岁的丽塔]。
1955	M. 克莱因《精神分析游戏技术：它的历史和意义》(*The psychoanalytic play technique: Its history and significance*) 每个儿童个案都令她能够有特定的发现，并就此进行说明。
1961	M. 克莱因《儿童分析的故事》(*Narrative of a Child Analysis*) 克莱因对10岁理查德分析的详细记述，构成了《梅兰妮·克莱因全集》(*The Writings of Melanie Klein*) 第四卷的全部内容。

年表和讨论

弗洛伊德在《性学三论》(*Three essays on the theory of sexuality*, 1905) 中详细阐述了他关于儿童性欲的理论，并在《超越快乐原则》(*Beyond the pleasure principle*, 1920) 中对一个孩子玩棉线轴的游戏进行了著名的观察。1909年，弗洛伊德描述了他对5岁男孩"小汉斯"的治疗，治疗通过孩子的父亲进行。1913年，费伦齐（Ferenczi）描述了一个5岁男孩对公鸡、母鸡和小鸡的施虐性强迫，他称这个男孩为"小公鸡"，但他只谈到如果这是成年病人，可能会做出的解释。因此，在这个时期人们对儿童的思想和行为有了相当大的兴趣，但正如克洛迪娅·弗朗克（Claudia Frank, 2009）指出的那样，人们对分析儿童的想法感到不安，因为这可能会损害或剥夺他们的纯真。与儿童的工作主要被视为，证实已经从对成人的分析中得到的结论。

在布达佩斯的克莱因

克莱因的第一次分析是在布达佩斯和桑多尔·费伦齐（Sandor Ferenczi），费伦齐也成为她的导师，这在当时并不罕见。克莱因在《儿童精神分析》（*The Psychoanalysis of Children*）第一版的序言中广泛借鉴了费伦齐的著作，并就他对她后来发展的贡献表达了敬意：

> 他对于无意识和象征意义强烈而直接的情感，以及他与儿童心智非同寻常的默契，对我理解幼儿的心灵产生了持久的影响。
>
> （Klein, 1932, p. x）

克莱因提交给匈牙利精神分析学会的第一篇论文（1919，出版于1921年）是基于她与她儿子埃里克（Erich，即弗里茨）的工作，这在当时广为人知。她将此描述为"具有分析特征的教养"。克莱因在很长一段时间后坚称（Klein, 1955），她正是这个时候开始使用游戏技术，但不是正式使用该技术。她的创新之处在于：基于弗洛伊德关于童年的理论，对儿童进行了近距离的观察，并密切关注了儿童行为的各个方面，将它们作为无意识的表达。埃里克表现出来的学习困难使克莱因很担忧，这种抑制成为她在儿童研究方面的特殊关注点。

克莱因在柏林

1921年，38岁的克莱因逃离布达佩斯日益高涨的反犹太主义运动，迁往柏林，并与丈夫分居。尽管她的个人生活动荡不堪，但她坚信儿童分析会揭示未知的心理现象。她向柏林精神分析学会提交了她的第二篇论文《儿童对启蒙的抵抗》（*The child's resistance to enlightenment*），这篇论文与其1919年的论文一起，构成了《儿童的发展》（1921）的第一部分和第二部分。她在1923年发表的两篇论文（《早期分析》和《学校在儿童力比多发展中的作用》）中首次表示，正是焦虑的解决才能促进发展。虽然攻击性是阻碍好奇心的重要因素，但在这一阶段并不是核心因素（1931），不过克莱因已经在分析攻击性幻想的抑制作用。她的工作基于这样一个信念，即所有的活动都具有象征意义（见"象征形成"）。

这个观点后来成为她投射性认同概念的一部分（1946）。尽管她的技术在这一点上似乎具有广泛的解释性，但她对儿童行为的各个方面都很感兴趣，包括阻抗，例如克洛迪娅·弗朗克（Claudia Frank）在研究梅兰妮·克莱因档案中对克莱因详细的临床记录时所发现的（Frank, 2009, Ch.1）。

卡尔·亚伯拉罕（Karl Abraham）最初在柏林督导克莱因的工作，然后在1924年初开始对她进行分析，克莱因非常感激他鼓励自己提出新想法。她在《儿童精神分析》第一版的序言中写道：

> 亚伯拉罕清楚地了解到儿童分析在实践和理论方面拥有的巨大潜力。在维尔茨堡举行的德国精神分析师首次会议上，在我读到的关于儿童强迫性神经症（埃尔娜）的论文时，他说过一句让我永远不会忘记的话："精神分析的未来在于游戏技术。"亚伯拉罕对我的工作的信心鼓励我追随自己已经开启的道路。
>
> （Klein, 1932, p. xi）

亚伯拉罕对忧郁症和正常哀悼之间的区别特别感兴趣，并强调早期施虐性的重要性，它太强烈以至于爱的能力无法得以发展（1924）。克莱因在她的儿童工作中的观察显然引起了共鸣，亚伯拉罕在1923年给弗洛伊德的信中热烈地写道：

> 在我关于忧郁症的工作中……我认为婴儿期早期口腔抑郁的存在是后期忧郁症的原型。在过去的几个月里，克莱因夫人娴熟地对3岁的孩子进行了精神分析，并取得了良好的治疗效果。这个孩子呈现了基本抑郁的真实情况，我认为这与口腔性欲密切相关。这个案例提供了对婴儿本能生活的惊人洞察。
>
> （Abraham & Freud, 1965, p. 339）

在克莱因抵达柏林时，她成为柏林精神分析综合医院（Berliner Psychoanalytische Polyklinik）的工作人员，这家医院是由马克斯·艾廷顿（Max Eitingon）于1920年开办的。此外克莱因还与儿童开展工作。尽管克莱因在柏林的儿童分析领域取得了一定的地位，但她在精神分析综合医院的许多同事，比如博恩施泰因（Bornstein）姐妹——施特夫（Steff）和贝尔塔（Berta），阿达·穆勒-布伦瑞克（Ada Muller-Braunschweig）及阿达·肖特（Ada Schott），并不同意她的发展观点，而更多地被安娜·弗洛伊德的技术和观点所吸引。安娜·弗洛伊德偶尔会从维也纳来到柏林，在精神分析综合医院做客座讲座。赫米内·胡格-赫尔穆特（Hermine Hug-Hellmuth）将维也纳的治疗模式描述为"基于精神-分析的教学法"，其信念是：儿童的任何阻抗通常都可以通过指导而克服，特别是与儿童的性相关的议题（Geissman & Geissman, 1997）。刚开始，克莱因利用已存在的方法治疗儿童，这与治疗成年人的方法非常相似，而且她一开始并没有引入新技术的想法。由于克莱因坚信儿童可以被分析，所以当她观察到儿童对经典分析手段的阻抗时，她开始修改和调整治疗儿童的方法。

9岁的格蕾特是克莱因在1921年于精神分析综合医院治疗的第一批病人中的一个，1922年，她被转到克莱因自己的咨询室进行治疗。格蕾特口吃，有着明显的同性恋幻想。克莱因将格蕾特的口吃视为对好奇心，特别是对性好奇的抑制，并描述了她的理论：对于格蕾特来说，任何形式的表演，如戏剧和音乐会，都是父母性交的象征，词语和句子代表着阴茎的动作。在克莱因的出版物中，格蕾特的治疗材料并没有像丽塔和费利克斯那样被广泛使用，但值得注意的是格蕾特接受的是躺椅治疗，因此我们知道克莱因当时仍在使用经典的成人技术治疗儿童。此外，尽管她意识到了负性移情，她称这个阶段为阻抗，但她对这部分的解释是零散的（见Frank, 2009）。

1923年和1924年，克莱因开始治疗彼得、露丝、特露德和埃尔娜，她随后提出的许多观点都基于这些分析的基础之上。她借鉴了亚伯拉罕的论文［《从精神障碍的角度看力比多发展的简要研究》（*A short study of the development of the libido viewed in the light of mental disorders*, 1924）］，在1924年于维尔茨堡发表了基于她对埃尔娜临床研究的论文，后来成为《儿童精神分析》（1932）的第3章（《一名6岁女孩的强迫性神经症》）。当埃尔娜告诉克莱因"生活中有些东西我不喜欢"时，克莱因意识到了埃尔娜有严重抑郁的迹象。当克莱因观察埃尔娜的游戏时，她被埃尔娜内心世界的野蛮所震撼。克莱因的观察和她对埃尔娜的研究促成了克莱因早期的相关理论：强迫症状是对抗精神病性焦虑的一种防御，施虐幻想对早期俄狄浦斯情结的影响，以及随后对现实的扭曲。克莱因在后来关于嫉毁（envy）[1]的表述中也使用了埃尔娜的治疗材料（1957）。克洛迪娅·弗朗克和海因茨·韦斯（Claudia Frank & Heinz Weiss, 1996）从埃尔娜的治疗材料及梅兰妮·克莱因档案里克莱因的大量笔记中，详细追溯了克莱因许多想法的起源。

克莱因在论文《早期分析的心理学原则》（1926）中，从四位儿童（丽塔、特露德、露丝和埃尔娜）的治疗中汲取素材来发展自己的观点。她概述了她所看到的俄狄浦斯情结的早期表现：

> 那时，她（特露德）已经想要夺走她那怀孕的母亲的孩子，杀死母亲，并取而代之，与父亲交媾。这些仇恨和攻击的倾向是她执着于母亲的原因（在2岁时变得特别强烈），也是她产生焦虑和内疚感的缘由。

(Klein, 1926, p. 131)

克莱因在特露德身上尤为明显地观察到儿童在游戏中表现出来的内疚感，她指出，特露德"几乎总是在分析时间到来之前设法伤害自己"，儿童身上背负的沉重内疚感击中了克莱因，她相信这种内疚感来自他们对母亲的身体及其内在进行施虐性攻击的无意识幻想。克莱因仍在摸索中：

> 我无法确定是俄狄浦斯情结的早期作用对神经症儿童产生了如此强烈的影响，还是当俄狄浦斯情结过早形成时，儿童变成神经症性儿童。然而，可以肯定的是，我在这里提到的经验使得冲突更加严重，因此要么加剧神经症，要么导致其爆发。

(Klein, 1926, p. 130)

克莱因并不认为她的观点与弗洛伊德的时间顺序相冲突：

---

[1] Envy 这一克莱因学派的主要概念，有不同的中文翻译。本书译者在仔细考察其在克莱因学派思想中的使用，其被克莱因及其后继者所重点强调的是，因客体的富饶而产生 envy 这一感受，并因此对客体仇恨、摧毁、毒害等，故翻译成"嫉毁"。嫉毁一词出自《汉书·儒林传·辕固》："武帝初即位，复以贤良徵。诸儒多嫉毁曰固老，罢归之。"——译者注

> 那些确定的、典型的现象只是一个历时数年的发展的终结，它们在俄狄浦斯情结达到其顶峰时，以我们所能识别的最清晰的发展形式存在，它们先于俄狄浦斯情结的衰微。
>
> (Klein, 1926, p. 133)

在当时，儿童分析中关于技术以及解释与移情之含义的棘手问题，日益成为克莱因与安娜·弗洛伊德之间的问题。克莱因强调成人分析和儿童分析之间的相似性，尽管二者存在明显差异：

> 正如儿童的表达方式不同于成人一样，儿童分析中的分析情境似乎也显得截然不同。然而，这两种情况本质上是相同的。持续的解释（interpretation），阻抗的逐步解决，以及对早期情境移情的持续追踪——正是这些构成了儿童与成人的正确分析情境。
>
> (Klein, 1926, p. 137)

克莱因对移情的使用不同于她同时代的人，因为她解释当下的移情现象，并将它们与早期的经验联系起来。7岁的英奇在1923年至1925年间进行了两段分析，不可思议的是，克莱因认为英奇是"正常"的儿童，尽管她患有各种神经症症状，比如不喜欢上学、写作困难和易患抑郁症的倾向。克莱因称英奇的分析是"预防性的"，尽管英奇接受了最长时间的治疗——总共375次会谈。克莱因在1955年的论文中回顾性地给出了更全面的描述，虽然英奇实际上并没有被命名（见Frank, 2009, Ch.5; Petot, 1991, p. 122）。事实上是因为克莱因难以与英奇建立连接，所以克莱因引入了玩具作为解决这个问题的方法：

> 在一次会谈中，我再次发现孩子没有反应、退缩，于是我离开了她，告诉她我一会儿就回来。我走进自己孩子的儿童室，收集了一些玩具，包括汽车、小人物、几块积木和一辆火车，我把它们放进一个盒子里，然后回到这个病人身边。这个孩子对绘画和其他活动都没有兴趣，但她对这些小玩具很感兴趣，立即就开始玩了起来。
>
> (Klein, 1955, p. 125)

尽管克莱因面临着几乎无法分析的负性移情，但她坚持了下来，并通过引入玩具这个参数找到了解决困难的办法。伦敦布卢姆茨伯里小组（Bloomsbury group）的成员阿利克斯·斯特雷奇（Alix Strachey），她和梅兰妮·克莱因同时都在柏林，也接受亚伯拉罕的分析。她和她的丈夫詹姆斯·斯特雷奇（James Strachey）都对精神分析有着浓厚的兴趣，并且在克莱因最终移居伦敦的过程中起着最重要的作用，翻译克莱因的文本，帮助她学习英语。阿利克斯·斯特雷奇在关于克莱因演讲的报告中总结道：

> 在儿童分析这一主题上得出有效结论的唯一令人满意的方法——正是形成对儿童心理的普遍性理解——是像克莱因夫人一直在做的那样，收集和反思直接的材料，而不是依靠我们现有的成人心理结构的知识，从中进行推演。
>
> （Strachey & Strachey, 1986, p. 329）

这份报告于1925年1月写成并提交给英国精神分析学会，描述了克莱因的游戏技术，她对儿童进行直接解释的观点，早期的俄狄浦斯情结，原初场景的重要性，以及超我的早期、持续的发展。这份报告在伦敦激起了极大的兴趣，并使得克莱因被欧内斯特·琼斯（Ernest Jones）邀请到伦敦给英国精神分析学会进行一系列关于儿童分析的讲座。

克莱因在伦敦

同年（1926年），一部分是因为欧内斯特·琼斯的鼓励和帮助，也有一部分是因为亚伯拉罕的英年早逝，克莱因永久性地搬到了伦敦，她在那里继续治疗儿童和成人。1927年，安娜·弗洛伊德的著作《儿童精神分析治疗》（*The Psycho-Analytic Treatment of Children*）在德国出版（直到1946年才以英文出版），之后欧内斯特·琼斯于同年组织了一次儿童分析研讨会。克莱因在此次研讨会中，坚定地捍卫了自己对幼儿严苛超我的发现，与安娜·弗洛伊德截然不同的是：她认为分析的任务是修正而不是强化超我。

> 正是因为我们能够进一步深入2岁之前的那个关键时期……所以我们在更大程度上揭示了儿童超我有多么严苛，这是安娜·弗洛伊德

本人有时也会发现的一个特征。我们发现，我们需要的不是增强这种超我，而是缓和它。

(Klein, 1927b, p. 164)

克莱因继续强调分析焦虑和内疚的重要性，并重申了她的观点，即俄狄浦斯情结是由断奶的创伤引起。然而，克莱因在后来发表的论文《断奶》（1936）中修正了这一说法，以将内部好客体的丧失——会导致抑郁性焦虑和冲突的发生（见"抑郁心位"）——包括进来。克莱因描述了与母亲的良好关系如何帮助婴儿稳固"内部好客体"，使婴儿能够克服绝望和抑郁。

在这一点上（1927年），克莱因和安娜·弗洛伊德主要在儿童分析技术方面存在分歧，尤其是儿童分析的基本原则是否类似于成人分析，以及儿童是否可以形成对分析师的移情。直到现在，克莱因一直将焦虑视为激发创造力的动力，但在1930年，在克莱因关于与"迪克"工作的开创性论文中，她指出，对母亲身体的施虐性攻击所导致的焦虑和内疚可能会严重阻碍儿童的创造力，并且可能会扼杀他们进行想象力游戏的能力，而正是通过修通这种焦虑，发展才得以进行。克莱因扩展了她的观点，即早期的自我防御机制是排出性的（投射性的）而不是压抑性的，并且分裂和投射、象征形成和认同是个体与外部世界建立关系的基础。克莱因用翔实的临床材料展示了迪克如何将他的施虐冲动完全排除到外部客体身上，这样他就不会体验到一般意义的焦虑，但他会因为恐惧报复性攻击而动弹不得，以至于他无法"将与母亲身体的虐待关系带入幻想之中"（Klein, 1930, p. 224）。

克莱因继续在伦敦治疗儿童和成人，并成为英国精神分析学会的领军人物。随着纳粹主义在欧洲的兴起，弗洛伊德家族被迫于1938年离开维也纳来到英国，随后安娜·弗洛伊德和梅兰妮·克莱因成为精神分析观点论战的核心人物，这些讨论已被金和斯坦纳（King & Steiner, 1991）记录下来［见"论战（1941—1945）"］。

克莱因在儿童工作中产生的核心思想

游戏技术与自由联想

到1926年,克莱因对与儿童工作的技术的有效性越来越有信心。她在1926年发表的论文《早期分析的心理学原则》中,开篇如下。

> 我提议详细讨论幼儿心理生活与成人心理生活之间存在的差异。这些差异要求我们使用适合儿童心智的技术,我将努力证明有特定的分析性游戏技术能够满足这一要求。该技术是基于某些观点来设计的,我将在本文中进行详细讨论。
>
> (Klein, 1926, p. 128)

然而,游戏技术作为正式的儿童分析方法,其形成非常缓慢,其演变来自克莱因对房间里的儿童的仔细关注,来自她认识到游戏和行动是孩子的自然表达方式。在此之前,例如丽塔,她是在自己的家里进行治疗的;丽塔是克莱因最年幼的病人,她的分析是在1923年3月至10月之间进行的,在家里她似乎使用了自己的玩具,实际上是整座房子和花园(Frank, 2009)。克莱因开始意识到这种环境干扰了分析(Klein, 1955)。

在治疗英奇的过程中,克莱因为无法取得任何进展而感到沮丧,于是她第一次提供了自己的玩具。此后,克莱因开始系统地调整她的技术,为每个儿童提供一套玩具,这些玩具很快成为属于儿童自己的玩具,代表了治疗的连续性以及儿童与分析师之间关系的独特性。在《早期分析技术》中,克莱因这样描述这些玩具。

> 在我的分析室的一张矮桌上,摆放着许多简单的小玩具——小木头男人和女人、手推车、马车、汽车、火车、动物、积木和房子,还有纸、剪刀和铅笔。即使是在游戏中常常被抑制的儿童,也至少会瞥一眼或触摸这些玩具。通过儿童开始玩它们或者把它们放在一边,或者通过他对玩具的总体态度,很快就能让我有机会一窥它的复杂性。
>
> (Klein, 1932, p. 16)

克莱因还提倡给儿童准备一个洗脸盆和流动的水，因为玩水的游戏：

> ……使我们深入了解儿童基本的前生殖器期冲动，也是阐明其性欲理论的一种方式，使我们了解其施虐幻想和反向形成之间的关系……房间里所有的普通家具，例如椅子、靠垫等，都被用来服务儿童的活动。

（Klein, 1932, pp. 33-34）

克莱因使用了三个病人（2.5岁的丽塔、3岁3个月的特露德和4岁3个月的露丝）的详细临床资料来阐明她的观点。

> 儿童通过玩耍和游戏以象征性的方式表达自己的幻想、愿望和实际经验……在这样做的过程中，儿童使用了同一种古老的、系统发育学所获得的表达方式，这跟我们熟悉的梦中语言属于同一种语言；我们只有按照弗洛伊德教给我们的、理解梦的语言的方式去接近它，我们才能完全理解这种语言。

（Klein, 1926, p. 137）

克莱因的新方法遭到了安娜·弗洛伊德的批评，理由是：儿童游戏背后的目的不同于成年人自由联想的目的。安娜·弗洛伊德认为，成年人可以与分析师合作，而儿童则不能，因为他们对分析过程的理解有限。克莱因对儿童游戏的态度的不同之处在于，她将其视为：在分析设置下，对感觉存在于内部的客体之间的关系的外化或付诸行动。对于分析师而言，克莱因认为这种游戏提供了洞察早期无意识过程的途径；对于儿童而言，游戏提供了释放和抵御淹没性焦虑的方法。

> 通过角色的划分，儿童成功地驱逐了父亲和母亲，在俄狄浦斯情结的详细阐述中，父母已经融入了孩子的内心，现在他们的严厉正在儿童的内心折磨着他们。这种驱逐的结果是解脱，这在很大程度上可以帮助孩子从游戏中获得快乐。

（Klein, 1926, p. 133）

观察儿童的活动，引起了克莱因对过程和概念的兴趣，而这对精神分析理论的发展产生了深远的影响。1929年，她写道：

> 我相信这些机制（分裂和投射）是游戏中拟人化倾向的主要因素。通过这些途径，只需或多或少的努力便得以维持的超我合成（synthesis of the super-ego），可以暂时被放下，而进一步，在作为整体的超我和它我（id）之间维持休战的张力，便会减弱。因此，内在的心理冲突变得不那么猛烈，并可以被移植到外部世界。
>
> （Klein, 1929a, p. 205）

弗洛伊德（1920, p. 17）在他孙子的游戏中，注意到并推断出游戏在处理内在冲突以及将消极体验转化为积极体验中的重要性。克莱因进一步研究了这个问题（1926, 1927b, 1929a, 1929b），她发现儿童对于游戏的渴望由一系列因素组成：从很小的时候起，就有与外部世界的客体进行连接的动力；通过将内心冲突外化来将其减轻的需要；儿童寻找新客体、新玩具和新玩伴的求知本能，作为象征过程的一部分，使得儿童能够发展与外部世界连接的方式（Klein, 1930；见"求知欲"）。也就是说，克莱因认为，无法游戏的儿童因此不能象征化，病得很重。克莱因的新方法引起了人们相当大的兴趣和赞赏。1925年，阿利克斯·斯特雷奇写信给她的丈夫詹姆斯："她（克莱因）真的是唯一有规律地分析儿童的人……事实上，她是唯一拥有临床材料知识和技术的人。"（Strachey & Strachey, 1986, pp. 180-181）

克莱因（1955）毫不怀疑其游戏技术的重要性。

> ……我对儿童和成人的工作，以及我对整个精神分析理论的贡献，最终都来源于与幼儿工作发展起来的游戏技术……我对早期发展、无意识过程和无意识被触及的解释本质的洞察，对我和年龄较大的儿童和成人的工作产生了深远的影响。
>
> （Klein, 1955, p. 122）

正如这段引文所指的那样，将克莱因关于技术的观点与她的其他理论（如无意识幻想和解释）分开是不合理的，因为它们都相互关联和相互依存。

解释的作用

克莱因与儿童工作的技术不仅仅是引入玩具的问题。1919年，当她在匈牙利精神分析协会报告论文时，她注意到了安东·冯·弗罗因德（Anton von Freund）的评论，后者说克莱因只讨论了儿童的意识问题，而没有讨论无意识问题。克莱因的儿童病人在分析室里表达的攻击性幻想，以及这些幻想所引起的恐惧和内疚，促使克莱因的信念剧增，并在看到他们的焦虑时进行解释。她对解释的结果十分惊讶。例如，4岁3个月大的露丝，如果带她来的老师不在，她就无法和克莱因待在一个房间里，起初露丝和克莱因唯一的接触是惊恐的尖叫，完全不认可她："因此，我发现自己被迫采取了其他措施——这些措施再次有力地证明了解释在减少病人的焦虑和负性移情方面的有效性。"（Klein, 1932, p. 26）

克莱因使用了多次会谈的材料来阐释儿童对母亲的内在的焦虑以及对即将出生的婴儿的恐惧。她写道："我的解释效果惊人。露丝第一次把注意力转向我，开始以不同的、不那么拘谨的方式游戏。"（Klein, 1932, p. 27）

关于克莱因与露丝的工作的更详细描述，摘自梅兰妮·克莱因的档案，见弗朗克（Frank, 2009, Ch.1）。

在20世纪20年代，如何与房间里的儿童交谈是充满争议的问题。克莱因在很大程度上依赖于她的直觉信念，需要触及"最大的焦虑点"，并且她相信儿童可以通过了解他们自己以及他们的无意识心智来得到帮助。她相信，和成年人一样，这一点只能通过解释来实现。她还有一种天赋，能够想象性地理解儿童对他们的父母、兄弟姐妹和原初场景存在爱恨交加的矛盾情感，这些情感给她的儿童病人带来了巨大的焦虑和内疚。当时，关于在儿童分析中应该解释什么和如何解释的问题，与分歧和移情议题交织在一起。

正性移情和负性移情

直到1927年，克莱因才在《儿童分析研讨》（Klein, 1927b）中使用了"负性移情"一词。在此之前，她使用了当时流行的"阻抗"一词。当她观察到费利克斯"会忘记所有的梦"时，她意识到孩子们既想要被理解，又不想被理解，也会像成年人一样表现出矛盾的心理。在20世纪20年代，人们十分怀疑儿童是否能形成移情。安娜·弗洛伊德在这个时期（尽管她后来修改了这一观点）认为，孩子们无法形成他们原初形象的"新版本"，因为他们仍然与"旧的"或真实形象（即父母）太过亲密。克莱因在一定程度上同意这个观点，但她与安娜·弗洛伊德的观点有所不同，特别是因为她在治疗埃里克（1921）和丽塔（1926）的经验中，看到了移情在日常关系中起作用。佩托（Petot, 1990）如此描述克莱因在这场辩论中的立场。

> ……移情不仅在治疗中起作用，而且在日常生活的"真实"关系中也起作用，无论是友好的、充满爱的，还是敌对的。她的独创性表现在将这种想法延伸到幼儿身上；当儿童来分析时，在某种意义上，其与真实客体的"真实"关系已经是移情关系了。我们的意思是，3岁儿童对父母的态度不是由儿童态度的现实性所决定的，而是由内在意象所决定的，这种内在意象是对父母的想象和扭曲的表征。
>
> （Petot, 1990, p. 142）

克洛迪娅·弗朗克指出（Frank, 2009, Ch.1），克莱因关于早期严苛超我和无意识内疚的概念使她能够研究儿童的敌意和阻抗背后可能存在的原因。克莱因与丽塔（2.5岁）、彼得（3岁9个月）和露丝（4岁3个月）等幼儿的工作使她确信，儿童确实形成了某种移情，通常是某种非常可怕的移情。她相信移情过程从一开始就在运作，而且移情的所有元素都应该从一开始就被解释。克莱因在描述她和彼得的工作时，谈到了如何处理移情。

> 一旦这个孩子通过他的游戏、绘画或幻想，或者通过他的一般行为，让我深刻理解他的各种情结，解释可以开始了。如果这个儿童从一开始就表现出害羞、焦虑，甚至只是缺乏信任，这应该被视为负性移情的迹象，有必要尽快开始解释。通过回溯这些感受的最初情境可以降低负性移情。
>
> （Klein, 1932, p. 21）

克莱因不同意安娜·弗洛伊德的观点，安娜·弗洛伊德认为分析师应该在所谓的"导入阶段",通过一些巧妙的方式与儿童工作,比如对儿童表达友好或安慰,以建立正性移情,但她似乎依然认为负性移情阻碍了正性移情的达成,而将解释看作克服困难的方式。同样值得注意的是,克莱因经常做出被当代克莱因学派认为是移情外的(extra-transference)或重构性的解释。克莱因接着在同一篇论文中说道:

> 因为解释可以通过将负面情感追溯到病人的原初客体和情境来减少病人的负性移情……一旦我向她(丽塔)澄清了她阻抗的原因——总是把它带回其原初客体和情境中——它就会被解决,她就会再次变得友好而充满信任。

> (Klein, 1932, p. 21)

对克莱因来说,对负性移情的理解对于分析过程的建立至关重要,这在梅兰妮·克莱因和安娜·弗洛伊德的著作中是被激烈争论的问题。在《儿童分析研讨》(1927b)中,克莱因坚决捍卫自己的儿童治疗方法,关于移情问题,她反驳了安娜·弗洛伊德的观点:"正性移情是所有儿童分析工作的必要条件。她(安娜·弗洛伊德)认为负性移情是不好的。"(Klein, 1927b, p. 152)

克莱因表示,在她看来无论移情是正性的还是负性的,都必须在与成人病人相同的分析框架内进行治疗。

> 如果分析性情境不是通过分析方法产生的,如果正性移情和负性移情没有得到合乎逻辑的处理,那么我们既不能带出移情神经症,也不能期望儿童的反应能够在与分析以及分析师的关系中自行解决。

> (Klein, 1927b, p. 153)

克莱因在1952年发表的唯一关于移情的论文中,汇集了她在写作中经常陈述和进行临床阐述的几个观点。在这篇名为《移情的起源》(The origins of transference)的论文中,她自信地描述了自己对移情过程的看法,这种过程始于生命最早期,包含了强烈的爱恨情感的投射和内摄:

> 多年以来——直到今天,这一点仍然是正确的——移情被理解为在病人材料中直接涉及分析师的部分。我的移情概念根植于发展的最

早阶段中和无意识的深层中，它更加广阔，并且需要一种技术，从呈现的整体材料中推断出移情的无意识元素。

(Klein, 1952, p. 55)

儿童的无意识幻想

克莱因从一开始工作就持有这样的观点，即儿童的游戏持续伴随着幻想。她对焦虑内容的首要兴趣，她对游戏技术的运用，使她能够体验到儿童在游戏中产生幻想的特殊倾向，尤其是他们对原初场景充满忧虑的构建。这也使克莱因走上了逐渐否定原发自恋（primary narcissism）概念的道路，例如，她在关于抽动症的论文（1925）中，描述了与13岁的费利克斯的工作。费伦齐在1921年写到抽动只是心理能量的释放，而克莱因在1925年就开始表明，即使是这种明显无客体的冲动的原型，在儿童的无意识心智中仍然存在着潜在的幻想。她发现自己能够解释抽动中象征性表征的某些幻想活动，比如想对客体做一些事情，类似自慰的幻想，或者被动地对自己做某些事情。克莱因自己也对无意识幻想的解释（露丝4岁3个月，见Klein, 1932, Ch.12）所带来的解放性效果感到震惊，甚至感到困惑，但她也足够敏锐地意识到，治疗的关键指标是幻想的释放，以及放松地进入对分析师的更积极的态度。

早期精神生活中的无意识幻想，这个棘手的问题是1943年至1944年的论战的核心。苏珊·艾萨克斯在其开创性论文《幻想的本质和功能》（1948）中，阐述了克莱因学派关于早期无意识幻想的理论，她在论文中指出，幻想是无意识心理过程的主要内容。她明确地提出了克莱因学派的命题，即不仅在婴儿的精神生活中存在无意识幻想生活，而且这些幻想还包括对具体感受到的内部客体活动的信念，这些内部客体源于婴儿生命早期的身体功能（见"内部客体"）。艾萨克斯写道：

> 有时有人认为，在儿童有意识地认识到将一个人撕成碎片意味着杀死他之前，儿童的内心不会出现诸如"撕成碎片"这样的无意识幻想。但这种观点并不符合实际情况。它忽略了这样一个事实，即这种

知识是作为本能载体的身体冲动所固有的,以本能为目的,存在于器官的兴奋之中,在这个例子中,是嘴巴。

(Isaacs, 1948, pp. 93-94)

这种观点认为,每一种身体感觉都对应着心理上的推论。欣谢尔伍德生动地描述了它。

> 一种躯体感觉伴随着一种心理体验,这种体验被解释为与客体的关系——客体希望引起这种感觉,并被主体所喜爱或憎恨。……例如,我们说,一个饥饿的婴儿,会体验到他胃里不舒服的饥饿感。在婴儿心理上被表征为感觉到被恶意所驱使的客体,实际上存在于婴儿的肚子里,它想让婴儿感到饥饿的不适感。相反,当婴儿被喂养时,他的体验是一个客体,我们可以认为是母亲或她的乳汁,但婴儿却认为在他肚子里有善意的、想引起愉快感觉的客体。

(Hinshelwood, 1989, pp. 34-35)

西格尔(Segal, 1964)详细阐述了幻想的防御功能,认为幻想不仅是本能的心理表征,而且包括防御过程,如内摄和投射,用以对抗淹没性的焦虑和冲突。在克莱因看来,对于婴儿而言,这些活动与吮吸、排泄和哭泣等身体活动密切相关。

把儿童的游戏和活动看作他们表达自己的自然方式,令克莱因学派在无意识幻想的观点上发生了重大转变。游戏不仅仅是过去的态度、事件和创伤的重复,而且是无意识幻想的外化,包括儿童自己的爱和恨的冲动。儿童通过游戏和活动驱除内在的、无意识的冲突,这使克莱因意识到,在治疗设置下,移情情境是内在冲突和焦虑的表征在与分析师的关系中的活现。

早期焦虑的本质

弗洛伊德在1926年发表的论文《抑制、症状和焦虑》(*Inhibitions, symptoms, and anxiety*)对克莱因的理论发展产生了深远的影响,而她也一再回到这篇论文当中。她借鉴了其中一些观点,包括弗洛伊德关于出生创伤、失去所爱客体以及死本能运作的论述。弗洛伊德认为焦虑与某一特定事件无关,比如出生创伤,然而"焦虑情境"在生命的不同阶段会发生变化。他这样做认可了克莱因的观点,即她强调幻想或现实内容的重要,它们赋予了焦虑以意义。

克莱因的儿童分析方法为焦虑理论做出了特别的贡献。她发现儿童在游戏中表达出来的残忍和攻击性会导致特别严苛的悔恨和内疚。她越来越清楚地认识到,正是幼儿自己的施虐性吓坏了他们自己,让他们害怕遭受同样的施虐性报复。尽管起初克莱因坚持认为焦虑和内疚源于力比多欲望和俄狄浦斯情结欲望,但到了1927年(Klein, 1927a),她越来越意识到儿童挣扎于控制他们的攻击性。她在自己的临床工作中发现,过度的内疚和焦虑会削弱个人发展和智力发展(见克莱因与迪克的工作,1930;克莱因与约翰的工作,1931)。

临床上,克莱因明白,她所处理的幼儿的焦虑与非常原始的冲突有关,即施虐冲动及因其产生的悔恨反应。克莱因在1929年的一篇不同寻常的论文中首次采用了弗洛伊德的术语"焦虑情境"(Klein, 1929b),该论文基于对拉威尔(Ravel)的歌剧的评论,以及卡琳·米凯利斯(Karin Michaelis)关于艺术家露丝·卡伽(Ruth Kjar)的一篇论文。克莱因在这篇论文中,写道:

> 弗洛伊德假设,婴儿的危险情境可以最终归结为失去所爱的(所渴望的)人。他认为,对于女孩而言,失去客体是最强烈的危险情境。对于男孩而言则是阉割。我的工作已经向我证明,这两种危险情境都是对更早期情境的修正……那个更早期的情境便是对母亲身体的攻击,婴儿在心理上正处于施虐期的巅峰期,也意味着与母亲身体里父亲阴茎的斗争。

(Klein, 1929b, p. 213)

在同一篇论文中,克莱因描述了这些攻击不仅针对包含着父亲阴茎的母亲身体,而且也针对包括创造性的父母性行为——原初场景——以及感觉也在母亲体内的婴儿(见"结合父母形象")。父母对儿童自身创造力的报复性攻击会引起强烈的恐惧,如果这些焦虑过于强烈,就会导致想象力的抑制,然后是修复性游戏的抑制。克莱因在她的几个儿童病人身上见证了攻击母亲身体的表现(见1923a克莱因论文中的丽塔,1923b克莱因论文中的特露德和露丝)。

> 我对特露德、露丝和丽塔案例的观察，以及我在过去几年中获得的知识，使我认识到存在一种焦虑，或者更确切地说是焦虑情境，这是女孩特有的，相当于男孩感受到的阉割焦虑……这是基于儿童对她母亲的攻击性冲动以及对她的欲望，源于俄狄浦斯情结的早期阶段，儿童想要杀死她母亲并从她那里偷走东西。这些冲动不仅导致被母亲攻击的焦虑或恐惧，还有她的母亲会抛弃她或死去的恐惧。
>
> （Klein, 1932, p. 31）

儿童的施虐冲动和对被父母报复的恐惧，令他们对这些可怕的形象发起进一步的攻击，从而导致对被报复的恐惧再次袭来，儿童进一步地进行防御性攻击。克莱因认为，对于那些仍然依赖父母的儿童来说，这是噩梦般的东西。累积的恐惧强度让克莱因将这种程度的焦虑视为精神病性（见"妄想症"）。例如，她描述了丽塔玩的一个游戏——克莱因一次又一次地回到她的素材进行描述（1926, 1929, 1932, 1936, 1945, 1955）："这头大象本来就是要阻止娃娃起床，否则它会偷偷溜进父母的卧室，对他们造成伤害或者从他们那儿拿走一些东西。"（Klein, 1932, p. 132）

在这篇论文的后续扩展版本中，克莱因修正了她对丽塔与大象的就寝仪式的理解，包括了以下内容：丽塔需要保护自己免受父母形象的报复性攻击。

> 正如我现在看到的，害怕她的母亲攻击她身体的"内部"，也增加了她对有人会从窗户爬进来的恐惧。这个房间代表了她的身体，袭击者是她的母亲，母亲因为孩子对她的攻击而进行报复。
>
> （Klein, 1932, p. 17）

丽塔与母亲之间充满了矛盾，这让她成为难管的孩子。她时常表达悲伤，总是需要母亲向她保证自己爱她，这些都得到进一步发展，与丽塔更多的分析材料产生联系。

将一张纸涂黑、撕碎并扔进水里，代表她的母亲被口腔、肛门和尿道等途径所毁灭，这一死去的母亲画面不仅与视野之外的外部母亲有关，而且与内在母亲也有关系。在俄狄浦斯的情境下，丽塔不得不放弃与母亲的竞争，因为她无意识地害怕失去内在和外部客体，这阻碍了她对母亲的一切欲望，这些欲望会增加她对母亲的仇恨，从而导致她母亲的死亡。焦虑源于她的口腔位置，丽塔在她母亲试图断掉最后一瓶奶时，出现了明显的抑郁。对她的分析表明，断奶代表了对她指向母亲的攻击性欲望和死亡愿望的残酷惩罚。

(Klein, 1945, p. 404)

弗洛伊德对与死本能相关的防御的特殊本质的评论，也为克莱因对儿童病人的观察提供了支持，并令她背离超我和俄狄浦斯情结的经典理论（见Ch.6, Ch.8）。

当克莱因在1932年描述死本能的倾向时，她的思想发生了翻天覆地的变化，死本能以攻击性的形式投射出去，与爱本能发生冲突（见"死本能"）。克莱因认为，在最初几个月与母亲建立良好关系对婴儿的健康至关重要，对好客体——"好乳房"的体内化（incorporation）为人格的稳定核心提供了开始，也提供了抵御压倒性绝望和焦虑的堡垒。早期，婴儿通过将好乳房/母亲与"坏乳房"——造成疼痛和不适的剥夺母亲——完全分离，来保护好乳房（见"乳房""偏执-分裂心位"）。随着婴儿的成熟，母亲被更多地视为整体的人，好与坏之间的分裂变得模糊，不再那么绝对。意识到客体不是完全的好会导致对它及其生存的恐惧（见"抑郁心位"）。内疚感开始出现，克莱因在她的儿童病人身上目睹了这种内疚感是多么具有毁坏性，它引起新的、绝望的恐惧，害怕这个好的、被爱的客体受到了无法修复的损害（见"修复"）。

因此，克莱因扩展了弗洛伊德关于丧失所爱的外部客体的最初观点，也包括所爱的内部客体的丧失与可能的死亡，因此也包括好的自体部分（见Klein, 1932, Ch.8）。焦虑情境变成了爱恨冲动之间的内在的斗争和张力，以及所有随之而来的对发展的影响。克莱因看到，所有这些都在她分析室里的儿童身上一幕幕呈现，她知道这是他们症状背后的原因。

重要观点

游戏技术和自由联想

游戏技术是在分析中与幼儿进行交流的正式治疗方法。向每位儿童提供一盒玩具及其他材料，供他们在每次会谈中自由使用，这些代表了每个儿童与分析师的独特关系。克莱因认为，鉴于这是幼儿的自然表达方式，对行为和游戏进行密切观察将让我们更深入地理解儿童心智的无意识幻想和冲突。因此，她把游戏比作成年人的自由联想与梦。

儿童的移情，包括正性移情与负性移情

克莱因不同意20世纪20年代和30年代盛行的观点，即幼儿无法对分析师形成移情，因此不能用经典的方式对其进行分析。克莱因的看法是移情在儿童中普遍存在，如同移情在成年人当中普遍存在一样；在克莱因看来，从早期生活开始，内摄客体（有时被严重扭曲），不仅塑造了儿童与分析师的关系，也塑造了他与父母的关系。克莱因认为主动解释儿童的负性移情尤为重要，负性移情通常表现为对分析师的阻抗、敌意及焦虑。

解释的作用

克莱因一直对探索"最大焦虑点"很感兴趣，她注意到当她的儿童病人在玩耍和游戏中表达攻击性且经常是暴力的冲动时，他们会变得非常焦虑。这种情况有时看起来非常严重，以至于抑制了儿童继续游戏的能力，在极端的个案里，比如迪克，这完全抑制了他的发展。她开始相信，解释儿童可能害怕的东西，比如露丝的案例，可以带来解脱。克莱因的一些解释在当时受到相当大的质疑，直到今天仍然如此，但尽管如此她仍然拥有直觉的天赋，能够想象性地理解儿童可能正在经历着什么，并且有信心把她的想法用语言告诉儿童。

儿童的无意识幻想

无意识幻想是所有心理活动的基础，这一直是克莱因学派思想的标志。因

此，克莱因拒绝了原发自恋的概念，而倾向于认为婴儿从出生起就有与客体相关的活动。在观察儿童们的玩耍和游戏时，克莱因被儿童表达生动的且经常是带有暴力攻击的口腔或肛门幻想的倾向所震撼。克莱因将这些与孩子关于原初场景的受困扰的想法联系起来，这些想法来自他们自己的身体功能，并被他们对母亲的身体和父母性交的攻击性冲动所扭曲。在克莱因看来，儿童的幻想涉及一种关于客体的活动和冲动的信念，而这些客体被儿童感觉为具体地存在于体内。

早期焦虑的本质

弗洛伊德在1926年的论文《抑制、症状和焦虑》中，确定了三种焦虑情境：出生创伤、所渴望客体的丧失和死本能。他还指出，焦虑情境在发展过程中会发生变化，这鼓励克莱因相信，应该探索的是焦虑的内容。弗洛伊德认为，女孩的基本焦虑是失去客体，而男孩的基本焦虑是阉割。克莱因对儿童的研究让她明白，男孩和女孩中有更早期的焦虑，与他们对母亲身体、父亲的阴茎和婴儿的虐待攻击幻想有关。她发现，正是孩子自己的施虐和施虐性的攻击吓坏了他们自己。这些更早期的焦虑是关于失去了所爱的内部客体，并导致了随后对被遗弃和被留下等死的恐惧（见Klein, 1929b）。

参 考 文 献

Abraham, H. and Freud, E. (1965) *Letters of Sigmund Freud and Karl Abraham, 1907-1926*. London: Hogarth Press.

Abraham, K. (1924) 'A short study of the development of the libido viewed in the light of mental disorders', in *Selected Papers of Karl Abraham*. London: Hogarth Press (1927), pp. 418-501.

Ferenczi, S. (1913) 'A little chanticleer', in *First Contributions to Psycho-Analysis*. London: Hogarth Press (1952), pp. 240-252.

—— (1921) 'Psycho-analytical observations on tic', *Int. J. Psycho-Anal.* 2: 1-30.

Frank, C. (2009) *Melanie Klein in Berlin: Her First Psychoanalyses of Children*. London: Routledge.

Frank, C. and Weiss, H. (1996) 'The origins of disquieting discoveries by Melanie Klein: The possible significance of the case of "Erna"', *Int. J. Psycho-Anal.* 77:

1101-1126.

Freud, A. (1946) *The Psycho-Analytic Treatment of Children*. London: Imago.

Freud, S. (1905) 'Three essays on the theory of sexuality', *S.E. 7*. London: Hogarth Press, pp. 123-243.

—— (1909) 'Analysis of a phobia in a five-year-old boy', *S.E. 10*. London: Hogarth Press, pp. 3-149.

—— (1920) 'Beyond the pleasure principle', *S.E. 18*. London: Hogarth Press, pp. 1-64.

—— (1926) 'Inhibitions, symptoms, and anxiety', *S.E. 20*. London: Hogarth Press, pp. 75-176.

Geissmann, C. and Geissman, P. (1997) *A History of Child Psychoanalysis*. London: Routledge.

Hinshelwood, R. D. (1989) *A Dictionary of Kleinian Thought*. London: Free Association Books, pp. 34-50.

Isaacs, S. (1948) 'The nature and function of phantasy', *Int. J. Psycho-Anal.* 29: 73-97.

King, P. and Steiner, R. (1991) *The Freud-Klein Controversies 1941-1945*. London: Tavistock/Routledge.

Klein, M. (1921) 'The development of a child'. in *The Writings of Melanie Klein*, Vol. 1. London: Hogarth Press, pp. 1-53.

—— (1923a) 'The role of the school in the libidinal development of the child'. *Int. J. Psycho-Anal.* 5: 312-331.

—— (1923b) 'Early analysis', in *The Writings of Melanie Klein*, Vol. 1. London: Hogarth Press, pp. 77-105.

—— (1925) 'A contribution to the psychogenesis of tics', in *The Writings of Melanie Klein*, Vol. 1. London: Hogarth Press, pp. 106-127.

—— (1926) 'The psychological principles of early analysis', in *The Writings of Melanie Klein*, Vol. 1. London: Hogarth Press, pp. 128-138.

—— (1927a) 'Criminal tendencies in normal children', in *The Writings of Melanie Klein*, Vol. 1. London: Hogarth Press, pp. 170-185.

—— (1927b) 'Symposium on child analysis', in *The Writings of Melanie Klein*, Vol. 1. London: Hogarth Press, pp. 139-169.

—— (1928) 'The early stages of Oedipus complex', in *The Writings of Melanie Klein*, Vol. 1. London: Hogarth Press, pp. 186-198.

—— (1929a) 'Personification in the play of children', in *The Writings of Melanie Klein*, Vol. 1. London: Hogarth Press, pp. 199-209.

—— (1929b) 'Infantile anxiety-situations reflected in a work of art and in the creative impulse', in *The Writings of Melanie Klein*, Vol. 1. London: Hogarth Press, pp. 210-218.

—— (1930) 'The importance of symbol formation in the development of the egO', in *The Writings of Melanie Klein*, Vol. 1. London: Hogarth Press, pp. 219-232.

—— (1931) 'A contribution to the theory of intellectual inhibition', in *The Writings of Melanie Klein*, Vol. 1. London: Hogarth Press, pp. 236-247.

—— (1932) *The Psychoanalysis of Children. The Writings of Melanie Klein*, Vol. 2. London: Hogarth Press, pp. 16-34.

—— (1936) 'Weaning', in *The Writings of Melanie Klein*, Vol. 1. London: Hogarth Press, pp. 290-305.

—— (1945) 'The Oedipus complex in the light of early anxieties', in *The Writings of Melanie Klein*, Vol. 1. London: Hogarth Press, pp. 370-419.

——(1946) 'Notes on some schizoid mechanisms', *Int. J. Psycho-Anal.* 27: 99-110.

—— (1952) 'The origins of transference', *Int. J. Psycho-Anal.* 33: 433-438. Reprinted in *The Writings of Melanie Klein*, Vol. 3. London: Hogarth Press, pp. 48-56.

—— (1955) 'The psychoanalytic play technique, its history and significance', in *The Writings of Melanie Klein*, Vol. 3. London: Hogarth Press, pp. 122-140.

—— (1957) 'Envy and gratitude', in *The Writings of Melanie Klein*, Vol. 3. London: Hogarth Press, pp. 176-235.

—— (1961) *Narrative of a Child Analysis.* in *The Writings of Melanie Klein*, Vol. 4. London: Hogarth Press.

Petot, J.-M. (1990). *Melanie Klein: Vol. 1: First Discoveries and First System: (1919-1932)* (C. Trollope, Trans.) Madison, CT: International Universities Press.

—— (1991) *Melanie Klein: Vol. 2: The Ego and the Good Object (1932-1960)* (C. Trollope, Trans.) Madison, CT: International Universities Press.

Segal, H. (1964) 'Phantasy and other mental processes', *Int. J. Psycho-Anal.* 45: 191-194. Reprinted in *The Work of Hanna Segal*. London: Free Association Books/Maresfield (1974), pp. 41-48.

Strachey, J. and Strachey, A. (1986) *Bloomsbury/Freud. The Letters of James and Alix Strachey 1924-1925*. London: Chatto & Windus.

推 荐 阅 读

Aguayo, J. (1997) 'Historicizing the origins of Kleinian psychoanalysis: Klein's analytic and patronal relationships with Ferenczi, Abraham and Jones, 1914-1927', *Int. J. Psycho-Anal.* 78: 1165-1182.

Bick, E. (1968) 'The experience of the skin in early object relations', *Int. J. Psycho-Anal.* 49: 484-486.

Ferenczi, S. (1913) 'Stages in the development of the sense of reality', in *First Contributions to Psychoanalysis*. London: Hogarth Press (1952), pp. 213-239.

Harris, M. (1975) *Thinking about Infants and Young Children*. Strath Tay: Clunie Press.

—— and Bick, E. (1987) *The Collected Papers of Martha Harris and Esther Bick*. Strath Tay: Clunie Press.

Klein, M. (1952) 'Some theoretical conclusions regarding the emotional life of the infant', in *The Writings of Melanie Klein*, Vol. 3. London: Hogarth Press, pp. 61-93.

—— (1952) 'On observing the behaviour of young infants', in *The Writings of Melanie Klein*, Vol. 3. London: Hogarth Press, pp. 94-121.

—— (1959) 'Our adult world and its roots in infancy', in *The Writings of Melanie Klein*, Vol. 3. London: Hogarth Press, pp. 247-263.

Likierman, M. (2002) *Melanie Klein: Her Work in Context*. London: Continuum.

O'Shaughnessy, E. (1964) 'The absent object', *J. Child Psychother.* 1: 134-143.

Segal, H. (1972) 'Melanie Klein's technique of child analysis', in *The Work of Hanna Segal*. London: Jason Aronson (1981), pp. 25-37.

—— (1979) *Klein*. London: Fontana.

Tustin, F. (1972) *Autism and Childhood Psychosis*. London: Hogarth Press.

—— (1981) *Autistic States in Children*. London: Routledge & Kegan Paul.

Winnicott, D. (1971) *Playing and Reality*. London: Tavistock.

3 内部客体 | Internal objects

定 义

"内部客体"这个术语本质上是指被纳入自体内部的某个外部客体的心理与情感意象。自体的面貌已经被投射进内部客体，因而内部客体的特性受自体这些面貌的影响。内化的意象世界与现实世界的客体（显然也存在于心智之中）之间的复杂互动贯穿于整个生命过程，通过投射与内摄的循环反复。最重要的内部客体来自父母，特别是来自母亲或其乳房，婴儿将其爱（生本能）或恨（死本能）投射进其中。当这些客体被纳入自体时，它们被认为能被婴儿具体地体验到，就像体内的生理现实一般，引起快感（好的内部部分客体-乳房）或痛苦（坏的内部部分客体-乳房）。婴儿对这些客体动机的看法，部分基于婴儿对外部客体的准确感知，部分基于婴儿投射进外部客体里的欲望和感觉：坏客体中制造痛苦的恶意与好客体中给予快乐的善意。

内部客体在自体中被体验为彼此相关。它们可能被认同和同化，它们可能被感受为与自体分离，同时又存在于自体之中，有时它们被感受为是自体中的外来异物。克莱因学派的理论认为，内部客体的状态对个体的发展和心理健康至关重要。内摄与认同稳定的好客体是凝聚和整合体验的自我能力的关键所在。受损或死亡的内部客体会引起巨大的焦虑，并可能导致人格解体，反之，如果客体被感受为处于良好状态，则会提升自信与幸福感。

内部客体可以在不同水平存在。它们在某种程度上或多或少是无意识的，也可能或多或少是原始的。婴儿的内部客体最初是在身体与心智中被具体体验的部分，它构成了成人心灵的原始水平，为后来的知觉、感受和想法增加了情感的影响和力量。内部客体可能通过梦、幻想以及语言呈现在自体面前。

内部客体在概念上令人困惑，因为人们既从元心理的角度又从现象学的角度对其进行描述。从元心理学的角度来说，首个内部客体在某种程度上由生本能与死本能创造，可以影响自我的结构，也是超我的基础。从现象学的视角来看，它们属于幻想的内容，但该幻想的内容又具有实际的影响。

内部客体的概念化与克莱因的生与死本能理论、她关于无意识幻想的观点以及她关于从偏执-分裂心位发展到抑郁心位的理论，有着千丝万缕的联系，在这些心位中，从部分客体到整体客体的移动在起作用。这意味着没有单一的定义可以准确地表达这个概念。

重 要 文 献

1910	S. 弗洛伊德《莱昂纳多·达·芬奇和他的童年记忆》(Leonardo da Vinci and a memory of his childhood) 弗洛伊德写了关于莱昂纳多对他母亲的认同。
1914	S. 弗洛伊德《论自恋：一篇导论》(On narcissism: an introduction，简称《论自恋》) 自体以自我为爱的客体。
1917	S. 弗洛伊德《哀悼与忧郁》(Mourning and melancholia) 自我认同了被责备的、已丧失的客体。
1926	M. 克莱因《早期分析的心理学原则》 内摄的母亲被儿童的施虐冲动所扭曲。
1927	M. 克莱因《儿童分析研讨》 "意象"不同于原初客体。
1929	M. 克莱因《儿童游戏中的拟人化》 性心理阶段影响意象特征。描述了意象的极端特征。
1932	M. 克莱因《儿童精神分析》 生本能和死本能影响着被内摄（部分）客体的特征。
1935	M. 克莱因《论躁郁状态的心理成因》(A contribution to the psychogenesis of manic depressive states) 从部分客体到整体客体相关的移动引起了对好客体丧失的恐惧和对其保存的关注，增加对外在和内部客体之间关系的复杂理解。

1940	M. 克莱因《哀悼及其与躁郁状态的关系》(*Mourning and its relation to manic-depressive states*)
	运用防御抵御好客体的丧失。哀悼涉及内部和外部客体的丧失。
1942	P. 海曼《对升华问题的贡献及其与内化过程的关系》(*A contribution to the problem of sublimation and its relation to processes of internalization*)
	用生动的临床说明清楚地阐述了这一概念。讨论了同化的过程。
1946	M. 克莱因《对某些类分裂机制的评论》(*Notes on some schizoid mechanisms*)
	客体二元分裂是成功建立好客体的必要条件,也是健康发展的必要条件。二元分裂区别于碎片化分裂。
1949	P. 海曼《对精神分析概念"内摄客体"的评论》(*Some notes on the psycho-analytic concept of introjected objects*)
	对概念的优秀阐述;强调与身体感觉的联系。
1957	M. 克莱因《嫉毁与感恩》(*Envy and gratitude*)
	嫉毁导致对破坏性内部客体的内化。
1958	M. 克莱因《论心智功能的发展》(*On the development of mental functioning*)
	重述理论并加以修正,其中极端原始的内部客体位于"深度无意识",在那里它们保持免受干扰。
1952	H. 罗森菲尔德《对急性精神分裂症病人的超我冲突进行精神分析的评论》(*Notes on the psycho-analysis of the super-ego conflict of an acute schizophrenic patient*)
	死亡或被毁坏的内部客体起着"分裂自我的超我(ego-splitting super-ego)"的功能。
1959	W. 比昂《对联结的攻击》(*Attacks on linking*)
	内部客体作为"摧毁自我的超我(ego-destructive superego)"。
1964	H. 罗森菲尔德《论自恋的精神病理学:一种临床方法》(*On the psychopathology of narcissism: A clinical approach*,简称《论自恋的精神病理学》)
	对全能内摄与认同的探索。
1971	H. 罗森菲尔德《精神分析中生死本能理论的一种临床方法:对自恋攻击性方面的研究》(*A clinical approach to the psychoanalytic theory of the life and death instincts: An investigation into the aggressive aspects of narcissism*)
	探讨全能内摄和认同。
2004	I. 索德雷《谁是谁?对病理性认同的评论》(*Who's who? Notes on pathological identifications*)
	继续探讨客体的全能内摄主题。

术语"内部客体"的概念困难

该术语缺乏独特性

在思考"内部客体"这个术语时，存在许多概念上的困难。该词被用来指代个体内部各种各样的现象，从身体的感觉到自体的不同部分，再到各种心理意象——幻想、记忆和知觉。术语"内部客体"和"外部客体"有时是不可区分的，因为二者都可以用来指代心理意象。所有被感知或被记住的客体，无论是有意识的还是无意识的，都是内部的，因为它们存在于心智中。然而可以对那些被体验为在自体内部的客体和那些被体验为在自体外部的客体进行一些区分。内部客体的概念意味着有生命的或曾经有生命的客体，并与之有情感联系。总的来说，这个术语意味着某种程度上持久或重复的客体经验。

内部客体与本能

在克莱因早期作品中，儿童头脑中父母的性格被占优势的本能所扭曲，尤其是口腔与肛门的施虐驱力。在她后来的理论中，内部客体可能代表着本能；这尤其适用于克莱因在1958年写到的被分裂出去、位于深层无意识中的极端形象。

内部客体与无意识幻想

克莱因认为，本能被体验为幻想，例如，死本能表现为某种具体的或幻想的内部攻击者的形式。

自体-客体的区分：我和非我的经验

理论上讲，自体和客体没有明显的区分。内部客体结合了自体和客体的方方面面，可以被体验为或被认为是自体的一部分或外来者（a foreign body；见"投射性认同"）。

内部客体与本能及现实的区分

内部客体随着个体本能与外部世界关系的变化和发展而发生着变化和发展。在这一发展过程中，本能、客体和现实感知逐渐分化。

年　　表

先驱者

弗洛伊德（1900）在《梦的解析》中提到了无意识记忆痕迹，意指它们对梦和症状形成有着巨大影响。真正把客体带进自体的想法产生于费伦齐、亚伯拉罕和弗洛伊德在口腔期发展阶段的阐述。1909年，费伦齐创造了"内摄"一词来描述（口腔）过程，即将外部世界带入自我的过程，并"使其成为无意识幻想的客体"（1909, p. 47）。费伦齐后来将这种活动描述为"通过将其客体包含在自我中，使原始自体性欲的兴趣延伸到外部世界"（1912, p. 316）。1910年，弗洛伊德描述莱昂纳多·达·芬奇在无意识中保留了他对母亲压抑的爱，他仍然"无意识地执着于记忆中母亲的形象"，并认同母亲（1910, p. 100）。亚伯拉罕（Abraham, 1911）把体内化描述为口腔本能冲动的心理对应物。

弗洛伊德在1910年引入了自恋的客体爱（object-love）的概念，这个概念在《性学三论》（1905）和那篇关于莱昂纳多·达·芬奇的论文（1910）的脚注中都出现过。1914年，弗洛伊德撰写了一篇论文，阐述了自体将自我作为其爱的客体的观点（《论自恋：一篇导论》）。弗洛伊德在1917年的重要论文《哀悼与忧郁》中，使用亚伯拉罕对正常哀悼与严重抑郁的区分，以及亚伯拉罕口欲食人（oral cannibalism）的概念，来描述抑郁的自我如何与内摄的、责备的、丧失了的客体进行认同。然后在1921年，弗洛伊德提出了自我分裂的观点，其中一部分自我是良知，愤怒地对抗自我中"已经被内摄所改变，包含丧失客体"的部分（1921, p. 109）。良知或批判的代理者后来被命名为超我，它本身就是早期认同的沉淀（1923, p. 34）。弗洛伊德将客体带进自我的原因描述如下。

> 当一个人不得不放弃一个性客体时，他的自我往往随之发生改变，这只能被描述为在自我内部建立客体，正如在忧郁症中发生的那

样。这种认同可能是它我能够放弃客体的唯一条件。无论如何，尤其在发展的早期阶段，这个过程非常频繁地发生，它使我们有可能假设：自我的特征是被遗弃的客体－投注的沉淀物，它包含了那些客体选择的历史。

(Freud, 1923, pp. 29-30)

弗洛伊德后来解释了他所说的"认同"这一术语的含义。

这就是所谓的"认同（identification）"，也就是说，将一个自我同化（assimilation）到另一个自我中，结果是第一个自我在某些方面表现得像第二个自我一样，模仿它，在某种意义上将它变成了自己。把认同和口欲的、将另一个人吃掉的体内化进行对比并非不合适。它是对他人依恋很重要的形式，可能是最早的依恋，和对客体选择不是一回事。

(Freud, 1933, p. 63)

所有这一切都为克莱因关于"内部世界充满了内部客体"的思想铺平了道路。

克莱因对内部客体的看法

1925—1932年，早期阶段：对俄狄浦斯客体的口腔和肛门攻击（内摄的特征受内摄时所处的性心理发展阶段的影响）

早在1925年，当克莱因写到"抽动"的时候，她就把抽动描述为与孩子对他的"内部"客体——性交中的父母——的幻想关系有关的活动，这个"内部"客体是指性交中的父母。亚伯拉罕和费伦齐将抽动描述为与自慰有关的自恋行为，他们认为这种行为是无客体的释放方式。克莱因不同意这种观点，她认为抽动是从客体关系退化到继发自恋的行为。

此时克莱因开始构建她的理论，她在孩子身上看到的焦虑是由他们自己的暴力感受和他们内部存在报复性母亲的幻想所引起的。1926年，她描述了两个极度焦虑的女孩，其中一个叫丽塔的女孩害怕她母亲的报复，因为她的俄狄浦斯式愿望是"篡夺她母亲在父亲那里的地位，从她母亲那里偷走她孕育中的孩子，伤害及阉割自己的父母"（1926, p. 132）。克莱因的观点是，令人恐惧的母亲不是真实的（外部的）母亲，而是被内摄的母亲。

> 但是在这里，对幼时愿望的禁止不再来自真实的母亲，而是来自被内摄的母亲，她（丽塔）以多种形式为我（克莱因）活现了这个角色，这个角色对她施加的影响比她的亲生母亲曾经做的更加严厉和残酷。
>
> （Klein, 1926, p. 132）

尽管在克莱因写作的这个阶段，她聚焦于作为坏客体的内部客体，而丽塔的父亲也是折磨人的内部形象，但还有另一个版本的父亲：更有帮助的形象，作为一头大象出现在她的游戏中，阻止她起身追求她那邪恶的愿望。

克莱因将儿童的原初真实客体与她所说的"意象"区分开来。"他与他们（原初客体）的关系经历了扭曲和变形，因此当下爱的客体现在是原初客体的意象"（1927, p. 151）。克莱因认为，儿童专注于母亲的身体内部及其内容物，包括充满敌意的阴茎，当它们和母亲一起被内摄时（后来被称为"结合客体"），被儿童感觉为有极度的敌意，并引起极度的焦虑。克莱因将这些意象定位在超我中，这是对弗洛伊德理论的改变，超我的发展先于俄狄浦斯情结的解决（见"俄狄浦斯情结""超我"）。

> ……超我具有幻想的严苛性。考虑到无意识中普遍存在的、众所周知的原则，儿童会因为自己食人和施虐冲动，而预期受到诸如阉割、被切成碎片、被吃掉等惩罚，并且永远生活在对这些惩罚的恐惧之中。儿童那温柔、慈爱的母亲与被儿童超我所威胁的惩罚之间的对比，实际上是荒诞的，这说明了一个事实，即我们决不能把真实客体等同于儿童内摄的客体。
>
> （Klein, 1927, p. 155）

在她这个思考阶段，克莱因经常假设，真实客体是好的（如上面的例子），而意象则是坏的。这个假设在过去和现在都饱受诟病，但克莱因并没有长期坚持这个假设，即使在她提出该假设时，"好的""真实的"客体也常常是不切实际的,且表现出极端的暴力。佩托阐明了这一点,他指出,尽管克莱因(Klein,1929)认为杰拉尔德理想中的"仙女妈妈"比残忍的意象更接近现实,"这个更现实的意象仍然愿意帮助儿童杀死他的父亲,阉割他并吃掉他的阴茎"(Petot, 1990, p. 260)。

一段时间以来,克莱因认为,内部客体的特征由其主导的前生殖器冲动的性质所决定,在此冲动之下客体被内摄。因此在口腔施虐阶段,被内摄的客体将被内摄的过程所扭曲,然后其本身将被体验为充满了口腔施虐。因为,当客体被内摄时,主体使用施虐的所有武器向他们发起攻击,这唤起了主体对于外部和内化的客体会对自己发动类似攻击的恐惧(1929, p. 212)。在这个早期阶段,克莱因还没有发展出她的抑郁心位理论,她认为有益的内部客体的形成取决于儿童朝向生殖器期的成功发展。克莱因指出,如果存在"对口腔吸吮阶段的足够且强烈的固着",这便会发生(1929, p. 204),在这种情况下,内部的客体才变得更像真实的母亲。

克莱因对儿童内部幻想世界的描绘极其复杂,其中每个"人物",从极端的形象到更加现实的形象,都处于快速波动的状态,时不时地可能与其中一个或多个意象结盟、交战,或被其接管。这种内部冲突引起的焦虑,可以通过将这些意象"分裂和投射"(1929, p. 205)到外部世界的客体内,而得以缓解。

1932年,过渡时期:生死本能与内部客体

那些收录于《儿童精神分析》(1932)中的论文,呈现了克莱因理论的过渡时期,即从基于性心理阶段的理论到越来越强调生死本能的相互作用。它们有时在理论上是矛盾的且难以理解的。结合弗洛伊德关于死本能向外在偏转的观点,内部的危险(内部的死本能)现在被体验为外在的坏母亲。克莱因当时的理论是:把母亲变成坏母亲的是对母亲的攻击,是死本能向外在偏转,而非内摄过程本身,随后,对被攻击了的可怕意象的内摄,又反过来引发了投射的过程。

当他还是幼儿时,他开始第一次内摄他的客体——必须谨记,这些只是被他的不同器官非常模糊地标定出来——正如我试图表明的那样,他对这些被内摄客体的恐惧使他启动了逐出和投射机制。现在,在投射和内摄之间出现了相互作用,不仅对他的超我形成,而且对他的客体关系发展以及他对现实的适应都具有根本的重要性。

（Klein, 1932, p. 142）

好客体已经建立。克莱因写道："他相信存在善良的和有帮助的人——这种信念建立在他的力比多效力之上，使他的现实客体越来越有力地显现出来，而他的幻想意象则退居到背景之中。"（1932, p. 148）尽管这听起来好像克莱因仍在继续将真实与美好等同起来，但她在脚注中指出，好的和坏的形象都可能是不切实际的。

我试图说明儿童会内摄不同的（不切实际的）意象，包括幻想的好意象以及幻想的坏意象，同时随着他对现实的适应和超我的逐渐形成，这些意象越来越接近它们所代表的真实客体。

（Klein, 1932, p. 137）

在她1932年的许多章节中，克莱因详细描述了各种全能的方法，这些方法被用来逃避、疏散、摧毁和控制有威胁的内部客体。她还将被体内化的客体描述为超我的第一种形式，以及"防御内部破坏性冲动的工具"（Klein, 1932, p. 127；见"超我"）。

1935—1945年，抑郁心位理论：整体客体——丧失、恢复和修复

1935年，克莱因提出了她的抑郁心位理论，从那时起，在她的理论中，性心理阶段的元素被纳入生死本能。从个体发展的角度来看，偏执-分裂心位发生在抑郁心位之前，但克莱因首先提出了她的抑郁心位理论，直到1946年才澄清了她对早期偏执-分裂心位的观点。然而，她确实反复提到了更早期的发展阶段。她明确表示，婴儿之所以会攻击母亲，部分是因为婴儿觉得母亲具有攻击性。

在克莱因看来，婴儿起初无法感知整体的客体，也无法整合客体好的和坏的方面。她认为，早期自我与其客体的认同很微弱，因为它是不协调的，也因为被内摄的客体主要是部分客体。拥有满意的母爱，以及随着婴儿的自我变得更有组织性，婴儿从与部分客体进行连接发展到与整体客体进行连接。客体的身

体部分，及婴儿自身的好坏部分与婴儿的（内部和外部）客体被整合在一起，并产生巨大的变化。与客体的关系变得更真实，内部客体不再那么受本能的影响；客体被看作它们原本的样子，独立于自体，并具有自己的属性。

与整体客体的连接引入了非常不同的运作方式，并导致了新的焦虑。婴儿或个体现在不仅担忧自己的生存，也担心自己现在认同的客体的生存（抑郁心位的功能）。被爱的内部好客体不再被认为是极其强大的，而是易受攻击的，并处在被暴力的内部客体、被婴儿的仇恨、被吞噬性的爱破坏的危险之中，或与坏客体一起被驱逐。重要的是，好客体的缺失越来越多地被经验为丧失，而非存在糟糕的迫害性客体。

个体会感到内疚和悲伤的痛苦，有时会感到绝望。克莱因描述了被个体采用的全能防御：逃向理想化的内部客体（Schmideberg, 1930），强迫性控制，否认好客体的重要性，否认坏的自体和坏的客体。试图恢复客体，但修复活动充满挫折，这不仅是因为它们建立在虚假的全能基础之上，而且因为好坏客体以及好坏自体之间的区分崩塌了。理想化的客体在需要恢复时可能变得苛刻且具有迫害性，而好的客体可能在幻想中被吃掉和毁灭（见"躁狂性防御""强迫性防御"）。

克莱因（Klein, 1935）将她的理论观点与对病人行为的观察联系起来，描述了疑病症状，有时是"偏执的"，可能是由于个体对所认同的受损内部客体的关爱而导致的。克莱因对自杀的病人提出了自己的看法，她指出：虽然自杀的目的可能是谋杀坏客体，但其意图也是为了保存个体所认同的内化好客体，并使自我与所爱的客体相结合。克莱因发现，在躁狂病人的心智中，父母会被杀死，然后再被他们复活；而在强迫症病人的心灵中，他们彼此分离。她观察到抑郁的儿童和成人病人害怕他们的内部包含着死去或垂死的客体（通常是父母）。克莱因后来回到了这个观点上，她把未受伤的活存客体与受伤的垂死或死去客体之间的分裂描述为对抗抑郁性焦虑的防御（1952）。

克莱因在《哀悼及其与躁郁状态的关系》（1940）一文中继续了其1935年那篇论文中的许多主题，并对全能防御进行了更详细的阐述，特别关注强迫性和躁狂性修复以及战胜客体的行动。她完整地描述了她所看见的复杂内部世界：

正如我常指出的那样，从生命开始的内摄和投射过程，导致了我们内心深处被爱的客体和被恨的客体的建立，这些客体被认为是"好的"和"坏的"，它们彼此之间以及与自体之间是相互关联的，也就是说，它们构成了内心世界。这种内化客体的集合变得有组织，连同自我的组织，在心智的更高层次上，变成了清晰可辨的超我。因此，广义上讲，这种现象被弗洛伊德视为在自我中建立起真实父母的声音和影响。根据我的发现，复杂的客体世界，个体在无意识的深层中感受到它，它具体地存在于个体的内部，因此我和我的一些同事使用术语"内化的客体"和"内部世界"。这个内部世界由无数的客体组成，这些客体被纳入自我（完整自体），部分地对应着各种不同的方面，好的和坏的，父母（和其他人）在儿童的各个发展阶段都出现在他的无意识心智中。此外，它们还代表了所有真实的人，在不断变化的情境下持续地被内化，这些情境由众多不断变化的外部经验以及被幻想的经验所提供。此外，所有这些客体都存在于内部世界中，彼此之间以及与自体之间存在着无穷的复杂关系。

(Klein, 1940, pp. 362-363)

克莱因在同一篇论文中探讨了丧失内部客体与实际上丧失所爱之人的体验之间的关系，进而提出哀悼者相信他也丧失了内部好客体的观点。真正的丧失重新激活了报复性母亲执意惩罚的早期偏执性焦虑，哀悼者可能会觉得"坏"客体已经占据主导地位。加入亚伯拉罕的想法——哀悼者需要恢复丧失的所爱客体——之后，克莱因解释道，哀悼者也需要恢复内化的好客体。其他挫折，如疾病，也可能威胁到个体安全地涵容好客体的感觉。

大约这个时候，克莱因在一篇未发表的论文中，可能写于1944年，解释了她为什么选择使用"内部客体"这个术语：

相比"安置于自我中的客体"这个经典定义，我更偏好"内部客体"这个术语的原因是，这个术语更加具体，它准确地表达了儿童的无意识，同样就这一点而言，成年人在深层的无意识中感受到它。在这些层面上，就某种意义而言，它不会被感受为心智的一部分，因为我们已经学会了理解它，超我是父母在我们心智中的声音。它是我们在无意识的更高层次中发现的概念。然而，在更深的层面上，它被视为身体的存在，或者更确切地说是众多的存在，其一切活动，无论是友好的还是敌对的，都存在于一个人的身体里，特别是在腹部里，过去和现在的各种生理过程和感觉对这个概念都有贡献。

[梅兰妮·克莱因档案，D16 M2T 论文，
威尔科姆（Wellcome）图书馆]

20世纪30年代和40年代："内部客体派"

20世纪30年代和40年代，内部客体这一概念在克莱因的一群追随者中引起了相当大的反应，他们自称为"内部客体派（Internal Objects Group）"，他们撰写论文支持这个概念，并提供各种临床实例。这些列在了在后文"对这个概念的反应和关注"一节中，但是有两篇论文使这个概念变得非常清晰，值得在这里一提，即海曼的《对升华问题的贡献及其与内化过程的关系》（1942）和海曼的《对精神分析概念"内摄客体"的评论》（1949）。在海曼1942年的论文中描述了一个病人，这个病人认为有个魔鬼居住在她的身体里，在她内部游荡，给她带来痛苦，让她做她不想做的事情，从里面蚕食她，用叉子戳她，让她呕吐。海曼认为魔鬼是内部客体，她以下面的方式理解了它的起源：

> 心理经验的记忆痕迹，无论是过去还是现在，都不是像照片那样的静态印记，而是移动和活的戏剧，就像舞台上永不停息的场景。这些内部戏剧是由主体和她对原始客体（父亲、母亲、兄弟和他们后来的替代者，包括分析师）的本能冲动构成，这些客体被看作是他们被感觉到的那样，而感觉受到她的冲动影响，此外，这些客体也展示出她自己的冲动。此外，戏中的所有主人公，她自己和她的客体、她自己的冲动和他们的反应，都来自童年的实际环境和事件：她自己童年时期的身体和情绪人格以及她周围人的身体与情绪人格、事物、地点和那段生命中发生的事件。她的本能冲动所处的以及最初指向的世界特征，追溯到他们最初被感受到的那段时间和实际的场合（或多或少被表达或被否定），被编织进她的冲动及其客体所上演的内部

戏剧中。

(Heimann, 1942, p. 11)

在同一篇论文中，海曼还解释了她如何理解同化的过程。她认为诱发内疚的被攻击的客体是被内化和被体验为需要修复的异物般的内部客体。修复行为被"惩罚性奴役"和"牺牲"的感觉所污染。当个体能够认识到他自身的品质时，客体也变得更加人性化。个体"获得"吸收父母不同面向的"权利"，也获得自由发挥他自身才能的权利 (pp. 15-16)。

1946年，偏执-分裂心位：内部客体的正常分裂与病理性分裂

1946年，克莱因提出了偏执-分裂心位的理论（见"偏执-分裂心位"）。她提出"投射性认同"这一术语，指的是分裂、投射和再内摄部分自我和部分客体的过程（见"投射性认同"）。她强调，婴儿区分客体和自体的好坏部分，对成功形成好的内部客体有发展上的重要性。她清楚地阐述了她和费尔贝恩（Fairbairn, 1941, 1944, 1946, 1952）之间的观点差异，费尔贝恩认为内部客体是现实的替代品，是对现实的逃避，他认为好客体的内摄继发于坏客体的内摄（见"罗纳德·费尔贝恩"）。

克莱因对基本的二元分裂（其中好与坏被区分开来），以及客体与自我的碎片化分裂做了区分。与生本能（吮吸力比多）相关的好客体被认为是完整的，而与死本能相关的坏客体被施虐性地纳入，并将其分裂成碎片；当婴儿充满挫败、贪婪、嫉毁或仇恨时，对坏客体的碎片活动可能会威胁、污染到好乳房，并干扰发展上重要的二元分裂：

……在吮吸力比多的支配下，令人满意的乳房被认为是完整的。第一个内部好客体充当自我的焦点 (focal point)。它抵消了分裂和消散的过程，促进了内聚和整合，并有助于建立自我。然而，婴儿内部拥有好的完整乳房的感觉可能会为挫折和焦虑所动摇。因此，好乳房和坏乳房之间的区分可能难以维持，婴儿可能会觉得好的乳房也成了碎片。

(Klein, 1946, pp. 5-6)

克莱因在这篇论文中重点介绍了她的观点，即当客体被分裂或碎片化时，自我沿着同样的路线被分裂或碎片化。克莱因重提了施米德伯格（Schmideberg, 1934）和海曼（Heimann, 1942）早期提出的观点，她指出过度的投射性认同会耗尽和削弱自我，导致自我无法认同被内摄的客体，反而发现自己被它们压垮了。这些未被同化的客体可能被认为是暴君，如果自体的好部分被过度投射，客体可能成为理想自我，而自我则屈从于它。

克莱因晚期论文：1948年以后

克莱因（1948）认为，内疚的出现不仅与抑郁心位的整体客体有关，而且也在偏执-分裂心位指向部分客体时短暂或逐渐频繁地出现。整合的尝试从一开始就存在，当好和坏的客体以及爱和恨的感觉结合在一起时，会对受伤的所爱客体感到内疚，并产生修复的愿望，虽然在这个早期阶段这是暂时的。

在《嫉毁与感恩》一文中，克莱因详细列举了嫉毁如何干扰对好客体的内摄。嫉毁不仅试图掠夺客体，"而且还把坏的东西，主要是坏的排泄物和自体坏的部分，放进母亲的体内，首先放进她的乳房，以便破坏和摧毁她"（Klein, 1957, p. 181）。嫉毁干扰了所有好的体验，严重损害了对好客体的内摄。被内摄的嫉毁客体，克莱因称之为"嫉毁的超我"，干扰了修复和创造力。嫉毁增加了对结合父母形象的恐惧。此外，嫉毁使婴儿无法清楚地区分好坏，并导致混淆状态。贪婪，虽然没有那么具有破坏性，却会导致对受损客体的内化，被占有的客体因此被认为是内部迫害者。克莱因指出，不利的外部环境极大地干扰了内化好客体的过程。相比之下，好的经验和感恩会带来内在的富足。克莱因指出，早期情感生活的特征是丧失和重新获得好客体的感觉（1957, p. 180；见"嫉毁""外部世界/环境"）。

1958年，回到她在几篇早期论文中提到的"位面（planes）"概念，克莱因重申了她的理论，即原初客体被纳入并存于自我和超我之中，且随着时间的推移而改变。然而，由于强烈的破坏性而产生的最可怕的原初客体，现在被她描述为"以不同于超我形成的方式分裂出来，并被驱逐到无意识的更深层次"（Klein, 1958, p. 241）。在这里，它们仍然没有被正常发展的整合过程所修正。这些原初的内部客体，极其糟糕和理想化。在受到压力时，可能会从个人内部爆发出来（见"超我"）。

在1960年的论文《对精神分裂症中抑郁症状的评论》(*A note on depression in the schizophrenic*)中，克莱因引用了西格尔1956年的论文（《精神分裂症病人的抑郁》(*Depression in the schizophrenic*)，认为精神分裂症病人已经内化了好客体，尽管是暂时的、不稳定的，但当它被破坏或摧毁时，病人会感到绝望、内疚及抑郁。克莱因提出，治疗的价值在于帮助精神分裂症病人体验和恢复被分裂出去的他自己的及客体的好的部分。

对这个概念的反应和关注

如上所述，在20世纪30年代和40年代，有一群分析师[瑟尔（Searl）、施米德伯格、艾萨克斯和海曼]自称为"内部客体派"，他们对这一概念进行探索并撰写论文，强调内部客体的具体本质以及它们在婴儿早期身体经验中的前语言基础（Searl, 1932, 1933; Schmideberg, 1934; Isaacs, 1940; Heimann, 1942, 1949）。

1934年，斯特雷奇对精神分析治疗性行为的理论做出了重大贡献。扩展和详述了克莱因（1929, 1931）的观点，即精神分析可以减轻由严苛的超我引起的焦虑，并允许发展出更友好的意象，他将分析师描述为被内摄的好客体，成为辅助性的超我（Strachey, 1934）。

在此期间，许多其他分析师也写了这个概念的相关论文。格洛弗（Glover, 1932）提出了这样一个观点，即内心有某种分离的感觉是由自我核心缺乏整合所造成。布赖尔利（Brierley, 1939）认为内部客体的出现是严重精神病理的迹象。富克斯（Fuchs, 1937）认为有两种认同：第一种（"前生殖器期"）是基于内摄，防御外部客体的实际丧失，导致自恋的认同；第二种（"部分"）是由于生殖器冲动而认同客体，保留外部客体会导致歇斯底里的认同。马特－布兰科（Matte-Blanco, 1941）提出这样的观点：客体通常会被潜移默化地同化到自我之中，只有那些因攻击而被分裂的客体才无法被同化。阿利克斯·斯特雷奇（A. Strachey, 1941）将内部的不同意义分为精神的、想象的和内部的。费尔贝恩（Fairbairn, 1944, 1946）提出新的结构模型，将自我分为三个部分，每个部分都与一个内部客体相关，而这个内部客体中只有一个——坏客体——被内化了（见"罗纳德·费尔贝恩"）。有关这一时期的详细讨论，请参见欣谢尔伍德（Hinshelwood, 1991）。

重要观点

内部世界和外部世界

克莱因请人们注意个体内部的精神活动（自体的不同部分与被内摄的客体和部分客体之间的互动）。这种内部活动（内部客体以及其中自体的不同部分）和外部世界客体之间的相互作用是她兴趣的核心。

内摄、体内化、认同和同化

继弗洛伊德、亚伯拉罕和费伦齐之后，克莱因认为，内摄和体内化或者将经验纳入自体中，对心智来说都是必要的，就如同摄取食物或空气对于身体是必要的一样。个体可能认同或不认同他所吸收的东西。同化涉及更进一步，因为它涉及认识到，客体或者个体认同的部分是独立存在的。

身体中活跃着的具体身体体验连接着无意识幻想

克莱因认为，最早的内摄是被身体感受到的具体感官体验，并伴随着无意识的幻想。例如，饥饿可能被体验为坏客体的存在，是由内部疼痛产生者（坏客体）故意引起的身体疼痛。特别是在发育的最初阶段，幻想和内部客体在概念上很难区分开来。

部分和整体客体，好和坏客体

克莱因将最初的客体描述为部分客体。例如，婴儿起初与乳房相连接，后来才将母亲的这一部分与她的眼睛、脸庞、双手等其他部分联系起来。在偏执-分裂心位上，母亲和其他人都被分为好和坏的方面，即所谓的"好"客体和"坏"客体。因此，这种划分是根据解剖学和定性线进行的。随着时间的推移，婴儿在客体的不同部分之间建立起联系，随着抑郁心位的到来，其他个体被认为是整体（整体客体）。

超我

在她早期的著作中，克莱因经常把最初内化的部分客体描述为早期超我。超我被看作内部客体，也是内部结构，包含自体和客体的各个方面，并具有特定的功能，例如承担进行道德判断的任务。

客体的具体经验与象征化表征

在克莱因的发展理论中，内部客体最初是被具体地体验到的，只是逐渐地被象征性地表征。随着抑郁心位的修通，客体被修正；投射进他们里面的部分自体被收回，分离被容忍，控制被放弃，全能感的丧失被哀悼，客体在心智中被表征为他人的各个方面，个体可能会或不会以现实及非全能的方式尝试认同和同化这些部分。

后 续 发 展

克莱因的所有著作都关注内部客体的变迁，但重点往往是心理机制，而不是客体本身。把客体放在中心位置的例子是罗森菲尔德（Rosenfeld, 1983）和巴罗斯（Barrows, 1999）的论文。罗森菲尔德在其中描述了一个病人认同了侵入性客体，不知道她在吞噬还是在被吞噬。而在巴罗斯的论文中，病人害怕被受损的客体淹没。在2004年和2006年，梅兰妮·克莱因信托基金会举行了两次关于客体的研讨会。第一次研讨会的主题是"坏客体以及我们如何与之相处"（伦敦东方学院，2004），其中收录的论文包括：巴德《被坏客体威胁》(*Intimidation by a bad object*, Bard)、库弗《学会与坏客体共处》(*Learning to live with a bad object*, Couve)和克里普威尔《被敌人占据》(*Possession by an enemy*, Cripwell)。第二次研讨会的主题是"好客体的问题"（皇家医学院，伦敦，2006），其中收录的论文包括：福尔纳里-斯波托《对好上瘾：客体是否足够好？》(*Addiction to goodness: is the object ever good enough?*, Fornari-Spoto)和帕特里克《当我不爱你时，混乱又出现了》(*And when I love thee not, chaos is come again*, Patrick)。布龙斯坦（Bronstein, 2001）在她的章节里探讨了"什么是内部客体？"，但是大多数时候，其他主题占据了论文的中心位置，例如投射性认同、自恋、病理性组织、倒错以及象征形成。值得注意的是，这些论文很少提到关于内部客体的特定观点。

与内部客体的分离与象征化

西格尔在她1957年的论文《关于象征形成的说明》（*Notes on symbol formation*）中指出，将内部客体和自我视为彼此分离的能力是发展象征能力的必要步骤。斯坦纳在《精神撤退》（*Psychic Retreats*, Steiner, 1993）[1]中，将从偏执-分裂心位功能到抑郁心位功能的转变分为两个阶段，"失去客体的恐惧"和"失去客体的经验"（见"抑郁心位""象征形成"）。

从具体经验到客体表征的转变中涵容的作用

比昂（Bion, 1962）在《思考的理论》（*A theory of thinking*）一书中，将婴儿对缺席母亲的经验描述为"没有乳房"和"坏"的具体内部客体的存在。如果这种挫折的经验可以被容忍，那么"没有乳房"可以发展成一种思想。如果挫折不能被容忍，那么"没有乳房"就会被视为坏的内部客体，需要被驱逐。继比昂之后，莫尼-克尔（Money-Kyrle, 1968）在"认知发展"中描述了认知发展的三个阶段。

1. 对身体上存在客体的具体（concrete）信念。
2. 在心智和记忆中的客体表征。
3. 在文字或其他符号中的象征性表征。

比克（Bick, 1964, 1968, 1986）提出这样的理论：在婴儿能够内摄或投射客体或感受之前，他需要获得内在拥有内部空间的经验。婴儿通过被外部客体抱持的被动经验来达成。比克认为个体主要是通过皮肤的感觉来体验这种涵容（见"威尔弗雷德·比昂""容器/被涵容""皮肤""象征形成""思考和知识"）。

---

[1] *Psychic Retreats*的简体中文版已由中国轻工业出版社于2023年以"精神退缩"为书名出版。"精神退缩"与"精神撤退"都指"psychic retreats"，译法不同。——译者注

全能投射性认同

罗森菲尔德（Rosenfeld, 1964, 1971）探讨了全能内摄和投射的观点，客体身上被渴望的品质被据为己有，自体被认同为就是内部客体。索恩（Sohn, 1985）倾向于使用"认同"这个词，当整体自体被自体认同的客体所接管。索德雷（Sodré, 2004）继续探讨对客体的全能内摄这个主题，并强调区分全能的具体认同和象征性认同的重要性（见"嫉毁""躁狂性防御""投射性认同"）。

自恋性认同的动机

罗森菲尔德（Rosenfeld, 1971, 1987）和布里顿（Britton, 2003）区分了两类病人：一类病人对充满力量的内部客体的自恋性认同是出于自我保护（力比多自恋）；另一类病人的自恋认同主要是由敌意所推动（破坏性自恋）。西格尔（Segal, 2007, p. 231）声明，她不同意持续的自恋性认同能够被视为力比多自恋。继克莱因之后，西格尔区分了暂时的和其他更持久的自恋结构（见"自恋"）。

内部客体和部分自体的病理性组织

罗森菲尔德（Rosenfeld, 1971）描述了自体、内部客体和外部客体的不同部分之间的内部关系的复杂性，特别是与强大的"好"客体或"坏"客体相认同的部分对依赖自我/力比多自我的禁锢或奴役。他和梅尔泽（Meltzer, 1968）生动地描述了不同的内部客体和部分自体是如何在想象和梦中被拟人化和被表征的。他们和其他人（Joseph, 1971; Segal, 1972; O'Shaughnessy, 1981; Steiner, 1982; Brenman, 1985）呈现了客体关系如何组织成阻止成长的系统，且往往涉及倒错的快感。

超我作为破坏性的内部客体

许多作者将他们对严重精神障碍的理解建立在他们的病人内部存在高度破坏性的超我的基础之上，这种超我基于最早内化的"坏的"和"包含死本能"的客体。罗森菲尔德（Rosenfeld, 1952）写道，病人被自己所容纳的死去或受损的内部客体的恐惧所淹没，这些客体在他们内部起着"分裂自我的超我"的作用。

克莱因（Klein, 1957）描绘了"嫉毁的超我"；而比昂（Bion, 1959）则描述了他所称的"摧毁自我的超我（ego-destructive superego）"，拒绝接受投射，从而阻碍思考能力的内部客体。奥肖内西（O'Shaughnessy, 1999）区分了正常的严格与"异常的超我"（见"嫉毁""死本能""超我"）。

关于内部客体和"内部表征"的其他学派观点

皮亚杰学派的表征（representation）概念在很大程度上与认知有关，而弗洛伊德学派的"心理表征"和克莱因学派的内部客体则充满了情感。不过，弗洛伊德学派的心理表征想法和克莱因学派的内部客体概念之间存在显著的差异，前者是未被体验的理论化结构。珀洛（Perlow, 1995）很好地回顾了《理解心理客体》（*Understanding Mental Objects*）的整个主题，并提出了以下关于弗洛伊德学派和后弗洛伊德学派对心理表征的描述。

> 客体的心理表征是指"图式"，它以过去的经验（不一定是现实的）为基础，组织现在的经验，并为现在的感知和过去的回忆提供背景。
>
> （Perlow, 1995, p. 150）

感知（perception）是一个主动的过程，在弗洛伊德学派中，表征是"预期的设定"。桑德勒（Sandler, 1990）认为内部客体是由分析师创造的理论结构，客体本身只在诸如白日梦之类的衍生物中才可见。

另一个学派，以科恩伯格（Kernberg, 1976）的《客体关系理论和临床精神分析》（*Object Relations Theory and Clinical Psychoanalysis*）为例，聚焦于表征在发展过程中沿两个轴的结构变化：自我表征和客体表征之间的相互"区分性"和"整合性"。

参 考 文 献

Abraham, K. (1911) 'Notes on the psycho-analytic investigation and treatment of manic-depressive insanity and allied conditions', in K. Abraham (ed.) *Selected*

Papers on Psycho-Analysis. London: Hogarth Press (1927), pp. 137-156.

Barrows, K. (1999) 'Ghosts in the swamp: Some aspects of splitting and their relationship to parental losses', *Int. J. Psycho-Anal.* 80: 549-561.

Bick, E. (1964) 'Notes on infant observation in psycho-analytic training', *Int. J. Psycho-Anal.* 45: 558-566.

—— (1968) 'The experience of the skin in early object relations', *Int. J. Psycho-Anal.* 49: 484-486.

—— (1986) 'Further considerations on the function of the skin in early object relations: Findings from infant observation integrated into child and adult analysis', *Br. J. Psychother.* 2: 292-299.

Bion, W. (1959) 'Attacks on linking', *Int. J. Psycho-Anal.* 40: 308-315.

—— (1962) 'A theory of thinking', *Int. J. Psycho-Anal.* 43: 306-310.

Brenman, E. (1985) 'Cruelty and narrow-mindedness', *Int. J. Psycho-Anal.* 66: 273-281.

Brierley, M. (1939) 'A prefatory note on "internalized objects" and depression', *Int. J. Psycho-Anal.* 20: 241-245.

Britton, R. (2003) 'Narcissism and narcissistic disorders', Chapter 10 in R. Britton (ed.) *Sex, Death, and the Superego*. London: Karnac, pp. 151-164.

Bronstein, C. (2001) 'What are internal objects?' in C. Bronstein (ed.) *Kleinian Theory: A Contemporary Perspective*. London: Whurr, pp. 108-124.

Fairbairn, R. (1941) 'A revised psychopathology of the psychoses and psychoneuroses', *Int. J. Psycho-Anal.* 22: 250-279.

—— (1944) 'Endopsychic structure considered in terms of object-relationships', *Int. J. Psycho-Anal.* 25: 70-92.

—— (1946) 'Object-relationships and dynamic structure', *Int. J. Psycho-Anal.* 27: 30-37.

—— (1952) *Psycho-Analytic Studies of the Personality*. London: Routledge & Kegan Paul.

Ferenczi, S. (1909) 'Introjection and transference', in *First Contributions to Psycho-Analysis*. London: Hogarth Press (1952), pp. 35-93.

—— (1912) 'On the definition of introjection', in *Final Contributions to the Problems and Methods of Psychoanalysis*. London: Hogarth Press (1955), pp. 316-318.

Freud, S. (1900) *The Interpretation of Dreams, S.E. 4*. London: Hogarth Press.

—— (1905) 'Three essays on the theory of sexuality', *S.E. 7*. London: Hogarth Press, pp. 123-245.

—— (1910) 'Leonardo da Vinci and a memory of his childhood', *S.E. 11*. London: Hogarth Press, pp. 57-151.

—— (1914) 'On narcissism: An introduction', *S.E. 14*. London: Hogarth Press, pp. 67-102.

—— (1917) 'Mourning and melancholia', *S.E. 14*. London: Hogarth Press, pp. 237-258.

—— (1921) 'Group psychology and the analysis of the ego', *S.E. 18*. London: Hogarth Press, pp. 65-143.

—— (1923) 'The ego and the id', *S.E. 19*. London: Hogarth Press, pp. 3-66.

—— (1933) 'The dissection of the psychical personality', *S.E. 22*. London: Hogarth Press, pp. 57-80.

Fuchs (Foulkes), S. H. (1937) 'On introjection', *Int. J. Psycho-Anal.* 18: 269-290.

Glover, E. (1932) 'A psycho-analytical approach to the classification of mental disorders', *J. Ment. Sci.* 78: 819-842.

Heimann, P. (1942) 'A contribution to the problem of sublimation and its relation to processes of internalization', *Int. J. Psycho-Anal.* 23: 8-17.

—— (1949) 'Some notes on the psycho-analytic concept of introjected objects', *Br. J. Med. Psychol.* 22: 8-15.

Hinshelwood, R. D. (1991) 'Internal objects', in *A Dictionary of Kleinian Thought*, 2nd edition. London: Free Association Books, pp. 68-83.

Isaacs, S. (1940) 'Temper tantrums in early childhood in their relation to internal objects', *Int. J. Psycho-Anal.* 21: 280-293.

Joseph, B. (1971) 'A clinical contribution to the analysis of a perversion', *Int. J. Psycho-Anal.* 52: 441-449.

Kernberg, O. (1976) *Object Relations Theory and Clinical Psychoanalysis*. New York: Aronson.

Klein, M. (1925) 'A contribution to the psychogenesis of tics', in *The Writings of Melanie Klein*, Vol. 1. London: Hogarth Press, pp. 106-127.

—— (1926) 'The psychological principles of early analysis', in *The Writings of Melanie Klein*, Vol. 1. London: Hogarth Press, pp. 128-138.

—— (1927) 'Symposium on child analysis', in *The Writings of Melanie Klein*, Vol. 1. London: Hogarth Press, pp. 139-169.

—— (1929) 'Personification in the play of children', in *The Writings of Melanie Klein,* Vol. 1. London: Hogarth Press, pp. 199-209.

—— (1931) 'A contribution to the theory of intellectual inhibition', in *The Writings of Melanie Klein*, Vol. 1. London: Hogarth Press, pp. 236-247.

—— (1932) *The Psychoanalysis of Children. The Writings of Melanie Klein*, Vol. 2. London: Hogarth Press.

—— (1935) 'A contribution to the psychogenesis of manic-depressive states', in *The Writings of Melanie Klein*, Vol. 1. London: Hogarth Press, pp. 262-289.

—— (1940) 'Mourning and its relation to manic-depressive states', in *The Writings of Melanie Klein*, Vol. 1. London: Hogarth Press, pp. 344-369.

—— (1946) 'Notes on some schizoid mechanisms', in *The Writings of Melanie Klein*, Vol. 3. London: Hogarth Press, pp. 1-24.

—— (1948) 'On the theory of anxiety and guilt', in *The Writings of Melanie Klein*, Vol. 3. London: Hogarth Press, pp. 25-42.

—— (1952) 'Some theoretical conclusions regarding the emotional life of the infant', in M. Klein, P. Heimann, S. Isaacs and J. Riviere (eds) *Developments in Psycho-Analysis*. London: Hogarth Press, pp. 198-236.

—— (1957) 'Envy and gratitude', in *The Writings of Melanie Klein*, Vol. 3. London: Hogarth Press, pp. 176-235.

—— (1958) 'On the development of mental functioning', in *The Writings of Melanie Klein*, Vol. 3. London: Hogarth Press, pp. 236-246.

—— (1960) 'A note on depression in the schizophrenic', in *The Writings of Melanie Klein*, Vol. 3. London: Hogarth Press, pp. 264-267.

Matte-Blanco, I. (1941) 'On introjection and the processes of psychic metabolism', *Int. J. Psycho-Anal.* 22: 17-36.

Meltzer, D. (1968) 'Terror, persecution, dread – a dissection of paranoid anxieties', *Int. J. Psycho-Anal.* 49: 396-400.

Money-Kyrle, R. (1968) 'Cognitive development', *Int. J. Psycho-Anal.* 49: 691-698.

O'Shaughnessy, E. (1981) 'A clinical study of a defensive organization', *Int. J. Psycho-Anal.* 62: 359-369.

—— (1999) 'Relating to the superego', *Int. J. Psycho-Anal.* 80: 861-870.

Perlow, M. (1995) *Understanding Mental Objects*. London: Routledge.

Petot, J.-M. (1990) *Melanie Klein: Vol. 1: First Discoveries and First System 1919-1932*. Madison, CT: International Universities Press.

Rosenfeld, H. (1952) 'Notes on the psycho-analysis of the superego conflict in an acute schizophrenic patient', *Int. J. Psycho-Anal.* 33: 111-131.

—— (1964) 'On the psychopathology of narcissism: A clinical approach', *Int. J. Psycho-Anal.* 45: 332-337.

—— (1971) 'A clinical approach to the psychoanalytic theory of the life and death instincts: an investigation into the aggressive aspects of narcissism', *Int. J.*

Psycho-Anal. 52: 169-178.

—— (1983) 'Primitive object relations and mechanisms, *Int. J. Psycho-Anal.* 64: 261-267.

—— (1987) *Impasse and Interpretation*. London: Tavistock.

Sandler, J. (1990) 'Internal objects and internal object relationships', *Psychoan. Inq.* 10: 163-181.

Schmideberg, M. (1930) 'The role of psychotic mechanisms in cultural development', *Int. J. Psycho-Anal.* 11: 387-418.

—— (1934) 'The play-analysis of a three-year-old girl', *Int. J. Psycho-Anal.* 15: 245-264.

Searl, M. N. (1932) 'A note on depersonalization', *Int. J. Psycho-Anal.* 13: 329-347.

—— (1933) 'Play, reality and aggression', *Int. J. Psycho-Anal.* 14: 310-320.

Segal, H. (1956) 'Depression in the schizophrenic', *Int. J. Psycho-Anal.* 37: 339-343.

—— (1957) 'Notes on symbol formation', *Int. J. Psycho-Anal.* 38: 391-397.

—— (1972) 'A delusional system as a defence against the reemergence of a catastrophic situation', *Int. J. Psycho-Anal.* 53: 393-401.

—— (2007) *Yesterday, Today and Tomorrow*. London: Routledge (2007), pp. 230-234.

Sodré, I. (2004), 'Who's who? Notes on pathological identifications', in E. Hargreaves and A. Varchevker (eds) *In Pursuit of Psychic Change: The Betty Joseph Workshop*. London: Brunner-Routledge, pp. 53-68.

Sohn, L. (1985) 'Narcissistic organization, projective identification and the formation of the identificate', *Int. J. Psycho-Anal.* 66: 201-213.

Steiner, J. (1982) 'Perverse relationships between parts of the self: A clinical illustration', *Int. J. Psycho-Anal.* 63: 241-251.

—— (1993) *Psychic Retreats: Pathological Organizations in Psychotic, Neurotic and Borderline Patients*. London: Routledge.

Strachey, A. (1941) 'A note on the use of the word "internal"', *Int. J. Psycho-Anal.* 22: 27-43.

Strachey, J. (1934) 'The nature of the therapeutic action of psychoanalysis', *Int. J. Psycho-Anal.* 15: 127-159.

4 偏执-分裂心位 | Paranoid-schizoid position

定 义

"偏执-分裂心位"这个词指的是焦虑、防御和内外客体关系的集合,克莱因认为这些是婴儿生命最初几个月的特征,会或多或少地延续到童年和成年。当代的理解是,偏执-分裂的心理状态在人的一生中起着重要作用。"偏执-分裂心位"的主要特征是将自体和客体都分裂成好和坏两部分,一开始好坏之间几乎没有或者根本没有整合。

克莱因认为婴儿承受着巨大的焦虑,这是由内部死本能、出生时的创伤体验、饥饿和挫折体验所造成。她认为婴儿有初步的但尚未整合的自我,试图通过使用分裂、投射和内摄的幻想来处理这些体验,特别是焦虑的体验。

婴儿将他的自我和客体均进行了分裂,将爱和恨的感觉(生和死本能)分别投射进母亲(或乳房)的不同部分里,结果是母性客体(maternal object)被分裂成"好"乳房(被爱的母亲以及让人感觉到爱和满足)和"坏"乳房(被憎恨的母亲以及让人感受到挫败性和迫害性)。"好"和"坏"的客体都会被内摄,然后继续重新投射和重新内摄的循环。全能和理想化是这一活动的重要方面;只要有可能,就会全能地否认糟糕的经历,而理想化并放大好的经历,作为一种保护来应对对迫害性乳房的恐惧。

"二元分裂(binary splitting)"对健康发展至关重要,因为它使婴儿能够吸收并保持足够的好经验,从而提供一个核心,并围绕这个核心开始整合客体和自体截然不同的面向。克莱因认为,好的内部客体的建立,是后面修通"抑郁心位(depressive position)"的先决条件。

另一种不同类型的分裂——"碎片化(fragmentation)",也是偏执-分裂心位的特征,即客体或自体被分裂成许多更小的碎片。持续或持久地使用碎片化分裂和自体的消散（dispersal），削弱了未整合的脆弱自我，并造成严重的障碍。

克莱因认为，体质因素（constitutional factor）和环境因素都影响着偏执-分裂心位的进程。核心的体质因素是婴儿生本能与死本能的平衡。核心的环境因素是婴儿所接受的养育。如果发展进程正常，在婴儿早期的偏执-分裂心位及在抑郁心位的修通过程中，极度的偏执性焦虑和类分裂防御（schizoid defences）会在很大程度上被放弃。

克莱因认为，类分裂的连接方式从未被完全放弃，她的文字给人这样的印象，这些心位可以被概念化为短暂的心智状态。偏执-分裂心位可以被认为是抑郁心位之前的发展阶段，是对抑郁心位的防御，或是抑郁心位的退行。

重 要 文 献

早期

1921	M. 克莱因《儿童的发展》 认为儿童保护性地分裂掉不想要的部分母亲。
1926	M. 克莱因《早期分析的心理学原则》
1928	M. 克莱因《俄狄浦斯情结的早期阶段》 这篇论文和上面的一篇论文描述了孩子对母亲的口腔和肛门施虐性攻击，导致了迫害性超我（内部的母亲意象）。
1929	M. 克莱因《儿童游戏中的拟人化》
1930	M. 克莱因《象征形成在自我发展中的重要性》 这篇论文和上面的一篇都探讨了儿童对好坏分裂的使用，以及使用投射作为防御和处理内部冲突与焦虑的手段。
1932	M. 克莱因《儿童精神分析》 克莱因采用了弗洛伊德的生死本能的概念，死本能的偏离，并引入了它我分裂的观点。
1933	M. 克莱因《儿童良知的早期发展》（*The early development of conscience in the child*） 阐述了它我的分裂（之后变成自我的分裂）。

中期

1935	M. 克莱因《论躁郁状态的心理成因》 介绍了"心位"的框架，将抑郁心位和更早期的偏执阶段进行对比，并区分了部分客体连接和整体客体连接。
1940	M. 克莱因《哀悼及其与躁郁状态的关系》 详细阐述了对理想化和否认的躁狂性防御。

后期

1946	M. 克莱因《对某些类分裂机制的评论》 这篇权威性论文介绍了"偏执-分裂心位"，提出了相关的焦虑以及防御。
1952	M. 克莱因《关于婴儿情绪生活的一些理论性结论》（Some theoretical conclusions regarding the emotional life of the infant） 对偏执-分裂心位和抑郁心位进行了很好的总结。越来越强调安全地建立好客体的重要性。
1955	M. 克莱因《论认同》（On identification） 继续强调安全地建立好客体的重要性，对投射性认同进行了阐述。
1957	M. 克莱因《嫉毁与感恩》 对抑郁心位和偏执-分裂心位的扩展阐述；引入嫉毁作为死本能的表达。
1958	M. 克莱因《论心智功能的发展》 对偏执-分裂心位进行了精彩的总结。阐述了分裂与压抑的关系。
1963	W. 比昂《精神分析的元素》（Elements of Psycho-Analysis），第8章 将偏执-分裂心位和抑郁心位之间的摆荡象征化地表达为 Ps ↔ D。
1987	J. 斯坦纳《病理性组织与偏执-分裂心位和抑郁心位之间的相互作用》（The interplay between pathological organisations and the paranoid-schizoid and depressive positions） 探讨了两个心位之间的移动。
1998	R. 布里顿《抑郁心位的前与后：Ps (n) → D (n) → Ps (n+1)》[Before and after the depressive position: Ps (n) → D (n) → Ps (n+1)；后文简称《抑郁心位的前与后》] 强调了在两个心位之间摆动的能力的重要性。

年　　表

先驱者

早期

克莱因在1948年版《儿童精神分析》的导言中指出，她后来关于两种心位的结论是从这本书里所提出的假设中自然衍生出来的。事实上，自从她在第一篇论文《儿童的发展》(1921)中提出儿童对其客体的保护性分裂这个观点开始，她就一直致力于研究两个心位中的不同元素。克莱因描写了弗里茨——她的儿子，虽然她没在论文中讲——是如何将他想象的母亲（母亲意象）一分为二，其中一个是他从心爱的母亲那里分裂出来的"第二个女性意象，以维持她本来的面目"（1921, p. 42）。第二个"意象"被描绘成一个女巫或一头母牛。克莱因将她的观察结果与弗洛伊德关于俄狄浦斯欲望和阉割焦虑的理论联结起来，探讨了儿童如何管理自己的本能及由此引发的焦虑。早期这些关于"通过分隔母亲让人憎恨的方面，来保护他所爱的母亲"的观点，是克莱因后来分裂、投射和内摄理论的前身。

作为这个主题的延续，克莱因反复强调儿童以及他们心中想象人物的极端特征。在《儿童分析研讨》(1927)中，她这样描述埃尔娜："埃尔娜表现出人格特征中的所有分裂，即'魔鬼和天使''善良和邪恶的公主'。"在一系列复杂的论文中，克莱因将弗洛伊德的俄狄浦斯情结理论与亚伯拉罕的发展模型结合起来，她认为人格的分裂是由于婴儿在不同阶段内化了不同版本的被内摄的母亲：一个是来自早期的口腔前矛盾阶段（oral pre-ambivalent stage）的好母亲；而另一个则是来自后期阶段的坏母亲，此时婴儿达到施虐高峰（Freud, 1924; Abraham, 1924）。

在她思考的这个阶段，克莱因把婴儿描绘成充满了口腔施虐，并试图穿透和占有母亲的身体。因此，母亲被婴儿想象成是报复性的，且同样充满了暴力的感觉。对这个充满敌意的母亲的内摄，是早期迫害性超我的基础。在此，克莱因背离了弗洛伊德的理论，把超我置于更早期，在俄狄浦斯情结解决之前（1926；见"俄狄浦斯情结""超我"）。

在克莱因看来，挫折也是起作用的一个因素，受挫的婴儿想要"撕咬、吞噬、切掉"母亲所拥有的一切，在他的想象中也包括父亲的阴茎（1928, p. 187）。现在，被内摄的母亲被婴儿感受为包含了充满敌意的阴茎，而这个"结合客体"——正如1932年被称为的那样（pp. 123-148）——会导致极度焦虑，克莱因认为这种程度的焦虑是精神病的基础。1930年，克莱因补充道，随着孩子想要了解父母性关系的愿望受挫，他的挫折感会增加。

克莱因认为，拥有极好和极坏的内部形象的经验会引起儿童巨大的内部冲突，1929年，她又回到了儿童通过分裂和投射来解决内部冲突这一观点上。她用一个小男孩的游戏材料来说明自己的论点。小男孩扮演母狮子，他让克莱因扮演一个小男孩，这个小男孩晚上偷偷溜进母狮子的笼子，偷走并杀死它的幼崽，但随后死于报复。克莱因和她的病人互换角色，克莱因扮演母狮子，随后扮演仙女妈妈。克莱因总结道，每一个角色都代表了男孩内化的母亲/超我的面向，投射这些不同的认同以及它我的不同版本，使男孩能够管理和修通他这些矛盾的感受和焦虑。本文提出的观点将发展为偏执-分裂心位的核心防御（分裂和投射性认同）。

> 我得出的结论是，在不同发展阶段被内摄的超我被分裂，这是类似于投射的机制，并与投射密切相连。我认为这些机制（分裂和投射）是游戏中拟人化倾向的主要因素……内心的冲突因此变得不那么暴力，可以被移植到外部世界。
>
> （Klein, 1929a, p. 205）

克莱因继续发展了关于分裂和投射防御机制的观点。随后那年，根据与严重紊乱的男孩迪克的治疗，她提出，由于害怕施虐会对客体和自体造成伤害，自我会暴力地将其驱逐到客体中。其目的是为了摆脱施虐冲动，也为了消除报复性的客体（1930）。借鉴弗洛伊德（1926）的理论，克莱因认为这种防御性行为更加暴力，发生的时间更早，与压抑有着根本性的区别。值得注意的是，在她的理论中，这种分裂除非太过度，不然对于生动的幻想生活和象征化能力的发展是必要的（见"象征形成"）。然而，克莱因将自己的想法与他人（例如费伦齐）的观点联系起来，她提出，如果完全否认现实出现得过早且过多，将会影响到建立幻想生活以及与现实建立关系的能力，并且在她看来，这种否认也给精神分裂造成了固着点（Ferenczi, 1913）。

克莱因逐渐接受了弗洛伊德1920年（《超越快乐原则》）的生死本能的概念，到1932年，她关于婴儿施虐的观点被并入了以下观点当中，即婴儿必须控制从内部被攻击的焦虑（见"死本能"）。

> 然而，我们知道破坏性的本能是针对有机体自身的，因此被自我视为一种危险。我相信正是这种危险被个体感知为焦虑。
>
> （Klein, 1932, p. 126）

克莱因同意弗洛伊德1923年的观点，即一部分死本能被婴儿驱逐了出去。这种投射不仅会导致对"坏"客体的焦虑，而且婴儿的口腔施虐会导致对大量坏客体的恐惧（1932, p. 146）。克莱因将这一观点归功于施米德伯格（Schmideberg, 1930），后来她在此基础上描述了偏执-分裂心位中的碎片化分裂。克莱因并没有忽视力比多关系在婴儿发展中的重要性："与此同时，他的力比多也很活跃，影响着客体关系。他与客体力比多关系，以及现实施加的影响，抵消了他对内部和外部敌人的恐惧。"（Klein, 1932, p. 147）

她清楚地说明了婴儿的两种不同的感觉，以及他对母亲和父亲的"好"形象和"坏"形象的划分。

> （婴儿）把母亲划分成"好"母亲和"坏"母亲，把父亲划分成"好"父亲和"坏"父亲，他会把自己对客体的仇恨联系到"坏"客体身上或者远离它，同时他将修复的趋势引导到"好"母亲和"好"父亲那里。在幻想中，对被施虐幻想中的父母形象所造成的伤害进行弥补。
>
> （Klein, 1932, p. 222）

第二年，克莱因写了关于它我的分裂（1933），但在她后面的论文中，这种分裂被描述为发生在自体或自我中。自我的分裂后来成为克莱因偏执-分裂心位理论的核心。

中期：1935—1945年

克莱因的兴趣转向发展相对后期的阶段，"抑郁心位（depressive position）"，在她的开创性论文《论躁郁状态的心理成因》（1935）中，她放弃了性心理阶段的框架，将自我状态和它的内外部关系放在了心位框架之中（见"抑郁心位"）。她后来描述了为什么她选择"心位（position）"这个词而不是"阶段（phase）"。

> ……之所以选择心位，是因为尽管所涉及的现象最初发生在发展的早期阶段，但它们并不局限于这些阶段，而是代表了在童年最初几年反复出现的焦虑和防御的特定集合。
>
> （Klein, 1948, p. xiii）

虽然1935年这篇论文的重点是在抑郁心位，但是克莱因反复对比了抑郁的心理过程和那些"更早期的偏执阶段"，后来被称为"偏执-分裂心位"的心理过程。克莱因从弗洛伊德的部分本能观点和亚伯拉罕的观点出发，认为在婴儿的心智中，内摄的客体是由他们的器官来代表的。在早期阶段，未整合的婴儿只意识到"部分客体世界"（1935, p. 285）。

在这个时候，克莱因认为偏执的总体目标是保存自我，而忧郁症的目标是保存"整体"客体。后来，当克莱因发展关于偏执-分裂心位的观点时，吸收和保存好客体成为偏执-分裂心位的中心任务，尽管它只是"部分"客体。克莱因在两篇主要的关于抑郁心位的论文（1935, 1940）中，对全能和否定的运用进行了生动描述；这些防御将在偏执-分裂集群中起重要作用。

1946年偏执-分裂心位的观点

引言

最后，克莱因在1946年提出并阐述了她对偏执-分裂心位的看法。她关于发展的理论现在更加全面和完整。1946年的论文《对某些类分裂机制的评论》非常复杂，她在后来的论文《关于婴儿情绪生活的一些理论性结论》（1952）、《嫉毁与感恩》（1957）和《论心智功能的发展》（1958）中，对这一过程进行了更清晰的描述。克莱因现在汇集起来的许多观点在她早期的著作中都有所体现，但在1946年，这些观点得到了更好的表述，更有条理，并被命名。克莱因在1952年对她1946年的论文做了一些补充（引用时，除非另有说明引自1946年，否则都引用自1952年的版本）。

克莱因花了很长时间才为这种焦虑和防御模式确定名称。在1946年的版本中，她交替使用了"偏执心位（paranoid position）""分裂心位（schizoid position）"和"迫害心位（persecutory position）"。直到1952年的版本，她才将这两者结合起来，称之为"偏执-分裂心位（paranoid-schizoid position）"，将她的"偏执心位"与费尔贝恩的"类分裂防御（schizoid defences）"的概念联结起来。

费尔贝恩

克莱因在1946年发表的论文中，对费尔贝恩的贡献给予了极大的肯定。起初，费尔贝恩遵循了克莱因和亚伯拉罕的口欲和肛欲及分裂和抑郁阶段的观点，但是克莱因的模型包含了在幻想中表达的寻求满足或释放的驱力，而费尔贝恩的模型包含的是完全寻找客体的力比多：与客体连接的能量。费尔贝恩认为攻击性是客体失败的结果；他关注的不是仇恨，而是受挫的爱。而另一方面，克莱因专注于由破坏性力量所激发的施虐、死本能和焦虑，这些破坏性力量，至少在最初，具有体质性基础。克莱因的兴趣始于婴儿如何应对其（偏执性）焦虑这个角度，而费尔贝恩的兴趣则是从婴儿如何应对其客体关系的角度出发。克莱因认为费尔贝恩低估了婴儿内部的破坏性引起的焦虑程度，但把费尔贝恩的术语"分裂（schizoid）"纳入"偏执-分裂心位"中，她承认费尔贝恩关于自我分裂的观点的重要性，这种分裂伴随着客体的分裂和压抑（Fairbairn, 1944）。

未整合的自我

像温尼科特（Winnicott, 1945）一样，克莱因认为早期的婴儿自我是未整合的，婴儿自我在趋向于整合和失整合之间交替，而特别在没有母亲或其他人将其抱持在一起的情况下，更倾向于失整合（支离破碎）。这种基本整合的缺失导致了偏执-分裂心位的分裂过程。

死本能

克莱因想象婴儿处于被原始的死亡恐惧和"被从内部摧毁的焦虑"淹没的危险中（1946, p. 5），她认为自我之所以存在，部分原因是向外投射了死本能，她用下面的话描述这一活动。

> 我认为，焦虑产生于有机体内死本能的运作，被感知为对湮灭（死亡）的恐惧，表现为对迫害的恐惧。对破坏性冲动的恐惧似乎立刻依附在一个客体上——或者更确切地说，它被体验为对无法控制的、过于强大的客体的恐惧……应对焦虑的迫切需要迫使早期自我发展出基本的机制和防御。破坏性冲动被部分地向外投射（死本能的偏转），我认为它依附于第一个外部客体——母亲的乳房。
>
> （Klein, 1946, p. 4）

二元分裂、生本能和自我的分裂

克莱因指出，如果自我没有相应的分裂，客体就不能被分裂（1946, p. 6）。她很清楚，自体好与坏的部分都被分裂和投射了出去。

> 然而，被排出和投射出去的不仅是自体的坏部分，还有自体的好部分。在这种类型的投射基础上的认同，又对客体关系产生了重要影响。将自体的好感受和好部分投射入母亲，对于婴儿发展良好的客体关系和整合自我的能力至关重要。
>
> （Klein, 1946, p. 9）

处于偏执-分裂心位的婴儿的中心任务是区分爱和恨、自我和客体的"好"和"坏"部分，并维持这种分裂。这种分裂或二元分裂保护了自我免于被焦虑淹没，使得自我保有好自体和好客体，为自我可以开始整合自身"好"和"坏"部分以及客体"好"和"坏"经验的过程提供基础。

> 因为我认为，内摄的好乳房构成了自我的重要部分，它从一开始就对自我的发展过程产生着根本性的影响，影响自我的结构和客体关系。
>
> （Klein, 1946, p. 3）

投射性认同

现在无处不在的术语"投射性认同",是克莱因1946年率先使用的词汇,指的是这些分裂和投射过程(见"投射性认同")。从那个时候开始,克莱因的重点是本能的命运以及自体与客体相互作用的部分。

> 到目前为止,只要母亲包含了自体的坏部分,她就不会被认为是独立的个体,而被认为是坏自体。许多对自体部分的憎恨如今指向了母亲。这导致了特殊形式的认同,即建立起了攻击性客体关系的原型。对于这些过程,我建议使用术语"投射性认同"。

(Klein, 1946, p. 8)

全能、理想化和否认

所有这些活动都发生在幻想中,并使用理想化和否认等全能的防御机制。克莱因认为,婴儿会创造出想象中强大的、理想化的乳房来抵御迫害性的客体。在后来的一篇论文中,她提出贪婪可能促成了这种幻想乳房的产生,婴儿可能会贪婪地需要能提供"无限的、即时的和永久的满足"的乳房意象(1952)。

当"好"客体被理想化,"坏"客体和体验到"坏"感觉的自体部分被否认,这个过程涉及对精神现实的否认。克莱因在抑郁心位中已经描述过否认,现在她描述了否认在偏执-分裂心位的分裂过程中所起的作用。

> 坏客体不仅与好客体分开,而且它的存在本身也被否认,就像整体挫折情境和挫折引起的坏感觉(痛苦)被否认一样。这与对精神现实的否认有关……只有通过强大的全能感才有可能实现。

(Klein, 1946, p. 7)

克莱因认为,否认是全能控制的极端形式,等同于湮灭(annilation)。在她1946年的论文中,她用一位女病人梦见杀死年轻女孩的材料来阐述这一点。克莱因的理解是,这个年轻女孩代表了病人想要分裂并暴力摧毁的情感部分。

整合

当爱或生本能比迫害性和毁灭性感受或死本能更强烈时，分裂就不那么极端，自我就可以开始整合自己，即使只是在短暂的时间内，自我可以开始合成（synthesise）对客体的感觉。在1952年发表的论文中，克莱因指出，婴儿在生命的早期阶段，甚至可能对部分客体产生矛盾和内疚的感觉。

碎片化

在1946年的论文以及后来的论文中，克莱因更明确地区分了碎片化分裂（导致感觉碎片化和有零碎的客体）以及将"好"和"坏"分开的分裂。

> 在吸吮力比多的支配下，令人满足的乳房被感知为是完整的。第一个内部好客体是自我的焦点（focal point）。它抵消了分裂和消散的过程，有助于凝聚和整合，并促进了自我的建立。然而，婴儿内部拥有良好和完整乳房的感觉可能被挫折和焦虑动摇。因此，好坏乳房之间的区分可能很难维持，婴儿可能会觉得好乳房也是支离破碎的。
>
> （Klein, 1946, p. 5）

1957年，克莱因回到了施米德伯格（Schmideberg）的观点，即碎片化具有消散的防御功能。克莱因早在1932年和1935年就谈到过。

> 多年来，我一直认为这个特殊的分裂过程非常重要，即将乳房分裂成好客体和坏客体。我认为这是爱恨之间的内部冲突，以及随之而来的焦虑表达。然而，与这种分裂并存的，似乎还有其他各种分裂过程……同时伴随对客体——首先是乳房——贪婪又吞噬性的内化，自我在不同程度上碎片化自己和客体，并以这种方式实现破坏性冲动和内部迫害性焦虑的消散。
>
> （Klein, 1957, p. 191）

令人困惑的是，克莱因还认为较小的碎片更容易被自我同化。在正常的发展中，失整合的状态是短暂的，而重复的满足经验会培养婴儿的整合感和被抱持在一起的感觉。克莱因后来写道：

> ……拥有完好无损的乳头和乳房的感觉——尽管同时存在乳房被吞噬而因此变成碎片的幻想——产生的结果是，分裂和投射并不主要与人格的碎片部分有关，而是与自体更连贯的部分有关。这意味着自我不会因消散而受到致命的削弱，因此更能重复地消除分裂，实现与客体相关的整合与合成。

(Klein, 1955, p. 144)

偏执-分裂心位的缺陷和病理性结果

克莱因认为，婴儿内部的焦虑和施虐程度受到体质与诸如出生创伤、母亲养育等经验的共同影响。她以力比多冲动和攻击性冲动之间的最佳平衡为出发点进行思考。由于迫害性焦虑没有被好的感觉充分抵消，因此会造成不平衡，从而导致极端的分裂，以阻止两种经验之间有任何的接触。或者，结果可能是碎片化和混淆。

分裂的病人可能与自己的某些方面相隔绝，例如，他们可能没有意识到自己的感受，他们的想法也彼此失联。克莱因在1946年的论文中举了几个例子；她描述一位病人，虽然在哭泣，但没有意识到悲伤，"这不仅是因为她人格中的某些部分未能与我合作；人格中不同部分之间似乎也不能互相合作"（1946, p. 17）。在《论认同》一文中，克莱因（1955）引用了一部小说，小说主人公法比安（Fabian）的一部分离开了自己，进入其受害者的内部。在她看来，法比安体验到无法触及的、遥远的或完全消失的部分自己，镜映着那些过度使用分裂和投射机制的病人。

克莱因将过度投射描述为让自我过于脆弱，无法内化好客体，也无法吸收和重新内化自身的某些部分。自体好的部分的投射，如果走向极端，会导致向自我认为的理想的内部或外部客体的屈从。这可能导致与客体的强迫性连接，或者相反，对该客体的强迫性回避。攻击性的投射及其相关的力量感会削弱自我，让个体感到无力。外部客体可能会被体验为迫害者，如果投射是强行进入并控制客体，个体会害怕在客体内部受到控制和迫害，从而可能产生幽闭恐惧症。对包含部分自体的客体的内摄，可能会产生内部有危险的、控制的入侵者的感觉。

克莱因在1952年版的《对某些类分裂机制的评论》中提到了一些投射性认同临床案例：罗森菲尔德的《人格解体下精神分裂状态的分析》（*Analysis of a schizophrenic state with depersonalization*, 1947）和《男同性恋与偏执、偏执性焦虑和自恋的关系评论》（*Remarks on the relation of male homosexuality to paranoia, paranoid anxiety and narcissism*, 1949）。在她1946年发表的论文附录中，克莱因以弗洛伊德的施雷伯（Schreber）案例为例描述了这样一种病人，他的自我和内化的客体支离破碎，正在经历一场内部和外部的灾难。她的结论是，这种碎片化和投射状态导致的混淆可能是精神分裂症的基础，她后来描述这些病人是"……无法区分好坏自体，好坏客体，外部和内部现实"（1963, p. 304）。

克莱因还列举了一些可以改变力比多和攻击性活动之间平衡的因素。她认为，挫败感会激发婴儿攻击乳房的口腔施虐幻想，其结果是婴儿会觉得内化的乳房已经支离破碎。由攻击激起的贪婪，增加的挫折感加剧了这种情况，并导致进一步的施虐性攻击。由于没有足够的满足使得婴儿的自我凝聚，克莱因的婴儿进入了负面循环：它越觉得乳房支离破碎，就越觉得它的自我支离破碎。这在后来的一篇论文中得到了很好的描述："带着仇恨纳入的乳房，因此被认为是具有破坏性的，成为所有内部坏客体的原型，驱使自我进一步分裂，成为内部死本能的代表。"（1955, p. 145）

在此期间，克莱因的同事们也在探索这些病理领域，罗森菲尔德尤其对混淆状态及其与精神病的关系感兴趣（Rosenfeld, 1950）。克莱因在1957年的论文《嫉毁与感恩》中，解释了嫉毁促成了混淆，指出好客体和好体验会引发嫉毁，并招致嫉毁的攻击。由此产生的对好客体和好体验的损害与破坏，也会降低拥有可以被内摄的好客体的可能性（见"嫉毁"）。

偏执-分裂心位和抑郁心位之间的关系

在克莱因的理论中，修通偏执-分裂心位是成功地解决抑郁心位的关键。成功地区分"好"自体和"坏"自体、"好"客体和"坏"客体是内化好客体的基础。在偏执-分裂心位，一些初级的整合开始发生；但在抑郁心位，整合是主要任务。实现整合的方式是，自我容忍两种体验之间的极端差异逐渐减少，然后从与部分客体进行连接发展到与整体客体进行连接。

当克莱因首次引入偏执-分裂心位的概念时,她关注两种心位中客体关系和防御机制之间的很多重叠,并认为修通两个心位贯穿于童年的最初几年。

> 偏执-分裂心位和抑郁心位之间的摆荡总在发生,这是正常发展的一部分。因此无法清晰地划分这两个发展阶段之间的界限;并且修正是渐进的过程,两种心位的现象在一段时间内、一定程度上是相互交织和相互作用的。
>
> (1946, p. 16)

抑郁心位带来了新的焦虑和防御,但早期阶段的焦虑和防御不仅被保留,而且有被加强的危险。对所爱的受伤客体的内疚会转化为对迫害者的恐惧,在克莱因看来,甚至可能导致精神病。

> 如果迫害性恐惧和相应的类分裂机制过于强大,自我就无法修通抑郁心位。这迫使自我退回到偏执-分裂心位,并强化了早期的迫害性恐惧和分裂现象。从而为生命后期各种形式的精神分裂症奠定了基础;因为当这种退行发生时,不仅分裂位的固着点得以强化,而且在这种情况下还有面临更严重失整合状态的危险。
>
> (1946, p. 15)

即使是那些成功地整合在一起的个体,当他们在之后的生活中遭遇压力时,也可能会被迫发生强烈的分裂:"在我看来,完全和永久的整合是不可能的。因为在源自外部或内部的压力下,即使整合良好的个体也可能被迫进入更强的分裂过程中,即使这可能是过渡的阶段。"(1957, p. 233)

克莱因后来反思道,她"或许太简略地"划分了这两种心位;这种相互关系的复杂性反映在她对分裂和压抑之间联系的思考中(见"抑郁心位""内疚""内部客体""压抑")。

偏执-分裂心位的重要观点

早期未整合的自我

克莱因认为,早期的自我是未整合的,它的首要任务是处理压倒性的焦虑,并充分地组织自己,允许稳定地内摄好客体,围绕它进行整合。

和偏执-分裂心位相关的生死本能

克莱因认为早期未整合的自我受到内部湮灭性焦虑(死本能)的威胁。这种内部破坏性活动的威胁位于自体之外(被投射),并被感知为来自客体的威胁。由生本能所产生的内部好感受同样归于客体。

投射、内摄和投射性认同

克莱因的观点是,从婴儿的生命之初,好和坏的感觉就被投射出去,并归因于原初客体。客体好和坏的方面之后被内摄进自体好和坏的部分,随后形成了投射和内摄的循环。克莱因将"投射性认同"赋予了这样的含义,即客体的某些部分被自体的某些部分认同的过程。克莱因的追随者们极大地发展了这个观点。

客体和自我的二元分裂

自我和客体都被分为好和坏两个方面,自体坏的方面被投射进"坏客体"中,自体好的方面被投射进"好客体"中。这种好与坏的分裂或二元分裂保护脆弱的自我免受内部的坏和坏的经验所带来的毁灭性焦虑,保护内部的好和好的经验不受污染。对克莱因来说,这种好与坏的二元分裂是具有根本重要性的发展步骤,它使自我能够内化强大的"好客体"。克莱因认为,相对于驱向失整合的死本能,生本能是整合的力量,它是生命之初二元分裂背后的驱动力。

全能、理想化、否认和碎片化

二元分裂是通过使用全能机制来实现的。好的经验、好自体和好客体都被理想化。坏的经验、自体坏的方面和客体坏的方面都被否认,并可能在心理上被消灭。分裂的极端形式是碎片化，相当于湮灭：分裂成碎片。当婴儿或个体幻想消灭自己或客体，或分裂和投射部分自己，他认为这确实已经变成现实。这种信念本身会影响个体心智的运作。

偏执-分裂心位作为精神病和严重心理障碍的固着点

未能实现二元分裂，并且未能内摄足够强的"好客体"以允许自体和客体好坏的方面得以逐渐整合，会使个体处于不稳定的精神状态，分裂和碎片化占主导，而个体无法区分好坏，或自己与客体。

在偏执-分裂心位和抑郁心位之间的移动

尽管克莱因认为偏执-分裂心位是第一个发展阶段，通过使用"心位"这个术语，她强调了以下观点，即个体会退回到一系列的焦虑和防御当中。克莱因认为，在这两个位置之间的摆荡贯穿一生。这一观点被发展，尤其在比昂那里。现在人们普遍认为心智每时每刻都在偏执-分裂心位和抑郁心位之间摆荡。

后 续 发 展

克莱因对于偏执-分裂焦虑和防御集合的概念化是其大量工作的基础。然而，她的观点并没有受到普遍欢迎，一些人对此表示怀疑和愤怒。新生儿天生被赋予复杂的自我功能，拥有身体先天的知识，并能够进行幻想活动，这样的主张被认为牵强附会，死本能的观点在过去和现在都颇有争议[见"论战(1941—1945)"]。尽管关于新生儿能力的争论还在继续，新生儿的面貌随着每一项新的研究发现而改变，但克莱因的观点并不受这些结果的影响，格林伯格（Greenberg）和米切尔（Mitchell）已经很好地表达了这一点。

> 克莱因对早期客体关系基本组织的描绘，不依赖体质性前提和被该前提支持的有争议的工作领域。她对早期客体关系的描述为理解较大儿童和成人的心理动力学提供了有力的工具，无论它们是否准确地描述了新生儿最初几个月的经历。

(Greenberg & Mitchell, 1983, p. 148)

分裂、投射性认同和严重精神障碍

随着比昂、罗森菲尔德和西格尔对使用精神分析技术,来理解和在情感上接触精神病病人的可能性产生兴趣,大量研究精神分裂的过程和投射性认同机制的文献已经积累起来。罗森菲尔德探索了混淆和迫害性状态(1950,1952)。这些和罗森菲尔德的其他相关论文被收录在《精神病状态》(*Psychotic States*, 1965)一书中(见"赫伯特·罗森菲尔德")。

比昂以碎片化为主题,描述了精神病病人如何将自己分裂为微小的碎片,并将由此产生的人格碎片部分连同他的感知器官一起驱逐出去,结果发现自己被"怪异客体(bizarre objects)"包围了(1957,1959)。比昂的这些描述以及相关论文,都被收录在《第二思想》(*Second Thoughts*, 1967)中(见"威尔弗雷德·比昂")。

里森伯格-马尔科姆(Riesenberg-Malcolm)带来了略微不同角度的"切片(slicing)"想法,病人将分析师的解释切得如此之薄,以至于它们失去了意义,从而维持了静态情境和避免了碎片化(1990)。

西格尔举了一个精神分裂症病人的例子,病人把自己的抑郁情绪分裂并投射进分析师内部(1956)。这篇论文以及其他关于西格尔与精神病病人的工作的论文,被收录在《汉娜·西格尔文集》(*The Work of Hanna Segal*, 1981)中。西格尔后期的思想可以在《精神结构和精神变化》(*Psychic structure and psychic change*, 1997)和《9月11日》(*September 11*)中找到,后者描述了社会中的精神病机制。这两篇论文都收录在《昨天、今天和明天》(*Yesterday, Today and Tomorrow*, 2007)中(见"汉娜·西格尔")。

在法医精神病学领域工作的索恩,在论文《无端攻击——理解明显的随机暴力行为》(*Unprovoked assaults—making sense of apparently random violence*, 1995)中运用投射性认同的概念来解释,病人对陌生人实施的暴力攻击是如何被理解为,是病人与受害者互换位置幻想的极端暴力的且具体的活现。

克莱因关于精神病机制的观点,已经并将继续被与儿童工作的分析师和心理治疗师积极地探索。比克质疑这样的观点:自我的第一个行为是投射出其部分死本能和力比多。她认为,婴儿首先要内摄关于能够进行涵容的客体的想法[《早期客体关系中的皮肤体验》(*The experience of the skin in early object relations*, 1968)]。她的想法被塔斯廷(Tustin, 1981)和斯皮利厄斯(Spillius, 1989)进一步发扬(见"埃丝特·比克""容器/被涵容""投射性认同""皮肤")。

投射性认同和反移情

已有大量文献对投射性认同机制进行了探索和拓展。比昂区分了病理性投射性认同和正常的投射性认同,在正常的投射性认同中,投射者的动机是交流。比昂的模型充实了母婴之间的关系,强调母亲吸收、涵容并转化投射进她内部的感觉的能力(1962b)。当前关于技术的讨论主要聚焦在,研究病人和他们的分析师之间在移情和反移情中发生这种交互的方式(Joseph, 1987;见"威尔弗雷德·比昂""反移情""宝拉·海曼""贝蒂·约瑟夫""投射性认同""技术")。

象征形成

西格尔在论文《关于象征形成的说明》(1957)中,描述了使用象征(symbol)而不是象征等同(symbolic equation)的能力的发展,这是从偏执-分裂心位中的自恋性客体关系,向抑郁心位中更整体的客体关系转变的一部分。比昂和莫尼-克尔也探索了从具体思维到象征性思维的转变(Bion, 1962a; Money-Kyrle, 1968;见"威尔弗雷德·比昂""认知发展""汉娜·西格尔""象征形成""思想和知识")。

病理性组织

从里维埃(Riviere)1936年的论文《对负性治疗反应分析的贡献》(*A contribution to the analysis of the negative therapeutic reaction*)开始,大量的临床研究工作已经积累起来,详述了分裂和投射防御如何被组织起来,以保护个体在偏执-分裂和抑郁状态之间的过渡中,不用经历丧失和内疚的感觉。现在通常用斯坦纳的术语"病理性组织(pathological organization)"来描述这些(1987)。梅尔泽(Meltzer, 1966)在《肛门手淫与投射性认同的关系》(*The relation of anal masturbation to projective identification*)中引入了帮派(gang)的概念。罗森菲尔德(Rosenfeld, 1971)在《精神分析中生死本能理论的一种临床方法：对自恋攻击性方面的研究》中概述了投射和认同过程中致命的和防御的部分。关于这个主题的论文清单还很长（见"病理性组织"）。

偏执-分裂心位和抑郁心位之间的关系

虽然生命起初有发展顺序，但是偏执-分裂心位和抑郁心位现在被认为是不断交替的心理状态。西格尔在《精神分裂症病人的抑郁》（1956）中提供了生动的例子，在她对一个精神分裂症女孩的分析过程中，病人从一个心位波动到另一个心位。当她开始把自己坏的方面和好的方面联结起来时，病人无法承受她所体验到的内疚，不得不立即诉诸分裂和投射。斯坦纳进一步探讨了病人在这两个心位的交叉处所面临的困难（1979）。

比昂在《精神分析的元素》第8章（1963）中强调从一个心位到另一个心位的波动过程。他提出Ps和D的符号，Ps表示失整合，D表示整合。他认为从抑郁心位到偏执-分裂心位的转变具有积极的价值，并对病理性和非病理性的分裂过程进行了区分。在1970年［《注意与解释》（*Attention and Interpretation*），p. 124］，他强调有能力容忍混淆和失整合状态的重要性。然后布里顿在《抑郁心位的前与后》（1998）中，进一步发展了这一观点，并引入了抑郁心位路径（Dpath）的概念，抑郁心位路径是病理性抑郁位置状态，是病理性组织。布里顿将他的观点与斯坦纳1987年的论文《病理性组织与偏执-分裂心位和抑郁心位之间的相互作用》联系起来。斯坦纳在这篇论文中描述了在两个心位之间的运动（Ps→D→Ps），在其中可能会发生退行到病理性组织的情况。布里顿在一篇未发表的论文中，引入了术语"不确定原理（the uncertainty principle）"（2005，未发表）。

参 考 文 献

Abraham, K. (1924) 'A short study of the development of the libido, viewed in the light of the mental disorders', in K. Abraham (ed.) *The Selected Papers of Karl Abraham.* London: Hogarth Press, pp. 418-501.

Bick, E. (1968) 'The experience of the skin in early object relations', *Int. J. Psycho-*

Anal. 49: 484-486.

Bion, W. (1957) 'Differentiation of the psychotic from the non-psychotic personalities', *Int. J. Psycho-Anal.* 38: 266-275.

—— (1959) 'Attacks on linking', *Int. J. Psycho-Anal.* 40: 308-315.

—— (1962a) 'A theory of thinking', *Int. J. Psycho-Anal.* 43: 306-310.

—— (1962b) *Learning from Experience*. London: Heinemann.

—— (1963) *Elements of Psycho-Analysis*. London: Heinemann.

—— (1967) *Second Thoughts*. London: Heinemann.

—— (1970) *Attention and Interpretation*. London: Karnac.

Britton, R. (1998) 'Before and after the depressive position: Ps(n)→D(n)→Ps(n+1)', in R. Britton (ed.) *Belief and Imagination*. London: Routledge, pp. 69-81.

Fairbairn, R. (1944) 'Endopsychic structure considered in terms of object-relationships', *Int. J. Psycho-Anal.* 25: 70-92.

Ferenczi, S. (1913) 'Stages in the development of a sense of reality', in *First Contributions to the Theory and Technique of Psycho-Analysis*. London: Hogarth Press (1952), pp. 213-239.

Freud, S. (1920) 'Beyond the pleasure principle', *S.E. 18*. London: Hogarth Press, pp. 3-64.

—— (1923) 'The ego and the id', *S.E. 19*. London: Hogarth Press, pp. 3-66.

—— (1924) 'The dissolution of the Oedipus complex', *S.E. 19*. London: Hogarth Press, pp. 173-179.

—— (1926) 'Inhibitions, symptoms and anxiety', *S.E. 20*. London: Hogarth Press, pp. 75-176.

Greenberg, J. and Mitchell, S. (1983) *Object Relations in Psychoanalytic Theory*. Cambridge, MA: Harvard University Press.

Joseph, B. (1987) 'Projective identification – some clinical aspects', in J. Sandler (ed.) *Projection, Identification, Projective Identification*. Madison, CT: International Universities Press, pp. 65-76.

Klein, M. (1921) 'The development of a child', in *The Writings of Melanie Klein*, Vol. 1. London: Hogarth Press, pp. 1-53.

—— (1926) 'The psychological principles of early analysis', in *The Writings of Melanie Klein*, Vol. 1. London: Hogarth Press, pp. 128-138.

—— (1927) 'Symposium on child analysis', in *The Writings of Melanie Klein*, Vol. 1. London: Hogarth Press, pp. 139-169.

—— (1928) 'Early stages of the Oedipus conflict', in *The Writings of Melanie Klein*, Vol. 1. London: Hogarth Press, pp. 186-198.

—— (1929) 'Personification in the play of children', in *The Writings of Melanie Klein*, Vol. 1. London: Hogarth Press, pp. 199-209.

—— (1930) 'The importance of symbol formation in the development of the ego', in *The Writings of Melanie Klein,* Vol. 1. London: Hogarth Press, pp. 219-232.

—— (1932) *The Psychoanalysis of Children. The Writings of Melanie Klein,* Vol. 2. London: Hogarth Press.

—— (1933) 'The early development of conscience in the child', in *The Writings of Melanie Klein,* Vol. 1. London: Hogarth Press, pp. 248-257.

—— (1935) 'A contribution to the psychogenesis of manic-depressive states', in *The Writings of Melanie Klein*, Vol. 1. London: Hogarth Press, pp. 236-289.

—— (1940) 'Mourning and its relation to manic-depressive states', in *The Writings of Melanie Klein*, Vol. 1. London: Hogarth Press, pp. 344-369.

—— (1946) 'Notes on some schizoid mechanisms', in *The Writings of Melanie Klein,* Vol. 3. London: Hogarth Press, pp. 1-24.

—— (1948) 'Introduction', in *The Psychoanalysis of Children*, 3rd edition. London: Hogarth Press, pp. i-xiv.

—— (1952) 'Some theoretical conclusions regarding the emotional life of the infant', in *The Writings of Melanie Klein*, Vol. 3. London: Hogarth Press, pp. 61-93.

—— (1955) 'On identification', in *The Writings of Melanie Klein*, Vol. 3. London: Hogarth Press, pp. 141-175.

—— (1957) 'Envy and gratitude', in *The Writings of Melanie Klein*, Vol. 3. London: Hogarth Press, pp. 176-235.

—— (1958) 'On the development of mental functioning', in *The Writings of Melanie Klein*, Vol. 3. London: Hogarth Press, pp. 236-246.

—— (1963) 'On the sense of loneliness', in *The Writings of Melanie Klein*, Vol. 3. London: Hogarth Press, pp. 300-313.

Meltzer, D. (1966) 'The relation of anal masturbation to projective identification', *Int. J. Psycho-Anal.* 47:335-342.

Money-Kyrle, R. (1968) 'Cognitive development', *Int. J. Psycho-Anal.* 49: 691-698.

Riesenberg-Malcolm, R. (1990) 'As if: The phenomenon of not learning', *Int. J. Psycho-Anal.* 71: 385-392.

Riviere, J. (1936) 'A contribution to the analysis of the negative therapeutic reaction', *Int. J. Psycho-Anal.* 17: 304-320.

Rosenfeld, H. (1947) 'Analysis of a schizophrenic state with depersonalization', *Int. J. Psycho-Anal.* 28: 130-139.

—— (1949) 'Remarks on the relation of male homosexuality to paranoia, paranoid anxiety and narcissism', *Int. J. Psycho-Anal.* 30: 36-47.

—— (1950) 'Notes on the psychopathology of confusional states in chronic schizophrenia', *Int. J. Psycho-Anal.* 31: 132-137.

—— (1952) 'Notes on the psycho-analysis of the superego conflict in an acute schizophrenic patient', *Int. J. Psycho-Anal.* 33: 111-131.

—— (1965) *Psychotic States.* London: Hogarth Press.

—— (1971) 'A clinical approach to the psychoanalytic theory of the life and death instincts: An investigation into the aggressive aspects of narcissism', *Int. J. Psycho-Anal.* 52: 169-178.

Schmideberg, M. (1930) 'The role of psychotic mechanisms in cultural development', *Int. J. Psycho-Anal.* 11: 387-418.

Segal, H. (1956) 'Depression in the schizophrenic', *Int. J. Psycho-Anal.* 37: 339-343.

—— (1957) 'Notes on symbol formation', *Int. J. Psycho-Anal.* 38: 391-397.

—— (1981) *The Work of Hanna Segal.* New York: Jason Aronson.

—— (1997) 'Psychic structure and psychic change – changing models of the mind', in N. Abel-Hirsh (ed.) Hanna Segal: *Yesterday, Today and Tomorrow.* London: Routledge (2007), pp. 83-91.

—— (2001) 'September 11', in N. Abel-Hirsh (ed) *Hanna Sega: Yesterday, Today and Tomorrow.* London: Routledge (2007), pp. 37-45.

Sohn, L. (1995) 'Unprovoked assaults – making sense of apparently random violence', *Int. J. Psycho-Anal.* 76: 565-575.

Spillius, E. (1989) 'On Kleinian language', *Free Assoc.* 18: 90-110.

Steiner, J. (1987) 'The interplay between pathological organisations and the paranoid-schizoid and depressive positions', *Int. J. Psycho-Anal.* 68: 69-80.

—— (1979) 'The border between the paranoid-schizoid and the depressive positions in the borderline patient', *Br. J. Med. Psychol.* 52: 385-391.

Tustin, F. (1981) *Autistic States in Children.* London: Routledge & Kegan Paul.

Winnicott, D. W. (1945) 'Primitive emotional development', *Int. J. Psycho-Anal.* 26: 137-142.

5 抑郁心位 | Depressive position

定 义

克莱因将"抑郁心位"定义为儿童发展过程中处于中心位置的心理集合，通常在生命第一年的中期才会第一次经验到它。抑郁心位在整个童年早期，甚至在一生中都会被反复地重温和完善。它的核心是意识到对所爱客体（通常是母亲）憎恨的感受和幻想。早些时候，它们被感知为两个独立的部分客体：理想化的和所爱的客体；迫害性的和所恨的客体。在更早期阶段，核心焦虑是关于自体的存活。而在抑郁心位中，个体也会为客体感到焦虑。

如果能够承受爱和恨的形象的融合，焦虑就开始集中在作为整体客体的他人的幸福和存活上，最终悔恨的内疚和心酸的悲伤会浮现，与爱的深化连接在一起。对因为自己的恨而失去的、受损的客体的渴望，会产生修复这些客体的冲动。自我能力得以扩展，世界被更加丰富而现实地感知。对客体的全能控制减少，客体被更加真实和独立地感知。因此，成熟与丧失和哀悼紧密相连。承认他人独立于自己，也包括承认他人有自己的关系；意识到俄狄浦斯情境必然伴随着抑郁心位。出现的抑郁性焦虑和痛苦被躁狂性和强迫性防御所抵消，并退回到偏执-分裂心位的分裂和偏执中去。防御可能是短暂的，也可能是僵化地建立起来的，后者会阻止个体面对和修通抑郁心位。

可以用不同的但彼此关联的方式使用"抑郁心位"一词。它可以指这种发展性整合的婴儿经验。更广泛地说，它指的是在生命的任何阶段所体验到的，因为仇恨的攻击及内外客体受损状态而产生的内疚和悲伤，其强度可以从对丧失的正常哀悼到严重的抑郁而不等。这个词也可以泛指"抑郁心位功能"，意思是个体可以承担个人责任，并将自己和他人视为是分开的。

重 要 文 献

1927	M. 克莱因《正常儿童的犯罪倾向》 首次观察到儿童攻击后的内疚感。
1929	M. 克莱因《反映在艺术作品和创造冲动中的婴儿期焦虑情境》（*Infantile anxiety-situations reflected in a work of art and in the creative impulse*） 观察到从对攻击的恐惧到对所爱客体的恐惧的转变。首次提到修复。
1932	M. 克莱因《儿童精神分析》 分裂是为了保护好客体；"复原"在升华中的重要性。
1933	M. 克莱因《儿童良知的早期发展》 超我的本质，从报复向带着内疚感和道德感的关切转变。
1935	M. 克莱因《论躁郁状态的心理成因》 首次明确阐述抑郁心位。
1940	M. 克莱因《哀悼及其与躁郁状态的关系》 更清晰、更完善的阐述。
1945	M. 克莱因《从早期焦虑的角度讨论俄狄浦斯情结》 抑郁心位和俄狄浦斯情结之间的重要联结。
1946	M. 克莱因《对某些类分裂机制的评论》 介绍了偏执-分裂心位，更清晰地描述了两个心位。

年 表

先驱者

早在克莱因（1927）对儿童病人攻击后的临床观察中，就可以很明显地看到抑郁心位概念的前身。

> 例如，小杰拉尔德有个小娃娃，他非常细心地照料它，并且经常用绷带包扎起来。它代表了他的弟弟，根据杰拉尔德的严厉超我，他觉得当弟弟还在母亲子宫里的时候，自己就对他进行了残害和阉割。
>
> （Klein, 1927, p. 173）

她的施虐在这些幻想中耗尽之后，显然没有受到任何抑制（这一切是在我们做了大量分析之后发生的），她的反应会以深度抑郁、焦虑和身体疲惫的形式出现。

(Klein, 1929a, p. 200)

克莱因（1929b）观察到焦虑的性质发生了转变，从害怕被攻击到担心客体的安全。她在这篇论文中还首次引入了修复的概念。

在发展的后期阶段，恐惧的内容从害怕攻击性的母亲，转变到害怕失去真实的、有爱的母亲，而女孩将被孤独地留下和被抛弃。

(Klein, 1929b, p. 217)

这个概念更重要的前身出现在1932年（《儿童精神分析》）。在"强迫性神经症和超我早期阶段的关系"这一章中，克莱因提到了分裂母亲意象的重要性，为了保存与好客体的关系，并"保护它不受自身施虐冲动的影响"(p. 153)。"恢复的（restitutive）"［后来被称为"修复的（reparative）"］冲动被认为是升华的基础 (p. 154)。从1932年起，克莱因开始运用弗洛伊德的生死本能二元性（见"死本能""生本能"）来构想力比多和破坏性冲动之间的冲突。

然后，克莱因（1933）在《儿童良知的早期发展》中区分了焦虑和内疚，并在一段引人思考的段落中基本上已经描述了抑郁心位 (p. 254)。虽然在早年，克莱因以严格的阶段顺序为指导（亚伯拉罕在弗洛伊德之后详细阐述了这一点），但现在已经为从阶段论到动态心位的重大转变做好了准备。

抑郁心位

在此基础上，克莱因在1935年的论文《论躁郁状态的心理成因》中首次明确描述了抑郁心位，这是重大的理论飞跃。克莱因认为，幻想和现实之间的相互作用是核心；外部父母以越来越现实的形式被内摄，直到被体验为整体客体而不是部分客体。自我认同整体客体，随之而来的是因先前在幻想中对所恨客体的野蛮攻击而产生的悔恨和内疚感，并意识到这些被恨着的客体是整体客体的一部分，这个整体客体被矛盾地需要，被爱也被恨。

1940年，克莱因在《哀悼及其与躁郁状态的关系》中，对抑郁状态有了更清晰、更完整的阐述，更强调它与丧失和哀悼的联结。克莱因（1945）随后在《从早期焦虑的角度讨论俄狄浦斯情结》中指出了抑郁心位和俄狄浦斯情结之间的重要联结。后来，克莱因（1946）对发育早期的"偏执-分裂心位"进行了概念化，这就导致了现象的重新分配和两个心位之间的重点转移（见"偏执-分裂心位"）。

西格尔（Segal, 1979）和佩托（Petot, 1982）等表明，尽管所有基本概念在1932年都已准备就绪，但克莱因在1934年经历了丧子之痛后的自我分析，才使她理解了发展、抑郁和哀悼之间的必然联结，这在1935年被首次提出，并在1940年得到了进一步发展。这个过程的关键特征在病人A女士的哀悼中被自传性地表征，克莱因在哀悼之后的创作高潮可能被视为她理论化过程的实例。

重 要 观 点

抑郁心位所涉及的过程可以从以下几个条目来考虑。

对客体爱与关切的新强调

在早期著作中，克莱因强调恨和攻击性的变迁，带来的问题是不得不应对坏的、迫害性的客体。从1935年起，好客体的重要性和爱越来越占据中心位置。核心的冲突是保护、修复和安全地确立好的内部客体。对报复的恐惧和"有所企图的亲热（cupboard love）[1]"会转变并成熟为对客体的爱和真正的关切，也就是说，为了客体本身——发展出将客体的需要置于自己的需要之上的能力。

从发展的角度来看，这种爱和关切的能力对于自体的完整性和稳定性非常必要；个体需要在人格内部有好的、稳定的和有帮助的客体，感觉它的存在，感觉爱和被深爱，以至于构成了基本的原始认同，围绕这个基本认同形成个体的整体认同。假设父母是相对好的，"好的内部客体"起初是非常理想化的乳房或

---

[1] "cupboard love"是一个英语习语，有时也直译为"厨柜之爱"。在心理学和儿童行为的语境中，这个词常用来描述儿童因为想要获得食物或其他奖励而对照料者表现出的依赖和亲近。这种爱并不是真正的情感，而是为了得到某种好处。——译者注

母亲的一部分。它在外部现实中没有相应的基础，因此是不稳定的，但随着分裂、投射、内摄、重新整合的循环，对客体的体验变得更加现实和稳定，最终这种经验不仅基于乳房或母亲，也基于父亲，基于有爱且被爱着的俄狄浦斯父母。

这一发展取决于外部和内部的有利条件的相互影响。以充满爱的方式照料婴儿，不让其遭遇过多的挫折，至关重要。对克莱因来说，同样重要的是体质因素；婴儿需要具备一定的耐受挫折的能力和天生爱的能力，这种能力要胜过其不可避免的仇恨和破坏性倾向。

> ……（内在好乳房）因此是消除焦虑的重要来源；它成为内在生本能的表征。然而，好客体只有在被感觉处于未损坏的状态时才能实现这些功能，这意味着它被内化的主要是被满足和爱的感觉。这种感觉的前提是，通过吸吮获得的满足感相对不受外部或内部因素的干扰。
>
> （Klein, 1952, p. 67）

在克莱因最后的著作中，嫉毁（见"嫉毁"）是重要的体质因素，影响着好客体在多大程度上可以被安全地整合到人格中。

迫害性焦虑和抑郁性焦虑（内疚）之间的区别

弗洛伊德描述了"内疚感的命运必然性"（Freud, 1930, p. 132），是由生死本能共存引起的矛盾和冲突造成的。弗洛伊德这个早期的洞见预示了克莱因对抑郁心位的看法。随着好坏客体开始整合，所产生的情绪范围从原始的恐惧到更多分化的感受，如失落、内疚和自责等。当这些经验与实际的丧失相一致时会变得更加强烈，例如断奶时失去乳房，或照顾者的普通生病和缺位。

克莱因早期的作品提到了"焦虑和内疚感"，但到1935年，她明确区分了迫害性焦虑（persecutory anxiety），以及与抑郁心位有关的内疚感，即"抑郁性焦虑（depressive anxiety）"。迫害性焦虑是对自我的恐惧；抑郁性焦虑是对所爱客体存活的恐惧。虽然概念上不同，但在实践中常常是混合的。对客体的恐惧往往伴随着对依赖性自体命运的恐惧，而内疚的关切可能伴随着对报复性攻击的恐惧。正如克莱因所强调的，因为好客体是自我的核心，就其本质而言，对客体的关注在本质上必须具有服务自我的成分。

抑郁心位中的经验变化也不可避免，与之后的经验相比，早期的经验更支离破碎，更折磨人，更难以保持。克莱因著作中描述的抑郁性焦虑的质量和数量在连续谱上各不相同。一端是一幅可怕的、世界被摧毁的画面，所爱的客体变得支离破碎，以及一种深深的绝望感。

> ……只有当自我将客体作为整体进行内摄时……它能够充分意识到由施虐特别是口腔施虐所带来的灾难……然后，自我发现自己面对的精神现实是它所爱客体处于解体的状态——变得支离破碎——而源自这种认识所产生的绝望、悔恨和焦虑是众多焦虑情境的根源。
>
> (Klein, 1935, p. 269)

而在连续谱的另一端，随着反复不断地投射和重新内摄，以及逐步确立越来越真实的内部客体，抑郁性痛苦演变为对他人独立性的认识。这一点隐含在克莱因本人的作品中，被后来的作者更加明确地加以阐述。例如，一个人开始知道母亲有其独立的关系，实际上她拥有她自己的心智和个人想法，并将自己排除在外。这种认识，本质上是对最广义的俄狄浦斯情境的感知（见"俄狄浦斯情结"），激发了更强烈的需求、依赖和丧失感，以及全能感的缩小。这也可能引发嫉毁和嫉妒。体验这些因素并非易事，它们很可能会引起对抑郁心位的防御。

基于爱恨的整合，从部分客体移动到完整或整体客体

克莱因的部分客体理论是对亚伯拉罕（Abraham, 1924）的"部分爱（partial love）"理论的发展。对亚伯拉罕来说，在弗洛伊德的原发自恋，与将客体作为独立整体去连接的成熟"客体爱（object-love）"之间有几个阶段。在这些阶段之间，他认为客体在幻想中被吃掉而体内化，但只是部分地——通常只有乳房或阴茎。这表达了矛盾：在某种程度上，客体被无情地当作满足需求的东西来对待；但在另一种程度上却得以幸免。亚伯拉罕认为爱和感恩只属于最后的"客体爱"阶段。对克莱因来说，不存在原发自恋阶段，部分客体可以从一开始就被强烈地爱着和恨着。然而，因为客体被投射的幻想所扭曲，爱的本质也是部分自恋。

克莱因认为，婴儿早期在认知和知觉上无法将客体作为整体来感知，这仅

仅是因为不够成熟。婴儿首先"使用"这种不成熟，将客体的积极和消极特性区分开，克莱因认为这是早期阶段的情感需要。因此，根据她的说法，母亲被感知为不同的身体部位，如乳房，以及不同的方面或存在，包括好的（令人满意）或坏的（令人沮丧）。

随着发展的进行，克莱因的理论认为，大约4个月大的婴儿开始在解剖学和情感上体验到完整的或"整体的"客体。客体现在变得更加真实，而不是充斥着婴儿的投射。

认知不成熟导致的非整合，不同于二元分裂为好坏的主动的自我机制。克莱因认为，早期的主动分裂是保存良好体验的方式，是保护爱和好客体免受婴儿施虐和坏客体影响的方法。她开始认为，由于客体关系涉及自我和客体，自我必然与客体一起分裂。克莱因描述了分裂过程是如何逐渐修正的。

> 似乎在这个发展阶段，外在与内在、爱与恨、真实与想象的客体是以这样的方式进行的，即统一中的每一步都再次导致意象重新分裂。但是，随着对外部世界的适应增强，分裂变得越来越接近现实。这种情况会持续下去，直到对真实的、内部客体的爱和对它们的信任都建立起来为止。
>
> （Klein, 1935, p. 288）

整体客体比部分客体更复杂。从完全善意或完全敌意，到母亲开始被更现实地感知为具有混合的意图。这种与母亲的新关系是抑郁心位的核心。之前，"好"母亲受到贪婪的、破坏性的需求影响，从而变成了"坏"母亲。一旦作为整体客体被体验，母亲反而被看作是被需求破坏的好客体，从而导致婴儿产生痛苦和责任感的新体验。

当克莱因开始构建抑郁心位的观点，她就把生本能和好自我（好的客体关系）联系起来，把死本能和坏自我（坏的客体关系）联系起来。她还将普通的健康的二元分裂与病理性分裂或碎片化区分开来。在这种分裂或碎片化中，由于嫉毁或对报复的恐惧，好客体和坏客体都受到攻击、变得破碎，这种情感上的伤害很难修复。

丧失和哀悼在发展中的核心位置

克莱因抑郁心位的概念源自弗洛伊德（1917）和亚伯拉罕（Abraham, 1924）对忧郁症（melancholia）的发现，以及"对失去所爱客体的恐惧"在人类经验中的重要性。弗洛伊德将哀悼与对丧失的忧郁反应进行了对比，在后者中过度的矛盾情绪导致与内部客体建立了异常的、迫害性的关系。虽然在《哀悼与忧郁》中，弗洛伊德仍缺乏理论立场来理解，哀悼或者是哀悼的能力可以丰富人格，但他在《论转瞬即逝》（*On transience*）中简要地谈到了这一点（Freud, 1916），似乎可预期克莱因的想法，他描述了有能力哀悼、承受丧失和内疚，可以被视为自我的成就，带来审美的深度和愉悦。亚伯拉罕认为哀悼和抑郁是同一现象的一部分，克莱因注意到抑郁倾向于恨，而不是爱，而哀悼则倾向于爱，而不是恨。

在她1935年的论文中，克莱因将抑郁心位的开始与真实的丧失联系起来，即断奶时失去乳房。她认为，这是婴儿在发育过程中，第一次能够将丧失（失去外在乳房及其内部对应物）与自己贪婪或充满仇恨的攻击联系起来。她将其解读为抑郁心位的触发点。在后来的著作中，情况恰恰相反；只有当客体被作为整体体验时，它才能真正地被体验为丧失。在客体被作为整体体验之前，缺席不是被体验为失去有价值的东西，而是被体验为存在某些坏东西。在抑郁心位中经历的丧失不仅是具体的丧失，如失去乳房，也是全能感的丧失，失去了与理想乳房或母亲的愉悦专属关系的幻想。

克莱因比较了婴儿的抑郁状态和成人的哀悼状态。她对生命任何阶段的哀悼提出了激进的新想法，即它涉及重新体验婴儿时期的抑郁心位，包括失去童年的内部好客体，然后痛苦地恢复和修复它们（Klein, 1940）。

弗洛伊德认为忧郁者内心背负着无法放弃的客体，而哀悼者则能设法放下客体，从而能够形成新的依恋。克莱因关于内心世界的更复杂的概念让人看到，哀悼者能够以更真实和独立的形式，在内在恢复失去的所爱客体，在形成新依恋的任务中增强而不是消耗自我。因此，哀悼对于发展来说是必要且富有成效的。

因此，当悲伤被充分地体验，绝望达到顶峰时，对客体的爱就会涌现，哀悼者会更加强烈地感到，内在和外在的生活终究会继续下去，而失去的所爱客体可以在内心保留下来。在这个哀悼的阶段，痛苦可以变得富有成效。我们知道，各种痛苦的经历有时会激发升华，甚至给一些人带来全新的天赋。其他人会变成……更能欣赏人和事物，在与他人的关系中更宽容——他们会变得更有智慧。似乎哀悼过程中的每一次进步，都会加深个体与其内部客体的关系。

(Klein, 1940, p. 360)

关键概念：修复

一旦克莱因减少对经典理论的遵从，她早期对升华的强调就让位给了修复这一新概念。升华影响了建设性地重新引导力比多和攻击性冲动进入更象征化的活动。尽管表面上有一些相似之处，但是修复与升华截然不同，甚至更不同于反向形成，反向形成是对潜在敌对冲动的防御。

克莱因在《反映在艺术作品和创造冲动中的婴儿期焦虑情境》(1929b) 一文中，第一次将修复一词与幻想中对客体的攻击联系起来。她有时会把"恢复 (restitution)"和"复原 (restoration)"与"修复 (reparation)"互换使用。真正的修复是抑郁心位不可或缺的。它包括面对丧失和损坏，努力在内部也常在外部修复和恢复客体。它经常被象征化，例如在梦中，通过建造和其他的创造性活动。有效的修复涉及某种类型以及一定程度的内疚感，不是过于压倒性的，以至于引起绝望，但可以引起关切和希望。通过在抑郁状态中促进良性而非恶性的循环，修复本身提供了一条摆脱绝望的途径。

克莱因对她的儿童病人所具有的爱的力量和修复驱力，以及最具破坏性和施虐性的驱力印象深刻。

即使在幼儿身上，我们也可以观察到对所爱之人的关切，而这并不像人们可能认为的那样，仅仅是依赖友好和有用之人的表现。在儿童和成人的无意识里，伴随着破坏性冲动，存在着为了帮助和恢复那些在幻想中受到伤害或毁灭的所爱之人而牺牲的深刻冲动。

(Klein, 1937, p. 311)

然而，克莱因意识到，无论是在现实中还是在幻想中，婴幼儿（以及一些成年人）都没有办法以完全非全能的方式进行修复。1935年，她假设了"躁狂性"和"强迫性"心位，以及伴随的各种修复，作为抑郁心位正常发展的一部分。她还指出，短暂的躁狂阶段是哀悼的正常部分，有助于人们与丧失客体的初步分离。躁狂性修复和强迫性修复确实提供了部分解决方法，但不可避免地涉及某种程度的胜利和施虐，可能会造成进一步的内疚或对被报复的恐惧。佩托（Petot, 1982）认为，克莱因暗示了对抑郁心位的细分，从可能被称为"躁狂性抑郁"的早期阶段，到更"抑郁性修复"的后期阶段。我们可以从修复活动的连续谱来思考，一端更全能而不稳定，而另一端则较不全能且更稳定。当儿童变得更有能力、更有技巧时，全能的幻觉就变得不那么必要了。

当以防御性（躁狂或强迫）的方式进行修复时，修复在某种程度上是不完整的、自欺欺人的和全能的。躁狂性修复是广泛而又全能的，回避内疚和痛苦，并魔法般地恢复客体，该客体不是独立的，仍然在幻想中被占有和诋毁。强迫性修复行为的特征是对客体的持续控制和对它的矛盾心理；它们包含魔法般的反转或撤销，这与创造性和想象性的修复活动恰恰相反。在躁狂性和强迫性的修复中，内部父母在幻想中被阻止走到一起，而在适当的修复中，他们被解放并允许在一起。

在正常的发展中，一旦婴儿的成长能力意味着他可以体验到给予他人的经验，良性循环就会随之而来：

> 当婴儿逐渐对他的客体和他的修复能力有了更大的信心时，他的全能感就会降低。他觉得发展的每一步，所有的新成就都给他周围的人带来快乐，他用这种方式来表达他的爱，平衡或消除他的攻击性冲动所造成的伤害，并对他伤害的所爱客体进行修复。

（Klein, 1952, p. 75）

外部世界的修复往往完全或部分地不可能，儿童对环境的控制有限，而成年人可能会后悔不能去纠正过去犯下的错误。因此，许多修复必须采取内在的形式，包括悲伤地承认有些破坏无法被修复。

在做出真正的修复时，个体会对自己的攻击感到丧失、内疚以及对此有责任，但同时觉得可能不会失去一切——至少仍然有一种希望，存在部分挽回灾难的可能性。除了内疚感和责任感之外，其他积极的力量也会涌现：爱、共情和为客体牺牲的愿望。当内部好客体被修复和加强时，与它密切相关的自我也得到了修复和加强。

在发展过程中道德感的产生和发展

通过引入偏执-分裂心位和抑郁心位的概念，克莱因提出了人类两种不同类型的先天道德的区别，以及超我性质上的重要演变。由偏执-分裂心位的大规模分裂和投射构成的世界观需要一场斗争，以保存所爱的好自体和好的（部分）客体，使其免受包含（否认和投射的）攻击性和仇恨自体的坏迫害者的侵害。座右铭是"杀或被杀"。虽然弗洛伊德意识到了，对父母的爱对于解决俄狄浦斯情结的重要性，但他此时对超我形成的主要观点基于阉割焦虑，明显带有偏执味道。

克莱因的抑郁心位概念所包含的道德不再基于偏执的恐惧，而是基于在现实和幻想中，对自体内外所爱客体造成伤害而产生的抑郁性内疚。在克莱因的文字中：

> 儿童对失去他所爱的和最需要的人的极度恐惧，不仅激发他去抑制攻击性冲动，也推动他去保护自己在幻想中攻击的客体，使其恢复正常，弥补伤害……在早期的善恶概念中，现在又增加了一些东西："好"变成了保存、修复或重新创造那些因他的仇恨而受到威胁或伤害的客体；"恶"变成了他自己的危险的仇恨。
> （Klein, 1942, p. 321）

与安娜·弗洛伊德相反，克莱因从一开始就避免给她的儿童病人带来任何道德或教育上的压力。相反，她观察到，分析工作只是探索偏执和抑郁的心智状态，以及在分析中呈现出来的对应防御，这会引起自然地进入抑郁心位的道德观。关切、修复和原谅等更整合的能力随之而来，爱压倒恨以及共情他人的能力变得越来越突出。莫尼-克尔在1944年[《朝着共同的目标：精神分析对伦理的贡献》(*Towards a common aim: A psychoanalytic contribution to ethics*)]和1955年[《精神分析和伦理》(*Psychoanalysis and ethics*)]进一步阐述了，克莱因理论对这种成熟形式的"自然道德感"在发展和功能方面上的影响。

由于专注于这些道德能力的发展，克莱因学派的分析在理论和实践中有可能会被错误地视为"道德化"。事实上，分析师的"道德化"态度（实际上是所有分析形式所固有的危险）势必造成分析立场的丧失，分析师会走向偏执-分裂模式。分析师变得与全能的理想客体认同，并把道德上的自卑感投射进病人内部（Milton, 2000）。奥肖内西（O'Shaughnessy, 1999）表明，当病人遭受极其异常的、嫉毁的超我折磨时，这种情况很容易发生，在移情情境中，病人和分析师都可能成为另一个人的异常的超我。

对体验抑郁心位的防御

抑郁心位的内疚和丧失包含了情感上的痛苦，这是难以忍受的（见"抑郁性焦虑"）。感知到对客体的损害程度太大，或主体的能力太小；思考整体客体的自由和独立，也会引起无法忍受的嫉妒和嫉毁。在这种情况下，通过心理防御的运作，抑郁性的体验可能很快会被消除或完全避免，至少是暂时地被消除或完全避免。这是婴儿期和童年早期的常见反应，在这些阶段中，抑郁状态是不稳定和波动的。随着发展的进行，人们可以预期承受抑郁心位的痛苦的时长和能力都会增加。

对抑郁心位的内疚感的偏执性防御观点，被证明在临床上非常有用。偏执性防御包括退回到偏执-分裂心位的分裂和否认。

躁狂性防御在上文讨论的修复中有所描述。最后，克莱因描述了对抑郁状态的强迫性防御（见"强迫性防御"）。这包括了旨在修复客体的重复行为。它们最终会失败，因为客体在幻想中以全能和控制性的方式被对待。因此，"修复"包含了施虐的元素，必然会导致进一步的内疚和迫害循环。像躁狂性防御，强迫性防御也需要不断地更新重复，以远离抑郁性体验，因此两者都具有重复的本质。

修通抑郁心位

克莱因提到了"克服（overcome）"抑郁心位，尽管"修通（work through）"是如今常用术语。如果"抑郁心位"被宽泛地理解为"成熟"或"承受丧失和分离的能力"，那么"克服"似乎是错误的词。然而，正如里克曼（Likierman,

2001）清楚表达的那样，对克莱因心中那种婴儿式的毁灭性抑郁心位，用"克服"这个词是有道理的。

克莱因最初坚持弗洛伊德和亚伯拉罕关于顺序发展阶段的观点。尽管她最激进的贡献之一是，在概念上向"心位"而非"阶段"理论移动，但这种转变在她的著作中还没有完全完成。克莱因认为，随着婴儿神经症的解决，抑郁心位在5岁前后被"克服"，尽管后来在特殊情况下偶尔会再次出现，通常是在失去亲人和哀悼的时候。

成功地修通抑郁心位取决于人格内外部多个因素的相互作用。首先，随着婴儿视野拓宽，他在身体和情感上从周围环境吸收更多，有朝向整合的自然发展推动力。其次是人格因素，如承受挫折的能力和相对缺少体质性的嫉毁。最后，环境的实际性质，特别是母亲，对于婴儿能够面对抑郁心位至关重要。克莱因并不像人们有时误解的那样忽视环境，她试图展示环境如何以及为什么会有如此大的影响力（见"外部世界/环境"）。

> 从一开始，分析就强调儿童早期经验的重要性，但在我看来，只有我们对儿童早期焦虑的本质和内容，及对其现实经验和幻想生活之间持续不断的相互作用有了更多的了解，我们才能充分理解为什么外部因素如此重要。
>
> （Klein, 1935, p. 285）

> 婴儿生活中所体验的与母亲有关的所有快乐，就是有许多证据表明，他内在和外在的所爱客体没有受到伤害，也没有变成报复者。通过快乐的经验来增加爱和信任，减少恐惧，帮助婴儿一步步地克服他的抑郁和丧失感（哀悼）。它们使他能够通过外部现实来检验内部现实。
>
> ……不愉快的经验和缺乏愉快的经验……则增加矛盾的心理，减少信任和希望，进一步证实了内部毁灭和外部迫害的焦虑。
>
> （Klein, 1940, pp. 346-347）

克莱因认为，除了实际经验的差异之外，个体在如何利用这些经验来改变自己理想的和可怕的幻想方面，也存在体质性差异。20世纪50年代，克莱因探讨了嫉毁的现象（见 Ch.9），以及它在增加修通抑郁心位的困难中所起的作用。

抑郁心位和俄狄浦斯情结之间的联结

克莱因观察到抑郁心位以及俄狄浦斯情结的开始，都正如她所设想的那样按时间顺序紧密相连，并且彼此影响（见"俄狄浦斯情结"）。例如，利用新的分裂机会，把爱分配给"好"父母，将恨分配给另一个"坏"父母，可以暂时解决在抑郁心位中遇到的痛苦矛盾的问题。然而，另一方父母的重要性日益凸显，这并非没有问题。

> 在两性中，对失去母亲——最主要的所爱客体——的恐惧，也就是抑郁性焦虑，促进了寻找替代的需求；婴儿首先转向父亲，父亲在这个阶段也被内摄为整体个体，来满足这种需求。
>
> ……然而，与此同时，新的冲突和焦虑出现了，因为对父母的俄狄浦斯愿望暗示着，对两个既恨又爱的人产生嫉毁、竞争和嫉妒等感受。
>
> （Klein, 1952, pp. 79-80）

克莱因在同一篇论文（Klein, 1952）中，对她看待俄狄浦斯情结和抑郁心位之间关系的方式，做了最全面的描述，她在论文中说道，在逐渐将父母视为彼此之间有联系的独立个体上取得的进展，既是安心和安全的来源，也是嫉妒和被剥夺感的来源。

> 婴儿能够同时享受与父母双方关系的能力，是他精神生活中的重要特征，这也与他由嫉妒和焦虑引起的想将父母双方分开的欲望相冲突，这取决于他对他们是独立个体的感受。与父母之间更整合的关系（这与要分开父母，并防止其性交的强迫性需要不同），意味着对他们（父母）彼此间的关系有更深刻的理解，也是婴儿希望以快乐的方式把他们聚集和连接在一起的先决条件。
>
> （Klein, 1952, p. 79f）

后续发展

抑郁心位的概念是丰富而多面向的，从一开始就激发了进一步的理论创新。

- 西格尔（Segal, 1952）在《美学的精神分析方法》(A psychoanalytical approach to aesthetics)中将创造力的根源追溯到抑郁状态，并发展了基于这一属性的美学理论（见"象征形成"）。西格尔（Segal, 1957）在《关于象征形成的说明》中继续使用这个概念来区分象征等同（典型的偏执－分裂心位）和真正的象征，只有在抑郁心位下，当自体和客体被更清楚地区分时，才能真正地形成象征（见"象征形成"）。

- 雅克（Jaques, 1965）在《死亡与中年危机》(Death and the mid-life crisis)中，将抑郁心位的终生斗争与个体或早或晚的创造力绽放联系在一起。他强调，"中年危机"是个体创造性生活中成败攸关的现象。

- 西格尔（Segal, 1956）在《精神分裂症病人的抑郁》中，也研究了抑郁心位在精神分裂症病人中可能不完全的呈现方式，抑郁症的体验通过投射进他人来表达。西格尔与同时代的罗森菲尔德和比昂感兴趣的是：精神病病人如何处理，或更确切地说，如何无法处理发展中出现的抑郁心位。

- 比昂（Bion, 1957, 1959, 1962a）对精神病人和非精神病人的思考本质及其变迁的研究，是围绕着建立或打破抑郁心位中形成的联结原则来组织的。

- 罗森菲尔德（Rosenfeld, 1965, 1987）和斯坦纳（Steiner, 1993）对边缘性和重度自恋病人在抑郁心位如何运作的研究做出了贡献。

- 比昂（Bion, 1962b）的母性（和分析性）容器概念（见"容器/被涵容""思考与知识"），使我们能够更详细地概念化，去理解原始幻想如何被外部现实所改变，到达并修通抑郁心位的关键过程。

涵容的概念为理解环境的重要性提供了理论基础，克莱因指出了这个重要性，但没有详细解释。作为婴儿投射的主要接收者，慈爱而细心的母亲会体验它们的影响，并在某种程度上理解它们，从而帮助婴儿以更容易处理的形式，重新内摄之前无法忍受的心理内容。母亲涵容婴儿焦虑的失败则会加剧婴儿的焦虑及其对焦虑的投射。

- 比昂（Bion, 1963）还主要完成了从"阶段"到"心位"的概念转换，展示了抑郁心位和偏执心位最终是如何摆荡的心智状态。他建立了动态平衡的概念，他将其表征为 Ps ↔ D。即使有抑郁方向的总推力或向前的矢量，失整合对产生新整合、新变动有持续的必要性。

- 布里顿（Britton, 1998）在《抑郁心位的前与后》中延续了这一思路，表明表面上抑郁心位的持久状态实际上代表了一种停滞，这可能是防御性的。在日常生活中，为了应对无数大大小小的危机，我们会在整个生命中不断地重复分裂和重新整合的循环。在最细微的层面上，分析会谈允许观察到每一分钟在不同状态之间的正常移动，这些状态包括整合状态、分裂状态、防御性撤退状态以及有时的恢复与重建状态。

- 阿尔瓦雷斯（Alvarez, 1992）在《有活力的陪伴》(Live Company)中的工作，进一步强调了克莱因的想法，即发展需要一些躁狂和全能的修复幻想，特别是对被剥夺的儿童来说。

- 斯坦纳（Steiner, 1993），自克莱因以来，他做了很多工作来发展"人格的病理性组织"的概念，或者就像斯坦纳（Steiner, 1993）将其形容为的，"精神撤退"（见"病理性组织"）。这是结构化的、稳定的人格防御组织，发展出来是为了长期避免偏执和（或）抑郁的情绪。心灵的灵活性和创造性被部分牺牲，以保护心智免受无法忍受的内疚感和迫害感。

- 布里顿（1985, 1989, 1992）使用克莱因理论进一步将抑郁心位和俄狄浦斯情结关联起来，阐释抑郁心位和俄狄浦斯情结不仅在发展上是并行的，而且要修通一个就必须修通另外一个。他的观点是，我们通过修通俄狄浦斯情结来修通抑郁心位，通过修通抑郁心位来修通俄狄浦斯情结。正如在抑郁心位中，单独并永久地占有理想客体的想法必须被放弃，因此在面对父母关系时，我们也得放弃单独占有渴望的父母的理想。

- 霍布森、帕特里克和瓦伦丁（Hobson, Patrick & Valentine, 1998）在一篇有趣而不寻常的论文中成功地证明了，偏执－分裂心位和抑郁心位之间的区别是具有效度的。向接受过训练的"不知情的"观察员展示病人的视频，通过使用专门开发的评分量表，他们能够区分病人在更抑郁或者更偏执模式下的功能，且评分者间一致性信度很高。

以上的例子展示了克莱因的抑郁心位概念所激发的创造性思考。最终，它支撑了很多后克莱因学派的思想。罗思（Roth, 2005）和坦珀利（Temperley, 2001）近期关于抑郁心位的一些特别有用的论文，阐述了当代在临床和更广泛的文化方面上对这个概念的使用。

对抑郁心位理论的批判

在儿童和成人的精神分析中，抑郁心位已经证明了它作为临床概念的有效性。但更大的问题是，小婴儿是否真的经历了克莱因所说的那种情感体验。克莱因大量使用她自己在分析幼儿时，对幼儿通过言语和游戏所表达的情感所进行的观察，她感到自己可以想象性地推断出婴儿世界。这与弗洛伊德从成人推断儿童的方式类似。

佩托（Petot, 1991）展示了一些来自发展心理学的证据，它们或许可以与克莱因的理论相结合。例如，他注意到皮亚杰和其他人发现，婴儿在4到5个月大的时候，认知和感知能力发生了质的变化。

认知发展的实验发现，当然既不能证实也不能否定克莱因所描述的主观心理状态。然而，它们可以提供框架来考量是否有发展可信度。

参 考 文 献

Abraham, K. (1924) 'A short study of the development of the libido', in K. Abraham (ed.) *Selected Papers on Psychoanalysis*. London: Hogarth Press (1927), pp. 418-501.

Alvarez, A. (1992) Live Company. London: Routledge.

Bion, W. (1957) 'Differentiation of the psychotic from the non-psychotic personalities', *Int. J. Psycho-Anal.* 38: 266-275.

—— (1959) 'Attacks on linking', *Int. J. Psycho-Anal.* 40: 308-315.

—— (1962a) 'A theory of thinking', *Int. J. Psycho-Anal.* 43: 306-310.

—— (1962b) *Learning from Experience*. London: Heinemann.

—— (1963) *Elements of Psychoanalysis*. London: Heinemann.

Britton, R. (1985) 'The Oedipus complex and the depressive position', *Sigmund Freud House Bull.* 9: 9-12.

—— (1989) 'The missing link: Parental sexuality in the Oedipus complex', in J. Steiner (ed.) *The Oedipus Complex Today*. London: Karnac, pp. 83-101.

—— (1992) 'The Oedipus situation and the depressive position', in *Clinical Lectures on Klein and Bion*. London: Routledge, pp. 34-45.

—— (1998) 'Before and after the depressive position', in *Belief and Imagination*. London: Routledge, pp. 69-81.

Freud, S. (1916) 'On transience', *S.E. 14*. London: Hogarth Press, pp. 303-307.

—— (1917) 'Mourning and melancholia', *S.E. 14*. London: Hogarth Press, pp. 237-258.

—— (1930) 'Civilisation and its discontents', *S.E. 21*. London: Hogarth Press, pp. 57-145.

Hobson, R. P., Patrick, M. P. and Valentine, J. D. (1990) 'Objectivity in psychoanalytic judgements', *B. J. Psychiatry* 173: 172-177.

Jaques, E. (1965) 'Death and the mid-life crisis', *Int. J. Psycho-Anal.* 46: 502-514.

Klein, M. (1927) 'Criminal tendencies in normal children', in *The Writings of Melanie Klein*, Vol. 1. London: Hogarth Press, pp. 170-185.

—— (1929a) 'Personification in the play of children', in *The Writings of Melanie Klein*, Vol. 1. London: Hogarth Press, pp. 199-209.

—— (1929b) 'Infantile anxiety-situations reflected in a work of art and in the creative impulse', in *The Writings of Melanie Klein*, Vol. 1. London: Hogarth

Press, pp. 210-217.

—— (1932) *The Psychoanalysis of Children. The Writings of Melanie Klein,* Vol. 2. London: Hogarth Press.

—— (1933) 'The early development of conscience in the child', in *The Writings of Melanie Klein*, Vol. 1. London: Hogarth Press, pp. 248-257.

—— (1935) 'A contribution to the psychogenesis of manic-depressive states', in *The Writings of Melanie Klein*, Vol. 1. London: Hogarth Press, pp. 262-289.

—— (1937) 'Love, guilt and reparation', in *The Writings of Melanie Klein*, Vol. 1. London: Hogarth Press, pp. 306-343.

—— (1940) 'Mourning and its relation to manic-depressive states', in *The Writings of Melanie Klein,* Vol. 1. London: Hogarth Press, pp. 344-369.

—— (1942) 'Some psychological considerations: A comment', in *The Writings of Melanie Klein*, Vol. 3. London: Hogarth Press, pp. 320-323.

—— (1945) 'The Oedipus complex in the light of early anxieties', in *The Writings of Melanie Klein*, Vol. 1. London: Hogarth Press, pp. 370-419.

—— (1946) 'Notes on some schizoid mechanisms', in *The Writings of Melanie Klein,* Vol. 3. London: Hogarth Press, pp. 1-24.

—— (1952) 'Some theoretical conclusions regarding the emotional life of the infant', in *The Writings of Melanie Klein*, Vol. 3. London: Hogarth Press, pp. 61-93.

Likierman, M. (2001) *Melanie Klein: Her Work in Context.* London: Continuum.

Milton, J. (2000) 'Psychoanalysis and the moral high ground', *Int. J. Psycho-Anal.* 81: 1101-1115.

Money-Kyrle, R. (1944) 'Towards a common aim: A psychoanalytic contribution to ethics', in *The Collected Papers of Roger Money-Kyrle*. Strath Tay: Clunie Press (1978), pp. 176-197.

—— (1955) 'Psychoanalysis and ethics', in *The Collected Papers of Roger Money-Kyrle.* Strath Tay: Clunie Press (1978), pp. 264-284.

O'Shaughnessy, E. (1999) 'Relating to the superego', *Int. J. Psycho-Anal.* 80: 861-870.

Petot, J.-M. (1991) *Melanie Klein: Vol. 2: The Ego and the Good Object (1932-1960)* (C. Trollope, Trans.). Madison, CT: International Universities Press.

Rosenfeld, H. (1965) *Psychotic States.* London: Hogarth Press.

—— (1987) *Impasse and Interpretation.* London: Tavistock.

Roth, P. (2005) 'The depressive position', in S. Budd and R. Rusbridger (eds) *Introducing Psychoanalysis: Essential Themes and Topics.* London: Routledge, pp. 47-58.

Segal, H. (1952) 'A psychoanalytical approach to aesthetics', *Int. J. Psycho-Anal.* 33: 196-207.

—— (1956) 'Depression in the schizophrenic', *Int. J. Psycho-Anal.* 37: 339-343.

—— (1957) 'Notes on symbol formation', *Int. J. Psycho-Anal.* 38: 391-397.

—— (1979) Klein. London: Fontana.

Steiner, J. (1993) *Psychic Retreats: Pathological Organizations in Psychotic, Neurotic and Borderline Patients.* London: Routledge.

Temperley, J. (2001) 'The depressive position', in C. Bronstein (ed.) *Kleinian Theory: A Contemporary Perspective.* London: Whurr, pp. 47-62.

6 俄狄浦斯情结 | Oedipus complex

定　义

弗洛伊德的俄狄浦斯情结在3—5岁的孩子中最为突出，包括期待实现同性父母死亡以及篡夺其位置的幻想。相反形式的幻想也很重要。男孩会害怕被复仇的父亲阉割，女孩则会害怕失去爱，这些幻想最终让他们放弃了这些愿望而建立超我。弗洛伊德在生殖器期的层面上描述了所有一切。

与弗洛伊德一样，克莱因将俄狄浦斯情结视为核心，但她在关于早期俄狄浦斯情境的新概念中，修改并扩展了弗洛伊德的观点。她假设婴儿投入在令人兴奋又可怕的父母伴侣里，一开始将父母幻想成"结合形象"：母亲的身体包含着父亲的阴茎和竞争的婴儿。由于婴儿期性欲和施虐冲动的投射，伴侣的原始版本被幻想成持续的性交，并表现出口腔、尿道和肛门施虐的特征。对母性身体的幻想，则与克莱因对原始女性气质和两性俄狄浦斯情结的新理解有关。

原始的超我形象发展得很早，通常来说与婴儿期的施虐有关，不仅仅是俄狄浦斯情境的结果。偏执-分裂功能的分裂特征（见"偏执-分裂心位"），有助于将部分客体父母清晰地划分为理想的/被爱的客体和受诋毁的/被恨的客体，并在两者之间摆荡。随着对整体客体的意识不断增强，有了矛盾的态度，并且因攻击而产生的抑郁性内疚感，导致个体越来越需要放弃俄狄浦斯欲望并修复内在的父母，允许他们走到一起（见"抑郁心位"）。对克莱因来说，俄狄浦斯情结和抑郁心位密切相关。

重 要 文 献

1897	S. 弗洛伊德《弗利斯论文摘录》(*Extracts from the Fliess Papers*) 中的第71封信 在给弗利斯的一封信件中,弗洛伊德第一次提到俄狄浦斯情结。
1923b	M. 克莱因《早期分析》 克莱因仍然使用经典模型。在儿童身上观察到的俄狄浦斯材料,常带有前生殖器期的特性。对于"原初场景"的幻想和恐惧是其重要核心。
1925	S. 弗洛伊德《两性解剖学差异的心理结果》(*Some psychical consequences of the anatomical distinction between the sexes*) 弗洛伊德首次针对俄狄浦斯情结进行了说明,完整阐述了他所认为的女性和男性俄狄浦斯发展之间的差别。
1926	M. 克莱因《早期分析的心理学原则》 对生命的第二年初,描述了"早期的俄狄浦斯倾向"。早期严厉和残酷的超我活动。
1927a	M. 克莱因《儿童分析研讨》 俄狄浦斯情结追溯到断奶之时。
1927b	M. 克莱因《正常儿童的犯罪倾向》 口腔施虐和肛门施虐冲动导致了对性交扭曲和恐惧的看法。
1928	M. 克莱因《俄狄浦斯冲突的早期阶段》(*Early stages of the Oedipus conflict*) 克莱因关于俄狄浦斯情结的第一篇论文。孩子将母亲的身体幻想为性活动的场所。关于女性性欲的新概念。
1929b	M. 克莱因《反映在艺术作品和创造冲动中的婴儿期焦虑情境》 第一次明确提到结合父母形象。
1932	M. 克莱因《儿童精神分析》 进一步阐述了男孩和女孩的性发展。
1933	M. 克莱因《儿童良知的早期发展》 超我的发展与俄狄浦斯情结脱离。使用弗洛伊德的生死本能概念,开始强调爱/恨冲突的重要性。
1935	M. 克莱因《论躁郁状态的心理成因》 开始认为俄狄浦斯情结与抑郁心位密不可分。

1945	M. 克莱因《从早期焦虑的角度讨论俄狄浦斯情结》 这是第三篇也是最后一篇关于俄狄浦斯情结的论文。现在爱的出现会被视为抑郁心位修通的开始。
1952	M. 克莱因《关于婴儿情绪生活的一些理论性结论》 俄狄浦斯情结与抑郁心位之间互惠而有益的关系。
1957	M. 克莱因《嫉毁与感恩》 嫉毁在俄狄浦斯情境中的有害影响。

年　表

弗洛伊德和俄狄浦斯情结

弗洛伊德（Freud, 1897）在写给弗利斯的一封信中提到了俄狄浦斯情结，他在信中谈到，这个结论部分是通过他的自我分析得出的。

> 我明白了一个具有普遍价值的思想。我看到了对母亲的爱意和对父亲的妒意，不独我自己是如此，我现在觉得这是童年早期普遍存在的情况……我们算是明白了《俄狄浦斯王》（*Oedipus Rex*）的魅力为什么经久不衰……这个古希腊传说讲述的是一种人所共知、人皆有之的冲动。在座每个人都曾经是俄狄浦斯，从胚胎时期就开始，在自己的幻想里也是如此，此刻梦境化为现实，会让大家胆战心惊，赶紧用尽全力强加压抑，让当下的自己与婴童时期截然分离。
>
> （Freud, 1897, p. 265）

俄狄浦斯情结——爱父母中的一位而嫉妒另一位，以及它对男孩和女孩所有的复杂影响，发生在大约3—5岁之间——成为并一直是弗洛伊德著作中"发展的核心情结"。弗洛伊德在1900年的《梦的解析》中首次对它进行了完整的描述，虽然一直到后来的著作版本（1905）中才使用了"俄狄浦斯情结"这个实际的名称。正如他在《精神分析导论》（*Introductory lectures*, 1905）第21讲中对儿童性发展的描述一样，在最初欲望的客体方面，弗洛伊德将女性的发展简单地描述为，平行和相反于男性的发展。甚至在《自我与它我》（*The ego and the id*, 1923b）中，弗洛伊德认为，男孩和女孩的俄狄浦斯情结消解"完全相似"（p. 32）。虽然他已经在一些论文，如在《一个被打的小孩》（*A child is being beaten*, 1919）中，对这种"完全相似"表达了一些怀疑和不满。

弗洛伊德在《俄狄浦斯情结的消解》（*The dissolution of the Oedipus complex*, 1924）和《两性解剖学差异的心理结果》（1925）中阐述了他的新论点，即在他看来，女孩的俄狄浦斯发展是如何与男孩截然不同的。小男孩，像俄狄浦斯一样，在俄狄浦斯情结的"正性"版本中（"正性"和反向的"负性"版本的情结，在两性中都会发生和摆荡），希望杀死父亲，篡夺父亲在母亲床上的位置；这种占有母亲的愿望引发了全能父亲报复性阉割的恐惧。男孩的好奇心证实了阉割的现实，当他发现女性没有阴茎时，在他看来一定是被阉割了。弗洛伊德认为，当男孩将他那令人敬畏的父亲内化为承诺在未来的某个时候会提供真正力量的权威时，他的俄狄浦斯情结就"化解"了。

对于小女孩来说问题更复杂，因为在弗洛伊德看来，她没有阴茎，证实了她被阉割的事实，她的自卑、缺乏力量，并产生了对阴茎深深的嫉妒。她必须放弃对父亲的渴望，认同母亲，承诺自己最终能够吸引男性，并被给予婴儿作为阴茎的等同物或替代品。弗洛伊德认为俄狄浦斯情结的解决带来了超我的确立。在男孩中，这是通过内化敬畏的父亲而发生的。已经被阉割的女孩，在某种程度上已经没有什么可恐惧了，所以在弗洛伊德看来，她并没有内化强大的超我。她的主要恐惧不是阉割，而是失去父母的爱，这导致她最终放弃了她的俄狄浦斯追求而接受现实。

克莱因和俄狄浦斯情结

就像克莱因开始工作时的经典精神分析一样，对克莱因来说，无论是神经症还是正常的发展，俄狄浦斯情结都占据了绝对中心的位置——它是冲突性的冲动、幻想、焦虑和防御的中心集群。尽管一开始她试图将自己蓬勃发展的新思想融入严格的经典框架，但克莱因看待俄狄浦斯情结的视角越来越不一样。

从她最早的著作中，克莱因对她的儿童病人的俄狄浦斯材料进行了临床观察，这些观察具有惊人的丰富性和复杂性：她认为在儿童的游戏中经常出现这些混合了前生殖器期和生殖器期的性幻想材料。5岁的弗里茨通过士兵游戏展示了他与父亲的俄狄浦斯竞争,并宣称他有一把枪"可以像水生动物一样咬人"(Klein, 1921, p. 39)。在《早期分析》(1923b, pp. 96–97)中的铁路游戏里,在克莱因看来,弗里茨似乎幻想了在他母亲身体内的一个世界,其中有一辆"皮皮火车"(代表阴茎)和一辆"载着卡其孩子的卡其火车"(代表粪便)。火车通过"卡其洞"进出,有时也通过另一个代表嘴的洞进出,克莱因认为这是通过进食而受孕的幻想。

克莱因在《学校在儿童力比多发展中的作用》(1923a)中发现,抑郁伴随着俄狄浦斯伴侣性交的暴力幻想。

> 费利克斯,13岁……他还没有克服第一次在学校被叫站起来的困难。他对此的联想是:女孩站起来的方式非常不同,他用手势比画出生殖器的区域,并清楚地呈现了竖立的阴茎形状……抑制……被证明是由被阉割的恐惧所决定。费利克斯在学校的时候就有过这样的想法,老师站在学生面前,他背靠着桌子,他应该摔下来,撞倒桌子,摔坏它并弄伤自己,这呈现了老师作为父亲、书桌作为母亲的意义,也导致了费利克斯关于性交的施虐性观念。
>
> (Klein, 1923a, p. 60)

克莱因认为父母性交的幻想是儿童心智生活的中心舞台。克莱因说,许多与游戏和学业有关的抑制和神经症,都被原初场景幻想的压抑所决定(e.g. Klein, 1923a, 1923b),而相比弗洛伊德,这些在克莱因的俄狄浦斯情结概念中有更基本的位置。

在1926年的《早期分析的心理学原则》中,克莱因通过引用对儿童在生命第二年初的"早期俄狄浦斯倾向"观察(Klein, 1926, p. 129),明确地将俄狄浦斯情结出现的时间定在弗洛伊德认为的时间之前。她还观察到早期的、特别严厉的和残酷的超我活动。在这个阶段,她仍然试图坚持弗洛伊德的观点,即超我的形成与俄狄浦斯情结有着内在联系,但后期放弃了。

丽塔,早在她2岁的时候,就会对任何的小调皮表现出过度的恐惧和悔恨,对责备也过度敏感。从2岁起,她坚持进行睡前的仪式,即被紧紧裹在被单里。当她在2岁9个月开始接受分析时,她透露了自己的恐惧:如果没有这种仪式,"老鼠或小屁屁可能会从窗户钻进来,咬掉她的小屁屁(生殖器)"(Klein, 1926, p. 132)。在她的游戏中,娃娃也必须用同样的方法被包裹起来,她在娃娃的床边放了一只玩具象,以防娃娃起床。

> ……否则它会偷偷溜进父母的卧室,做一些同样伤害他们的事情或拿走他们的东西……在这样的游戏中,"宝宝"受到惩罚后产生的愤怒和焦虑也表明,丽塔在内心扮演着两个角色:一个是负责评判的权威角色,另一个则是被惩罚的孩子角色。
>
> (Klein, 1926, p. 132)

次年,克莱因在《儿童分析研讨》(1927a)中,开始将俄狄浦斯情结追溯到更早的断奶时期。她在同年的另一篇论文《正常儿童的犯罪倾向》(1927b)中,在弗洛伊德列出的将无意识乱伦和弑父作为内疚感的基本起因的基础上,加上了儿童的口腔和肛门施虐冲动。她认为,正是这些施虐幻想导致了对性交的扭曲和恐惧。1928年,克莱因发表了第一篇关于俄狄浦斯情结的论文,即《俄狄浦斯冲突的早期阶段》,她提出了新概念。她描述了俄狄浦斯情结开始的背景,即早期的口腔和肛门施虐般的求知欲,想要进入并占有或摧毁母亲身体的内容物、所有性活动的场景、生育器官的所在之处、婴儿以及父亲的阴茎。早期严苛超我的出现,导致出现了迫害性的内疚感,因为施虐的前生殖器期幻想而攻击母亲的身体及其内容物,基于复仇原则而害怕被报复。克莱因认为,这些攻击导致了两性最早和最深的俄狄浦斯焦虑。在这个阶段,克莱因并没有区分迫害性焦虑和她后来命名的抑郁性焦虑。她仍在强调仇恨的变迁,只在后期给予了爱应有的位置。

与弗洛伊德不同,克莱因相信原初女性俄狄浦斯心位的存在。她讲述了女童很早就意识到阴道和身体内部需要保护。在克莱因学派理论中,对母亲生育能力的迷恋和嫉毁的基础性,与弗洛伊德理论中的阉割焦虑和阴茎嫉毁一样。对克莱因来说,女孩的原初愿望是接受有生育力的阴茎。希望以阳具的方式拥有阴茎是女孩天生双性恋的一部分。女性位置的焦虑和挫折会强化它,但它不像弗洛伊德所认为的那样对女孩来说是基本位置,而是次要的。

克莱因在《反映在艺术作品和创造冲动中的婴儿期焦虑情境》(1929)中,

引入了结合父母形象（combined parent figure）的概念——父亲的阴茎在妈妈体内——首次在这里被称为"合并的父母（united parents）"，他们的威胁性反映在了他们在幻想中受到的施虐性攻击上。在1930年发表的论文《象征形成在自我发展中的重要性》中，克莱因特别清晰地总结了她的早期俄狄浦斯情境，被视为"施虐占主导地位"阶段的开始（Klein, 1930a, p. 219）。

1932—1933年间，克莱因或多或少地将超我的发展与俄狄浦斯情结分离开来。首先，在克莱因关于俄狄浦斯情结的三篇论文中的第二篇（Klein, 1932, Ch.8）；其次，在《儿童良知的早期发展》（1933）中。因此，内疚感不仅是俄狄浦斯情结的结果，而且从一开始就存在，并影响着整个发展过程。从1932年开始，克莱因开始使用弗洛伊德的生死本能概念，将其作为她关于爱恨冲动之间终生冲突的观点的基础，尽管这对她1932年关于俄狄浦斯情结的章节影响不大。克莱因在1932年对男孩和女孩的性发展进行了全面的描述（Ch.11, Ch.12）。当她在《从早期焦虑的角度讨论俄狄浦斯情结》（1945）中再次详细讨论这个问题时，克莱因对抑郁性焦虑和修复性愿望进行了重要修正，强调了在俄狄浦斯情结修通中所有爱的冲动。

在1935—1952年间，克莱因逐步阐明了俄狄浦斯情结与抑郁心位的关系（Klein, 1935, 1940, 1945, 1952）。在《论躁郁状态的心理成因》（1935）中，克莱因开始探索她的抑郁心位新概念对俄狄浦斯情结的影响。对一方父母及对父母伴侣的敌意会导致施虐的愿望，反过来导致抑郁性焦虑和修复冲动。克莱因逐渐意识到，俄狄浦斯情结和抑郁心位有根本联系，哀悼是抑郁心位的一部分，涉及修复和恢复已受损或失去的内部父母。她早期的想法认为，断奶是引发从母亲转向父亲的特定事件。而如今，克莱因认为断奶不是特定的触发点，而是加剧抑郁性焦虑的重要时刻，因为婴儿可能会担心自己的攻击已经损害并摧毁了乳房。因此，克莱因更多地在挫折和丧失变迁的背景下来看待断奶。像弗洛伊德一样，克莱因强调反向俄狄浦斯情结和直接的俄狄浦斯情结在两性中的重要性，在两者之间的摆荡有助于让儿童认识到，自己既爱又恨的是同一个父母。

1945年，克莱因发表了第三篇也是最后一篇关于俄狄浦斯情结的论文。在这篇论文中，她修正了之前关于断奶引起挫折和仇恨的观点。无论如何，她已经修改了婴儿在6个月左右达到施虐高峰的观点，如今她认为在前6个月施虐性逐渐减弱。现在她解释了她如何观察到，在抑郁心位开始时，随着爱、内疚感和关切越来越强烈，俄狄浦斯情结由此产生。尽管剥夺可能是导致孩子远离乳房的部分原因，但克莱因认为与推动他向前的爱以及内在不断寻找新客体的力比多相比，剥夺是次要的。同样，导致俄狄浦斯情结消退的不仅仅是内疚感，还有更多的正性情感：儿童对父母的爱以及他希望保全父母的愿望。

克莱因探索到，当儿童努力整合他的爱恨时，俄狄浦斯欲望和抑郁性焦虑交织在一起，她还呈现了性冲动如何获得新的维度，作为修复攻击性影响的手段。这种修复性幻想对未来的性欲具有重要意义。

克莱因在《关于婴儿情绪生活的一些理论性结论》（1952）中描述了俄狄浦斯情结和抑郁心位之间互惠而有益的关系。最后，在《嫉毁与感恩》（1957）中，克莱因描述了嫉毁对俄狄浦斯情境的有害影响。

重 要 观 点

俄狄浦斯情结的早期起源

尽管弗洛伊德正式认定，俄狄浦斯情结以纯粹的生殖器形式出现在3—5岁之间，但他生动描述了18个月大的狼人转向与性交父母的认同，展示了他的临床观点领先于已有的理论（Freud, 1918）。克莱因经常在幼儿的游戏中观察到这种转向对原初场景父母的认同，并伴随大量前生殖器期的材料。由于孩子不了解事实，对原初场景的幻想是基于他自己的需要（口腔和肛门）和他们的挫折。

> 根据他正在经历的口腔和肛门施虐阶段，性交对儿童来说意味着是以吃、煮、交换粪便和各种施虐（殴打、切割等）为主的行为。
>
> （Klein, 1927a, p. 175）

很多证据表明前生殖器期幻想的存在，克莱因因此得出结论，俄狄浦斯情结出现在弗洛伊德所说的生殖器俄狄浦斯期之前。她直接观察到儿童在2岁时的俄狄浦斯式挣扎。她认为这在发展成弗洛伊德所熟悉的俄狄浦斯情结——父母被视为整体客体和人——之前，开始于与部分客体的关系。对克莱因来说，它始于与乳房和阴茎相关的幻想，及对这两个部分客体之间关系的幻想。起初，克莱因将俄狄浦斯情结的开始与断奶联系起来，大约在生命的第一年末期，挫折导致婴儿转向父亲的阴茎并开始意识到三角情境。最终，克莱因认为俄狄浦斯情结开始于更早期，在抑郁心位开始的时期，即婴儿出生后4—6个月，并随之变迁。

原初伴侣的中心地位

父母之间的关系是弗洛伊德对俄狄浦斯情结早期描述的核心（Freud, 1910, 1918）。但在弗洛伊德后来的论文（Freud, 1923, 1924, 1925）中，它被阉割情结和阴茎嫉毁所取代。弗洛伊德关注原初幻想，包括他后期作品《摩西与一神教》（*Moses and monotheism*, 1939, pp. 78-79）和《精神分析纲要》（*An outline of psychoanalysis*, 1940, pp. 187-189）中的原初场景。然而，弗洛伊德从未像克莱因那样，将原初场景及相关的幻想作为俄狄浦斯情结的主要组成部分。

克莱因在对幼儿的分析中充分证实了弗洛伊德的原初幻想，并发现孩子越小，他们的幻想往往就越有暴力、恐怖和怪异的倾向。她发现，对父母双亲最早的幻想是可怕的结合形象——除了未出生的婴儿和活的粪便客体之外，母亲的身体还包含了阴茎或多个阴茎。克莱因（1929）一开始把这个形象称为"合并的父母"，并在之后的论文（Klein, 1930）中做了很好的总结：

> 儿童期望在母亲体内找到（a）父亲的阴茎，（b）排泄物，（c）孩子，并且这些东西等同于可食用的物质。根据儿童最早对父母性交的幻想（或"性理论"），父亲的阴茎（或他的整个身体）在过程中被母亲体内化。因此，儿童的施虐攻击对象是父亲和母亲，他们在幻想中被撕咬、被切割或被踩成碎片。这种攻击会引起焦虑，唯恐主体会受到"合并的父母"的惩罚，而这种焦虑也会因为口腔施虐般地内摄客体而内化，因此已经指向了早期的超我。
>
> （Klein, 1930a, p. 219）

这个结合的形象充满了儿童的施虐，激起嫉毁和恐惧，因为它被视为以牺牲孩子为代价，享受着持续而相互满足的狂欢。随着儿童逐渐成熟到抑郁心位，父母亲渐渐被视作完整而独立的人。他们的关系在儿童身上唤起了不同的痛苦,更多的是与被排斥、嫉妒和失去全能感有关。然而从爱的角度来看,它也为儿童提供了安全感,他发展中的自我建立在安全有爱的父母以及安全有爱的内在伴侣的基础上。

俄狄浦斯情结与超我的分离

在克莱因看来,在生殖冲动成为主导之前,俄狄浦斯情结的前生殖器早期阶段所伴随的攻击性,创造了和原初人物的复杂关系。这些复杂的、模棱两可的、可怕的形象,一旦被内摄,就会成为内在的迫害者。克莱因认为,攻击自我的父母内化版本显然与弗洛伊德描述的超我属于同一范畴。因此,超我出现的年龄也一定比弗洛伊德(1923b)提出的要早得多,当时他提出超我是"俄狄浦斯情结的继承者",因此是它的主要产物。

起初,克莱因认为,如果这个被弗洛伊德所定义的顺序过程被定位在更早的年龄,那么这个顺序是可以持续的。早期,对俄狄浦斯伴侣的前生殖器期幻想仍然可以产生超我的形象,尽管比弗洛伊德描述的更原始。随着观察的继续,克莱因发现自己将俄狄浦斯情结和超我都放得越来越早了。过了一段时间,她不再坚持从俄狄浦斯情结到超我的严格顺序观点。她观察到,"对非常年幼的儿童的分析表明,一旦俄狄浦斯情结出现,他们就开始修通它而发展出超我"(Klein, 1926, p. 133)。最终,在她看来,在生命的头一年左右,这两个过程似乎变得如此胶着,以至于她最终将它们分离开来,使它们独立——实际上,超我可以被推进到生命的最早期。

与弗洛伊德不同的是,克莱因认为,内疚感并不在俄狄浦斯情结结束时出现,而是从一开始就是塑造其过程并影响其结果的因素之一。阉割恐惧是男性的重要焦虑,但它并不像弗洛伊德所认为的那样,是压抑俄狄浦斯情结和超我形成的主要因素。对克莱因来说,两性的俄狄浦斯野心和欲望最终都是通过爱和内疚的感觉被放弃的,通过希望保护父母,并允许他们愉快而有创造性地性交,而不是通过产生更多的迫害性恐惧。例如:

> 然而,在俄狄浦斯情结的发展以及逐渐结束中,弗洛伊德并没有充分重视爱的感觉所起的关键作用。在我的经验中,俄狄浦斯情境失去了它的力量,不仅因为男孩害怕复仇的父亲会破坏他的生殖器,还

因为他被爱的感觉和内疚感所驱动,将他的父亲作为自己的内外部形象来保存。

(Klein, 1945, p. 418)

对两性性发育的新认识

在克莱因的作品中,关于男孩和女孩性发展的观点不断发展,这里所描述的内容基于她1945年关于俄狄浦斯情结的论文中的最终阐述。

克莱因认为,两性的俄狄浦斯情结都始于与母亲乳房的关系。婴儿-乳房关系中令人满意的方面被吸收,并提供了良好的关系模式。这样持续下去,婴儿可以将口腔欲望转向与幻想中的好阴茎/父亲建立新的关系。与此同时,母亲-乳房关系中令人沮丧的方面,刺激了婴儿的失望和仇恨,转而寻求替代性的口腔满足。然后,在与父亲/阴茎的关系中体验到的不可避免的挫折和失望,又会推动婴儿回到原初客体,如此等等。因此,与好坏乳房、好坏阴茎的经验,以及直接的和反向的俄狄浦斯依恋,都以不稳定和流动的方式振荡。爱的冲动会因满足而增强,而婴儿天生的仇恨攻击性会因挫折而得以强化。乳房和阴茎好的(满足的)和坏的(令人沮丧的)方面都被吸收,以形成保护性的/有帮助的和迫害性的超我形象的核心。

克莱因观察到口腔、尿道和肛门力比多的共存,在她看来,这些力比多很早就伴随着最初的生殖器欲望。她认为两性都有关于阴道和阴茎的内在无意识知识。基于乳头-嘴的经验模式,对父亲阴茎的生殖器欲望,混合了对它的口腔欲望,这正是女孩正性的和男孩反向的狄浦斯情结早期阶段的根源。

男孩的进一步发展

克莱因在最早的年表中表达模糊(见Petot, 1990, p. 178),但她似乎暗示,男孩的早期生殖器意识,及其伴随的与母亲相关的初步和新生的异性恋位置,最初大多被婴儿的女性位置所覆盖(见"女性阶段"),是重要的早期同性恋或反向俄狄浦斯情结的一部分。根据克莱因的说法,这是:

在口腔、尿道和肛门冲动和幻想的支配下,同他与母亲乳房的关系密切相关。如果男孩能把他对母亲乳房的一些爱和力比多愿望转向父亲的阴茎，同时保留乳房为好客体，那么父亲的阴茎在他的心智中就会是好的和有创造力的器官，给予他力比多的满足，也会给他孩子，就像给他母亲孩子一样。

（Klein，1945，p. 411）

第一个同性恋位置是男孩获得他能够认同的、好的内在阴茎的基础。然后，他可以对母亲产生爱的生殖器欲望（直接的、异性恋俄狄浦斯情结），这让他可以面对关于复仇的父亲进行报复性阉割的不可避免的恐惧，而被爱意和被好父亲爱着的感觉所维持。因此，反向和正性的俄狄浦斯情结在男孩中同时发展，并密切互动。

一旦有了生殖器感知（以及幻想），就会体验到阉割恐惧，这是非常早期的，当时口腔力比多最突出，包括了对乳房和阴茎的口腔施虐冲动。因此，吓人的阉割可以通过咬掉阴茎来进行。阉割只是其中一种危险，因为受挫的男婴的攻击性幻想还会包括对母亲身体的口腔、粪便和尿液的攻击，夺走她内在的渴望之物，即父亲的阴茎和体内的婴儿。这导致了在幻想中有毒的、危险的、报复性的客体会以同样的方式攻击他，威胁他感觉自己拥有的内在珍贵之物：他在女性位置中纳入的好婴儿和阴茎，以及他外在更可见的阴茎。

如果发育出现问题，男孩通常会认同坏父亲或坏阴茎，他会觉得这对母亲是威胁。他生殖器的创造性和修复特质在幻想中减弱了。

女孩的进一步发展

克莱因认为女婴有早期的生殖器感觉，并与接受阴茎的愿望有关。她还对重要的内部空间和孕育孩子的潜力有着与生俱来的无意识知识。父亲/父亲的阴茎被直觉地认为能给予孩子，受到渴望和崇拜。与阴茎的关系是快乐和好馈赠的源泉，被与乳房充满爱意与感激的关系所增强。

没有阴茎，女孩就不能像男孩那样轻易地相信自己未来的生育能力，而母亲似乎特别神奇和强大。小女孩的幻想和情感，主要围绕她自己和她母亲的内部客体世界而建立。她对自己的焦虑和怀疑加剧了她想要进入母亲身体并掠夺其财富的愿望，她对自身内容物的迫害性恐惧因此变得更加强烈。因此，女孩的主要焦虑是害怕被攻击和掠夺。

女孩想拥有阴茎并成为男孩的欲望是她天生双性恋的一部分，这和男孩渴望成为女人一样。然而，在克莱因看来，女孩对自己拥有阴茎的愿望要次于被父亲的阴茎受精，并被女性位置的挫折所增强。因此，这与弗洛伊德的观点非常不同，弗洛伊德认为女孩的主要欲望是拥有自己的阴茎，而最终不得不接受她的女性特质以及生育孩子的能力作为替代。在当代克莱因学派罗纳德·布里顿（Ronald Britton, 2003）看来，有证据表明，弗洛伊德仅仅基于对女儿安娜的案例分析而得来的，关于女性阉割情结和阴茎嫉毁（penis envy）中心地位的观点被高估了。

俄狄浦斯情结和抑郁心位

克莱因观察到，抑郁心位以及她所设想的俄狄浦斯情结的开始，都是按时间顺序密切相关而相互影响（见"抑郁心位"）。例如，在《哀悼及其与躁郁状态的关系》中，她写道："在我的经验里，对'好'客体丧失的悲伤和担心，也就是说抑郁心位，是俄狄浦斯情境中痛苦冲突的最深层根源。"（Klein, 1940, p. 345）在偏执–分裂心位（见"偏执–分裂心位"）中存在最小的三角关系，因为在婴儿的经验中，当他受挫时，好的、令人满意的母亲会消失，而另一个客体则侵入她的位置，无论是坏母亲、父亲还是另一个客体。婴儿在体验到好客体时，便完全拥有了它。然而，随着认知和情感潜力的发展，促使了抑郁心位的开始，婴儿不再完全拥有好客体，而是开始见证父母之间的关系，无论一开始是多么原始的或部分的形式。

转向父亲被认为是对母亲不可避免的矛盾心理的结果，也被认为是内在拥抱新客体的驱力带来的结果。克莱因认为正性的和反向的俄狄浦斯情结通常是摆荡的。

> 因此，每一个客体都可能时好时坏。这种在原初意象不同面向的来回运动暗示了反向的和正性的俄狄浦斯情结早期阶段的密切互动。
>
> （Klein, 1945, p. 409）

利用新的分裂机会，把爱分配给"好"父母，把恨分配给"坏"父母，这只能暂时解决在抑郁心位中遇到的痛苦矛盾问题。人们越来越意识到，同样的父母在一个版本里是俄狄浦斯欲望的客体，在另一个版本里则是可恨的对手。爱和内疚感驱动的修复驱力推动个体越来越允许父母作为伴侣在一起，并放弃他想推翻和占有的欲望。与弗洛伊德的重点再次不同，对克莱因来说，俄狄浦斯情结最终主要是通过爱来解决，而不是通过对阉割和其他形式的惩罚的恐惧。

甚至在她得出抑郁心位的理论之前，克莱因就认为需要容忍俄狄浦斯情境的"剥夺"，这是心理健康的核心。

> 在很小的时候，儿童通过强加在他们身上的剥夺来接触现实。他们通过否定现实来保护自己。然而，最基本的事情，后来所有适应现实的能力的标准，是他们能够容忍俄狄浦斯情境所导致剥夺的程度。
>
> （Klein, 1926, p. 128）

同样，克莱因利用了文学资源，这预示着她后来对相爱的内在伴侣的核心地位有更深刻的概念化，她在《反映在艺术作品和创造冲动中的婴儿期焦虑情境》中指出，儿童在幻想中试图分开性交中的父母的暴力尝试，导致了"世界的撕裂"（Klein, 1929, p. 211）。

在《关于婴儿情绪生活的一些理论性结论》(1952) 中，克莱因充分描述了俄狄浦斯情结和抑郁心位之间的关系，朝向将父母视为独立的个体和相互存在关系的进展，既是安心和安全感的来源，也是嫉妒和被剥夺感的来源。

> 婴儿能够同时享受与父母双方的关系，这是他心智生活的重要特征，与他在嫉妒和焦虑的推动下把父母分开的欲望相冲突，而这个能力取决于他对于他们是独立个体的感觉。与父母更整合的关系（这不同于分开父母，以防止他们性交的强迫性需要），意味着对他们彼此间的关系有更多理解，也是婴儿的希望——以快乐的方式使他们聚集并结合在一起——的先决条件。
>
> （Klein, 1952, p. 79f）

嫉毁对俄狄浦斯情境的影响

在克莱因1957年的论文《嫉毁与感恩》中，围绕嫉毁的理论被最充分地阐述。在这里，她详细描述了在俄狄浦斯情境中，当嫉毁主导人格时所遇到的问题，嫉毁是破坏性冲动的口腔和肛门施虐的表达。克莱因认为，人格中嫉毁程度有其体质性基础，但它会因剥夺而加剧（见"嫉毁"）。在克莱因看来，对原始好客体、母性好乳房的内化形成了自我的核心。对乳房的嫉毁态度会损害其感知到的美好，也会导致乳房/母亲好坏方面的混淆。如果一开始没有对好坏、爱恨进行明确区分，就无法安全地确立核心的好客体。反过来，朝向抑郁心位整合的正常进程受到抑制，个体仍处于异常偏执和充满怨恨的状态。这导致了进一步的恶性循环，以及在安全地内化好客体上的长期困难。

由于嫉毁而导致了与母亲不安全的早期关系，意味着与父亲的竞争过早地出现，父亲被视为敌对的入侵者。结合父母客体的原始幻想呈现出特别可恨和令人焦虑的形式。相比之下，当与母亲的原始关系坚固且良好时，这种排他性的关系更容易被哀悼。可以和母亲一起分享父亲与兄弟姐妹，对这些对手可以体验到爱和恨。克莱因认为，过度的嫉毁会干扰口欲满足，并倾向于引发早熟和不安全的生殖性，具有强迫元素，例如，导致强迫性手淫或滥交。

当嫉毁（envy）不过度时，俄狄浦斯情结中的嫉妒（jealousy）就变成了修通它的方法。当体验到嫉妒时，敌对情绪不是针对原初客体，而是针对竞争对手，提供了分配元素。而且，随着这些新关系的发展，它们会产生爱并提供新的满足来源。要记住，嫉毁的客体主要是口腔的，从口腔到生殖器欲望的转变往往有助于降低母亲作为口腔满足的重要来源。嫉妒通常被认为是更容易被接受的，比对第一个好客体的嫉毁产生的内疚要少得多。

当嫉毁过度时，女孩过早转向父亲，更多是出于对母亲和母亲拥有物的仇恨和嫉毁，而不是出于对父亲的爱。这种嫉毁延续到了俄狄浦斯情境中，所以父亲和他的阴茎变成女孩想要吞并的母亲附属物。克莱因认为，在以后的生活中，与男性关系的每一次成功都将被视为对另一个女人的胜利，而可能不得不重复对男人的征服和占有。

在男孩身上，如果对乳房的嫉毁很强烈，则会损害口腔的满足，克莱因认为仇恨和焦虑会转移到阴道，这可能会导致对女性的生殖器态度的严重困难。克莱因认为，女性强烈的阴茎嫉毁源于口腔，可以追溯到对乳房的嫉毁。她认为，无论是男性还是女性，嫉毁在渴望夺走异性特质，和占有或毁坏同性父母中都发挥了重要的作用。

后 续 发 展

克莱因对弗洛伊德的俄狄浦斯情结的理论发展，在后克莱因学派思想中被证明卓有成效。以下是对她思想的一些重要发展。

比昂：对联结的攻击

威尔弗雷德·比昂（Wilfred Bion, 1962, 1963）从不同的角度探讨了俄狄浦斯神话的性成分，但并未排除它们的核心重要性。比昂关注好奇心和求知欲（K联结）的变迁，在他看来，它们与爱（Love, L）和恨（Hate, H）一样，都是基本和天生的，并且带来了对外部现实和精神现实的认识。比昂认为，在俄狄浦斯神话中，就像在伊甸园和巴别塔的神话中一样，有一个共同的主题，即一个全能的、像神一样的超我形象，禁止主人公对真理的追求，判定其有罪并惩罚他。比昂认为俄狄浦斯神话代表了普遍的前概念，这也是心智成长的基础。个体私人的俄狄浦斯神话引导他去调查父母伴侣，发现他们之间的生育联结，以及与亲子关系的不同之处。人格中的破坏性力量（由神话中全能人物所代表）反对这种对知识的探索。

对比昂来说，每一个联结在最底层都等同于乳头-嘴巴或阴茎-阴道的关系。他的容器理论，从最广义的角度来看，以容器/被涵容联结看待所有的人类接触，一些是相互适应的，另一些是暴力的或抑制的。阴茎和阴道，或者嘴和乳头的结合，被比昂（Bion, 1962）视为心理客体组合的原型，一个在另一个里面。因此，将经验转化为思想，将思想转化为语言，需要进行一系列重复的联结过程，以两个身体部位之间的生理性交为模型。它们的本质唤起了俄狄浦斯情结的各方面——结合的父母、依赖的孩子。如果不能理解这一点，心智中的任何联结都会被攻击，导致严重的思维紊乱。

比昂认为对联结的攻击是嫉毁和施虐的结果，源于他所说的人格中的精神病性部分（Bion, 1957, 1959）。他还提出，在婴儿期的涵容失败会导致个体承受和容纳困难知识的能力产生缺陷。因此，先天因素和环境因素都影响着这个问题。在这些情况下，攻击可能不仅仅针对某一点知识，而是针对寻求知识的精神装置，或自我功能本身。它们导致了俄狄浦斯情结元素的碎片化和消散。这会在最极端的精神病中被看见。对精神病性病人进行分析的一个困难是，难以及时识别出散落的俄狄浦斯碎片，并向病人揭示它们之间的相互联系。

莫尼-克尔：生命的事实

在两篇关键论文中，罗杰·莫尼-克尔（Roger Money-Kyrle, 1968, 1971）在他所说的"认知发展"上，扩展了比昂关于成熟思考的基础的一些观点。莫尼-克尔假定，我们在生命早期就有发现或认识某些生命基本真理或事实的需要。这些真理首先作为前概念或无意识模板存在，用比昂（Bion, 1962, 1963）的术语来说，"实现"必须被"配对"。第一个任务是正确地识别乳房/乳头及其与嘴巴的关系。莫尼-克尔认为，从这个基本结构来看，阴茎和阴道的概念以及它们之间的关系会自然"萌芽"。因此在生命早期，这些成分就存在于对父母性交以及婴儿是如何被创造出来的基本觉察中。

莫尼-克尔认为，根据比昂的观点，我们有一种天生的倾向，以这种方式来发现母亲-婴儿和母亲-父亲关系的真正本质。与此同时，诸如原发嫉毁之类的力量会阻止或扭曲基本概念的形成，会让心智的至少某些部分变得无知或"认知迟滞"。投射性认同可能会被用来混淆母婴关系和父母关系。当父母性交的创造性本质没有得到正确认识时，俄狄浦斯情结就不能被完全修通。

> ……如果他"认识到"，自己完全进入母亲体内的幻想是性交的一个例子，那么这种认识实际上是一种误解，可能会被用来抵消正在形成的真正概念，即他父母之间的创造性关系。
>
> (Money-Kyrle, 1971, pp. 445-446)

> ……儿童的第一个好客体在他心中建立得越牢固……他就越容易把父母的性交理解为极具创造性的行为……他就不那么容易把性

交误解为投射性认同幻想的副产品。

（Money-Kyrle, 1971, p. 446）

斯坦纳：视而不见，撤退到全能感

约翰·斯坦纳重新审视了索福克莱斯（Sophocles）讲述的俄狄浦斯神话，借鉴了古典主义者菲利普·维拉科特（Philip Vellacott）的作品。斯坦纳指出，戏剧中的俄狄浦斯如何表现出对自己的所作所为"视而不见"，然后通过"转向全能"来抵御难以忍受的内疚感。斯坦纳通过临床案例证明了，这些机制是抵御与俄狄浦斯情结有关的内疚和哀悼的常见方式（Steiner, 1985, 1990）。他进一步展示了这些机制如何成为人格病理性组织的一部分（见"病理性组织"），以逃避精神现实（Steiner, 1993）。

布里顿：三角空间的概念

罗纳德·布里顿（Ronald Britton, 1989, 1998）通过展示一方的修通如何依赖于另一方的修通，而进一步发展了克莱因的俄狄浦斯情结和抑郁心位之间的联结。

> 抑郁心位是由对客体更广泛的认识所引起和确立的，包括对客体在时间和空间中的连续性存在以及在此基础上对客体其他关系的认识。俄狄浦斯情境就是这种知识的例证。因此，如果没有修通俄狄浦斯情结，抑郁心位就不能被修通，反之亦然。

（Britton, 1998, p. 33）

布里顿强调内部父母伴侣在他的三角空间（triangular space）概念中的重要性，以及心智中的观察性位置或第三位置的重要性。

> 儿童对父母双方之间关系的承认，将他的精神世界统一了起来，将其限制在与父母双方共享的世界里，不同的客体关系可以共存于其中。认识到结合父母之间的联结，让俄狄浦斯三角由此得以终结，为内部世界提供了有限的边界。它创造了我所谓的"三角空间"，即由俄狄浦斯情境的三个人及其所有潜在关系所界定的空间。因此，它包含

了以下的可能性，既可以成为一段关系的参与者，并被第三者观察，同时可以成为另外两个人的关系的观察者。

（Britton，1989，p. 86）

然后，出现了第三位置，从这个位置可以观察到客体关系。考虑到这一点，我们也可以预想自己会被观察。这为我们提供了一种能力，让我们在与他人的互动中看到自己，欣赏别人观点的同时保留自己，在做自己的同时反思自己。

（Britton，1989，p. 87）

布里顿指出，无论什么原因，如果个体没有建立起安全的母性客体就遇到父母关系的话，便无法正常发展第三位置，从而导致思考、反思能力的严重受损，在分析中，他们无法容忍分析师的思考心智。在不那么严重的病人中，他还描述了"俄狄浦斯错觉"——用于否认父母关系的现实——的形成。

布里顿将他关于三角空间的观点进行了延伸，思考为什么有些病人在某些情况下不能忍受客观性，而在另一些情况下则不能忍受主观性。前者需要亲密的共情理解，会被分析师对他们的客观思考所干扰，而与分析师独立的精神现实的接触，似乎会灾难性地威胁到他们的存在。反之，则适用于那些寻求纯粹的认知理解，以过度理性为特征，避免任何情感体验的病人。

布里顿进一步将这些情况与薄脸皮自恋和厚脸皮自恋的临床现象联结起来。他将根本问题归结为母性涵容的失败（出于母亲、婴儿或二者共同的原因）。如果没有安全稳固的原初客体，那么第三个元素——父亲，要么被体验为恶意曲解的化身，因此要在精神上不惜一切代价地将其与母亲隔离开，要么被理想化并被依附。问题在于，在这两种情况下，任何形式的结合（coupling），以任何方式将这两种元素结合在一起，都会给病人带来可怕的混乱感。由于精神分析的目的是将主观体验和客观理解整合起来，因此分析的过程本身对这类病人来说就是威胁。

索德雷：强迫性机制和俄狄浦斯情结

伊涅斯·索德雷（Ignês Sodré, 1994）将两种不同的强迫性防御与修通俄狄浦斯情境的困难联结起来。她认为，强迫性防御包括对相同（sameness）的僵化坚持，需要仪式来抵制污染和混乱，它们属于分裂样的运作方式，使用分裂机制（splitting mechanism）来维持与客体的排他性二人关系。另一方面，当折磨人的强迫性怀疑占主导地位时，造成潜在冲突的，不仅是因为病人在客体间做出选择的困难和矛盾，还因为在病人的心智中出现了父母伴侣，病人无意识地过度参与其中。在第一种情况下，三角关系被消除了，但在第二种情况下，它无处不在，以至于似乎不可能建立任何不受干扰的结合。

伯克斯特德-布林：阳具和作为联结的阴茎

伯克斯特德-布林（Birksted-Breen, 1996）探讨了幻想的阳具和内化的"作为联结的阴茎（penis-as-link）"之间的区别，后者提供了结构性功能来促进心理空间和思考。在伯克斯特德-布林看来，内摄作为联结的阴茎，与对全部俄狄浦斯情境的认识有关，包括父母关系和两性之间的差异。伯克斯特德-布林认为，拥有阳具的幻想代表了幻觉般的完整的和没有欲望的状态。虽然阳具不属于任何性别，但男孩或男人更容易相信是他的阴茎让他拥有阳具。女孩或女人可能会采取阳具位置来否认任何缺失，并倾向于诋毁男性，同时明显地理想化男子气概。

阳具性欲是基于男人或女人对阳具的认同，以否认缺陷和与之相关的各种感觉，包括需求、嫉毁和内疚。这是自恋的立场，包括对作为联结的阴茎和父母伴侣的否认和攻击。伯克斯特德-布林进一步评论道，弗洛伊德的阴茎嫉毁概念通常是阳具嫉毁，这使得一些女性的嫉毁具有强烈的幻想特质。阳具是象征等同，而作为联结的阴茎属于真正的象征化范畴，并被内化为一种功能。

拉斯布里杰：俄狄浦斯情结构筑心智；俄狄浦斯情结的碎片

理查德·拉斯布里杰（Richard Rusbridger, 2004）在一篇关于俄狄浦斯情结的回顾性论文中指出，俄狄浦斯情结的精神分析理论描述了心智的基本动力，而这种动力反过来又构建了心智。这种结构开启了主体对于见证一段关系的反应，这种关系被认为是有创造性的，因为它创造了他，而他既是这段关系的产物又被这段关系排除在外。这种结构和动力在心智内部和心智之间的所有层面中运作。它们作用于性心理发展的每一个水平，并决定了这种发展所采取的形式。这种模式以不同程度贯穿整个心智生活。在这一点上，拉斯布里杰认为它类似于分形，即曼德尔布罗特（Mandelbrot, 1982）描述的分形几何曲线，这些曲线具有自相似性（self-similarity）特征：它们的基本模式以不断变小的形式重复。（自然界中的例子就是树：在每个树枝分叉成更小的树枝，以及在每个小树枝细分成更小的枝时，都可以看到树干分叉成树枝的相同模式。）

　　心智的许多功能取决于我们对他人的独立性和创造性这一事实的反应，最终被父母的性配对（pairing）所表征。如果我们能容忍并认同这一配对，那么包括理智、思考能力、象征和艺术创造力的功能，会导致充实的性生活。如果我们无法容忍它，我们将观察到包括自恋、性倒错和精神病的心智状态。例如，在自恋中，我们坚持自己的中心地位、优越感和创造力，否认父母伴侣的创造力。俄狄浦斯情结在心智构建中的中心地位也意味着，分析病人对俄狄浦斯情结的特征性反应是分析任务的核心。

　　拉斯布里杰（Rusbridger, 2004）认为，这些反应可以从病人对分析工作的反应中清楚地看到。他认为，在分析中，意义的显现是一个关键的俄狄浦斯时刻，对分析师和病人都是如此，因此往往会受到攻击。由于这些普遍存在的攻击，拉斯布里杰指出，在分析中，俄狄浦斯情境并不仅仅存在于那些能显而易见地看到模式的时刻，即所谓的"俄狄浦斯"时刻。实际上很多时候，由于俄狄浦斯情结引发的焦虑，人们所看到的并不是整体画面，而是某个碎片或元素。这意味着俄狄浦斯情境可以在产生、伪装、攻击和容忍意义的整个过程中被看见。

　　拉斯布里杰认为，我们可以建立俄狄浦斯情结碎片元素组成的词汇表。这些可能包括，例如，排斥或观察的主题。我们可能会听到，某人是一个被排斥或被引诱的观察者。我们可能会听到权威人物与弱小人物之间的关系，在分析中这可能反映在被感觉为强大的分析师和感觉无能的病人之间的关系。其他主题可能会转向与边界相关的关系：我们可能会瞥见秘密的、特殊的、有边界的地方，或者听到想要突破分析设置边界的愿望。

对俄狄浦斯情结克莱因学派观点的批判

克莱因将俄狄浦斯情结的时间界定得很早,这一点以及她的一系列相关新想法,在英国精神分析学会中既被接受,又未被接受。在某种意义上说,它们可能已被接受,因为现在普遍承认,儿童对父母亲的形象有复杂的冲突和恐惧,无论是在生殖器期还是在前生殖器期。然而,根据不同的理论倾向,精神分析师在使用"俄狄浦斯情结(Oedipus complex)"这个术语时,要么特指弗洛伊德所指的大致时期,要么就像克莱因和当代克莱因学派那样,从更广泛的意义上使用这个术语。

参 考 文 献

Bion, W. (1957) 'Differentiation of the psychotic from the non-psychotic personalities', *Int. J. Psycho-Anal.* 38: 266-275.

—— (1959) 'Attacks on linking', *Int. J. Psycho-Anal.* 40: 308-315.

—— (1962) *Learning from Experience.* London: Heinemann.

—— (1963) *Elements of Psychoanalysis.* London: Heinemann.

Birksted-Breen, D. (1996) 'Phallus, penis and mental space', *Int. J. Psycho-Anal.* 77: 649-657.

Britton, R. (1989) 'The missing link: Parental sexuality in the Oedipus complex', in J. Steiner (ed.) *The Oedipus Complex Today.* London: Karnac, pp. 83-101.

—— (1998) *Belief and Imagination.* London: Routledge.

—— (2003) *Sex, Death, and the Superego.* London: Karnac.

Freud, S. (1897) Letter 71. 'Extracts from the Fliess Papers', *S.E. 1.* London: Hogarth Press, p. 265.

—— (1900) *The Interpretation of Dreams*, *S.E. 4/5.* London: Hogarth Press.

—— (1905) 'Introductory lectures', *S.E. 16.* London: Hogarth Press, pp. 358-372.

—— (1910) 'A special type of object choice made by men', *S.E. 11.* London: Hogarth Press, pp. 163-175.

—— (1918) 'From the history of an infantile neurosis', *S.E. 17.* London: Hogarth Press, pp. 3-123.

—— (1919) 'A child is being beaten', *S.E. 17*. London: Hogarth Press, pp. 175-204.

—— (1923a) 'The infantile genital organisation: An interpolation into the theory of sexuality', *S.E. 19*. London: Hogarth Press, pp. 139-145.

—— (1923b) 'The ego and the id', *S.E. 19*. London: Hogarth Press, pp. 3-66.

—— (1924) 'The dissolution of the Oedipus complex', *S.E. 19*. London: Hogarth Press, pp. 173-179.

—— (1925) 'Some psychical consequences of the anatomical distinction between the sexes', *S.E. 19*. London: Hogarth Press, pp. 243-258.

—— (1939) 'Moses and monotheism', *S.E. 23*. London: Hogarth Press, pp. 3-137.

—— (1940) 'An outline of psychoanalysis', *S.E. 23*. London: Hogarth Press, pp. 141-207.

Klein, M. (1921) 'The development of a child', in *The Writings of Melanie Klein*, Vol. 1. London: Hogarth Press, pp. 1-53.

—— (1923a) 'The role of the school in the libidinal development of the child', in *The Writings of Melanie Klein*, Vol. 1. London: Hogarth Press, pp. 59-76.

—— (1923b) 'Early analysis', in *The Writings of Melanie Klein*, Vol. 1. London: Hogarth Press, pp. 77-105.

—— (1926) 'The psychological principles of early analysis', in *The Writings of Melanie Klein*, Vol. 1. London: Hogarth Press, pp. 128-138.

—— (1927a) 'Symposium on child analysis', in *The Writings of Melanie Klein*, Vol. 1. London: Hogarth Press, pp. 139-169.

—— (1927b) 'Criminal tendencies in normal children', in *The Writings of Melanie Klein*, Vol. 1. London: Hogarth Press, pp. 170-185.

—— (1928) 'Early stages of the Oedipus conflict', in *The Writings of Melanie Klein*, Vol. 1. London: Hogarth Press, pp. 186-198.

—— (1929) 'Infantile anxiety-situations reflected in a work of art and in the creative impulse', *Int. J. Psycho-Anal*. 10: 436-443

(1930) 'The importance of symbol formation in the development of the ego', in *The Writings of Melanie Klein*, Vol. 1. London: Hogarth Press, pp. 219-232.

—— (1932) *The Psychoanalysis of Children. The Writings of Melanie Klein*, Vol. 2. London: Hogarth Press.

—— (1933) 'The early development of conscience in the child', in *The Writings of Melanie Klein*, Vol. 1. London: Hogarth Press, pp. 248-257.

—— (1935) 'A contribution to the psychogenesis of manic-depressive states', in *The Writings of Melanie Klein*, Vol. 1. London: Hogarth Press, pp. 262-289.

—— (1940) 'Mourning and its relation to manic-depressive states', in *The Writings of Melanie Klein*, Vol. 1. London: Hogarth Press, pp. 344-369.

—— (1945) 'The Oedipus complex in the light of early anxieties', in *The Writings of Melanie Klein,* Vol. 1. London: Hogarth Press, pp. 370-419.

—— (1952) 'Some theoretical conclusions regarding the emotional life of the infant', in *The Writings of Melanie Klein*, Vol. 3. London: Hogarth Press, pp. 61-93.

—— (1957) 'Envy and gratitude', in *The Writings of Melanie Klein*, Vol. 3. London: Hogarth Press, pp. 176-235.

Money-Kyrle, R. (1968) 'Cognitive development', *Int. J. Psycho-Anal.* 49: 691-698.

—— (1971) 'The aim of psychoanalysis' in *The Collected Papers of Roger Money-Kyrle*. Strath Tay: Clunie Press, pp. 442-449.

Mandelbrot, B. (1982) *The Fractal Geometry of Nature*. New York: W. H. Freeman.

Rusbridger, R. (2004) 'Elements of the Oedipus complex: A Kleinian account', *Int. J. Psycho-Anal.* 85: 731-747.

Sodré, I. (1994) 'Obsessional certainty versus obsessional doubt: from two to three', *Psychoanal. Inq.* 14: 379-392.

Steiner, J. (1985) 'Turning a blind eye: The cover up for Oedipus', *Int. Rev. Psycho-Anal.* 12: 161-172.

—— (1990) 'The retreat from truth to omnipotence in *Oedipus at Colonus*', *Int. Rev. Psycho-Anal.*, 17: 227-237.

—— (1993) *Psychic Retreats: Pathological Organizations in Psychotic, Neurotic and Borderline Patients*. London: Routledge.

7 投射性认同 | Projective identification

定 义

投射性认同是将自体或内部客体的某些方面分裂出去，并将其认定为属于外部客体的无意识幻想。被投射的部分可能被投射者感受为是好的或是坏的。投射性幻想可能会、也可能不会伴随唤起行为，它会无意识地诱使投射接收者根据投射性幻想来感觉和行动。投射性认同的幻想有时具有"获得性（acquisitive）"和"归它性（attributive）"的特征。意味着，幻想不仅涉及摆脱个体自己心智的某些部分，还涉及进入对方的心智以便获得其渴望的部分。在这种情况下，投射性和内摄性幻想共同运作。在英国克莱因学派中有一个心照不宣的假设，即"投射"和"投射性认同"是一回事，而"投射性认同"是对弗洛伊德"投射"概念的丰富或扩展。

重 要 文 献

M.克莱因（1946, 1952）

1946	《对某些类分裂机制的评论》 给出了定义，但实际术语"投射性认同"仅在定义后的两页中提到了一下。
1952	《对某些类分裂机制的评论》 1952年的版本给出了与1946年版本相同的定义，但增加了定义性的语句：我建议使用术语"投射性认同"来描述这些过程。

H.罗森菲尔德（1947, 1964, 1971）

1947	《人格解体下精神分裂状态的分析》 首次发表了在特定临床病例中对投射性认同的描述。
1964	《论自恋的精神病理学：一种临床方法》 在自恋状态中，通过内摄和投射两种方式形成认同。
1971	《对精神病状态的精神病理学贡献：投射性认同在精神病病人的自我结构和客体关系中的重要性》（Contribution to the psychopathology of psychotic states: The importance of projective identification in the ego structure and the object relations of the psychotic patient） 投射性认同的动机。

W.R.比昂（1959, 1962）

1959	《对联结的攻击》 对正常的和病理性的投射性认同进行了区分。
1962	《从经验中学习》 介绍了"容器/被涵容"的思维模式，其中病人的投射性认同是重要部分。

其他论文

1987	B. 约瑟夫《投射性认同：临床的几个方面》（Projective identification: Clinical aspects） 对三例病人的投射性认同的清晰临床描述。
2004	I. 索德雷《谁是谁？对病理性认同的评论》 正常或病理取决于思考是具体的还是象征化的，而非取决于认同是内摄还是投射。

年表和讨论

克莱因使用投射性认同概念的前身

在1895年写给弗利斯的信中，弗洛伊德在讨论偏执狂时首次描述了投射概念，他说："因此，偏执狂的目的是抵御与自我不相容的想法，通过将它的实质投射进外部世界的方式来实现。"（p. 209）

弗洛伊德（1911）在讨论施雷伯时，对投射进行了更为完整的描述。他说：

> 在偏执狂的症状形成中，最显著的特征是应被称作投射的过程。内在知觉被压抑，取而代之的是，它的内容在经过某种扭曲之后，以外部知觉的形式进入意识层面。
>
> （Freud, 1911, p. 66）

在施雷伯案例史中，弗洛伊德描述了投射在迫害妄想、嫉妒妄想、色情狂和自大狂中的作用（pp. 63-66）。在每一种情况下，那些不受自己欢迎的感知或羞耻的愿望都被压抑，并在外部的某人身上被感知到。复杂的反转和否认，有助于隐藏自体中被禁止的愿望或不良品质的真正来源。

弗洛伊德还描述了一种非常不同的投射，尽管他没用投射这个词来表述它。1910年在《莱昂纳多·达·芬奇和他的童年记忆》中，他说：

> ……那些他（莱昂纳多）长大后所爱的男孩们，终究只是童年时期他自己的替代者和对手。他爱男孩子的方式，正是他小时候母亲爱他的方式。
>
> （Freud, 1910, p. 100）

莱昂纳多将他的成人关怀性自体认同为他母亲，而将年轻的自己认同为他关心的美丽年轻男性，他对他们的关心就像他母亲曾经对他充满爱意与纯粹的关心一样。弗洛伊德在描述莱昂纳多时并没有使用投射的概念，但从克莱因的投射性认同概念来看，可以说莱昂纳多把他的成人关怀性自体投射进他对母亲的想法中，把他的青年自体投射进他年轻的学徒的内部。至于莱昂纳多的性欲，弗洛伊德认为，它在其作品中得到了升华：首先是绘画，后来是他对科学的好奇心和对工程作品的设计。

因此，弗洛伊德将"投射"这个词限制在两个语境中，一个是偏执狂，一个是被压抑、被否认的自体坏的部分。对于如今我们会描述为自体和内部客体好的部分的投射，他则用了其他的词——"替代""升华"，甚至包括"投注"。

亚伯拉罕在《躁郁精神错乱及相关病症的精神分析探索与治疗笔记》（*Notes on the psycho-analytical investigation and treatment of manic-depressive insanity* and allied conditions, 1911）中讨论了精神病性抑郁症病人的投射形式，病人压抑自己对他人的仇恨，相反，他相信别人讨厌自己。"这种想法让他摆脱了与自身仇恨态度的原初因果联系，而与其他——心理和生理的——缺陷联系在一起"（Abraham, 1911, pp. 144-145）。亚伯拉罕没有更详细地发展这个想法，因为他的主要兴趣在于内摄，而非投射。

韦斯（Weiss, 1925）在描述性对象选择的基础时，明确使用了"内摄性认同"和"投射性认同"这两个术语。他说在选择伴侣时，男性将自己的女性面向投射进他们选择的女性的内部，类似地，女性也将自己的男性面向投射进她们选择的男性的内部。克莱因在《儿童精神分析》中描述了韦斯论文中的这部分内容（Klein, 1932, p. 250），不过她没有提到韦斯对"投射性认同"和"内摄性认同"的术语使用［马西达（Massidda, 1999）和斯坦纳（Steiner, 1999）进一步讨论了这个问题］。

安娜·弗洛伊德（Anna Freud, 1936）在《自我和防御机制》（*The Ego and the Mechanisms of Defence*）中描述了"与攻击者认同"，即个体将自己的攻击性投射进他所认同的外部客体中，并且认同他们。她还描述了"利他性屈从（altruistic surrender）"，即因为对"自恋性屈辱"的恐惧，个体否认了对成功或爱的渴望，并将这些渴望投射进外部客体中来间接地体验。这两种行为，虽然在投射内容上有所不同，但都可以说是投射性认同的形式。

投射性认同概念在克莱因自己著作中的发展

克莱因的早期观点

- 1929年：《儿童游戏中的拟人化》。克莱因在本文中提到的"拟人化（*personification*）"是一种投射形式，其中自体的不同部分，尤其是克莱因在这里描述的"它我"和"超我"部分，不管是威胁性的，还是支持性的，都被归于各种外在的或幻想的人物。例如，她的儿童病人埃尔娜被残酷的冲突所占据。

    当埃尔娜扮演残酷的母亲时，顽皮的孩子是敌人；当她扮演先被迫害但很快变得强大的孩子时，敌人则由邪恶的父母所代表。以上每一种情况，都有一个动机，即自我试图让超我显得合理以沉迷于无节制的施虐。

(Klein, 1929, p. 200)

在论文的后面,克莱因更明确地讨论了分裂和投射,她说:

我得出以下结论,将超我分裂到在不同发展阶段所内摄的原始认同中,是与投射相似并密切相关的机制。我相信这些机制(分裂与投射)是游戏中拟人化倾向的主要影响因素。

(Klein, 1929a, p. 205)

- 1932年:《儿童精神分析》。在第8章"俄狄浦斯冲突的早期阶段与超我形成"中,克莱因描述了投射和内摄在构建儿童的自体、超我以及她所说的"他的客体关系和他对现实的适应"中的相互作用。

当他还是幼儿时,他开始第一次内摄他的客体——必须谨记,这些只是被他的不同器官非常模糊地标定出来——正如我试图表明的那样,他对这些被内摄客体的恐惧使他启动了逐出和投射机制。现在,在投射和内摄之间出现了相互作用,不仅对他的超我形成,而且对他的客体关系发展以及他对现实的适应都具有根本的重要性。在持续不断的驱力压力下,他把那些可怕的认同投射进客体里,这似乎又会导致一次又一次地重复内摄的冲动增强,因此,它本身就是他与其客体关系发展的决定性因素。

(Klein, 1932, pp. 142–143)

与弗洛伊德一样,克莱因强调把摆脱糟糕经验的需求作为投射的基础,但她在这里将投射看作不仅是防御性的排除,而且是促进心理发展的投射／内摄互动的一部分。她没有在这本书中概念化地讨论投射性认同,但如前所述,在简要提及爱德华多·韦斯(Edoardo Weiss)关于性对象选择的论述时,克莱因的确在书中第250页的脚注里提到了这个概念(Weiss, 1925)。

- 1935年:《论躁郁状态的心理成因》。在这篇论文中,克莱因更加自信而清晰地论述了投射与内摄的相互作用。

> 婴儿的发展受投射和内摄机制所支配。从最开始，自我就会内摄客体的"好"和"坏"，母亲的乳房正是这两种客体的原型——当婴儿得到它时，它就是好客体；当婴儿失望时，它就是坏客体……这些意象基于真实的客体但受到幻想的扭曲，它们不仅被安置在外部世界中，也通过体内化被安放在了自我之中。
>
> （Klein, 1935, p. 262）

在这些段落中，克莱因不仅描述了对冲动的投射，而且还描述了内部客体和自体的各个方面的投射，即"认同"，正如前文那段1932年的引文中所描述的那样。这种对于被投射和被内摄的是什么的想法的扩展，意味着从思考"投射"向思考"投射性认同"的跨越，虽然在她看来，跨度也许并不大。

"投射性认同"作为特定的、被命名的概念出现

- **1946年**。即使在1946年，克莱因也没有在概念和名称之间建立起牢固的联系。在1946年首次发表在《国际精神分析杂志》上的《对某些类分裂机制的评论》中，克莱因描述了偏执-分裂心位，其中"投射性认同"是特定部分。以下是她对投射性认同的定义。

  > 自我的分裂部分，连同这些有害的排泄物一起，在仇恨中被驱逐，也被投射进母亲的内部，或者，我更愿意这样描述：进入母亲内部。这些排泄物和自体中坏的部分，不仅意味着要伤害客体而且要控制它、占有它。只要母亲容纳着这些自体坏的部分，她就不会被感觉为是独立的个体，而是坏自体。
  >
  > 大量对自体部分的恨，如今指向了母亲。这带来了特定的认同，形成了攻击性客体关系的原型。此外，由于投射来自婴儿想伤害或控制母亲的冲动，所以他感觉她是迫害者。在精神病性疾病中，这种对有自体憎恨部分的客体认同，会加剧对他人的仇恨。就自我而言，由于过度的分

裂，且分裂的部分被驱逐到外部世界，因而被大大地削弱了。这是因为感受与人格中的攻击性成分，在心智中与权力、能力、力量、知识和许多其他被渴望的品质紧密相连。

然而，不仅自体坏的部分会被驱逐和投射，自体中好的部分也是。排泄物也有作为礼物的意义，自我的一部分连同排泄物一起，被排出并被投射进入他人内部，代表着好的部分，如自体中有爱的部分。基于这类投射的认同，对客体关系也有着至关重要的影响。将好的感受以及自体中好的部分投射进入母亲内部，对婴儿发展良好的客体关系和整合自我的能力来说是基础性。但是，如果这种投射过程过度进行，那么对自体而言，就会觉得丧失了人格中好的部分，而母亲成了自我理想。这个过程同样会导致自我的削弱与贫瘠。

(Klein, 1946, p. 102)

此时克莱因并未将术语"投射性认同"纳入她的这些定义性段落中，尽管她在论文的之后两页提到了这个术语，她说："我提到过，过度的分裂和投射性认同将导致自我的削弱与贫瘠。"(Klein, 1946, p. 104)

- **1952年**。最终，克莱因、海曼、艾萨克斯和里维埃（Riviere）在《精神分析进展》刊物上发表了她关于类分裂机制的1952年版论文，克莱因在上文引用的定义段落中添加了关键的定义句："我建议用'投射性认同'这个术语来描述这些过程。"她还增加了两个新段落，其中一段专门讲投射性认同；并增加了13条新的脚注，主要涉及她的同行们关于投射性认同的工作。

然而，克莱因显然希望《对某些类分裂机制的评论》被引用为"1946年"，也许是为了确立某种时间优先性。这可能是由于，罗森菲尔德在1947年发表于《国际精神分析杂志》上的论文《人格解体下精神分裂状态的分析》中，使用了术语"投射性认同"。无论如何，引用和重印的是1952年版的《对某些类分裂机制的评论》，但它总是被描述为"1946年"。

1952年后克莱因对投射性认同的引述

1952年以后，提及投射性认同概念的发表刊物只有一些，均未涉及概念上的变化。

- 1955年：《论认同》。在这篇论文中，克莱因通过小说人物而非病人来描述投射性认同，该文对她1946年和1952年的投射性认同概念的理解没有什么补充。它描述了小说核心人物将他的整个自体投射进各个不同的人的内部，以便获得他们的身份。（当然，这种类型的投射确实存在，但比起内部客体和部分自体的投射来说，它并不常见。）
- 1957年：《嫉毁与感恩》。克莱因在1957年的这本重要著作中简要地提到了投射性认同。她提到了嫉毁的投射性特征及其造成好坏原初分裂的困难，而这种分裂对分化和后期自我整合以及客体感知是必不可少的。克莱因认为嫉毁导致了对好客体的攻击，是将自体中糟糕的部分投射入好客体的形式，造成自体与客体之间，以及好坏自体之间的混淆。

在梅兰妮·克莱因档案中，克莱因对投射性认同的未发表观点记录（PP/KLE B98, PP/KLE D17）

克莱因在这两篇未发表的记录中讨论了投射性认同。B98是一份可追溯到1946—1947年的、厚106页的文件，她在其中举了许多投射性认同的临床案例，并强调了投射和内摄之间的密切联系；她强调对自体好部分的投射与对自体坏部分的投射一样重要，这一点她在1946年发表的论文中也提到了，不过没有那么强调。后期文件D17，还包含了几页对投射性认同的未发表笔记，克莱因说，她打算用这些笔记作为该主题论文的基础；这些材料可以追溯到1958年。然而，在梅兰妮·克莱因档案中，并未发现预期中论文的痕迹。在D17的笔记中，克莱因对投射和投射性认同做出了模糊的区分，将它们视为一个过程中的两个步骤，但她没有继续使用这样的区分。她再次强调，自体好的部分和坏的部分都参与投射性认同，她说投射性认同和内摄性认同发生在所有关系中。

对克莱因使用投射性认同的总结性评述

当然,克莱因对投射性认同的工作主要是她引入了这个概念,至少以某种形式引起了其他分析师的注意。爱德华多·韦斯在1925年就使用了这个术语,但只有几个分析师注意到了这一点(Massidda, 1999; Steiner, 1999)。

汉娜·西格尔认为,是罗杰·莫尼-克尔建议克莱因使用"投射性认同"这个命名的(私人通信)。(西格尔没有提到爱德华多·韦斯1925年的上述论文。)西格尔认为,克莱因是在对比投射和内摄的语境下想到"投射性认同"这个术语的。在内摄的情况下,一旦客体被纳入主体,会发生以下几种可能性:它可能以内部客体的形式存在于主体内部,它可能是好的也可能是坏的;主体可能无意识地认同于内部客体或某一个面向。在西格尔看来,克莱因认为投射性认同是与内摄性认同平行的过程,也就是说,投射性认同只是投射的诸多结果之一,不过,克莱因并没有描述其他的结果是什么。

需要注意的是,在她所有发表和未发表的材料中,克莱因都没把投射性认同看作人际互动的概念,而只不过是主体的无意识幻想。她也没有讨论主体的投射对客体的影响。事实上,我们从梅兰妮·克莱因档案(PP/KLE C72)的材料中得知,她认为,如果"客体"是分析师,且如果分析师的工作受到病人投射的影响,那就是分析师的工作方式出了问题。她也绝不认为,分析师对病人的情感反应是理解病人的重要信息来源。

在档案中,克莱因反复指出内部客体和自我中好的部分与坏的部分都会被投射和认同,从这种重复中可以清楚地看到,克莱因认为这是重要的观点,尽管她并未在她的公开表述中过多强调。或许她会惊讶地发现,至少在一段时间内,她的继任者们更强调对自体中坏部分的投射性认同。

此外,人们从克莱因公开发表的和未发表的论文中获得了一个整体印象,即投射性认同的概念对她本人来说并没有特别重要。它随着克莱因对分裂、嫉毁、碎片化和整合的临床工作的理解不断增加而出现,也是构建偏执-分裂心位理论的一部分,而非孤立概念本身很有意义。也许重要的是,在档案中,克莱因总是称她那篇《对某些类分裂机制的评论》为"我的分裂论文"而非"我的投射性认同论文"。尽管如此,这个她不经意提到的概念却引发了大量的撰文讨论。

英国分析师对投射性认同概念的进一步发展

专门讨论投射性认同概念方面的文献

四位分析师,赫伯特·罗森菲尔德、汉娜·西格尔、威尔弗雷德·比昂和伊涅斯·索德雷,对投射性认同概念做出了特别的概念性贡献,约瑟夫·桑德勒和罗纳德·布里顿还增加了术语上的区分。其他几位分析师撰写了论文来说明这个概念的临床实用性。

罗森菲尔德关于投射性认同的论文(1947, 1964, 1971, 1983, 1987)

(1947年)《人格解体下精神分裂状态的分析》。除了克莱因自己的临床案例,罗森菲尔德1947年的这篇论文,首次在临床案例中应用了克莱因的投射性认同概念。

(1964年)《论自恋的精神病理学:一种临床方法》。在这篇论文中,罗森菲尔德指出,当客体被全能地内摄,或者全能地投射进入时,自体过度认同了被体内化的客体,导致自体和客体间的独立身份和界限均被否定。

> 认同是自恋性客体关系的重要因素。有可能通过内摄或投射发生。当客体被全能地体内化之后,自体太过认同被体内化的客体,以至于所有自体和客体之间的独立身份与界限均被否定了。在投射性认同中,部分自体被全能地投射进入客体(如母亲),以占有某些她身上被体验为令人渴望的特质,因此他声称自己是客体或部分客体。通过内摄和投射进行认同通常同时发生。
>
> (Rosenfeld, 1964, pp. 170-171)

这篇论文在一定程度上反驳了克莱因学派学者中正在形成的信念,即内摄性认同关注自体"好"的方面,而投射性认同则关注自体"坏"的方面。

(1971年)《对精神病状态的精神病理学贡献:投射性认同在精神病病人的自我结构和客体关系中的重要性》。在这篇重要文献中,罗森菲尔德书写了投射性认同的动机。他描述的第一个动机是愿望,通常是无意识愿望,想要将主体不了解自己的部分传递给客体,这个动机已经被比昂讨论过(1959)。第二个动机是想排除自己心中某些不愉快的部分,并将其归咎到别人身上,这也是弗洛伊德和克莱因常引用的。第三个动机是试图控制他人的心智——在这里我们看到了投射性认同在人际间以及在心智内部的运作。罗森菲尔德描述的第四个动机是希望摆脱对嫉毁的觉察——我认为这一点可以看作是排除那些令自己不愉快事物的特殊情况。第五,罗森菲尔德认为,明显以及重复的投射性认同可以等同于寄生形式,主体试图寄生性地活在客体的心智里。

(1983年)《原初客体关系及其机制》(*Primitive object relations and mechanisms*)以及(1987年)《僵局与解释》(*Impasse and Interpretation*)[1]。罗森菲尔德在这些作品中继续探索投射性认同的动机。

汉娜·西格尔(1957)

西格尔在她具有开创性的论文《关于象征形成的说明》中,提出投射性认同是精神病病人具体思考的核心。

> 自我和内部客体的一部分被投射进入客体中,并与之认同。自体和客体的区别变得模糊。然后,因为自我的一部分与客体相混淆,象征——是自我的创造和功能——反过来又与被象征的客体相混淆。
>
> (Segal, 1957, p. 393)

威尔弗雷德·比昂(1959, 1962)

(1959年)《对联结的攻击》。比昂明确地对用于情感交流的"正常"投射性认同,和用于攻击客体而被过度使用的"病理性"投射性认同,进行了重要的区分。他还讨论了情境——一种对来自主体的嫉毁攻击与来自客体的情感封闭的结合——可能导致病理性投射性认同。他强调"正常"投射性认同的交流性价值,特别是在母婴之间,还有病人和分析师之间。

(1962年)《从经验中学习》。比昂在发展他的容器/被涵容的思考模型时,

---

[1] *Impasse and Interpretation* 的简体中文版已经于2019年以"僵局与诠释"为名由中国轻工业出版社出版。本书将"interpretation"译为"解释",在那本书中,该词则被译为"诠释",这也是目前常见的两种不同译法。——译者注

使用了投射性认同的概念（见"容器/被涵容"）。

伊涅斯·索德雷（2004）

在《谁是谁？对病理性认同的评论》中，索德雷对认同过程的理解做出了另一个有价值的补充。她引用了上文中罗森菲尔德的观点，即内摄性认同和投射性认同一样可以是全能的和病理性的，并补充道："尽管'投射性认同'被同时用来描述正常的和病理性的过程，但在我看来，我们仍倾向于认为投射过程比内摄过程更具病理性。"（Sodré, 2004, p. 57）

索德雷说，病理性因素并不取决于认同是来自投射性的还是内摄性的，而是认同是具体的还是象征的。因为我们已经倾向于认为投射性认同是"坏的"、病理性的，所以我们容易忽视投射中"好的"部分——而这正是克莱因一直强调但在一段时间内却被她的同行倾向于忽略的。

约瑟夫·桑德勒（Joseph Sandler, 1976a, 1976b）

在这些论文中，作为当代弗洛伊德学派分析师，桑德勒对作为幻想的投射性认同和行为上"被实现（actualised）"的投射性认同做出了区别，从而明确了后克莱因学派处理投射性认同方法的一个方面，这在过去没有被明确地阐述过。现在许多克莱因学派都使用桑德勒的术语"实现化（actualisation）"。

罗纳德·布里顿（Ronald Britton, 1998）

布里顿在他的书《信念与想象》（*Belief and Imagination*）的引言中做出"归它性"和"获得性"投射性认同的有用区分，已经在上述的概念定义中被介绍过。

英国分析师，特别是克莱因学派，对投射性认同概念的普通描述与临床应用

贝蒂·约瑟夫（Betty Joseph, 1987）的论文《投射性认同：临床的几个方面》，特别以她对三名病人的投射性认同的敏锐临床讨论而闻名。其他相当重要的贡献还包括莱斯利·索恩（Leslie Sohn, 1985）的观点。在《自恋组织、投射性认同和认同形成》（*Narcissistic organization, projective identification and the formation of the identificate*）中，索恩描述了他所谓的"认同"，它是病人将自

己投射进他们的客体中以获得客体的理想品质而发展出来的。此外，还有罗伯特·欣谢尔伍德（Robert Hinshelwood, 1991）的《克莱因学派思想辞典》（第二版），他在"投射性认同"的条目中详细讨论了投射性认同概念在英国和其他国家的使用。

迈克尔·费尔德曼（Michael Feldman, 1992, 1994, 1997）在三篇论文中描述了临床例证，呈现了病人的投射性认同以及分析师对他们的反应。伊丽莎白·斯皮利厄斯在《投射性认同的临床经验》（*Clinical experience of projective identification*, Elizabeth Spillius, 1992）中，描述了投射性认同在三位病人身上的临床表现。戴维·贝尔的论文《投射性认同》（*Projective identification*, David Bell, 2001）对这一概念进行了详细阐述，并结合了临床材料加以说明。艾伯特·梅森的《投射性认同的变迁》（*Vicissitudes of projective identification*, Albert Mason, 出版中）在概念上讨论了这一术语，并加入了生动的临床案例。埃德娜·奥肖内西在《当代弗洛伊德学派、独立学派和克莱因学派：投射性认同的概念和英国协会》（*Contemporary Freudians, Independents and Kleinians: The concept of projective indentification and the British Society*, Edna O'Shaughnessy, 出版中）中，讨论了这个概念。她的调查表明，尽管许多独立学派和当代弗洛伊德学派的分析师认为，投射性认同是典型的克莱因学派概念，但是大多数人都熟悉它，有些人在和病人的工作中使用它。不过，一些人倾向于把它当成负面的概念，主要与破坏性有关。

有趣的是，克莱因学派自己并不同意投射性认同是克莱因学派的基本概念。他们更偏向于认为偏执-分裂心位和抑郁心位才是克莱因学派的基本概念。在克莱因本人看来，投射性认同仅是偏执-分裂心位相对次要的方面，它涉及自体"好"和"坏"部分的投射。在她看来，"分裂"，而不是投射性认同，才是偏执-分裂心位的基本特征（见梅兰妮·克莱因档案，PP/KLE B98, PP/KLE D17）。

英国分析师对投射性认同概念发展的总结

多数情况下，都是英国克莱因学派的分析师在使用投射性认同概念。埃德娜·奥肖内西研究了独立学派和当代弗洛伊德学派对该主题的观点，结果表明，大多数非克莱因学派的英国分析师知道这个概念，有些人自己也使用，如前面所述，约瑟夫·桑德勒通过他的"实现化（actualisation）"想法增加了它的实用性。非克莱因学派的分析师倾向于认为大部分的投射性认同是负面的，也就是认为投射的只是自体糟糕的部分。

英国克莱因学派和少数使用投射性认同概念的非克莱因学派分析师，并没有特别地区分"投射"和"投射性认同"。人们普遍同意克莱因的观点，即过度的投射性认同会消耗和削弱自我。英国使用投射性认同的另一个特点是，很少有人试图对这个概念做出正式的定义。使用这个概念的分析师们对它的临床实用性更感兴趣，而非其精确定义。

与克莱因不同的是，当代英国分析师已经充分地使用了这个想法：分析师在认知和情感上对病人的投射进行的回应，以及分析师的反移情反应（尽管使用反移情这术语还取决于分析师如何定义它），可能都是理解病人的有用信息来源。这是克莱因的用法与当代英国克莱因学派分析师的用法中最重要的区别。关于分析师对病人行为的反应的潜在效用的观点，最早在宝拉·海曼（Paula Heimann, 1950）的论文《论反移情》（*On counter-transference*）中被描述，她不再把反移情仅仅看作分析师对病人的病理性反应，而认为它是理解病人的潜在有用资源。但是，她并没有把病人的投射性认同作为分析师正在回应的行为来看待（见"技术"，其中有对反移情的讨论）。

与克莱因的另一个不同之处在于，当代许多英国分析师比她更注重投射性认同的人际关系面向。投射性认同是无意识幻想的观点被保留下来——尤其是克莱因学派——但它对客体可能产生的影响也成了研究的课题。

与克莱因的态度的进一步不同，包括了自体好坏部分的投射。至少在一段时间内，一些英国分析师主要专注于投射性认同的负面、破坏性面向。相比之下，内摄性认同则更被认为是正性的。然而，对投射性认同的负面看法在赫伯特·罗森菲尔德和伊涅斯·索德雷的个案中并不正确，然而随着时间的推移，大多数分析师逐渐开始强调这两类认同中的正负两个面向。

英国以外的分析师对投射性认同观点的接受

投射性认同的一个显著特征是，这个概念已经被其他精神分析思想学派采用或讨论，但并不总是正面的，尤其是在美国。很难说清楚为什么会这样，其中一个因素可能是，事实上这个概念可以用来理解人际互动，尽管在克莱因自己对这个概念的看法中，这方面并不重要。

投射性认同在欧洲大陆

在2002年欧洲精神分析联合会的会议上，伊丽莎白·斯皮利厄斯简要介绍了三位来自欧洲大陆的分析师，他们在报告中讨论了投射性认同概念。

赫尔穆特·欣茨在《投射性认同：该概念在德国的命运》（*Projective identification: The fate of the concept in Germany*, Helmut Hinz, 2002）中，描述了德国人对这一概念的接受，并指出如果德国分析师和英国克莱因学派分析师有个人接触，那么这一概念更有可能被理解和接受。乔治·卡内斯特里在《投射性认同：该概念在意大利和西班牙的命运》（*Projective identification: The fate of the concept in Italy and Spain*, Jorge Canestri, 2002）中提出该概念在意大利和西班牙被接受，并强调了从一种精神分析传统引入另一种学派的概念时所遇到的困难。让-米歇尔·奎诺多茨在《当代法语精神分析中的投射性认同》（*Projective identification in contemporary French-language psychoanalysis*, Jean-Michel Quinodoz, 出版中）中，对当代法语精神分析中是否使用了投射性的文献进行了详细的学术研究。

投射性认同在拉丁美洲

人们从当代拉美分析师那里获得的印象是，投射性认同的概念在20世纪40年代到60年代间，比在当代更重要，并且拉康（Lacan）和法国分析师的思想已经逐渐取代了克莱因的思想，尽管人们对比昂的工作仍抱有相当大的兴趣。古斯塔沃·贾拉斯特在《投射性认同：在拉丁美洲的投射》（*Projective identification: Projections in Latin America*, Gustavo Jarast, 出版中）中，提到了拉克（Racker）作品中对投射性认同和反移情概念的使用，并提出了一致性认同（concordant identification）和互补性认同（complementary identification）的概念。他还讨论了戈林贝格（Grinberg）的投射性反认同（projective counteridentification）观点，以及威利·巴朗热（Willy Baranger）和马德琳·巴朗热（Madeleine Baranger）关于"精神分析双人'场域（field）'和'堡垒

(bastion)'"的概念。

拉克（Racker, 1953, 1957, 1958, 1968）的核心思想是，某些认同涉及的是分析师和病人相同或相似的认同，而另外一些认同则是互补的。

戈林贝格关于"投射性反认同"的观点关注的是，当病人使用特别强烈的投射性认同时，分析师对病人的反应。由于病人的投射性认同太过强烈，以至于不管分析师的内在冲突或人格特质如何，都会对这样的投射性认同做出同样的反应（Grinberg, 1962, 1979）。

威利·巴朗热和马德琳·巴朗热等（Baranger, Baranger & Mom, 1983）认为，分析师和病人通过投射性认同和内摄性认同共同创造了双人幻想。分析师可能识别出，他正在与病人内部世界中分裂出去的某个部分认同，并能够就此对病人进行解释。在其他情况下，分析师也可能深陷病人的投射，因此移情/反移情神经症就会通过巴朗热夫妇称之为"堡垒"的构造，使得分析过程陷入瘫痪。

投射性认同在美国

尽管美国人对投射性认同的兴趣发展缓慢，但到1997年，关于这一主题的美国论文远远多于英国论文。许多美国的论文都发表在《当代精神分析》（*Contemporary Psychoanalysis*）上，这说明关系学派分析师对这个概念特别感兴趣。相比之下，大多数传统的自我心理学家则对投射性认同没表现出什么兴趣。

由另一种精神分析传统的分析师对新的、不熟悉的概念进行评估的过程，往往伴随着对定义的关注，而这一情况在美国也不例外，美国人花了大量精力讨论应如何定义投射性认同。关于定义的困难，一部分与这样的事实有关，即大多数美国分析师希望使用投射性认同的概念和分析师对其的反应，但又不想使用该概念所起源于的克莱因概念体系的相关部分。应该说，这种试图将一个概念从其思想基础中剥离出来的做法，赋予了这个术语一种武断的且人为的重要性。此外，英国人强调的是该概念的临床使用，而美国人强调的往往是其正式定义和元心理学位置。

美国的文献经常讨论的一个特征是，投射和投射性认同术语之间的假定差异。格罗特斯坦（Grotstein）作为美国分析师，是唯一一个既遵循当前用法又默认英国克莱因学派做法的人，他认为没有必要做这样的区分（Grotstein &

Malin, 1966; Grotstein, 2005）。几乎所有其他美国作者都说，在"投射"中，投射者与他投射进对方内部的东西已经失去了联系，而在"投射性认同"中，联结得以保持。（如格罗特斯坦所言，克莱因可能会认为这种联结始终无意识保持着。）格罗特斯坦写了大量（超过十篇）关于投射性认同的论文，并附有详细的临床说明。在他最新的论文中，他提出特殊的术语"投射性转换认同（projective transidentification）"，用来区分投射者成功地在客体身上唤起一致性反应的情况。

美国分析师很少强调投射性认同是无意识幻想。大多数美国分析师指出，克莱因对投射性认同的用法是"个人内部的（intrapersonal）"，而比昂的用法则是"人际的（interpersonal）"，大多数人主要或者只对人际的用法感兴趣。多数美国人在讨论投射性认同时从不提及自体中"好"的部分的投射。

不像英国分析师，大多数美国分析师使用戈林贝格1962年关于"投射性反认同"的想法，不过并不是戈林贝格所说的那种含义，因为他们使用它，指的是分析师对病人投射的特定反应，而戈林贝格说他使用这个术语表示的是：对于强有力的投射，任何分析师都会做出的反应（Grinberg, 1962）

除了格罗特斯坦，托马斯·奥格登（Thomas Ogden, 1979, 1982, 1994a, 1994b）、哈罗德·鲍里斯（Harold Boris, 1988, 1990, 1993, 1994a, 1994b）、布赖斯·博耶（Bryce Boyer, 尤其是1989, 1990a, 1990b）和露西·拉法热（Lucy Lafarge, 1989）都在临床上或多或少地使用了投射性认同的思想，就像英国精神分析师所用的那样，并伴随着对温尼科特普遍方法的敏锐理解，还有对克莱因和比昂概念系统中投射性认同概念背景的认识。

奥拓·科恩伯格（Otto Kernberg, 1986, 1987）将投射性认同定义为比投射更原始的防御机制。他认为它包括三个过程：将坏的部分投射进客体中（他没有提及任何关于好的投射）；对所投射部分保持他所说的"共情（empathy）"；引导客体体验被投射的东西。他认为投射是更成熟的防御，不可接受的经验被压抑，然后被投射入客体，与被投射的东西并不保持"共情"。他认为，对投射性认同的解释，只对边缘的和自恋的病人才有用；对精神病病人则没有用，因为这些病人丧失了过多自我边界；对神经症病人也没有用，因为他们只使用投射，而不使用投射性认同。我们可以得到这样的印象，虽然科恩伯格非常熟悉英国的克莱因学派理论和客体关系理论，但他关注概念的清晰定义，使精神科医生能够理解；而非临床情境中强烈的无意识情绪和非语言交流，而这正是英国所有分析学派关注的焦点。

迈斯纳（Meissner, 1980, 1987）的工作被罗伯特·欣谢尔伍德（Robert Hinshelwood, 1991, pp. 201-204）仔细研究过。迈斯纳讨论了投射性认同的概念，并建议应该摒弃这个术语，因为它混淆了幻想与过程、隐喻与机制，以至于无法区分精神组织与功能的层次和形式。但显然，他的建议没有被采纳。

在美国还有大量其他论文对投射性认同进行了更简短的描述，且通常没有临床应用。斯皮利厄斯在《投射性认同在美国》（*Projective identification in the United States*, 出版中）中描述了其中一些贡献。

重要观点：总结

- **投射与投射性认同**。克莱因学派或者美国分析师格罗特斯坦没有对此进行区分。除此之外，区别在于：投射性认同保持"接触"，而投射则失去联系。
- **"心智内部的（intrapsychic）"投射性认同（克莱因）和"人际的"投射性认同（比昂）**。美国分析师比英国、欧洲或拉丁美洲的分析师更多地表达了这种区别。（投射性认同在英国被认为是两者兼而有之。）
- **投射性认同在象征形成中的角色**——西格尔（Segal, 1957）。
- **"正常"投射性认同与"病理性"投射性认同**——比昂（Bion, 1959）。
- **投射性认同的动机**。罗森菲尔德（Rosenfeld, 1964, 1971）在这方面的探讨最引人注目。重要的动机包括沟通、驱散不想要的内部客体或自体部分、控制他人的思想以及寄生（如：生活在他人的心智内）。
- **投射性认同中的"好"与"坏"**。从克莱因对投射性认同中的"好"元素与"坏"元素的同等关注，到比昂的"正常/病理性"的区别，再到对病理性部分的更多关注，然后逐渐到同等重视（索德雷和其他人）。美国文献中往往没有提及任何对"好"方面的投射。
- **投射性认同与反移情**。反移情是分析师对病人投射性认同的反应。
- **投射性认同与"容器/被涵容"的关系**——比昂（Bion, 1959, 1962）。投射性认同在一般涵容过程中的作用。
- **归它性和获得性投射性认同**。布里顿（Britton, 1998）做出的区别。

参 考 文 献

Abraham, K. (1911) 'Notes on the psycho-analytical investigation and treatment of manic-depressive insanity and allied conditions', in *Selected Papers on Psycho-Analysis.* London: Hogarth Press (1927), pp. 137-156.

Baranger, M., Baranger, W. and Mom, J. (1983) 'Process and non-process in analytic work', *Int. J. Psycho-Anal.* 64: 1-15.

Bell, D. (2001) 'Projective identification', in C. Bronstein (ed.) *Kleinian Theory: A Contemporary Perspective.* London: Whurr, pp. 125-147.

Bion, W. R. (1959) 'Attacks on linking', *Int. J. Psycho-Anal.* 40: 308-315; also in *Second Thoughts.* London: Heinemann (1967), pp. 93-109.

—— (1962) *Learning from Experience.* London: Heinemann.

Boris, H. (1988) 'Torment of the object: A contribution to the study of bulimia', in *Sleights of Mind: One and Multiples of One.* Northvale, NJ: Jason Aronson (1994), pp. 187-205.

—— (1990) 'Identification with a vengeance', *Int. J. Psycho-Anal.* 71: 127-140.

—— (1993) *Passions of the Mind: Unheard Melodies, A Third Principle of Mental Functioning.* New York: New York University Press.

—— (1994a) *Envy.* Northvale, NJ: Jason Aronson.

—— (1994b) *Sleights of Mind: One and Multiples of One.* Northvale, NJ: Jason Aronson.

Boyer, L. B. (1989) 'Countertransference and technique in working with the regressed patient: Further remarks', *Int. J. Psycho-Anal.* 70: 701-714.

—— (1990a) 'Psychoanalytic intervention in treating the regressed patient', in L. B. Boyer and P. L. Giovacchini (eds) *Master Clinicians in Treating the Regressed Patient.* Northvale, NJ: Jason Aronson, pp. 1-32.

—— (1990b) 'Countertransference and technique', in L. B. Boyer and P. Giovacchini (eds) *Master Clinicians in Treating the Regressed Patient.* Northvale, NJ: Jason Aronson, pp. 303-324.

Britton, R. (1998) *Belief and Imagination.* London: Routledge.

Canestri, J. (2002) 'Projective identification: The fate of the concept in Italy and Spain', *Psychoanalysis in Europe,* European Psychoanalytical Federation, Bulletin 56, pp. 130-139.

Feldman, M. (1992) 'Splitting and projective identification', in R. Anderson (ed.) *Clinical Lectures on Klein and Bion.* London: Routledge, pp. 74-88.

—— (1994) 'Projective identification in phantasy and enactment', *Psychoanal. Inq.* 14: 423-440.

—— (1997) 'Projective identification: The analyst's involvement', *Int. J. Psycho-Anal.* 78: 227-241.

Freud, A. (1936) *The Ego and the Mechanisms of Defence.* London: Hogarth Press.

Freud, S. (1895) 'Letter to Fliess', *S.E. 1.* London: Hogarth Press, p. 209.

—— (1910) 'Leonardo da Vinci and a memory of his childhood', *S.E. 11.* London: Hogarth Press, pp. 57-151.

—— (1911) 'Psycho-analytic notes on an autobiographical account of a case of paranoia (dementia paranoides)', *S.E. 12.* London: Hogarth Press, pp. 3-82.

Grinberg, L. (1962) 'On a specific aspect of countertransference due to the patient's projective identification', *Int. J. Psycho-Anal.* 43: 436-440.

—— (1979) 'Countertransference and projective counteridentification', *Contemp. Psychoanal.* 15: 226-247.

Grotstein, J. (2005) 'Projective identification: An extension of the concept of projective identification', *Int. J. Psycho-Anal.* 86: 1051-1069.

—— and Malin, A. (1966) 'Projective identification in the therapeutic process', *Int. J. Psycho-Anal.* 47: 26-31.

Heimann, P. (1950) 'On counter-transference', *Int. J. Psycho-Anal.* 33: 84-92.

Hinshelwood, R. D. (1991) Entry on 'projective identification' in *A Dictionary of Kleinian Thought,* 2nd edition. London: Free Association Books.

Hinz, H. (2002) 'Projective identification: The fate of the concept in Germany', *Psychoanalysis in Europe, European Psychoanalytical Federation,* Bulletin 56, pp. 118-129.

Jarast, G. (in press) 'Projective identification: Projections in Latin America', in E. Spillius and E. O'Shaughnessy (eds) *Projective Identification: The Fate of a Concept.* London: Routledge.

Joseph, B. (1987) 'Projective identification: Clinical aspects', in J. Sandler (ed.) *Projection, Identification, Projective Identification,* Madison, CT: International Universities Press, pp. 65-76; also in M. Feldman and E. Spillius (eds) *Psychic Equilibrium and Psychic Change.* London: Routledge (1989), pp. 166-180.

Kernberg, O. (1986) 'Identification and its vicissitudes as observed in psychosis', *Int. J. Psycho-Anal.* 57: 147-158.

—— (1987) 'Projective identification: Developmental and clinical aspects', in J. Sandler (ed.) *Projection, Identification, Projective Identification.* Madison, CT: International Universities Press, pp. 93-115. Also in *J. Am. Psychoanal. Assoc.* 35: 795-819.

Klein, M. (1929) 'Personification in the play of children', *Int. J. Psycho-Anal.* 10: 193-204.

—— (1932) *The Psychoanalysis of Children.* London: Hogarth Press.

—— (1935) 'A contribution to the psychogenesis of manic-depressive states', *Int. J. Psycho-Anal.* 16: 145-174; also in *The Writings of Melanie Klein,* Vol. 1. London: Hogarth Press, pp. 262-289.

—— (1946) 'Notes on some schizoid mechanisms', *Int. J. Psycho-Anal.* 27: 99-110.

—— (1952) 'Notes on some schizoid mechanisms', in M. Klein, P. Heimann, S. Isaacs and J. Riviere (eds) *Developments in Psycho-Analysis.* London: Hogarth Press.

—— (1955) 'On identification', in M. Klein, P. Heimann and R. Money-Kyrle (eds) *New Directions in Psychoanalysis.* London: Tavistock, pp. 309-345.

—— (1957) *Envy and Gratitude.* London: Tavistock Press; also reprinted in *The Writings of Melanie Klein,* Vol. 3. London: Hogarth Press, pp. 176-235.

Lafarge, L. (1989) 'Emptiness as defense in severe regressed states', *J. Am. Psychoanal. Assoc.* 37: 965-995.

Mason, A. (in press) 'Vicissitudes of projective identification', in E. Spillius and E. O'Shaughnessy (eds) *Projective Identification: The Fate of a Concept.* London: Routledge.

Massidda, G. B. (1999) 'Shall we ever know the whole truth about projective identification?', *Int. J. Psycho-Anal.* 80: 365-367.

Meissner, W. W. (1980) 'A note on projective identification', *J. Am. Psychoanal. Assoc.* 28: 43-86.

—— (1987) 'Projection and projective identification', in J. Sandler (ed.) *Projection, Identification, Projective Identification.* Madison, CT: International Universities Press, pp. 27-49.

Ogden, T. (1979) 'On projective identification', *Int. J. Psycho-Anal.* 60: 357-373.

—— (1982) *Projective Identification and Psychotherapeutic Technique.* New York: Jason Aronson.

—— (1994a) 'The analytic mind: Working with intersubjective clinical facts', *Int. J. Psycho-Anal.* 75: 3-20; also Chapter 5 in *Subjects of Analysis.* London: Karnac Books.

—— (1994b) 'The concept of interpretive action', *Psychoanal. Q.* 63: 2310-2245; also Chapter 7 in *Subjects of Analysis.* London: Karnac Books.

O'Shaughnessy, E. (in press) 'Contemporary Freudians, Independents and Kleinians: The concept of projective identification and the British Society', in E. Spillius and E. O'Shaughnessy (eds) *Projective Identification: The Fate of a Concept.* London: Routledge.

Quinodoz, J.-M. (in press) Projective identification in contemporary French-language psychoanalysis', in E. Spillius and E. O'Shaughnessy (eds) *Projective Identification: The Fate of a Concept.* London: Routledge.

Racker, H. (1953) 'A contribution to the problem of counter-transference', *Int. J. Psycho-Anal.* 34: 313-324.

—— (1957) 'The meaning and uses of countertransference'. *Int. J. Psycho-Anal.* 26: 303-357.

—— (1958) 'Counterresistance and interpretation', *J. Am. Psychoanal. Assoc.* 6: 215-221.

—— (1968) *Transference and Countertransference.* London: Hogarth Press.

Rosenfeld, H. (1947) 'Analysis of a schizophrenic state with depersonalization', *Int. J. Psycho-Anal.* 28: 130-139; also in *Psychotic States.* London: Hogarth Press (1965), pp. 13-33.

—— (1964) 'On the psychopathology of narcissism: A clinical approach', *Int. J. Psycho-Anal.* 45: 332-337; also in *Psychotic States.* London: Hogarth Press (1965), pp. 169-179.

—— (1971) 'Contribution to the psychopathology of psychotic states: The importance of projective identification in the ego structure and the object relations of the psychotic patient', in P. Doucet and C. Laurin (eds) *Problems of Psychosis.* The Hague: Excerpta Medica, pp. 115-128; also in E. Spillius (ed.) *Melanie Klein Today*, Vol. 1. London: Routledge, pp. 117-137.

—— (1983) 'Primitive object relations and mechanisms', *Int. J. Psycho-Anal.* 64: 261-267.

—— (1987) *Impasse and Interpretation.* London: Routledge.

Sandler, J. (1976a) 'Dreams, unconscious phantasies and "identity of perception"', *Int. Rev. Psycho-Anal.* 3: 33-42.

—— (1976b) 'Countertransference and role-responsiveness', *Int. Rev. Psycho-Anal.* 3: 43-47.

Segal, H. (1957) 'Notes on symbol formation', *Int. J. Psycho-Anal.* 38: 391-397; also in *The Work of Hanna Segal.* New York: Jason Aronson (1981), pp. 49-65.

Sodré, I. (2004) 'Who's who? Notes on pathological identifications', in E. Hargreaves and S. Varchevker (eds) *In Pursuit of Psychic Change: The Betty Joseph Workshop.* London: Brunner-Routledge, pp. 53-68.

Sohn, L. (1985) 'Narcissistic organization, projective identification and the formation of the identificate', *Int. J. Psycho-Anal.* 66: 201-213.

Spillius, E. (1992) 'Clinical experiences of projective identification', in R. Anderson (ed.) *Clinical Lectures on Klein and Bion.* London: Routledge, pp. 81-86.

—— (in press) 'Projective identification in the United States', in E. Spillius and E. O'Shaughnessy (eds) *Projective Identification: The Fate of a Concept.* London: Routledge.

Steiner, R. (1999) 'Who influenced whom? And how?', *Int. J. Psycho-Anal.* 80: 367-375.

Weiss, E. (1925) 'Über eine noch unbeschriebene Phase der Entwicklung zur heterosexuellen Liebe', *Int. Z. Psychoanal.* 11: 429-443.

8 超我 | Superego

定 义

超我是自体的一个内部结构或部分自体，作为内在权威，进行自我反思，做出评价，施加道德压力，是良心、内疚和自尊的基座。在克莱因学派的思想中，超我是由自我的分裂部分所组成，这个自我被投射进了融合（fused）了生本能的死本能以及原初客体和后期客体的好坏面向。它兼具保护性和威胁性的特质。超我和自我分享同一客体的不同方面，它们通过内摄和投射的过程平行发展。在自我和超我中的内部客体，起初是极端的，如果一切顺利，就会变得不那么极端，并且这两个结构也越能和解。

克莱因认为，超我在生命之初就开始形成，而不像弗洛伊德所论述的那样，随着俄狄浦斯情结的解决而形成。早期超我非常严格，在发展过程中它逐渐变得不那么严苛和更符合现实。在病理性发展过程中，早期的严苛超我未能得到修正，在极端情况下，原初客体中可怕的、被理想化的"去-融合（defused）"面向被自我分裂，并被放逐到深层无意识当中。克莱因认为这些去-融合的部分客体是与超我分离的，而其他人则认为它们形成了有异常破坏力的超我。无论这部分是否被看作超我，克莱因和其他人都认为，这些极端的内部客体与极端严重的困扰有关，甚至与精神病有关。它们被认为与普通的早期严厉超我不同，早期严厉的超我主要建立在被融合的本能基础之上，这个被融合的本能具有调整的能力。

目前，关于超我内部可被改变的程度，其组成部分的确切本质，以及有关最好将超我概念化为结构还是功能的问题，都还存在许多争议。

重 要 文 献

1923	S. 弗洛伊德《自我与它我》 引入"超我"的概念。
1924	S. 弗洛伊德《受虐的经济学问题》(*The economic problem of masochism*) 探讨了死本能与施虐性超我之间的关系。
1926	M. 克莱因《早期分析的心理学原则》 被内摄的敌对母亲，被描述为是早期迫害性超我的基础。
1927a	M. 克莱因《儿童分析研讨》 超我被看作"高度阻抗的产物，本质上无法改变"。
1927b	M. 克莱因《正常儿童的犯罪倾向》 无意识内疚与严苛的超我相关联。
1928	M. 克莱因《俄狄浦斯情结的早期阶段》 描述了前生殖器期的超我。
1929	M. 克莱因《儿童游戏中的拟人化》 正常超我被认为由各种各样的内部（部分）客体构成。
1932	M. 克莱因《俄狄浦斯冲突的早期阶段与超我的形成》(*Early stages of the Oedipus conflict and of superego formation*) 提出了超我源自死本能的想法。
1933	S. 弗洛伊德《心理人格的剖析》(*The dissection of the psychical personality*) 弗洛伊德关于超我的观点总结。
1933	M. 克莱因《儿童良知的早期发展》 超我被描述为是由本能冲动（与力比多融合的死本能）的分裂而形成的，一部分直接对抗另一部分。
1934	J. 斯特雷奇《精神分析治疗行为的本质》(*The nature of the therapeutic action of psychoanalysis*) 分析师成为辅助性超我。
1935	M. 克莱因《论躁郁状态的心理成因》 描述了在抑郁心位的阈限中所采用的防御措施，用以满足迫害性完美主义和施虐性超我的修复要求。
1948	M. 克莱因《关于焦虑与内疚的理论》(*On the theory of anxiety and guilt*) 明确指出超我的双重面向。

1952	M. 克莱因《关于婴儿情绪生活的一些理论性结论》抑郁心位，被认为可用来修正超我的极端严重程度。
1952	H. 罗森菲尔德《对急性精神分裂症病人的超我冲突进行精神分析的评论》被毁坏的内部客体所引发的恐怖与内疚。
1957	M. 克莱因《嫉毁与感恩》引入了嫉毁超我的观点。
1958	M. 克莱因《论心智功能的发展》克莱因将可怕的内部形象从超我中移除，并将其置于深层无意识之中。
1959	W. 比昂《对联结的攻击》提出"摧毁自我的超我"的想法。
1962	W. 比昂《从经验中学习》提出"负 K（-K）"的想法，即一种"超"我的活动。
1963	M. 克莱因《论孤独感》（*On the sense of loneliness*）孤独因严苛的超我而加剧。
1968	R. 莫尼-克尔《认知发展》（*Cognitive development*）严苛超我是一种错误概念（misconception）。
1985	E. 布伦曼《残忍与心胸狭隘》（*Cruelty and narrow mindedness*）被理想化的残酷超我会局限感知。
1999	E. 奥肖内西《与超我相关》（*Relating to the superego*）区分正常与异常的超我。
2003	R. 布里顿《性、死亡和超我》（*Sex, Death and the Superego*）自我判断功能发展的重要性。

年　　表

先驱者

弗洛伊德与超我

在弗洛伊德的早期论文中，他引入并探讨了自我中审查员的想法，通过"意识的分裂"来处理不被接受的想法［《癔症的心理治疗》（*The psychotherapy of hysteria*），1895;《防御的神经性精神病》（*The neuro-psychoses of defense*），1894］。然后，弗洛伊德用自我理想和良知取代了松散的审查员概念，自我理想是父母标准和期望的内部表征，良知是自我中独立但与自我批评相关的组织，是父母批评的化身。良知激励孩子遵从自我理想的标准，而与自我理想的价值相冲突的冲动则被压抑（《论自恋》，1914）。

弗洛伊德在许多论文中探讨了无意识内疚（或惩罚的需要）的强大作用，例如，《精神分析工作中遇到的一些人格类型》(*Some character-types met with in psychoanalytic work*, 1916)。1917年，在《哀悼与忧郁》中，弗洛伊德描述了自我毁灭的方式，即人格的一部分可以被设定为是对另一部分严厉又充满批判的法官。1920年，在《超越快乐原则》中，他继续提出"惩罚的梦"、疾病和各种心理症状可以由无意识内疚所驱动。在这篇论文中，他提出富有争议的死本能概念，这个观点后来被他纳入了关于超我严苛性的思考中。梅兰妮·克莱因极大地发展了这一思想。

1923年，弗洛伊德在概述他的结构学理论时，引入了术语"超我"。超我包括自我理想，但也有批评和惩罚自我的功能。弗洛伊德认为超我是"俄狄浦斯情结的继承者"（1923, p. 48）。他的理解是，孩子放弃了他的俄狄浦斯客体投注（与内摄父母的情欲或性欲关系），取而代之的是对父母双方元素的认同。这些认同被赋予特殊而重要的地位。由此产生的内部机构（超我）是由父母的禁令以及他们的理想所组成，既警惕又批判；而内疚则源于超我与本能之间的内部冲突。

弗洛伊德的理论现在包括了一个内部机构——超我，它监督、评判、审查并引发内疚。超我有时非常严厉和自我折磨，弗洛伊德甚至把它描述为"死本能的聚集地"（1923, p. 54）。他认为，这种严酷是由俄狄浦斯情结之后本能的去-融合（defusion of instincts）造成的，它使情欲关系得到升华，但留在内部的部分死本能不再受力比多的调节或约束。此外，其他各种权威形象也被内摄到超我之中。

在一篇论文中，弗洛伊德探讨了死本能在惩罚的无意识需求中所起的作用，这预示了克莱因及其后继者们之后的工作。弗洛伊德描述了原初受虐（内部死本能与力比多相结合）、继发性受虐（被投射出去的死本能被再次内摄的结果），以及原初受虐和继发性受虐与施虐性超我之间的关系（1924）。弗洛伊德继续关注超我严苛性的起源，在下面引用章节的脚注中，他认可克莱因对他的思想做出的贡献。

> 但本质上的区别是，超我最初的严苛性并不或者说并不那么代表个体从它（客体）那儿体验到的——或者说是个体赋予它的——严苛性；它更代表个体自身对自己的攻击性。如果这是正确的，我们可以真正断言，在一开始，良知是通过对攻击性冲动的抑制而产生的，随后它又被新的同类抑制所强化。
>
> （Freud, 1930, pp. 129-130）

弗洛伊德在1933年总结了他对超我的看法（《心理人格的剖析》），并补充说，它的严苛性是由于孩子认同了父母的超我，而并非认同父母本身。

克莱因与超我

早期的克莱因

克莱因对超我的概念化与她正在发展的理论是同步发展和变化的。在她的早期作品中，她被儿童幻想的暴力和他们的悔恨和内疚所震撼，她得出结论，是内疚导致儿童抑制自己的行为，甚至有时抑制了幻想和想法。

克莱因将她认识到的内疚在幼儿中的重要性追溯到1923年，当时她分析丽塔，这个孩子的游戏里充满了愤怒和惩罚，从她15个月大的时候开始，她就被悔恨所困扰。在1955年的《精神分析游戏技术：它的历史和意义》中，克莱因描述了这种认识。她在《早期分析的心理学原则》（1926）中写到了丽塔和另一个小女孩特露德。她在文中说，尽管特露德在妹妹出生时只有2岁，但她已经感到巨大的焦虑和内疚，想要杀死她的母亲并取代她的位置。与此相关，克莱因认为特露德的焦虑不是源于对实际母亲的恐惧，而是源于对她已内摄的内在母亲的恐惧，特露德想象内在的母亲要惩罚她。这些关于严苛和引发焦虑的早期超我的最初想法，先于克莱因提出的投射性认同概念。有可能克莱因认为内在母亲包含了儿童投射出来的攻击性，但她在1926年时并没有说明这一点；她强调的是母亲的报复性。

由于克莱因试图将她的想法融入弗洛伊德和亚伯拉罕的性心理发展阶段论，并坚持认为她不是在改变弗洛伊德的理论，而是描述超我的早期形式以及前俄狄浦斯期的活动，这使得她早期的一些论文读起来相当令人困惑。她的观点是，儿童早在传统上被称为前俄狄浦斯期的阶段，就已经开始对俄狄浦斯情结进行修通，将父母双亲吸收入他们的自体之中，对应于弗洛伊德关于成人超我发展的观点（见"俄狄浦斯情结"）。

> 在我所分析的案例中，内疚的抑制作用在儿童很小的时候就很明显。我们在这里遇到的情况，可以对应于我们对成年人的超我的认识。事实上，我们假设俄狄浦斯情结在生命的第四年左右达到顶峰，并且我们认识到超我的发展是俄狄浦斯情结的最终结果，在我看来，这与这些观察并不矛盾。
>
> （Klein, 1926, p. 133）

像弗洛伊德一样，克莱因也被超我的严苛性及其特殊的表达方式所震撼。她借鉴了亚伯拉罕的前生殖器期施虐理论（Abraham, 1924）解释道，严苛性是由儿童的肛门施虐（1927a）所引起；第二年，她将口腔施虐也包含在内。

> 然后，孩子会害怕与罪行相关的惩罚：超我变成了咬人、吞噬和切割的东西。
>
> 从两个角度来看，超我形成与前生殖器期发展阶段之间的联系非常重要。一方面，内疚依附于至今占主导地位的口腔和肛门施虐阶段；另一方面，超我在这两个阶段处于上升期时出现，这也就解释了其施虐的极端性。
>
> （Klein, 1928, p. 187）

克莱因并没有确切地解释她的意思，但她对口腔施虐影响的看法在1948年有更清楚的描述："……由于吞噬从一开始就意味着内化被吞噬的客体，所以自我被感觉为包含了已被吞噬的和有吞噬性的客体。"（1948, p. 30）

克莱因反复谈到在儿童游戏中人物极端和对立的特征。1929年的《儿童游戏中的拟人化》一文中，她解释这些人物代表了儿童的它我和超我的不同面向（不同是由于它们在不同时期被儿童内摄）。在忠于性心理发展阶段的同时，克莱因强调，伴随朝向生殖器冲动的发展，儿童有更多积极的感受，并可能有更有益的人物来缓解残酷性。尽管她没有做出解释,但她说,生殖器阶段的强度取决于更早的口腔吸吮阶段。她似乎在研究一个观点,关于儿童分开自己和他人的好坏方面,以及随后逐渐发展出不那么极端的、更整合的超我和更现实的客体。在1929年的论文中,"可怕的威胁性超我"与"幻想的好"和"幻想的坏"分离开,被描述为"完全脱离现实"(克莱因在1958年又回到这个主题,这将在后面讨论)。

> 我开始意识到,这种具有幻想的好特征和幻想的坏特征的意象运作,是成人和儿童都有的普遍机制。这些形象代表了完全脱离现实的"可怕的威胁性超我"和更接近现实的认同之间的过渡阶段。在游戏分析中,经常能观察到这些过渡形象逐渐演变成了母性和父性的帮手(他们更接近现实),在我看来,这对我们了解超我的形成很有启发。我的经验是,在俄狄浦斯冲突开始的时候,超我的形成具有暴虐的特点,是在前生殖器阶段的模式上形成的,之后便处于上升阶段。生殖器的影响已经开始显现……生殖器阶段在性欲和超我方面的首要地位,需要对口腔吸吮阶段有足够强烈的固着。
>
> (Klein, 1929, pp. 203-204)

克莱因的结论是,拥有由这些对立面组成的超我,会给自我带来巨大的困难,但也为寻求整合提供了动力(p. 205)。在1935年,这种自我趋向统合内部客体的观点以非常不同且极其强大的形式重新出现,这是克莱因称之为抑郁心位的发展部分(见"抑郁心位")。

直到1932年,克莱因才采纳了弗洛伊德1920年关于生死本能二元论的观点。在《儿童精神分析》一书的第8章"俄狄浦斯冲突的早期阶段与超我形成"中,克莱因将死本能与超我联系起来。这是克莱因全新发展的开始,她认为超我包含了死本能。同时,她保留了超我发展中性心理阶段的想法。如果跟随克莱因的思考,可能会有些混乱,因为她在后续几年里继续提出了超我发展的理论。弗洛伊德的想法是,有机体受到内部破坏性的威胁,将大部分破坏性向外转移,但有些仍留在内部并加以管理。克莱因则提出,受到在发展的食人阶段被体内化的客体的帮助,它我(克莱因在这个时期交替使用它我和自我)分裂并调动一部分破坏性冲动（死本能），来对抗另一部分。克莱因把被体内化的客体描述为"抵御内部破坏性冲动的工具"，并认为这种超我活动的最初形式可能与"原始压抑"有关（1932, p. 127）。自我所扮演的角色并未被说明。

第二年，在《儿童良知的早期发展》（1933）中，克莱因提出，自我调动力比多来对抗死本能，但由于生死本能的融合，自我无法实现两者之间的完全分裂。其结果是，它我的分开（division）更混合。

> 在它我或精神的本能层面上发生了一种分开，其中一部分本能冲动被导向来抵抗另一部分。我认为，自我的这些最早防御构成了超我发展的基石，在这个早期阶段，过度暴力可以被这样的事实理解：它是非常强烈的破坏冲动的分支，还包含了大量的攻击性冲动和一定比例的力比多冲动。
>
> （Klein, 1933, p. 250）

超我似乎是由生死本能和被内摄客体的融合而形成的，并被逐步修正。

> 可以看出，在相当小的儿童身上，与他和真实客体的关系所并存的，是他与不真实意象的关系，这些意象被体验为极度好和极度坏，但存在于不同的层面。通常情况下，这两种客体关系越来越多地相互交融和影响（这便是我所描述的超我形成和客体关系之间的互动过程）。
>
> （Klein, 1932, p. 151）

中期的克莱因

根据这一想法，斯特雷奇概述了与超我有关的精神分析治疗性行为理论。他的推论是，力比多冲动所指向的外部客体，即分析师，被内摄成为辅助性超我。通过解释移情，分析师（新的内部客体）避免被原初无意识幻想所扭曲，也就不会被认同为原初好的或原初坏的内部客体。如果成功内摄良性超我，病人就能够维持一种内部客体关系，且不以可怕的自我谴责或极端的理想化为基础（Strachey, 1934, pp. 127-159；见"技术"）。

1935年，克莱因回到了自我需要统合的主题上，并做出巨大的理论飞跃，引入了"心位"的概念。将自我和客体的好坏部分整合在一起的活动，成为这一阶段的核心，内疚、悔恨和关切被概念化为自我整合带来的发展性成就。超我的"支持性"功能被认为是在抑郁心位背景下发生的，在这种觉察下，意识到你所恨的母亲也是你所爱的和关心你的母亲，这促使你想要控制仇恨并对过去所造成的伤害进行修复。因无法忍受对母亲造成伤害而带来的内疚，可能会导致新的分裂和躁狂性防御，以及强迫性地试图修复客体（Klein, 1935；见"抑郁心位""躁狂性防御""俄狄浦斯情结""强迫性防御"）。

后期的克莱因

克莱因在《哀悼及其与躁郁状态的关系》（1940）中明确指出，客体被内摄到自我和超我中。1948年，她写了更多关于超我的内容，但与1932年的描述不同。构成超我不现实的极端好坏形象，此时被描述为存在于与现实客体关系不同的平面上。尽管克莱因可能仍然在思考"不同的平面"和"真实的客体"，但这两个方面在1948年都没有被提及。相反，此时的超我似乎由极坏且危险的内部形象（非真实客体）组成。此外，代表生本能的有帮助的好客体没有被描述为"极好"，听起来更像是1932年的"真实客体"。克莱因描述，所有这些形象在生命开始时都被同时内摄。

> ……由于吞噬从一开始就意味着内化被吞噬的客体，所以自我被感觉为包含了已被吞噬的和有吞噬性的客体。因此，超我是由吞噬的乳房（母亲）再加上吞噬的阴茎（父亲）建立起来的。这些残忍而危险的内部形象成为死本能的表征。同时，早期超我的另一个方面是首先由内化的好乳房（再加上父亲的好阴茎）形成，它被感觉为喂养和有益的内部客体，是生本能的表征。被湮灭的恐惧包括担心内部的好乳房被破坏，因为这个客体被认为是保存生命所不可缺少的……

> 根据这一观点，对死亡的恐惧从一开始就进入了对超我的恐惧，而不像弗洛伊德所说的那样，是对超我恐惧的"最终转化"。

（Klein, 1948, p. 30）

1952年，克莱因描述了通过持续的投射和内摄过程，超我、自我和客体的各个方面被不断"交换"。超我被自我同化，而且克莱因描述："自我接受外部客体标准的能力得以增强……这与超我内部更大的综合和自我对超我的不断同化有关。"（1952, p. 87）然后，自我对超我的要求做出反应，而压抑攻击性和力比多冲动。这种压抑将意识与无意识分离，但不会导致早期分裂形式中的那种失整合。

但情况仍然不清晰，因为克莱因倾向于使用"自我（ego）"这个词来表示两个不同的东西：整体自体（self）；部分自体，其他部分则成了超我和它我。她对"同化"一词的使用也不完全清楚。她可能指的是海曼1942年的论文《对升华问题的贡献及其与内化过程的关系》，其中海曼解释了从内部客体中撤回的投射，如何使客体不那么像怪兽和更人性化，这个过程允许个体吸收客体的好品质。海曼在《婴儿早期的某些内摄和投射功能》（*Certain functions of introjection and projection in early infancy*, 1952）和《偏执状态下的防御组合》（*A combination of defences in paranoid states*, 1955）中，进一步探讨了其他在自体内建立客体的问题（见"同化""内部客体""内摄""投射"）。

1952年，克莱因还描述了，在潜伏期阶段，超我有组织的部分即使非常严苛，也与其无意识部分非常隔绝。儿童将有组织的超我投射到他的环境中，并与其中的权威人物达成妥协。这导致了焦虑的改变和防御的加强，但在克莱因看来，危险和迫害性的形象仍然与深层的理想化形象共存。

克莱因在1946年提供了一个理由来解释，为什么有些客体被内摄和认同，而另一些被内摄却没有被同化，而被感觉是异物。在《对某些类分裂机制的评论》（1946, p. 9）中，她提出过度使用投射性认同会削弱自我，使自我太虚弱，不足以去同化客体而又不被客体淹没和占据（见"偏执-分裂心位"）。这个独立的异物般的内部客体类似于弗洛伊德最初描述的超我。

在她的重要论文《嫉毁与感恩》中，克莱因引入了嫉毁超我的概念，这个超我是基于"最早期内化的迫害客体——报复的、吞噬的且有毒的乳房"（1957, p. 231）。在她的描述中，"嫉毁超我"包含了被投射的嫉毁，并且不允许儿童获得修复的满足感。它增加了内疚和迫害感。这个概念被比昂和其他人进一步发展（见下文"后续发展"）。

克莱因对超我的最终定论与后期理论改变

克莱因在1958年对超我理论做出了最终定论。尽管这可能看起来是激进的修正，但她提出的观点是对她早期概念化中困难和矛盾部分的合理解释。克莱因从早期超我中移除了可怕形象，并将它们置于深层无意识中。她的理论既涵盖了极端的、不可改变的可怕形象（在不同层面上），也有严厉的、可改变的和能发展的超我。

> 自我被内化的好客体所支持，并被对它的认同所强化，自我将部分死本能投射到被它分裂出来的部分自我中——这部分由此与自我的其他部分相对立，并形成了超我的基础。伴随着部分死本能的偏转，与之融合的部分生本能也随之偏转。随着这些偏转，好坏客体的部分从自我中分裂出来而进入超我。超我因此获得了保护性和威胁性的双重品质。随着整合过程——从一开始就存在于自我和超我中——的进行，死本能在一定程度上得以被超我所约束。
>
> （Klein, 1958, p. 240）

克莱因继续引入一个观点，即这些可怕的形象被分裂进深层无意识区域，并注意到，这些形象的去-融合本质与被分裂进超我的本能融合状态之间的对比。

> 在婴儿期早期，这些极端危险的客体会引起自我内部的冲突和焦虑。但是在急性焦虑的压力下，他们和其他可怕的形象，以不同于超我形成的方式被分裂出去，并被驱逐到无意识深层。这两种分裂方式的不同之处在于——在分裂可怕的形象的过程中，去-融合似乎占了上风；而超我的形成则是以两种本能融合为主导进行的——这或许照亮分裂过程发生的许多模糊部分——因此，超我通常是在与自我的密切关系中建立起来的，并与自我分享同一个好客体的不同方面。这使得自我或多或少有可能整合和接受超我。相比之下，极端坏形象则不能以这种方式被自我接受，而不断被拒绝。
>
> （Klein, 1958, p. 241）

克莱因很清楚，理想化的形象也会和迫害性的形象一起被分裂出去。如果发展顺利，这些可怕和理想化的形象就会留在深层无意识中，只有在极端压力下才侵入自我，即使如此，这种侵入也能被克服，并重新恢复稳定。但对神经症病人，或者更明显的精神病病人来说，与这些来自深层无意识的威胁做斗争，是他们不稳定的一部分。克莱因在上述论文中引用了罗森菲尔德1952年关于精神分裂症病人的超我的论文（见下文）。罗森菲尔德和其他人探讨了异常的超我的主题（见下文的"后续发展"；见"死本能""嫉毁"）。

1963年，克莱因写到了开始整合破坏性冲动的病人所描述的孤独感，她认为，他们感到完全地与自己坏的部分单独一起。她描述说，如果病人有严苛的超我，强烈地压抑着破坏性冲动，且无法原谅，情况会更加痛苦："超我越严厉，孤独感就越强烈，因为它的严格要求会增加抑郁性焦虑和偏执性焦虑。"（1963, p. 313）

重 要 观 点

- **超我和俄狄浦斯情结的时间线和关系**：克莱因与弗洛伊德的不同之处在于，对她来说，父母的内摄是超我的基础，始于生命之初，并作为发展过程的一部分继续下去。这比弗洛伊德理论提的时间要早得多，在弗洛伊德的理论中，超我是在失去所爱的俄狄浦斯客体之后产生的（见"俄狄浦斯情结"）。
- **超我的严苛性**：克莱因的早期超我非常严苛。她的观点是，超我基于包含死本能的内摄客体，这为超我的早期严苛性提供了解释，她的发展理论则提供超我如何能变得更良性的理解。
- **移情和超我**：克莱因的观点提供了理解移情的方法，并通过使用移情解释来改善严苛的超我。对克莱因来说，这既适用于儿童，也适用于成人。在这一点上，她与安娜·弗洛伊德存在明显的分歧。
- **超我：可修正还是不可修正？** 克莱因和弗洛伊德都认为，超我可能是不可修正的，克莱因在她的论文中反复提到这个观点。在1927年的论文中，她说："通过对儿童的精神分析，我相信他们的超我是高度阻抗的产物，本质上是不可改变的。"（1927a, p. 155）然而，1929年时，她明确指出早期严苛超我是正常的，可以改变；但它的持久性或优势地位则是不正常的，会带来严重的困扰。到了1933年，她指出"分析永远不可能完全消除超我的施虐性内核"（1933, p. 256），但她相信可以通过生殖器期水平的自我强化来缓和。随着她发展抑郁心位理论，出现了"超我逐渐被自我所同化"的观点（1952, p. 74）。在1958年的论文中，克莱因指出超我随着生死本能在融合状态中占主导而发展，但是由强烈的破坏性引起的可怕内部形象不再是超我的一部分，现在它们存在于心灵深处无意识的独立区域里，在那里它们无法被正常的发展过程所整合和修正。克莱因认为，当压力情境导致个体无法维持这种分裂时，上述被分裂掉的部分威胁到心理的稳定性。后来克莱因学派的分析师们进一步探索了引起精神病性的、未经修改的死本能，与克莱因不同的是，他们仍将其视为一种超我（见下文"后续发展"）。

- **迫害性与抑郁性内疚**：在克莱因引入了抑郁心位的概念后，内疚、关切以及保护和修复客体的愿望，被看作意识到以下内容的结果，即被攻击和被憎恨的坏母亲同时是好母亲。这些"抑郁性焦虑"可能太难以忍受以至于变得有迫害性。"抑郁性内疚"因此可能恶化为"迫害性内疚"，并导致重新分裂，从而增加迫害性。处于抑郁心位的个体控制自己的仇恨和破坏性冲动是出于想要保护和保存母亲的愿望，而不是像弗洛伊德的超我理论或克莱因偏执－分裂心位所说的那样，是出于恐惧。这是克莱因和弗洛伊德关于超我的重要理论区别（参见"抑郁心位""内疚""躁狂性防御""强迫"）。

- **超我和精神病**：克莱因的观点是，未经修正的迫害性内疚会导致严重的障碍。在提到罗森菲尔德的工作时（见下文）她描述说，在精神分裂症病人中，超我与他们的破坏性冲动和内部迫害者几乎没有区别。她还认为迫害性焦虑是疑病症的根源（Klein, 1958）。

后续发展

迫害性内疚和抑郁性内疚

瑟尔（Searl, 1936）最初是克莱因的支持者，她的观点部分基于斯特雷奇的理论（1934），将超我描述为由两种理想组成的结构。她建议用术语"超我"来指代"负性的理想"（"你不应该"的命令），用术语"自我理想"来指代"正性的理想"（"你可以"）。这个观点在很久以后被梅尔泽重新提出，用来区分抑郁心位中有帮助的内在形象和偏执-分裂心位中充满嫉毁与迫害性的内在形象，嫉毁是个体被破坏性超我困住的原因（Meltzer, 1967; Mancia & Meltzer, 1981）。

在第二次世界大战之后，莫尼-克尔（Money-Kyrle, 1951）试图预测德国纳粹是否有能力恢复到负责任的工作中，他使用了抑郁心位和偏执-分裂心位之间的区别分离出两大类超我。一方面是增强生命力的"抑郁心位"类型的超我，它能够承担个人责任；另一方面是施虐和独裁的"偏执-分裂心位"类型的超我，它基于服从和迫害，在纳粹政权下发展得最好。

莫尼-克尔在论文《认知发展》（Money-Kyrle, 1968）中，概述了他在不同阶段对精神疾病的思考。在第二阶段，他假设精神疾病是无意识中道德冲突的结果；但在第三阶段，他认为它与无意识的错误概念和妄想有关。他的观点是，严苛的超我本身就是由攻击性造成的错误概念，攻击性在心智内部从自我投射到超我，导致了他所谓的"心智内偏执"（1968, p. 429）。使用比昂的观点，他的论文有助于思考"摧毁自我的超我"及其修正。

戈林贝格（Grinberg, 1978）将不同种类的内疚（一方面是迫害性和严厉的惩罚性，另一方面是抑郁性）与修复的可能性联系起来。布伦曼（Brenman, 1985）描述了理想化的、全能且残酷的超我占主导，这种情形是为了给残忍正名并逃避内疚，感知变得狭窄并阻止了对好客体的依赖。在这篇以及《恢复失去的好客体》（*Recovery of the Lost Good Object*, 2006）中汇编的其他论文里，布伦曼强调病人需要与分析师建立良好的关系，以支持他认识自己的破坏性攻击。

罗宾·安德森（Robin Anderson, 1997）谈到了类似的主题，但他没有使用超我的术语，而是描述了使用暴力来防御内疚。夸张和暴力被用来破坏主体看清事情真相的能力，也用来破坏受损的客体。像布伦曼一样，安德森指出，如果要内疚能够被忍受，分析师就需要在病人与客体的关系中的积极面向上构建。

在大量的精神分析文献中，尽管没有直接提到"超我"这个术语，但都以不同的方式涵盖了各种病理性防御，用以对抗严苛或病理性超我的迫害性内疚，以及分析师在试图帮助病人调节内部迫害情境时遇到的困难。从偏执-分裂到抑郁心位移动的重要方面是面对现实和看清事物的能力，这两者都涉及象征和思考的能力。下面将对其中一些主题进行讨论。（见"抑郁性焦虑""抑郁心位""病理性组织""技术""思考和知识""象征形成"。）

分裂自我的、摧毁自我的或异常的超我

许多克莱因学派的分析师接受了克莱因关于异常的超我发展的思想。罗森菲尔德（Rosenfeld, 1952）发现，克莱因的思想阐明了精神病病人的困难。他描述了一个病人，他无法忍受由死去或受损的内部客体（早期的迫害性超我）所引发的恐惧和内疚，这导致了一个循环，即病人将包含该客体的部分自己投射出去，从而增加了他对内外迫害的焦虑。罗森菲尔德特别关注病人通过分裂或寻求惩罚来应对内疚，并认为超我为"分裂自我"负责（1952, p. 72）。

在他1962年的论文《超我与自我理想》（*The superego and the ego ideal*）中，罗森菲尔德区分了早期和后期超我，并提出了这样的观点：极端迫害性的早期超我，可以促使潜伏期儿童将早期超我的迫害性和理想化的部分完全分裂出去，并与外部客体进行防御性的、未经修正的、不加批判的认同。当它们在青春期重新出现时，就必须加以处理。这些想法从未被具体跟进，但罗森菲尔德（Rosenfeld, 1971）对理想化好客体或理想化坏客体（他认为这是纯粹去-融合的死本能）的自恋全能认同的观点极感兴趣（见"病理性组织"）。

比昂（Bion, 1959）为特殊精神病诱发的超我引入了术语"摧毁自我的超我"，并将其发展描述为由于母婴联结的失败而造成的。比昂扩展了克莱因的投射性认同概念，包括他所谓的"正常投射性认同"，婴儿将其痛苦传达给母亲，而母亲接受这种痛苦，体验它而不被淹没，且能够为婴儿提供被涵容和被理解的体验。比昂的"摧毁自我的超我"是婴儿内摄了一种客体的结果，但这种客体不能内摄婴儿或婴儿的痛苦，或者被感觉到是为了毁灭婴儿而内摄他的。比昂

认为，这种失败是婴儿体质因素和母亲没有能力内摄的综合结果。

1962年，比昂提出了"负K"或"-K"的概念。他描述，婴儿需要客体能够接收其死亡恐惧并管理由这些感觉所引起的内疚。在-K中，婴儿不仅投射了对死亡的恐惧，还有对"不受干扰的乳房"的嫉毁和憎恨。然后，婴儿觉得乳房会嫉毁地将"无价值的残留物"强行塞回他体内，而婴儿最终会拥有"无名的恐惧"，以及攻击性的、诱发内疚的指责者，然后婴儿再次投射。比昂把指责者称为"超级"自我，描述如下。

> ……毫无道德感，对道德优越感的嫉毁主张。就其与超我的相似性而言……通过发现一切事物的缺点来主张自己的优越性，展现自己是优越的客体。最重要的特征是它憎恨人格中任何新的发展，就好像新的发展成了要被摧毁的对手。因此，任何寻求真理与现实建立联系的倾向，简而言之，就是寻找科学的倾向，无论这种方式多么初级，都会受到破坏性的攻击。
>
> (Bion, 1962, p. 97)

奥肖内西（O'Shaughnessy, 1999）描述了"异常的"超我，她认为这类似于罗森菲尔德的分裂自我的超我、比昂的摧毁自我的超我以及克莱因可怕的分裂形象。虽然克莱因将这些形象从超我中移除，而奥肖内西则与罗森菲尔德和比昂一样，认为它们形成了"异常的超我"。奥肖内西的核心观点，引用如下："我们可以看到，弗洛伊德、亚伯拉罕、克莱因和比昂就异常的超我而言，都聚集在同一解离区域。"（1999, pp. 862-863）她对比了病理性超我与严苛但正常且可修正的超我，并指出这两种超我都存在，病人在这两种超我之间移动，两者都需要在分析中被识别、区分、触及和处理。

超我：结构或功能；组成部分

虽然超我的结构和功能的问题贯穿于文献，但有两位作者专门讨论了这个问题。里森伯格-马尔科姆（Riesenberg-Malcolm, 1999）认为，超我和内部客体这两个术语可以互换。对她来说，客体的性质构成了自我，而客体本身构成了超我："大多数克莱因学派的学者认为，超我是内部客体的特定功能。我个人相信,所有的内部客体都是作为超我来运作的。"(1999, p. 60)她也不同意克莱因的观点,即从超我中移除可怕的客体。对里森伯格-马尔科姆来说,深层无意识是特定超我的核心;是比昂提出的那种-K超我,摧毁自我的超我。

罗纳德·布里顿(Ronald Britton, 2003)认可里森伯格-马尔科姆关于所有内部客体都作为超我进行运作的说法。在他看来,所有内部客体都可能作为超我运作。他从与克莱因及其同时代者不同的角度来探讨这个概念,将超我描述为结构,"被占据的心智空间"(2003, p. 74),他强调,现在他把三角空间的第三位置放在自我中,而在1998年他把它放在超我中。他还区分了自我和超我的判断功能,自我的功能是根据经验做出现实的判断,而超我的功能是根据其权威性地位而做出道德的判断。布里顿认为,如果自我的观察和判断功能被超我篡夺,就会出现问题:"我们不能简单地被我们的良知所评判,我们必须让我们的良知接受评判。"(2003, p. 101)他的理由是,抑郁性内疚基于对损害和修复的现实评估,发生在自我中,而迫害性内疚发生在超我中。他把幽默描述为道德的对立面,认为它是反思性自我与观察性超我结合的结果,被自体和自我理想之间的差异逗乐了。

布里顿提出,除了改善超我之外,精神分析还试图改变自我和超我之间的关系,并在某些情况下推翻嫉毁超我的道德仲裁者位置。布里顿区分了超我和异物般的内部客体,并描述了两者在自恋和病理性组织中的运作方式。他还认为,真实父母的人格在超我的形成中起着关键作用。

参 考 文 献

Anderson, R. (1997) 'Putting the boot in: Violent defences against depressive anxiety', in D. Bell (ed.) *Reason and Passion*. London: Duckworth, pp. 75-87.
Bion, W. R. (1959) 'Attacks on linking', *Int. J. Psycho-Anal*. 40: 308-315.
—— (1962) '-K', in *Learning from Experience*. London: Heinemann, pp. 95-105.
Brenman, E. (1985) 'Cruelty and narrow-mindedness', *Int. J. Psycho-Anal*. 66: 273-281; republished in G. Fornari Spoto (ed.) *Recovery of the Lost Good Object*. London: Routledge (2006).
Britton, R. (1998) *Belief and Imagination*. London: Routledge.

—— (2003) *Sex, Death, and the Superego*. London: Karnac.

Freud, S. (1894) 'The neuro-psychoses of defense', *S.E. 3*. London: Hogarth Press, pp. 45-61.

—— (1895) 'The psychotherapy of hysteria', *S.E. 2*. London: Hogarth Press, pp. 253-305.

—— (1914) 'On narcissism', *S.E. 14*. London: Hogarth Press, pp. 67-102.

—— (1916) 'Some character-types met with in psycho-analytic work', *S.E. 14*. London: Hogarth Press, pp. 309-333.

—— (1917) 'Mourning and melancholia', *S.E. 14*. London: Hogarth Press, pp. 237-258.

—— (1920) 'Beyond the pleasure principle', *S.E. 18*. London: Hogarth Press, pp. 3-64.

—— (1923) 'The ego and the id', *S.E. 19*. London: Hogarth Press, pp. 3-66.

—— (1924) 'The economic problem of masochism', *S.E. 19*. London: Hogarth Press, pp. 155-170.

—— (1930) 'Civilization and its discontents', *S.E. 21*. London: Hogarth Press, pp. 57-145.

—— (1933) 'The dissection of the psychical personality', *S.E. 22*. London: Hogarth Press, pp. 57-80.

Grinberg, L. (1978) 'The "razor's edge" in depression and mourning', *Int. J. Psycho-Anal.* 59: 245-254.

Heimann, P. (1942) 'A contribution to the problem of sublimation and its relation to processes of internalization', *Int. J. Psycho-Anal.* 23: 8-17.

—— (1952) 'Certain functions of introjection and projection in early infancy', in M. Klein, P. Heimann, S. Iaacs and J. Riviere (eds) *Developments in Psycho-Analysis.* London: Hogarth Press, pp. 122-168.

—— (1955) 'A combination of defences in paranoid states', in M. Klein, P. Heimann and R. Money-Kyrle (eds) *New Directions in Psycho-Analysis.* London: Tavistock, pp. 240-265.

Klein, M. (1926) 'The psychological principles of early analysis', in *The Writings of Melanie Klein*, Vol. 1. London: Hogarth Press, pp. 128-138.

—— (1927a) 'Symposium on child analysis', in *The Writings of Melanie Klein*, Vol.1. London: Hogarth Press, pp. 139-169.

—— (1927b) 'Criminal tendencies in normal children', in *The Writings of Melanie Klein*, Vol. 1. London: Hogarth Press, pp. 170-185.

—— (1928) 'Early stages of the Oedipus conflict', in *The Writings of Melanie Klein*,

Vol. 1. London: Hogarth Press, pp. 186-198.

—— (1929) 'Personification in the play of children', in *The Writings of Melanie Klein*, Vol. 1. London: Hogarth Press, pp. 199-209.

—— (1932) 'Early stages of the Oedipus conflict and of super-ego formation', in *The Psychoanalysis of Children, The Writings of Melanie Klein*, Vol. 2. London: Hogarth Press, pp. 123-148.

—— (1933) 'The early development of conscience in the child', in *The Writings of Melanie Klein*, Vol. 1. London: Hogarth Press, pp. 248-257.

—— (1935) 'A contribution to the psychogenesis of manic-depressive states', in *The Writings of Melanie Klein*, Vol. 1. London: Hogarth Press, pp. 262-289.

—— (1940) 'Mourning and its relation to manic-depressive states', in *The Writings of Melanie Klein*, Vol. 1. London: Hogarth Press, pp. 344-369.

—— (1946) 'Notes on some schizoid mechanisms', in *The Writings of Melanie Klein*, Vol. 3. London: Hogarth Press, pp. 1-24.

—— (1948) 'On the theory of anxiety and guilt', in *The Writings of Melanie Klein*, Vol. 3. London: Hogarth Press, pp. 25-42.

—— (1952) 'Some theoretical conclusions regarding the emotional life of the infant', in *The Writings of Melanie Klein*, Vol. 3. London: Hogarth Press, pp. 61-93.

—— (1955) 'The psycho-analytic play technique: Its history and significance', in M. Klein, P. Heimann and R. Money-Kyrle (eds) *New Directions in Psycho-Analysis*. London: Tavistock, pp. 3-22.

—— (1957) 'Envy and gratitude', in *The Writings of Melanie Klein*, Vol. 3. London: Hogarth Press, pp. 176-235.

—— (1958) 'On the development of mental functioning', in *The Writings of Melanie Klein*, Vol. 3. London: Hogarth Press, pp. 236-246.

—— (1963) 'On the sense of loneliness', in *The Writings of Melanie Klein*, Vol. 3. London: Hogarth Press, pp. 300-313.

Mancia, M. and Meltzer, D. (1981) 'Ego ideal functions and the psychoanalytical process', *Int. J. Psycho-Anal.* 62: 243-249.

Meltzer, D. (1967) *The Psycho-Analytical Process*. London: Heinemann.

Money-Kyrle, R. (1951) 'Some aspects of state and character in Germany', in G. Wilbur and W. Munsterberger (eds) *Psychoanalysis and Culture*. New York: International Universities Press, pp. 280-292; republished in *The Collected Papers of Roger Money-Kyrle*. Strath Tay: Clunie Press (1978), pp. 229-244.

—— (1968) 'Cognitive development', *Int. J. Psycho-Anal.* 49: 691-698; republished in *The Collected Papers of Roger Money-Kyrle*. Strath Tay: Clunie Press (1978), pp. 416-433.

O'Shaughnessy, E. (1999) 'Relating to the superego', *Int. J. Psycho-Anal.* 80: 861-870.

Riesenberg-Malcolm, R. (1999) 'The constitution and operation of the superego', in *On Bearing Unbearable States of Mind*. London: Routledge, pp. 53-70.

Rosenfeld, H. (1952) 'Notes on the psychoanalysis of the superego conflict in an acute schizophrenic patient', *Int. J. Psycho-Anal.* 33: 11-31; republished in *Psychotic States*. London: Hogarth Press (1965), pp. 63-103.

—— (1962) 'The superego and the ego ideal', *Int. J. Psycho-Anal.* 43: 258-263.

—— (1971) 'A clinical approach to the psychoanalytic theory of the life and death instincts: An investigation into the aggressive aspects of narcissism', *Int. J. Psycho-Anal.* 52: 169-178.

Searl, M. N. (1936) 'Infantile ideals', *Int. J. Psycho-Anal.* 17: 17-39.

Strachey, J. (1934) 'The nature of the therapeutic action of psychoanalysis', *Int. J. Psycho-Anal.* 15: 127-159.

9 嫉毁 | Envy

定 义

克莱因对嫉毁的定义是，对另一个人拥有并享受自己渴望的东西而感到愤怒，往往伴随着想要夺走它或破坏它的冲动。当代的作品中也认为，嫉毁是一种痛苦的折磨。克莱因认为嫉毁冲动在本质上是口腔施虐和肛门施虐，从生命之初就开始运作，最初是针对喂养的乳房，然后是针对父母的结合。她认为嫉毁是原初破坏性的表现，在某种程度上是基于体质的，并因逆境而恶化。对好客体的攻击导致好坏之间的混淆，因此造成抑郁心位整合方面的困难。嫉毁会加剧迫害感和内疚。克莱因把感恩看作爱的表达，因此也是生本能的体现，是嫉毁的对立面。

重 要 文 献

1928	M. 克莱因《俄狄浦斯冲突的早期阶段》 在早期俄狄浦斯情结中，嫉毁表现为渴望破坏母亲的拥有物。
1932	M. 克莱因《儿童精神分析》 一个小孩对幻想中父母结合的嫉毁攻击。
1945	M. 克莱因《从早期焦虑的角度讨论俄狄浦斯情结》 两性的俄狄浦斯情结中对母亲的嫉毁。
1952	M. 克莱因《移情的起源》（The origins of transference） 父母结合并永恒地处在相互满足中，是引起嫉毁感受的典型幻想。
1955	M. 克莱因《论认同》 提出嫉毁是投射性认同中一个重要因素的文本案例。

1957	M. 克莱因《嫉毁与感恩》 克莱因关于嫉毁和感恩的开创性论文，其中二者首次明确配对出现。
1959	M. 克莱因《我们的成人世界及其婴儿期根源》（*Our adult world and its roots in infancy*） 明确而全面地概述了嫉毁与感恩这一对概念。

年　表

"嫉毁"一词在精神分析中有着悠久的历史，但其含义却不尽相同。在精神分析理论中，它通常是指上文中克莱因定义的那种更狭义的和更不良性的方式。弗洛伊德在《论儿童的性欲理论》（*On the sexual theories of children*, 1908）中引入了"阴茎嫉毁"这一概念，将其作为女性心理发展的关键问题。包括克莱因在内的许多精神分析师，后来都对这一概念在女性心理发展中的核心地位提出了挑战。弗洛伊德还在《群体心理学和自我分析》（*Group psychology and the analysis of the ego*, 1921）中提出，群体成员可以在对群体领袖的共同理想化中放弃彼此间的嫉毁争斗。

在日常使用中，嫉毁（envy）和嫉妒（jealousy）是重叠的，"嫉毁"有时可以用来表示"羡慕（admiration）"之类的意思。克莱因对嫉毁的定义完全符合主流的传统用法，尽管它强调了恶意的方面。正如伊丽莎白·斯皮利厄斯（Elizabeth Spillius, 1993, 2007）指出的那样，像克莱因那样把嫉毁和嫉妒这样的常用词作为技术术语来使用是有困难的，因为人们一定会添加属于自己的，包含了不同联想和重叠含义的各种版本。巴罗斯（Barrows, 2002）指出，早在精神分析时代出现之前，嫉毁就被认为是人类最大的问题之一；毕竟它是"七宗罪"之一，而在乔叟（Chaucer）[1]看来是最严重的罪。巴罗斯指出嫉毁的独特之处在于它没有任何积极的目的。

> 尽管可能是被误导或出于私利，但所有其他的"罪"都有一个目的，那便是寻求得到所欲望的客体。贪婪、虚荣、色欲、傲慢，都以它

---

1 乔叟（Chaucer），英国诗人。——译者注

们各自的方式，被渴望和向往某物的愿望所驱动，尽管这是以牺牲他人为代价的。只有嫉毁会导致一无所获，因为所钦慕的客体会被嫉毁破坏，不再令人向往。

(Barrows, 2002, p. 4)

克莱因同时代的人

卡尔·亚伯拉罕在《对精神分析方法的神经症阻抗的一种特殊形式》（*A particular form of neurotic resistance against the psychoanalytic method*, 1919）中写道，病人嫉妒分析师的努力和技巧，贬低分析师，顽固地拒绝与他合作，并试图篡夺他的位置。亚伯拉罕将嫉毁描述为其中一个明确特征，并将其视为一种口欲特质。约翰·里维埃在《作为防御机制的嫉妒》（*Jealousy as a mechanism of defence*, John Riviere, 1932）中提出，在一些原始的心智状态中，与"三角情境"有关的嫉妒显然更接近嫉毁的感觉。此处，最深层的愿望是抢夺母亲的所有物。卡伦·霍妮在《负性治疗反应的问题》（*The problem of the negative therapeutic reaction*, Karen Horney, 1936）中认为，负性治疗反应源于对分析师的嫉毁，即想要破坏分析师工作的愿望。

作为克莱因的同事，赫伯特·罗森菲尔德和汉娜·西格尔在20世纪40年代开始治疗成人精神分裂症病人，他们描述了这类病人的一种典型攻击行为，即对好客体的善意进行全面攻击。作为克莱因的同代人及合作者，他们对这些极端的嫉毁案例的分析，有助于勾勒出这一现象的轮廓（Rosenfeld, 1947, 1952; Segal, 1950）。

克莱因本人

克莱因在1928年的《俄狄浦斯冲突的早期阶段》中首次提到嫉毁。她认为嫉毁在俄狄浦斯情结的最早阶段出现，无论男孩女孩都想要破坏母亲的所有物，特别是父亲的阴茎，在幻想中母亲包含着父亲的阴茎。克莱因承认弗洛伊德意义上的阴茎嫉毁，但随后发生的是，女孩对父亲的接纳态度，以及女孩在早期女性阶段想要拥有孩子的愿望（见"俄狄浦斯情结"）。在以后的正常发展中，这种接受的态度将再次使阴茎嫉毁黯然失色。

克莱因（1932）在《儿童精神分析》中详细描述了一个儿童病人对其幻想中父母性交（parental coitus）的嫉毁攻击。克莱因认为，嫉毁是幻想进入母亲身体以发现和挖出其内容的动机之一。尽管这不是她提出的想法，但克莱因在这篇论文中把这种破坏性幻想描述为与早期的求知本能有关，暗示了有趣的悖论，即破坏性幻想具有内在的积极价值。然而，在克莱因看来，这种幻想也是内疚的最深来源，并导致害怕藏匿的敌意客体进行致命的性交，或对自我进行威胁。克莱因认为现实中和谐相处的父母在这方面能让人深感安心。

克莱因（1945）在《从早期焦虑的角度讨论俄狄浦斯情结》中，讨论了对母亲的嫉毁是两性俄狄浦斯情结的一个寻常部分。对女孩来说，对阴茎的嫉毁和阉割情结，因更为基础的正性俄狄浦斯欲望的挫败而加剧。克莱因认为，儿童可能一度认为母亲有阴茎是一种男性特征，但与弗洛伊德不同的是，她认为这远不如母亲包含着父亲的阴茎这一想法重要。

1952年，克莱因在《移情的起源》中阐述了"嫉毁和嫉妒情境的原型"。强大的嫉毁与受挫的口腔欲望有关，且结合了其他一些人（通常是父亲）得偿所愿的幻想，这导致儿童幻想父母结合在一起，在口欲、肛欲和生殖器的意义上都永恒地处于相互满足中。克莱因（1955）在《论认同》中使用了一个文学例子来说明，嫉毁如何成为驱动一个人使用极端投射性认同的因素。

克莱因（1957）的开创性论文《嫉毁与感恩》，首次明确地将这两个概念配对。在这里，她第一次提到了对乳房的嫉毁，里维埃早在1932年讨论过这个议题。最后，克莱因（1959）在《我们的成人世界及其婴儿期根源》中对嫉毁和感恩这两个成对的概念进行了简短但全面的概述。

重 要 观 点

与死本能有关的与生俱来的（原发）嫉毁

对克莱因而言，嫉毁的倾向因人而异，爱的能力以及获得善意所伴随的感恩也是如此。在克莱因看来，环境会改变这些倾向，但并不决定它们最初的存在。对弗洛伊德的死本能概念的修改在克莱因的工作中很早就出现了（见"死本能"），但直到1957年，她才在论文中将先天的破坏性冲动与嫉毁明确地联系起来:"我认为嫉毁是破坏性冲动的口腔施虐和肛门施虐的表现,从生命之初就开始运作,并有体质上的基础。"(Klein, 1957, p. 176)在同一篇论文中,克莱因说:

> 在谈到爱与恨的先天冲突时,我的意思是,尽管在个体身上的强度各有不同,但爱和破坏性冲动的能力在某种程度上是由体质决定的,并且从一开始就与外部环境相互影响。
>
> (Klein, 1957, p. 180)

在本文中,克莱因再次引用了各种文学资料(如Milton, Chaucer & Spenser)来支持她的论点,即嫉毁的普遍公认的基本破坏性,以及它是爱的对立面。她提到了圣奥古斯丁对生命的描述,即生命是创造性的力量,与嫉毁这种破坏性的力量相对立,并引用了《圣经》中使徒保罗给哥林多人的第一封信:"爱是不嫉毁。"

嫉毁、贪婪和嫉妒的对比

克莱因区分了嫉毁(envy)、嫉妒(jealousy)和贪婪(greed),这些词在日常使用中可能会被混淆。嫉毁植根于二人关系中,它刺激了个体想要夺取和破坏他人所有物的冲动。嫉妒则涉及三人关系。

> 嫉妒基于嫉毁,但涉及至少与两个人的关系,主要涉及主体认为他应得的爱被他的对手夺走了,或处于被对手夺走的危险中。
>
> (Klein, 1957, p. 181)

贪婪与嫉毁的对比:

> (贪婪)一种急躁的、贪得无厌的渴望,超过主体的需要及客体能够并愿意给予的能力。在无意识的层面上,贪婪的目的主要是完全掏空、吸干和吞噬乳房,也就是说,它的目的是破坏性的内摄。而嫉毁不仅寻求以这种方式掠夺,还要把坏东西,主要是坏的排泄物和自体的坏部分放入母亲体内,首先是置入她的乳房,以破坏和摧毁她……尽管它们是如此紧密地联系在一起,以至于无法划定严格的分界线,

但贪婪和嫉毁之间的一个本质区别是，贪婪主要与内摄有关，嫉毁则与投射有关。

（Klein，1957，p. 181）

嫉毁、嫉妒和贪婪经常紧密联系在一起。例如，贪婪的获取可能是一种防御，以防止意识到自己嫉毁那些拥有自身渴望之物的人或那些本身就是自己希望成为的人。

嫉毁的心理结果

- **对原始分裂的干扰**。克莱因认为，嫉毁破坏好乳房的直接结果是，必要的原始分裂为好和坏的过程受到干扰。被破坏的好客体无法以适当的、可持续的方式被内摄。嫉毁对乳房造成的损害也是一种过早的无意识内疚的来源，个体以偏执的方式将这种内疚视为内在和外在的威胁。
- **混淆状态**。嫉毁的攻击意味着好的和坏的客体不再能清楚地被区分。由嫉毁引起的混淆中，轻则表现为犹豫不决和思维混乱，严重的混淆状态具有精神病性的特征，正如罗森菲尔德后来所表明的那样。另一种意义上的混淆是，内部和外部世界之间以及自体和他人之间的混淆，这都是由于嫉毁者强烈的投射性认同而导致。
- **学习方面的问题**。客体的善恶混淆损害了分化和内摄的过程。好奇心充斥着敌意，因此被认为是危险的，所有这些都削弱了思考和学习的能力。
- **对被强制内摄的报复**。由于嫉毁迫使自体（投射）进入客体中以占有和破坏它，这可能导致同样可怕的幻想，即自己会被报复性地侵入，而遭到破坏。
- **贪婪和破坏性的恶性循环**。被唤起的焦虑可能导致个体远离善的源泉，或变得贪婪或更具破坏性且充满仇恨。对原始分裂的干扰及过度的嫉毁导致的偏执增强，都会阻碍个体进入抑郁心位。因此减少了良好的、令人满意的经验，而这些经验可以缓解嫉毁。

- **削弱自我**。在克莱因看来，过度的嫉毁会削弱自我，并使个体面临性格退化的风险，而不是在未来的逆境中增强性格的力量。
- **干扰俄狄浦斯情结的发展**。强烈的嫉毁在许多方面与异常的俄狄浦斯情结有关（见"俄狄浦斯情结"）。俄狄浦斯情结的寻常嫉妒充满了更有问题的嫉毁。对母亲所有物的嫉毁，包括幻想中母亲拥有父亲的阴茎，使得对结合父母形象的幻想更具迫害性和持久性。与原始客体不安全的、基于幻想的关系，可能意味着过早出现与父亲的竞争，父亲被视为一个非常有敌意的入侵者。相反，从母亲到父亲的力比多转向可能是过早的、不安全的，因为它是基于想要逃离可恨的、令人失望的母亲。为了逃避有问题的（因为充满嫉毁）口欲，而转向生殖器可能是不成熟、不安全且强迫性的。

嫉毁及其与感恩之间的联系

克莱因将感恩视作嫉毁的对立面。感恩是爱的表达，因此也意味着生本能（见"本能"）。克莱因并没有像她对嫉毁那样充分地发展感恩的概念。直到1957年，嫉毁与感恩才被明确地配对，但感恩作为概念的重要性，在克莱因的作品中出现得更早。1928年，克莱因首先描述了女性对其丈夫的感恩之情，因为她长期受挫的性欲获得了满足。之后，感恩成为克莱因抑郁心位理论中的一个特征（Klein, 1935）。克莱因（1937）描述了婴儿对母亲的爱和关怀的自发感恩，以及母亲对婴儿的感恩，因为婴儿让母亲享受到了爱他的乐趣。这些都被看作爱的一部分，是与生俱来的"倾向于保护生命的力量"（p. 311）的表现，与先天的破坏性冲动相反（见"本能"）。

在对感恩更全面的论述中（1957），克莱因认为，感恩是与好客体的关系中的一部分，被吸收，并成为自我的核心。

> 与那些由于嫉毁而无法稳固地建立良好的内部客体的婴儿相比，具有强烈的爱和感恩能力的孩子与好客体有着根深蒂固的关系，免受根本的损害，并且可以承受暂时的嫉毁、憎恨和怨恨等状态——这些状态即使是在被爱和得到很好养育的孩子身上也会出现。
>
> （Klein, 1957, p. 187）

感恩与真正的慷慨紧密相连，使人拥有内在的富足感。克莱因认为感恩的能力，就像嫉毁的倾向一样，部分是先天决定的，但也受环境影响。

嫉毁：体质与环境的相互作用

在克莱因看来，嫉毁以复杂的方式受到环境的影响（见"外部世界/环境"）："……在每个人的一生中，挫折和不愉快的环境都会激起一些嫉毁和仇恨，但这些情绪的强度和个体应对它们的方式大相径庭。"（Klein, 1957, p. 190）

克莱因认为，婴儿幻想有取之不尽的乳房。当婴儿被剥夺时，乳房被憎恨和嫉毁，因为它显然吝啬地把这些财富留给自己。然而，令人满意的乳房也是令人嫉毁的："乳汁来得非常轻松——尽管婴儿觉得很满足——也引起了嫉毁，因为这个礼物似乎是那么地难以企及。"（Klein, 1957, p. 183）

克莱因将这种婴儿期的情况与分析中的观察联系起来，即病人可能会对有帮助的工作产生破坏性的批评。

> 怀有嫉毁的病人怨恨分析师工作的成功，然而，如果病人感到分析师和他所给予的帮助已经被自己嫉毁的批评所破坏和贬低，他就不能充分地把分析师作为好客体来内摄了。
>
> （Klein, 1957, p. 184）

嫉毁与抑郁心位的关系

克莱因通过临床实例表明，当病人意识到自己的嫉毁时，他可能会体验到内疚并想要进行修复。令她印象深刻的是，许多病人日益意识到，当自己对分析师的好进行嫉毁攻击，并试图将其与他们意识到的对分析师的积极情感进行整合时，他们会经历强烈的痛苦和抑郁。这种内疚的痛苦很容易促使他们产生防御性退缩，回到偏执-分裂心位的功能水平，而在意识层面认识到嫉毁的痛苦，也是如此。

当偏执很强时，例如在精神病病人中，嫉毁就很难在分析中得到抵消。同样地，当嫉毁很强时，偏执也很难抵消。当更加抑郁的特征在人格中占主导地位时，嫉毁会更容易被缓解，因为这类病人往往更能体验到感恩之情，并接受人们所提供的东西。

对嫉毁的防御

嫉毁的感觉被普遍认为是人类境况中的痛苦部分，它可以调动各种防御。对嫉毁的防御往往比嫉毁本身更成问题。克莱因在她1957年的论文中列举了一个清单，并承认这个清单不能穷尽，其他人也对其进行了补充（见Segal, 1964; Rosenfeld, 1964a; Joseph, 1982, 1986; Sohn, 1985; Spillius, 1993）。有时，正如约瑟夫（Joseph, 1986）所指出的，很难区分出嫉毁本身的元素和对它的防御。

- **对客体的贬低**。破坏、贬低和忘恩负义为嫉毁所固有，这些也是为了避免体验到嫉毁，因为被贬低的客体就不再需要被嫉毁了。克莱因描述了这如何成为一些人的客体关系的特征。
- **理想化**。克莱因描述了典型的早期防御——全能、否认和分裂——如何被嫉毁所强化。如果客体被充分地理想化，那么与自己的比较变得无关紧要，客体被全能地"拥有"——自体通过这一关联而得到夸大。理想化的形式可能是诋毁被嫉毁的客体而理想化其他客体；或者被嫉毁客体的某些方面被诋毁而其他方面被理想化。理想化的客体是不稳定的，有可能坍塌而成为其反面。无论如何，强烈的嫉毁最终也会威胁到理想客体。
- **对理想化客体的认同**。与上述内容相联系，通过投射与内摄，个人感觉自己拥有所嫉毁的客体身上那些梦寐以求的特性。
- **混淆**。混淆（见上文）是嫉毁的结果，在这种情况下，好客体受到如此严重的攻击，以至于无法再清晰把它与坏客体区分开来。克莱因还提出，混淆的思维也可能被当作防御，以应对嫉毁所激起的迫害和内疚。
- **逃离母亲**。为了避免对原初客体的敌意，从母亲逃到其他人那里（从父亲开始），这些人被理想化，成为保护乳房/母亲的一种手段。当嫉毁过于强烈时，这种机制就会失效，最终会渗透到新的关系中。
- **对自我的贬低/抑制**。克莱因认为，在较为抑郁的类型中，这种贬低倾向于替代对客体的贬低。一个人通过贬低自己的天赋，同时否认了嫉毁并为此惩罚了自己。避免竞争和成功，也是为了保护并未稳定构建的好客体，以免它被容易引起自身竞争感和嫉妒感的情况所破坏。约瑟夫（Joseph, 1982, 1986）也指出，受虐的自我攻击间接地破坏了客体给予他的好，并证明客体无力帮助。

- **对乳房贪婪的内化**。通过这种机制，婴儿在幻想中占有和控制乳房，从而避免分离和嫉毁的感觉。所有属于乳房的好特质，现在都为自己所拥有。然而：

  > 正是由于贪婪，这种内化包含着失败的种子……一个好客体，如果建立得好……那么它不仅爱着这个主体，而且被主体所爱。这一点……不适用于，或仅在较小程度上适用于被理想化的客体。由于强大而暴力的占有欲，好客体感觉变成了被摧毁的迫害者。
  >
  > （Klein, 1957, p. 218）

- **嫉毁的投射**。一个人通过投射将自己的嫉毁归咎于他人。个体认为自己没有嫉毁，但被周遭充满嫉毁的人所包围，这也促成了个体对世界的偏执感。

- **激起他人的嫉毁**。在嫉毁的投射中可能还有进一步的内容，即投射可能被实现。通过投射自己的成功和拥有物来激发起他人的嫉毁，是防御嫉毁的一种常用方法。这种防御方式最终会无效，是因为它会唤起迫害性的和抑郁性的焦虑。

- **爱的扼杀和恨的加剧**。克莱因认为，与爱、恨和嫉毁的结合所产生的内疚相比，它承受起来没有那么痛苦。它可能不会表现为仇恨，而是漠不关心。个体倾向于疏远身边的人们，但这种表面的独立是虚幻的。

- **付诸行动**。罗森菲尔德（Rosenfeld, 1955）描述了当人格中嫉毁的破坏部分的整合有可能出现曙光时，各种形式的付诸行动被用来延续人格的分裂。

嫉毁及其对精神病的贡献

克莱因本人没有分析过成年精神病病人，但与她同时代的人分析过，特别是罗森菲尔德、西格尔和比昂，他们的发现很可能启发了她对嫉毁这个话题的思考。罗森菲尔德（Rosenfeld, 1947）对"米尔德丽德（Mildred）"的分析呈现了，在分析性移情中表现出来的、与精神病性崩溃相关的、令人难以忍受的嫉毁品质。大多数情况下，米尔德丽德嫉毁的破坏性被分裂出去，从而被体验为来自外部的迫害。之后，在一篇关于精神分裂症混淆状态的论文中，罗森菲尔德（Rosenfeld, 1950）谈到对好客体的攻击导致了混淆状态，但没有具体提到嫉毁。然而，在后来的论文中（如, Rosenfeld, 1964a），他认为克莱因在《嫉毁与感恩》中澄清了混淆状态的现象。

比昂（Bion, 1957）在《论傲慢》（*On arrogance*）中描述了，分析师涵容病人投射的能力如何成为嫉毁的一个重要来源，尤其是对精神病病人和边缘病人而言。比昂认为嫉毁主要是与创造力对立，而不是与感恩对立。在比昂（Bion, 1959）看来，嫉毁从根本上表现为对心智中任何一种创造性联结的攻击。任何感知到的双亲之间的联结都必须被抹去，任何象征这种联结的东西也必须被抹去。最终，特别是在精神病病人的人格中，思想之间的联结以及思想过程本身受到攻击并变得支离破碎。

嫉毁与负性治疗反应

克莱因（1957）提到，分裂出去的嫉毁可能会在一个表面上很合作的病人身上表现为负性治疗反应。她描述了负性治疗反应如何在后续时间出现，并回溯性地攻击最初显然有帮助的分析工作。里维埃（Riviere, 1932）和霍妮（Horney, 1936）早些时候也曾提及这个问题。

后 续 发 展

嫉毁的超我

比昂（Bion, 1962）在《从经验中学习》一书中，将人格中一些有问题的嫉毁案例概念化为异常的、嫉毁的超我，他称之为"摧毁自我的超我"（见"超我"）。他的假设是，这种病态的超我是在母婴之间沟通失败的情况下产生。这种缺陷可能更多是"环境性"的，因为母亲不能让婴儿的交流进入她。比昂还假设，一个拥有大量原始嫉毁体质的婴儿，可能憎恨地和嫉毁地拒绝交流。不可穿透的母亲（the impermeable mother；不管这个形象的来源是什么）现在被分裂，但被作为敌对的力量而存在，形成了摧毁自我的超我基础，比昂写道：

> 这样的超我，它几乎没有任何精神分析中所理解的超我的特质，它是"超级"自我。它是嫉毁的、没有任何道德可言的道德优越感主张。简而言之，它是对所有美好事物的嫉毁性剥离或剥夺的结果，而且它本身注定要继续这个剥离的过程……直到（有了）……无非是一种空洞的优越感-自卑感，反过来退化为虚无。
>
> （Bion，1962，p. 97）

奥肖内西（O'Shaughnessy, 1999）在《与超我相关》一文中进一步发展了这一主题，用临床例证展示了异常的超我如何篡夺了正常超我的地位和权威。在移情情境中，病人和分析师以一个异常的超我与另一个异常的超我的方式相关联。

布里顿（Britton, 1989）在《缺失的联结》（*The missing link*）中提出，当母亲的涵容功能严重失败时，个体可能被迫进入对母亲不稳定的理想化中，此时，俄狄浦斯关系中的第三客体通过投射被赋予了异常的超我的敌对破坏性品质。这类病人的原初场景将具有可怕的品质，三角关系将被体验为具有极端破坏性和危险性。

嫉毁与自恋性客体关系

克莱因（1957）对嫉毁的研究，更多是就偏执-分裂心位而言，而非自恋性结构。然而她的后继者们表明，嫉毁与人格中的自恋组织有着密切的联系。罗森菲尔德（Rosenfeld, 1964b）在《论自恋的精神病理学》中呈现了，自恋性客体关系如何抵御去认识到自己与他人是分离的。客体要么被全能地内摄，要么被投射接管。在罗森菲尔德看来，全能的自恋性客体关系的强度和持久性，与个体嫉毁的强度密切相关。它们既消弭了由挫折引起的攻击性情感，也避免了对嫉毁的任何意识。然而，由此导致了情感接触的缺乏，意味着个体缺乏真正的快乐，因此最终会更有可能嫉毁那些看似拥有更丰富生活的人。

罗森菲尔德（Rosenfeld, 1971, 1987）继续描述了在嫉毁型人格中可能发展出的复杂而僵化的自恋结构。全能的破坏性超我形象常常表现为幻想中的"黑帮"或"黑手党"，将人格中更多的爱和依赖的部分牢牢控制在手中（见"病理性组织"）。破坏性的冲动、自我中坏的部分以及坏客体，都被理想化。西德尼·克莱因（Sidney Klein, 1980）在描述神经症病人的自闭现象时，也谈到了类似的问题，他将这些现象追溯到内部客体，这些客体生存在封闭的状态里，就像被外壳所包围。

斯坦纳在《自我各部分之间的倒错关系》（Perverse relationships between parts of the self, 1982）和后来的《精神撤退》（1993）中，也描述了这种内部精神病组织。他指出了这些自恋结构中，内部关系的倒错品质。约瑟夫在她的一些论文（1971, 1975, 1986）中描述了死本能和嫉毁的临床表现，其形式是性格倒错，这些论文收录于在《精神平衡和精神变化》（Psychic Equilibrium and Psychic Change, 1989）中。破坏性的方面被掩盖了，但移情中充斥着倒错的特质。

"顽固的"嫉毁

伊丽莎白·斯皮利厄斯（Elizabeth Spillius, 1993, 2007）指出，许多克莱因学派分析师关于嫉毁的著作，涉及无意识的或被分裂出去的嫉毁，一旦嫉毁被带入意识，病人可能获得缓解。而斯皮利厄斯讨论了所谓的"顽固的嫉毁"，它是意识化的和自我协调的。分析师觉得他正在观察对好客体的嫉毁和破坏性的攻击。然而，病人觉得他对那些应该被憎恨的客体感到不满是正当的。他用自己的防御来维持和加强对他来说合情合理的不满。斯皮利厄斯认为，这样的病人不得不回避承认因对丧失或没有良好关系的哀悼而产生的剧烈痛苦，甚至是对崩溃的恐惧。

嫉毁和给予者的动机

斯皮利厄斯继而将嫉毁置于早期客体关系中给予者和接受者之间复杂关系的背景中。给予者可能心甘情愿地、充满爱意地给予，并允许接受者以快乐作为回报。

> 接受者接受的能力是对原始给予者的回报。他人的好变得可以忍受，甚至可以享受。接受者内摄并认同一个享受给予和接受的客体，从而发展出欣赏的内在基础，因此效仿慷慨的给予者成为可能。
>
> （Spillius, 1993, p. 1209）

另一方面，给予者可能并不乐意给予，也可能是自恋的，对接受者不感兴趣，甚至怀有敌意。或者他可能热切地、愉快地给予，但只是为了显示他对接受者而言具有优越性。当我们想象接受者准确地感知给予者的状态和动机，或者曲解它们等，就会出现进一步的复杂性。斯皮利厄斯并没有对嫉毁倾向性的"体质"差异的想法提出异议，而是增加了一个需要考虑的维度，即环境的复杂性。

1992年，约翰·斯坦纳对斯皮利厄斯的论文写了一篇未发表的评论，他强调在克莱因学派的术语中，嫉毁的基本要素是对主体和客体之间存在的差异性的恨。它的目的是通过摧毁客体所有之物来降低这种差异性，它不管这些所有物是否是好的，或者是否具有性别、代际等的不同。最终，嫉毁旨在将主体和客体削减为一致，这样就没有什么好嫉毁的了。通过这种方式，嫉毁表达了死本能（见"死本能"），其目的是创造无差别的、同质的、无结构的物质。

嫉毁是一种复合状态：布里顿

布里顿（Britton, 2003）在《性、死亡与超我》一书的"摧毁自我的超我"一章中提出，他并不认为嫉毁是"原发"的。他将嫉毁看作"分子"而不是"原子"，即嫉毁是一种复合状态。他认为其中一个元素是先天的破坏性，他进一步将其概念化为反客体关系——抹杀"非自体（not self）"的需要。布里顿还将其描述为"精神特应性（psychic atopia）"，一种对其他心智"过敏"的倾向。正如他所描述的那样，这种破坏性的倾向存在于人类谱系中，从厌世到仇外。他认为嫉毁的另一个因素是明显或过度的贪婪。因此，布里顿认为嫉毁的客体关系是"觊觎和仇外的复合体。对拥有客体特质的渴望与摧毁客体的冲动相结合，成为这种令人不安感的来源"（Britton, 2003, p. 127）。

罗思和莱马在2008年编辑的《嫉毁与感恩新编》（*Envy and Gratitude*

Revisited, Roth & Lemma）一书中收录了一些有助于理解嫉毁的当代论文。凯特·巴罗斯（Kate Barrows, 2002）在《精神分析的思想》（*Ideas in Psychoanalysis*）系列中出版了一本关于嫉毁的专著，其中包括对人生中不同时期的嫉毁问题和社会中嫉毁表现的讨论。

围绕克莱因学派嫉毁概念的争议

斯皮利厄斯（Spillius, 1993）指出，嫉毁具有作为"七宗罪"之一的特殊性，但同时它并不经常成为哲学或社会辩论的主题："就好像它一方面被认可，而另一方面又被迅速否定。"（p. 1199）斯皮利厄斯总结了克莱因1957年出版的关于嫉毁的书，在英国精神分析学会引起的"分歧风暴"。1969年在伦敦举行的关于嫉毁的研讨会上，人们对克莱因的观点提出了批评。主要理由是，将这种对善的有害攻击视为人性中固有的东西似乎是荒谬的。关于是什么真正构成了嫉毁，以及它在个人身上出现的时间有多早，一直存在争论。该理论被批评为绝望的理论。还有人担心，如果有的话，应该如何向病人解释。研讨会的主要批判性论文于同年发表（Joffe, 1969）。

关于嫉毁本质的分歧

乔夫（Joffe, 1969）从一开始就将嫉毁视为精神分析中的"通用货币（common currency）"。他认为嫉毁是复杂的和继发的，是众多情感和特征中的一种，不应该对它持特别优待，并驳斥了克莱因认为它是人类功能中先天动力的观点。乔夫的观点是，在生命早期，自体和客体之间没有实际上的区别，因此，客体占有着和保留了婴儿所渴望之物的想法没有实际意义。然而，乔夫的嫉毁概念似乎完全建立在对各种剥夺和挫折的反应上，因此他没有解释克莱因的重要观点，即嫉毁可能是对期望被实现和被满足的经历的反应。如埃切戈扬、洛佩斯和拉比（Etchegoyen, Lopez & Rabih, 1987）所指出的，"嫉毁和挫折之间的关系是双向的"（p. 50），"嫉毁可能会因为它阻碍接受可获得的东西而产生挫败感"（p. 50）。在反驳了克莱因关于先天嫉毁的观点后，乔夫有趣地在论文结尾考虑了先天的低情感容忍和释放阈值的体质因素："这在很大程度上决定

了一个人是否对他的嫉毁特性和不时会被调动起来的嫉毁情绪有较高的容忍度。"(Joffe, 1969, p. 543)

泽策尔(Zetzel, 1958)在《对克莱因嫉毁与感恩的反思》(Review of Klein's Envy and Gratitude)中似乎更抓住并理解了克莱因的观点，即过度的嫉毁可能导致婴儿破坏自己接受的乐趣，从而损害了其成长和发展。然而，她和乔夫一样，对克莱因将嫉毁视为基本的、本质上与生俱来的、强度因人而异的情感态度的观点提出异议。同样，她对自体-客体的分化和情感方面所隐含的复杂程度提出了异议，认为克莱因远远偏离了精神分析主流理论。

冈特里普(Guntrip, 1961)对克莱因嫉毁概念的反对意见是，在他看来这个概念是绝望的，他将其与费尔贝恩更具希望的观点进行了对比。

> 她(克莱因)持这样的观点，婴儿从一开始就对母亲的好乳房感到嫉毁，并希望破坏它，因为他自己没有拥有它。在这种情况下，真正持久的爱的关系出现的希望不大，而且似乎所有的爱都必须用来防御被压抑的嫉毁和仇恨。相反，费尔贝恩认为，最重要的是帮助病人认识到仇恨并不是最终的东西，而且如果我们足够深入的话，就会发现爱总是隐藏在仇恨之下。
>
> (Guntrip, 1961, p. 344)

这实际上似乎是对克莱因的误解，因为她认为［与弗洛伊德在《本能及其变迁》(Instincts and their vicissitudes, 1915)中提出的"恨比爱更古老"不同］，爱和恨从一开始就在一起运作，并处于对立状态。在克莱因看来，爱既不是"防御"，也不是"终极事物"；作为人类，我们的爱和恨存在永恒的冲突。

解释嫉毁的技术

泽策尔(Zetzel, 1958)想知道，好的分析如何能帮助克莱因所描述的过度嫉毁的病人，因为准确的解释肯定会引发"无法分析的负性反应"。同时，她担心接受先天嫉毁的假说可能会诱使分析师将治疗失败的缺陷归咎于病人："我们不能不设想这样一种可能性，即像克莱因女士所提的假设，在某些情况下或在没有经验的人手中，可能会导致不合理的全能分析性态度，从而对治疗的进

展产生不利的影响。"（Zetzel, 1958, p. 411）

约翰·斯坦纳（John Steiner，未发表，1992）认为，对克莱因学派嫉毁概念的批评中最重要的是，嫉毁可能被过早地以迫害的方式进行解释，而且分析师可能并不总是能够充分认识到嫉毁本身被防御的程度，因此那是不被（病人）企及的。他觉得，我们对反移情的理解不断深入，有助于分析师认识到他们自己在嫉毁方面的困难，从而以更能理解病人的方式解释病人的嫉毁冲突。

埃切戈扬等人（Etchegoyen et al., 1987）提到，西拉（Scylla）的"支持性心理治疗"未能触及病人的嫉毁，以及卡律布迪斯（Charybdis）从一个"无瑕疵"分析师的超我立场过度解释嫉毁，这两个错误都会导致恶性循环。在第一种情况下，病人的偏执或狂躁会得到强化，但病人会微妙地感觉到没有被涵容，且无法尊重分析师的工作；嫉毁不会在移情中出现，因此它将无法被分析。在另一种情况下，病人可能会顺从并理想化分析师，但"治疗"也不是这样的。

斯皮利厄斯（Spillius, 1993）认为，当代克莱因学派的分析师，特别是在英国，对婴儿期嫉毁的发展的思索比克莱因少，而更多地关注嫉毁在临床情境中的表达。

> 从克莱因的洞察力中获得的一个来之不易的临床理解是，在一些病人身上，嫉毁可以具有极大的破坏性，无论是对其自身还是对他的客体，包括分析师。在严重的情况下，仿佛嫉毁把病人牢牢地束缚住了，病人觉得他的信念和他的防御系统无限地优于他与分析师这个好客体的尝试性关系，特别当他觉得分析师有帮助时，他会无情地攻击这种关系。
>
> （Spillius, 1993, pp. 1201-1202）

然而，斯皮利厄斯认为，对克莱因学派做法的一些批评已经逐渐被同化，因此现在人们更加接受嫉毁不可避免地无处不在，更加理解对它进行防御的必要性，对它的解释也不那么具有对抗性："现在人们普遍认为，直接向那些被卡在偏执-分裂心位的精神病理性病人解释嫉毁，通常没有帮助，他们对理解自己的动机几乎没有什么洞察力或兴趣。"（Spillius, 1993, p. 1202）

参 考 文 献

Abraham, K. (1919) 'A particular form of neurotic resistance against the psychoanalytic method', in *Selected Papers on Psychoanalysis.* London: Maresfield (1927), pp. 303-311.

Barrows, K. (2002) *Ideas in Psychoanalysis: Envy.* Cambridge: Icon Books.

Bion, W. (1957) 'On arrogance', *Int. J. Psycho-Anal.* 39: 144-146.

—— (1959) 'Attacks on linking', *Int. J. Psycho-Anal.* 40: 308-315.

—— (1962) *Learning from Experience.* London: Heinemann.

Britton, R. (1989) 'The missing link: Parental sexuality in the Oedipus complex', in J. Steiner (ed.) *The Oedipus Complex Today.* London: Karnac, pp. 83-101.

—— (2003) 'The ego-destructive superego', in *Sex, Death, and the Superego.* London: Karnac, pp. 117-128.

Etchegoyen, O. R. H., Lopez, B. M. and Rabih, M. (1987) 'On envy and how to interpret it', *Int. J. Psycho-Anal.* 68: 49-61.

Freud, S. (1908) 'On the sexual theories of children', *S.E. 9.* London: Hogarth Press, pp. 207-226.

—— (1915) 'Instincts and their vicissitudes', *S.E. 14.* London: Hogarth Press, pp. 111-140.

—— (1921) 'Group psychology and the analysis of the ego', *S.E. 18.* London: Hogarth Press, pp. 65-143.

Guntrip, H. (1961) *Personality Structure and Human Interaction.* London: Hogarth Press.

Horney, K. (1936) 'The problem of the negative therapeutic reaction', *Psychoanal. Q.* 2: 29-44.

Joffe, W. (1969) 'A critical survey of the status of the envy concept', *Int. J. Psycho-Anal.* 50: 533-545.

Joseph, B. (1971) 'A clinical contribution to the analysis of a perversion', *Int. J. Psycho-Anal.* 52: 441-449.

—— (1975) 'The patient who is difficult to reach', in P. L. Giovacchini (ed.) *Tactics and Techniques in Psychoanalytic Therapy, Vol. 2, Countertransference.* New York: Jason Aronson, pp. 205-216.

—— (1982) 'Addiction to near-death', *Int. J. Psycho-Anal.* 63: 449-456.

—— (1986) 'Envy in everyday life', *Psychoanal. Psychother.* 2: 13-22.

Klein, M. (1928) 'Early stages of the Oedipus conflict', in *The Writings of Melanie Klein*, Vol. 1. London: Hogarth Press, pp. 186-198.

—— (1932) *The Psychoanalysis of Children. The Writings of Melanie Klein,* Vol. 2. London: Hogarth Press.

—— (1935) 'A contribution to the psychogenesis of manic-depressive states', in *The Writings of Melanie Klein*, Vol. 1. London: Hogarth Press, pp. 262-289.

—— (1937) *Love, Guilt and Reparation,* in *The Writings of Melanie Klein*, Vol. 1. London: Hogarth Press, pp. 306-343.

—— (1945) 'The Oedipus complex in the light of early anxieties', in *The Writings of Melanie Klein,* Vol. 1. London: Hogarth Press, pp. 370-419.

—— (1952) 'The origins of transference', in *The Writings of Melanie Klein,* Vol. 3. London: Hogarth Press, pp. 48-56.

—— (1955) 'On identification', in *The Writings of Melanie Klein*, Vol. 3. London: Hogarth Press, pp. 141-175.

—— (1957) 'Envy and gratitude', in *The Writings of Melanie Klein*, Vol. 3. London: Hogarth Press, pp. 176-235.

—— (1959) 'Our adult world and its roots in infancy', in *The Writings of Melanie Klein*, Vol. 3. London: Hogarth Press, pp. 247-263.

Klein, S. (1980) 'Autistic phenomena in neurotic patients', *Int. J. Psycho-Anal.* 61: 395-401.

O'Shaughnessy, E. (1999) 'Relating to the superego', *Int. J. Psycho-Anal.* 80: 861.

Riviere, J. (1932) 'Jealousy as a mechanism of defence', *Int. J. Psycho-Anal.* 13: 414-424.

Rosenfeld, H. (1947) 'Analysis of a schizophrenic state with depersonalization', in *Psychotic States*. London: Hogarth Press, pp. 13-33.

—— (1950) 'Notes on the psychopathology of confusional states in chronic schizophrenias', in *Psychotic States*. London: Hogarth Press, pp. 52-62.

—— (1952) 'Notes on the psychoanalysis of the superego conflict in an acute schizophrenic', in *Psychotic States*. London: Hogarth Press, pp. 63-103.

—— (1964a) 'An investigation into the need of neurotic and psychotic patients to act out during analysis', in *Psychotic States*. London: Hogarth Press, pp. 200-216.

—— (1964b) 'On the psychopathology of narcissism, a clinical approach', in *Psychotic States*. London: Hogarth Press, pp. 169-179.

—— (1971) 'A clinical approach to the psychoanalytical theory of the life and death instinct: An investigation into the aggressive aspects of narcissism', *Int. J.*

Psycho-Anal. 52: 169-178.

—— (1987) *Impasse and Interpretation*. London: Tavistock.

Roth, P. and Lemma, A. (eds) (2008) *Envy and Gratitude Revisited*. London: International Psychoanalytic Association.

Segal, H. (1950) 'Some aspects of the analysis of a schizophrenic', *Int. J. Psycho-Anal.* 31: 268-278.

—— (1964) *Introduction to the Work of Melanie Klein*. London: Hogarth Press.

Sohn, L. (1985) 'Narcissistic organization, projective identification, and the formation of the identificate', *Int. J. Psycho-Anal.* 66: 201-213.

Spillius, E. (1993) 'Varieties of envious experience', *Int. J. Psycho-Anal.* 74: 1199-1212.

—— (2007) *Encounters with Melanie Klein: Selected Papers of Elizabeth Spillius*. London: Routledge.

Steiner, J. (1982) 'Perverse relationships between parts of the self', *Int. J. Psycho-Anal.* 63: 241-252.

—— (1993) *Psychic Retreats: Pathological Organizations in Psychotic, Neurotic and Borderline Patients*. London: Routledge.

Zetzel, E. (1958) 'Review of Klein's *Envy and Gratitude*', *Psychoanal. Q.* 27: 409-412.

10 象征形成 | Symbol formation

定 义

在精神分析中，术语"象征形成"指的是，以间接或比喻来表征重要想法、冲突或愿望的模式。从与古老客体产生具体性关联，到能够与替代客体（象征）产生象征性关联，这种能力既是发展性成就，也是出自与原初客体联结相关的焦虑而采取的行动。克莱因扩展了弗洛伊德和琼斯关于象征的观点，特别是游戏中象征的重要意义，以及升华如何依赖于象征形成的能力。西格尔进一步发展了克莱因的象征理论，区分了在抑郁心位所形成的严格意义上的象征与较原始形式的象征，后者指的是象征等同，是偏执-分裂心位的运作方式。在象征等同中，象征完全等同于所象征的东西。

重 要 文 献

1895	弗洛伊德和布鲁尔《癔症研究》（*Studies in Hysteria*） 症状的形成源自象征化。
1900	S. 弗洛伊德《梦的解析》 象征化对梦的重要性。
1916	E. 琼斯《象征化理论》（*The theory of symbolism*） 早期具有影响但有局限的象征理论，例如区分象征和升华。
1923a	M. 克莱因《学校在儿童力比多发展中的作用》 当文字和数字充满可怕的、具体的象征意义时，学习会受到抑制。
1923b	M. 克莱因《早期分析》 与琼斯相反，克莱因认为象征化是一切升华的基础。

1929a	M. 克莱因《儿童游戏中的拟人化》 游戏中的象征化。
1929b	M. 克莱因《反映在艺术作品和创造冲动中的婴儿期焦虑情境》。 游戏中的象征化。
1930	M. 克莱因《象征形成在自我发展中的重要性》 克莱因关于象征形成的明确论述。
1952	H. 西格尔《美学的精神分析方法》 美学与抑郁心位的关系。
1957	H. 西格尔《关于象征形成的说明》 关于象征化的里程碑式论文。
1974	H. 西格尔《妄想与艺术创造力》（*Delusion and artistic creativity*） 通过戈尔丁（Golding）的小说《教堂尖塔》（*The Spire*）来探讨创造力的某些方面。
1979	H. 西格尔《〈关于象征形成的说明〉后记》（*Postscript to 'Notes on symbol formation'*） 西格尔根据比昂的容器/被涵容概念修订了1957年的象征理论。

年表和讨论

先驱者

弗洛伊德的象征化

弗洛伊德在《科学心理学研究大纲》（*Project for a scientific psychology*）中简要地提到了象征化，他引用了士兵可能准备为一面旗帜赴死，或者骑士可能为女士的手套而战（Freud, 1895, 349）。士兵和骑士都意识到，象征客体代表了爱的真实客体。弗洛伊德将"正常"的象征形成与癔症的象征形成进行了对比，在癔症的象征形成中，引发神经症病人痛苦的"荒谬"想法与其隐藏的、真正令人不安的无意识想法有关。在《癔症研究》（1895）中，弗洛伊德和布鲁尔（Breuer）在几个段落里，区分了症状的联想因素［如伊丽莎白·冯·R.（Elisabeth von R）女士的腿部癔症性疼痛，可追溯到她父亲曾习惯将腿放在那里包扎伤口］和象征因素。他以卡西莉（Cacilie）夫人"剧烈的面部神经痛"为例，当这位夫人回忆起和丈夫的激烈争吵时，他对她的各种侮辱就像"一记耳光",而她的痛苦终于通过这种宣泄而缓解了。

《弗洛伊德全集标准编辑》第四卷(第一部分《梦的解析》)的编辑介绍里,概述了在这本书四个版本中,弗洛伊德越来越意识到梦中象征化的重要性。第四版(写于1914年)在历经第二版和第三版的材料积累之后,引入了全新的有关象征化的章节,称为"梦中的象征性表征"(Freud, 1900, pp. 350-404)。在弗洛伊德看来,在不同的个体和文化中存在相对固定的象征词汇表。它们以非常多样化的表现形式出现,不仅出现在梦境中,也出现在症状和其他无意识产物中,如神话、民间传说、宗教等。在《精神分析导论》(1916)中,弗洛伊德总结了在梦中具有象征意义的一系列现象:"作为整体的人类身体,父母、儿童、兄弟姐妹、出生、死亡、赤裸和……性生活——生殖器、性过程和性交。"(p. 153)梦的象征意义避开了意识,而它们的无意识本质也不能用梦的工作机制来解释。因此,弗洛伊德认为梦的解析可以用两种方式:一种是基于做梦者的联想;另一种是基于对象征的解释,这与梦者的个人创造不同。

琼斯的象征化

欧内斯特·琼斯在1916年的论文《象征化理论》(1948年进行了扩展和再版)中,对象征化的精神分析理论做了进一步补充,并缩小了定义范围。所有的象征(就弗洛伊德而言)都代表"自体和直系血亲的关系,以及出生、生命和死亡现象"等观念(Jones, 1948, p. 102)。琼斯以狭义的方式定义"象征化",认为只有当欲望和被欲望的客体遭遇冲突和压抑时,它们才会被象征。他区分了象征化和升华,他认为升华暗含着更成熟的过程。事实上,与后来的思想家相反,琼斯认为象征是原始的表达方式,完全是防御性的,而非创造性的。

> 因此象征化作为适应现实的原始方法,是无意识的沉淀物,这种方法已变得多余或无用,变成一种文明的杂物间,成年人为了获得旧有的、已经被其遗忘已久的童年玩具,会体验到适应现实的能力减弱或者不足。
>
> (Jones, 1948, p. 109)

克莱因的象征化

琼斯采用了非常狭义的象征化定义，他对升华和象征的区分，在精神分析中并未被证明有用。克莱因在《早期分析》（1923b）中认为，象征形成并非与升华截然不同，而是升华的基础。当更广义的象征化概念被接受时，我们就可以将早期的原始欲望和心智过程与后期的个人发展联系起来。因此，我们找到概念化的方法：儿童对外部世界的兴趣是由一系列的移植（displacement）所决定，即将情感和兴趣移植到新的客体上。

因为在克莱因的作品中，身体感觉在幻想中表征为与客体的关系，我们实际上可以看到象征化的开始是精神生活本质的一部分。当个体最终能客观地感知外部世界时，这些外部客体的意义就来自他们对心理构想的关系的投入。

克莱因在早期就意识到儿童游戏中象征的价值，这是弗洛伊德观察到（例如在棉线轴游戏中）但尚未明确理论化的东西。在《早期分析的心理学原则》中，克莱因说："在游戏中，儿童以象征的方式来表征幻想、愿望和他们的体验。这里，他们使用同一种语言，同一种由系统发育所得的古老表达方式，这种方式我们在梦中也很熟悉"（Klein, 1926, p. 134）

一些临床摘录表明，即使在克莱因早期的著作中，例如《学校在儿童力比多发展中的作用》（1923），她也意识到，象征化如何以相当原始的方式，渗透到儿童的幻想和活动中，并可能抑制了他们的学习能力。

> 弗里茨在做除法运算题时表现出明显的抑制，给他解释这些题的所有努力都被证明是无效的，因为他能很好地理解，却总是做错。有一次他告诉我，在做除法时，他首先要把需要的数字拿下来，然后他爬上去，用手抓住它，把它拉下来……这对这个数字来说肯定不是什么愉快的事——就像他的母亲站在一块十多米高的石头上，有人过来抓住她的胳膊，把她的胳膊扯了下来，把她肢解了。
>
> (Klein, 1923a, pp. 69-70)

亚伯拉罕（Abraham, 1923）曾指出，数字"3"的象征意义源自俄狄浦斯情结——由父亲、母亲和儿童的关系所决定——这比频繁使用"3"来表示男性生殖器更有意义。关于这一点，我只举一个例子。

莉萨（Lisa, 17岁）认为，"3"这个数字是让人无法忍受的，因为"第三个人当然总是多余的"，"两个人可以一起赛跑"……但第三个人在那里却无事可做。莉萨对数学很有兴趣，但在与数学有关的事情上却受到抑制，她告诉我，实际上她完全了解的只有加法概念；她可以理解"当两者相同时，一个与另一个结合起来"，但是当它们是不同的时候，它们是如何相加的呢？

（Klein, 1923a, p. 67）

在同一篇论文的后面。

通过对莉萨的分析，我了解到在学习历史的过程中，一个人必须将自己迁移到"人们以前所做的事情"中去。对她来说，这是一门研究父母之间以及和孩子之间关系的学科，当然根据虐待性的性交概念，关于战争、屠杀等婴儿期的幻想也起了重要作用。

（Klein, 1923a, pp. 71–72）

克莱因在《儿童游戏中的拟人化》（1929）、《反映在艺术作品和创造冲动中的婴儿期焦虑情境》（1929b）、《象征形成在自我发展中的重要性》（1930）和《对智力抑制理论的贡献》（1931）中，继续说明象征形成的变迁和象征化缺陷的原因和后果，并且指出它在调节焦虑方面的重要性。在克莱因的早期作品中，很重要的是"求知本能"，即"想要知道的愿望"。在弗洛伊德看来，这种驱力部分源自本能，是与窥阴癖和暴露癖有关的部分力比多，但在克莱因的早期作品中，它本身就是核心本能。在《俄狄浦斯冲突的早期阶段》（1928）和《象征形成在自我发展中的重要性》（1930）中，克莱因认为求知本能是探索性的和必要的，但同时它不可避免地具有攻击性，包括幻想进入母亲体内，寻找并通常是接管或毁灭母亲内在的财富，尤其是母亲的婴儿或者父亲的阴茎。因害怕受到报复，这种不可避免的恐惧会严重抑制好奇心和学习能力。

在对原初客体（原型是母亲身体）的幻想中，冲突和迫害的部分推动我们去寻找，与替代性（象征性）客体的全新、无冲突的关系，例如，儿童通过游戏来寻找客体，就是非常重要的方式。然而，这些尝试有时会失败：冲突往往会随之而来，并影响与替代性客体的关系，最终推动我们更进一步地寻找另一个替代对象。因此，象征化的过程既是创造性的行为，也是防御过程。

克莱因在1930年的论文中，提出了她关于象征形成的最终理论陈述。可以看出，她的观点与琼斯的有很大的不同。

> 几年前……我得出的结论是，象征是所有升华和每一种才能的基础，因为事物、活动和兴趣都是通过象征等同而成为力比多幻想的主题。我现在想要补充我当时（1923b）所说的内容并申明，伴随着力比多兴趣，在我所描述的"施虐高峰"阶段所产生的焦虑，启动了认同机制。因为儿童想要摧毁这些器官（阴茎、阴道、乳房），而这些器官代表着客体，因此他对客体产生了恐惧。这种焦虑使他把受到质疑的器官与其他事物等同起来；由于这样的等同，这些事物又反过来成为带来焦虑的客体，因此他被迫不断地创造其他新的等同，这些等同构成了他对新客体的兴趣以及象征化的基础。因此，象征不仅是所有幻想和升华的基础，而且更重要的是，它是主体与外部世界以及广义上与现实的关系基础。
>
> （Klein, 1930, pp. 220-221）

（注意：克莱因这里使用的"象征等同"是它的普通意义，而不是西格尔在下面使用的特殊用法。）

克莱因在这篇论文中的洞见主要是基于她与迪克的工作，迪克是患有儿童精神病的4岁男孩。（现在他很可能会被诊断为自闭症。）克莱因确信，他不能游戏，他对每个人都漠不关心，他不能在言语中寻求或生成意义，这些都与他无法发展与事物的象征性关系有关。然而，布里顿（Britton, 2008）指出，克莱因能够从迪克的行为中辨别出象征意义的萌芽。例如，当迪克跑进两扇门之间的空隙时，克莱因解释出他想进入黑暗木乃伊（the dark Mummy）内部的愿望。她对这些活动的解释使迪克能渐渐地更自由地行使功能。

克莱因之后的进一步发展

汉娜·西格尔：真正的象征和象征等同

汉娜·西格尔在经典论文《关于象征形成的说明》(1957) 中，以克莱因的工作为基础，使用克莱因在《对某些类分裂机制的评论》中的投射性认同概念（见"投射性认同"），并通过区分严格意义上的象征和她所谓的"象征等同"，帮助我们在理解"象征形成"上迈出了重要的一步。这项工作解释了，克莱因的儿童病人形成的一些象征如何仍吸引着人们对古老客体关切的焦虑，而另一些则没有。一旦压抑被打破，象征等同的防御功能就会受到威胁。

真正的象征有它自己的特征，它与自己所象征的事物有区别，但是在象征等同中，对新象征客体的投射强度意味着，它仍然过于接近原来的客体，因此会引发相同的冲突和压抑。

随着向抑郁心位的逐步迈进（见"抑郁心位"），整体客体被识别，内外世界有了更好的区分，客体被体验为与自体分离，拥有自己的品质，而没有被主体的投射所笼罩。因此，象征性客体可以被自由和创造性地使用，而不带着与古老迫害者相关的焦虑。对外部客体的全能幻想被放弃并予以哀悼。

> 在象征等同中，象征性替代物被感知为原初客体……用来否定理想客体的缺失……而……严格意义上的象征……被感知为表征客体；客体自身的特点可以得到承认、尊重和使用。当与客体分离时，当矛盾心理、内疚和丧失可以被体验和容忍时，象征便会出现。象征不是用来否认，而是用来克服丧失。
>
> (Segal, 1957, p. 395)

西格尔在1979年的《〈关于象征形成的说明〉后记》中指出，比昂关于容器与被涵容关系的研究，帮助她进一步完善了理论 (Bion, 1962a, 1962b)。我们现在可以理解，真正的象征在多大程度上能形成并非依靠投射性认同本身的存在，而是取决于投射性认同的本质和程度，以及容器/被涵容关系的任何一方或双方受扰动的程度。

象征和美学

与象征形成密切相关的领域是美学。为什么作家和艺术家要进行创作？在创作过程中，他们的心理状态又是怎样的？好的艺术与坏的艺术的区别是什么？克莱因首先在《反映在艺术作品和创造冲动中的婴儿期焦虑情境》(1929b)中阐述了这些问题，文中她将创造的冲动，与破坏性攻击后恢复和修复受伤客体的冲动联系起来。然后，她在《爱、内疚和修复》(*Love, guilt and reparation*)中说："重新发现早期的母亲——无论是个体实际上失去的或是在自己的感情中失去的——的愿望，在创造性艺术及人们享受和欣赏艺术的方式中也是很重要的。"(Klein, 1937, p. 334)

埃拉·夏普在《升华与妄想的某些方面》(*Certain aspects of sublimation and delusion*, Ella Sharpe, 1930)中说，任何艺术家，从舞蹈家到画家，都力求创造出"完美"的艺术作品，它将全能地包括和恢复在幻想中受到攻击的父母。1935年[《在纯粹艺术和纯粹科学的升华背后的相似和不同的无意识决定因素》(*Similar and divergent unconscious determinants underlying the sublimations of pure art and pure science*)]，夏普继续将"纯粹"艺术与秩序、节奏与和谐联系起来。约翰·里克曼在《论丑的本质和创造性冲动》(*On the nature of ugliness and the creative impulse*, John Rickman, 1940)中指出，不将美学局限于仅仅是对美的研究是多么重要，艺术家努力修复自己内部受损的客体，并为我们呈现创造和破坏本能之间的相互作用。

西格尔在1952年发表的论文《精神分析对美学的贡献》(*A psychoanalytic contribution to aesthetics*)中，将古典悲剧视为创造力的范式。在这里，她指出丑的内容（如傲慢、背叛、弑父、弑母）以美好的方式被描绘出来的，其内在一致性和心理真实性令人满足。内容蕴含的暴力被诗歌形式的节奏与和谐所平衡。

追随里克曼的脚步，西格尔描述了艺术家如何通过艺术作品来减轻他在抑郁心位所产生的内疚与绝望，并修复被毁坏的客体。西格尔认为，有创造力的艺术家往往是神经质的，能够敏锐地意识到自己的内部现实，而不是去逃避它，并通过特定媒介，无论是文字、声音、颜料或黏土，真实地表达它。换言之，我们必须面对生死本能的存在以及它们之间的冲突。当抑郁性焦虑和幻想无法被容忍时，艺术表达就会受阻。然而，得到的奖励是，在所有人类活动中，艺术最接近不朽；伟大的艺术作品有可能免于被毁灭和被遗忘的下场。

西格尔将这种真正的修复过程与躁狂性修复进行了对比（见"躁狂性修复""修复"）；后者带来华而不实的美，在其中，艺术家显示了对内部世界轻而易举的胜利，从而逃离了痛苦和内疚。西格尔1974年的论文《妄想与艺术创造力》，从精神分析的角度对威廉姆·戈尔丁（William Golding）小说《教堂尖塔》进行了探讨，讨论了创造力与妄想相区别的主题。

后来，西格尔在《想象、游戏和艺术》（Imagination, play and art, 1991）中，区分了她所说的"假如（what if）"和"仿佛（as if）"的科幻小说。"仿佛"的逃离主义小说作者，纵容我们做轻松、全能的白日梦。另一方面，"假如"的科幻小说写作是真正的想象，并未逃避精神现实。布里顿（Britton, 1998）用相关的方法探索了严肃文学和逃避主义浪漫之间的区别，或称为"寻求真相和逃避真相的小说"的区别。严肃文学以无意识幻想和对精神现实的真实表征为基础，而逃避文学则以满足愿望的白日梦和精神幻想为基础。

重要观点：总结

- 象征化同时具有创造性和防御性。
- 象征形成能力是心智发展的基本要素；原始的身体过程和关系需要被象征。
- 随着进入抑郁心位，象征等同让位于严格意义上的象征。
- 审美体验与抑郁心位的挣扎。

参 考 文 献

Bion, W. (1962a) 'A theory of thinking', *Int. J. Psycho-Anal.* 43: 306-310.

—— (1962b) *Learning from Experience.* London: Heinemann.

Britton, R. (1998) 'Daydream, phantasy and fiction', in *Belief and Imagination.* London: Routledge, pp. 109-119.

—— (2008) 'Reflections on some contributions of Hanna Segal to psychoanalytic theory'. Unpublished paper given at a conference on the work of Hanna Segal. London, June 2008.

Freud, S. (1895) 'Project for a scientific psychology', *S.E. 1*. London: Hogarth Press, pp. 283-397.

—— (1900) *The Interpretation of Dreams. S.E. 5*. London: Hogarth Press.

—— (1916) 'Introductory lectures on psychoanalysis', *S.E. 15*. London: Hogarth Press, p. 153.

Freud, S. and Breuer, J. (1895) *Studies in Hysteria. S.E. 2*. London: Hogarth Press.

Jones, E. (1916) 'The theory of symbolism', *Br. J. Psychol.* 9: 181-229.

—— (1948) 'The theory of symbolism', in *Papers on Psychoanalysis*. London: Maresfield Reprints, pp. 87-144.

Klein, M. (1923a) 'The role of the school in the libidinal development of the child', in *The Writings of Melanie Klein*, Vol. 1. London: Hogarth Press, pp. 59-76.

—— (1923b) 'Early analysis', in *The Writings of Melanie Klein*, Vol. 1. London: Hogarth Press, pp. 77-105.

—— (1926) 'The psychological principles of early analysis', in *The Writings of Melanie Klein*, Vol. 1. London: Hogarth Press, pp. 128-138.

—— (1928) 'Early stages of the Oedipus conflict', in *The Writings of Melanie Klein*, Vol. 1. London: Hogarth Press, pp. 186-198.

—— (1929a) 'Personification in the play of children', in *The Writings of Melanie Klein*, Vol. 1. London: Hogarth Press, pp. 199-209.

—— (1929b) 'Infantile anxiety-situations in a work of art and in the creative impulse', in *The Writings of Melanie Klein*, Vol. 1. London: Hogarth Press, pp. 210-218.

—— (1930) 'The importance of symbol formation in the development of the ego', in *The Writings of Melanie Klein*, Vol. 1. London: Hogarth Press, pp. 219-232.

—— (1931) 'A contribution to the theory of intellectual inhibition', in *The Writings of Melanie Klein*, Vol. 1. London: Hogarth Press, pp. 236-247.

—— (1937) 'Love, guilt and reparation', in *The Writings of Melanie Klein*, Vol. 1. London: Hogarth Press, pp. 306-343.

—— (1946) 'Notes on some schizoid mechanisms', in *The Writings of Melanie Klein*, Vol. 3. London: Hogarth Press, pp. 1-24.

Rickman, J. (1940) 'On the nature of ugliness and the creative process', *Int. J. Psycho-Anal.* 21: 294-313.

Segal, H. (1952) 'A psychoanalytic approach to aesthetics', *Int. J. Psycho-Anal.*

33:196-207.

—— (1957) 'Notes on symbol formation', *Int. J. Psycho-Anal.* 38: 391-397.

—— (1974) 'Delusion and artistic creativity: Some reflections on reading *The Spire* by William Golding', *Int. Rev. Psycho-Anal.* 1: 135-141.

—— (1979) Postcript to 'Notes on symbol formation', in *The Work of Hanna Segal*, New York: Jason Aronson (1981), pp. 60-65.

—— (1991) 'Imagination, play and art', in *Dream, Phantasy and Art*. London: Routledge, pp. 101-109.

Sharpe, E. (1930) 'Certain aspects of sublimation and delusion', *Int. J. Psycho-Anal.* 11: 12-23.

—— (1935) 'Similar and divergent unconscious determinants underlying the sublimations of pure art and pure science', *Int. J. Psycho-Anal.* 16: 186-202.

11 病理性组织 | Pathological organisations

定 义

"人格的病理性组织"一词是指，极其顽固并紧密结合在一起的防御集群。它们的功能是通过避免与他人、内外现实有情感接触，来避免极其强烈的迫害性焦虑和抑郁性焦虑。

在病理性组织的概念中，有两个主要并互补的支线。第一条支线是自恋的、全能的"疯狂"和"坏"的部分自体，支配着人格的其他部分。许多作者强调这种暴君有着顽固的控制力，因为它的倒错、成瘾和施虐受虐的特性。第二条支线是关于"精神平衡（psychic equilibrium）"。病理性组织为病人提供了一种不稳定的精神平衡，这种平衡的产生是由于原本可能更加敏感的情绪性自体出现了病理性损伤。这些组织试图为病人提供一个新的心位，这个位置既不在偏执-分裂心位（paranoid-schizoid position, Ps），也不在抑郁心位（depressive position, D），而是偏离了这两个心位的正常活动和焦虑。结果导致在 Ps 和 D 之间更为正常的摆荡和平衡都大大地减少。一般认为病理性组织与无法控制的破坏性倾向过早出现有关，与嫉毁和挫折性环境有关，这种倾向破坏了正常分裂功能的精神建构活动，并引发了极端的、难以抵挡的偏执性焦虑。

病理性组织非常难被改变，因此在分析工作中引发了相当大的技术挑战。"病理性组织"概念的贡献者提供了具体的克莱因学派视角，来研究弗洛伊德提出的主要问题，例如负性治疗反应和无法结束。

重 要 文 献

1936	J. 里维埃《对负性治疗反应分析的贡献》 克莱因学派首次对人格防御组织进行概念化。
1964	H. 罗森菲尔德《论自恋的精神病理学：一种临床方法》 对"力比多"自恋组织或全能"疯狂"自体做出基本界定。
1968	D. 梅尔泽《恐怖、迫害和恐惧》（*Terror, persecution and dread*） 对于破坏性的自恋组织及其对人格的专制统治提出概念化。
1971	H. 罗森菲尔德《精神分析中生死本能理论的一种临床方法：对自恋攻击性方面的研究》 对"破坏性的"自恋组织进行了明确界定。
1972	H. 西格尔《防御灾难性情境再现的妄想系统》（*A delusional system as a defence against the reemergence of a catastrophic situation*） 描述精神病病人妄想的、全能的世界，为防御早期灾难性的情况提供不稳定的精神平衡。
1975	B. 约瑟夫《难以触及的病人》（*The patient who is difficult to reach*） 对病理性组织如何在分析关系中发挥作用进行了仔细研究。
1981	E. 奥肖内西《防御组织的临床研究》（*A clinical study of a defensive organisation*） 对在 Ps 和 D 心位边界上的病理性防御组织的形成，提供了详细的临床描述。
1981	R. 里森伯格－马尔科姆《作为防御方式的赎罪》（*Expiation as a defence*）。 描述了如何以倒错的、病理性的、受虐式的赎罪来避免体验到迫害性内疚。
1981	J. 斯坦纳《自体各部分之间的倒错关系：一则临床案例》（*Perverse relationships between parts of the self: A clinical illustration*） 首次使用"病理性组织"一词。此文是综合理论的开始，结合了病理性自恋与病理性组织、偏执－分裂心位与抑郁心位之间的平衡。
1982	B. 约瑟夫《濒死状态成瘾》（*Addiction to near-death*） 论述了恶性的自体毁灭组织被色欲化（erotised），表现为对濒死体验的成瘾。
1985	E. 布伦曼《残忍与心胸狭隘》 说明狭隘的心胸为自恋全能感和残忍服务，并用来抵御无助感。

1985	J. 斯坦纳《视而不见：为俄狄浦斯掩盖真相》（*Turning a blind eye: the cover-up for Oedipus*） 界定了不正常地以视而不见的方式来维持自我不同分裂部分之间的病理性关系。
1987	H. 罗森菲尔德《僵局与解释》（Ch.5, Ch.6, Ch.13） 重申力比多自恋和破坏性自恋之间的区别及其对分析性治疗的意义。对"薄脸皮"和"厚脸皮"自恋者进行了区分。
1987	J. 斯坦纳《病理性组织与偏执-分裂心位和抑郁心位之间的相互作用》 更详细地界定了 Ps 与 D 心位之间充满威胁性的转变，这可能会增强对病理性组织的依赖。
	E. 斯皮利厄斯《病理性组织：导论》（*Pathological organisations: Introduction*） 对病理性组织概念的主要贡献者和趋势进行了总结。
1990a	J. 斯坦纳《阻碍哀悼的病理性组织：难以耐受的内疚感的作用》（*Pathological organisations as obstacles to mourning: The role of unbearable guilt*） 难以忍受的内疚感加深了病人对病理性组织的依赖。
1991	R. D. 欣谢尔伍德《克莱因学派思想辞典》，第二版 补充了斯皮利厄斯对"病理性组织"常规条目的概述。
1992	E. 奥肖内西《飞地和漫走》（*Enclaves and excursions*） 描述病人如何诱使分析师与他们一起进入理想化的飞地[1]，或漫走于远离极度焦虑的地方。两者都是精神撤退的方式。
1992	J. 斯坦纳《偏执-分裂和抑郁心位之间的平衡》（*The equilibrium between the paranoid-schizoid and depressive position*） 本文简述了 Ps 和 D 之间的细分以及两者之间的平衡。
1993	J. 斯坦纳《精神撤退：精神病、神经症和边缘性病人的人格病理组织》（*Psychic retreats: Pathological organisations in psychotic, neurotic and borderline patients*；简称《精神撤退》） 用新术语"撤退"在空间上描述了无法触及或停滞的心智状态。这源于病理性组织的运作。

---

[1] 飞地（enclaves），指在本国境内但隶属另一国的一块领土，也就是被包围的地方。——译者注

年表和讨论

病理性组织：克莱因之后的新发展

与儿童的工作为克莱因自身的理论发展提供了原动力，而与精神病人的工作为她的直接继承人——比昂、西格尔和罗森菲尔德等人——带来了开创性的贡献。可以说，与病理性性格的病人——边缘型、精神分裂型、自恋型和倒错型——工作，为病理性组织概念的发展提供了原动力，这一直是并将继续成为当代克莱因学派的首要关注点。

"病理性组织"一词最早是由约翰·斯坦纳在1981年使用的，后来得到了当代克莱因学派的普遍认可。然而，这个组织的概念曾以各种名称出现，如"高度组织化的防御系统"（Riviere, 1936）、"病理性自恋"（Rosenfeld, 1964, 1971; Meltzer, 1968）和"防御组织"（Segal, 1972; O'Shaughnessy, 1981）。20世纪60年代和70年代，罗森菲尔德对病理性自恋的开创性研究提供了引领性的理论概念化。克莱因学派的各种临床著作（布伦曼、约瑟夫、里森伯格-马尔科姆等的著作）和其他增补修订理论的著述（梅尔泽、西格尔、雷伊、斯坦纳、奥肖内西、索恩等的著作）都显示出对该主题的广泛关注。20世纪80年代和90年代，约翰·斯坦纳是当代克莱因学派病理性组织理论的领军人物。他创造了这个术语，并提供了一个更全面的理论。斯坦纳的著作有赖于罗森菲尔德的贡献，但在某些方面也有所不同。病理性组织是比自恋性组织更宽泛的术语，斯坦纳显著加深了我们对这些组织与两个心位［偏执-分裂心位（Ps）和抑郁心位（D）］之间平衡类型的理解。他的工作在1993年提出精神撤退概念时达到巅峰。

自恋和自恋客体关系

先驱者

弗洛伊德在对莱昂纳多·达·芬奇的研究（1910）以及论文《论自恋》（1914）中，开始涉及对自恋和自恋客体关系的研究。亚伯拉罕（Abraham, 1919）在对自恋性格的描述中进一步发展了这一概念，正如赖克（Reich, 1933）基于自恋关系的"性格盔甲"概念，他将其视作分析中的阻抗来源。

克莱因学派首个相关的理论阐述

基于克莱因全新提出的躁狂性防御概念（Klein, 1935），琼·里维埃在1936年发表了大胆的原创性论文，该论文将弗洛伊德和亚伯拉罕对负性治疗反应的解释融入分析中，即弗洛伊德称为无意识内疚的概念和亚伯拉罕称为自恋性性格阻抗的概念。

里维埃构建了"高度组织化的防御系统"（p. 307），包括：对抑郁性绝望的全能否认；对依赖的否定和对客体的轻蔑贬低；对客体的掌控和对分析情境的控制。这种严密的防御组织提供给病人僵化的平衡，顽强地防止因病情好转或结束分析而引起的干扰。

里维埃对克莱因提出的关于躁狂性防御和抑郁心位新概念的依赖，限制了她的首次理论阐释，但是她早期的贡献预示了更现代的病理性组织概念特征：严密的防御体系产生了抵御情感接触的自恋型人格组织；对分析师施加控制，并邀请分析师参与共谋；以牺牲分析和日常生活的发展为代价，维持僵化、严密的平衡；分析师需要对病人潜在的原始焦虑进行富有想象力的理解，以避免在面对分析进展受到压制时出现不耐烦的反应。

相比之下，罗森菲尔德关于病理性自恋和当代病理性组织构架的研究，主要有赖于克莱因对偏执-分裂心位（1946）和在该心位中出现的严重紊乱所做的系统阐述，以此来解释此类组织的基本自恋结构及其顽固的特性。

偏执-分裂心位和自恋

克莱因拒绝接受弗洛伊德关于原发自恋模棱两可的观点——在客体关系之前有个无客体阶段。她的观点是，从出生起，与乳房/母亲的关系就存在了。克莱因认为，自恋状态不是无客体，而是撤退到"被内化的客体"，这个被内化的客体在幻想中成为个体所爱的身体和自体的一部分（1952, p. 51）。她的偏执-分裂心位概念（1946）阐明了她对自恋的看法，即自恋从一开始就涉及自恋客体（见"自恋"）。分裂、否认、理想化和投射性认同等类分裂防御，产生了部分客体关系。根据定义，这些在性质上是自恋的。尽管它们具有自恋的特质，理想化客体关系和迫害性客体关系的二元分裂对于"好"乳房的内摄至关重要，并对随后自体与客体之间关系的发展也至关重要。1946年，克莱因开始将偏执-分裂心位区分为正常和异常的分裂性功能。

偏执-分裂心位的病理学

在20世纪50年代，原发嫉毁的概念获得了作为死本能主要代表的地位，因为它攻击了满足的源泉和生命本身：认为乳房/母亲是分离于自己的（Klein, 1957）。尤其是克莱因、罗森菲尔德和比昂开始阐明，由于内部和外部的原因，过度嫉毁是如何导致婴儿偏执-分裂心位的异常形成，并对后来所有的发展造成严重影响。这特别与四个主题相关，并为后来病理性组织概念的提出做了铺垫。

1. 嫉毁性的攻击被体验为独立的乳房/母亲好的部分，导致了二元分裂的失败（Rosenfeld, 1950, 1952; Klein, 1957）。这种失败导致了对"好"和"坏"客体、自体"好"和"坏"部分的混淆，也导致了自体和客体之间无法区分。健康二元分裂的失败促使自体与客体的关系在发展中出现病理性分裂。

2. 嫉毁与过度全能的和破坏性的投射性认同形式有关，这种形式通常被用来掠夺或破坏客体（Klein, 1957, p. 181）。

3. 受过度嫉毁的驱使，人格的精神病部分，对内部和外部现实以及所有导致意识到嫉毁的事物都产生了仇恨（Bion, 1957）。过度的碎片化分裂和暴力的投射性认同会破坏婴儿思考的心智功能，限制了个体与现实接触的能力。对于在偏执-分裂心位的婴儿而言，这类失调会导致其对情感生活的憎恨，使其通过Ps和D的进展变得极其困难。

4. 嫉毁与对摧毁生命本源的恐惧有关。克莱因（1957）详细阐述了为避免难以忍受的嫉毁体验而采取的各种防御方法。这些防御是负性治疗反应周期性出现的基础，而这些反应通常出现在取得了更大程度的整合和分析性治疗进展之后。

病理性自恋：赫伯特·罗森菲尔德的贡献

罗森菲尔德的两篇基础论文（1964, 1971）极大地加深了克莱因学派对病理性自恋的理解，病理性自恋成了理解病理性组织概念的两个主要思路之一（Spillius, 1988）。只是在他的第二篇论文中，罗森菲尔德（Rosenfeld, 1971）才初次引入了力比多自恋和破坏性自恋之间的区别。从那时起，"力比多自恋"这个术语就囊括了他第一篇论文（1964）中的大部分内容。

力比多自恋

力比多自恋指的是形成全能的、妄想的"疯狂"自体。对客体独立性的早期意识，将客体体验为良好经验的源泉，这会带来对客体的依赖感。而依赖会引发不可避免的挫折，导致攻击、偏执性焦虑和痛苦。依赖也会激发嫉毁，这对婴儿来说特别难以忍受，因为嫉毁增加了承认依赖和挫败的困难（Rosenfeld, 1964, p. 171）。自体同时通过全能内摄性认同和投射性认同来处理自己对这两种情况的觉察。通过全能体内化或者是强力的投射性认同，来占有自己所渴望的特质，而与客体或部分客体认同（Rosenfeld, 1964，p. 171）。与自恋客体相关的这两种方式促使全能"疯狂"自体的产生，从而否认了对分离本身的觉察以及对嫉毁、沮丧和痛苦的感知。嫉毁的刺激在自恋客体相关的发展中起着关键作用："全能自恋客体关系的强度和持久性似乎与婴儿嫉毁的强度密切相关"（Rosenfeld, 1964, p. 171）。

自恋客体关系也会将不想要的特质和感觉投射进客体中。罗森菲尔德指出，分析师经常被描绘成"厕所妈妈（a 'lavatory' mother）"或"把孩子抱在腿上的妈妈（a 'lap' mother）"（1964, p. 171）。在分析中，自恋状态被病人体验为理想状态：所有不愉快的事情都排泄入分析师，而每一个满意的或有价值的体验，比如分析师带来缓解的能力，都被病人全能地挪为己有，病人感觉自己拥有一切美好的东西。结果对精神现实的觉察受到了严重阻碍。

力比多自恋充满了破坏性，因为它涉及对客体有价值部分的大范围精神劫掠，并且将坏品质排泄入客体中，从而从根本上贬低客体。当病人的自体理想化因感知到分析师独立于他而受到干扰时，病人会因意识到分析师拥有被他挪为己用的品质而感到羞辱。病人因全能自恋被"剥夺"而体验到怨恨和报复，并顽强地试图恢复全能控制的幻觉（见"罗森菲尔德"，1971, p. 247）。

破坏性自恋

罗森菲尔德的破坏性自恋概念（1971）所指的破坏性过程，不同于那些不可避免地参与支持"疯狂的"力比多自恋的自体理想化过程，后者主要是以牺牲客体为代价而实现。破坏性自恋同样基于全能的理想化，但特指自体的破坏性或其"坏"的部分："……既直接反对一切积极的力比多客体关系，也反对自体中任何体验到对客体的需要和渴望依赖它的力比多部分。"（Rosenfeld, 1971, p. 246）破坏性自恋主要是以牺牲依赖性自体或力比多自体为代价而实现的。

为了避免混淆，将"力比多"自体与"力比多"自恋的概念区分开来很重要。"力比多自体"一词与"需要的、依赖的、有欲望的自体"或"健全的自体（the sane self）"的这些概念同义，可以互换，受生命本能的驱使，寻求和重视发展客体关系。相比之下，力比多自恋是以牺牲客体为代价、会导致病理性的自爱和自体理想化。罗森菲尔德（1964）为弗洛伊德模棱两可且抽象的原发自恋概念提供了崭新的克莱因学派客体关系视角下的解读，鉴于此，"力比多自恋"这一术语似乎是合理的：自我是力比多的蓄水池，或者是力比多的第一个客体（Freud, 1914）。罗森菲尔德评论说，许多临床上可观察的类似于弗洛伊德描述的原发自恋的情况，实际上是他描述的力比多自恋类型的原始客体关系（见"罗森菲尔德"，1964, p. 170）。

力比多自恋与破坏性自恋并存。罗森菲尔德将破坏性自恋占优势的情况与更暴力的嫉毁联系起来，后者在移情中既表现为压倒性的愿望，想要摧毁代表生命源泉的分析师，也表现为极端暴力的自体毁灭冲动（见 Rosenfeld, p. 1971, p. 247）。当面对依赖分析师这一现实时，病人宁愿死去，也要去摧毁他的分析进程和洞察力。罗森菲尔德指出，对一些病人而言，破坏性自恋占据了主导地位，以至于他们不断试图杀死依赖的、有爱的自体来摆脱他们对客体的关注和爱。

这些自体的破坏性部分，在象征层面，以高度组织化的"帮派"形式呈现，就像黑手党一样，其中成员通过他们对彼此和对领袖的忠诚，使破坏性的行为更高效并更强有力，这使得自体中的破坏性部分掌握权力并且以这种方式维持现状。在这个高度理想化的破坏性组织中，改变和接受帮助被视为软弱和失败，这带给病人优越感和自负感。致命的破坏性表现为对分析坚决而长期的抵制，以及战胜象征着生命和创造力的分析师。罗森菲尔德指出，这种破坏性组织往往会被倒错地性欲化，从而增加其对人格其他部分的诱惑性、权力和支配能力（1971, p. 249）。力比多自体感觉太过弱小，无力对抗这种破坏性的进程。从临床角度来说，能抵达力比多自体，并分析无所不能状态下的婴儿化特质，至关重要。

罗森菲尔德的开创性论文发展了唐纳德·梅尔泽的观点，他在《恐怖、迫害和恐惧》一文中开始对这些观点有所阐述。梅尔泽描述了病人被分裂出来的破坏性自恋部分，如同一个高级别的、无所不知的商业伙伴炫耀着自己，在分析中引人注目。梅尔泽将病人广泛性的恐惧直接与破坏性自恋组织的力量以及后者对受困的依赖性自体的诱惑性暴政联系起来。

后期的罗森菲尔德

在后来的著作《僵局与解释》（见 Rosenfeld, 1987, Ch.13）中，罗森菲尔德介绍了"薄脸皮（thin-skinned）"自恋者和"厚脸皮（thick-skinned）"自恋者之间的区别。后者已经变得对人类的感情不敏感，并且似乎被破坏性自恋所支配。罗森菲尔德认为，为了避免分析治疗陷入僵局，我们必须坚定地面质这类病人的嫉毁。相比之下，薄脸皮自恋者则高度敏感，容易受伤。在病人的自恋结构中，病人并不认同其自恋中的破坏性部分。罗森菲尔德认为，对这些病人而言，他们的自恋更多是对童年早期自尊感反复受创的补偿，也是战胜父母和分析师的一种方式。然而，将这些视为认同自恋的破坏性部分会导致病人再次受到创伤，并导致分析治疗陷入僵局。

在1964年和1971年的两篇论文中，罗森菲尔德都将嫉毁视作死本能的代表，认为嫉毁是增强人们对全能依赖以及力比多自恋和破坏性自恋发展的主要驱力因素。在罗森菲尔德（1987）后期的作品中，他更明确地提到了环境因素的作用，例如创伤和失败在病理性自恋发展中所起的作用："……分离、过度溺爱或者特别缺乏抱持和涵容的环境，都会促进自恋结构的发展和持久性。"（Rosenfeld, 1987, p. 87）

力比多自恋和破坏性自恋的当代视角

对罗森菲尔德来说，区分力比多自恋和破坏性自恋在概念上和临床上都很重要。他几乎是在暗示，对于力比多自恋占主导地位的自恋病人而言，接触病人的破坏性部分，并且分析他的嫉毁可能并不那么困难和棘手（1971, p. 247; 1987, Ch.6）。相反，对于破坏性自恋占主导地位的自恋病人而言，因为嫉毁更为暴力、更难以面对，并且破坏性的部分更隐匿、被分裂掉更多和更静寂无声，所以更难将破坏性显露出来（1971, p. 246; 1987, p. 112）。

对于罗森菲尔德将力比多自恋和破坏性自恋区分开来是否有效，当代的克莱因学派内部存在争议。他提出的破坏性自恋理论被普遍认为具有开创性的贡献。然而，汉娜·西格尔对他的力比多自恋概念提出质疑。在西格尔看来，自恋和嫉毁是一枚硬币的两面。这意味着自恋总是具有破坏性，因为它对独立的客体和任何赋予生命的关系怀有敌意（Segal, 2007）。与之相反的是，罗纳德·布里顿发现罗森菲尔德的区分在临床上很有用。布里顿重新对自恋组织概念做了界定，他假定了自恋组织的二分法，即自恋组织具有力比多/防御性和敌对/破坏性两种形式（Britton, 2003, p. 156）。

其他克莱因学派分析师的临床贡献及证据

这里将简要回顾布伦曼（Brenman, 1985）、西格尔（Segal, 1972）、约瑟夫（Joseph, 1975, 1982）和奥肖内西（O'Shaughnessy, 1981）的四项临床贡献，它们都是在20世纪70年代首次撰写或提出。在这些论文中，即使有些没有直接承认罗森菲尔德的想法，也为他对病理性自恋造成自我严重分裂的阐述，提供了极好的例证。他们不约而同地指出，这种防御组织会使得健全的自体付出高昂的代价，陷入枯竭之中。他们展示了这些分裂如何在分析关系中发挥作用，它们带来的治疗困难，以及分裂出去的依赖性自体所体验到的担忧和焦虑如何通过反移情持续地被分析师所体验。

布伦曼（Brenman, 1985）在1970年的论文《残忍与心胸狭隘》中强调了病人破坏性自恋组织的特征：根深蒂固的狭隘思想助长了他持续的残忍以及对正当不满的残酷使用。这个组织之所以能够继续存在下去，是因为爱、同情和病人有需要的自体都被排除出去了。这种病理性组织导致了长期剥夺性的、破坏性的超我的产生，这种超我使病人陷入无情无爱的流亡之中。布伦曼展示了分析师在反移情中的工作中，涵容病人不断地尝试歪曲和非人性化分析师的同情心与理解人类的能力。

汉娜·西格尔在1972年发表的《防御灾难性情境再现的妄想系统》中，生动地阐释了自恋和妄想性防御组织会引起自我的破坏性分裂。这个组织禁锢并且剥夺病人的依赖性自体。她的重症病人有种精神病性妄想，他妄想自己是上帝选来让人皈依的，这种妄想帮助他远离现实，远离内疚和他的精神局限。他婴儿般的体验被大量分裂出去，并投射进入他的分析师，而分析师承载着这些部分。当他叫作"婴儿乔治"的理智部分开始浮现的时候，他毁灭性的"坏"自体固执地认为，解决"婴儿乔治"的痛苦的最好方法是仁慈地杀死他。

西格尔将病人僵化地依附于自恋组织所提供的平衡，理解为精心设计的"防御，用于抵御早期灾难情境的重现"（Segal, 1972, p. 399）。在病人的父亲死后，病人母亲的抑郁和病人被遗弃的早期创伤体验使他催生了谋杀的幻想，并确信是自己杀死了父母。以此，在这场灾难中保护自己。

> ……他必须消除婴儿乔治和他的真实客体关系，并发展出夸大妄想。在这种妄想中，他自给自足，无所不能，所有客体都是他幻想中创造出来的，主要来自他自己的排泄物。
>
> （Segal, 1972, pp. 399-400）

在《一则临床贡献：对倒错进行分析》（*A clinical contribution to the analysis of a perversion*, 1971, p. 54）和《难以触及的病人》（1975, p. 76）中，贝蒂·约瑟夫指出，她呈现的材料来自那些自我表现出明显分裂的病人，他们的自我分裂成难以触及的依赖自体和更为主导的自恋组织，正如罗森菲尔德（Rosenfeld, 1964）所描述的那样。在《濒死状态成瘾》（Joseph, 1982）中，约瑟夫更集中地引用了罗森菲尔德（Rosenfeld, 1971）关于破坏性自恋的论文。

约瑟夫关注的是具备这类组织的病人在分析关系中的行为表现细节，还有据此提出的技术问题，而不是关于这种组织的理论。她把注意力放在：分析师以一种微妙而执着的方式被引诱性地或强制性地拖入病人分裂部分的活现中，扮演了他所认同的病人的分裂部分。约瑟夫强调定位"自我的分裂和澄清不同部分的活动"的重要性 (Joseph, 1975, p. 79)。她强调对分析师来说,不要急于做出仓促的解释,而是要"承载足够长时间的投射",体验病人缺失的部分,只有这样才有可能在没有压力的情况下解释这个过程,而不是参与付诸行动(见"技术")。

约瑟夫1982年的论文阐明了梅尔泽 (Meltzer, 1968) 和罗森菲尔德 (Rosenfeld, 1971) 提出的一个主题,即病人的破坏性组织如何倒错性地色情化,以加强其对其余人格部分的支配。约瑟夫将病人恶性地陷入绝望和无望描述为一种自我毁灭的组织,表现为对濒死的成瘾。病人试图通过感到绝望和无力来召唤分析师与之共谋,引诱分析师以惩罚病人的方式来做出反应,通过受虐战胜分析师。这种活现助长了战胜分析的受虐式胜利。走向生命和健全的驱力被分裂出来且投射进入分析师。如果分析师不能解释这种大量的投射,那么分析可能会拖上好几年。

埃德娜·奥肖内西在《防御组织的临床研究》(1981)中,生动地描述了病人在12年分析中经历的四个不同阶段,以及其防御组织在期间发生的变化。奥肖内西将防御组织定义为,早期发育引起难以忍受的和淹没性的焦虑时所形成的固着和病理性模式。防御组织是病理性的固着模式,处于两个心位中的某一个心位,或处于两个心位之间的边缘地带。全能控制与否定,以及多种形式的分裂与投射性认同,将自我与客体之间的各种关系以一种僵化且限制性的方式组织起来,并赋予它们自恋的特质。奥肖内西她还提请注意这类组织与偏执-分裂和抑郁两个心位之间的僵化平衡。她这样做就呼应了一个主题,这个主题其他人曾略有提及,但约翰·斯坦纳 (Steiner, 1979) 已经开始构建并在后来使其得到了显著发展 (Steiner, 1987)。

一开始,奥肖内西的病人被混淆的和破碎的焦虑所压垮,因为他的防御组织崩溃了。在接下来的阶段,他的防御组织在静态并可控的移情中得以重建。在第三个阶段,病人对"极地战将 (the Abominable Snow Man)"产生了认同感,通过占有所有有价值的属性和残酷地贬低"乏味的"分析师,来满足自己的过度自恋。在分裂的另一面,他有能力意识到但也经常否认自己的这一面。他试图破坏他的分析师,但他意识到足智多谋的分析师可以承受他的破坏性并存活下来。

在最后的阶段，病人的防御组织已经逐渐弱化，他开始解决那些处于抑郁心位的问题。他更有能力面对焦虑，并允许自己与现实接触，他自恋的组织不再那么僵化和控制，并可以被反思。

病理性组织：约翰·斯坦纳的贡献

约翰·斯坦纳在1981年的论文《自体各部分之间的倒错关系：一则临床案例》中创造了"病理性组织"这个术语。他深受罗森菲尔德关于病理性自恋的开创性贡献所影响，病理性自恋是病理性组织的核心特征。但病理性组织是比自恋性组织范围更广的术语，因为它是更普遍的结构。在某些组织中，强迫、癔症、躁狂或精神病性特征占主导地位。

偏执-分裂心位的基本情况

在克莱因和罗森菲尔德以及比昂等先驱者所开创的基础之上，斯坦纳（Steiner, 1981）强调在偏执-分裂心位的严重紊乱。正如罗森菲尔德（Rosenfeld, 1952）和克莱因（1957）所述，由于原发嫉毁引发的过度破坏，再加上创伤和剥夺等外部因素（Steiner, 1993），导致了二元分裂的崩溃，而这个崩溃本身又引发了更多的投射性认同。此外，斯坦纳还依靠比昂（Bion, 1957, 1959）的观点来补充他对基本情况的看法。他提到"病理性分裂伴随着自体和客体的碎片化，进而以更暴力和更原始的投射性认同形式将它们驱逐"，这意味着二元分裂的失败（Steiner, 1993, p. 7）。这些过程混合在一起引发了因失整合（disintegration）、碎片化和混淆带来的淹没性的偏执性焦虑。在斯坦纳看来，二元分裂的失败和淹没性的焦虑构成了基本的"灾难性"情境，激发了病理性组织的发展。该组织反过来对发展造成了灾难性的结果（Steiner, 1981, 1987, 1990a, 1993）。

病理性组织的主要功能

病理性组织的第一个功能是，当二元分裂出现崩溃的时候，在保护性客体和坏的攻击性客体之间重建了分裂。第二个功能是，试图约束和中和导致崩溃的原始破坏性。然而正如许多作者所指出的那样，该组织本身表达了其旨在保护的破坏性（Steiner, 1993）。

斯坦纳（Steiner, 1981）强调碎片化分裂和投射性认同如何导致在偏执-分裂心位的碎片化和混淆，并导致多个客体集合成高度组织化的结构，就像罗森菲尔德（Rosenfeld, 1971）所描述的典型帮派或黑手党。由于投射性认同的频繁使用，这些组织基本是自恋的，投射性认同创造了客体，这些客体被投射进它们的部分自体所控制（Steiner, 1981）。但斯坦纳强调，这些组织可通过强迫性机制、带有歇斯底里味道的性欲化、以胜利和兴奋为主导的躁狂机制，或者强加妄想秩序的精神病性结构而聚集在一起（Steiner, 1987, p. 71）。

新分裂和共谋性勾结

这种以非常复杂的方式集合在一起的组织伪装出看似合理的分裂，将保护性的好客体与坏客体分开。例如，这些帮派以保护性客体的姿态出现，因为它承诺提供庇护，以使我们远离恐惧、迫害和犯罪。这个"保护性"客体既有极具破坏性的部分，也包含客体和自体好的部分，这些部分被吸收进来是为了使它看起来更健康。相反，斯坦纳认为，将有需求的、依赖性的自体视为被邪恶组织绑架的无辜受害者是一种误导。他写道：

> 相反，我将努力证明倒错关系可能是存在的，自体健康部分可能与自恋帮派（the narcissistic gang）共谋，故意让自己被接管。正是这种特质在移情中外化，并引发了互动中异常的感觉。
>
> （Steiner, 1981, pp. 242-243）

倒错一词在这里指的是对真相的心理扭曲。例如，病人表现得好像他没有洞察，但实际上他相当有洞察，而他选择去忽略这些洞察。依赖性自体处于压力之下，但也可能是故意允许自己被诱惑。这导致了共谋性的勾结，使得力比多与人格中更为恶性的部分混淆起来。相反，当"好的"部分被邪恶帮派吸纳后，它可能会掩盖其破坏性的特质，使形象产生混淆。欣谢尔伍德（Hinshelwood, 1991, p. 384）也突出了斯坦纳是如何强调，自体中破坏性自恋的部分和有需要的部分之间的共谋勾结，因此，自体这两个部分之间的病理性分裂从来都是不清晰的。

斯坦纳在临床案例中阐述，病人对"大人物"的破坏性自恋认同，如何将自己呈现为适合的监护人来照顾自体中需要的部分，但实际上却阻碍了自体的发展。它破坏了分析关系中的情感滋养。当病人对这种内部囚禁有了更深刻的洞察后，他继续以倒错的方式与破坏性组织勾结。斯坦纳展示了，自我中的分裂如何复杂地组织起来，分裂的每一面都包含自体中一些好的和坏的部分："这个事实一方面掩盖了自恋组织破坏性的实质，另一方面异常的成分与力比多自体相关联，从而维持着腐败的勾结。"（Steiner, 1981, p. 245）

视而不见

在后面的一篇论文中，斯坦纳（Steiner, 1985）将这种倒错的成分与"视而不见"的过程联系起来，他认为这是人格病理性组织中普遍又特殊的防御过程。这个过程揭示了："……这是对现实的边缘性态度，真相既不会像精神病性病人那样被完全回避，也不会像神经症病人那样在很大程度上被接受，而是被扭曲和歪曲了。"（Steiner, 1985, p. 170）

为了解释这个过程，斯坦纳回溯了弗洛伊德关于恋物癖的自我分裂假说，即存在对阉割的两种并存心理状态，并不相互抵消（Freud, 1927）。斯坦纳强调了这个过程具有欺诈和异常的一面，这无异于与现实赌博，因此它有令人成瘾的吸引力。这种反常的过程有助于维持组织的平衡，并阻碍分析中发生变化，即使病人已经明显具有洞察力。斯坦纳将倒错成分比作"精神黏合剂"，它将自体好的部分和坏的部分黏合在一起，形成看似一种连贯的组织（Steiner, 1973, p. 113）。

病理性组织与偏执-分裂心位（Ps）和抑郁心位（D）之间的平衡

斯坦纳在论文《病理性组织与偏执-分裂心位和抑郁心位之间的相互作用》（1987）中提出了这样的主题：病理性组织具有将自己与这两种心位区分开来并与它们（两种心位）保持平衡状态的特征。比昂的Ps⟷D模型描述了两个心位之间的连续波动谱，因此随着时间的推移，没有哪个心位会完全或持久地占据主导。斯坦纳扩展了比昂的图式，提出了他的三角平衡模型（triangular model of equilibrium）。

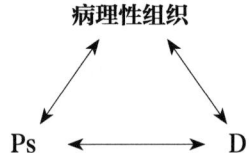

斯坦纳(Steiner, 1979)将边缘性病人界定为,处于偏执-分裂心位和抑郁心位之间边界的心位上。他在此提出,病理性组织可以被概念化为处于这两种心位的边界上,并且从这个独立的位置开始,它们与偏执-分裂心位(Ps)和抑郁心位(D)都保持着僵化且静态的平衡。

偏执-分裂心位与抑郁心位中的过渡

在偏执-分裂心位(Ps),从正常的偏执-分裂功能向更病理性的功能过渡,造成了基本的灾难性情况,促使人们依赖病理性组织,将其作为保护的一种形式。斯坦纳进一步强调了抑郁心位的两个阶段。在早期阶段,否认因死亡或者客体损坏导致的丧失这一事实,取而代之的是对客体具体的内化和占有。我们需要放弃这种否认,充分面对"失去所爱客体"的情况,这是完成哀悼过程的必要条件。在这个非常痛苦的过程中,一个人需要面对自己对客体施虐而造成的内在灾难,以及随之而来的内疚、荒凉和绝望(Steiner, 1987, 1990b, 1992)。当抑郁性焦虑淹没性地出现时,病人可能寻求病理性组织的保护:"因而当偏执-分裂心位和抑郁心位之间发生转变时,个体似乎最容易受到病理性组织的影响"(Steiner, 1987 p. 70)。

斯坦纳(Steiner, 1987)展示了病人的病理性组织如何表现出强大而冷酷的能力,用戏弄、活跃的隐秘沉默和异常的选择将自己隔离开来,在病人和分析师之间营造出如同沙漠般的枯竭感。这种状态为病人提供了安全的避风港,使他们远离对碎片化的偏执性恐惧,远离幽闭广场恐惧的惊恐发作,远离因污染而死亡的恐惧。斯坦纳还展示了,每当病人关心分析和对自己的功能表现出更多好奇心时,这种状态如何保护病人免受抑郁性焦虑和内疚。

斯坦纳(Steiner, 1990a)在《阻碍哀悼的病理性组织:难以耐受的内疚感的作用》中描绘了,病人如何再次回到病理性组织去寻求庇护,以使自己免受难以承受的抑郁性焦虑的折磨:

……他（病人）越来越不同意他的（病理性）组织替他制定的目标和方法。然而，他无法将自己与之分离开来，而且每次他开始这样做时，他似乎都要面对无法忍受的内疚感。这引发了负性治疗反应，他再次撤退到该组织的保护之下。

(Steiner, 1990a, p. 89)

露丝·里森伯格-马尔科姆（Riesenberg-Malcolm, 1991）在《作为防御方式的赎罪》中概述了，当病人的迫害性焦虑和类分裂防御减弱时，以受虐性赎罪和自我惩罚为基础的防御组织如何出现。这种有组织的赎罪使得人无法真正意识到自己的内疚，而且会对分析产生扼制，因为正如里维埃（Riviere, 1936）所描述的那样，通过分析产生的变化会带来难以忍受的痛苦、荒凉和死亡。因此，僵局产生了，这使得在分析中取得进展变得非常困难，但终止分析同样困难，因为病人和分析师都面临着不可修复的感觉。马尔科姆的工作显示，在向抑郁心位（D）过渡的关键时刻，出现了一个病理性组织。

病理性组织相对于偏执-分裂心位（Ps）和抑郁心位（D）的独立状态

病理性组织具有特殊的属性（Steiner, 1987），将它们与Ps和D区分开来有助于我们对它们进行思考。它们提供了自恋结构主导下的伪整合，可伪装成抑郁心位中出现的真正整合。索恩的认同概念（1985）强调自恋性认同是空洞的、反复无常的，并且有冷漠的傲慢，这与正常健康的认同非常不同：更像是具体的"手段"，明显是对积极情境的模仿。

病理性组织营造出有结构和稳定的、相对远离痛苦和焦虑的幻觉，但它的稳定和整合是假的，尽管这种幻觉很顽固。通过过度的投射性认同，他们草率地将客体和自体的碎片组合在一起，创造出一个复杂的组织，伪装成具有保护作用的好客体和坏客体之间看似合理的分裂。正是它们僵化和破坏性的本质，以及它们固守其僵化和破坏性本质的方式，标志着它们与更健康的Ps活动不同，比如可逆的投射性认同（reversible projective identification），以及迫害和理想化时刻之间更流动的平衡。病理性组织使Ps的修通变得极其困难，也影响了后来D的修通。在此基础上，它们保证了各自的位置，尽管它们根植于偏执-分裂心位。

关于在Ps位的病理性组织与在D位的病理性组织是相同还是不同的问题上，斯坦纳没有给出答案。很明显它们的出现主要始于Ps位。也很明显的是，同样的病理性组织可以防御抑郁性焦虑："似乎在发展的过程中，病理性组织最初被用于对抗偏执-分裂心位的焦虑，一旦建立，随后就被用于对抗抑郁性焦虑。"(Steiner, 1990b, p. 113)

在分析中有所改善的病人也许还坚持认为，他们需要病理性组织来抵御偏执-分裂心位的灾难性焦虑，而我们进行更仔细的详查会发现，他们是在寻求抵御抑郁性焦虑的保护。然而，斯坦纳也断言，病理性组织可以表现出更为明显的强迫、狂躁、异常或精神病性的特质(1981, 1993)。这表明，尽管它们的核心牢牢根植于病理性的Ps活动，但它们获得了新的躁狂和强迫特质，这些特质是抑郁心位的防御活动。正如里维埃(Riviere, 1936)所指出的，躁狂性防御助长了病理性自恋。

精神撤退

1993年，斯坦纳创造了"精神撤退(psychic retreat)"这个新术语。"保护壳""安全港""避难所"或"从焦虑中撤退"等术语，经常出现在关于病理性组织的各种论文中。精神撤退是指病人被卡在其中且无法触及的精神状态。精神撤退提供了平静和保护，使病人免受与现实接触引发的威胁，它们产生的基础在于病理性组织。

病理性组织是防御组织。帮派或黑手党(或商业公司)表征了病理性组织中的客体组织。精神撤退能被病人在意识层面感知到，或者在他的梦境中以空间形式形象地表现出来，还会嵌入分析关系中(R. Steiner, 2007, 私人沟通)。撤退之地可以是一个洞穴、一座岛屿、一幢建筑或一方藏身之处。分析师可以观察到病人像蜗牛一样尝试从撤退中爬出来，当与现实和分析师的接触变得太有威胁性时，病人又匆忙返回。病人将他的撤退体验为一个免于焦虑和痛苦的理想化躯壳，但它同时是一个压抑的牢笼或死寂之地，或者是所有这些的混合体。

伴随精神撤退概念的提出，斯坦纳将亨利·雷伊具有影响力的幽闭广场恐惧困境概念(Rey, 1979)更充分地融入自己的作品中。撤退之地作为精神空间可以缓解焦虑，但它是陷阱，是幽闭恐惧的牢笼，阻碍了情感发展。然而，从撤退之地被驱逐出来会感受到崩解，被饥饿、寒冷和死亡折磨。这个撤退之地被理想化为安全的地方。精神撤退的概念明确地体现了幽闭恐惧的困境："当他们被困于精神撤退之地时，他们感到幽闭恐惧，但是当他们一旦试图逃离，他们会再次感到恐惧，并且退回到他们原来所处的位置。"（Steiner, 1993, p. 53）

精神撤退；飞地和漫游；俄狄浦斯幻觉

斯坦纳的精神撤退概念与奥肖内西的"飞地（enclaves）"和"漫游（excursions）"（1992）概念有相似之处。她主要关注的是，病人将分析师卷入付诸行动中的强大引力，即当病人感到受到威胁时，他会通过进入飞地（本国境内隶属于另一国的领土）或者漫游的方式保护自己情感上的平衡。他可以这样做："……他找到已经合适的客体，或者重塑客体使之符合他的需要，以排除那些威胁到他、引发过分焦虑的因素。"（O'Shaughnessy, 1992, p. 609）

奥肖内西描述了一位病人向她的分析师施加了巨大的压力，试图让其接受剥削的关系。如果分析师没有意识到并努力解释她被邀请加入的付诸行动，这种受限制的关系将成为一块飞地。飞地阻碍了对紊乱保持可能性的开放态度，使分析过程变得扭曲，也使分析过程无法"在感觉、神话和激情领域扩展"（O'Shaughnessy, 1992, p. 204）。

漫游比飞地更有戏剧性："漫游是不同的——不在于限制要面对的和已知的东西，而是因为害怕知晓而完全回避情感接触。"（O'Shaughnessy, 1992, p. 605）

另一名病人更接近精神病性基质和惊恐，不断邀请她的分析师"漫游"在她的假感觉里。持续逃跑的漫游状态，在分析者和病人心中都造成了混淆的状态。这是逃避可怕真相的方法，即病人感到她的自我已经支离破碎，她更深层的恐惧是她缺乏情感中心，而这无法修复。奥肖内西生动地描述了在反移情中所做的工作，即找到方法来稳住病人更为不安的部分，以避免分析变成一系列伪正常和伪感觉的乏味漫游。

罗纳德·布里顿（Ronald Britton, 1989）用"俄狄浦斯幻觉"这个术语来描述一种俄狄浦斯形态，该形态是用以否认父母关系这一精神现实的防御组织。父母存在关系这一精神现实是众所周知，却被俄狄浦斯幻觉所防御，与正性和负性俄狄浦斯位置之间的灵活转化相比,病人固着且僵化地黏附着这种幻觉。这种幻觉嵌入移情中,保护病人免受"想象中的灾难性移情"影响(Britton, 1989, p. 95)。布里顿描述的临床图景捕捉到了病人崩解焦虑的出现,这与他针对父母伴侣所产生的爆炸性、谋杀式的暴怒有关,而他的俄狄浦斯幻觉作为"移情中的平静海洋"保护了他。病人的俄狄浦斯幻觉是否源自人格的病理性组织,这一点尚不清楚。但是这种防御组织及其空间特性,与精神撤退这一概念有相似之处。

重 要 观 点

- 病理性组织是极其顽固的防御组织,其目的是通过严格限制病人与其内部和外部现实接触,来保护个人免受那些难以承受的偏执-分裂心位和抑郁心位的原始焦虑影响。
- 病理性组织源起于婴儿的偏执-分裂心位期,用以应对健康的"好"与"坏"的二元分裂崩解,以及因混乱、解体和破碎所引发的焦虑。
- 病理性组织试图在保护性客体和有害客体之间重建一种分裂,从而伪装成"好"和"坏"客体之间似是而非的分裂。多重投射性认同,在将自体和客体碎片拼装成具有病理性自恋特征的新复杂组织中,起着关键作用。
- 这样的病理性组织使得从偏执-分裂心位(Ps)向抑郁心位(D)的移动过程变得极其困难,对发展产生了严重的影响。它们也使得分析变得困难。

参 考 文 献

Abraham, K. (1919) 'A particular form of neurotic resistance against the psychoanalytic method', in *Selected Papers of Karl Abraham*. London: Hogarth Press, pp. 303-311.

Bion, W. (1957) 'Differentiation of the psychotic from the non-psychotic personalities', *Int. J. Psycho-Anal.* 38: 266-275.

—— (1959) 'Attacks on linking', *Int. J. Psycho-Anal.* 40: 308-315.

Brenman, E. (1985) 'Cruelty and narrow-mindedness', *Int. J. Psycho-Anal.* 66: 273-281.

Britton, R. S. (1989) 'The missing link: Parental sexuality in the Oedipus complex', in J. Steiner (ed.) *The Oedipus Complex Today*. London: Karnac, pp. 83-101.

—— (2003) 'Narcissism and narcissistic disorders', in *Sex, Death, and the Superego*. London, Karnac, pp. 151-164.

Freud, S. (1910) 'Leonardo da Vinci and a memory of his childhood', *S.E. 11*. London: Hogarth Press, pp. 59-137.

—— (1914) 'On narcissism: an introduction', *S.E. 14*. London: Hogarth Press, pp. 67-102.

—— (1923) 'The ego and the id', *S.E. 19*. London: Hogarth Press, pp. 3-66.

—— (1927) 'Fetishism', *S.E. 21*. London: Hogarth Press, pp. 149-157

Hinshelwood, R. D. (1991) 'Pathological organisations', in *A Dictionary of Kleinian Thought,* 2nd edition. London: Free Association Books, pp. 381-387.

Joseph, B. (1971) 'A clinical contribution to the analysis of a perversion', *Int. J. Psycho-Anal.* 52: 441-449.

—— (1975) 'The patient who is difficult to reach', in P. Giovacchini (ed.) *Tactics and Techniques in Psycho-Analytic Therapy,* Vol. 2. New York: Jason Aronson, pp. 205-216.

—— (1982) 'Addiction to near-death', *Int. J. Psycho-Anal.* 63: 449-456.

Klein, M. (1935) 'A contribution to the psychogenesis of manic-depressive states', *Int. J. Psycho-Anal.* 16: 145-174.

—— (1946) 'Notes on some schizoid mechanisms', *Int. J. Psycho-Anal.* 27: 99-110.

—— (1952) 'The origins of the transference', in *The Writings of Melanie Klein*, Vol. 3. London: Hogarth Press, pp. 48-56.

—— (1957) 'Envy and gratitude', in *The Writings of Melanie Klein,* Vol. 3. London:

Hogarth Press, pp. 176-235.

Meltzer, D. (1968) 'Terror, persecution and dread', *Int. J. Psycho-Anal.* 49: 396-400.

O'Shaughnessy, E. (1981) 'A clinical study of a defensive organisation', *Int. J. Psycho-Anal.* 62: 359-369.

—— (1992) 'Enclaves and excursions', *Int. J. Psycho-Anal.* 73: 603-611.

Reich, W. (1933) *Character Analysis.* New York: Orgone Institute Press (1949).

Rey, H. (1979) 'Schizoid phenomena in the borderline', in J. Le Boit and A. Capponi (eds) *Advances in the Psychotherapy of the Borderline patient.* New York: Jason Aronson, pp. 449-484.

Riesenberg-Malcolm, R. (1981) 'Expiation as a defence', *Int. J. Psycho-Anal. Psychother.* 8: 549-570.

Riviere, J. (1936) 'A contribution to the analysis of the negative therapeutic reaction', *Int. J. Psycho-Anal.* 17: 304-320.

Rosenfeld, H. (1950) 'Notes on the psychopathology of confusional states in acute schizophrenia', *Int. J. Psycho-Anal.* 31: 132-137.

—— (1952) 'Notes on the psycho-analysis of the super-ego conflict in an acute catatonic patient', *Int. J. Psycho-Anal.* 33: 111-131.

—— (1964) 'On the psychopathology of narcissism: A clinical approach', *Int. J. Psycho-Anal.* 45: 332-337.

—— (1971) 'A clinical approach to the psychoanalytic theory of the life and death instincts: an investigation into the aggressive aspects of narcissism', *Int. J. Psycho-Anal.* 52: 169-178.

—— (1987) *Impasse and Interpretation.* London: Tavistock.

Segal, H. (1972) 'A delusional system as a defence against the re-emergence of a catastrophic situation', *Int. J. Psycho-Anal.* 53: 393-401.

—— (2007) 'Narcissism: Comments on Ronald Britton's paper', in *Yesterday, Today and Tomorrow.* London: Routledge, pp. 230-234.

Sohn, L. (1985) 'Narcissistic organization, projective identification and the formation of the identificate', *Int. J. Psycho-Anal.* 66: 201-214.

Spillius, E. (1988) 'Pathological organizations: Introduction', in *Melanie Klein Today, Vol. 1, Mainly Theory.* London: Routledge, pp. 195-202.

Steiner, J. (1979) 'The border between the paranoid-schizoid and the depressive positions in the borderline patient', *Br. J. Med. Psychol.* 52: 385-391.

—— (1981) 'Perverse relationships between parts of self: A clinical illustration', *Int. J. Psycho-Anal.* 63: 241-251.

—— (1985) 'Turning a blind eye: the cover-up for Oedipus', *Int. J. Psycho-Anal.*

12: 161-172.

—— (1987) 'The interplay between pathological organizations and the paranoid-schizoid and depressive positions', *Int. J. Psycho-Anal.* 68: 69-80.

—— (1990a) 'Pathological organizations as obstacles to mourning: The role of unbearable guilt', *Int. J. Psycho-Anal.* 71: 87-94.

—— (1990b) 'The defensive functions of pathological organisations', in B. L Boyer and P. Giovacchini (eds) *Master Clinicians on Treating the Regressed Patient*. New York: Jason Aronson, pp. 97-116.

—— (1992) 'The equilibrium between the paranoid-schizoid and the depressive positions', in R. Anderson (ed.) *Clinical Lectures on Klein and Bion*. London: Routledge, pp. 46-58.

—— (1993) *Psychic Retreats: Pathological Organizations in Psychotic, Neurotic and Borderline Patients*. London: Routledge, pp. 1-53.

12 技术 | Technique

在第一版的《克莱因学派思想辞典》中,罗伯特·欣谢尔伍德恰如其分地赞颂了克莱因对技术的重视。

> 克莱因最初用于儿童精神分析的技术,强有力地推动了其随后所有理论的发展,并且也促进了其成人精神分析技术的进步。克莱因学派的著作持续地反思临床要点:发表的论文几乎都提供了详细的案例报告来证实其观点。
>
> (Hinshelwood, 1991, p. 28)

定　义

技术是为分析师和病人之间设定的一套程序,旨在促进无意识的意识化。设置的一致性和规律性、时间的界限以及会谈的频率都是技术所强调的重点,此外分析师能保持开放但审慎的心智态度也很重要。

在克莱因的著作中,她强调她的工作,包括她提出的技术,都源自弗洛伊德的工作。弗洛伊德描述了他与成人病人工作的基本方法是每周进行五到六次的会谈,使用沙发躺椅,并要求病人"自由联想",也就是在不加审查的情况下,尽可能地向分析师说出他们的想法和感受。他对分析师的补充劝告是,分析师应该保持"均匀悬浮注意",且应避免在病人的材料中寻找他希望找到的东西(Freud, 1912)。

克莱因强调了弗洛伊德的"移情"概念,即在与分析师的关系中,对过去和现在的经验、关系、思想、幻想和感觉的有意识但又无意识的表达,包括消极的和积极的部分。她特别强调了负性移情的重要性,她认为如果分析师能够识别和理解这种情绪,就可以有效地与之工作。她强调病人过去和现在经验的"整体情境"在移情中的作用。就像弗洛伊德一样,她强调病人对认识精神现实的防御的重要性。她还强调，病人的焦虑正是分析师理解病人无意识幻想的起点，她认为分析师的解释是分析性治疗的主要工具。

尽管克莱因大体上同意弗洛伊德关于生死本能的观点，但在技术方法上，她更关心本能驱力的特定内容，而不是它们的抽象概念化。临床观察是她的出发点，也是她特别的天赋所在。在她的工作中，观察和思想交互作用，引发新的观察和进一步的理论。因此对于克莱因来说，技术和临床内容紧密相连、互相呼应，她并未试图在没有临床材料的情况下，用纯粹抽象的术语来描述技术。

在与克莱因共事期间及之后，斯特雷奇、拉克（Racker）、罗森菲尔德、比昂、西格尔、约瑟夫等人在技术上取得了更进一步的发展。主要有两类变化：首先，人们越来越着重将分析师与病人之间的关系视为了解病人的主要信息来源。这个观点与早前认为病人是一个孤立的实体，可以站在外部用"客观"的视角来进行观察的观点相反。其次，与弗洛伊德和克莱因相反，有一种发展中的观点认为，分析师的反移情，在某些情况下可以成为关于病人的重要信息来源。除了这两个主要技术变化的趋势，还有其他一些较不重要的变化，包含一些常用术语的区别。

重 要 文 献

1932	M. 克莱因《儿童精神分析》 克莱因早期儿童发展理论的巅峰，包括游戏技术（见"儿童分析"）。
1934	J. 斯特雷奇《精神分析治疗行为的本质》 非常有影响力的论文，探讨了分析师与病人的关系，以及"引发改变的解释"在精神变化中的作用。
1943	M. 克莱因《技术备忘录》（*Memorandum on technique*；直到1991年才出版） 简明陈述了移情的重要性；第一次提到"情境（situations）"。
1950	P. 海曼《论反移情》 将分析师的反移情描绘为"病人的创造物"。
1952	M. 克莱因《移情的起源》 讨论了克莱因与成年人工作的技术；移情关系基于婴儿期的客体关系；提出"整体情境（total situation）"的概念。

1956	R. 莫尼-克尔《正常的反移情及其偏差》(Normal counter-transference and some of its deviations) 对分析师与病人的关系及反移情在其中的作用做了进一步的描述和思考。
1962	W. 比昂《从经验中学习》 讨论了关于容器/被涵容的理论。
1964	H. 罗森菲尔德《论自恋的精神病理学：一种临床方法》 区分了"力比多"自恋和"破坏性"自恋，并描述了分析两者破坏性的方法。
1967	W. 比昂《对记忆和欲望的注释》(Notes on memory and desire) 讨论了如果把注意力集中在记忆和欲望上，会降低病人和分析师对彼此之间此时此刻互动的注意力。
1971	H. 罗森菲尔德《精神分析中生死本能理论的一种临床方法：对自恋攻击性方面的研究》 区分了"力比多"自恋和"破坏性"自恋，并描述了分析两者破坏性的方法。
1985	I. 布伦曼·皮克《在反移情中修通》(Working through in the countertransference) 分析师努力发展对自身反移情的理解对于理解病人至关重要。
1985	B. 约瑟夫《移情：整体情境》(Transference: The total situation) 以案例的形式对"整体情境"做了界定。
1987	H. 罗森菲尔德《僵局与解释》 谈"薄脸皮"和"厚脸皮"的自恋病人。
1989	R. 布里顿《缺失的联结：俄狄浦斯情结中父母的性欲》(The missing link: Parental sexuality in the Oedipus complex) "三角空间"的概念。
1989	B. 约瑟夫《精神平衡和精神变化》 约瑟夫强调关注病人和分析师之间当下的关系。
1992	E. 奥肖内西《飞地和漫游》 本文说明分析师需要分析在其与病人的关系中，那些导致飞地或漫游的情况，飞地与漫游都被用来回避需要被分析的精神情境。
1993	J. 斯坦纳《精神分析的技术问题：以分析师为中心和以病人为中心的解释》(Problems of psychoanalytic technique: Analyst-centred and patient-centred interpretations)

讨论和年表

克莱因与儿童工作的游戏技术（见"儿童分析"）

克莱因在她的各种著作中明确指出，在她看来分析中儿童的游戏相当于成年人的自由联想。她还认为成人分析和儿童分析的目的一致，即理解病人的焦虑，并通过解释来缓解焦虑。她在儿童分析方面的工作和她对游戏技术的发展使她产生了某些特定想法和临床处置，影响了她与成人工作的技术：强调移情的重要性；分析负性移情和正性移情都特别重要；内部世界、内部世界与内部客体的关系以及内部客体之间的关系，都在与分析师的移情关系中得以体现。

安娜·弗洛伊德和梅兰妮·克莱因在儿童治疗技术上的差异

1927年，安娜·弗洛伊德出版了《儿童精神分析治疗》（英文版1946年），她在书中陈述了她与克莱因在儿童精神分析治疗上的不同之处。

首先，她认为应该有"准备阶段"，在这个阶段中，分析师试图获得孩子的信任，因为她认为只有当孩子和分析师之间存在正性的关系时，分析才能有效地发挥作用。她认为分析需要正性的移情，并且儿童分析应该包含相当多的教育因素。她认为在儿童分析中，真正的移情是不可能的，因为孩子仍然依恋父母，她不同意克莱因的观点，即儿童游戏等同于成人的自由联想。

虽然这些不是唯一的问题，但安娜·弗洛伊德和克莱因之间的技术分歧在论战中扮演了重要角色［见"论战（1941—1945）"］。这些问题并没有在论战中得到解决，尽管安娜·弗洛伊德后来改变了她关于儿童分析中准备阶段的必要性和教育方面的看法，克莱因在1927年发表的论文后来的1948年版本中不出所料地指出了这一点，回应了安娜·弗洛伊德的批评。

克莱因与成年病人工作的技术

克莱因的成人临床工作遵循了弗洛伊德的思想，只是克莱因学派与英国精神分析学会所有团体的精神分析设置已经变成了每周5次而非每周6次。克莱因和弗洛伊德一样，试图寻找并解释病人焦虑之所在，她将移情解释作为解释焦虑的主要技术。克莱因可能也受到了詹姆斯·斯特雷奇的重要论文《精神分析治疗性行为的本质》（James Strachey, 1934）的影响。这是对分析师-病人关系和移情解释的治疗效果技术性关注的早期表达，克莱因和后来的克莱因学派分析师延续了这种关注。在克莱因出版的作品中，仅两次引用过斯特雷奇的作品（1943年和1950年），但在她的档案文件中更频繁地提到了他的观点，特别是在她《关于技术的讲座》（Lectures on technique, PP/KLE C52和C53, 威尔科姆图书馆）中，这可能可以追溯到1935年或1936年。

分析师通过分析性的洞察力和解释，修正病人的焦虑和错误认知，从而使心智的变化成为可能，斯特雷奇的概念为此提供了特殊的理解。他认为病人将自己的"古老的超我（archaic superego）"归咎于分析师——说它是古老的不仅是指它从婴儿期衍生而来，还在于那些不切实际的理想或非现实性的惩罚。（病人的这种"归咎"后来会被克莱因和随后的克莱因学派分析师描述为投射或投射性认同。）如果分析师能够正确地领会并解释这个过程，病人就可以看到他古老的超我与作为"辅助性"超我的分析师之间的区别。在一系列的小步进展中，病人古老的超我可能会有所改变，而最有可能引发改变的却是对移情的解释，正如斯特雷奇所说：

> 甚至它看起来很可能是这样，即引发改变的解释的产生可能取决于以下事实，在分析情境中，解释的提供者和它我冲动指向的客体是同一个人。
>
> （Strachey, 1934, p. 289, 脚注18）

在克莱因未发表的关于技术的演讲中，她尝试描述她所说的"分析态度"，她认为这在分析中是必不可少的。

> ……我们的全部兴趣都集中于一个目标，即探索我们当下所关注的这个人的心灵……我们应该能够不受干扰地注意病人的心灵所呈现给我们的东西，甚至不考虑我们工作的最终目的——治愈病人。这是种相当好奇的心态，既渴望又耐心，既远离主题又完全投入，这种心态显然是不同且部分冲突的倾向和心理驱力之间平衡的结果……
>
> （梅兰妮·克莱因档案，第一讲，PP/KLE C52, 威尔科姆图书馆）

克莱因强调了她所描述的弗洛伊德的两个伟大发现：无意识和移情。她强调了过去的作用及其对病人的重要性，并指出分析师必须准备好仔细倾听病人，给他足够的时间来表达他需要表达的一切。她强调解释是分析师的主要技术工具，并给出了许多说明。

1943年，在"论战"期间，克莱因为英国精神分析学会培训委员会写了一篇题为《技术备忘录》的简短论文（顺便说一句，当时该委员会的主席是詹姆斯·斯特雷奇）。克莱因的短文在很久以后发表在金和斯坦纳的书里（King & Steiner, 1991）。在这篇论文中，克莱因阐述了她如何通过病人对自己过去和现在生活中各种情境中的情感和行为的描述，包括病人在分析情境中对这些情感和行为的表达，来推断出病人有意识和无意识的冲动、内部客体关系和防御。她特别强调了移情在她的工作中的核心重要性。

> 从我与儿童的工作中，我得出了某些结论，这些结论在某种程度上影响了我与成人工作的技术。首先来说说移情。我发现儿童的移情（正性或负性）从分析一开始就很活跃，因为即使是冷漠的态度也隐藏着焦虑和敌意。对于成年人而言（已进行必要的修正），我发现移情情境从一开始也就以这样或那样的方式存在，因而我在分析的早期就开始使用移情解释。
>
> （Klein, 1943, p. 635）

1952年，随着"论战"的斗争仍在分析师的脑海中萦绕，琼·里维埃描述了克莱因对无意识和移情重要性的强调。

> 争议在原则上涉及一个非常根本性的问题，即无意识在意识生活中的重要性。当我们意识到这种根本性的观点差异时，我们就明白了为什么有些分析师在他们的病人材料中看到很少，也很少去解释，甚至都没有意识到移情情境，直到病人自己有意识地直接地向分析师表达出一些移情的东西，诸如此类。在这种情况下，病人所说或所做的只有一部分会被分析所揭示。
>
> （Riviere, 1952, p. 17）

关于成人工作技术，克莱因发表的重要论文叫作《移情的起源》（1952），在文中，她讨论了这样的观点：在成人意识中被视为一个客体的东西，也许在婴儿（和成人的无意识）看来却是许多客体。

> 事实上，在小婴儿的生命中，他所经历过的人很少，但婴儿觉得他们是众多的客体，因为他们在他看来具有不同的面向。因此，分析师可能在某一特定时刻代表自我的一部分，超我的一部分，或众多内化的形象中的任何一个。同样地，如果我们意识到分析师代表的是真正的父亲或母亲，这也不能使我们走得太远，除非我们能理解分析师再现（revive）了父母的哪一方面。
>
> （Klein, 1952a, p. 54）

克莱因也清晰表明了她使用移情概念的广度和深度，以及移情的一个面向可能是表达给分析师的，但其他方面可能被分裂，归于其他外部的人。她说：

> 多年来——在某种程度上，这在今天仍是如此——移情被理解为病人直接涉及分析师的材料。我的移情概念源于发展的最初阶段和无意识的深层次，它是更为广阔的概念，并且包含一种技术，通过这种技术从呈现的整体材料中推断出移情的无意识成分。例如，病人关于自己日常生活、关系和活动的报告，不仅能让我们深入了解其自我的功能，而且如果我们探索他们无意识的内容——还能揭示对移情情境中激起的焦虑所使用的防御。因为病人一定会以他过去使用过的方法来处理他在分析中再次经验到的、指向分析师的冲突与焦虑。
>
> （Klein, 1952a, p. 55）

最后，克莱因描述了她对"整体情境"的看法，她用这个概念指代一个人经验的复杂整体，包括他的过去和现在，它塑造了他的内心世界，并在移情中活现出来。

> 我们习惯于谈论移情情境。但我们是否始终牢记这一概念的根本重要性？根据我的经验，在阐明移情的细节时，我们必须考虑从过去到现在的整体情境，以及情感、防御和客体关系。

(Klein, 1952a, p. 55)

对梅兰妮·克莱因档案的进一步研究，让人们对克莱因作为分析师和督导的友善态度有了新的认识，她以各种方式使用投射性认同概念，并准备好直接解释移情与病人过去的特定方面的联系（见Gammill, 1989; Spillius, 2007）。

因此，通过她和成人、儿童的临床工作，克莱因对正性和负性移情，对早期超我和早期俄狄浦斯情结的影响迹象，对"整体情境"的复杂性，以及对病人在分析师和其他客体之间的移情情感的分裂和投射，都保持警觉。汉娜·西格尔在1967年的论文《梅兰妮·克莱因的技术》（*Melanie Klein's technique*）中写道：

> ……在我看来，梅兰妮·克莱因发展的技术是合理的，因为给予病人解释的本质以及分析过程中重点的变化表明，事实上，这是一种背离，或者如梅兰妮·克莱因所认为的是古典技术的演变。她看到了材料中以前没能看到的方面，并对其进行解释，她进一步揭示了更多在其他情况下无法触及的材料，这些反过来又产生了新的解释，这些解释即使在古典技术中也很少用到。

(Segal, 1967, p. 4)

其他克莱因学派分析师对成人治疗技术的进一步贡献

从20世纪50年代开始，克莱因学派分析思路的变化趋势以各种方式显现出来（O'Shaughnessy, 1983; Spillius, 1983, 1994）。起初，人们更加强调破坏性及对破坏性的防御。对"部分客体"和"躯体"语言（bodily language）的解释也是这一时期的特征，在某些教条主义狂热者的讨论中尤为如此。在20世纪60年代和70年代，逐渐出现了三种变化趋势，尽管相当不均衡。第一，人们开始以更平衡的方式来解释破坏性。第二，直接使用部分客体躯体语言的解释，开始被"功能"的描述所取代——看、听、思考、排除等。第三，投射性认同概念开始被更直接地用于分析移情。从第三种趋势开始，人们更看重在移情中的付诸行动（现在有时也用"活现"）和迫使分析师卷入移情的压力，这些在贝蒂·约瑟夫的著作中被着重强调。所有这些对于发展关注分析师-病人关系和关注分析师反移情的技术都很重要（Spillius, 1983, 1994, 2007）。埃德娜·奥肖内西对分析师与病人关系日益重要这一特点进行了恰当的描述。她说：

> 在过去的50年里，精神分析师已经改变了他们对自己所使用的技术的看法。现在人们普遍认为，解释不应该是关于病人的内心动力，而应该是关于病人和分析师在心智层面之间的互动。
>
> （O'Shaughnessy, 1983, p. 281）

聚焦于分析师-病人关系的技术发展

如上所述，詹姆斯·斯特雷奇在其论文《引发改变的解释》(*Mutative interpretation*) 中，对分析中解释分析师-病人关系的效果给出了早期的关注和理论阐述。这篇论文对英国精神分析思想的各个学派都产生了重要影响。赫伯特·罗森菲尔德是斯特雷奇论文的特殊崇拜者，描述了这篇论文的重要性，并警告人们不要滥用斯特雷奇的见解。

> 我们偶尔会发现相反的情况……分析师也许把所有提供给他的材料与移情模糊地联系起来，例如分析师会说"你现在对我有类似的感觉"或"你正在对我这样做"，或者他们像鹦鹉学舌一样重复病人的话，并将这些话与治疗联系起来。我认为，本应是对此时此地情境的解释却变成了这种刻板的解释，把斯特雷奇关于引发改变的移情这一宝贵的贡献变成了荒谬的东西。
>
> （Rosenfeld, 1972, p. 457）

尽管比昂并未将斯特雷奇作为对自己有特殊影响的人来引用其材料，但斯特雷奇关于"引发改变的解释"过程的想法，可能对比昂的"涵容(containment)"（Bion, 1962, 特别是第90页）思想的发展产生了一些影响，在"涵容"情况下，分析师通常会内摄病人的投射物，进一步引发了分析师在情感和智力方面的工作，然后可能产生一些能够被病人所内摄的新解释。

斯特雷奇和比昂的著作对贝蒂·约瑟夫（Betty Joseph, 1985, 1989）的思想产生了重要影响，贝蒂·约瑟夫的思想关注的是分析师和病人当下的关系。病人关于自己过去和现在生活的自述得到了充分重视，但是主要被理解为与当下移情情境有关。约瑟夫尤其以密切关注病人对解释的反应而闻名，她仔细地注意到尽管病人在意识层面希望出现治疗改变，但其实总是试图维持现有的情绪平衡（Joseph, 1989）。她在会谈的当下情境中，大部分时候都逗留在即刻的移情关系上。然而，偶尔她也会帮助某些病人尝试重建其婴儿期的体验，这种婴儿期体验可能是某类特定类型的病人所有的。例如，在《濒死状态成瘾》中，她说：

> 这些病人所经历的困难给我这种印象，这些病人在等待中意识到缝隙，意识到哪怕是最简单的内疚，而这种潜在的抑郁经历在婴儿时期就被他们感知为可怕的痛苦，这成了一种折磨，于是他们试图通过接管这些折磨来回避痛苦，即给自己施加精神上的痛苦，并打造成充满倒错兴奋的世界，这种做法必然会阻碍真正向抑郁心位前进的步伐。
>
> （Joseph, 1982, p. 138）

这样的通用公式有助于分析师和读者进行概念化，帮助他们理解在病人内部以及分析师和病人之间发生了什么，但是约瑟夫并不会对病人做出明确的解释，除非这些想法在当前的情境下非常活跃，病人也想自发地去理解它们。

约瑟夫在1985年的论文《移情：整体情境》中，发展了克莱因"整体情境"的想法，强调它的复杂性和全面性较少在于病人的成长史（这是克莱因讨论这个概念时所着重强调的），而更多地在于病人的内部状况如何在与分析师的移情情境中表达。正如她所说：

> 我们对移情的理解很大程度上来自我们对病人的理解，他们因为各种原因对我们施加行动让我们感受到某些东西，他们如何试图将我们拉入他们的防御系统；在移情中，他们如何无意识地对我们付诸行动，试图让我们和他们一起付诸行动；他们如何传达从婴儿期开始建立——在童年和成年期展开——的内部世界；经验往往是无法用语言表达的，我们通常只能通过被唤起的内心感受，即广义上的反移情去进行捕捉。
>
> （Joseph, 1985, p. 157）

斯特雷奇、比昂和约瑟夫的工作影响了大多数克莱因学派分析师，因此越来越多的人强调，在分析的当下分析师和病人的相互作用。尽管方法上会有不同,但最普遍的期望是,克莱因学派的分析师首先要将注意力集中在,病人如何通过分析师-病人关系来表达其内部客体关系,之后才会发现这些关系与记忆中过去的关系有相似或不相似的地方。

"现在"和重建的作用

弗洛伊德和克莱因似乎经常理所当然地认为是过去"导致"了"现在"。因此,梅兰妮·克莱因在她的档案中写道:

<u>对技术的注解</u>

移情现象与过去有关,这一点无论如何强调和传达给病人都不为过。近年来,人们已经认识到从无意识和意识的材料中收集移情线索的重要性,然而"移情意味着对过去的重复"这一旧概念似乎相应减少了。分析师一次又一次地听到关于"此时此地"的表达,把全部的重点放在病人指向分析师的体验上,而忽略了与过去的联系。

(梅兰妮·克莱因档案,PP/KLE D17,威尔科姆图书馆)

与克莱因的此类陈述形成鲜明对比的是,比昂在他的论文《对记忆和欲望的注释》(1967)中强调,当下的分析师-病人关系是获得分析性理解的基础,他没有陈述或暗示过去"导致"了现在。比昂说,分析师应该避免带着"记忆"和"欲望",因为基于任何一种思维框架的活动都将污染分析师对病人与分析师之间即刻互动的关注,并破坏他在与病人相处当下的接收能力。这种对移情即刻性的关注,已成为克莱因学派技术发展的强调重点。这并不排斥病人去诉说那些关于他过去的记忆或对未来的欲望,但它引导分析师去注意到病人在与分析师的即刻关系中所表现出来的内部客体关系,这构成了能够更好地理解那些过去和未来的背景。比昂提出避免带着记忆和欲望,这与弗洛伊德提倡的"均匀的悬浮注意力"(Freud, 1912, pp. 111-112)有很多相似之处,尽管他可能更强调移情和反移情体验的即刻性。

如上所述,贝蒂·约瑟夫(Betty Joseph, 1985, 1989)也强调分析师和病人在分析互动中即刻体验的重要性。她没有忽略过去,而是倾向于从分析师和病人之间的关系开始,然后引入与病人当下移情体验一致的、来自过去的记忆。

迈克尔·费尔德曼（Michael Feldman, 2007）在他的论文《历史的启示》（*The illumination of history*）中指出，病人的成长史体现在他的内部客体关系中，这些关系在分析师-病人关系中得以表达。一旦这些关系在目前的分析性关系中被分析和理解，潜在的焦虑可能会减少，如此心智上的变化就会发生，病人就可以与他的成长史建立新的联系，照亮他的现在和过去。

尽管克莱因学派的分析师对时间和因果关系的态度有所不同，分析师通常倾向于从分析师-病人关系中所表达的关系开始，当过去的记忆在分析中出现，并显示出它们与分析师-病人的关系相关联时，分析师会引入过去的记忆。

"反移情"含义和用法的变化

弗洛伊德和克莱因都对"反移情"这个词持负面的看法（Freud, 1910, pp. 144-145; 1915, pp. 160, 165-166, 169-170; Klein, 1957, p. 226），但英国从20世纪50年代开始，对分析师-病人的关系越来越感兴趣，并将其作为技术的核心关注点，开始涉及对待反移情的新态度，也就是涉及分析师对病人意识层面或无意识层面的回应。

克莱因在她的出版物中，仅仅提到过一次反移情（1957, p. 226），而且态度是负面的，在她未发表的档案中，她明确表达了她对反移情有可能是获得病人有用信息来源的观点持否定态度。1958年，一群年轻的同事请她对反移情发表评论，克莱因的部分回复如下。

> ……它一度被称为反移情。而现在，情况并非如此。当然，你知道病人一定会激起分析师的某些情绪，而这因病人的姿态而不同，当然分析师必须意识到他的情绪也在其中起了作用。我从来没有发现反移情可以帮助我更好地理解病人。如果可以这样说的话，我发现它帮助我更好地了解自己。
>
> （梅兰妮·克莱因档案，PP/KLE C72，威尔科姆图书馆）

克莱因对反移情的有用性持否定看法，她遵循了弗洛伊德的观点，即反移情是分析师的病理性表现。在态度上她有些不同步，不仅不同步于她年轻的同事，还不同步于宝拉·海曼（1950）、海因里希·拉克（1968）、罗森菲尔德

(1952)、比昂（Bion, 1955）和其他几位克莱因学派分析师。

通过围绕反移情的各种讨论，越发明晰的是：不同观点之间的差异部分源于对这个术语的界定方式。尽管克莱因否定反移情是病人信息的有用来源，但很明显的是她对病人的态度，即使是非常困难的病人，她的态度都是友善和理解。例如，她说：

> 但重要的是，不要试图在整合过程中加快这些步骤。因为如果病人突然意识到他人格上的分裂，他将很难应对它。嫉毁和破坏的冲动被分裂得越强烈，那么在病人意识到它们时，他就觉得它们越危险。在分析中，我们应该慢慢地、逐渐地帮助病人痛苦地洞察到被分裂的自体。这意味着破坏的部分一次又一次地分裂和重新收回，直到更大的整合出现。结果是责任感变得更强，内疚和抑郁也得到更充分地体验。
>
> （Klein, 1957, pp. 224-225）

克莱因显然并不认为她通常对病人的那种亲切且具有洞察力的态度是她的反移情。像弗洛伊德一样，她含蓄地将反移情定义为对病人的态度，这种态度受到分析师病理的影响。对于分析师在智力上和情感上有助于理解病人的属性和态度，她没有明确的术语来定义。

宝拉·海曼（Paula Heimann, 1950）的论文《论反移情》对英国分析师产生了相当大的影响，其中包括克莱因学派分析师。海曼在书中说：

> 我的观点是，分析师在分析情境中对病人的情绪反应，是他能应用到自己工作中的最重要的工具之一。分析师的反移情是研究病人无意识的工具。
>
> （Heimann, 1950, p. 74）

> 我所强调的观点是，分析师的反移情不仅是分析关系的一部分，而且是病人所创造的，是病人人格的一部分。
>
> （Heimann, 1950, p. 77）

海因里希·拉克（Heinrich Racker）在20世纪40年代和50年代发表了一

系列论文，在1968年汇编成书出版，名为《移情和反移情》(*Transference and Counter-transference*)。他写道，"……反移情是对移情的鲜活反应"(1968, p. 3)。他区分了"反移情神经症"与具有建设性的反移情，前者主要涉及分析师的病理性部分，而后者是基于分析师对病人准确且共情性的理解，他使用的"反移情"这个常用术语，既包含神经症，也包含建设性的反移情形式。他还区分了"一致性反移情"(分析师认同病人)和"互补性反移情"(分析师认同病人的内部客体) (1968, p. 134)。他将分析师的"反阻抗"定义为，对病人所引发的性感受或负面感受的反应，可与病人的"阻抗"相比较 (Racker, 1968, pp. 19, 137)。

像拉克和海曼一样，罗森菲尔德和比昂都认为，在与精神分裂症病人工作时，分析师需要使用他的反移情。罗森菲尔德 (Rosenfeld, 1952) 在《对急性精神分裂症病人的超我冲突进行精神分析的评论》中说道：

> 在我看来，精神分析师对病人传达给他的东西的无意识直觉理解，是所有分析中必不可少的因素，并且这取决于分析师将他的反移情当作敏感的"接收装置"来使用的能力。在治疗语言交流极度困难的精神分裂症病人时，分析师通过反移情获得的无意识直觉理解更重要，因为它帮助他确定在当下什么才真正重要。
>
> (Rosenfeld, 1952, p. 76)

威尔弗雷德·比昂在1955年的论文《语言与精神分裂症》(*Language and the schizophrenic*) 中提出了同样的观点，他说在精神分裂症的治疗中，"……唯一可以作为解释依据的证据是由反移情所提供的"(Bion, 1955, p. 224)。

莫尼-克尔 (Money-Kyrle, 1956) 在《正常的反移情及其偏差》中，分析了分析师-病人关系中的反移情。他的提法与拉克的提法相似，尽管没有提出那么明确的定义。他认为，"正常的"反移情表达了分析师对病人的兴趣，和对病人福祉的关切。当分析进行得很顺利时，在内摄和投射之间会有相当快的摆荡，在这个摆荡中，分析师内摄性地认同病人，在理解了他之后，"重新向他投射"并进行解释。

当病人的某些东西与分析师尚未在自己身上学会理解的东西相对应时，就会出现一段时间的不理解。莫尼-克尔说存在三个因素：分析师的情绪被扰动；

病人在这过程中所起的作用；分析师被扰动对病人的影响。有时对这种互动过程的洞察力会迅速恢复，困难也会被克服。在其他时候，分析师可能会依靠安慰，或者可能会对病人生气。莫尼-克尔认为，这些不令人满意的情况可能比我们愿意承认的更频繁地发生，但分析师正是通过它们，默默地分析自己的反移情反应，才能提升自己的洞察力，并更多地了解病人。

像莫尼-克尔一样，布伦曼·皮克（Brenman Pick, 1985）在《在反移情中修通》中强调，分析师必须使用他对自己的反移情感受和对病人反应的理解，以便做出有效的解释。她特别强调分析师在识别和处理因病人投射而出现的反移情反应时所经历的挣扎。

因此，分析师的反移情，如果被分析师认真地理解和接受了，就会被认为是一种有用的技术工具。这在某种程度上适用于所有类型的病人，尽管在精神病病人、边缘病人和自恋病人中尤其显著。这样的病人经常将他们的婴儿自体投射进分析师，正是通过内摄让病人饱受折磨的婴儿期感觉，分析师才能够理解和解释，病人的良性自体是如何被病人可能理想化了的残忍、破坏性自体所攻击和支配的。

关于边缘和"困难"病人的特定技术

很多克莱因学派技术，都先是由与精神病性病人的工作所塑造，近来则源自与困难的自恋和边缘病人的工作。赫伯特·罗森菲尔德与此类病人的工作尤为重要。在《论自恋的精神病理学：一种临床方法》（1964）和《精神分析中生死本能理论的一种临床方法：对自恋攻击性方面的研究》（1971）中，罗森菲尔德描述了病人的内部冲突，病人的依赖部分和支配、自恋、破坏性部分之间的冲突。分析师在技术上的目标是找到病人依赖的、被囚禁的部分，并鼓励它与分析师结盟，而不是与自体的破坏性部分结盟。在1987年的《僵局与解释》一书中，罗森菲尔德除了采用了他早期著作中提出的观点外，还将"厚脸皮"病人和"薄脸皮"病人区分开来，前者需要在分析时坚定地处理，后者因为他们童年时期受过的创伤，需要小心而巧妙地处理。他还表示，许多分析师没有充分意识到这些受创伤病人在分析中的挣扎，因为病人可能会觉得分析师像他们过去的某些客体一样，是危险的，会造成创伤。

汉娜·西格尔（Hanna Segal, 1981）在她的论文《梦的功能》(*The function of dreams*) 中，继承了弗洛伊德的观点，认为梦的正常功能是在不引起压抑的情况下表达，并在一定程度上满足愿望。然而，对于边缘病人和严重紊乱的病人而言，梦还有其他功能。分析师的技术需要更少地用于分析梦的内容，而更多地去揭示梦的其他功能，比如从心灵中排出痛苦和不安。在某些情况下，这种排出是成功的，但在另一些情况下，它只能部分成功，这就产生了西格尔所说的"预言性"的梦，它们在会谈中被付诸行动。

罗纳德·布里顿（Ronald Britton, 1989）在《缺失的联结：俄狄浦斯情结中父母的性欲》中讨论了"三角空间"的概念，即三角情境中的三个人（父母和孩子）以及其所有潜在关系所构建的空间。三角关系中的每一个成员同时成为一段关系的见证人和另一段关系的参与者。这让每个人都有能力在与他人的互动中看到自己，并在保留自己观点的同时容纳另一种观点。

布里顿通过描述与一个病人的工作情况来说明缺失的联结，这个病人对她父母关系的特殊性质的理解能力非常有限。当布里顿在思考自己的想法时，病人将其体验为父母之间的性交，最初病人以身体暴力的方式回应，随后她说："停止那些狗屁思考！"在分析情境下，布里顿需要能够以自己独立的方式思考病人，同时与病人沟通自己对其观点的理解，这是病人能够逐渐接受的过程。

埃德娜·奥肖内西（Edna O'Shaughnessy, 1992）在《飞地和漫游》中描述了分析师需要意识到的两个潜在的技术危险。第一个是允许自己被拖入"飞地"，"飞地"是指远离困扰的避难所。第二个是屈服于压力，而不去了解在病人心理上什么是紧迫的，这样分析就会变成一系列的飞行或漫游。舒适的飞地和令人兴奋的漫游都避免了去触及需要处理的精神状况。

约翰·斯坦纳（John Steiner, 1993）在《精神分析的技术问题：以分析师为中心和以病人为中心的解释》中描述了两种解释的区别。一方面，以分析师为中心的解释旨在向病人传达，分析师对于病人希望被理解的愿望的理解，通常在病人自身条件有限的情况下使用；这种解释通常描述了病人是如何看待分析师的。另一方面，以病人为中心的解释是一种经典的解释，"在这种解释中，病人正在做的、思考的或希望的事情被解释，通常与其动机和焦虑相关"（Steiner, 1993, p. 133）。因此，以病人为中心的解释传达了理解，但它表达的是从分析师角度如何理解病人。分析包含这两种解释，但斯坦纳最终说，分析师必须在以病人为中心和以分析师为中心的解释之间找到适当的平衡。

> 暂时来说，解释也许不得不强调涵容，但最终的目的是帮助病人获得洞察力，而那些不愿追求这一基本目标的分析师，不能被体验为提供涵容。

（Steiner, 1993, p. 145）

唐纳德·梅尔泽（Donald Meltzer, 1968）在《分析中僵局的中断技术》(*An interruption technique for the analytic impasse*) 中，描述了他试图通过缩短病人的治疗来克服某种特定的分析僵局。他主张的这种中断方式，其僵局主要涉及这类病人，他们站在抑郁心位的门槛前，但他们不愿意面对抵达抑郁心位所要求的真诚和承受痛苦的能力。（他不建议对精神病病人，或对已知在2岁或2岁以下因历史事件造成僵局的病人进行"中断治疗"，也不建议对饱受潜在灾难性焦虑煎熬的病人进行"中断治疗"。）他还建议，分析师在中断会谈之前应该先咨询同事。

然而，梅尔泽在英国精神分析学会的许多同事并不赞同他的中断技术。这项技术反而是在儿童心理治疗师和许多其他国家的分析师中更为知名，梅尔泽在这些国家治疗病人并教授精神分析，包括技术，直到他2004年去世。

重 要 观 点

克莱因与成人工作的技术，基本上忠于弗洛伊德

克莱因的分析方法在形式上与弗洛伊德的分析方法基本相似，但其分析的内容有所不同，因为克莱因对儿童的分析让她产生了一些观点，尤其是负性移情的作用以及游戏和自由联想的等价性。她在儿童分析方面的发现影响了她对成人内容的分析（对成人分析的内容）。

移情中的"整体情境"

克莱因将移情中的"整体情境"描述为，病人生活在其内心世界的关系之

中，这种关系是基于他过去和现在经历的复杂性。克莱因在与儿童和成人的工作中都发现，移情是治疗工作的中心，而且移情从分析的一开始就很活跃。

斯特雷奇关于引发改变的解释的观点

这影响了包括克莱因在内的许多分析师（Strachey, 1934）。引发改变的解释发生在一系列的小进展中，在其中病人看到了他的"古老超我"和真实分析师（他将自己的古老超我投射到分析师身上）之间的区别。在斯特雷奇看来，移情解释是最有可能导致引发改变的解释和精神变化的解释，这一观点被克莱因和后来的克莱因学派分析师们所认同。

后 续 发 展

当代克莱因学派分析师的技术在几个方面与克莱因有所不同。

强调活现

斯特雷奇强调引发改变的解释，比昂关于容器/被涵容的概念，以及约瑟夫的精神平衡和精神改变的方法，这些都已经成为技术上常见的基础概念，这些技术普遍关注：在分析会谈的当下和在分析师和病人此时此地的关系中，病人内部世界各方面的活现（Strachey, 1934; Bion, 1962; Joseph, 1989; O'Shaughnessy, 1983）。

越来越强调当下

技术上对分析师-病人关系的关注涉及对"当下"的日益强调（Bion, 1967; Feldman, 2007），以及从当下分析师-病人关系的角度来对病人"过去"的重要性进行理解。然而，在多大程度上使用病人对过去的外显记忆这一点上，克莱因学派分析师之间存在相当大的差异。

"反移情"含义的变化

"反移情"一词的含义已经逐渐改变，从被定义为分析师受自身病理性倾向影响的反应，转变为分析师对病人的所有反应，现在人们认为其中许多都有助于分析师对病人的理解（Heimann, 1950; Rosenfeld, 1952, 1987; Bion, 1955; Money-Kyrle, 1956; Racker, 1968; Brenman Pick, 1985）。

对自恋和边缘病人的研究进展

与边缘病人和自恋病人的工作形成了许多特殊的技术重点和区分：罗森菲尔德和后来的克莱因学派分析师强调，需要解决病人自体中依赖和毁灭性部分之间勾连所引发的破坏性影响（Rosenfeld, 1964, 1971）；区分厚脸皮自恋和薄脸皮自恋病人（Rosenfeld, 1987）；三角空间（Britton, 1989）；在技术上注意"飞地"和"漫游"（O'Shaughnessy, 1982）；以分析师为中心的和以病人为中心的解释（Steiner, 1993）。

参 考 文 献

Bion, W. R. (1955) 'Language and the schizophrenic', in M. Klein, P. Heimann and R. Money-Kyrle (eds) *New Directions in Psychoanalysis*. London: Tavistock, pp. 220-239.

—— (1962) *Learning from Experience*. London: Heinemann.

—— (1967) 'Notes on memory and desire', *Psychoanal.* Forum 2: 272-280; also in E. Spillius (ed.) *Melanie Klein Today*, Vol. 2. London: Routledge (1988), pp. 17-21.

Brenman Pick, I. (1985) 'Working through in the countertransference', *Int. J. Psycho-Anal.* 66: 157-166.

Britton, R. (1989) 'The missing link: Parental sexuality in the Oedipus complex', in J. Steiner (ed.) *The Oedipus Complex Today*. London: Karnac Books, pp. 83-101.

Feldman, M. (2007) 'The illumination of history', *Int. J. Psycho-Anal.* 88: 609-625.

Freud, A. (1927) *The Psycho-Analytic Treatment of Children* (English edition, 1945). London: Imago.

Freud, S. (1910) 'The future prospects of psycho-analytic therapy', *S.E. 11*. London: Hogarth Press, pp. 139-151.

—— (1912) 'Recommendations to physicians practising psychoanalysis', *S.E. 12*. London: Hogarth Press, pp. 111-120.

—— (1915) 'Observations on transference-love', *S.E., 12*. London: Hogarth Press, pp. 159-171.

Gammill, J. (1989) 'Some personal reflections on Melanie Klein', *Melanie Klein and Object Relations* 7: 1-15.

Heimann, P. (1950) 'On counter-transference', *Int. J. Psycho-Anal.* 31: 71-84.

Hinshelwood, R. D. (1991) *A Dictionary of Kleinian Thought*, 2nd edition. London: Free Association Books.

Joseph, B. (1982) 'Addiction to near-death', *Int. J. Psycho-Anal.* 63: 449-456; reprinted in M. Feldman and E. B. Spillius (eds) *Psychic Equilibrium and Psychic Change.* London: Routledge (1989), pp. 127-138.

—— (1985) 'Transference: The total situation', *Int. J. Psycho-Anal.* 66: 447-454; reprinted in M. Feldman and E. B. Spillius (eds) *Psychic Equilibrium and Psychic Change.* London: Routledge (1989), pp. 156-167.

—— (1989) *Psychic Equilibrium and Psychic Change.* London: Routledge.

King, P. and Steiner, R. (1991) *The Freud-Klein Controversies 1941-45.* London: Routledge.

Klein, M. (1927) 'Symposium on child analysis', in *The Writings of Melanie Klein*, Vol. 1. London: Hogarth Press, pp. 139-169.

—— (1932) *The Psychoanalysis of Children. The Writings of Melanie Klein*, Vol. 2. London: Hogarth Press.

—— (1943) 'Memorandum on her technique', in P. King and R. Steiner (eds) *The Freud-Klein Controversies 1941-45.* London: Routledge (1991), pp. 611-636.

—— (1950) 'On the criteria for the termination of a psychoanalysis', in *The Writings of Melanie Klein*, Vol. 3. London: Hogarth Press, pp. 43-47.

—— (1952) 'The origins of transference', *Int. J. Psycho-Anal.* 33: 433-438; also in *The Writings of Melanie Klein*, Vol. 3. London: Hogarth Press (1975), pp. 48-56.

—— (1955) 'The psycho-analytic play technique: Its history and significance', in M. Klein, P. Heimann and R. Money-Kyrle (eds) *New Directions in Psychoanalysis.* London: Tavistock, pp. 3-22: also in *The Writings of Melanie Klein*, Vol. 3. London: Hogarth Press (1975), pp. 122-140.

—— (1957) 'Envy and gratitude', in *The Writings of Melanie Klein*, Vol. 3. London: Hogarth Press, pp. 176-235.

Meltzer, D. (1968) 'An interruption technique for the analytic impasse', in A. Hahn (ed.) *Sincerity and Other Works: Collected Papers of Donald Meltzer.* London: Karnac Books (1994), pp. 152-165.

Money-Kyrle, R. (1956) 'Normal counter-transference and some of its deviations', *Int. J. Psycho-Anal.* 37: 360-366.

O'Shaughnessy, E. (1983) 'Words and working through', *Int. J. Psycho-Anal.* 64: 281-289.

—— (1992) 'Enclaves and excursions', *Int. J. Psycho-Anal.* 73: 603-611.

Racker, H. (1968) *Transference and Countertransference.* London: Hogarth Press.

Riviere, J. (1952) 'General introduction', in Melanie Klein, Susan Isaacs, Paula Heimann and Joan Riviere *Developments in Psycho-Analysis.* London: Hogarth Press (1952), pp. 1-36.

Rosenfeld, H. (1952) 'Notes on the psycho-analysis of the super-ego conflict in an acute schizophrenic patient', *Int. J. Psycho-Anal.* 33: 111-131; reprinted in *Psychotic States.* London: Hogarth Press (1965), pp. 63-103.

—— (1964) 'On the psychopathology of narcissism: A clinical approach', *Int. J. Psycho-Anal.* 45: 332-337; reprinted in *Psychotic States.* London: Hogarth Press (1965), pp. 169-179.

—— (1971) 'A clinical approach to the psychoanalytical theory of the life and death instincts: An investigation into the aggressive aspects of narcissism', *Int. J. Psycho-Anal.* 52: 169-178; reprinted in E. B. Spillius (ed.) *Melanie Klein Today,* Vol. 1. London: Routledge (1988), pp. 239-255.

—— (1972) 'A critical appraisal of James Strachey's paper on "The nature of the therapeutic action of psycho-analysis" ', *Int. J. Psycho-Anal.* 53: 455-461.

—— (1987) *Impasse and Interpretation.* London: Routledge.

Segal, H. (1967) 'Melanie Klein's technique', in *The Work of Hanna Segal.* New York: Jason Aronson (1981), pp. 3-24.

—— (1981) 'The function of dreams', in *The Work of Hanna Segal.* New York: Jason Aronson, pp. 89-97.

Spillius, E. B. (1983) 'Some developments from the work of Melanie Klein', *Int. J. Psycho-Anal.* 64: 321-332.

—— (1994) 'Developments in Kleinian thought: Overview and personal view', *Psychoanal Inq.* 14: 324-364.

—— (2007) 'In Melanie Klein's archive', in *Encounters with Melanie Klein: Selected Papers of Elizabeth Spillius* P. Roth and R. Rusbridger (eds). London: Routledge, pp. 65-126.

Steiner, J. (1993) 'Problems of psychoanalytic technique: Patient-centred and analyst-centred interpretations', in *Psychic Retreats: Pathological Organizations in Psychotic, Neurotic and Borderline Patients.* London: Routledge, pp. 131-146.

Strachey, J. (1934) 'The nature of the therapeutic action of psychoanalysis', *Int. J. Psycho-Anal.* 50: 275-292.

第二部分

一 般 条 目

卡尔·亚伯拉罕 | Karl Abraham

生平：亚伯拉罕于1877年出生于德国，在苏黎世与荣格（Jung）一起当精神科实习医生时，开始对精神分析感兴趣。1907年，他在柏林开设了德国第一家精神分析诊所，并于1910年成立了德国精神分析学会。1924年，他成为国际精神分析协会的主席，但随后在1925年，在他的专业能力和声誉达到顶峰时去世（H. Abraham, 1974）。1924年，梅兰妮·克莱因说服亚伯拉罕对她进行分析，但15个月后，因为他的健康状况而中断了分析。他还分析了一些英国分析师，包括詹姆斯·格洛弗（James Glover）、爱德华·格洛弗（Edward Glover）和阿利克斯·斯特雷奇（Alix Strachey）。他在精神分析运动中享有特殊的地位，因为他是维也纳以外最早的精神分析先驱之一，这些先驱还包括荣格（苏黎世）、费伦齐（布达佩斯）和琼斯（伦敦）。除此之外，他的重要性在于他是杰出的临床观察者和古典理论家。以下将概述他的三项主要科学贡献。

前生殖器阶段的发育：亚伯拉罕在一篇关于力比多发展和客体爱（object-love）成长的精妙论文（1924a）中，介绍了在口腔阶段、肛门阶段和生殖器阶段的重要区别。亚伯拉罕认为，弗洛伊德的"自恋神经症"根植于口腔阶段和肛门的早期阶段。第二个口腔食人阶段和第一个肛门施虐阶段尤其充满了高水平的施虐冲动，这会导致严重的冲突和退行。它们分别由明显的内摄（口腔纳入）和投射（肛门排出）所主导，这导致了精神病性疾病的自恋特质。对亚伯拉罕来说，客体爱的部分形式开始于第二个肛门阶段。该客体被保存，被视为可以被控制的所有物。这种新的能力与先前吞噬客体的过程形成对比，对于后者而言，客体存在于自体内部，并非独立存在。对于亚伯拉罕而言，在第二年早期的部分爱在俄狄浦斯情结阶段之后被适当的客体爱所取代，随后生殖器阶段开始了：客体在被爱的同时，其分离性也能被更充分地接受。

忧郁症和强迫性神经症：亚伯拉罕与弗洛伊德的密切合作，使他对忧郁症提出了更复杂的病因学理解，也阐明了不同的固着点，从而描绘出区分忧郁症和强迫性神经症之间的"选择点"（1911, 1924a）。亚伯拉罕与躁郁症缓解期的病人工作过。他能够明确地阐明其疾病的精神病性阶段的易感性。

在亚伯拉罕看来,忧郁症病人和强迫症病人都是通过肛门施虐的方式来应对失去所爱客体这一情境:客体会受到粪便的攻击而被残忍地破坏,也会被视为粪便而遭暴力地驱逐。忧郁症的病人试图通过退行回到口腔食人阶段,带着将客体纳入自体的目的来处理客体的受损状态。然而,这种体内化是施虐和自相残杀的,因此内摄的客体被进一步破坏,并"继续从内部施展其暴虐的力量"(1924a, p. 490)。在经典理论中,这种内摄解释了对客体投注的放弃,也解释了原发自恋退行:这是精神病性的两个特征。强迫症病人也用同样的肛门-施虐的暴力方式去应对丧失客体的情境。然而,由于通过控制来保存和保留客体的更高级的肛门期目的占据了主导地位,因此没有发生口腔期同类相食的重大退行。相反,围绕失去所爱客体的冲突引发了"心理强迫现象"(1924, p. 431)。

自恋和对分析的长期阻抗:亚伯拉罕在人格结构这一主题上也做出了一些贡献,他撰写了关于口欲期、肛欲期和生殖器期性格类型的论文(1921, 1924, 1925)。然而,他在这一领域最显著的贡献是对自恋型人格组织做了系统阐述,用以解释某些病人对分析的长期阻抗。这类病人表现出一系列的态度,比如不寻常的蔑视,易于感到被羞辱,同时伴有非常明显的自恋式自体爱(self-love)。亚伯拉罕将后者与病人对被视为父亲的分析师和分析师的能力的嫉毁式怨恨联系起来。病人的嫉毁表现为对分析师治疗贡献的不断贬低,同时认同他的地位,且一直在篡夺他的地位(1919)。亚伯拉罕将这类病人的异常自恋与对肛门施虐的固着以及肛门性格特质联系起来。

亚伯拉罕和克莱因:在克莱因的早期作品中,亚伯拉罕的影响最为明显。尽管克莱因很早就背离了关于俄狄浦斯情结的经典理论,并且对原发自恋阶段持怀疑态度,但她仍坚持亚伯拉罕关于前生殖器阶段的观点。她认为自己早期关于施虐高峰的概念,只是已有的"口腔食人阶段之后是肛门施虐阶段"观点的扩展(Klein, 1932, p. 151)。亚伯拉罕也许比弗洛伊德更清楚地观察到并系统地阐述了,在前生殖器阶段的极端施虐形式,当时对客体的爱还很微弱。这些观察结果在克莱因的儿童分析中得到证实和扩展。克莱因对强迫性防御的构想就是其中一个例子,说明她依赖亚伯拉罕对早期和后期肛门阶段的洞察区分,以及在忧郁症和强迫性神经症之间做"选择"的病因学意义(见"强迫性防御")。她放弃了亚伯拉罕对力比多组织的严格编年史，更多地回到自己的思考，但她对其意义和内容的透彻理解在她的早期作品中显而易见。

亚伯拉罕（Abraham, 1924a）与弗洛伊德在哀悼上的观点不同，他断言，在哀悼中也有证据表明，对丧失的客体的内摄是哀悼工作的重要组成部分。相反，弗洛伊德（1917）给我们留下了关于哀悼的经济学解释（现实要求下的力比多撤离），这不能说明哀悼的痛苦。在克莱因（1940）关于哀悼的论文中，她同意亚伯拉罕的观点，即在哀悼中存在对失去所爱客体的内摄。她还补充说，正常哀悼工作的重要部分是恢复暂时失去的内在好父母，从而将哀悼作为痛苦的过程与早期抑郁心位的冲突联系起来（见"抑郁心位"）。

琼·里维埃（Joan Riviere, 1936）采用了亚伯拉罕对自恋组织（1919）的描述中的主要元素，来解释病人对分析的长期阻抗。在克莱因新提出的躁狂性防御概念（1935）的帮助下，里维埃重新阐述了亚伯拉罕对这种自恋组织的设想，以试图理解负性治疗反应和无法结束（见"病理性组织"）。

亚伯拉罕对克莱因的帮助相当大，不仅分析了她，而且还为她的发展提供了坚实的理论背景。克莱因对亚伯拉罕来说也很重要，因为她对儿童的研究为他的假说提供了确凿的证据，证明了其前生殖器早期的施虐假设，以及内摄和投射的重要性（见"儿童分析"）。虽然亚伯拉罕像弗洛伊德一样，很少提到克莱因，但他自己在1924年的观察结果很可能来自梅兰妮·克莱因1919年以后所报告的材料。

Abraham, H. (1974)'Karl Abraham: An unfinished biography', *Int. Rev. Psycho-Anal.* 1: 17-72.

Abraham, K. (1911)'Notes on the psycho-analytic investigation and treatment of manic-depressive insanity and allied conditions', in *Selected Papers on Psycho-Analysis*. London: Hogarth Press, pp. 137-156.

—— (1919) 'A particular form of neurotic resistance against the psycho-analytic method', in *Selected Papers on Psycho-Analysis*. London: Hogarth Press, pp. 303-311.

—— (1921) 'Contribution to the theory of the anal character', in *Selected Papers on Psycho-Analysis*. London: Hogarth Press, pp. 370-392.

—— (1924a) 'A short study of the libido, viewed in the light of mental disorders', in

Selected Papers on Psycho-Analysis. London: Hogarth Press, pp. 418-501.

—— (1924b) 'The influence of oral erotism on character-formation', in *Selected Papers on Psycho-Analysis. London*: Hogarth Press, pp. 393-406.

—— (1925) 'Character-formation on the genital level of the libido', in *Selected Papers on Psycho-Analysis. London*: Hogarth Press, pp. 407-417.

Freud, S. (1917) 'Mourning and melancholia', *S.E. 14*. London: Hogarth Press, pp. 237-258.

Klein, M. (1932) *The Psychoanalysis of Children. The Writings of Melanie Klein*, Vol. 2. London: Hogarth Press.

—— (1935) 'A contribution to the psychogenesis of manic-depressive states', in *The Writings of Melanie Klein*, Vol. 1. London: Hogarth Press, pp. 262-289.

—— (1940) 'Mourning and its relation to manic-depressive states', in *The Writings of Melanie Klein*, Vol. 1. London: Hogarth Press, pp. 344-369.

Riviere, J. (1936) 'A contribution to the analysis of the negative therapeutic reaction', *Int. J. Psycho-Anal.* 17: 304-320.

（治疗室外）付诸行动/（治疗室内）付诸行动 | Acting-out/acting-in

1905年，弗洛伊德在朵拉的案例中第一次描述了他所谓的"付诸行动（acting-out）"，他说：

……因为我身上某些未知的品质使朵拉想起了K先生，她报复了我，就像她想对K先生做的一样，并且抛弃了我，因为她认为自己被他欺骗和抛弃。因此，她将自己的回忆和幻想中的重要部分付诸行动，而不是在治疗过程中重述它。

（Freud, 1905, p. 119）

弗洛伊德在1914年重复了这一观点，他说："……我们可以说，病人并不记得任何他已经遗忘和压抑的事情，而是将之付诸行动了"（Freud, 1914, p. 150）。

弗洛伊德强调病人在分析中不仅用语言，而且用行动表达自己。这种行为被称为"（治疗室内）付诸行动（acting-in）"，而不是弗洛伊德的术语"（治疗室外)付诸行动(acting-out)"。如今,"(治疗室外)付诸行动"这个术语经常被用来表示病人在分析之外表现出来而不是将它带到与分析师的会谈中的行为。

克莱因和弗洛伊德一样,认为病人不仅用语言表达自己,而且也用他们对分析师的行动表达自己。此外,她强调许多病人对其他人和情况的评述实际上是病人在表达对分析师的感觉和想法(Klein, 1952)。

弗洛伊德和克莱因主要观察病人对分析师的想法、感受和行动。宝拉·海曼在1950年写的论文《论反移情》中表示,分析师对病人的感受和想法可以是帮助我们理解病人的有用信息来源,自此之后人们不断意识到分析师-病人关系的重要性及其对理解病人的帮助。

比昂(Bion, 1967)建议,分析师应该避免"记忆"和"欲望",他主张应该敏锐地注意分析师和病人之间当下即刻的情绪事件。贝蒂·约瑟夫详细描述了这一过程。

> 我发现在和那些相当遥不可及的病人工作时,将注意力集中在与病人的沟通方式,尤其是他说话的实际方式以及他对分析师解释的回应方式上,往往比将注意力主要集中在他所说的内容上来得更为重要。换句话说,我的建议是,我们必须认识到这些病人**事实上采取了很多行动**,即使在他们进行口头表达的时候,有时候行动就是讲述本身,而我们的技术必须时常考虑到这一点。
>
> (Joseph, 1975, pp. 76-76, 粗体字为后加)

> ……只要我们能够意识到,我们是如何被使用以及事情如何不断在发生,就会开启移情的许多其他方面,我将在后面讨论。例如,这种转移和变化是移情的重要方面,因此任何解释都不能被视为纯粹的解释或说明(explanation),而是必须以特定于该病人及其运作的方式来和病人共鸣;病人在特定时刻的功能水平和他的焦虑本质,可以通过觉察(病人)**如何积极使用移情**来进行最好的测定。
>
> (Joseph, 1985, p. 157, 粗体字为后加)

西格尔(Segal, 1982)简洁地写道:

早期的婴儿发展通过移情中的婴儿部分反映出来。当被很好地整合时，就会产生潜在的非语言交流，而非语言交流会使其他交流更加深入。当没有被整合时，它就会以付诸行动这一原始的交流方式出现。

(Segal, 1982, p. 21)

露丝·里森伯格-马尔科姆也强调病人的行为和言语。

病人不仅用言语表达自己。他也使用行动，并且有时是言语和行动一起。分析师倾听、观察和感受病人的交流。他仔细审视自己对病人的反应，试图了解病人的行为对自己的影响，他将其理解为来自病人的交流。(同时意识到哪些是源于自己人格的反应。)正是在对这些进行整体性理解的基础上，将它作为一种解释呈现给病人。

(Riesenberg-Malcolm, 1986, p. 40)

因此，分析师不仅要听病人所说的，还要听这些话所暗示的感觉和行动，而且他们越来越意识到需要观察分析师自己的言语和行动对病人的影响。

见"技术"。

Bion, W. (1967) 'Notes on memory and desire', in E. Spillius (ed.) *Melanie Klein Today*, Vol. 2. London: Routledge (1988), pp. 17-21.
Freud, S. (1905) 'Fragment of an analysis of a case of hysteria', *S.E. 7*. London: Hogarth Press, pp. 3-122.
—— (1914) 'Remembering, repeating and working through (Further recommendations on the technique of psycho-analysis)', *S.E. 12*. London: Hogarth Press, pp. 145-156.
Heimann, P. (1950) 'On counter-transference', *Int. J. Psycho-Anal.* 31: 81-84.
Joseph, B. (1975) 'The patient who is difficult to reach', in *Psychic Equilibrium and Psychic Change*. London: Routledge (1989), pp. 75-87.
—— (1985) 'Transference: The total situation', in *Psychic Equilibrium and Psychic Change*. London: Routledge (1989), pp. 156-167.
Klein, M. (1952) 'The origins of transference', *Int. J. Psycho-Anal.* 33: 433-438.
Riesenberg-Malcolm, R. (1986) 'Interpretation: The past in the present', in P. Roth (ed.)

On Bearing Unbearable States of Mind. London: Routledge (1999), pp. 38-52.

Segal, H (1982) 'Early infantile development as reflected in the psychoanalytic process: Steps in integration', *Int. J. Psycho-Anal.* 63: 15-21.

黏附性认同 | Adhesive identification

20世纪70年代初，比克（Bick, 1986）和梅尔泽（Meltzer, 1975）提出"黏附性认同"的概念。比克发展出了一套缜密的婴儿观察方法（Bick, 1964, 1968），在这项工作的基础上她提出了关于生命最早期、第一个客体和第一次内摄的新假设（见"婴儿观察""皮肤"）。当内摄失败时，发展的最初阶段就会出问题。由于缺乏内部空间感而无法恰当使用投射性认同（见"内部现实"）。梅尔泽（Meltzer et al., 1975）采纳了这些观点，并发现它们在研究自闭症儿童的分析技术中很重要。梅尔泽描述了一个孩子。

……他倾向于画房子，纸的一面有一所房子，纸的另一面也有一所房子，当你对着光看它，你会看到门是重叠的，你知道你在打开这种房子的前门的同时就从后门出去了。

（Meltzer, 1975, p. 300）

在这次合作过程中，比克和梅尔泽开始认识到这些"次级皮肤（second-skin）"形成的模式（见"皮肤"）。比克通常称之为"模仿行为"。然而，他们逐渐意识到模仿表征了体验和幻想，"黏住"客体，而不是投射进客体里面（见"投射性认同"）。内部空间感的发展失败会导致一种倾向，即以二维的方式来联系事物，没有深度（见"自闭症"）。

这个婴儿必须充分利用他的母亲，即使她仅仅是抚摸他，这样他才能再次入睡。洗澡的时候，母亲脱下他的衣服，他开始颤抖起来……也许是因为脱了衣服他觉得冷，但有可能不是真的，因为当母亲用一块湿棉布碰他时，他停止了颤抖。我认为这种抚摸的力量来自黏附的重要性，它重建了黏着母亲的感觉。

（Bick, 1986, p. 297）

见"皮肤"。

Bick, E. (1964) 'Notes on infant observation in psycho-analytic training', *Int. J. Psycho-Anal.* 45: 558-566.
—— (1968) 'The experience of the skin in early object relations', *Int. J. Psycho-Anal.* 49: 484-486.
—— (1986) 'Further considerations of the function of the skin in early object relations', *Br. J. Psychother.* 2: 292-299.
Meltzer, D. (1975) 'Adhesive identification', *Contemp. Psycho-Anal.* 11: 289-310.
——, Bremner, J., Hoxter, S., Weddell, D. and Wittenberg, I. (1975) *Explorations in Autism*. Strath Tay: Clunie Press.

攻击性 | Aggression

攻击性是复杂的概念，因为它可以用于自我保护、探索和生活，可以用于破坏和死亡，也可以是两者的混合。我们很难梳理出死本能、攻击性、施虐、毁灭、自我毁灭、自我保护、投射和探索之间的区别，因为令人困惑的是，所有这些概念有时都可以互换使用。更困难的是，克莱因改变了她的理论，从施虐是生本能的一个方面，变成了施虐是死本能的一个方面，并与生本能相冲突。尽管如此，克莱因和她的追随者认为施虐和攻击性对生命和发展至关重要。

弗洛伊德：弗洛伊德在论述施虐时，将之视为性本能的一部分，将征服本能（the instinct to master）视为自我保存本能的一部分，但在第一次世界大战爆发后不久，人类深层血脉中具有毁灭性天性的证据得以展现，弗洛伊德才在其死本能的概念中，将攻击性与力比多放在了同等的地位（Freud, 1920）。在弗洛伊德的理论中，死本能（内在的自我毁灭）被转化为攻击性，并以攻击他人的形式向外偏转。一些死本能以自我毁灭的形式保留在内部。生与死的本能在某种程度上仍然融合在一起，无论是以受虐的形式在内部存在，还是以攻击性的形式指向外部。

克莱因：在职业生涯的一开始，克莱因和孩子们一起工作，她被他们幻想和游戏中的施虐和攻击性所震惊。此时克莱因仍遵循弗洛伊德和亚伯拉罕的性心理发展阶段理论，她认为施虐是力比多本能的组成部分（即攻击性是生本能的一部分），孩子受到俄狄浦斯嫉妒和暴怒的驱使，希望利用他的施虐进入母亲并控制她（见"部分本能"）。克莱因交替使用"攻击性""施虐"和"毁灭性"三个词。她关注的是攻击性冲动的情感衍生物。她认为孩子会因为攻击其客体的冲动而产生极大的焦虑，他们害怕自己破坏的潜在可能性，他们害怕在现实或幻想中受伤害的客体会报复他们。她的结论是，抑制和强迫行为是孩子试图限制自己的破坏性行为（见"儿童分析"）。

1932年，克莱因采纳了弗洛伊德关于死本能的观点。这种内在的自我毁灭力量现在成为她发展理论的核心特征（见"死本能"）。克莱因继承弗洛伊德的理论，但也改变了他的理论，她认为婴儿将他的死本能归因于客体（也就是，将他的死本能投射进客体中），而客体现在被体验为攻击者。并不是所有的死本能都被投射了出来，有一些留在了内部——如同在弗洛伊德的理论中——变成了攻击性，直接攻击现在看起来表现出攻击性的客体。在克莱因看来，这些都是不成熟的自我所采取的基本自我保护行为。一些死本能依然以自我毁灭的形式存在于内部。正如在弗洛伊德的理论中，生与死的本能以不同的数量融合在一起，并且也与内摄的客体相结合。

体质上死本能的数量，加上孩子被养育的方式，当然还包括他所处的环境，将决定个人的攻击性。受挫的孩子会变得越来越愤怒，而没有受挫的孩子则会平静下来。在比昂的容器理论中，婴儿最初将他对死亡的恐惧以及随后的其他"坏"情绪投射进母亲（Bion, 1959）。这项活动对于发展而言是必要的。婴儿需要一个比他更强大的自我来容纳他的恐惧，并且同样地，病人需要能够承受其恐惧和愤怒的分析师。虽然这种活动具有攻击性，甚至可能被接受者视为破坏性的攻击，但它对情感和认知的发展都是必不可少的一步。母亲或分析师承受这种投射情感撞击的能力是缓和或加剧攻击性情感的关键因素（见"威尔弗雷德·比昂""容器/被涵容""投射性认同""象征形成""思考和知识"）。挫折和攻击是发展和探索的必要动力；过多的挫折可能导致自我的分裂或对活力的完全抑制。一个缺乏攻击性的人，将他所有的攻击性都投射出去，就会削弱自己，无法整合自己，无法与内部或外部体验到的攻击性客体对抗，并有可能被它们支配。攻击性对于自我保护是必要的。

克莱因学派的著作阐明了无数种控制攻击性的方式，攻击性被分裂、否认或以病理和非病理的方式整合，以及在承认攻击性时如何处理不可避免的内疚。临床文献也探讨了涉及调整攻击性的技术问题（见"抑郁心位""偏执-分裂心位""病理性组织""投射性认同""结构""超我""技术"）。

Bion, W. (1959) 'Attacks on linking', *Int. J. Psycho-Anal*. 30: 308-315.
Freud, S. (1920) 'Beyond the pleasure principle', *S.E. 18.* London: Hogarth Press, pp. 3-64.
Klein, M. (1932) *The Psychoanalysis of Children. The Writings of Melanie Klein*, Vol. 2. London: Hogarth Press.

α 功能 | Alpha-function

比昂的描述受到他对数学的兴趣影响，他致力于在精神分析中推导出类似的一般定理。比昂（Bion, 1962a, 1962b）提出了中性术语"α 功能"，作为一种精神分析代数符号，它是由实际结果来定义，但最初并没有意义。

> 假设有个 α 功能，可以将感官数据转换为 α 元素，从而为心灵提供梦的思想材料，使心灵拥有了唤醒或入睡、有意识或无意识的能力，这个假设似乎很方便。
>
> （Bion, 1962a, p. 115）

这个概念来自比昂对精神分裂症病人的研究，研究他们在为自己的经历赋予意义时出现的问题。当艾萨克斯称无意识幻想为"本能的心理表征"时，她传递了某种跨越身体/心智（非）连续体的转换过程。比昂将这种转换过程命名为"α 功能"，并开始补充临床细节——何时有效，何时无效。术语"α 功能"代表了未知的过程，包括获取原始的感官数据，并从中产生有意义的、可用于思考的心理内容。这些 α 功能的产物就是 α 元素（或 α 粒子）。

当 α 功能不起作用时，感官数据仍然是未被同化的 β 元素，通常通过暴力驱逐的方式来处理（投射性认同的一种变体；见"β 元素"）。作为 α 功能的元素，比昂假设（1）预先存在的"前概念（preconception）"，一种预期，可能甚至是固有的；他说必须遇到（2）"实现（realisation）"，即现实中发生的一些事情，与这个前概念吻合，严丝合缝；这二者结合创造了（3）"概念（conception）"，它在精神上可用来进一步思考（见"联结"）。这种结合两种元素来创造第三种元素的范式，是心智、思想和理论的基本构建模块（见"容器/被涵容"）。与这个过程结合在一起的是情感过程，在这个过程中，分裂结合成一个整体，他将这个过程称为"Ps ↔ D"，来自克莱因的两个心位理论（见"抑郁心位""偏执-分裂心位"）。在比昂的理论中，α 元素［思想原型（protothoughts）和思想］的积累创造了思考的装置（概念、理论结构等），而不像其他思考理论所认为的那样，是思考的装置创造了思维。α 功能的失败导致了 β 元素的积累，并创造了摆脱头脑中不想要内容的装置。

见"容器/被涵容""遐想"和"思考和知识"。

Bion, W. (1962a) 'A theory of thinking', in W. R. Bion (ed.) *Second Thoughts*. London: Heinemann (1967), pp. 110-119.

—— (1962b) *Learning from Experience*. London: Heinemann.

矛盾心理 | Ambivalence

精神分析在理论上一直以心理冲突（mental conflict）的概念为基础，而矛盾心理是指指向客体的关系中持有矛盾的情感状态。弗洛伊德描述了人类的双性恋（或性矛盾），导致了异性恋和同性恋俄狄浦斯情结的产生，其结果是感受到对父母双方的爱和恨。这个想法被弗洛伊德关于本能双重性（力比多和死本能）的假设大大加强了。克莱因将这种矛盾状态提升到"抑郁心位"这一关键概念的中心位置（见"抑郁心位"）。相反，冲突的情感可能会各种状态交替出现，在精神上相互解离或分裂（见"分裂"），引起相当大的不稳定，因为爱和恨突然让位给对方（见"理想化客体"）；或者冲动可能会被融合：例如力比多和破坏性（施虐）的混合，导致兴奋的性施虐倒错。

见"冲突"和"本能"。

美国精神分析与克莱因的关系
American psychoanalysis in relation to Klein

当然，克莱因承认并很感谢弗洛伊德和亚伯拉罕对她的极大帮助，也比较感谢费伦齐，但除此之外，她很少提及其他分析师或思想学派——费尔贝恩是少数几个例外之一（Klein, 1946）。或许反过来，其他学派也慢慢才注意到克莱因的观点。美国的分析师尤其如此，除了洛杉矶和旧金山的小团体以及其他的美国研究院里的个别人士，特别是罗伊·谢弗（Roy Schafer）以外，他们通常不喜欢克莱因和克莱因学派。

第二次世界大战后，美国的精神分析发展迅速，其主要思想学派是自我心理学（Hartmann, 1939）。哈特曼（Hartmann）自认为（也被认为）他的方法是彻底的弗洛伊德派，并特别赞同安娜·弗洛伊德的工作，尽管他基于对弗洛伊德驱力理论的严格解释发展出了一种"正确的"技术。这仍然经常被称为是"经典的"精神分析。他的理论还强调了个人适应环境的重要性，这一主题在大多数美国精神分析学派中以各种方式变得重要起来。

自我心理学强调医学，这并不奇怪，因为它的从业者多有医学背景。精神科医生有很强的政治地位，因为他们多年来控制着美国的精神分析培训教育中心。最终在1988年，一项法院裁决使得心理学家能够从事精神分析，这让美国心理学家有机会发展自己的精神分析训练和他们喜欢的思想。

一些美国分析师已经开始发展对文化、环境因素（Horney, 1937; Fromm, 1941, 1947）和人际关系（Sullivan, 1953）给予极大关注的方法，因此得名"人际精神分析（interpersonal psychoanalysis）"，该思想学派也受到了英国客体关系学派的影响。

人际学派之后是海因兹·科胡特（Heinz Kohut）的"自体心理学（self-psychology）"（Kohut, 1971, 1977），它强调当社会和家庭环境导致了病人的抑制和畸形时，为了发展病人全然自发的"自体"，分析师需要与病人发展出深入的共情。从这种强调中，后来的自体心理学家，如罗伯特·史托罗楼

(Robert Stolorow)等，发展了他们所谓的"主体间性精神分析（intersubjective psychoanalysis）"（Stolorow & Attwood, 1992）。

与此同时，斯蒂芬·米切尔（Stephen Mitchell）和他的同事们正在发展他对"关系精神分析（relational psychoanalysis）"的构想，这是沙利文的人际分析、英国客体关系理论和自体心理学的复合体（Greenberg & Mitchell, 1983; Mitchell, 1988; Mitchell & Black, 1995）。除了这些发展之外，还有罗伊·谢弗的工作，先是关于分析性语言的论述（1976），然后是关于叙述的重要性（1983），最后是关于克莱因学派分析的描述（1997），它大大增加了美国对克莱因学派分析的理解。

汉斯·洛沃尔德（Hans Loewald）是另一位性格独特且具有影响力的美国分析师，他专注于理解心智的本质和弗洛伊德理解心智本质的方法（Loewald, 1980）。在他的众多观点中，其中一个是，他认为弗洛伊德的思想在1920年发生了翻天覆地的变化，那年他写作了《超越快乐原则》，并在其中引入爱欲（eros）概念，视之为寻求联结而不是寻求释放。

奥拓·科恩伯格一直致力于发展一个综合理论，他将弗洛伊德的结构模型、克莱因和费尔贝恩的客体关系理论，以及雅各布森（Jacobson）关于早期认同的想法结合在一起（Jacobson, 1964; Kernberg, 1975, 1976, 1984）。

也许美国精神分析最显著的发展是托马斯·奥格登的崛起和其声望的提高，他对克莱因、温尼科特和其他许多人的工作感兴趣，并将其与自己对精神发展和功能的独特理解结合起来（Ogden, 1986, 1989, 1994, 1997）。

从整体上看，美国精神分析的显著特点是相对缺乏对攻击性的强调，无论是其建设性的还是破坏性的方面。另一个特点，至少与英国克莱因学派分析的技术相比，更多关注病人的个人成长史，而相对较少关注在分析过程的即刻情景下移情和反移情的相互作用。

Fromm, E. (1941) *Escape from Freedom*. New York: Avon Press.
—— (1947) *Man for Himself*. Greenwich, CT: Fawcett.
Greenberg, J. and Mitchell, S. (1983) *Object Relations in Psychoanalytic Theory*. Cambridge, MA: Harvard University Press.

Hartmann, H. (1939) *Ego Psychology and the Problem of Adaptation*. New York: International Universities Press.

Horney, K. (1937) *The Neurotic Personality of Our Time*. New York: Norton.

Jacobson, E. (1964) *The Self and the Object World*. New York: International Universities Press.

Kernberg, O. (1975) *Borderline Conditions and Pathological Narcissism*. New York: Jason Aronson

—— (1976) *Object Relations Theory and Clinical Psychoanalysis*. New York: Jason Aronson.

—— (1984) *Severe Personality Disorders*. New Haven, CT: Yale University Press.

Klein, M. (1946) 'Notes on some schizoid mechanisms', *Int. J. Psycho-Anal*. 27: 99-110.

Kohut, H. (1971) *The Analysis of the Self*. New York: International Universities Press.

—— (1977) *The Restoration of the Self*. New York: International Universities Press.

Loewald, H. (1980) *Papers on Psychoanalysis*. New Haven, CT: Yale University Press.

Mitchell, S. (1988) *Relational Concepts in Psychoanalysis: An Integration*. Cambridge, MA: International Universities Press.

—— and Black, M. (1995) *Freud and Beyond: A History of Modern Psychoanalytic Thought*. New York: Basic Books.

Ogden, T. (1986) *The Matrix of the Mind*. Northvale, NJ: Jason Aronson.

—— (1989) *The Primitive Edge of Experience*. Northvale, NJ: Jason Aronson.

—— (1994) *Subjects of Analysis*. London: Karnac.

—— (1997) *Reverie and Interpretation*. London: Karnac.

Schafer, R. (1976) *A New Language for Psychoanalysis*. New Haven, CT: Yale University Press.

—— (1983) *The Analytic Attitude*. New York: Basic Books.

—— (1997) *The Contemporary Kleinians of London*. Madison, CT: International Universities Press.

Stolorow, R. and Attwood, G. (1992) *Concepts of Being: The Intersubjective Foundation of Psychological Life*. Hillsdale, NJ: Analytic Press.

Sullivan, H. S. (1953) *The Interpersonal Theory of Psychiatry*. New York: Norton.

湮灭 | Annihilation

在弗洛伊德的论文《抑制、症状和焦虑》(1926)中,害怕湮灭的恐惧并不在其所列的焦虑列表上。琼斯(Jones, 1927)提出了性机能丧失恐惧,这种恐惧超越了阉割焦虑,延伸到对剥夺所有可能享乐工具的恐惧,因而也是对存在的恐惧。

克莱因用弗洛伊德1926年的论文来支持她对焦虑内容的兴趣。克莱因在1932年采纳了弗洛伊德关于死本能的观点,几年后她继续概述了婴儿的死本能体验:"我认为焦虑来自有机体内死本能的运作,被视为是对被湮灭(死亡)的恐惧,并以迫害的形式表现出来。"(Klein, 1946, p. 4)

后来她明确表达了与弗洛伊德的观点分歧:

> 弗洛伊德指出,无意识中不存在对死亡的恐惧,但这似乎与他所发现的由内在死本能引起的危险感不符。在我看来,自我所对抗的原始焦虑,是来自死本能的威胁。
>
> (Klein, 1958, p. 237)

在克莱因关于偏执-分裂心位的理论模型中,自我的第一个行为是将生死本能都向外投射到客体中。这个行为将客体分为"好"的和"坏"的部分客体,然后又将这些部分客体内摄到自我和超我中。内摄的"坏"客体被体验为攻击性的内部存在。如果生死本能之间体质上的平衡倾向于死本能,并且如果坏的经验多于好的经验,那么内在的"坏"客体会导致自我的破碎或瓦解,就像被湮灭一样。克莱因认为这种机制在精神病中运作,在她1946年论文的附录中,她引用弗洛伊德描述施雷伯的篇章来说明一个自我破碎的人。此外,在创造和维持"好"自体和"坏"自体,"好"客体和"坏"客体之间的二元分裂时,自我必须否认它的部分经验。克莱因在1946年的论文中,将否认等同于毁灭。她举了一个病人的例子来说明她的观点,这个病人梦见自己想要谋杀一个年轻的女孩:克莱因理解病人想要杀死自己的一部分。因此,否认既是对湮灭体验的防御,也促成了湮灭体验(见"死本能""偏执-分裂心位")。

克莱因的观点是,母亲承受婴儿湮灭性攻击的能力至关重要。比昂扩展了这一观点,并强调了母亲能够接受并容忍(涵容)婴儿湮灭恐惧的重要性。许多临床论文表明,有些病人的破坏性倾向占据上风,无论是由于体质禀性,还是由于缺乏涵容,他们不仅攻击自己的客体,而且企图消灭自己的自我功能,攻击联结、思考和感觉(见"嫉毁""碎片""分裂""超我")。其他人则通过有组织的防御系统来控制焦虑(见"病理性组织")。例如,西格尔提供了几个心怀湮灭幻想病人的例子,并解释了产生这种幻想的如下原因。

> 出生让我们面对一种体验:自己有需求。涉及这种体验,可以有两种反应,我认为我们每个人身上都存在这两种反应,尽管比例不同。一种是寻求需求的满足:这是促进生命的,引发对客体的寻求、爱,并最终到带来对客体的关注。另一种是引发湮灭的驱力:需要去湮灭能感知与体验的自体,以及任何被感知到的事物。
>
> (Segal, 1997, p. 18)

现在人们普遍认为,所有的发展都会给心灵带来灾难性的威胁,发展依赖于在偏执-分裂的碎片化和抑郁心位的担忧之间的小振荡,对此,比昂用"Ps↔D"进行表示[见"威尔弗雷德·比昂""在偏执-分裂心位和抑郁心位之间的移动(Ps↔D)"]。

其他观点:温尼科特(Winnicott, 1960)认为,环境对婴儿全能感的冲击(impingement)破坏了婴儿的"存在的连续性",并被体验为湮灭。此后,发展中的人格只能假定一种感觉,就好像它存在过一样——一个虚假的自体(见"皮肤")。塔斯廷(Tustin, 1981)在温尼科特之后,描述了还没有准备好放弃初级状态的婴儿受到冲击的后果(她的术语是"初级自闭症";见"自闭症")。

从婴儿出生起就对其进行观察(见"婴儿观察"),在此基础上,比克(Bick, 1964, 1968)描述了原初湮灭性体验的观察证据,并且展示了婴儿能够在这些经验中幸存下来所使用的方法:或者通过与外部客体的皮肤接触,或者在缺乏适当容器的情况下,使用全能身体的方法,这种方法被她称为"次级皮肤"(见"皮肤""黏附性认同")。

Bick, E. (1964) 'Notes on infant observation in psycho-analytic training', *Int. J. Psycho-Anal.* 45: 558-566.

—— (1968) 'The experience of the skin in early object relations', *Int. J. Psycho-Anal.* 49: 484-488.

Freud, S. (1926) 'Inhibitions, symptoms and anxiety', *S.E. 20*. London: Hogarth Press, pp. 77-175.

Jones, E. (1927) 'The early development of female sexuality', *Int. J. Psycho-Anal.* 8: 459-472.

Klein, M. (1946) 'Notes on some schizoid mechanisms', in *The Writings of Melanie Klein*, Vol. 3. London: Hogarth Press, pp. 1-24.

—— (1958) 'On the development of mental functioning', in *The Writings of Melanie Klein*, Vol. 3. London: Hogarth Press, pp. 236-246.

Segal, H. (1997) 'On the clinical usefulness of the concept of the death instinct', in J. Steiner (ed.) *Psychoanalysis, Literature and War*. London: Routledge, pp. 17-26.

Tustin, F. (1981) *Autistic States in Children*. London: Routledge & Kegan Paul.

Winnicott, D. (1960) 'The theory of the infant-parent relationship', *Int. J. Psycho-Anal.* 41: 585-595.

焦虑 | Anxiety

精神分析发展的历史一直试图理解人类处境的核心焦虑。从一开始，弗洛伊德的理论就认为焦虑是由力比多转化而来，这个观点直到1926年才改变，在他的论文《抑制、症状和焦虑》中，他引入了"信号焦虑（signal anxiety）"的概念。这种焦虑不是相互冲突的本能张力，而是发生在自我中关于可预期本能张力的信号，在这个本能张力中自我明白某些情形会引发焦虑。他引入了这样一个概念，即在预期到本能张力的自我中出现了某种信号，自我接收到这种信号，就会引起焦虑。弗洛伊德反对兰克（Rank）关于出生创伤是唯一潜在焦虑的理论，弗洛伊德描述，在生命的不同阶段，"焦虑情境"会发生变化：出生创伤、失去爱的客体（对男孩来说就是阉割）和死本能（见"儿童分析"的"早期焦虑的本质"一节）。

克莱因很清楚她对焦虑的兴趣："从我开始从事精神分析工作时起，我的兴趣就集中在焦虑及其成因上。"（Klein, 1948, p. 41）她用弗洛伊德1926年的论文来支持自己的观点，即焦虑的内容才重要。克莱因在她的早期作品中探讨了儿童期出现的恐惧，并得出结论，这些恐惧是由俄狄浦斯期儿童攻击母亲身体的施虐幻想和预期会遭受报复所造成（见"儿童分析""俄狄浦斯情结""施虐"）。1932年，克莱因采纳了弗洛伊德关于死本能的观点，认为来自内在的对湮灭的恐惧是原初焦虑。这种焦虑被自我立即处理，方法是将死本能推出、注入客体，这种防御方式引发了对客体的恐惧。1935年，随着"抑郁心位"概念的引入，克莱因所研究的是因失去爱的客体，尤其是失去了内在的"好"客体而导致的抑郁性焦虑。而内部好客体的丧失是由于孩子的攻击而损坏的（"抑郁性焦虑""抑郁心位"）。

从1946年开始，随着偏执-分裂心位的引入，克莱因转回研究由内在死本能引起的迫害性焦虑，以及对被投射了死本能的外部"坏"客体的迫害性恐惧，和对随后内摄的"坏"客体的迫害性恐惧。克莱因将这些焦虑描述为原始的、具有精神病特性的焦虑，在她看来这些焦虑与精神病的发展有关。克莱因关于偏执-分裂心位和抑郁心位的理论涵盖了发展过程中构筑的两类焦虑防御系统。如果发展顺利，迫害性焦虑会或多或少地得到调整，非偏执性抑郁性焦虑会更多地出现（见"湮灭""死本能""防御""抑郁心位""偏执-分裂心位""投射性认同""无意识幻想""超我"）。

技术：在克莱因的临床工作中，她的兴趣在于病人的焦虑："我在孩子给我的材料中解释了我认为最紧迫的东西，并发现我的兴趣集中在他的焦虑和他对焦虑的防御上。"（Klein, 1955a, p. 122）克莱因对焦虑的具体内容特别感兴趣。这些往往是无意识的，只能在梦和儿童游戏中被间接地理解和看见（见"儿童分析""无意识幻想"）。克莱因的思想造就了深刻而具有穿透性的解释技术，这从一开始就引发并持续引发批评：解释本身会引起迫害性焦虑（Geleerd, 1963; Greenson, 1974）。克莱因和她的追随者们感兴趣的是治疗过程中焦虑的变化，特别是偏执性焦虑和抑郁性焦虑之间的转换（见"技术"）。

争论：安娜·弗洛伊德（Anna Freud, 1927）和格洛弗（Glover, 1945）认为，克莱因的理论——焦虑与本能之间的张力有关——摈弃了弗洛伊德关于力比多发展的理论，并将能够抑制或扭曲发展能力的攻击性作为发展的关键因素。安娜·弗洛伊德提出了一种观点，认为力比多各阶段的自然展开是与生俱来的，并引导个体走向适应（见"自我心理学"）。

Freud, A. (1927) *The Psycho-Analytical Treatment of Children* (English edition, 1946). London: Hogarth Press.
Freud, S. (1926) 'Inhibitions, symptoms and anxiety', *S.E. 20*. London: Hogarth Press, pp. 77-175.
Geleerd, E. (1963) 'Evaluation of Melanie Klein's narrative of a child analysis', *Int. J. Psycho-Anal.* 44: 493-506.
Glover, E. (1945) 'An examination of the Klein system of child psychology', *Psychoanal. Study Child* 1: 3-43.
Greenson, R. (1974) 'Transference: Freud or Klein?', *Int. J. Psycho-Anal.* 55: 37-48.
Klein, M. (1932) *The Psychoanalysis of Children. The Writings of Melanie Klein*, Vol. 2. London: Hogarth Press.
—— (1935) 'A contribution to the psychogenesis of manic-depressive states', *The Writings of Melanie Klein*, Vol. 1. London: Hogarth Press, pp. 262-289.
—— (1946) 'Notes on some schizoid mechanisms', in *The Writings of Melanie Klein*, Vol. 3. London: Hogarth Press, pp. 1-24
—— (1948) 'On the theory of anxiety and guilt', in *The Writings of Melanie Klein*, Vol. 3. London: Hogarth Press, pp. 25-42.
—— (1955) 'The psycho-analytic play technique: Its history and significance', in *The Writings of Melanie Klein*, Vol. 3. London: Hogarth Press, pp. 122-140.

同化 | Assimilation

这是宝拉·海曼在描述下述情况时使用的术语，即"主体获得一些品质，这些品质对他而言合适且恰当，而他将这些品质归因于其内部父母"（Heimann, 1942, p. 16）。相比之下，未被同化的内部客体"被感觉为嵌入自体的异物"（Heimann, 1942, p. 16）。海曼还说：

> ……当受伤害的（内部）客体具有太多被客体报复和惩罚的特性时……这些现象通常被描述为源于超我。我没有使用这个术语（以及术语"它我"），因为在本文的范围内，无法讨论内化客体和超我（或它我）概念之间的关系。

(Heimann, 1942, p. 16, 脚注9)

克莱因在她的论文《对某些类分裂机制的评论》中说，如果自我被迫屈从于留存客体的力量，那么海曼所描述的某些客体作为异物嵌入自体这一观点不仅对坏客体是适用的，对好客体也是适用（Klein , 1946, p. 9, 脚注2）。因此，海曼和克莱因将同化和非同化（non-assimilation）的观点与超我、自我和它我概念关联起来。尽管这些与精神分析精神结构的常用概念有所联系，然而，后来的克莱因学派作者们很少直接使用内部客体的同化和非同化这类概念。

Heimann, P. (1942) 'A contribution to the problem of sublimation and its relation to processes of internalization', *Int. J. Psycho-Anal*. 23: 8-17.

Klein, M. (1946) 'Notes on some schizoid mechanisms', *Int. J. Psycho-Anal*. 27: 99-110; in *The Writings of Melanie Klein*, Vol. 3. London: Hogarth Press, pp. 1-24.

自闭症 | Autism

人们在成功地对成年精神病病人进行精神分析之后（见"精神病"），继续研究儿童中被称为自闭症的严重障碍（Meltzer et al., 1975; Tustin, 1981, 1986）。理论的兴趣在于自闭症的易感性（predisposition）被激发时非常早期的心智状态。因此这种状态被认为是进入发展最早阶段的一种途径。

弗朗西丝·塔斯廷（Frances Tustin）：塔斯廷描述，克莱因如何"……早在1930年，就已经预见列昂·坎纳（Leo Kanner）将'儿童早期自闭症'从13个年龄段的精神缺陷中区别开"（Tustin, 1983, p. 130）。克莱因（1981, 1986）假定早期存在"正常自闭"的状态，她将其与弗洛伊德所描述的自体性欲联系起来，即非客体相关（non-object-related）的对身体愉悦感觉的探寻。她也接受温尼科特的观点，认为早期婴儿的全能感等同于她的说法。接着她区分了两种类型的自闭症：(1) 在经历分离后的过度敏感状态下，婴儿的正常自闭状态被过早地打断，其后果是他顽固地撤退到专注于身体的感觉，与环境（母亲）精神病性地永久融合；(2) 另一种形式是，创伤较轻的婴儿持久地依赖病理性投射性认同，与外部客体永远混淆。这两种形式都导致了婴儿的内部世界发展匮乏，并仅专注于身体感觉。第一种自闭症状态可以在温尼科特的冲击（impingement）概念中清楚地看到，即外部客体的冲击出现在可以容忍分离的发展阶段之前（见"湮灭"）。因此，塔斯廷的观点弥合了克莱因和温尼科特关于婴儿最早期心理状态观点之间的分歧。

唐纳德·梅尔泽：梅尔泽等人的方向略有不同，他们（1975）遵循了比昂对精神装置的理解，即精神装置可以成长为什么样，以及可能消融为什么样的异常形式。正常心理整合过程的逆转会导致感官数据的碎片化（见"β元素""思考和知识"），这使得可思考的思想（thinkable thoughts）缺乏适当的发展（Meltzer, 1978）。他还将此与比克关于黏附性认同的研究联系在一起，比克的研究来自对"正常"婴儿出生后的观察（见"黏附性认同"）。对自闭症儿童和早期正常婴儿的观察存在重要的对应关系（Meltzer, 1975）。比克（Bick, 1968）展示了婴儿通过皮肤的刺激第一次获得被抱持的感觉。如果没有充分实现这一点，婴儿的整合感就会存在缺陷，它被描绘成无法拥有涵容空间的感觉。自闭症儿童的特点就是缺乏涵容空间，无论是内在的还是外在的（见"皮肤"）。因此，孩子把强烈的知觉和其他身体的感觉作为将自身抱持在一起的途径。

与以往对婴儿期早期经历的新理解一样，它们可以用来理解后期成年障碍的问题。西德尼·克莱因（Sidney Klein, 1980）展示了患有神经症问题的病人，他们呈现出来的自闭面向。他们被封装（encapsulated）在僵化的结构隔离中，通常在梦中被想象成坚硬的昆虫或带有甲壳的动物，让人想起比克（Bick, 1968）描述的坚硬的、肌肉发达的次级防御。这些人格的分裂部分可能与罗森菲尔德（Rosenfeld, 1971）所描述的深度自恋元素的组织有关（见"结构"）。

Bick, E. (1968) 'The experience of the skin in early object relations', *Int. J. Psycho-Anal.* 49: 484-488.

Klein, S. (1980) 'Autistic phenomena in neurotic patients', *Int. J. Psycho-Anal.* 61:395-402.

Meltzer, D. (1975) 'Adhesive identification', *Contemp. Psychoanal.* 11: 289-301.

—— (1978) 'A note on Bion's concept of reversal of alpha-function', in *The Kleinian Development, Part III*. Strath Tay: Clunie Press, pp. 119-126.

——, Bremner, J., Hoxter, S., Weddell, D. and Wittenberg, I. (1975) *Explorations in Autism*. Strath Tay: Clunie Press.

Rosenfeld, H. (1971) 'A clinical approach to the psycho-analytical theory of the life and death instincts: An investigation into the aggressive aspects of narcissism', *Int. J. Psycho-Anal.* 52: 169-178.

Tustin, F. (1981) *Autistic States in Childhood*. London: Routledge & Kegan Paul.

—— (1983) 'Thoughts on autism with special reference to a paper by Melanie Klein', *J. Child Psychother.* 9: 119-131.

—— (1986) *Autistic Barriers in Neurotic Patients*. London: Karnac.

婴儿 | Babies

弗洛伊德认为，婴儿表征着令女孩欣喜的阴茎替代物，代表了她的创造力的胜利。

对母亲身体的攻击：在克莱因早期的观点中（Klein, 1932），母亲的婴儿，被认为居住在母亲的身体里，婴儿从早期起就因此被挑起极端的嫉妒和嫉毁。这导致了婴儿在幻想中对母亲的身体与其内容物的暴力攻击，和对于被报复的可怕恐惧（见"儿童分析""俄狄浦斯情结"）。因此，小女孩对自己有婴儿的幻想能安抚因担心母亲报复而引发的偏执性焦虑。

小男孩的情况也差不多，他们会因为幻想母亲的身体包含了父亲的阴茎而产生暴力（以及偏执性恐惧；见"结合父母形象"）。对两种性别的孩子而言，关于母亲体内的婴儿（也包括父亲的阴茎）的想法，都会引起攻击性的冲动和偏执性的恐惧，这增强了弗洛伊德所描述的阉割焦虑和阴茎嫉毁；这些会极大地影响孩子的性欲发展，在成年后可能会产生抑制，进而影响成年人作为母亲或父亲与其婴儿的关系。

Klein, M. (1932) *The Psychoanalysis of Children. The Writings of Melanie Klein*, Vol. 2. London: Hogarth Press.

婴儿观察 | Baby observation

见"婴儿观察（infant observation）"。

坏客体 | Bad object

根据弗洛伊德（1923）关于死本能偏转（deflection）的观点，克莱因提出了这样的理论：为了管理从内部被摧毁的焦虑，自我首先做的是将死本能投射进客体中。客体现在被认为是死冲动和自我坏部分的容器，并被体验为外部的迫害者或"坏客体"。这个迫害者随后会被内化，并被感觉为内在的迫害者或"坏"的内部客体。"坏客体"和它的对立面"好客体"是分开的，而"好客体"是性欲和好感觉投射的对象。好的体验和自体好的部分与"好客体"相联系，而坏体验和自体坏的部分与"坏客体"相联系。因此客体和自体都被分裂为好与坏。第一个"坏客体"指的是"坏乳房"。这个客体是部分客体而非整体客体，不仅因为它本身是坏的，还因为克莱因相信婴儿只能感知母亲客体的一部分。随着时间的推移，这些部分被组合为整体（见"死本能""抑郁心位""好客体""理想客体""内部客体""偏执-分裂心位""分裂"）。

克莱因强调了这种分离对健康发展的重要性。在"偏执-分裂心位"中，未能实现"好"和"坏"的二元分裂，会让个体在痛苦和焦虑时没有"好客体"可以求助，并且容易陷入混淆和被迫害感中。如果"坏客体"主宰了内在生活，个人可能会诉诸极端分裂来控制被迫害感，也可能会通过碎片化来驱散坏的东西，摆脱自己的体验（见"精神病"）。

早期的客体被内摄到自我和超我中，第一个"坏客体"形成了早期严苛超我的基础。如果这个"坏客体"没有被好的经历和爱的感觉充分抵消，它可能会成为非常有破坏性的内部存在。对这种破坏性的内部客体或"摧毁自我的超我"（Bion, 1959）的著作已经有很多（见"病理性组织""超我"）。

克莱因（1946）认为，婴儿所具体体验到的第一个内部客体是愉快或不愉快的身体感觉，并在无意识幻想中将它们想象为是由有善意或恶意动机的身体部位所引起。例如，婴儿也许认为饥饿存在于令人沮丧的、引起饥饿的"坏乳房"里；而满足感可以被感觉为存在于"好乳房"中（见"无意识幻想"）。

Bion, W. (1959) 'Attacks on linking', in *Second Thoughts*. London: Heinemann (1967), pp. 93-109.
Freud, S. (1923) 'The ego and the id', *S.E. 19*. London: Hogarth Press, pp. 3-66.
Klein, M. (1946) 'Notes on some schizoid mechanisms', in *The Writings of Melanie Klein*, Vol. 3. London: Hogarth Press, pp. 1-24.

基本假设 | Basic assumptions

在比昂开始他的克莱因学派分析师培训之前，他已经开始与团体进行工作（Bion, 1948a, 1948b, 1949a, 1949b, 1950a, 1950b, 1951; Rioch, 1970; Trist, 1987）。后来，他对这一早期工作赋予了更强的克莱因学派的强调（Bion, 1955, 1970）。

对团体的分析：比昂（Bion, 1961）以分析师与病人一起工作的方式来跟团体工作。"作为整体的团体"以团体文化的形式向团体领导者展示移情，他指出，这种文化中弥漫着所有团体成员共有的但未说出口的和无意识的假设。关于团体的性质、领导者、团体的任务以及期望成员扮演的角色有一套假设，这套假设有三种变体。比昂概述了其中三种基本假设，而且我们可以从团体的情感基调和氛围中识别出它们。

1. **依赖基本假设**（dependent basic assumption, BaD）是指有这样一群团体成员，他们依赖于团体领导的智慧之言，就好像他们假定所有的知识、健康和生命都在他身上，每个成员都是从他那里获得这些，但成员们常常会因此感到失望。
2. **战斗/逃跑基本假设**（fight/flight basic assumption, BaF）是指，团体成员因为一个令人兴奋和暴力的想法而聚集在一起，这个想法是有一个敌人需要被识别，成员们循规蹈矩，被带领着对抗或者逃离敌人。这个敌人可能是治疗团体中的"神经症"疾病本身，或者是团体中的某个成员，或者是团体外的某个合适客体（外部敌人）。

3. 最后，**配对基本假设**（pairing basic assumption, BaP）是指，这一假设令团体中弥漫着神秘的希望，通常在两个成员之间或者在成员和领导者之间出现行为上的配对，就好像所有人都相信，配对者的交配（救世主信念）能够产生一些伟大的新想法（或者个体）。

工作团体：比昂将团体的基本假设状态与他所谓的"工作团体"进行了对比，在"工作团体"中，成员有意识地定义和接受团体的任务。在这种状态下，团体发挥着次级过程的复杂作用，并努力对团体内外的现实进行检验。比昂对团体功能的理解，与弗洛伊德在他心智的地形学说中概述的心智功能的两个层次有相似之处（Wilson, 1983）。工作团体状态通常表现出积极的基本假设状态，比昂将基本假设视为"价（valency）"，认为它必然地能将人们聚集在一起，建立团体归属感。

比昂试图将基本假设的特征与社会机构的运作联系起来。例如，军队清楚地代表了"战斗/逃跑假设"；而教会，他认为代表了"依赖假设"；他在贵族的生育制度中看出了配对假设。

这种关于团体假设的三元观点在精神分析之外的领域已经广泛传播（de Board, 1978; Pines, 1985）。虽然比昂最初尝试将他的发现与克莱因的投射性认同概念（Bion, 1955）联系起来，但他随后放弃了这些想法和他对团体的研究。后来，他对配对假设的观点进行了改造（Bion, 1970; Menzies-Lyth, 1981），让它或多或少地成为一般团体生活的基础，并将其视为检验团体容器功能的主要方法，以及理解个人与社会之间关系——神秘主义和构建——的适当方式（见"容器/被涵容"）。

Bion, W. (1948a) 'Experiences in groups I', *Hum. Relat.* 1: 314-320.
—— (1948b) 'Experiences in groups II', *Hum. Relat.* 1: 487-496.
—— (1949a) 'Experiences in groups III', *Hum. Relat.* 2: 13-22.

—— (1949b) 'Experiences in groups IV', *Hum. Relat.* 2: 95-104.
—— (1950a) 'Experiences in groups V', *Hum. Relat.* 3: 3-14.
—— (1950b) 'Experiences in groups VI', *Hum. Relat.* 3: 395-402.
—— (1951) 'Experiences in groups VII', *Hum. Relat.* 4: 221-228.
—— (1955) 'Group-dynamics: A review', in M. Klein, P. Heimann and R. Money-Kyrle (eds) *New Directions in Psycho-Analysis*. London: Tavistock (1955), pp. 440-447.
—— (1961) *Experiences in Groups*. London: Tavistock.
—— (1970) *Attention and Interpretation*. London: Tavistock.
de Board, R. (1978) *The Psycho-Analysis of Organizations*. London: Tavistock.
Menzies-Lyth, I. (1981) 'Bion's contribution to thinking about groups', in J. Grotstein (ed.) *Do I Dare Disturb the Universe?* Beverly Hills, CA: Caesura (1981), pp. 661-666.
Pines, M. (1985) *Bion and Group Psychotherapy*. London: Routledge & Kegan Paul.
Rioch, M. (1970) 'The work of Wilfred Bion on groups', *Psychiatry* 33: 56-66.
Trist, E. (1987) 'Working with Bion in the 1940s', *Group Anal.* 20: 263-270.
Wilson, S. (1983) ' "Experiences in Groups": Bion's debt to Freud', *Group Anal.* 16: 152-157.

β元素 | Beta-elements

比昂（Bion, 1962）在提出生物有机体如何成为能体验的心智理论时，描述了一个他称之为 α 功能的过程，其基本特征是，这是一个从感觉中产生意义的过程。α 功能的最终产物是 α 元素，它们是梦和思考（thinking）的原材料（见"α 功能"）。当 α 功能出错或失败时，另一种（异常的）心理内容就会产生，比昂称之为 β 元素。"β 元素"是比昂用于说明"意义空乏（meaning-free）"的术语之一，β 元素概念的提出，是为了用实践中使用这个概念的经验，来充实"意义空乏"这一术语（见"威尔弗雷德·比昂"）。该术语有几个特点。

1. **原始感觉数据**（raw sense data）：体验产生自原始感觉数据（=一种实现），通过与某些先验预期的相遇，进而生成了"意义饱足（meaning-full）"概念（见"前概念""思考和知识"）。然而，有时相遇过程可能会失败（α 功能的失败），其结果是"未消化"的感觉数据粒子不断累积。这些就是 β 元素。

2. **排除**（evacuation）：β 元素可能会聚集成集合体（大规模可见的表现可能是，精神分裂症病人的"单词沙拉"式的讲话）。这些积累通过排除来处理，而不是通过思考使想法变成梦和理论。排除的过程被克莱因描述为病理性的投射性认同（见"投射性认同"）。

3. **精神装置**（mental apparatus）：在 β 元素积累的压力下，心智不是发展成能思考的装置，而是发展成"……摆脱精神中堆积的内部坏客体的装置"（Bion, 1962, p. 112）。

见"思考与知识"。

Bion, W. (1962) 'A theory of thinking', in *Second Thoughts*. London: Heinemann (1967), pp. 110-119.

埃丝特·比克 | Esther Bick

生平：埃丝特·比克，1901年出生于波兰，在维也纳学习心理学，师从夏洛特·比勒（Charlotte Buhler），但以难民的身份来到英国，终于在第二次世界大战后开始了精神分析的职业生涯。然后，她在塔维斯托克诊所工作，并发展出婴儿观察方法，将之作为儿童心理治疗师的培训工具。然而，她的兴趣是通过直接观察来验证克莱因关于生命第一年的论断。在这个过程中，她有了自己独特的发现。尽管比克对克莱因忠心耿耿，但自她1983年去世后，克莱因学派的主流发展已将她的观点抛诸脑后。

科学贡献：比克提出了研究方法，该方法帮助我们得出了关于生命最初几天和几周的早期发育阶段的四项主要结论（Harris, 1984）。

婴儿观察：比克开创了一套每周在母亲和婴儿家中观察他们的严格的方法（Bick, 1964）。最初，这是培训儿童心理治疗师和受训精神分析师的方法，强调观察而不是干预。然而，观察产生了即刻的结果（见"婴儿观察"）。

初级皮肤感觉：比克最重要的观察是，婴儿通过皮肤感觉感知到被外部客体聚合在一起的一种被动经验（见"皮肤"），以及如果客体失败了，则被动地体验到瓦解的感觉（Bick, 1968）。皮肤在证明客体的功能方面至关重要。这个过程与比昂及其他与精神分裂症病人工作的人所描述的经历形成对比，这些病人经历了自体分裂和湮灭的主动过程。而必须获得内部空间体验的想法暗示了未能获得的可能性，因此需要采取补偿措施，这是所有防御中最原始的一种防御，比克（Bick, 1968）将其称为"次级皮肤"现象（见"皮肤"）。

原初客体：比克获得了更详细的证据，证明了将人格整合在一起的第一个客体的本质（见"偏执－分裂心位"），它必须被内摄，提供一种空间感，才可以将内摄物放入其中。内部空间的经验通过恰当的体验获得，这一观点与比昂理论中存在内在空间经验的先验观点形成了鲜明对比。

黏附性认同：在与自闭症儿童的工作中，分析师发现，这些儿童可能无法发展出这样整合的原初客体（空间）（Meltzer et al., 1975；见"自闭症"）。比克和梅尔泽（Meltzer, 1975, 1986）共同说明，自闭症儿童在没有内部或外部空间感的情况下如何发展。它们与客体的关系似乎是"黏在"客体上，这一机制被称为黏附性认同（见"黏附性认同"）。

Bick, E. (1964) 'Notes on infant observation in psycho-analytic training', *Int. J. Psycho-Anal*. 45: 558-566.

—— (1968) 'The experience of the skin in early object relations', *Int. J. Psycho-Anal*. 49: 484-486.

Harris, M. (1984) 'Esther Bick', *J. Child Psychother*. 10: 2-14.

Meltzer, D. (1975) 'Adhesive identification', *Contemp. Psycho-Anal*. 11: 289-310.

—— (1986) 'Discussion of Esther Bick's paper "Further considerations of the function of the skin in early object relations" ', *Br. J. Psychother*. 2: 300-301.

Meltzer, D., Bremner, J., Hoxter, S., Weddell, D. and Wittenberg, I. (1975) *Explorations in Autism*. Strath Tay: Clunie Press.

威尔弗雷德·比昂 | Wilfred Bion

生平：威尔弗雷德·比昂是精神分析领域强有力的原创贡献者。和梅兰妮·克莱因一样，他的临床思维深深植根于弗洛伊德的思想。他是第一个使用未经修改的分析技术分析精神病病人的分析师之一；他扩展了已有的投射过程理论，并发展出了新的概念工具。在20世纪50年代和60年代，汉娜·西格尔、威尔弗雷德·比昂和赫伯特·罗森菲尔德与精神病病人进行工作，并且他们同时跟梅兰妮·克莱因讨论，他们的合作深度意味着很难区分他们对分裂、投射性认同、无意识幻想和反移情使用等理论发展的确切个人贡献。正如费尔德曼（Feldman，2007）所指出的，这三位作为先驱的分析师不仅延续了克莱因的临床和理论方法，而且对其进行了深化和扩展。

比昂写的很多东西并不是为了出版。他写作是为了追逐自己的思考。他常常对它们不满意，不愿再看一眼。我们感谢他的妻子弗朗西斯卡·比昂（Francesca Bion），使我们没有失去这么多宝贵的思考。

威尔弗雷德·比昂于1897年出生在印度西北联合省的穆特拉，他的父亲在那里担任灌溉工程师。他从8岁起就被送到英国上学，并在那里寄宿。他热爱印度，并曾想回到那里，但1979年，从美国加州回到英国后，他死于急性髓细胞白血病。与销毁大量自传信息的弗洛伊德不同，比昂（Bion，1985）留下了大量关于他的生活，他与妻子弗朗西斯卡及孩子帕耳忒诺珀（Parthenope）、朱利安（Julian）和尼古拉（Nicola）之间的关系的材料。

他身体强壮，运动能力强，从小就擅长橄榄球和游泳。1915年，他在快到18岁的时候离开了学校，并于1916年加入了法国皇家坦克团，他一直在前线服役直到战争结束。他是勇敢的人，但他自己不会强调这点。他也是天生的领导者，他被授予了杰出服务勋章和荣誉军团勋章，作为一名年轻的中尉，他被推荐授予维多利亚十字勋章，因为他在一个德国战壕被摧毁后，和自己的坦克队员在此建立了一个前哨阵地。

战争结束后，比昂去了牛津大学学习历史，之后回到位于彼谢普斯托福的母校担任校长，后又前往伦敦大学医学院学习医学。这时他已经对团体行为［他非常喜欢威尔弗雷德·特罗特（Wilfred Trotter）的观点］和精神分析产生了浓厚的兴趣，因此在获得医生资格后，比昂在塔维斯托克诊所学习精神分析心理治疗。1938年，他开始了与约翰·里克曼的训练分析。艾瑞克·特利斯特（Eric Trist）将比昂的这段生活描述为他的"团体十年"，在这段时间里，他致力于研发新的团体工作方法。事实上，比昂在成为精神分析师后并未失去对团体心理的浓厚兴趣，他认为精神分析方法，透过个体和团体关系模型，处理了同一心理现象的不同方面。他写道，这两种方法为医生提供了"初级双目视角（rudimentary binocular vision）"。

1940年，比昂在军队医院的精神科工作，同时在陆军部选拔委员会担任高级精神科医生。正如弗朗西斯卡·比昂所指出的那样，这些经历和他的战时经历构成了他在战后塔维斯托克研究所研究团体工作的核心，他在1948—1951年期间发表的论文则将他的研究推向了顶峰。

1950年，比昂把他的会员论文《想象中的双胞胎》（*The imaginary twin*，1967年发表在《第二思想》上）交给了英国精神分析学会。他的妻子催着他发表有关团体的论文，当他找到方法将他后来对精神分析的理解融入其中时，他就开始发表。就销量而言，他最畅销的书《团体中的经验》（*Experiences in Group*）直到1961年才出版。20世纪50年代初，比昂开始找梅兰妮·克莱因进行第二次个人分析，两人的工作对比昂非常有帮助。尽管他不希望被狭隘地认为属于某个学派或思想派别，但他写道，他深信：

> ……克莱因学派强调投射性认同以及其与偏执-分裂心位之间相互作用的核心重要性。如果没有这两套理论的帮助，我怀疑团体现象研究是否能取得任何进展。

(Bion, 1961, p. 8)

早在1959年，比昂就使用克莱因的投射性认同概念来整合发生在团体和个体身上的某些过程，这些过程涉及团体或个人分析师被唤起了反移情的活现。

> 在团体治疗中的许多解释，尤其是其中最重要的解释，必须根据分析师自己的情绪反应的力量而做出。我相信，这些反应取决于这样

的事实，即团体中的分析师处于梅兰妮·克莱因（1946）所称的投射性认同接收端，而这一机制在团体中扮演着非常重要的角色。现在在我看来，反移情体验有非常独特的特性，它使分析师能够区分自己是否被当作了投射性认同的对象。分析师感觉到自己被操纵，在别人的幻想中扮演了一个角色，无论这个角色多么难以识别，或者说，他这样做不是为了回忆起来的事情。**我只能说是暂时丧失了洞察力，感受到了强烈的情感，同时相信客观情况足以证明这些情感的存在是合理的，没有必要对其因果关系进行详尽的解释**……我相信，将自己从伴随的对现实麻木的感觉中挣脱出来的能力，是分析师在团体中需要具备的必要条件：如果他能做到这一点，他就已经处于能够给出我认为是正确解释的位置，从而看到它与之前的解释的联系，他会对之前的解释的有效性产生怀疑。

(Bion, 1961, p. 149, 粗体字为后加)

比昂指出，分析师能够识别伴随着因投射性认同的运作带来的"现实麻木感"，并从中挣脱以思考正在发生什么的能力，是分析师在这种情况下的"主要必备能力"，在引用的上诉段落中，这些指的都是在团体中的应用。在比昂后来的工作中，他将这一发现应用于另一类群体，即分析中的个体。

比昂在1967年出版了《第二思想》，以他作为精神分析师时的工作为背景，重新梳理了他自20世纪50年代以来的思想，包括了与精神病状态下病人进行的开创性工作。他和梅兰妮·克莱因的另外两个天才学生：汉娜·西格尔和赫伯特·罗森菲尔德一起完成了这项工作。对精神病病人的分析构成了他在20世纪60年代的著作基础，这些著作在英国精神分析学会中尤其具有影响力，它们分别是：《从经验中学习》（1962）、《精神分析的元素》（1963）、《转化》（*Transformations*, 1965）和《注意与解释》（1970）。

在这一时期，比昂最具临床价值的思想是几个相互关联的概念，涵容或更准确地说是容器/被涵容（♀♂；见"容器/被涵容"），在克莱因两个心位"结构"中的摆荡［见"在偏执-分裂心位和抑郁心位之间的移动（Ps↔D）"］，以及这种关系的心智产物可以为个人提供模型或"前概念"的复杂方式，当这些模型与情感经验"匹配",感觉它们得以实现的时候,就能促进现实概念的心理成长,这就是比昂所说的"α功能"。这一理念的基础是,处于困境中的婴儿需要找到真实的人,这个人愿意并能够接受和忍受投射引发的情感冲击和干扰,包括具体感和难以消化的感觉,而不拒绝或逃避。他战时的经历以最令人信服的方式促成了这种理解。当他读到克莱因说婴儿第一次投射性认同的是他对即将到来的毁灭的恐惧时,比昂毫不犹豫地相信了这一点。

比昂把他当时的想法记录下来,这些在1991年由弗朗西斯卡·比昂发表,称为《沉思》(*Cogitations*),这是比昂给自己的想法起的名字。比昂的《沉思》澄清了20世纪60年代出版的高度浓缩的书籍中许多晦涩之处,这些书籍往往只介绍结论,而没有呈现得出这些结论的过程,忽略了他思考过程中的准备工作网络。安德烈·格林(André Green)在《沉思》的一篇详评中写道:

> 与比昂已出版的作品相比,《沉思》读起来令人激动,而且大多不那么难以理解,因为作者的表述没有那么凝练,也因此让我们见证了他思想展开的过程。我们可以跟上他的文字。
>
> (Green, 1992, p. 585)

虽然他的《未来回忆录》(*Memoir of the Future*, 1991)不太容易让人理解,但这部结构松散且婉转的作品,包含了比昂早期思想中许多与临床有关的转变,并被改编成富有想象力但漫无边际的小说。处于20世纪50年代早期的团体论文及60年代的临床精神分析著作和《未来回忆录》之间,是比昂的"O"概念,虽然看起来与神秘主义思想相合,但这个概念是比昂依据认识论和表征论领域的探索成果演变而来,比昂赋予它符号"K",他确定这个符号与爱和恨的符号具有同等重要性(见"思考和知识")。

Bion, W. R. (1948-51) 'Experiences in groups', *Hum. Relat.* 1-4.
—— (1961) *Experiences in Groups*. London: Tavistock.
—— (1962) *Learning from Experience*. London: Karnac.
—— (1963) *Elements of Psycho-Analysis*. London: Karnac.
—— (1965) *Transformations*. London: Heinemann.
—— (1967) *Second Thoughts: Selected Papers on Psychoanalysis*. London: Karnac.

—— (1970) *Attention and Interpretation*. London: Karnac.

—— (1985) *All My Sins Remembered: Another Part of a Life and The Other Side of Genius: Family Letters*. (F. Bion, ed.). Abingdon: Fleetwood Press.

—— (1991) *A Memoir of the Future* [revised and corrected]. London: Karnac.

—— (1991) *Cogitations*. (F. Bion ed.). London: Karnac.

Feldman, M. (2007) *Doubt, Conviction and the Analytic Process. Selected Papers of Michael Feldman*. New Library of Psychoanalysis Series. London: Brunner-Routledge.

Green, A. (1992) 'A Review of Cogitations by Wilfred R. Bion, edited with a foreword by Francesca Bion', *Int. J. Psycho-Anal.* 73: 585-589.

怪异客体 | Bizarre objects

在20世纪50年代，比昂基于自我的碎片式分裂，特别是知觉装置分裂的结果，详细阐述了精神分裂症思维障碍的综合理论。

> ……从生命的一开始，攻击就直接针对感知装置。这部分人格被切割，分裂成细小的碎片，然后利用投射性认同，将其从人格中驱逐出去。如此就摆脱了对内部和外部现实的觉察，达到了非生也未死的状态。
>
> （Bion, 1956, p. 39）

人格就这样被耗尽了，但是被驱逐出去的感知装置的碎片变成怪异客体继续异物般地存在。它们全能地侵入外部客体，形成极度迫害的客体。

> 每个粒子都被认为由真实的外部客体组成，该客体被密封在吞噬了它的人格碎片中。这个完整粒子的特性，一方面取决于真实客体的性质，如留声机，另一方面取决于吞噬了它的人格微粒的性质。如果这部分人格与视觉有关，那么留声机在播放时就会被认为在观察病人。因为被吞噬而愤怒的客体，可以这么说，膨胀起来，弥漫并控制着吞噬了它的人格碎片；在这种程度上，粒子被认为已经变成了一个东西。
>
> （Bion, 1956, pp. 39-40）

1957年，比昂在论文《精神病与非精神病人格的区别》（*Differentiation of the psychotic from the non- psychotic personalities*）中扩展了他的理论，包括了精神分裂症病人对他的所有自我功能进行碎片化攻击之后的后果。

>……感觉印象、注意力、记忆、判断、思想，以它们生命之初可能具备的那种早期形态被觉察，进而引发对它们的施虐式分裂和毁灭性攻击，导致它们被分裂成细小碎片，然后被驱逐出人格，穿透客体或让客体结成胞囊。在病人的幻想中，被驱除的自我粒子，变成独立而不受控制的存在，要么被外部客体包裹，要么包裹住外部客体……病人感到自己被怪异客体包围着。
>
> （Bion, 1957, p. 47）

通过反复排除心智中的这些部分，精神分裂症病人的思想和处理现实的能力逐渐被削弱。怪异客体的累积建立了以受迫害自我为中心的世界，精神分裂症病人注定要被困在这个世界里。

见"威尔弗雷德·比昂""精神病""思考和知识"。

Bion, W. (1956) 'Development of schizophrenic thought', *Int. J. Psycho-Anal.* 37: 344-346; republished in *Second Thoughts*. London: Heinemann (1967), pp. 36-42.

—— (1957)'Differentiation of the psychotic from the non-psychotic personalities', *Int. J. Psycho-Anal.* 38: 266-275; republished in *Second Thoughts*. London: Heinemann (1967), pp. 43-64.

乳房 | Breast

克莱因在提到婴儿时，会将"乳房"词与"母亲"词替换使用（见"母亲"）。她认为，具有不成熟和未整合自我的婴儿，对他自己和他世界中的客体只有局部感知，所有这些都是通过身体部位感知的，尽管这些身体部位被想象为充满了感觉和动机。乳房是食物的提供者，也是身体亲密感的提供者，在克莱因看来，乳房代表母亲，代表着从她的哺育和怀抱中获得的舒适感——乳房是第一个部分客体。自我的第一个行为是将乳房分裂成"好的"和"坏的"部分，这个活动增加了客体的局部性和未整合的本质。随着时间的推移，乳房"好的"和"坏的"部分会整合成完整的乳房，而母亲的各个部分也会被整合成完整的母亲。

见"部分客体"。

阉割 | Castration

在弗洛伊德的理论中，阉割情结修改了俄狄浦斯情结。对小男孩来说，被父亲阉割的焦虑使他选择放弃他的俄狄浦斯客体。对小女孩来说，没有阉割焦虑，而是从阳具位置的跌落，承认被阉割的痛苦，感觉失去了爱。小女孩在"阴茎嫉毁"的庇护下（将欲望对象）从母亲转向父亲。弗洛伊德对女性特质的观点是其根基于"缺少"或"缺失"，这一点在精神分析学界内外的许多领域都受到了批评。克莱因本人并不拒绝弗洛伊德关于女孩的阳具位置概念，女孩在幻想中竞争性地占有父亲的阳具，并由此导致的阉割焦虑。然而，与弗洛伊德不同的是，克莱因认为女孩的阳具位置或者她的反向俄狄浦斯情结是次要的而不是首要的，它是一种防御，防御了克莱因（1932）所描述的更原始的、源自早期女性俄狄浦斯位置的焦虑，这种焦虑推动了婴儿的发展，在这个意义上可以被视为与古典理论中阉割焦虑相对应的焦虑。克莱因概述了，女孩因对母亲内部及对她认为位于母亲体内的客体的攻击幻想而产生的恐惧；女孩认为，位于母亲体内的客体包括母亲的婴儿，也包括父亲的阴茎，而父亲的阴茎在母亲内部形成了永久的性交。长着阴茎的母亲或阴茎存在于乳房内的结合客体是极端暴力和可怕的（见"结合父母形象"）。小女孩因为入侵、破坏和抢劫母亲的身体及其内容物而害怕遭到报复（见"儿童分析""俄狄浦斯情结"）。

> 埃尔娜有着掠夺和彻底摧毁她母亲身体的意图，但她对这种意图的反应通过恐惧表达出来……女强盗会把她体内的一切都掏空。我所描述的这种恐惧属于女孩最早体验到的危险情境，我认为它等同于男

孩的阉割焦虑。

(Klein, 1932, p. 56)

克莱因认为，对于男孩来说，一旦他意识到外生殖器的存在（并因此出现幻想），就会感到阉割焦虑，这是非常早期的体验，此时正处于口腔力比多最强烈的时期，包括口腔对乳房和阴茎的施虐冲动。因此，可怕的阉割可以通过咬掉阴茎的方式发生。阉割只是危险之一，跟女孩一样，受挫男婴的攻击性幻想也会涉及通过口腔、粪便和尿液对母亲的身体进行攻击，劫掠走她保留的好东西，即父亲的阴茎和体内的婴儿。这唤起了对有毒的、危险的、报复性客体的幻想，这些客体以同样的方式攻击他，并威胁到他认为自己拥有的珍贵之物，即他在女性位置时所纳入的好婴儿和阴茎，以及他那更可见的阴茎。

克莱因相信她发现了弗洛伊德经典阉割焦虑的前身，这种焦虑基于极度施虐的前生殖器阶段，这使得它具有了特别可怕的特质。

Klein, M. (1932) *The Psychoanalysis of Children. The Writings of Melanie Klein*, Vol. 2. London: Hogarth Press.

经典精神分析 | Classical psychoanalysis

见"美国精神分析与克莱因的关系"。

性交 | Coitus

孩子的游戏显示他经常试图探索与父母有关的性理论。克莱因（在20世纪20年代）观察到，许多这样的理论似乎来自前生殖器期的幻想——相互吮吸、咬、喂奶、与粪便相关、殴打等。

克莱因认为，这意味着对原初场景的幻想在生命非常早期就开始了，即使在口欲和肛欲期，也肯定会有一些生殖器期的萌动［父母伴侣的预兆（premonitions of a parental couple）］。这与当时的正统理论相反，正统理论认为，儿童关于父母性交的想法通常会推迟到生殖器期，并形成俄狄浦斯情结的一部分。结果，克莱因发现自己描述的是俄狄浦斯情结的前生殖器期形式，而且其起源时间也要更早（见"俄狄浦斯情结"）。

克莱因还描述了她称为"结合父母形象"的客体，这是婴儿对于被困在原始的、通常是可怕的性交方式中的部分客体形式的父母的幻想。

见"结合父母形象""联结"。

结合父母形象 | Combined parent figure

克莱因认为婴儿对母亲身体内部有强烈的好奇心（见"求知欲"），在他的幻想中，母亲的身体包含了许多有价值的客体（包括父亲的阴茎），但不给自己。在克莱因看来，这种好奇心与攻击性密切相关，激发婴儿幻想强行进入母亲体内，并由于嫉妒和嫉毁，通过口腔和肛门手段，偷窃或破坏这些他未曾拥有的财富，包括与父亲/父亲阴茎的关系。由此产生的恐惧是，母亲及其体内的客体会报复婴儿。最终婴儿陷入这样的幻想，即所有这些受到伤害的报复性客体现在在不断地掠夺——当这些客体被内摄之后，就变成他内部的迫害者，同时变成迫害性的外部形象。

这种情结的核心部分——体内有父亲阴茎的母亲——就是克莱因用各种方式提到的父母结合形象的一个例子。例如，她在1929年（p. 211）和1930年（p. 219）称之为"合并的父母（united parents）"，1932年称之为"结合父母（combined parents）"（p. 133）和"敌对的结合父母（hostile combined parents）"（p. 254），以及1952年称之为"结合父母形象（combined parent figure）"（p. 55）。克莱因在1952年使用了很多不同版本的词语对这个（结合父母）形象进行描述。

> 结合父母形象，如包含着父亲的阴茎或整个父亲的母亲；包含着母亲乳房或整个母亲的父亲；父母在性交中不可分离地融合在一起。
>
> （Klein, 1952b, p. 79）

结合父母形象的幻想是非常原始的伴侣版本。父母以部分客体的形式被锁定在相互满足的狂欢中，既兴奋又可怕，并以牺牲孩子为代价。这是构成俄狄浦斯情境最早和最原始的幻想（见"俄狄浦斯情结"）。这种狂欢不仅被认为是令人感到满足的，而且在幻想中对父母来说也是危险的。因为婴儿的愤怒导致他在父母的这种性交中注入了暴力，就像他对他们的感觉一样。

> 这些虐待性的自慰幻想……可以分为两个截然不同但相互关联的类别。在第一类中，儿童使用各种虐待的手段直接攻击性交中结合的父母或者单独的父母；在第二类中……儿童相信自己对父母无所不能的虐待，这种信念用更间接的方式表达出来。儿童赋予他们相互毁灭的工具，把他们的牙齿、指甲、生殖器、排泄物等变成危险的武器和动物等，并根据自己的欲望，把他们描绘成在交配行为中彼此折磨和毁灭的形象。
>
> （Klein, 1932, p. 200）

当嫉毁成为克莱因思想的中心后，她将对父母性交的嫉毁视作暴力和施虐的重要来源，而这些暴力和施虐与对结合父母形象的幻想有关（Klein, 1957；见"嫉毁"）。克莱因认为，当嫉毁情绪特别强烈时，结合父母形象也会变得特别强大，从而阻碍俄狄浦斯情结和抑郁心位的修通。

随着在正常发展中朝着抑郁心位迈进（见"抑郁心位"），结合父母形象逐渐让位给整体客体，分开的父母独立地走到一起。例如，梅尔泽（Meltzer, 1973）描述了人格中性欲和创造力的发展，这需要努力超越部分客体结合在一起的父母形象，依据更现实的母亲和父亲的版本将其重新建构为完整的客体，这是抑郁心位固有的过程。从内在来说，这种现实父母的性交形成了内部客体，它是个人创造力的基础（或被认为是创造力的源泉），即性、智力和审美的基础。

见"性交"。

Klein, M. (1929) 'Infantile anxiety-situations reflected in a work of art and in the creative impulse', in *The Writings of Melanie Klein*, Vol. 1. London: Hogarth Press, pp. 210-218.

—— (1930) 'The importance of symbol formation in the development of the ego', in *The Writings of Melanie Klein*, Vol. 1. London: Hogarth Press, pp. 219-232.

—— (1932) *The Pychoanalysis of Children. The Writings of Melanie Klein*, Vol. 2. London: Hogarth Press.

—— (1952a) 'The origins of transference', in *The Writings of Melanie Klein*, Vol. 3. London: Hogarth Press, pp. 48-56.

—— (1952b) 'Some theoretical conclusions regarding the emotional life of the infant', in *The Writings of Melanie Klein*, Vol. 3. London: Hogarth Press, pp. 61-93.

—— (1957) 'Envy and gratitude', in *The Writings of Melanie Klein*, Vol. 3. London: Hogarth Press, pp. 176-235.

Meltzer, D. (1973) *Sexual States of Mind*. Strath Tay: Clunie Press.

部分本能 | Component instincts

弗洛伊德和亚伯拉罕：在弗洛伊德的理论中，性本能可以被分解成许多基本要素或部分本能，最初它们独立地发挥作用。它们在不同的力比多阶段或组织中融合，在俄狄浦斯期达到高潮，其结果是形成了青春期之后各种形式的成人性欲（Freud, 1905）。本能构成的定义与身体来源（bodily source）或性源带（erotogenic zone；口腔、肛门和生殖器）有关，或与目的有关，如掌控本能及其分支，施虐，看见和被看见的乐趣（窥阴癖/暴露癖），以及对知识的渴望等。掌控本能一开始与性无关，但它以各种形式被雇用并成为性欲中位居第二的部分。

随后，弗洛伊德转变了将施虐定义为性倒错的狭隘界定，赋予了它不同的含义（Laplanche & Pontalis, 1973）。作为性驱力的本能构成，弗洛伊德将其与儿童的原始残酷联系起来，儿童的目的不是让人受苦，而是他们根本没有考虑到对方。在《本能及其变迁》（1915）中，弗洛伊德将施虐的目的定义为以暴力形式来贬低和征服客体，不是为了从痛苦中享乐，而是为了获得掌控。当时弗洛伊德认为施虐是主要的，受虐是次要的。正是将施虐逆转到主体自身，才导致了与性满足相伴的受虐。

在弗洛伊德的强迫症和忧郁症病人中，我们可以明显地看见，对客体的极端施虐性暴力冲动无处不在，以及自我在与严苛的良心（后来的超我）的关系中，所处的极端受虐位置。弗洛伊德（1909, 1917a, 1917b）和卡尔·亚伯拉罕（Karl Abraham, 1916）都使用了施虐这个术语，来描绘前生殖器期的口腔和肛门的部分本能。在这些情况下，施虐这个术语指的是在幻想中摧毁和贬低客体的各种口欲和肛欲意图。施虐的普遍性是促使弗洛伊德假定死本能概念具有独立地位的一个因素。攻击性和施虐不再被视为仅仅是性驱力的部分本能。弗洛伊德（1920）将死本能概念化为，以摧毁主体为目的原初受虐，它在自恋力比多的影响下，以施虐的形式直接指向客体或向外偏转指向客体。

亚伯拉罕特别强调，在力比多发展的前生殖器期，施虐成分的恶意。在他1924年的著名论文中，他没有提及弗洛伊德的第二个二元论。他继续沿着施虐是性本能的部分本能的逻辑写作。这种明显存在于前生殖器期的施虐更成问题，因为客体爱只在生殖器发育阶段出现。亚伯拉罕（Abraham, 1924）特别对前生殖器期做出了更为精确的描述，并在此基础上阐述了他对客体爱发展的看法（见"卡尔·亚伯拉罕"）。

根据亚伯拉罕的说法，早期的口欲（吮吸）期处于"前矛盾期"，由感激的、体内化的意图或摄入好东西的幻想所支配。口欲（食人）期开始于6个月大的出牙期，并带来了以食人和强行体内化客体为施虐意图的情感矛盾。严重受损的客体在内部发动它的暴政，这在忧郁症中很明显。在第二年，早期肛门施虐（排泄）阶段被施虐幻想所支配，在幻想中用坏的粪便来攻击和摧毁客体，或者摧毁被认同为是与部分客体粪便一致的客体，这在偏执中很明显。在随后的肛欲（保留）期，施虐的目的是留住客体而不是摧毁它。在强迫性神经症中，对客体的怜悯和关心是很明显的。这一阶段将神经官能症与精神病（无法从投注中撤回）区分开来，并启动了首次把客体当作占有物的部分爱。这也标志着离开原发自恋的发展。对独立客体的爱在亚伯拉罕的生殖器期和俄狄浦斯期逐渐发展。

克莱因的立场：在她的早期作品（1919—1932）中，梅兰妮·克莱因深受弗洛伊德和亚伯拉罕的影响，他们提供了基于临床的概念背景，让她可以发展自己的想法。直到1932年，弗洛伊德的第二个本能二元论才直接影响到她的研究。在1932年之前，克莱因对儿童的研究引发了她对弗洛伊德和亚伯拉罕的三个背离。第一，她质疑按照时间顺序来对各个阶段进行的齐整描述，尤其是从6个月之后开始的阶段。她主张生殖器欲望、口欲和肛欲趋势都在那个年龄出现，但她也保留了亚伯拉罕提出的阶段主导概念。因此，口腔在第一年起主要的组织作用，第二年是肛门，第三年开始是生殖器。第二，虽然克莱因还没有赋予攻击和施虐独立的地位，将它们从性本能中区分出来，但她开始将混合施虐而不是婴儿性冲动视为精神病理学和发展的主要动力。克莱因认为，攻击性/施虐的部分本能比性本能本身起着更决定性的作用，这与亚伯拉罕的观点密切联系在一起，亚伯拉罕认为客体爱只在生殖器期作为一种力量出现。第三，当克莱因主张俄狄浦斯情结在6个月左右就开始时，这实际上意味着，生殖器期和前生殖器期之间的传统区别被削弱了，在前生殖器期中尚未整合的部分本能占主导地位。但是克莱因本人并没有强调她的工作和传统理论之间的不一致。相反，她发展了她的施虐高峰概念，这与俄狄浦斯情结的开始是同步的，并将焦点转移到攻击性的问题上，攻击性作为部分本能，给总体发展带来的问题。

施虐高峰及其成分：克莱因认为她的"早期施虐高峰"概念只是扩展了已被接受和公认的观点，即口欲食人之后就是肛门施虐（Klein, 1932b, p. 151）。施虐高峰（1928, 1929, 1930）是因断奶爆发的，它挫败了与乳房母亲的早期口腔体内化关系（the early oral incorporative relation）。它始于口腔食人，其目的是残酷地破坏，很快加入了同样野蛮的肛门和尿道，目的是毁灭客体。克莱因记住了亚伯拉罕提出的关键区别，肛欲期早期完全没有任何保留客体的欲望，这种（保留客体的）趋势只有在肛欲期后期才会出现。

根据克莱因（早期）的观点，施虐高峰和俄狄浦斯情结处于同一时期。孩子所遇到的客体是以结合父母形式出现的第一个俄狄浦斯客体：对"母亲身体内部的幻想，认为它是所有性过程和发展的场景"（1928, p. 188；见"结合父母形象"）。这些包括母乳、粪便、婴儿和父亲的阴茎。这种对未分化客体的原始幻想，被体验为将婴儿排除在外的诱惑性交，而所有客体都被想象为位于母亲体内，这加剧了这种幻想。因为客体是结合在一起的，所以对一个客体的攻击就是对所有客体的攻击，而孩子只能独自对抗它们。当孩子为口腔施虐、尿道施虐、肛门施虐和求知的部分本能所迫使，用一切施虐武器来消灭结合父母时，施虐就达到了顶峰。

克莱因强调了求知本能在这一发展阶段所起的重要作用。她写道:"求知冲动和施虐之间的早期联系对整个心理发展非常重要。"(1928, p. 188)她试探性地提到由孩子早期的性好奇心激起的一连串问题和提问,以及许多被留在无意识中未阐明和未被回答的问题所带来的痛苦不满。"这些不满引发了大量的恨"(Klein, 1928, p. 188),并产生了一种不知(not knowing)的早期感觉。

似乎真正的求知欲望,与早期的俄狄浦斯情境有关,因被施虐意图所颠覆和控制,所以求知变得等于用野蛮的力量占有和掌控或摧毁。这些攻击的合力造成了可怕的焦虑,可能导致精神病和严重的学习障碍(见"求知欲")。

克莱因详细描述了施虐高峰的各种目的和幻想。口腔食人的幻想以挖出、咬碎和吸出的形式出现。克莱因本人特别强调了尿道施虐:幻想中的尿液变成了会泛滥和淹没的破坏性物质,或者是会溶解和烧伤的腐蚀性物质(1930)。在肛门施虐的幻想中,粪便会成为危险的武器,或者装载着危险物质的武器,会爆炸、毁灭、放毒和污染。或者客体可以等同于粪便,然后像粪便一样被清除掉。克莱因本人则指出,这些施虐幻想具有无穷无尽的多样性和丰富性。

克莱因最终放弃了将施虐视为力比多的部分本能的传统观念,尽管它支配了前者。她明确地转向弗洛伊德的第二个本能二元论(见"死本能")。1932年,她相信自己正在观察生死本能之间冲突的临床表现:"……在发展的早期阶段,生本能必须将它的力量发挥到极致,以维持自己对抗死本能。"(Klein, 1932, p. 150)此后,"施虐高峰阶段"观念被弃用,因为爱和恨都被认为从出生就存在。施虐高峰阶段的要旨,以克莱因在1935年首次提出的"偏执心位"形式存在了一段时间。后来,当克莱因阐述"偏执-分裂心位"时候(1946),她给弗洛伊德的第二个本能二元论打上了自己的明确印记。

见"施虐"。

Abraham, K (1916) 'The first pre-genital stage of the libido', in *Selected Papers on Psycho-Analysis*. London: Maresfield Reprints, pp. 248-279.

—— (1924) 'A short study of the libido, viewed in the light of mental disorders', in *Selected Papers on Psycho-Analysis*. London: Maresfield Reprints, pp. 418-501.

Freud, S. (1905) 'Three essays on the theory of sexuality', *S.E. 7*. London: Hogarth Press, pp. 125-245.

—— (1909) 'Note upon a case of obsessional neurosis', *S.E. 10*. London: Hogarth Press, pp. 155-318.

—— (1915) 'Instincts and their vicissitudes', *S.E. 14*. London: Hogarth Press, pp. 117-140.

—— (1917a) 'Mourning and melancholia', *S.E. 14*. London: Hogarth Press, pp. 237-260.

—— (1917b) 'On transformations of instinct as exemplified in anal-erotism', *S.E. 17*. London: Hogarth Press, pp. 125-133.

—— (1920) 'Beyond the pleasure principle', *S.E. 18*. London: Hogarth Press, pp. 7-64.

Klein, M. (1928) 'Early stages of the Oedipus complex', in *The Writings of Melanie Klein*, Vol. 1. London: Hogarth Press, pp. 186-198.

—— (1929) 'Personification in the play of children', in *The Writings of Melanie Klein*, Vol. 1. London: Hogarth Press, pp. 199-209.

—— (1930) 'The importance of symbol formation in the development of the ego', in *The Writings of Melanie Klein*, Vol. 1. London: Hogarth Press, pp. 219-232.

—— (1932) 'Obsessional neurosis and the early stages of the super-ego', in *The Writings of Melanie Klein*, Vol. 2. London: Hogarth Press, pp. 149-175.

—— (1935) 'A contribution to the psychogenesis of manic-depressive states', in *The Writings of Melanie Klein*, Vol. 1. London: Hogarth Press, pp. 262-289.

—— (1946) 'Notes on some schizoid mechanisms', in *The Writings of Melanie Klein*, Vol. 3. London: Hogarth Press, pp. 1-24.

Laplanche, J. and Pontalis, J.-B. (1973) *The Language of Psycho-Analysis*. London: Hogarth Press.

关切 | Concern

见"抑郁心位""爱"。

混淆状态 | Confusional states

混淆状态在精神分裂症病人中很常见。罗森菲尔德（Rosenfeld, 1965）描述了它们的起源，在1950年的论文《慢性精神分裂症中混淆状态的精神病理学说明》(Notes on the psychopathology of confusion states in chronic schizophrenia) 中，他解释了二元分裂失败如何导致了严重混淆状态下的极端焦虑。他将这种失败，与破坏性冲动威胁要摧毁力比多冲动的状态联系起来，导致"好"和"坏"之间的基本区分失败，因为好客体被错误地憎恨和摧毁。这引发了强烈的不安全感和无力整理内部状态和冲动的感觉，整个自体感到处于被摧毁的危险之中。

1952年，在《对急性精神分裂症病人的超我冲突进行精神分析的评论》中，罗森菲尔德更进一步将原始破坏性与嫉毁攻击联系起来，嫉毁攻击的是被感觉为独立的客体身上那些好的部分。这导致了原始分裂的失败和随之而来的混淆。他还将嫉毁与强力投射性认同的增强联系起来，这深化了自体与客体之间难以分化的状况（见"嫉毁"）。自我与客体的混淆，是全能形式的投射和内摄带来的结果，其目的是否认分离和依赖（见"自恋"）。特别是，通过投射性认同机制的大规模和暴力运作，将自体的大部分放入客体之中。在克莱因的《嫉毁与感恩》(1957) 中，上述两篇论文的中心思想被吸收和发展（见"嫉毁"）。

自体与外部世界的某种融合可能会在某些自闭态下实现，如撤退到只专注于身体感觉（见"自闭症"）。

这种自体与客体之间的混淆是继发的，以防御为目的。它与自我心理学家（典型的如Mahler et al., 1975）所描述的融合和退行性混乱的原始状态形成对比，他们遵循经典的原发自恋理论（见"自恋"）。古典理论家假定了原发自恋的阶段，在这个阶段未曾有"我"和"非我"的基本体验，自我出生时没有边界感，因此在生命的开始就没有自我。相比之下，克莱因学派（和许多其他人）提出了初级自我概念，自我功能和自我边界从出生起就存在并活跃着。因此，自我和客体的混淆是继发的，是全能原始防御机制的结果，它产生了自恋性客体关系

（见"自恋"）。

Klein, M. (1957) 'Envy and gratitude', in *The Writings of Melanie Klein*, Vol. 3. London: Hogarth Press, pp. 176-235.
Mahler, M., Pine, F. and Bergman, A. (1975) *The Psychological Birth of the Human Infan*t. London: Hutchinson.
Rosenfeld, H. (1950) 'Notes on the psychopathology of confusional states in chronic schizophrenia', *Int. J. Psycho-Anal*. 31: 132-137.
—— (1952) 'Notes on the psycho-analysis of the superego conflict in an acute schizophrenic patient', *Int. J. Psycho-Anal*. 33: 111-131.
—— (1965) *Psychotic States*. London: Hogarth Press.

体质因素 | Constitutional factor

克莱因强调了爱和破坏性冲动，尤其是嫉毁的生物学基础，以及这两种冲动之间的平衡的生物学基础。当然，她也强调了环境因素的影响。正如她所说：

> 在谈到爱与恨之间的固有冲突时，我认为，在某种程度上，爱和破坏的能力是体质性的，尽管个体在强度上各有不同，并从一开始就与外部条件相互作用。

（Klein, 1957, p. 180）

克莱因关于先天能力与外部条件相互作用的陈述与她的一些批评者的观点相矛盾，他们认为她将个人特征归因到体质因素，这意味着她认为这些特征基本上是不可改变的。克莱因还认为，与客体建立关系并发展无意识幻想的能力在出生时就存在，并在此后迅速发展。

比昂进一步阐述了克莱因关于遗传和环境的观点，他认为婴儿在出生时就有"前概念"，很快就与感官印象"匹配"，形成"概念"（Bion, 1962, 1963, 1967）。

Bion, W. (1962) *Learning from Experience*. London: Heinemann, p. 91.

—— (1963) *Elements of Psycho-Analysis*. London: Heinemann, p. 23.
—— (1967) *Second Thoughts: Selected Papers on Psycho-Analysis*. London: Heinemann, p. 111
Klein, M. (1957) 'Envy and gratitude', in *The Writings of Melanie Klein*, Vol. 3. London: Hogarth Press, pp. 176-235.

接触屏障 | Contact barrier

弗洛伊德在描述神经元及其与其他神经元接触时产生兴奋或抵抗兴奋的过程中，发展了这个术语（Freud, 1895）。（"突触"一词还未以此为目的被创造出来。）后来比昂用"接触屏障"这个术语来描述意识和无意识感知之间的边界和接触点。他故意用没有特定意义的"α功能"一词来说明形成接触屏障的"α元素的创造"。

> 无论是在睡眠还是在清醒时，人类的α功能都会将与情感体验相关的感觉印象转化为α元素，这些元素激增并聚集形成接触屏障。因此，接触屏障在其不断形成的过程中，标记着意识与无意识元素之间的接触点与分离点，并由此产生了意识与无意识元素之间的区别。
>
> （Bion, 1962, p. 17）

Bion, W. R. (1962) *Learning from Experience*. London: Heinemann.
Freud, S. (1895) 'Project for a scientific psychology', *S.E. 1*. London: Hogarth Press, pp. 292-293, 298-307, 316-319, 323.

容器/被涵容 | Container/contained

无论是在克莱因学派内部还是外部，对于大多数英国精神分析性心理治疗而言，"涵容"已经成为决定性的概念，尽管这经常意味着它被不准确地使用。它源自克莱因对投射性认同（见"投射性认同"）的最初说明，其中一个人在某种意义上涵容了他人的一部分。由此产生了基于婴儿与母亲情感接触的发展理论,并引申为精神分析接触理论。随着克莱因学派分析师对投射性认同新理念的探索进展,这一概念在文献中逐渐形成。

> 病人……表明,他已经将包含被摧毁世界的受损自体投射出去,不仅投射到所有其他病人身上,也投射到我身上,并以这种方式改变了我。但是,他非但没有因为投射而感到宽慰,反而变得更加焦虑,因为他害怕我随后把什么东西放回他身上,于是他的内摄过程被严重扰乱了。
>
> (Rosenfeld, 1952, pp. 80-81)

罗森菲尔德在此处使用了克莱因创立的自我发展理论,该理论认为自我的发展源于内摄和投射的重复循环,不过他往前推进了一步,认识到,这不仅仅是对客体的投射,也是对部分自体的投射,投射性认同和内摄性认同循环进行。在同一时间,雅克(Jaques, 1953)对这类想法进行了类似的实证研究(见"社会防御系统")。

通常认为,是比昂(Bion, 1959)提出了这一模型的成熟形式。

> 在整个分析过程中,病人一直使用投射性认同,这表明他从未充分地利用过这一机制;分析使他有机会运用他曾被蒙骗过的机制……一些会谈使我猜想,病人感到有一些客体拒绝了他对投射性认同的使用……有一些因素表明,病人感到他希望将部分人格安放在我的内部,但被我拒绝了……当时病人努力摆脱对死亡的恐惧,这种恐惧对他的人格来说过于强大以至于难以涵容,他会把恐惧分离出来,并将之放入我的内部,他的想法显然是,如果这些恐惧被允许放置足够长的时间,它们将被我的心灵修正,然后可以安全地重新内摄。在我记忆中的场景里,病人感到……我这么快地将它们排空,以至于那种感觉不但没有被改变,反而变得更痛苦了……伴随更加绝望的感觉和更暴力的方式,病人迫使它们进入我的内部。他的行为,从分析的背景中孤立出来,看起来可能是原始攻击性的表现。他对投射性认同的幻想越暴力,他对我就越恐惧。在一些治疗中,这样的行为表现为无缘无故的攻击,但我引用这个系列是因为它从一个不同的角度向病人展

示,当他感觉到我的敌意防御时,他的暴力是对我敌意防御的反应。这种分析情境在我心中构建出一种感觉,仿佛我在见证极为早期的场景。我觉得病人在婴儿期就目睹过母亲,她尽职地对婴儿的情绪表现做出反应。这种尽职的反应中有不耐烦的成分:"我不知道这孩子怎么了。"我的推论是,为了理解孩子想要什么,母亲不应该仅仅把婴儿的哭声看作对她存在的要求。从婴儿的角度来看,母亲应该接受孩子对将死充满了恐惧,从而体验这种恐惧。这是孩子无法涵容的恐惧。他试图把它和它所在的人格部分一起分裂出去,并投射进母亲里面。一个善解人意的母亲能够体验到婴儿努力通过投射性认同来处理的恐惧感,同时保持一种平衡的态度。这位病人不得不与一位无法忍受这种感觉的母亲打交道,她的反应要么是拒绝它们进入,要么是成为焦虑的牺牲品,这种焦虑源于内摄了婴儿的坏感觉。

(Bion, 1959, pp. 103-104)

如果分析师是封闭的或无反应的,那么"结果是,病人出现过度的投射性认同,并且他的发展进程会恶化"(p. 105)。尽管比昂说,精神分裂症的困扰主要源自天生气质……(p. 105),但他认为基因和环境都会干扰正常的投射性认同。

母性遐想(maternal reverie):比昂描述了母亲接收婴儿投射出来的恐惧时的遐想心理状态。比昂首先在《思考的理论》中描述了母亲的遐想,同年在《从经验中学习》中,他几乎是顺带地补充了重要的细节,正如卡珀(Caper, 1999)指出的,这个细节在对遐想和涵容的解释中经常被遗漏。那就是,母亲和父亲之间的联结(link)对她的遐想很重要。

如果哺乳的母亲不允许遐想,或者允许遐想但其与对孩子或父亲的爱无关,那么即使婴儿无法理解,这一事实也会传达给婴儿。

(Bion, 1962b, p. 36)

西格尔在一篇关于精神分裂症治疗技术的论文中描述了涵容的过程。西格尔指出,病人的自我可能是通过内摄能够涵容和理解其经历的客体而建立起来的。

……可用一个模型来说明我能想到的最接近这个过程的说法，这个模型基于梅兰妮·克莱因的偏执-分裂心位概念和比昂的"能够涵容投射性认同的母亲"概念。在这个模型中，婴儿与其第一客体的关系可以这样描述：当婴儿出现无法忍受的焦虑时，他通过将焦虑投射进入母亲来处理它。母亲的反应是承认这个焦虑，并尽一切必要的努力来减轻婴儿的痛苦。婴儿知觉到的是，他将无法忍受的东西投射进入他的客体，但客体有能力涵容和处理它。然后，他重新内摄的不仅是自己最初的焦虑，还有因被涵容而被修改的焦虑。他还内摄了能够涵容和处理焦虑的客体。焦虑被具有理解能力的外部客体涵容是心理稳定的开始。这种心理稳定性可能会在两个方面受到破坏。母亲无法忍受婴儿投射出来的焦虑，于是婴儿可能会内摄比他投射出去的更为可怕的恐惧体验；心理稳定性也可能被婴儿幻想中具有过度破坏性的全能感所破坏。在这个模型中，分析情境提供了容器功能。

(Segal, 1975, pp. 134-135)

分析师当然是一个容器，母亲是另一个容器，但理论还不止于此。很明显，任何有母性特征的人，只要能倾听（Langs, 1978），都能以这种方式发挥作用（见"遐想"）。事实上，社会本身可能作为一种或另一种情感容器，虽然或多或少带有防御性。雅克（Jaques, 1953）从这个方面探讨了社会制度。

虽然投射性认同概念的发展在一定程度上是20世纪50年代整个克莱因学派努力的成果，但是比昂是其主要代表，收获了最大的果实（见"投射性认同"）。比昂用中性术语"α功能"来形容，在这种"遐想"的状态下，母性头脑所执行的功能（见"α功能""遐想"）。

其他非克莱因学派的学者也提出了一些概念，这些概念与容器/被涵容的概念相关但又不同。这一范畴可能包括温尼科特（Winnicott, 1967）关于母亲"镜映（mirroring）"婴儿状态的观点。他说，母亲的脸是婴儿和孩子的情绪"镜子"。他将这描述为孩子了解他自己的内部状态的一种方法。很明显，这与克莱因学派一直在发展的投射/内摄循环有某种关系，尽管二者并不相同。温尼科特使用的另一个不应与涵容相混淆的术语为"抱持（holding）"，"不仅指对婴儿的实际身体上的抱持，还指与之一起生活的概念出现之前的整体环境保障"（Winnicott, 1960, p. 43）。因此，它可以被视为宽泛的总括性术语，可以将涵容等特定过程纳入其中。

比昂的思考理论是前概念和实现的匹配，其结果是在建构思想和理论的过程中，出现的概念和步骤（见"前概念""思想和知识"）。在这个过程中，各术语之间的关系就像容器与被涵容物之间的关系。

神秘主义者和建制派（the mystic and the establishment）：比昂（Bion, 1970）以与雅克完全不同的方式，将他的容器理论应用于社会系统（见"社会防御体系"）。他认为，社会团体涵容着个体。这是皮雄-里维埃（Pichon-Riviere, 1931）很久以前就考虑过的想法，但缺乏比昂（Bion, 1970）后来所拥有的理论支持。社会团体的作用是建立确定的社会秩序（建制派）。这与个体（指的是神秘主义者或天才）的灵感和独创性相冲突。他必须被团体的建制所涵容。个人的创造力常常因僵化系统的"压榨或剥蚀"而毁坏；或者，某些特殊的个体在团体中凸显出来，在他们的影响下，团体变得支离破碎。最后一种可能是，随着个人和团体的发展，两者相互适应。这些观点扩展和发展了比昂先前的团体理论（见"基本假设"）——配对团体，指的是容器和被涵容物的配对。

因此，这个结果不利于被涵容物，或不利于容器，或者两者相互影响。比昂认为容器理论的社会应用只是一个层次，在个体涵容自己的层次上重复出现类似的涵容模式。作为个体努力涵容自己的例子，他援引了一个口吃者试图用语言控制自己情绪的例子。最终，比昂在与下述理念工作，即阴茎被阴道涵容的性结合，这在各种形式的结合和联结中被体验到。以克莱因提出的早期俄狄浦斯情结来看，这样的关系所带来的问题影响了所有精神问题的联结。（见"结合父母形象""联结""俄狄浦斯情结"）。

当病人和分析师之间的接触变得无效，就会缺少自发性时刻——这是灾难性的——这是精神分析性治疗失败的重要原因。

> 病人会不知所措，无法表达他想表达的意思，或者他想表达的意思过于强烈，因而无法恰当地表达出来，或者表达方式过于死板，他感到所表达的意义缺乏趣味或活力。同样地，分析师给出的解释，即被涵容物，会得到表面上合作的反应，也就是为了寻求确认而不断重

复，但这种反应通过压缩或剥夺使被涵容物失去了意义。如果不能观察或呈现这一点，可能会产生表面上进步但实际上毫无意义的分析。其线索在于对波动的观察，这种波动使分析师在某一刻成为"容器"，此时被分析者成为"被涵容物"，而在下一时刻他们又倒转了角色……分析师越熟悉"容器"和"被涵容物"的配置，会谈中的事件越接近于这两种表征时，效果就会越好。

（Bion, 1970, p. 108）

如果不承认相互性，容器/被涵容物关系中的有害方面可能会在未被注意的情况下突然出现。

精神变化：比昂在很长一段时间内，都对精神变化的本质很感兴趣。他对思考本质的研究工作确立了一种方式，通过这种方式，心理元素之间类似于投射性认同的联结逐渐地建构起一种思维装置，从而对情感经验转化为认知活动这一演变（transmutation）过程产生影响（"思考和知识"）。这种思维装置同样是情感状态的容器。它承担了思考什么的理论任务。成长蕴含了这种涵容的、思考装置的发展。然而让他印象深刻的是，在分析中需要对变化有所理解，认识到它会对情绪容器有所扰动。他开始观察精神分析以外的其他科学，以检验理论中发生变化的条件。他把理论——以及心智中的所有其他实体——称为事件的连接点（conjunctions）：理论是有规律的连接点。因此，要改变思考装置的结构，就需要对理论进行解构，并重新建立新的连接点。

这一活动与斯托克斯（Stokes, 1955）对艺术过程的描述非常吻合，可以被视为一般心理过程。比昂确实将此转化成了一般心理过程，并把它与克莱因学派理论的基本要素联系起来。重组是碎片化的过程，比昂认为这是偏执-分裂过程的表现。与西格尔（Segal, 1952）一致，他将重组视为抑郁心位的一部分。因此，变化涉及在偏执-分裂和抑郁心位之间的振荡——他将其描述为Ps↔D［见"在偏执-分裂心位和抑郁心位之间的移动（Ps↔D）"］。然而，这些振荡会产生强烈的情感需求。为了支撑这种重组，意味着能够承受因心智解体带来的焦虑，这也让比昂产生了这样的观点，即变化涉及潜在的灾难。另一方面，重建需要承受处于抑郁心位时所有与修复受损客体相关的感受。发展这样的能力必然包含了灾难性变化的过程，以及能够承受和容纳这一过程中代表毁灭和死亡的元素。

Bion, W. (1959) 'Attacks on linking', *Int. J. Psycho-Anal.* 30: 308-315; republished in *Second Thoughts*. London: Heinemann (1967), pp. 93-109.
—— (1962a) 'A theory of thinking', *Int. J. Psycho-Anal.* 33: 306-310.
—— (1962b) *Learning from Experience*. London: Heinemann.
—— (1970) *Attention and Interpretation*. London: Tavistock.
Caper, R. (1999) *A Mind of One's Own*. London: Routledge.
Jaques, E. (1953) 'On the dynamics of social structure', *Hum. Relat.* 6: 3-23.
Langs, R. (1978) *The Listening Process*. New York: Jason Aronson.
Pichon-Riviere, E. (1931) 'Position du problème de l'adaptation réciproque entre la société et les psychismes exceptionnels', *Rev. Fr. Psychanal.* 2: 135-170.
Rosenfeld, H. (1952) 'Notes on the analysis of the superego conflict in an acute catatonic schizophrenic', *Int. J. Psycho-Anal.* 33: 111-131; republished in *Psychotic States.* London: Hogarth Press (1965), pp. 63-103.
Segal, H. (1952) 'A psycho-analytic approach to aesthetics', *Int. J. Psycho-Anal.* 33: 196-207.
—— (1975) 'A psycho-analytic approach to the treatment of schizophrenia', in *The Work of Hanna Segal*. New York: Jason Aronson (1981), pp. 131-136.
Stokes, A. (1955) 'Form in art', in Klein et al. (eds) *New Directions in Psychoanalysis*. London: Tavistock, pp. 406-420.
Winnicott, D. (1960) 'The theory of the parent-infant relationship', in *The Maturational Processes and the Facilitating Environment*. London: Hogarth Press, pp. 37-55.
—— (1967) 'Mirror-role of mother and family in child development', in *Playing and Reality*. London: Tavistock (1971), pp. 111-118.

轻蔑 | Contempt

轻蔑是躁狂性防御的三大关键特征之一，另外两个是"控制"和"胜利"（Segal, 1964）。轻蔑与防御性地（躁狂）否认客体的重要性及贬低其价值有关（Klein, 1935, 1940）。因此，它专门针对个体对其客体的感激依赖，如果个体感觉到和承认这个部分，就会引起依赖和渺小的感觉，并削弱个体的控制感和全能感。

见"抑郁心位""感恩""躁狂性防御"。

Klein, M. (1935) 'A contribution to the psychogenesis of manic-depressive states', in *The Writings of Melanie Klein*, Vol. 1. London: Hogarth Press, pp. 262-289.
—— (1940) 'Mourning and its relation to manic-depressive states', in *The Writings of Melanie Klein*, Vol. 1. London: Hogarth Press, pp. 344-369.
Segal, H. (1964) *Introduction to the Work of Melanie Klein*. London: Heinemann.

论战（1941—1945）| Controversial Discussions（1941—1945）

在20世纪20年代和30年代，英国精神分析学会发展出独具特色的精神分析理论和实践风格。这与维也纳的精神分析发生了冲突。1926—1927年，由于克莱因使用游戏治疗对儿童进行精神分析（见"儿童分析"），双方的分歧开始激化，但双方的争论随着忽视彼此不同观点的大势逐渐平息。当伦敦的欧内斯特·琼斯和维也纳的保罗·费德恩（Paul Federn）开始组织这两个学会之间的定期交流讲座时，这个问题被暂时解决了。琼斯于1935年在维也纳举办了第一次讲座（Jones, 1936），琼·里维埃于1936年又在维也纳举办了第二次讲座（Riviere, 1936）。随后韦尔德（Waelder）于1936年在伦敦举办了一次讲座，作为对里维埃的回应，其内容于1937年出版（Waelder, 1937）。但此时欧洲的政治形势正在恶化，在1938年随着维也纳的精神分析师被迫移民，这场精神分析的冲突直接在英国精神分析学会的家门口发生了。弗洛伊德和安娜·弗洛伊德来到伦敦，在伦敦形成了维也纳分析团体的核心，他们反对克莱因的观点。他们与一些英国的分析师组成了反对派，其中最著名的是爱德华·格洛弗（Edward Glover）和梅利塔·施米德伯格（Melitta Schmideberg，克莱因的女儿），在克莱因于1935年提出抑郁心位的概念后，他们开始对克莱因的理论产生了不满（Steiner, 1985）。

珀尔·金和里卡尔多·斯坦纳在《弗洛伊德—克莱因论战：1941—1945》

(King & Steiner, 1989)一书中，全面描述了发生在维也纳派、克莱因学派小团体和更大范围的英国分析师之间的事件。它以细致入微且学术性笔触详细描述了发生在英国精神分析学会的论战，论战的议题包括梅兰妮·克莱因提出的思想是否偏离了弗洛伊德的基本命题，以至于它们不再适合被认为是精神分析。这一阶段的争论并未特别放在儿童的分析上，而是更多地集中在克莱因关于早期俄狄浦斯情结、早期客体关系和无意识幻想的观点上。双方最终达成了休战协议，同意每月举行一系列科学会议，讨论克莱因理论中有争议的部分。

克莱因学派的主要论文《幻想的本质和功能》，作者是苏珊·艾萨克斯，其老练而充满说服力的论证让维也纳派大吃一惊。安娜·弗洛伊德和其他几位维也纳派分析师们在论战中发挥了积极作用，还有爱德华·格洛弗和梅利塔·施米德伯格。[1945年，爱德华·格洛弗在《格洛弗》(Glover)一书中表达了他对克莱因方法的看法。]著名的"不结盟"分析师（既不是克莱因学派也不是维也纳弗洛伊德派），也对论战有重要贡献。之后，宝拉·海曼、艾萨克斯和克莱因还发表了其他论文，如宝拉·海曼的《婴儿早期的某些内摄和投射功能》，海曼和艾萨克斯的《退行》(Regression)，以及克莱因的《与抑郁心位特别关联的婴儿情感生活》(The emotional life of the infant with special reference to the depressive position)，尽管此时格洛弗已辞职，维也纳派已经离开了论战（暂时），因而论战不再有争议。这些克莱因学派的论文最终在《精神分析进展》(Developments in Psycho-Analysis) 刊物上得以发表 (Klein, Heimann, Isaacs & Riviere, 1952)。

除了关于克莱因思想的论文之外，成员们还讨论了英国精神分析学会的培训、技术和未来机构架构等问题。1942年，克莱因的主要反对者爱德华·格洛弗意识到，他不会被广大会员接受为未来的会长，于是他退出了协会。梅利塔·施米德伯格则去了美国。

西尔维娅·佩恩 (Sylvia Payne) 是长期"不结盟"的英国分析师，她在1944年成为英国精神分析学会会长。在她巧妙的引导下，设计出组织结构，使协会包括三个"团体"：克莱因学派团体；相对较小的安娜·弗洛伊德团体及维也纳派（西尔维娅·佩恩曾说服他们重返学会）团体；以及相对更大的不结盟分析师团体，他们在一段时间内被称为中间派，最终被称为独立学派。

从1945年开始，由三位女性（西尔维娅·佩恩、梅兰妮·克莱因和安娜·弗洛伊德）最初达成了非正式的"绅士协议"，试图在委员会和学会的科研生活中实现成员平等。到2005年，该学会决定不再需要以这种方式管理自己。在那时，克莱因学派的规模已经明显壮大，几乎与独立学派的规模相当。当代弗洛伊德学派的规模大约是另外两个学派的一半。每个学派的成员继续以他们自己的方式发展他们的思想。

见"俄狄浦斯情结""无意识幻想"。

Glover, E. (1945) 'Examination of the Klein system of child psychology', *Psychoanal. Study Child* 1: 1-43.

Jones, E. (1936) 'Early female sexuality', *Int. J. Psycho-Anal.* 16: 262-273.

King, P. and Steiner, R. (1989) *The Freud-Klein Controversies 1941-5*. London: Routledge.

Klein, M., Heimann, P., Isaacs, S. and Riviere, J. (1952) *Developments in Psycho-Analysis*. London: Hogarth Press.

Riviere, J. (1936) 'On the genesis of psychical conflict in earliest infancy', *Int. J.Psycho-Anal.* 17: 395-422.

Steiner, R. (1985) 'Some thoughts about tradition and change arising from an examination of the British Psycho-Analytical Society's Controversial Discussions', *Int. Rev. Psycho-Anal.* 12: 27-71.

Waelder, R. (1937) 'The problem of the genesis of psychical conflict in earliest infancy', *Int. J. Psycho-Anal.* 18: 456-473.

反移情 | Countertransference

弗洛伊德和克莱因都认为，反移情是由分析师的精神病理部分所导致的对病人的错误概念（misconception; Freud, 1910, 1914—1915; Klein, 1957; 梅兰妮·克莱因档案，C72，威尔科姆）。

20世纪50年代，反移情经历了一次重新定义，它指的是分析师对病人的所有感知（perceptions），包括准确的和扭曲的。1950年，宝拉·海曼的开创性论文《论反移情》将反移情定义为"研究病人无意识的工具"，并说"……分析师的反移情不仅是精神分析关系的组成部分,而且是病人的创造物,是病人人格的一部分"。然而,她并不认为病人的投射性认同激发了分析师的反移情,因为她从未使用过"投射性认同"这个概念。与此同时,海因里希·拉克(Heinrich Racker)也主张反移情具有"特定的特征……从中我们可以对病人当下的心理事件的具体特征进行推论。"

海曼和拉克并不孤单。费伦齐(Ferenczi, 1919)描述过分析师为自己辩护、对抗任何反移情这一令人厌烦的品质。费尼切尔(Fenichel, 1941)也批评了分析师角色的"空白屏幕"观点。反移情被认为是病人信息的可能来源,这逐渐发展成一种趋势(Winnicott, 1947; Berman, 1949; Little, 1951; Gitelson, 1952; Reich, 1952; Weigert, 1952)。

然而,海曼(Heimann, 1950, 1960)和拉克(Racker, 1953a)提请注意反移情的另一方面,他们认为反移情是对病人的特定反应,并将其与精神分析工作中分析师自身的神经症和神经症性移情的侵入区分开来。这个重要的观点,虽然被克莱因本人拒绝,但被罗森菲尔德(Rosenfeld, 1952)和比昂(Bion, 1955)明确采纳。

正常的投射性认同和作为容器的分析师:随后莫尼-克尔(Money-Kyrle, 1956)和后来的比昂(Bion, 1959)明确表达了清晰的图景:分析师作为病人困难体验的容器,这些体验通过分析过程转化为语言,从而被涵容。在比昂的母婴互动概念中,婴儿是投射方,母亲是容器,婴儿的哭泣是投射式交流,在这种交流中,他的痛苦被母亲真真切切地感受到。如果她是有能力的母亲,并且此时处于相当良好的状态,她就可以在内在进行心理工作来界定问题,并找到解决问题所需要的东西。这是母性养育的重要自我功能(见"遐想")。定义和处理痛苦的过程是通过照料婴儿的行为来传达的,比如安抚和喂养他。这是将痛苦以行动的形式投射回去(再投射)的方式,表明痛苦已经得到了理解和缓解。

一旦母亲开始提供支持并帮助他减轻痛苦,孩子就可以收回他的痛苦体验——重新内摄它——但现在是以修正过的形式。它现在是被理解后的体验,在母亲和婴儿两个人心灵世界的相互作用中,意义已经产生。通过内摄被理解的经验,婴儿可以获得母亲所拥有的理解,例如,如果母亲是准确的,他可以通过她的照料认识到某种经验意味着饥饿。随着这些被理解的经历得以积累，婴儿自己开始获得内部客体，这个客体有能力理解他的体验。正如西格尔所说，这"是心理稳定的开始"（Segal, 1975, p. 135）。西格尔将这种母子互动描述为分析师治疗性努力的模型（见"容器/被涵容"）。

正常和防御性反移情：若以这种方式使用反移情，其问题在于分析师的感受状态：它们是否会引导分析师理解病人，或导致分析师防御性地回避自己的感情，从而对分析的进展造成损害。当莫尼-克尔描述"正常的反移情"时，他很好地描述了这个问题。当分析过程进展顺利时，他说：

> ……在内摄和投射之间有相当快的振荡。可以说，当病人说话时，分析师将会内摄性认同病人，并且对他的内在能够有所理解，然后再投射给他并进行解释。但是我认为分析师最能觉察到的是投射阶段，也就是说，在这个阶段病人代表的是之前不成熟的或他自己生病的那一部分，包括他受损的客体，现在分析师可以理解，并在外部世界通过解释来治疗。
>
> （Money-Kyrle, 1956, pp. 331-332）

然而，莫尼-克尔继续说道，这"……仅在理想的意义上是正常的。当病人与他自己尚未学会理解的某些方面过于接近时，他（精神分析师）的理解就会失败"（p. 332）。在这种情况下，分析师由于自己的神经症而无法理解病人。这对分析师来说变得很明显，就像感觉"……材料变得晦涩难懂"。这给分析师造成了压力，而且病人也会对此做出反应。莫尼-克尔说，紧张和焦虑会进一步削弱理解能力，从而形成恶性循环。正是在这些点上，传统的反移情概念出现了——在分析师理解病人的困难的过程中，分析师自己的个人困难带来了干扰。分析师：

> ……可能会意识到失败感，这是无意识的受迫害感或抑郁性内疚的表达……当内摄和投射之间的相互作用被打断时，分析师可能会卡在这两个位置中的一个；他如何处理自己的内疚可能会决定他被卡住的位置。在接受内疚的过程中，他很可能与内摄的病人纠缠在一起。如果他投射了这一点，病人在外部世界中，仍然是难以理解的形象。

（Money-Kyrle, 1956, p. 334）

这个框架清楚地说明了反移情可能出现的问题。利特尔（Little, 1951）、吉特尔森（Gitelson, 1952）和其他许多人都在思考一种可以摆脱无意识陷阱的特殊方法：向病人坦白自己的错误。但是这种方法受到海曼（Heimann, 1960）的谴责，认为分析师用自己的个人问题加重了病人的负担。莫尼-克尔还用临床实例论证说，自我暴露可能与病人的投射共谋。如果分析师未能理解病人正处于向分析师投射自己无能部分的位置，那么分析师随后的悔悟和谦卑的态度，不一定会被病人以分析师期望的方式所接受。相反，病人可能会从分析师的态度中，证实了投射出去的无能。莫尼-克尔描述了一位病人，他对分析师丧失理解力的反应如下。

> ……他表现得好像他从我这里夺走了他自认为失去的东西，他父亲头脑清晰、才智过人，但咄咄逼人，他用这些攻击我内在属于他的无能自体。当然，到了这个时候，再想从我最初掉线的地方捡起线索是没有用的。新的情况出现了，对我们都造成了影响。在解释病人带来这些内容之前，我不得不做一会儿无声的自我分析，包括区分两个非常相似的事情：我自己因为失去线索带来的无能感，以及我的病人对他自己无能自体的蔑视，这个部分他认为就在我的内在。在对自己做了这种解释之后，我最终能够把后半部分的解释传递给我的病人，通过这样做，恢复了正常的分析状态。
>
> （Money-Kyrle, 1956, pp. 336-337）

这里，莫尼-克尔所描述的过程涉及一种投射性认同的循环，即投射性认同进入分析师，随后是分析师的修正（无声的自我分析），以及分析师以解释的形式重新投射给来访者，供病人进行可能的重新内摄。

移情与反移情的相互作用：莫尼-克尔的反移情观点促进了克莱因学派移情思想的发展（见"移情"）。有了投射性认同的概念，分析师不仅仅是被病人所误解：

> 我们看到病人不仅以扭曲的方式感知分析师，根据这种扭曲的看

法做出反应，将这些反应传达给分析师，而且还对分析师的心智产生影响，以一种影响分析师的方式将这种扭曲投射进分析师内部。

(Segal, 1977, p. 82)

约瑟夫（Joseph, 1975）在很大程度上完善了这个概念，即分析师在移情中对病人活现的敏感性［见"（治疗室外）付诸行动/（治疗室内）付诸行动"］。她认为，在感知病人如何"把分析师拉进来"方面，分析师自己的体验非常重要。

我们的病人如何出于各种原因对我们施加行动（act on us）；他们如何试图把我们拉进他们的防御系统；他们如何在我们在场的移情中无意识地付诸行动，试图让我们也和他们一起付诸行动；他们如何传达从婴儿期就建立起来——在童年和成年得以展开——的内部世界的各个方面，这些体验往往超越了语言的使用，我们只能通过内在被唤起的感觉，通过我们的反移情来捕捉。

(Joseph, 1985, p. 62)

这种敏感性的提高使得分析师能够在"似乎被困住了"的"难以触及"的边缘病人身上取得进展（见"病理性组织""心理平衡"）。

投射性反认同：戈林贝格（Grinberg, 1962）使用术语"投射性反认同"来描述一个过程，在这个过程中，分析师变得认同病人投射到他身上的东西，西格尔（Segal, 1977）赞同这个观点。戈林贝格说：

在以前的论文中，我已经论述了由于被分析者大量使用投射性认同而导致的分析技术的一些变化。在某些情况下，过度使用这一机制，会引起分析师的特定反应，他会无意识地、被动地"被引导"扮演病人交给他的那种角色。对于这种特殊的反应，我建议使用术语"投射性反认同"。

(Grinberg, 1962, p. 436)

戈林贝格认为，这种分析性反应是由病人投射的暴力性引起，而不是由分析师自身的感受性（susceptibilities）引起的。戈林贝格认为，任何分析师都会以同样的方式对这样巨量的投射性认同做出反应，虽然其他作者怀疑这种说法，理由是没有证据表明戈林贝格的假设是正确的，即所有分析师都会按照戈林贝格描述的方式做出反应（Finell, 1986）。戈林贝格认为，病人投射的暴力是由"扩大强度"的情感负担，或者是由在他（病人）儿童时期强加于他身上的同样机制的暴力所引起的（Grinberg, 1962, p. 436）。

分析师的心智作为病人的客体：近年来，病人对分析师的感受以及对分析师应对这些感受的方法（防御性或其他）的敏感性，已经逐渐显现出来了。因为投射性认同和内摄性认同之间的循环中蕴含的其中一个意思是，修正的过程发生在分析师的身上，分析师需要有稳定的心态来应对极其困难的焦虑，而又不会过度扰动到自己，事实上，病人对分析师调节焦虑能力的感知是真正重要的组成部分。罗森菲尔德（Rosenfeld, 1987）和其他许多人都注意到了这一点。例如，在讨论解释的时机时，罗森菲尔德写道：

> 在某些情况下，一个人（分析师）可能会太快地解释自己已经认识到的东西，结果，病人会将此当作对自己的拒绝……分析师被具体地体验为在驱逐那些投射进入他内部的感觉，因此也在驱逐病人。
>
> （Rosenfeld, 1987, p. 16）

布伦曼·皮克（Brenman Pick）对这个问题进行了详细研究，他指出："接收到解释的病人不仅仅是'听'词语或它们在意识层面表达的意图。有些病人确实只听'情绪'，而似乎根本听不见这些词。"（Brenman Pick, 1985, p. 158）在讨论一位非常紊乱的病人时，布伦曼·皮克强调了这个问题，"……管理一个人的感受需要付出极大的努力，我相信，即使是病得这么重的病人，也会询问我如何应对自己的感受"。对病人来说，重要的外部客体是精神上的，而不是身体上的：它是分析师的心智及其运作方式（见"容器/被涵容""遐想"）。

在反移情中修通：反移情如今被认为是理解移情的重要工具。那些有过不得不在自己的内心修通自我经验的分析师，他们的心智一直在继续发展，我们现在明白，分析师的心智，虽有犯错的可能性，也可以做出准确的解释，它才是整体情境中极其重要的方面（Joseph, 1985）。在此之前（在20世纪40年代和50年代），分析中病人的客体主要被认为是分析师身体的一部分（尤其是乳房和阴茎)。最近，人们认为与病人相关的部分客体，以及他投射某些东西进入的部分客体，是分析师心智的一部分。正如布伦曼·皮克所说：

> 我一直试图证明这个问题并不简单；病人不只是投射进入分析师，而是相当熟练地投射到分析师的特定部分中……进入分析师想成为母亲的愿望，进入无所不知或否认不愉快知识的愿望，进入他本能的施虐，或进入他的防御。最重要的是，他投射进入分析师的内疚，或分析师的内部客体中。
>
> （Brenman Pick, 1985, p. 161）

病人对分析师的心智及其内容和运作方式有着敏锐的觉察，这使布伦曼这样描述精神分析性邂逅："如果嘴巴寻找乳房是天生的潜能，那么我相信有心理的等价形式，即一种心智状态寻找另一种心智状态"。(p. 157)

见"技术"。

Berman, L. (1949) 'Counter-transferences and attitudes of the analyst in the therapeutic process', *Psychiatry* 12: 159-166.

Bion, W. (1955) 'Language and the schizophrenic', in M. Klein, P. Heimann and R. Money-Kyrle (eds) *New Directions in Psycho-Analysis*. London: Tavistock, pp. 1220-1239.

—— (1959) 'Attacks on linking', *Int. J. Psycho-Anal.* 40: 308-315; republished in *Second Thoughts*. London: Heinemann (1967), pp. 93-109.

Brenman Pick, I. (1985) 'Working through in the counter-transference', *Int. J. Psycho-Anal.* 66: 157-166.

Fenichel, O. (1941) *Problems of Psycho-Analytic Technique*. New York: Psycho-Analytic Quarterly Inc.

Ferenczi, S. (1919) 'On the technique of psychoanalysis', in *Further Contributions to Psychoanalysis*. London: Hogarth Press, pp. 177-188.

Finell, J. S. (1986) 'The merits and problems with the concept of projective identification', *Psychoanal Rev.* 73: 103-128.

Freud, S. (1910) 'The future prospects of psycho-analysis', *S.E. 11*. London: Hogarth Press, pp. 144-145.

—— (1914-1915) 'Papers on technique', *S.E. 12*. London: Hogarth Press, pp. 83-173.

Gitelson, M. (1952) 'The emotional position of the analyst in the psychoanalytic situation', *Int. J. Psycho-Anal.* 33: 1-10.

Grinberg, L. (1962) 'On a specific aspect of countertransference due to the patient's projective identification', *Int. J. Psycho-Anal.* 43: 436-440.

Heimann, P. (1950) 'On counter-transference', *Int. J. Psycho-Anal.* 31: 81-84.

—— (1960) 'Counter-transference', *Br. J. Med. Psychol.* 33: 9-15.

Joseph, B. (1975) 'The patient who is difficult to reach', in P. Giovacchini (ed.) *Tactics and Techniques in Psycho Analytic Therapy*, Vol. 2. New York: Jason Aronson, pp. 205-216.

—— (1985) 'Transference: The total situation', *Int. J. Psycho-Anal.* 66: 447-454; reprinted in E. B. Spillius (ed.) *Melanie Klein Today*, Vol. 2. London: Routledge (1988), pp. 61-72.

Klein, M. (1957) 'Envy and gratitude', in *The Writings of Melanie Klein*, Vol. 3. London: Hogarth Press, pp. 176-235.

Little, M. (1951) 'Counter-transference and the patient's response to it', *Int. J. Psycho-Anal.* 32: 32-40.

Money-Kyrle, R. (1956) 'Normal counter-transference and some of its deviations', in *The Collected Papers of Roger Money-Kyrie*. Strath Tay: Clunie Press (1978), pp. 330-342.

Racker, H. (1953a) 'A contribution to the problem of countertransference', *Int. J. Psycho-Anal.* 34: 313-324.

—— (1953b) 'The meaning and uses of countertransference', read at a meeting of the Argentine Psychoanalytic Association in May 1953. Reprinted in *Transference and Countertransference*. London: Karnac (1982), pp. 127-173.

Reich, A. (1952) 'On counter-transference', *Int. J. Psycho-Anal.* 32: 25-31.

Rosenfeld, H. (1952) 'Notes on the psycho-analysis of the superego conflict in an acute catatonic schizophrenic', *Int. J. Psycho-Anal.* 33: 111-131.

—— (1987) *Impasse and Interpretation*. London: Tavistock-Routledge.

Segal, H. (1975) 'A psycho-analytic approach to the treatment of schizophrenia', in *The Work of Hanna Segal*. New York: Jason Aronson (1981), pp. 131-136.

—— (1977) 'Counter-transference', *Int. J. Psycho-Anal. Psychother.* 6: 31-37; republished in *The Work of Hanna Segal*. New York: Jason Aronson (1981), pp. 81-87.

Weigert, E. (1952) 'Contribution to the problem of terminating psychoanalysis', *Psychoanal. Q.* 21: 465-480.

Winnicott, D. W. (1947) 'Hate in the counter-transference', in *Collected Papers: Through Paediatrics to Psycho-Analysis*. London: Hogarth Press, pp. 194-203.

创造力 | Creativity

弗洛伊德一直对人类的创造性成就感兴趣，因为它是人类在生命之初就被赋予的基本本能。他创造了"升华"这个术语来表示在"崇高"和非物质的象征世界中，基本的生物满足本能转化为行为和文明成就的形式。克莱因的作品进一步引入了创造力问题的微妙性和复杂性，其中有几个线索。

修复：克莱因在1929年写了一篇关于创造过程的笔记，描述了创造与在幻想中受到迫害者的攻击或者对迫害者进行破坏性攻击有关。创造性的努力是随后尝试修复被认为是外部或内部客体的损害。在那篇论文中，克莱因第一次使用了"修复（reparation）"一词，此后，在克莱因学派的作品中，创造力往往被视为修复的表现。当克莱因引入"抑郁心位"概念时，修复概念变得非常重要（见"抑郁心位""修复"）。随后，许多克莱因学派分析师对美学的兴趣（Segal, 1952, 1974; Stokes, 1955），主要集中在修复的关键作用上（见"象征形成"）。

在创造力中，力比多驱力超过了破坏性驱力。在研究思维本质和理论创造的过程中，比昂（Bion, 1962）用自己的术语描述了这种无意识的活动，他在庞加莱（Poincaré）对科学创造力的叙述中发现了这一点，科学创造需要将元素绑定成理论的所有联结松绑，随后围绕新的焦点重新建立模式，为此比昂借用了庞加莱"被选择的事实（the selected fact）"这一概念。在这篇论文中，比昂看到了一个过程，他将其描述为朝向偏执-分裂心位的运动（整合的松绑），随后围绕新的点——一个乳头——进行重组，将各个部分重新组合在一起，回到抑郁心位。他用符号Ps↔D表示［见"在偏执-分裂心位和抑郁心位之间的移动（Ps↔D）"］。

游戏：在克莱因的早期作品中，她对游戏的本质做了大量的阐述，认为它是幻想活动的外化，尤其是无意识的幻想。无意识幻想是心智本身的基本组成部分（见"无意识幻想"），它不仅代表了本能冲动在心理领域中的展开，还代表了为克服由本能冲动引起的冲突和痛苦所做的尝试。外化过程是这一活动的一部分，目的是创造一个更加适意的精神世界。因此，在游戏的行为中，孩子——实际上还有爱玩能玩的成年人——正在以公开和象征性的方式排演人类处境中的大部分基本痛苦，并为之探索新的解决方案。因此，游戏本身就是创造性的过程。这个过程的一部分是寻找新的客体，使一些冲动可以转向这些客体，从而减少内部的紧张和冲突。

温尼科特（Winnicott, 1971）以他独特的方式强调了游戏的重要性，以便将他的观点与克莱因学派对破坏性的强调区分开来。提到克莱因对修复的强调，温尼科特写道："在我看来，克莱因的重要作品并没有触及创造力本身这个主题。"（Winnicott, 1971, p. 70）在他看来，游戏属于过渡现象的范畴，这是克莱因自己没有使用过的概念。

联结：此外，在弗洛伊德对他本能理论的重塑中，力比多（生本能）获得了超越"性"的特性，这包括了将事物结合在一起的综合功能——当然，这个范式就是性交中伴侣的结合。梅尔泽（Meltzer, 1973）在描述人格结构时更多地强调创造力的这个方面，这种结构是由个体内在处于创造性关系中的内部父母给予的。他将其描述为在每个人的内心都有神一样的存在，从中衍生出创造的感觉，这种感觉可以激励个人做出建设性和创造性的努力，而人格的重要方面涉及个体与其内部交配中的父母伴侣之间的关系（见"结合父母形象""联结"）。

Bion, W. (1962) *Learning from Experience*. London: Heinemann.

Klein, M. (1929) 'Infantile anxiety-situations reflected in a work of art and in the creative impulse', in *The Writings of Melanie Klein*, Vol. 1. London: Hogarth Press, pp. 210-218.

Meltzer, D. (1973) *Sexual States of Mind*. Strath Tay: Clunie Press.

Segal, H. (1952) 'A psycho-analytic approach to aesthetics', *Int. J. Psycho-Anal*. 33: 196-207.

—— (1974) 'Delusion and artistic creativity', *Int. Rev. Psycho-Anal*. 1: 135-141.

Stokes, A. (1955) 'Form in art', in M. Klein, P. Heimann and R. Money-Kyrle (eds) *New Directions in Psycho-analysis*. London: Tavistock (1955), pp. 406-420.

Winnicott, D. W. (1971) *Playing and Reality*. London: Tavistock.

犯罪 | Criminality

弗洛伊德（1916）描述了某些顽固地以自我挫败的方式行事的人。典型的是，他指出了犯罪是源于无意识内疚的外化（见"无意识内疚"）。在1916—1924年之间，弗洛伊德特别关注到了无意识内疚感的重要性。克莱因在普通儿童的游戏中发现了异常程度的暴力，他们对暴力的反应，以及他们抑制自己冲动的努力。

在她与安娜·弗洛伊德关于儿童分析的争论中（Freud, 1927；见"儿童分析"），克莱因报告了一个案例，一个孩子在他的幻想中表现出强烈的暴力倾向，以及严苛的抑制性超我（Klein, 1927；见"无意识内疚"）。克莱因感兴趣的是，成年人犯下的最严重的暴力犯罪往往类似于孩子们在游戏中所活现的幻想愿望。在这两个案例中，她意识到外化的过程（通过游戏或实际犯罪）经常和弗洛伊德的下列观点相一致，即罪犯源于无意识的内疚，而这种外化是缓解内部暴力冲突的方式，这些暴力冲突发生在破坏性的、施虐性的愿望和同样严厉的超我禁令之间。外显的行为允许现实世界安抚自我，残酷和暴力报复威胁并不像内在威胁那么可怕，外部的超我不是那么无所不能并且可以被愚弄，在游戏中能够生成新的幻想以缓解暴力（见"超我"）。

通过这种方式，克莱因也确认了弗洛伊德的观点，即犯罪倾向确实由内部世界中异常严厉的超我引起的内疚感所造成。她还谈到了这些无意识内疚与精神病病人的偏执之间的密切关系（见"攻击""精神病""超我"）。

Freud, A. (1927) *The Psychoanalytic Treatment of Children*. London: Imago (1946).
Freud, S. (1916) 'Some character-types met with in psycho-analytic work: III Criminals from a sense of guilt', *S.E. 14.* London: Hogarth Press, pp. 332-333.
—— (1920) 'Beyond the pleasure principle', *S.E. 18.* London: Hogarth Press, pp. 1-64.
Klein, M. (1927) 'Criminal tendencies in normal children', in *The Writings of Melanie Klein*, Vol. 1. London: Hogarth Press, pp. 170-185.

死本能 | Death instinct

这个概念一直是而且仍然是争议的焦点。从一开始，琼斯（Jones, 1935）就把关于死本能的观点列为英国派和维也纳派之间的重要差异。这场辩论的一个方面涉及弗洛伊德对其重要性的看法，许多关于这个主题的论文引用了弗洛伊德的看法，仿佛以此可以来证明或反驳这个概念的有效性。1943年，艾萨克斯在论战的一个回复指出：

> 弗洛伊德开辟了许多可能的研究路线，并不是所有的研究都被每个精神分析学家所接受和探索。值得注意的是，他关于死本能的观点和他关于体内化客体的概念被许多人搁置一边或拒绝。
>
> 再一次，我敢肯定梅兰妮·克莱因的观点来自弗洛伊德本人的理论和观察。它们在很大程度上与他的观点相同。不同之处在于，它们是他工作的必要发展。
>
> （King & Steiner, 1991, p. 377）

死本能这个概念充满混淆，这在一定程度上是由死本能和生本能之间相互融合又去-融合的方式而引起的（见下文），其结果是死本能的存在只能通过观察不同的心理状态和活动推断出来。例如，以下所有这些都可以暗示死本能的存在：对崩解（falling apart）和解体的恐惧，自我毁灭，破坏性，对外部世界的固有敌意，嫉毁，施虐，以及强烈且具有攻击性的力比多欲望。

弗洛伊德：弗洛伊德的理论与冲突有关。最初他认为，孩子的性冲动与社会有冲突，然后他认为冲突存在于性本能或力比多本能和自我本能之间。但最后他认为，自我本能和力比多本能是同一本能的不同版本，他认为冲突发生在求生存的生本能和寻求消解的死本能之间（见"本能"）。

弗洛伊德于1920年在《超越快乐原则》中介绍了死本能的概念，认为它是一种生物驱力，并在1923年的《自我与它我》中扩展了它的心理意义。他的观点是，在生本能的影响下，一些死本能会以攻击客体的形式被偏转出去。他的观点如下文所述。

除了保存生命物质并使其结合成更大单元的本能之外,还必然存在另一种相反的本能,企图消融(dissolve)这些单元,使它们回到其原始的无机状态。也就是说,除了爱欲之外,还有死亡的本能。生命的现象可以用这两种本能一致的或相互对立的行为来解释……一部分(死)本能被转移到外部世界,并作为侵略性和破坏性的本能而显现出来。这样一来,本能本身就可以为爱欲服务,因为这个有机体正在毁灭其他东西,有生命的或无生命的,而不是毁灭它自己。相反,任何对这种向外攻击的限制都必然会增加自我毁灭,而这种自我毁灭在任何情况下都在进行。同时,我们可以从这个例子中推测,这两种本能很少——也许从来没有——彼此孤立地出现,而是以可变的、非常不同的比例相互融合,因此这使得我们难以做出辨认。我们早就知道施虐是性的组成部分,我们面对的是爱的趋势和攻击本能特别牢固的组合;而与之对应的受虐则是指朝向内部的破坏性和性欲的结合体——这种结合使原本难以察觉的趋势变得明显而有形。

(Freud, 1930, p. 119)

从上面可以看出,一些死本能被认为是保留在体内,这些剩余的死本能与力比多融合,形成了性受虐。其他融合也会发生,比如"道德受虐"。并不是所有的死本能都是融合的,有些死本能仍未被融合,成为原始施虐(Freud, 1924, p. 164)。此外,有时本能会被去-融合:

就精神分析领域的思想而言,我们只能假设两类本能以不同的比例产生不同且非常广泛的融合和混合,所以我们从来没有处理过纯粹的生本能或死本能,而只是处理它们在不同数量上的混合体。

与这种本能的融合相对应的是,由于某种影响,可能会出现它们的去-融合。死本能中有多大部分拒绝以这种束缚在力比多混合物中的方式被驯服,我们目前还无法猜测。

(Freud, 1924, p. 164)

弗洛伊德在谈到忧郁症病人的超我时写道,"现在在超我中起支配作用的,可以说是纯粹的死本能文化"(1923, p. 53),并将其描述为"死本能的聚集地"(1923, p. 54)。弗洛伊德认为,这在一定程度上是在解决俄狄浦斯情结过程中,随着与父亲关系的去性欲化,本能去-融合的结果。

克莱因

克莱因采纳死本能理论前的先驱观点;施虐:克莱因的兴趣始于她与儿童的工作,以及她所观察到的,在儿童自身和他们想象中的人物身上存在的极端严苛和惩罚性的态度。克莱因认为严苛的内部形象是内摄的、充满敌意的母亲,这个敌意的根源正是孩子对她的幻想性的施虐攻击。克莱因把这个充满敌意的内在母亲视为超我的早期版本,这个超我先于俄狄浦斯情结的解决(克莱因从这里开始背离弗洛伊德的理论,并与安娜·弗洛伊德发生了直接冲突;见"超我")。

克莱因采纳了死本能的观点:1932年,克莱因在《儿童精神分析》中采用了弗洛伊德关于生死本能的观点,但她不认为无意识中不存在对死亡的恐惧。对她而言,对死亡的恐惧是原始恐惧,并且她认为刚出生的婴儿有被这种可怕焦虑淹没的危险:"然而,我们知道,破坏性本能是针对有机体本身的,因此必然被自我视为一种危险。我相信,正是这种危险使个体感到焦虑。"(Klein, 1932, p. 126)此外:"我认为,焦虑来自机体内死本能的运作,被感受为对湮灭(死亡)的恐惧,并以迫害恐惧的形式出现。"(Klein, 1946, p. 4)

克莱因生动地描述了孩子们的幻想,以说明她如何理解他们对这种内在危险的体验。例如,一个孩子觉得他体内有凶猛的动物,这些动物帮助他对抗敌人,但它们可能反过来从内部攻击他;另一个孩子把他的排泄物想象成攻击性武器,但担心它们会摧毁自己的身体。克莱因还提请注意"暴怒(rage)"(1932, p. 127)这个表达。

死本能和偏执-分裂心位:克莱因同意弗洛伊德的观点,即死本能的一部分被婴儿驱逐了出去,她也认为一部分保留在了婴儿体内。克莱因的发展理论始于未整合的自我,它既有整合的倾向,也有失整合的倾向。自我的第一个行为是将生与死的本能投射进客体。克莱因使用的术语是投射,而弗洛伊德使用的则是偏转(deflection)。在后期的一篇论文中,克莱因清晰地阐述了她是如何看待这一差异的。对她来说，投射既包括将死本能归于客体，也包括将剩余的死本能转化为攻击性，并将其指向现在的迫害性客体。

> 在这里，我与弗洛伊德的不同之处在于，弗洛伊德对偏转的理解似乎只是：这是一个针对自体的死本能转变成对客体的攻击性的过程。在我看来，这种特殊的偏转机制涉及两个过程：死本能的一部分投射到客体中，客体因此成为迫害者；而保留在自我里的那部分死本能则导致了对迫害性客体的攻击。
>
> （Klein, 1958, p. 238）

这两种本能的投射导致客体被分为"好"和"坏"两个部分。现在这些包含着自体"好的"和"坏的"部分的"部分客体"，被内摄进入自我。如果自我还没有分裂，那么现在会因为客体的关系而分裂——如果没有相应的自我分裂，客体就不能被分裂（1946, p. 6）。克莱因认为，自我和客体的这种"二元"分裂，是将秩序引入情境不可或缺的步骤，也是发展中至关重要的步骤（见"偏执-分裂心位"）。

整合的生本能与瓦解的死本能之间的相对强度，以及母亲或照料者帮助婴儿管理其被迫害性焦虑和毁灭性情感的能力，将决定是由生本能与整合，还是由死本能与分裂占主导地位（见"抑郁心位"）。当死本能占上风，自我被"坏的"客体关系削弱，越来越无法整合，可能分裂成小块或碎片："带着仇恨摄取乳房，因此感到乳房是破坏性的，成为所有坏的内部客体的原型，驱使自我进一步分裂，成为内部死本能的表征。"（Klein, 1955, p. 145）

<u>死本能和嫉毁；挫败、贪婪和嫉毁</u>：克莱因认为挫败和贪婪增加了婴儿攻击客体的倾向，从而减少了可以被内摄的"好"客体出现的机会。在她后期的作品中，她特别关注体质性嫉毁（constitutional envy）。嫉毁的目的是通过破坏性的内摄和投射来摧毁好的客体，在克莱因看来，嫉毁是死本能的体现（见"嫉毁"）："我认为嫉毁是破坏性冲动的口腔施虐和肛门施虐的表现，从生命初始就开始运作，它有体质基础。"（Klein, 1957, p. 176）

<u>破坏性的内部客体（超我）</u>：在克莱因的理论中，早期极好的和极坏的客体都被内摄到自我和超我。由此产生的早期超我非常严苛，它包含着未融合的生

死本能以及早期的极端内摄物。随着时间的推移，通过内摄和投射的过程，内部客体不仅相互混合，而且与随后内摄的客体混合，如果一切顺利，它们会逐渐改变。然而，克莱因一再发现，病人的超我极其抗拒改变，它仍然是苛刻的，不会改变。1957年，她提到了"嫉毁的"超我（p. 231）。

后续发展：尽管存在不确定性——例如莫尼-克尔（Money-Kyrle, 1955）在他的论文《对死本能理论的非决定性贡献》（*An inconclusive contribution to the theory of the death instinct*）中认为，死本能的不同特征很难相互协调——以及尽管科恩伯格（Kernberg, 1969, 1980）等人对此持批评态度，克莱因学派分析师仍在他们的临床著作中使用了死本能的概念。

<u>死本能、嫉毁和碎片化的超我</u>：许多作者强调了基于死本能的、处于破坏性碎片化状态的内部代理，通常将其称为嫉毁的表征和超我的一种。克莱因本人在1958年改变了她的理论，从超我中移除了极早期的内摄物，并将它们置于无法触及和未被修改的深层无意识之中。无论这种破坏性的存在位于哪里，无论它被称为什么，人们相当一致地认为，存在破坏性的反生命或厌恶生命的力量，这种力量在一些病人中占了上风，在某些情况下可以诱发精神病。罗森菲尔德（Rosenfeld, 1952）提到一个导致自我分裂和精神病的超我，比昂（Bion, 1957）则描述了精神病个体使用碎片化来摧毁意识装置，从而避免痛苦的情绪。比昂在《对联结的攻击》（1959）中，提到了他所谓的"摧毁自我的超我"，它攻击了自我的联结功能。奥肖内西（O'Shaughnessy, 1999）概述了正常严苛的超我和异常的超我（见"超我"）之间的区别。西格尔在写于1987年并发表于1997年的论文《关于死本能概念的临床用途》（*On the clinical usefulness of the concept of the death instinct*）中，概述了对这种碎片化活动的看法。

> 出生让我们体验到需求。与这种经验相关的反应有两种，我认为这两种反应都不可避免地存在于我们每个人身上，尽管比例不同。第一，寻求需求的满足：这是对生命的促进，导致对客体的追寻、爱，并最终关心客体。另一种是湮灭的驱力：需要去湮灭感知体验的自体，以及任何被感知的事物。

(Segal, 1997, p. 18)

西格尔将嫉毁与之联系起来：

> 死本能和嫉毁之间有着密切的联系。如果死本能是由需求引发的扰动而产生的反应，那么客体既被视为干扰，是需求的创造者，也被视为唯一能够消除干扰的客体。因此，乳房是令人憎恨和嫉毁的。意识到这样的客体存在，就会引起痛苦，而这种痛苦是必须通过自体湮灭和客体湮灭来避免。

（Segal, 1997, p. 24）

比昂（Bion, 1959, p. 106）和西格尔（Segal, 1997）指出，体质和环境的因素共同促成了这种致命的内部力量的形成。

> 反对死本能概念提出的一个理由是，它忽视了环境。这当然是不正确的，因为生死驱力的融合和调节最终会决定发展，它们是与早期客体发展的关系的一部分，因此，环境的真实性质将深刻影响这一过程。

（Segal, 1997, p. 25）

死本能和倒错的结构性组织：许多论文都提请注意一种人格结构，在这种结构中，内部组织通过攻击自我当中好的部分而获得倒错满足。罗森菲尔德（1971）在描述自恋时使用了"负性自恋"这一术语，这类似于弗洛伊德（1914）在描述自恋时提出的理论，即力比多转向了自体。

> 当他面对依赖分析师（代表着父母，特别是母亲）这一现实时，他宁愿死，宁愿不存在，宁愿否认自己出生的事实，也要破坏他的分析进展和洞察力，分析的进展和洞察力代表着他内在的孩子，他觉得代表父母的分析师创造了内在的孩子……当个体似乎决心满足死亡和消失于虚无的欲望时，这类似于弗洛伊德对"纯粹"死本能的描述，人们可能会认为，我们在这些状态下处理的是完全去-融合的死本能。然而，从分析的角度来看，人们可以观察到这种状态是由自体中破坏性嫉毁部分的活动引起，这些部分被严重地分裂出去，并与仿佛已经消失的关爱自体的力比多去-融合。整个自体都认同了这个破坏性自体……看来，这些病人处理自身破坏性和力比多冲动之间斗争的

方式是，通过杀死他们有爱和依赖的自体，并几乎完全认同自己破坏性自恋的自体部分（这让他们产生了优越感和自我欣赏），以试图摆脱他们对客体的关切和爱。

(Rosenfeld, 1971, pp. 173-174)

（见"嫉毁""自恋""病理性组织""倒错""结构""超我"。）

死本能概念化的差异：死本能概念仍然存在一定程度的不确定性，且缺乏一致性。布里顿（Britton, 2003, pp. 3-4）更倾向于从一开始就外转的原始破坏性的角度来思考，反客体关系的力量也可能转而向内，攻击心智中的客体依恋，包括心理和感知能力。他提到的是"破坏性本能"而不是死本能，他把这种本能与对湮灭的恐惧分开，他认为后者更多的是对分崩离析的恐惧，而不是对死亡的恐惧（R. Britton, 2005, 未出版）。和布里顿一样，罗森菲尔德、比昂和西格尔提出了反客体关系力量，包括对自体和客体的破坏性攻击。罗森菲尔德和布里顿区分了两种情况，一种情况的主要动机是防御性的，与消除痛苦意识有关（为了摆脱某种体验的活动），另一种情况的动机是获得战胜客体的快感（为了获得某种体验的活动）。罗森菲尔德提出，一些病人宁愿死亡也不愿接受分析师的帮助。西格尔认为战胜生命和客体的快乐总是存在的，但是她和罗森菲尔德从生死本能融合的角度来看待这一点。

力比多化总是作为生本能与死本能融合的某种形式出现。但融合可以有很多不同的形式。在健康的发展中，生死本能的融合是在生本能的庇护下进行的，而被偏转的死本能和攻击性，则是在为生服务。在死本能占主导的地方，力比多就为死本能服务。这在倒错行为中尤为明显。

(Segal, 1997, p. 23)

相比之下，费尔德曼在论文《关于临床工作中死本能表现的一些看法》(*Some views on the manifestation of the death instinct in clinical work*, 2000) 中，反对这种倒错的兴奋与本能之间存在融合的观点。他认为，死本能并不驱使人走向死亡，而是要求受害者活着，以便通过"攻击、损坏和破坏"，不断从战胜发展力量的胜利中获得满足（2000, p. 64）。

见"倒错"。

Bion, W. (1957) 'Differentiation of the psychotic from the non-psychotic personalities', *Int. J. Psycho-Anal.* 38: 266-275.
—— (1959) 'Attacks on linking', *Int. J. Pscho-Anal.* 40: 308-315; also in *Second Thoughts*. London: Karnac (1984), pp. 93-109.
Britton, R. (2003) *Sex, Death, and the Superego*. London: Karnac.
Feldman, M. (2000) 'Some views on the manifestation of the death instinct in clinical work', *Int. J. Psycho-Anal.* 81: 53-65.
Freud, S. (1914) 'On narcissism'. *S.E. 14*. London: Hogarth Press, pp. 67-104.
—— (1920) 'Beyond the pleasure principle', *S.E. 18*. London: Hogarth Press, pp. 7-64.
—— (1923) 'The ego and the id', *S.E. 19*. London: Hogarth Press, pp. 12-96.
—— (1924) 'The economic problem of masochism', *S.E. 19*. London: Hogarth Press, pp. 157-170.
—— (1930) 'Civilization and its discontents', *S.E. 21*. London: Hogarth Press, pp. 57-175.
Jones, E. (1935) 'Early female sexuality', *Int. J. Psycho-Anal.* 16: 263-273.
King, P. and Steiner, R. (1991) *The Freud-Klein Controversies 1941-45*. London: Routledge.
Klein, M. (1932) *The Psychoanalysis of Children. The Writings of Melanie Klein*, Vol. 2. London: Hogarth Press.
—— (1946) 'Notes on some schizoid mechanisms', in *The Writings of Melanie Klein*, Vol. 3. London: Hogarth Press, pp. 1-24.
—— (1955) 'On identification', in *The Writings of Melanie Klein*, Vol. 3. London: Hogarth Press, pp. 141-175.
—— (1957) 'Envy and gratitude', in *The Writings of Melanie Klein*, Vol. 3. London: Hogarth Press, pp. 176-235.
—— (1958) 'On the development of mental functioning', in *The Writings of Melanie Klein*, Vol. 3. London: Hogarth Press, pp. 236-246.
Money-Kyrle, R. (1955) 'An inconclusive contribution to the theory of the death instinct', in D. Meltzer (ed.) *The Collected Papers of Roger Money-Kyrle*. Strath Tay: Clunie Press (1978), pp. 285-296.
O'Shaughnessy, E. (1999) 'Relating to the superego', *Int. J. Psycho-Anal.* 80: 861-

870.

Rosenfeld, H. (1952) 'Notes on the psycho-analysis of the superego conflict of an acute schizophrenic patient', *Int. J. Psycho-Anal.* 33: 111-131.

—— (1971) 'A clinical approach to the psycho-analytical theory of the life and death instincts: an investigation into the aggressive aspects of narcissism', *Int. J. Psycho-Anal.* 52: 169-178.

Segal, H. (1997) 'On the clinical usefulness of the concept of the death instinct', in J. Steiner (ed.) *Psychoanalysis, Literature and War.* London: Routledge, pp. 17-26.

防御机制 | Defence mechanisms

发展性防御和反发展性防御：防御是自相矛盾的，因为它们是人类心理活动的基础：它们可以促进发展，也可以阻碍发展。防御可能始于为自我提供保护，但如果固着不变，它们就会干扰健康的发展。例如，在克莱因的"偏执-分裂心位"理论中，将自体和客体二元分裂为"好的"和"坏的"可以保护脆弱的、不成熟的自我，是自我组织和健康发展的先决条件。然而，如果僵化地保留分裂，并防御对现实的认识，那么分裂对发展则具有破坏性。

本能冲动、基本心理功能和防御：一些用于防御的心理活动是心理功能的基础。费伦齐、弗洛伊德和亚伯拉罕描述了涉及本能冲动活动的防御："投射"基于肛门排出（anal expelling）；"内摄"基于口腔体内化。克莱因也认为投射和内摄是个体与其客体和世界联系的方式；它们是参与建立内部世界的机制，是一切认知和情感活动、探索、知识和象征形成的基础（见"内部客体""投射性认同""象征形成""无意识幻想"）。

弗洛伊德：弗洛伊德最初将防御描述为"抵御（fending off）"，特别是就癔症而言——个体通过"压抑"性冲动的所有知识来抵御性冲动。在一段时间内，弗洛伊德几乎将防御和压抑等同起来。尽管他也在关于癔症的文章（1905）中写到了"转换（conversion）"；在写鼠人的强迫性神经症（1909b）时提到了"隔离（isolation）"和"退行（regression）"，以及象征性的行动（doing）与抵消（undoing）及隔离；在讨论小汉斯的恐惧症（1909a）中的偏执、投射和"移植"

时，会提到投射。在施雷伯的案例中，弗洛伊德（1911）描绘了投射和认同的不同策略，他也提到将内部灾难投射到世界末日的妄想中。最终，在1926年弗洛伊德将"防御"定义为综合性术语，而"压抑"则是其中一种具体防御（Freud, 1926, p. 163）。他还提出，可能存在比压抑更早期的防御（p. 164），他在后来的论文（1927, 1940）中写了"拒认（disavowal）"——自我的分裂：分裂的概念在弗洛伊德早期著作中就已出现（见"分裂"）。弗洛伊德还暗示，防御是针对攻击性和力比多冲动的，就像小汉斯（1909a）的案例一样。然而，小汉斯对其攻击性冲动的防御表达得有些间接。他不是直接对自己的攻击性感到焦虑，他焦虑的是会因此受到他父亲的惩罚。有人可能会说，他对自己攻击性冲动的恐惧只是因为他对母亲的力比多冲动而引起的。

克莱因：在克莱因的第一篇论文（1921）中，她提出了对客体的保护性分裂。她在多年后才回到对这个议题的讨论上。在1924—1926年间，克莱因通过对6岁女孩埃尔娜的分析发现，埃尔娜所呈现出来的强迫性神经症掩盖了潜在的偏执。克莱因接着得出结论，她在许多孩子身上观察到了不同程度的俄狄浦斯施虐正是导致儿童极度焦虑的原因。这使得儿童需要采取防御行动，旨在摆脱施虐并摧毁迫害性的父母客体。

<u>发展阶段与防御</u>：到1932年，克莱因认为弗洛伊德提到的"早期"防御是专门针对死本能的。1946年，随着她的偏执-分裂心位理论的引入，分裂和投射（投射性认同）及内摄是自我最初的"防御性"行为。威胁要淹没自我的死本能被分裂出去，并被投射进客体中，生本能同样被向外投射进客体内在，"好"客体和"坏"客体被内摄。克莱因在婴儿发展的一个阶段引入了这些与客体相关的防御，弗洛伊德认为这个阶段是无客体的。这些防御与压抑相比，被称为"早期的""精神病性的"或"原始的"。

克莱因将这些原始防御分为两个集群，她称之为"心位"：

- **偏执-分裂心位的防御**。这些防御是全能的，对抗死本能和湮灭焦虑；它们包括分裂（二元分裂和碎片化）、否认、理想化、投射性认同和内摄。克莱因经常把这些防御描述为极端和严重的，尽管不清楚她指的是数量上的极端还是程度上的极端（见"否认""理想化""内摄""偏执-分裂心位""投射性认同""分裂"）。

- **抑郁心位的防御**：这些防御针对的是失去"完整"客体的感觉和因损害客体而造成的内疚感。它们包括涉及战胜和蔑视客体的躁狂性防御，以及控制客体的强迫性防御。也包括回到早期的防御，例如对抑郁性内疚感的偏执性防御，包括分裂和否认。全能是这些防御的一个特征，但全能在抑郁心位的状态下逐渐被放弃（见"否认""抑郁心位""理想化""内摄""强迫性防御""投射性认同""分裂"）。

尽管从发展的角度来看，最初是按时间顺序发展的，但会在这些心位之间来回摆动，且人们对于在它们之间的振荡越来越感兴趣。比昂（Bion, 1970）和布里顿（Britton, 1998）都认为，"撤退"到偏执-分裂心位对发展是必要的，因此，与其说撤退，不如说是一种前进。克莱因很少提及压抑的"神经症性"防御，但她很清楚，当自体和客体实现更大的整合，且分裂减少时，它是整体客体关系的一部分（见"压抑"）。

<u>防御和自我的结构</u>：弗洛伊德曾提出，自我放弃客体的唯一方式可能是纳入它们，并认同它们。内摄和认同可以改变自我的结构，正如弗洛伊德和克莱因关于超我形成的理论，以及克莱因关于偏执-分裂心位中自我分裂和自我碎片化的理论。对克莱因来说，重要的是，内摄"好"的客体会成为自我凝聚的核心（见"死本能""抑郁心位""碎片化""内部客体""超我"）。

<u>无意识的幻想和防御</u>：幻想既参与了防御焦虑的过程，也参与了防御焦虑的内容。例如，个体可能会幻想有内在迫害者（并且可能会具体地体验到这一点），他可能会用无意识的幻想来保护自己，这个幻想是通过特定的方法，例如通过肛门或眼睛来分裂和驱逐这个迫害者。这将使他感到精疲力竭和虚弱。因此，幻想在无意识中发展起来，以防御其他的幻想，这一混淆被西格尔（Segal, 1964）指出并阐明。在生命的早期阶段，幻想是无所不能的：个体相信幻想的物质现实，幻想可以被体验为躯体感觉，躯体感觉也可以被刺激或被模拟（见"自慰幻想""无意识幻想"）。

<u>防御系统和病理性组织</u>：我们对防御的组织方式给予了相当多的关注，它们对治疗具有高度的抵抗力（见"病理性组织"）。许多作者，特别是约瑟夫

(Joseph, 1981), 已经展示了分析师是如何被卷入病人的防御系统中扮演某个角色（参见"贝蒂·约瑟夫""投射性认同"）。

Bion, W. (1970) *Attention and Interpretation*. London: Tavistock.
Britton, R. (1998) 'Before and after the depressive position: Ps(n) → D(n) → Ps(n+1)', in *Belief and Imagination*. London: Routledge, pp. 69-81.
Freud, S. (1905) 'Fragment of an analysis of a case of hysteria', *S.E. 7*. London: Hogarth Press, pp. 7-112.
—— (1909a) 'Analysis of a phobia in a five year old boy', *S.E. 10*. London: Hogarth Press, pp. 3-149.
—— (1909b) 'Notes upon a case of obsessional neurosis', *S.E. 10*. London: Hogarth Press, pp. 151-318.
—— (1911) 'Psychoanalytic notes on an autobiographical account of a case of paranoia', *S.E. 12*. London: Hogarth Press, pp. 3-82.
—— (1926) 'Inhibitions, symptoms and anxiety', *S.E. 20*. London: Hogarth Press, pp. 75-174.
—— (1927) 'Fetishism', *S.E. 21*. London: Hogarth Press, pp. 149-157.
—— (1940) 'Splitting of the ego in the process of defence', *S.E. 23*. London: Hogarth Press, pp. 271-278.
Joseph, B. (1981) 'Defence mechanisms and phantasy in the psychoanalytic process', *Bull. Eur. Psycho-Anal. Fed.* 17: 11-24.
Klein, M. (1921) 'The development of a child', in *The Writings of Melanie Klein*, Vol. 1. London: Hogarth Press, pp. 1-53.
—— (1926) 'The psychological principles of early analysis', in *The Writings of Melanie Klein*, Vol. 1. London: Hogarth Press, pp. 128-138.
—— (1932) *The Psychoanalysis of Children. The Writings of Melanie Klein*, Vol. 2. London: Hogarth Press.
—— (1946) 'Notes on some schizoid mechanisms', in *The Writings of Melanie Klein*, Vol. 3. London: Hogarth Press, pp. 1-24.
Segal, H. (1964) *Introduction to the Work of Melanie Klein*. London: Heinemann.

否认 | Denial

与其他原始防御机制一样，否认指的是早期的、原始的、暴力的防御活动。弗洛伊德（1927）描述了"去知觉化（scotomization）"，指的是抹去已被感知的事物，他将其与压抑和拒认（disavowal）区分开来。对克莱因来说，否认似乎包含了"去知觉化"和"拒认"的元素。否认涉及二元分裂的过程，当客体"坏"的部分被处理和否定，留下完美的"好"的或理想化的客体（Rosenfeld, 1983）。她认为否认与幻想有关，这个幻想涉及"消灭客体中不想要的部分和自我中能够感知它的部分"（Klein, 1946；见"湮灭""分裂"）。从这个意义上说，否认是全能的和暴力的。与压抑不同，压抑往往被认为是从意识中去除对内部或外部事件或经验的现实或记忆，其主体和客体都是完整的。然而，这些术语的使用方式往往缺乏精确性，克莱因学派倾向于使用"分裂"和"否认"的术语，而古典弗洛伊德学派倾向于使用"压抑"（见"偏执-分裂心位""原始防御机制""压抑""分裂"）。

否认尤其涉及躁狂性防御（Klein, 1935），其中否认自体的局限性，以及否认主体实际依赖的客体的重要性是关键要素。

见"抑郁心位""躁狂性防御""自恋""病理性组织"。

Freud, S. (1927) 'Fetishism', *S.E. 21*. London: Hogarth Press, pp. 149-157.
Klein, M. (1935) 'A contribution to the psychogenesis of manic-depressive states', in *The Writings of Melanie Klein*, Vol. 1. London: Hogarth Press, pp. 262-289.
—— (1946) 'Notes on some schizoid mechanisms', in *The Writings of Melanie Klein*, Vol. 3. London: Hogarth Press, pp. 1-24.
Rosenfeld, H. (1983) 'Primitive object relations and mechanisms', *Int. J. Psycho-Anal.* 64: 261-267.

诋毁 | Denigration

见"轻蔑""躁狂性防御"。

人格解体 | Depersonalisation

自我失整合的类分裂样状态,其特点是与自体感或与外部世界的联系被切断。克莱因(1946)将过度的投射性认同和分裂与自我失整合的状态联系起来。罗森菲尔德(Rosenfeld, 1947)展示了,分裂机制和投射性认同如何构成病人人格解体状态的基础。克莱因进一步阐述了侵入性投射性认同对自我的影响,这可能导致部分自体被认为存在于新占用的身份之外。克莱因引用了朱利安·格林的小说《如果我是你》(*If I Were You*, Julian Green)来证明这一点(Klein, 1955)。

见"偏执-分裂心位""投射性认同"。

Klein, M. (1946) 'Notes on some schizoid mechanisms', in *The Writings of Melanie Klein*, Vol. 3. London: Hogarth Press, pp. 1-24.
—— (1955) 'On identification', in *The Writings of Melanie Klein*, Vol. 3. London: Hogarth Press, pp. 141-175.
Rosenfeld, H. (1947) 'Analysis of a schizophrenic state with depersonalisation', *Int. J. Psycho-Anal*. 28, 130-139.

损耗 | Depletion

投射使自我(在幻想中)失去了被投射出去的东西,并影响个体与其客体的互动方式。例如,在过度(病理性)投射性认同的情况下,被剥夺了攻击性的自体会感到虚弱。自我的幻想在其他客体中传播开来，留下空虚感，个体感到无法承受焦虑。这导致了进一步的投射性防御，从而削弱了对好的和支持性客体的内摄和吸收，个人反而感到被它们淹没。"损耗"是一个术语，用来描述病人对导致人格解体过程的体验。

见"投射性认同""人格解体"。

抑郁性焦虑 | Depressive anxiety

西格尔（Segal, 1979）和格罗斯库特（Grosskurth, 1986）都认为，克莱因在对抑郁性焦虑的理解上的发展——抑郁心位上的特征性痛苦——是由她自己在1933年儿子去世时的丧亲之痛所激发。

所爱的好客体和它的丧失：在两篇论文中（1935, 1940），克莱因关注的是自己的躁狂-抑郁状态和哀悼。从弗洛伊德和亚伯拉罕的观点出发，这些状态源自失去所爱客体的体验，克莱因的贡献如下。

- 表明了，在幻想中，丧失的感觉与个体的施虐冲动有关，个体感到成功地伤害或毁坏了所爱的客体。在克莱因看来，丧失和哀悼的经历呼应了婴儿抑郁心位的损害和丧失感（见"抑郁心位"）。
- 详细阐述弗洛伊德（1926）对"失去所爱客体"的描述，说明在幻想中丧失的经验如何包含丧失所爱的、好的内部客体，这个部分很重要。

> 在我看来，由于哀悼者在无意识幻想中失去了他的内在"好"客体，使得实际上失去所爱的人的痛苦大大增强了。然后他会觉得，他的内在由"坏"客体占了主导地位，他的内部世界处于被破坏的危险之中。
>
> （Klein, 1940, p. 353）

在发展过程中，所爱的内部好客体产生于自我对外部客体的逐渐认同和内摄，在哀悼的状态中，所爱的内部好客体会受到威胁。

> 当自我变得更有组织时，内在意象（内摄的父母和超我的基础）将更接近现实，自我将更充分地认同"好"客体。对被迫害的恐惧，起初是基于自我的感受，现在也与好客体有关，从现在起，对好客体的保护被视为自我生存的同义词。
>
> （Klein, 1935, p. 264）

自我开始与整体客体关联起来，这也改变了丧失的体验。

> 与这一发展相伴而来的是一个最重要的变化，也就是说，从与部分客体发展到与整体客体进行连接……自我到达新的心位，这就形成了所谓丧失所爱客体的情况的基础。只有当客体被当作整体来爱时，它的失去才会被当作整体来感受。
>
> （Klein, 1935, p. 264）

抑郁性焦虑的本质：在《哀悼及其与躁郁状态的关系》一文中，克莱因写道：

> ……为了使理论更清晰，可以分开来单独考虑两组恐惧、感觉和防御。第一组的感觉和幻想是受迫害的……第二组的感觉是抑郁心位的组成部分，我以前曾描述过，但没有为它们提出一个术语。我现在建议，这些对所爱之物的悲伤和关注，对失去它们的恐惧以及对重新获得它们的渴望，可以使用一个源自日常语言的简单词汇，即"渴望（Pining）"所爱客体。简而言之，一方面是来自（"坏"客体的）迫害和对它的特定防御，另一方面是对被爱的（"好"）客体的渴望，共同构成了抑郁心位。
>
> （Klein, 1940, p. 348）

"渴望"一词在文献中的使用比术语"内疚"或"抑郁性焦虑"要少。事实上，这两个术语是否同义并不清楚：

> 现在的问题是：内疚是抑郁性焦虑的一个因素吗？它们是同一过程的两个方面，还是其中一个是另一个的结果或表现？目前我没法给

一个确定的答复。

(Klein, 1948, p. 36)

与克莱因同时代的琼·里维埃在她的论文《对负性治疗反应分析的贡献》中对抑郁性焦虑做出了特别深刻的描述。

> ……一个人心中所爱的人都死了，都被摧毁了，所有的好都消散了，失去了，变成了碎片，散落在风中；内心什么都没有留下，只剩下彻底的荒凉。爱带来了悲伤，悲伤带来内疚；令人无法忍受的紧张不安不断加剧，无处可逃，完全的孤独，没有人可以分担或帮助你。

(Riviere, 1936, p. 313)

普丽西拉·罗思（Priscilla Roth, 2005）给出了另一个感人的、更现代的，关于可忍受的和不可忍受的抑郁心位焦虑的描述。

迫害性焦虑和抑郁性焦虑：迫害性焦虑和抑郁性焦虑的区别在理论上比在实践中更清楚。抑郁性焦虑取决于：

> 焦虑主要与自我的保存有关（在这种情况下，它是偏执的），还是与被自我认同为整体的、内化的好客体的保存有关……担心好客体连同自我会被摧毁的焦虑，或担心它们失整合的焦虑，与持续地、绝望地拯救好客体的努力交织在一起。

(Klein, 1935, p. 269)

克莱因发现，将部分客体的迫害性焦虑与整体客体的抑郁性焦虑简单等同起来是不成立的。

> 我进一步的工作……使我得出结论，尽管在第一阶段，破坏性冲动和迫害性焦虑占主导地位，但在婴儿最初的客体关系中，即在他与母亲的乳房的关系中，抑郁性焦虑和内疚已经发挥了一些作用……也就是说，我现在把抑郁性焦虑的发生与部分客体关系联系起来。这一修改是由于……对婴儿情绪发展的渐进性有了更充分的认识。

(Klein, 1948, pp. 35-36)

精神病、嫉毁和抑郁性焦虑：克莱因描述了当嫉毁情绪异常高涨时，一种非常迫害性的内疚形式。

> 过度嫉毁的后果之一似乎是内疚的提前出现。如果过早的内疚被一个还没有能力承受的自我体验到，那么内疚就会被认为是一种迫害，而引起内疚的客体就会变成一个迫害者。这样一来，婴儿既不能修通抑郁性焦虑，也不能修通迫害性焦虑，因为他们相互混淆了。
>
> （Klein, 1957, p. 194）

西格尔（Segal, 1956）对精神分裂症的分析清楚地表明，精神分裂症病人有体验抑郁的能力，尽管他们处于偏执-分裂心位。当他们受到抑郁情绪的威胁时，他们依靠的是立即将自己碎片化并将碎片投射出去。随之而来的是他们自身精神状态的恶化，这与分析师体验到病人所投射的绝望和抑郁有关。

对抗内疚和抑郁性焦虑的防御：针对内疚和抑郁性焦虑的防御有很多。其中一种更常见的防御方式是愤怒地远离客体，这种机制可能会加速俄狄浦斯式地远离乳房或母亲，导致与新客体的关系出现问题。克莱因早期论文中提到的另一种常见机制是超我的外化，用以缓解内在的迫害和内疚。

也许对抗抑郁性焦虑的主要防御是反转（reversion）到与客体的偏执关系中（见"对抗抑郁性焦虑的偏执性防御"）。在抑郁心位的最初阶段，内疚是如此令人痛苦，以至于它被体验为蓄意的迫害，这是这种反转的基础。

对抗抑郁性焦虑的重要防御被聚集在一起，称为躁狂性防御（见"躁狂性防御"）。1935年，克莱因第一次全面地描述了这些防御。自我：

> ……对所爱客体的折磨和危险的依赖驱使自我去寻找自由。但它与这些客体的认同太深刻了，不容放弃……在我看来，全能感是躁狂的首要特征。
>
> （Klein, 1935, p. 277）

躁狂性防御包括：全能感，它影响了所有其他的防御措施；否认精神现实，随之而来的是否认外部现实的趋势；否认好客体的重要性；以及对自我所依赖的客体进行控制和掌握的幻想。

修复：只有通过真正的修复，而不是躁狂性的或强迫性的修复，个体才能修通抑郁性焦虑（见"躁狂性修复""修复"）。

Freud, S. (1926) 'Inhibitions, symptoms and anxiety', *S.E. 20*. London: Hogarth Press, pp. 77-175.

Grosskurth, P. (1986) *Melanie Klein*. London: Hodder & Stoughton.

Klein, M. (1935) 'A contribution to the psychogenesis of manic-depressive states', in *The Writings of Melanie Klein*, Vol. 1. London: Hogarth Press, pp. 262-289.

—— (1940) 'Mourning and its relation to manic-depressive states', in *The Writings of Melanie Klein*, Vol. 1. London: Hogarth Press, pp. 344-389.

—— (1948) 'On the theory of anxiety and guilt', in *The Writings of Melanie Klein*, Vol. 3. London: Hogarth Press, pp. 25-42.

—— (1957) 'Envy and gratitude', in *The Writings of Melanie Klein*, Vol. 3. London: Hogarth Press, pp. 176-235.

Riviere, J. (1936) 'A contribution to the analysis of a negative therapeutic reaction', *Int. J. Psycho-Anal.* 17: 304-320, in A. Hughes (ed.) *The Inner World and Joan Riviere*. London: Karnac (1991), pp. 134-153.

Roth, P. (2005) 'The depressive position', in S. Budd and R. Rusbridger (eds) *Introducing Psychoanalysis: Essential Themes and Topics*. London: Routledge, pp. 47-58.

Segal, H. (1956) 'Depression in the schizophrenic', *Int. J. Psycho-Anal.* 37: 339-343.

—— (1979) *Klein*. London: Fontana.

发展 | Development

见"心理发展"。

梦 | Dreams

随着无意识幻想理论的发展，梦的本质也含蓄地被重新塑造。弗洛伊德的经典理论把梦看成心智不安的活动。为了保持睡眠，睡眠者以伪装的形式构建了幻想的解决方案，以应对令人不安的冲突。因此，梦代表着愿望的实现。然而，焦虑的梦唤醒了做梦者，似乎是由于干扰的强度太大而导致了这个过程的失败。

对于克莱因理论来说，焦虑的梦并不是一个问题。克莱因认为，无意识的幻想是所有心理过程中普遍存在的基础，这给了我们关于梦的本质的新视角。梦是无意识幻想的表达（以伪装的形式），也是对意识层面理解的防御。因此，它代表了由当时活跃的冲动（好或坏）所刺激的无意识客体关系幻想。

比昂（Bion, 1962）提出了"β元素"和"α功能"的概念，其中原始的感觉数据（β元素）被转换成"α元素"，这些元素是具有意义的精神内容，可以用于思考或做梦（见"α功能""威尔弗雷德·比昂""容器/被涵容"）。在比昂之后的梅尔泽（Meltzer, 1983）将梦和无意识幻想视为同义词，并认为有意识层面的清醒生活是梦的显性内容。在这个意义上，梦是"意义产生的……"内在空间（Meltzer, 1981, p. 178）。

西格尔（Segal, 1981）也使用比昂的观点，并大量借鉴了她自己关于象征的文字，将象征性的梦（如弗洛伊德的理论）与体验为具体发生的梦区分开来。她专注于梦的功能，并描述了那些利用梦进行排除的病人。西格尔提请注意，排除的梦具有预测性，因为这样的梦境会在治疗会谈中活现。后来，西格尔（Segal, 2007）阐明了精神病和非精神病的功能是如何通过将梦境带到分析中的方式和梦境本身来呈现的。她指出，区分交流和排除很重要（见"汉娜·西格尔""象征形成"）。

奎诺多茨（Quinodoz, 1999）在一篇强调技术的论文《开启新篇章的梦》（*Dreams that turnover a page*）中，考虑了一些看起来是退行的梦，但实际上那些梦表明，病人在整合之前被驱逐的碎片的能力上有所进步。

Bion, W. (1962) *Learning from Experience.* London: Heinemann.

Meltzer, D. (1981) 'The Kleinian expansion of Freudian metapsychology', *Int. J. Psycho-Anal.* 62: 177-185.

—— (1983) *Dream-Life.* Strath Tay: Clunie Press.

Quinodoz, J.-M. (1999) 'Dreams that turn over a page', *Int. J. Psycho-Anal.* 80: 225-238.

Segal, H. (1981) 'The function of dreams', in *The Work of Hannah Segal.* New York: Jason Aronson, pp. 89-97.

—— (2007) 'Interpretation of dreams - 100 years on', in N. Abel-Hirsch (ed.) *Yesterday, Today and Tomorrow.* London: Routledge, pp. 14-24.

经济学模型 | Economic model

弗洛伊德的元心理学是他的心智理论中最抽象的一个层次，它包括四种概念模型：地形学模型、动力学模型、经济学模型和发展模型。尤其是在克莱因的早期工作中，她依赖并完全吸收了弗洛伊德的观点，即无意识幻想在婴儿精神生活中以及在塑造婴儿性冲动方面的中心地位（Isaacs, 1952）。她既依赖于弗洛伊德的理论，更特别依赖亚伯拉罕关于性欲阶段的发展图。她接受了弗洛伊德从地形学理论到结构学理论的转变，及其焦虑理论的相应变化。克莱因早期对幼儿的研究使她对围绕着母亲身体和原初场景的婴儿幻想内容，以及它们的时间顺序进行了大量的扩展。她的发展模式越来越不同于经典理论。她在对早期俄狄浦斯情结的看法上，尤其是对小女孩的俄狄浦斯情结的看法上也明显不同。她还阐述了结构学模型中内部结构的复杂性，将内摄和投射作为无意识的基本过程，并描述了它们在内部世界和自我结构的发展中所发挥的核心作用。克莱因倾向于主张她的新兴观点与弗洛伊德的理论之间的互补性，即使他们的观点相差甚远。

尽管我们并未普遍强调过，然而很明显，克莱因的理论，即使在她早期的工作中，当她更多地依赖经典理论时，也从未使用过弗洛伊德的心智模型，即在封闭的经济线上运行的能量系统。值得注意的是，克莱因在她的全部著作中并没有使用投注、去投注或反投注的经济学概念，这些概念是弗洛伊德对心理过程定量表述的核心。弗洛伊德的思想是在19世纪以能量守恒为基础的物理科学之后发展起来的。他将这一原理作为精神能量守恒定律引入精神分析，他最早的作品涉及精神能量的命运及其数量分布的假设（Freud, 1895；见"本能"）。克莱因的观点是在19世纪科学的稳固性正在瓦解的时期发展起来的。同样可能的是，克莱因没有科学背景的影响，不受弗洛伊德带入心理学的严谨科学包袱的束缚。她没有坚持（情感）能量守恒原则。爱和攻击的冲动可以传播和增加，正如它们确实如此。因此，对外部客体的冲动总是"扩散"到内部客体，反之亦然。正如格林伯格和米切尔对克莱因的敏锐评论："……对一个客体的爱非但不会限制，反而会增加对其他客体的爱。例如，在成人的爱中，被爱者不是代替了原初俄狄浦斯客体，而是在他们之外被爱。"（Greenberg & Mitchell, 1983, p. 144）换句话说，不存在"爱的守恒定律"。

克利福德·约克（Clifford Yorke, 1971）认为，克莱因从力比多的定量分布，转换到对生死本能之间的定量平衡的兴趣上来。这并不是完全正确，但可能是受到了同样错误的观点的鼓励，即克莱因认为所有的发展都是预先决定的（先天的）展开。事实上，她指的是，由此，攻击性的冲动可能会引发发展爱的冲动的困难，或者可以成为一种刺激，使（发展）过早地进入生殖器位置。冲动的流动性，它们的倍增，以及出于增强爱而非攻击性的目的对它们进行的明显防御性操纵，这些都超出了弗洛伊德的能量守恒经济学模型。克莱因的理论主要依赖于对心智、冲突、焦虑和防御群集的动力学构想，并摒弃了经济概念模型。

这些观点得以发展，是因为克莱因关于本能和无意识幻想本质的描述。正如艾萨克斯最终明确指出的那样："幻想（首先）是本能的心理推论，是它的精神表征。"没有任何冲动，也没有任何本能的冲动或反应不是作为无意识幻想来经验的（Isaacs, 1952, p. 83；见"无意识幻想"）。因此，心智中的东西是一种"表征"，而不是物理数量或质量。这似乎预示着当前人们对沟通理论的兴趣与信息分配有关。像信息一样，与客体之间关系的幻想不受守恒定律的约束。

这种差异在克莱因关于哀悼的开创性论文（1940）中得到了最好的强调。她决心要超越弗洛伊德的经济学构想，弗洛伊德将哀悼视为快乐自我与现实自我之间的战场，快乐自我仍对失去的客体保持投注，现实自我则能够通过服从现实的判断，即客体不再存在，来收回自己的投注（Freud, 1917）。这种经济学构想让弗洛伊德无法解释为什么哀悼如此痛苦。相比之下,克莱因将哀悼置于婴儿期抑郁心位的冲突范围里,这些冲突由丧失引起。她将哀悼工作的痛苦直接与她对丧亲之痛的动力理解联系起来:在无意识中失去所爱的父母,随之而来的抑郁性焦虑,部署躁狂和强迫性防御,以及逐渐恢复所爱的内部父母,所有这些都为悲伤本身铺平了道路。这种动力学的理解比弗洛伊德关于哀悼的经济学模型更有意义,也更有深度,并且也表明了经济学模型的局限性。

克莱因含蓄地放弃了经济学模型,这似乎与她将驱力理论与客体关系理论结合在一起的能力有关,这也与她在整个工作中倾向于强调心智的动力学模型有关。心理功能的快乐原则,调节无意识心智的过程,认为未释放的兴奋的累积会导致不愉快,并对心理装置施加压力,使其以不威胁自我的方式释放这种精神能量。弗洛伊德的工作原型仍然是与梦的工作。奥肖内西指出:

> 梅兰妮·克莱因从另一个角度描述了类似于快乐原则的东西——她称之为投射性认同的早期防御机制。在她看来,年幼的婴儿通过把那些不想要的冲动和感受分裂和投射进他的客体内部,来保护他的自我,使之免受无法承受的焦虑。这是关于释放不愉快的紧张和刺激的客体关系视角。
>
> (O'Shaughnessy, 1981, p. 182)

比昂(Bion, 1967)关于思考的理论回到了这样一个问题:在婴儿容忍挫折的能力很差的情况下,我们如何获得处理缺失和挫折的能力,并对经验进行思考(见"容器/被涵容""思想和认识")。他还利用了通过投射性认同来排空心灵的概念,以及母亲的涵容功能在处理这种投射并帮助思想和思维发展方面的关键作用。涵容失败导致了过度的投射性认同和全能感,这严重削弱了思考经验的能力。然而,他的理论是完全动力的、关系取向的,避开了所有经济学概念。

Bion, W. (1967) *Second Thoughts*. London: Heinemann.
Freud, S. (1895) 'Project for a scientific psychology', *S.E. 1*. London: Hogarth Press, pp. 283-397.
—— (1917) 'Mourning and melancholia', *S.E. 14*. London: Hogarth Press, pp. 237-258.

Greenberg, J. and Mitchell, S. (1983) *Object Relations in Psycho-Analytic Theory*. Cambridge, MA: Harvard University Press.

Isaacs, S. (1952) 'The nature and function of phantasy', in M. Klein, P. Heimann, S. Isaacs and J. Riviere (eds) *Developments in Psychoanalysis*. London: Hogarth Press (1952), pp. 67-121.

Klein, M. (1940) 'Mourning and its relation to manic-depressive states', in *The Writings of Melanie Klein*, Vol. 1. London: Hogarth Press, pp. 344-369.

O'Shaughnessy, E. (1981) 'A commemorative essay on W. R. Bion's theory of thinking', *J. Child Psychother*. 7: 181-192.

Yorke, C. (1971) 'Some suggestions for a critique of Kleinian psychology', *Psychoanal. Study Child* 26: 129-155.

自我 | Ego

关于"自我"一词的使用存在大量争论，这个词是在将弗洛伊德的著作翻译成英语的过程中引入的拉丁文。从描述"它我（id）""自我（ego）"和"超我（superego）"的结构学模型开始，经典分析理论和自我心理学都倾向于从机制的角度来描述自我。这种机械化的立场似乎与弗洛伊德在其早期"计划"中设定的原始意图一致（Freud, 1895），但与他在许多方面更为人文主义的风格相抵触，包括他在文学和古典方面的兴趣，在语言上，以及他在职业生涯中对人类经验的总体推动方向上（Freud, 1925）。他最终放弃了设计神经逻辑决定论的尝试（Schafe, 1976; Bettleheim, 1983; Steiner, 1987）。

克莱因并没有像弗洛伊德那样精确地使用"自我"这个词来描述它我、自我和超我的结构学模型。她经常把"自我（ego）"和"自体（self）"两个词互换使用，尽管在一篇晚期的论文中她确实给出了她对这两个术语的定义。

> 弗洛伊德认为，自我（ego）是自体（self）中有组织的部分，经常受到本能冲动的影响，但通过压抑来控制它们。此外，它指导一切活动，建立并维持与外部世界的关系。自体被用来涵盖整个人格，人格不仅包括自我，还包括本能生活，弗洛伊德称之为它我（id）。
>
> （Klein, 1959, p. 249）

对克莱因来说，自我在出生时就存在，并具有相当大的能力。(这与"自我心理学"和"自体心理学"学派的思想形成了鲜明对比，自我心理学和自体心理学认为自我的起源发生在出生后几个月。)对于克莱因来说，自我在出生时就对乳房和母亲有一种预先存在的知识(Klein, 1952b, 1959)。由于出生时的创伤和子宫内环境的丧失，出生时的自我遭受了迫害性焦虑(Klein, 1948, 1950, 1952a)。投射和内摄的原始幻想开始于出生，克莱因描述如下。

> 如果投射机制无法运作，那么年幼的婴儿就有被自体毁灭(self-destructive)冲动淹没的危险。在某种程度上，正是为了执行这一功能，自我在出生时就被生本能召唤而行动起来。投射的原始过程是将死本能向外偏转的手段。投射也会使第一个客体浸染力比多。另一个原始过程是内摄，也是很大程度上为生本能服务的。它与死本能斗争，因为它令自我获得了某些赋予生命的东西(首先是食物)，从而束缚了内在运作的死本能。
>
> (Klein, 1958, p. 238)

由此可见，克莱因认为新生儿在出生时就有能力建立客体关系，并在幻想中以及某种程度上在现实中，认识到他自己和外部客体是独立存在的。在自我的发展过程中，自我与好客体的关系至关重要。"我认为，"克莱因说，"自我在很大程度上围绕着这个好的客体发展，而对母亲好特征的认同成为进一步帮助认同的基础。"(Klein, 1959, p. 251)

早期的自我：自我最开始在整合和失整合状态之间交替："……早期的自我在很大程度上缺乏凝聚力，整合的趋势与失整合、碎片化的趋势交替出现"(Klein, 1946, p. 4)。后来，比克(Bick, 1968)在描述婴儿出生第一周的状态时就阐明了这一点(见"埃丝特·比克")。经典分析关注的是自我作为一个器官，以某种形式的满足来寻求本能紧张的释放，并可以客观地描述其结构和功能，而克莱因则以不同的方式看待自我，她将自我视为自身的一种经验。她用自我在与客体的关系中所体验到的与焦虑斗争的幻想来描述这一点，尽管它们在本能色彩下被感知，但它们创造了一个充满体验、焦虑、爱、恨和恐惧的世界，而不是释放状态的世界。自我的挣扎是为了在面对客体的体验时保持自身的完整性，这些客体似乎对它的湮灭构成威胁，但也是它生存的必要条件（见"精神发展"）。

克莱因在《嫉毁与感恩》（1957）一书中描述了自我的早期功能。它通过投射来处理克莱因所认为的原初焦虑——内在的死本能——将威胁向外偏转。在偏执-分裂心位的正常过程中，自我也会将原始客体——乳房——分裂成好乳房和坏乳房，并将好乳房与坏乳房分开，从而保护好乳房，增强自我的安全。这种"正常的"分裂，使得后面在正常抑郁心位的发展过程中，那些被相对明确定义的、独立的和敌对的客体，可能被识别为同一客体的不同面向（Klein, 1957, pp. 192-194；见"分裂"）。因此，矛盾的是，客体的早期分裂是整合的必要条件；因为它保存了好客体，然后使自我能够整合它的两个面向（Klein, 1957, p. 192）。

Bettelheim, B. (1983) *Freud and Man's Soul*. London: Hogarth Press.

Bick, E. (1968) 'The experience of the skin in early object relations', *Int. J. Psycho-Anal.* 49: 484-486.

Freud, S. (1895) 'Project for a scientific psychology', *S.E. 1*. London: Hogarth Press, pp. 283-397.

—— (1925) 'Negation', *S.E. 19*. London: Hogarth Press, pp. 235-239.

Klein, M. (1946) 'Notes on some schizoid mechanisms', in *The Writings of Melanie Klein*, Vol. 3. London: Hogarth Press, pp. 1-24.

—— (1948) 'On the theory of anxiety and guilt', in *The Writings of Melanie Klein*, Vol. 3. London: Hogarth Press, pp. 25-42.

—— (1950) 'On the criteria for the termination of a psycho-analysis', in *The Writings of Melanie Klein*, Vol. 3. London: Hogarth Press, pp. 43-47.

—— (1952a) 'The origins of transference', in *The Writings of Melanie Klein*, Vol. 3. London: Hogarth Press, pp. 48-56.

—— (1952b) 'On observing the behaviour of young infants', in *The Writings of Melanie Klein*, Vol. 3. London: Hogarth Press, pp. 94-121.

—— (1957) 'Envy and gratitude', in *The Writings of Melanie Klein*, Vol. 3. London: Hogarth Press, pp. 176-235.

—— (1958) 'The development of mental functioning', in *The Writings of Melanie Klein*, Vol. 3. London: Hogarth Press, pp. 236-246.

—— (1959) 'Our adult world and its roots in infancy', in *The Writings of Melanie*

Klein, Vol. 3. London: Hogarth Press, pp. 247-263.
Schafer, R. (1976) *A New Language for Psychoanalysis*. New Haven, CT: Yale University Press.
Steiner, R. (1987) 'A world wide international trade mark of genuineness?', *Int. Rev. Psycho-Anal*. 14: 33-102.

自我心理学 | Ego psychology

见"美国精神分析与克莱因的关系"。

共情 | Empathy

共情是投射性认同的良性形式，可以包含在"正常投射性认同"之下（见"投射性认同"）。当人们谈到"设身处地"时，这是对共情的描述，但也在描述把自己的一部分和一些自我认知能力放到别人处境下的过程——尤其是投入自己的体验性部分，以便在幻想中获得对他们经验的理解。在这种特殊的投射性认同中有想象的成分，要想成功就需要与个体自身的经验产生共鸣。对于敏感的人来说，这是一项很正常的活动，可以被松散地归类于投射性认同的幻想群中（Klein, 1959）。莫尼-克尔将共情视为分析师的"正常反移情"的一部分，这有助于他获得对病人的洞察（Money-Kyrle, 1956）。同样，费尔德曼将共情归为对自体好部分的投射性认同，把它投射在爱中。然而，他指出，即使是这种积极的投射，如果过度，也会耗尽自我，变得过于依赖他人，而在幻想中他人包含了自体好的部分（Feldman, 1992）。

这种共情认同过程的一个重要方面是，没有失去现实，没有身份认同的混淆。应该注意到的是，它比许多形式的投射性认同具有更大的意识成分。病理性的投射性认同（见"投射性认同"）的全能性特征是，自体与客体之间的界限被破坏。共情与此不同，共情在投射时对自己是谁和身在何处都保持适当的、现实觉察的完整性。

然而，迈斯纳（Meissner, 1980）认为，将共情和其他非精神病现象包括在"投射性认同"中是错误的。他认为，将"投射性认同"概念扩展到精神分裂症病人紊乱的自我边界之外，令人困惑。

见"关切""投射性认同"。

Feldman, M. (1992) 'Splitting and projective identification', in R. Anderson (ed.) *Clinical Lectures on Klein and Bion*. London: Routledge, pp. 74-88.

Klein, M. (1959) 'Our adult world and its roots in infancy', in *The Writings of Melanie Klein*, Vol. 3. London: Hogarth Press, pp. 247-263.

Meissner, W. W. (1980) 'A note on projective identification', *J. Am. Psychoanal. Assoc.* 28: 43-67.

Money-Kyrle, R. (1956) 'Normal counter-transference and some of its deviations', *Int. J. Psycho-Anal.* 37: 360-366.

环境 | Environment

见"外部世界/环境"。

求知欲 | Epistemophilia

弗洛伊德（1916—1917）认为，求知欲是力比多的部分本能，与窥阴癖（窥阴癖/暴露癖）相关。对克莱因来说，弗洛伊德的这个"部分本能"本身就是一种核心本能。智力抑制的问题从一开始就引起了克莱因的兴趣。在她最早的论文（1921, 1923）中，克莱因遵循弗洛伊德的模式，关注的是阉割焦虑抑制性好奇心的方式。然而，即使在1923年，她的临床治疗方法也表明，她意识到攻击性幻想的抑制作用。然后在《俄狄浦斯冲突的早期阶段》（1928）、《象征形成在自我发展中的重要性》（1930）和《对智力抑制理论的贡献》（1931）中，克莱因展示了她是如何将求知本能看作是探索性的、必要的，但也是攻击性的。包括进入母亲体内寻找通常是接管或摧毁母亲丰富内在的幻想——特别是母亲的婴儿和父亲的阴茎。对报复不可避免的恐惧,会严重抑制好奇心和学习能力。

> 求知冲动和施虐之间的早期联系对整个心理发展非常重要。这种本能,由俄狄浦斯倾向的兴起所激活,最初主要关注母亲的身体,它被认为是所有性过程和发展的场景。儿童仍然被肛门施虐的力比多位置所支配,这迫使他想要占有身体的内容物。因此他开始好奇身体所包含的内容,它是什么样子的,等等。所以,求知本能和占有的欲望很早就出现了,彼此之间最密切相关。同时与最初的俄狄浦斯冲突所引起的内疚感紧密相连。
>
> (Klein, 1928, p. 188)

在克莱因的早期工作中,她依靠亚伯拉罕来构想她的施虐高峰。这意味着克莱因所发现的极度施虐幻想没有被爱缓解,对亚伯拉罕来说,爱只有在生殖器阶段才会出现。但从1932年开始,当克莱因接受了弗洛伊德的生本能与死本能理论作为基本原则后,她开始研究互动中的爱与恨。在克莱因1932年之前对"求知欲"的讨论中,她所研究的焦虑(根据她后来的迫害性焦虑和抑郁性焦虑两个类别的分类)本质上是迫害的。

思考和知识——比昂的工作:比昂(Bion, 1956, 1957, 1962a)有关精神分裂症病人智力缺陷问题的一系列论文,进一步阐述了思考的理论(见"思考和知识")。比昂的思考理论与他的容器/被涵容(container/contained)理论有着密切的联系。母亲通过遐想,试图了解婴儿的经验和感受(见"容器/被涵容""遐想")。婴儿内摄一个外部客体(母亲),这个客体可以帮他(婴儿)理解和处理他的经验,并且可以逐渐将他介绍给他自己。逐渐内摄的不仅仅是客体,还有容纳功能本身。因此,思考和理性的能力依赖于——事实上源自——最早期和最原始的情感生活。

在这一理论化的过程中,比昂将对知识的求知欲提升到与爱和恨同等的地位。他(1962b)将容器和被涵容之间的情感联系描述为三种类型。因此,我们不仅有通常精神分析关注的爱(L)和恨(H),而且还有"K",代表了解他人的欲望或驱力。在比昂看来,K对心理健康的重要性不亚于食物对身体健康的重要性,而且对心智和人格的成长和发展也至关重要。我们可将其视为克莱因求知欲的一种更为精细的形式。值得注意的是，比昂认为母亲和婴儿都是在共同的经历中成长和发展，他将这一过程称为"共生（commensal）"。

"负K（-K）"：婴儿可能缺乏适当的现实外部客体，能够或者愿意接受他的投射性认同，并将它们以修正的、可容忍的形式返回给他。结果是持续投射性认同的力量越来越大，导致自我逐渐耗竭、丧失功能，外部世界中的客体越来越多地受到全能投射性认同的猛烈攻击。心智不再是用来思考的装置，而变成了"……消除心智中堆积的内部坏客体的装置"（Bion, 1962a, p. 112）。

比昂还描述了对知识和真理的逃避，他称之为"-K"。在比昂（Bion, 1957）看来，心智的两个方面之间存在动力冲突。一方面，"人格中的精神病部分"在精神病病人中表现突出，但在某种程度上也存在于我们所有人身上，它试图通过对所有痛苦或令人不安的精神内容进行排除性投射来逃避现实。人格中非精神病性的部分则可以承受并寻求真相。比昂认为，真相以及对内在和外部现实的准确感知是心智的基本养料。在比昂看来，人格中精神病性部分的一个重要元素是婴儿自身的嫉毁。

> 人们不禁要问，为什么会存在-K所代表的这种现象呢？这个问题的答案必须在对个体病人的精神分析工作中寻找。我只考虑一个因素——嫉毁……以一种情绪情境为模型，在这种情境中，婴儿对自己即将死亡感到恐惧……婴儿将其恐惧的感觉及对未受干扰的乳房的嫉毁和憎恨，一并分裂并投射到乳房中……K状态下，乳房会缓和投射进其内在的对死亡的恐惧成分，在适当的时候，婴儿会重新内摄人格中现在可以忍受和刺激生长的部分。因为害怕死亡，在-K中，婴儿嫉毁地认为乳房把好的或有价值的成分拿走了，并把无用的残余物塞回婴儿内在。婴儿以对死亡的恐惧开始，却以容纳无以名状的恐惧为结局。

（Bion, 1962b, p. 96）

在K联结的断裂中，无论外部和内部因素如何平衡，其结果都是自我的严重损耗和对被剥离和剥夺了意义的客体的内化；这是极端严苛的超我的一个版本："毫无道德可言，道德优越感的嫉毁主张。"（Bion, 1962b, p. 97）布伦曼

（Brenman, 1985）和奥肖内西（O'Shaughnessy, 1999）都给出了很好的临床案例来说明对客体进行的剥削、道德说教和贬低。奥肖内西（1981）对比昂的"K"理论也有很好的阐述。

Bion, W. (1956) 'The development of schizophrenic thought', *Int. J. Psycho-Anal.* 37: 344-346.

—— (1957) 'Differentiation of the psychotic from the non-psychotic personalities', *Int. J. Psycho-Anal.* 38: 266-275.

—— (1962a) 'A theory of thinking', *Int. J. Psycho-Anal.* 43: 306-310; republished in *Second Thoughts*. London: Heinemann (1967), pp. 110-119.

—— (1962b) *Learning from Experience*. London: Heinemann.

Brenman, E. (1985) 'Cruelty and narrow-mindedness', *Int. J. Psycho-Anal.* 66: 273-281.

Freud, S. (1916-1917) *Introductory Lectures*, *S.E. 15/16*. London: Hogarth Press.

Klein, M. (1921) 'The development of a child', in *The Writings of Melanie Klein*, Vol. 1. London: Hogarth Press, pp. 1-53.

—— (1923) 'The role of the school in the libidinal development of the child', in *The Writings of Melanie Klein*, Vol. 1. London: Hogarth Press, pp. 59-76.

—— (1928) 'Early stages of the Oedipus conflict', in *The Writings of Melanie Klein*, Vol. 1. London: Hogarth Press, pp. 186-198.

—— (1930) 'The importance of symbol formation in the development of the ego', in *The Writings of Melanie Klein*, Vol. 1. London: Hogarth Press, pp. 219-232.

—— (1931) 'A contribution to the theory of intellectual development', in *The Writings of Melanie Klein*, Vol. 1. London: Hogarth Press, pp. 236-247.

—— (1935) 'A contribution to the psychogenesis of manic-depressive states', in *The Writings of Melanie Klein*, Vol. 1. London: Hogarth Press, pp. 262-289.

O'Shaughnessy, E. (1981) 'A commemorative essay on W. R. Bion's theory of thinking', *J. Child Psychother.* 7: 181-192.

—— (1999) Relating to the superego. *International Journal of Psychoanalysis*, 80: 861-870.

外部客体 | External object

在克莱因学派理论中，就像在许多其他精神分析方法中一样，存在客观"真实的"外部世界和外部客体。然而，主体对外部客体的感知或多或少地受到投射物的影响（见"内部客体""外部世界/环境""投射性认同"）。内在色彩扭曲外在的方式通常是精神分析的中心关注点。在克莱因学派理论中，对"真实的"外部客体的感知，会被主体对自身某些方面的投射以及他自己的期望所扭曲，这将是之前经验和当下活跃的幻想所产生的无意识幻想期望的混合。此外，根据幻想的强度，主体将有或多或少的能力看到外部客体的真相，或通过无意识的挑衅动作改变客体以符合他的感知（见Joseph, 1985）。就客体符合主体的期望以及客体的品质能够根据病人的感知而进行移动或抵抗而言，客体的实际品质很重要（见"投射性认同"）。

在偏执-分裂心位，其心理机制的特征是全能，因此投射性和内摄性认同严重扭曲了由外部客体而来的精神现实。这在一开始相对不受阻碍，直到婴儿开始走向抑郁心位，并伴随很多情感上的挣扎，对他的客体形成更现实的看法（见"抑郁心位""偏执-分裂心位"）。

当然，外部客体不仅是物理客体，更无一例外的是心理上的存在：有意识和无意识的情感活动。例如，桑福德（Sandford, 1952）描述了一个焦虑的病人，她将她母亲所投射的焦虑内摄进来，并描述了如何在移情关系中被体验。罗森菲尔德（Rosenfeld, 1987）在《僵局与解释》的第13章中，讨论了母亲对孩子出生前后的投射。

克莱因学派思想中至关重要的变迁是丧失外部客体（Klein, 1940），如断奶时乳房的丧失，以及因分离和死亡而导致的客体丧失，都会对主体的内心世界产生深远的影响。在克莱因看来，外部客体的丧失伴随着内部客体的丧失，而内部客体必须通过哀悼过程来痛苦地恢复，如果这个过程能够持续下去，就会加强自我并导致发展。

Joseph, B. (1985) 'Transference: The total situation', *Int. J. Psycho-Anal.* 66: 447-454.

Klein, M. (1940) 'Mourning and its relation to manic-depressive states', in *The Writings of Melanie Klein*, Vol. 1. London: Hogarth Press, pp. 344-369.

Rosenfeld, H. (1987) *Impasse and Interpretation*. London: Tavistock.

Sandford, B. (1952) 'An obsessional man's need to be kept', *Int. J. Psycho-Anal.* 33: 144-152.

外部世界/环境 | External world/environment

> 从一开始，分析就总是强调孩子早期经历的重要性，但在我看来，只有当我们更多地了解早期焦虑的本质和内容，以及儿童的真实经验与幻想生活之间的持续互动，我们才能充分理解外部因素为何如此重要。
>
> （Klein, 1935, p. 285）

克莱因对精神分析的新贡献，主要涉及内部世界的本质和内在因素在人格中的作用。她有时被不准确地描述成，认为环境无关紧要或不重要。事实上，对克莱因来说，环境和内心世界一样重要。她认为个体从一开始就与他的外部客体密切相关，在不断的循环当中对他们进行投射和内摄。外部世界的实际性质将改变幻想的极端性。糟糕的环境会造成损害，但一个人的体质可能帮助他将恶劣的环境用到最好，也可能让良好的环境起到了最糟的作用。克莱因对体质的强调也是辩证法的一部分，这种辩证法反对精神分析的相反趋势，即以具体的方式集中于外部，而忘记了精神现实在精神分析中的中心地位。

幻想与环境的互动：克莱因认为，个体当前版本的精神现实作为一种内部模式或模板而存在，近似于"外部现实"。它是经验和幻想的混合物，并且通过经验的内摄不断修正。由此产生了一种不同于经典分析的移情概念化方式：我们会通过扭曲的移情投射感知每个个体（包括父母），而发展将涉及对这种移情的逐步修正。

内部世界正在儿童的无意识心智中构建起来，它与他的实际经验及他从人们和外部世界获得的印象相对应，但又被他自己的幻想和冲动所改变。

(Klein, 1940, p. 345)

在获取知识的过程中，每一段新经验都必须符合当时存在的精神现实所提供的模式，而儿童的精神现实则逐渐受到他对外部现实的每一步认识的影响。

(Klein, 1940, p. 347)

不利环境的作用：克莱因认为，糟糕的环境会带来严重的损害。

对于幼儿来说，不愉快的经历和缺乏愉快的经历，特别是缺乏与所爱之人快乐而亲密的接触，都会增加矛盾心理，减少信任和希望，这证实了关于内部毁灭和外部迫害的焦虑；此外，它们会减缓，甚至可能永久性地抑制长期来说能够实现内部安全的有益过程。

(Klein, 1940, p. 347)

克莱因在对儿童个案"迪克"（Klein, 1930）的研究中指出，这个精神病性儿童的严重障碍与早期相当缺乏爱的环境以及焦虑的母亲有关。事实上，鉴于环境的重要性，如果孩子想要得到适当的帮助，克莱因呼吁就必须理解内部幻想的作用，它对外部世界的调整需要被阐明。在1934年的一场公开讲座"论犯罪"（On criminality）中，克莱因指出：

当儿童不仅在幻想中，而且在现实中，由于不友善的父母和悲惨的环境而经历某种程度的迫害时，该幻想自然就会大大增强。人们普遍倾向于高估令人不满意的环境的重要性，而没有充分考虑内在心理上的困难，虽然它确实部分由周围环境造成。因此，仅仅改善孩子的环境是否会有很大的帮助，这取决于内心焦虑的程度。

(Klein, 1934, p. 260)

为了支持克莱因对内部世界的强调，欧内斯特·琼斯（Ernest Jones, 1935）在《早期女性性欲》（*Early female sexuality*）中指出：

> 维也纳派会责备我们以牺牲外部现实为代价，过分重视早期幻想的生活。我们应该回答说，任何精神分析者都没有忽视外部现实的危险，而他们总是有可能低估弗洛伊德关于精神现实重要性的信条。
>
> （Jones, 1935, p. 273）

体质的重要性：在克莱因看来，即使在环境足够好的情况下，体质因素也可能使个体难以从现实检验中获益。

> 外部现实能在多大程度上驳倒与内部现实有关的焦虑和悲伤，因人而异，但可以作为正常的标准之一。
>
> （Klein, 1940, p. 346）

> 在婴儿与乳房的关系中，是挫败感还是满足感占主导地位，这无疑在很大程度上受到外部环境的影响，但毫无疑问，必须考虑体质的因素从一开始就影响自我的力量……自我承受张力和焦虑的能力，因而在某种程度上，容忍挫折是体质因素。这种更强的天生承受焦虑的能力似乎最终取决于力比多冲动比攻击性冲动更占优势。
>
> （Klein, 1952a, pp. 67–68）

因此，个体不仅仅是环境影响的被动接受者，更在塑造其自身发展上发挥着积极的作用。

> 环境的影响在儿童发展的每个阶段都非常重要。即使是最早期养育的良好效果，在某种程度上也会因后来的有害经历而失效，正如早期生活中出现的困难可能会因后来的有益影响而减少一样。与此同时，我们必须记住，有些儿童似乎可以承受不令人满意的外部境况，但他们的人格和心理稳定却没有受到严重损害，而在另一些儿童中，尽管环境有利，但仍然会出现并持续存在严重的困难。
>
> （Klein, 1952b, p. 96）

然而，我积累的观察结果使我确信，这些外部经验的影响与先天破坏性冲动的体质性强度和随之而来的偏执性焦虑相称。许多婴儿并没有非常不利的经历，但在喂养和睡眠方面却有严重的困难，我们可以在他们身上看到各种极度焦虑的迹象，而外部环境并不能充分说明这一点。

同样众所周知的是，有些婴儿处于极度剥夺和不利的环境中，却没有发展出过度的焦虑，这表明他们的偏执和嫉毁特质并不占主导地位。

(Klein, 1957, pp. 229-230)

对敏锐的养育方式的需求：特别是在克莱因的公开演讲中（见"克莱因"，1936, 1937），她强调了需要慈爱、敏锐的自由养育方式。然而，她没有在概念上强调实际外部父母的人格和行为，因而没有将此作为她理论体系的一部分。尤其在她早期的论文中，暗含着父母具有适度的功能，他们的行为减轻了孩子天生的施虐幻想引起的焦虑。例如，伴随着小女孩早期俄狄浦斯情结的施虐性欲望，她想掠夺母亲身体中宝贵的东西，包括父亲的阴茎，这种欲望引起了小女孩的恐惧，认为母亲会掠夺自己进行报复，克莱因告诉我们："真实的、慈爱的母亲的存在减少了孩子心中对内摄的可怕母亲的恐惧。"（Klein, 1929, p. 217）

然而，克莱因早期的一篇论文确实明确地提到了一个孩子，彼得，他因残酷和匮乏的家庭环境而受到严重的创伤。早在1927年，克莱因就在思考严苛的早期超我是如何形成，这种超我不仅通过内化的父母形成，也是孩子自身施虐幻想的结果，这种超我要么被修正，要么就像彼得一样，被他的经历所加剧。

> 与神经症性的孩子相比，他（彼得）实际体验到了压倒性的超我，而其他孩子的超我则只是从内在原因演变而来。因此，他的仇恨也是如此，是由于他的真实经历，这种仇恨表现在他的破坏行为中。

(Klein, 1927, p. 183)

母婴关系：在她后来的作品中，克莱因更明确地指出了母婴关系细节的重要性。在《对某些类分裂机制的评论》里，她写了一个案例。

当然，外部经验在这些发展中非常重要。例如，在一个表现出抑郁和精神分裂特征的病人案例中，分析生动地勾起了他在婴儿时期的早期体验，以至于他在某些会谈里会出现喉咙或消化器官的身体感觉。病人在四个月大时因母亲生病而突然断奶。此外，他有四个星期没见到母亲。当她回来时，她发现孩子变化很大。他曾经是个活泼的婴儿，对周围的环境很感兴趣，现在他似乎已经失去了这种兴趣。他变得冷淡……

在分析这些经历对他的整个发展所产生的影响时，有了许多启发。他在成年生活中的观点和态度是建立在其早期阶段已经确立的这些模式之上的。

(Klein, 1946, pp. 15-16)

在《观察小婴儿的行为》(*On observing the behaviour of young infants*)中，克莱因观察到婴儿身上影响喂养的各种气质因素是如何被母亲的行为和态度所改变或加剧的。

我们当然要充分考虑婴儿被母亲喂养和操持每一个细节。我们可以观察到，最初对食物充满希望的态度可能会被不利的喂养条件所破坏；而吮吸的困难有时则可以通过母亲的爱和耐心所缓解。

(Klein, 1952b, p. 96)

婴儿会反过来影响母亲，从而产生良性或恶性循环。

母亲与孩子的实际关系间接而微妙，受到婴儿对她的回应影响。心满意足的婴儿很享受地吮吸，减轻了母亲的焦虑；母亲的快乐会通过她操持和喂养婴儿的方式来表达，从而减少了婴儿的迫害性焦虑，令他有能力内化好乳房。与此相反，在喂养方面存在困难的孩子可能会引起母亲的焦虑和内疚，从而对他们的关系产生不利影响。

(Klcin, 1963, p. 312)

先天的攻击性必然会因不利的外部环境而增强，反过来，也会因孩子得到的爱和理解而减弱；这些因素将在孩子发展的过程中持续发挥作用。但是，内部因素的重要性仍然被低估了。破坏性的冲动会因人而异，它是精神生活的一个组成部分，即使在有利的环境中也存在，因此我们必须把儿童的发展和成人的态度看作内部和外部影响相互作用的结果……爱与恨之间的斗争……在某种程度上可以通过仔细地观察来识别。一些婴儿对任何挫折都有强烈的怨恨，这一点表现在他们被剥夺后就无法接受满足感。

(Klein, 1959, p. 249)

比昂的涵容理论：比昂（Bion, 1962b）在他的母性涵容理论中，提供了一个重要的缺失环节，即母性关爱如何影响孩子的特定理论（见"容器/被涵容""思想和知识"）。比昂的理论认为，早期环境中最重要的因素之一是母亲的心智。婴儿通过现实的或交流性的投射性认同，在母亲身上唤起了他还不能承受或不能理解的感情。母亲，以她更成熟的心智和她对孩子的爱，通过"遐想"和"涵容"，通过赋予无法忍受的心理内容以意义，可以将它们以更容易处理的形式返回给婴儿。随着时间的推移，婴儿内摄的不仅是经过处理的心理内容，而且内摄了涵容能力本身。

侵入性客体和涵容失败：比昂（Bion, 1962a）的理论认为，功能不良的容器，即"投射-认同-拒绝性客体"，将被婴儿当作有意误解的客体来内化和体验。比昂将这样的内部客体描述为，"贪婪的阴道样乳房（vagina-like breast），剥夺了婴儿所接受或给予的一切美好，只留下恶化的客体"（1962a, p. 115）。例如，对濒死的恐惧将剥夺它所具有的意义，取而代之的是"无以名状的恐惧"。

弗雷伯格等人（Fraiberg et al., 1975）谈到了"育婴室中的幽灵"，即父母一代未消化的创伤通过投射无意识地传递给下一代。罗森菲尔德尤其在《僵局与解释》（1987）一书中，讨论了因早期环境中遭遇的投射而受到创伤的病人，并警告分析中再次产生这种创伤的危险。吉安娜·威廉姆斯（Gianna Williams, 1997）写过，婴儿时期没有被涵容的病人存在"禁止入内"的防御，他们也被饱受烦扰的母亲当作投射的容器。

投射性认同作用于环境：比昂的涵容理论也向我们展示了，我们如何经常通过投射的方式来改变我们的环境（例如客体对我们的行为和反应方式）。这带来了当代克莱因学派理论和实践的重要发展（见"反移情""投射性认同"）。

比昂展示了投射性认同对投射者来说可能只是一种幻想，或者它可能伴随着唤起行为，令接收者做出反应。桑德勒（Sandler, 1976）从不同的理论背景，将其称为"角色-响应性（role-responsiveness）"。这实际上会产生关于那个他者本质的自我实现预言。在这里，我们看到一个人的内部世界有能力胁迫和引诱另一个人进入活现。在这种情况下，重新内摄只会强化内部现状，而不会带来对世界的新认识。罗森菲尔德（Rosenfeld, 1987）在后来的工作中，对这种机制可能导致分析师再次不知不觉地伤害被创伤病人的方式感兴趣。

然而，如果精神分析师能够涵容自己的反移情，那么他就能够让病人对客体本质的幻想失去应验。然后分析师就可以以斯特雷奇（Strachey, 1934）所描述的方式行动，修正病人投射的古老超我。

环境与分析技术：内部与外部世界的辩证关系在分析技术方面再次出现，让我们思考，克莱因和当代克莱因学派精神分析师如何在对移情情境的详细关注，以及试图重建"实际的"过去之间找到平衡。在克莱因学派内部，在强调的点上存在有趣的差异（见"技术"）。有趣的是，对克莱因原始笔记的研究表明，她自己更重视重构而不是移情解释，而在今天这不会被认为是典型的"克莱因学派"。

见"外部客体""内部客体""社会防御系统"。

Bion, W. (1962a) 'A theory of thinking', *Int. J. Psycho-Anal.* 43: 306-310; reprinted in *Second Thoughts*. London: Maresfield Reprints, pp. 110-119.

—— (1962b) *Learning from Experience*. London: Heinemann.

Fraiberg, S., Adelson, E. and Shapiro, V. (1975) 'Ghosts in the nursery: A psychoanalytic approach to the problems of impaired infant-mother relationships', in *Clinical Studies in Infant Mental Health*. London: Tavistock (1980), pp. 164-196.

Jones, E. (1935) 'Early female sexuality', *Int. J. Psycho-Anal.* 16: 262-273.

Klein, M. (1927) 'Criminal tendencies in normal children', in *The Writings of Melanie Klein*, Vol. 1. London: Hogarth Press, pp. 170-185.

—— (1929) 'Infantile anxiety situations reflected in a work of art and in the creative impulse', in *The Writings of Melanie Klein*, Vol. 4. London: Hogarth Press, pp. 210-218.

—— (1930) 'The importance of symbol formation in the development of the ego', in *The Writings of Melanie Klein*, Vol. 1. London: Hogarth Press, pp. 219-232.

—— (1934) 'On criminality', in *The Writings of Melanie Klein*, Vol. 1. London: Hogarth Press, pp. 258-261.

—— (1935) 'A contribution to the psychogenesis of manic-depressive states', in *The Writings of Melanie Klein*, Vol. 1. London: Hogarth Press, pp. 262-289.

—— (1936) 'Weaning', in *The Writings of Melanie Klein*, Vol. 1. London: Hogarth Press, pp. 290-305.

—— (1937) 'Love, guilt and reparation', in *The Writings of Melanie Klein*, Vol. 1. London: Hogarth Press, pp. 306-343.

—— (1940) 'Mourning and its relation to manic-depressive states', in *The Writings of Melanie Klein*, Vol. 1. London: Hogarth Press, pp. 344-369.

—— (1946) 'Notes on some schizoid mechanisms', in *The Writings of Melanie Klein*, Vol. 3. London: Hogarth Press, pp. 1-24.

—— (1952a) 'Some theoretical conclusions regarding the emotional life of the infant', in *The Writings of Melanie Klein*, Vol. 3. London: Hogarth Press, pp. 61-93.

—— (1952b) 'On observing the behaviour of young infants', in *The Writings of Melanie Klein*, Vol. 3. London: Hogarth Press, pp. 94-121.

—— (1957) 'Envy and gratitude', in *The Writings of Melanie Klein*, Vol. 3. London: Hogarth Press, pp. 176-235.

—— (1959) 'Our adult world and its roots in infancy', in *The Writings of Melanie Klein*, Vol. 3. London: Hogarth Press, pp. 247-263.

—— (1963) 'On the sense of loneliness', in *The Writings of Melanie Klein*, Vol. 3. London: Hogarth Press, pp. 300-313.

Rosenfeld, H. (1987) *Impasse and Interpretation*. London: Tavistock.

Sandler, J. (1976) 'Countertransference and role-responsiveness', *Int. Rev. Psycho-Anal.* 59: 285-296.

Strachey, J. (1934) 'The nature of the therapeutic action of psychoanalysis', *Int. J. Psycho-Anal.* 15: 127-159.

Williams, G. (1997) *Internal Landscapes and Foreign Bodies*. London: Duckworth.

外化 | Externalisation

克莱因在她早期尝试理解游戏形成的机制时,广泛地使用了"外化"这一术语。后来,这个词被改为投射,这两个词在很大程度上是同义的。

见"创造力""游戏""技术"。

粪便 | Faeces

弗洛伊德发现,在无意识中,粪便、金钱、阴茎和婴儿之间存在象征等同,其基础是,他们作为礼物来被感知认同,可以被给予或被拿走(Freud, 1905, 1917)。亚伯拉罕(Abraham, 1924)认为,粪便是内部客体的原型——具体的、感官的、内在的,但可排出的。在克莱因对内部客体的观点中,粪便是内部客体体验的可能来源——因为它们会产生肛门感觉——它们可以被排出(投射)(见"内部客体")。

粪便代表部分客体,因为在幻想中展开了排便的功能而获得了无意识意义:排出和保留。试图进行生理排泄会让肛门产生感觉,然后在精神上表征为排出坏客体的无意识幻想(见"无意识幻想")。在婴儿时期,粪便的排出与喂养有规律地结合在一起,这已经被赋予了医学名称,即所谓的"胃结肠反射"。因经历这些有规律的生理事件会带来在幻想中建构同样有规律的结合起来的体验——接受好客体,排出坏客体:这是婴儿最早的防御手段之一。

梅尔泽(Meltzer, 1965)描述了婴儿用粪便进行肛门自慰,引起无意识的幻想,以支持自恋状态(见"自慰幻想""自恋")。

见"部分客体"。

Abraham, K. (1924) 'A short study of the development of the libido', in *Selected Papers on Psychoanalysis*. London: Hogarth Press (1927), pp. 418-501.

Freud, S. (1905) 'Three essays on the theory of sexuality', *S.E. 7*. London: Hogarth Press, pp. 125-245.

—— (1917) 'On transformations of instinct as exemplified in anal erotism', *S.E. 17*. London: Hogarth Press, pp. 125-134.

Meltzer, D. (1965) 'The relation of anal masturbation to projective identification', *Int. J. Psycho-Anal.* 47: 335-342.

罗纳德·费尔贝恩 | Ronald Fairbairn

生平：费尔贝恩在英国精神分析师中有点像个局外人。他出生于1889年，在爱丁堡工作了一辈子。他最初是一名学者（古典文学），但在第一次世界大战后，他接受了医学培训，然后是精神分析的培训，并在自己的家乡从事精神分析工作，与伦敦隔绝，直到1964年去世。他是一个在克莱因圈子之外，却对她产生很大影响的人。他不怎么参与英国精神分析学会的活动。然而，他极大地影响了英国的许多分析师（Guntrip, 1961; Sutherland, 1963; Padel, 1987）。

在美国，他是最早受到尊敬的英国客体关系分析师之一，也许是因为他最无畏地系统陈述了他对弗洛伊德本能理论的反对，与此同时保留了类似于弗洛伊德结构学模型的三方结构（a tripartite structure）。

科学贡献：费尔贝恩深受克莱因的影响。他采用了她的术语"心位"，但他说的是分裂心位，而不是她当时（在20世纪30年代）所说的偏执心位。他通过与精神分裂症病人的工作，深入研究了情绪生活的最初阶段，而在那个时候，克莱因专心于发展她的抑郁心位概念——出现在婴儿发展的稍晚阶段。因此，他引起了人们对自我早期分裂的关注，而克莱因后来将注意力转向了这些分裂。事实上，很长一段时间以来，她一直对精神病儿童的思维碎片状态感兴趣，但在20世纪40年代早期，她开始对成年精神分裂症病人感兴趣，她通过督导当时加入克莱因学派的精神病医生的工作，而了解到这些严重的精神病病人。

对抑郁心位的反对：费尔贝恩批评克莱因过于强调抑郁，以及她追随亚伯拉罕强调"精神病"早期阶段的强迫症。费尔贝恩声称，自1912年以来，精神分析师相对忽视了癔症，那时亚伯拉罕和弗洛伊德开始将他们的兴趣转向躁狂-

抑郁症。费尔贝恩将癔症的解离状态与分裂样人格的碎片化联系起来。费尔贝恩声称，弗洛伊德如果继续通过癔症和精神分裂症来研究超我，他就不会走上克莱因后来称之为"抑郁心位"的道路。他相信，口欲期阶段形成的超我结构是防御组织，是为了防御底下的东西。被压抑之物其内在是结构化的。他认为梦是对以下事物的戏剧化描述：(1) 自我结构和内化客体之间的关系；(2) 自我结构自身不同部分的相互关系（Fairbairn, 1951, p. 170）。特别是，内化的"坏"客体会分裂成兴奋客体和拒绝性客体。而克莱因，在她有关抑郁心位的著作中，一直关注的是对客体命运的焦虑——它是如何被破坏、分裂等。费尔贝恩关注的方面是自我分裂和碎片化的结构。

费尔贝恩认为，在精神分裂症（相对于躁郁症）中，存在一些克莱因所忽视的发展异常。为了突出癔症和精神分裂症的解离状态，他还提出了"分裂心位"的假设，认为该心位先于抑郁心位存在，并且是抑郁心位的基础。它解释并决定了未来的人格病理状态，他继续描述了基于在自我和客体内的分裂系统的状态分类。

克莱因同意，抑郁心位的开始是基于对先前另一种焦虑的修通，而不是抑郁类型的焦虑。她总是描述她在儿童身上发现的偏执和他们的迫害性焦虑，并使用了"偏执心位"这个词。尽管她当时认为偏执心位在重要性上次于抑郁心位，后来她同意费尔贝恩的观点，即先前的心位很重要；而且分裂是关键因素，正如她所描述的偏执投射（外化）形式一样。她承认费尔贝恩对"分裂心位"的重要贡献，将其与她自己的术语相结合，产生了"偏执-分裂心位"。然而，克莱因煞费苦心地指出她与费尔贝恩在其他方面的不同（尤指放弃任何关于本能的理论）。

> 可以看到，我将在本文中提出的一些结论与费尔贝恩的结论是一致的，而其他结论则有根本性的不同。费尔贝恩的方法主要是从与客体相关的自我发展的角度出发，而我的方法主要是从焦虑及其变化的角度出发……他特别强调了癔症和精神分裂症之间的内在关系，这一点值得充分重视。如果他的术语"分裂（schizoid）"被理解为包括迫害性恐惧和类分裂机制，那么这个术语是合适的。
>
> （Klein, 1946, p. 3）

克莱因已经开始意识到，有一整类的原始防御机制专门针对施虐和死本能，她现在同费尔贝恩一样，承认它们不同于强迫机制，她最初曾把强迫机制作为对抗施虐的特别防御机制，后来又加上了躁狂性防御。

被内摄客体：费尔贝恩同意自我的最初阶段会产生内摄客体，但他认为这是坏客体。没有必要内摄好客体，只有坏客体需要通过内摄然后分裂来抵御。这和克莱因形成了鲜明对比，她从一开始就认为好坏客体都被内摄，好客体的内摄是建立自我核心稳定性的关键，揭示了婴儿为了保护自己和其好客体免受"坏"客体伤害而进行的斗争（Klein, 1946）。

我们需要理解二者在关注点上存在的一个重要差异。费尔贝恩认为，婴儿自我一开始是统一的，由与客体相关系的需求所驱动。与外部客体的相遇，及它的变化和失败导致了内部客体的建立，用以防御（他说压抑）外部坏客体。这与克莱因的观点形成鲜明对比，她认为婴儿的自我从一开始就是非整合的，由于死本能的投射，（婴儿）容易产生迫害性焦虑，并使用二元分裂和类分裂机制来建立内部世界的安全。自我内部的分裂对于后来的整合至关重要，并导致在内部控制的基础上构建一个分裂的外部世界。

内在心理结构（endopsychic structures）：费尔贝恩和克莱因对于自体分裂和碎片化现象的处理方法截然不同。克莱因的特点是，她绘制了广阔的全景图，描绘了个体所经历关于"自体"状态的各种不同幻想体验。相比之下，费尔贝恩将现象简化为严格可分类的部分。他描述了两种基本的分裂，从核心自我中分离出两个内在心理结构。每个结构包括（1）自我的一部分，（2）被部分自我认同的内部客体，（3）部分自我与内部客体之间的内在关系。每个内在心理结构都是由这样的三方"客体-关系系统（object-relation system）"组成的。一个这样的结构包含了自我的力比多方面（力比多自我）和它的力比多（兴奋）客体。第二个内在心理结构包含反力比多自我（内部破坏者，让人联想到超我）和一个反力比多客体（拒绝性客体）。此外，在这两部分被分裂出去之后，还有核心自我。

这个由三个内在心理结构组成的内部世界似乎是固定的，显然与弗洛伊德的三方结构模型有松散的联系：自我、它我（力比多自我）和超我（反力比多自我）。然而，尽管弗洛伊德相信心智的各种结构直接或间接地源自它我，费尔贝恩却对此提出异议，认为它们是从原始的、最初统一的自我发展而来的。从一开始就存在自我的观点与克莱因的观点完全一致，与弗洛伊德的原发自恋观点相反。然而，费尔贝恩反对克莱因，因为她"……不加批判地坚持弗洛伊德的享乐主义力比多理论"（Fairbairn, 1949, p. 154），该理论规定力比多就是寻求快乐。如果说早期的克莱因坚持弗洛伊德关于婴儿期性欲的观点，那么她从未拥护过弗洛伊德元心理学的经济学模型，该模型将快乐的概念建立在能量守恒的原则之上（见"经济学模型"）。

本能理论：费尔贝恩反对本能理论。根据费尔贝恩出色的继承者和传播者冈特里普（Guntrip, 1961）所说，费尔贝恩认为这是机械主义的，并在寻找更人性化的理论。因此，他只谈客体。例如，他对"口腔阶段"一词提出异议，说它也可以被称为"乳房阶段"，因为乳房（客体）对孩子来说是重要的：力比多是对客体的寻觅。他认为嘴表达的是与客体关联的特定策略。在这种情况下，嘴只是策略的先天工具（与本能无关）。

通过这种方式，费尔贝恩相信他已经超越了被一些人视为经典精神分析理论基石的本能理论和心智的能量模型。另一方面，克莱因实际上以完全不同的方式超越了本能理论。冈特里普和其他人（例如 Sutherland, 1963; Kernberg, 1980; Greenberg & Mitchell, 1983）重申了这样的观点：克莱因的理论只是通往完整的客体关系方法途中的一个驿站，而费尔贝恩完成了这个旅程。这个观点值得质疑：他们的旅程方向不同。克莱因保留了本能理论，强调无意识幻想的作用，而不是张力的减少，它被整合在客体关系理论和内部结构灵活而流动的观点中。另一方面，费尔贝恩用一个单一的、看似不灵活的内在心理结构系统（客体关系系统），替代了精巧、正统的它我/自我/超我结构的客体关系版本。

可以说，克莱因重新解释了"本能"的概念，把它解释为由本能冲动带来的身体感觉，"给予"了对客体的体验，引起了幻想。而费尔贝恩将本能重新定义为寻找客体的"能量"。

分裂：在自我部分（egopart）/关系/客体的体系中发现分裂的重要性，这要归功于费尔贝恩和克莱因，他们相互激发了彼此的观察。克莱因显然继续反思这个问题，尽管她不承认与费尔贝恩的观点相似，但她也有类似的想法：这是一种特殊的分裂，在心智的"深层无意识"部分留下了未被修改的原始客体关系系统（Klein, 1958, p. 241）。

爱：费尔贝恩最强调的是客体关系在人类经验中的重要性。他比克莱因更具批判性地表明，经典的本能满足理论（驱力消减）认为客体是主体的附带品，只是为了释放张力。与此相反，他强调对客体的真实感受。正是这种试图将人类的爱和关切与科学理解联系起来的品质，深深地吸引了牧师冈特里普（见"爱"）。

后续发展：费尔贝恩的思想经受住了考验。他有两个重要的追随者冈特里普（Guntrip, 1961）和萨瑟兰（Sutherland, 1963），并且他被许多美国作家广泛认可（如Ogden, 1983）。然而，费尔贝恩错综复杂的理论探索并没有被后来的追随者们大力发展。

Fairbairn, R. (1949) 'Steps in the development of an object-relations theory of the personality', *Br. J. Med. Psychol.* 22: 26-31; republished in *Psycho-Analytic Studies of the Personality*. London: Routledge & Kegan Paul (1952), pp. 152-161.

—— (1951) 'A synopsis of the development of the author's views regarding the structure of the personality', in *Psycho-Analytic Studies of the Personality*. London: Routledge & Kegan Paul (1952), pp. 162-179.

Greenberg, J. and Mitchell, S. (1983) *Object Relations in Psychoanalytic Theory*. Cambridge, MA: Harvard University Press.

Guntrip, H. (1961) *Personality Structure and Human Interaction*. London: Hogarth Press.

Kernberg, O. (1980) *Internal World and External Reality*. New York: Jason Aronson.

Klein, M. (1946) 'Notes on some schizoid mechanisms', in *The Writings of Melanie Klein*, Vol. 3. London: Hogarth Press, pp. 1-24.

—— (1958) 'On the development of mental functioning', in *The Writings of Melanie Klein*, Vol. 3. London: Hogarth Press, pp. 236-246.

Ogden, T. (1983) 'The concept of internal object relations', *Int. J. Psycho-Anal.* 64: 227-241.

Padel, J. (1987) 'Positions, stages, attitudes or modes of being', *Bull. Eur. Psychoanal. Fed.* 12: 26-31.

Sutherland, J. D. (1963) 'Object relations theory and the conceptual model of psycho-analysis', *Br. J. Med. Psychol.* 36: 109-124.

父亲 | Father

通过对母亲角色的阐述，克莱因在许多方面修正了弗洛伊德对父亲的思考。克莱因非常看重儿童对父亲、父亲的阴茎以及对阉割恐惧的关注（preoccupation），但也是在一定的背景下，即儿童早期对女性生殖器、母亲的乳房和她身体内部以及母亲体内的婴儿的关注。因此阴茎不再是女孩欲望和嫉毁的唯一客体，女孩对父亲给她一个婴儿的接受欲望优先于她对阴茎的渴望，而不是作为阴茎的替代品（见"俄狄浦斯情结"）。在克莱因的观点中，客体关系首先出现在"部分客体"中，先是母亲的乳房和她的内部空间。父亲的首次出现是作为母亲的内在所有物的幻想——母亲体内的阴茎（见"结合父母形象"）。然而，在婴儿出生后不久，克莱因认为父亲本身被感知为"第三方客体（a third object）"，起初以某种部分的方式被感知。如果与母亲的关系在某种程度上有问题，那么第三方客体将被视为迫害者，危险的阴茎；但如果与母亲的关系是安全的，那么第三方客体就会被体验为更良性的存在。婴儿既会因为来自乳房的挫败，也会因为爱而转向父亲/阴茎，以避免母亲/乳房受到他的攻击和贪婪的伤害。

克莱因对俄狄浦斯情结的理解是复杂的，对两种性别来说，都是多面向的。在弗洛伊德看来，对男孩和女孩来说，父亲在不同时期既是爱的对象，又是令人憎恨的竞争者。在生命第一年的早期，正如在抑郁心位开始时，从部分客体向整体客体的转变，也与俄狄浦斯情境的开始密切相关。对克莱因来说重要的是，俄狄浦斯情结是通过对父亲（和母亲）的爱以及对阉割的恐惧来解决的，甚至前者更多。因此，父母被允许作为伴侣走到一起，因为孩子日益增长的爱和成熟使他能够放弃对他们的全能占有，并允许父亲去爱和保护母亲。克莱因（1937）在《爱、内疚和修复》中生动地描写了父亲角色（fatherhood）和父母的互补角色。

克莱因学派的作者经常提到，在健康的成长过程中，需要能够感知和接受差异。这差异包括母亲和父亲之间的，以及养育性的亲子关系与父母彼此性的和创造性关系之间的（如Money-kyrle, 1968, 1971）。当代克莱因学派写作的重点不是关注父亲本身，而是强调对父母关系的容忍和整合的变迁，而因此实现"第三位置"的内部优势（Britton, 1989, 1998）。布里顿（Britton, 2003）还写了一篇关于弗洛伊德女性阉割情结的有趣评论，他认为这可能是弗洛伊德从一个或多个女性案例中概括出来的，而这些案例的情况并非寻常。

梅尔泽（Meltzer, 1967）描述，在"性欲带混淆分类（sorting of zonal confusions）"这一早期阶段中，男性和女性开始分化。然后，在抑郁心位的阈值处：

> 父亲的阴茎和睾丸的作用开始与母亲内部阴茎的许多作用明确地区分开来，这为正确区分男性和女性奠定了基础，其中一些已经在性欲带混淆分类中得到了解决。但现在完全承认父亲的创造性和修复作用是可能的。
>
> （Meltzer, 1967, p. 40）

特罗韦尔和埃切戈扬（Trowell & Etchegoyen, 2002）对父亲在当代精神分析思维中的重要性，进行了有益而彻底的重新评估，涵盖了一些遵循克莱因理论传统的作者的贡献。

Britton, R. (1989) 'The missing link: Parental sexuality in the Oedipus complex', in J. Steiner (ed.) *The Oedipus Complex Today*. London: Karnac, pp. 83-109.
—— (1998) *Belief and Imagination*. London: Routledge.
—— (2003) 'The female castration complex: Freud's big mistake?', in *Sex, Death, and the Superego*. London: Karnac, pp. 57-70.
Klein, M. (1937) 'Love, guilt and reparation', in *The Writings of Melanie Klein*, Vol. 1. London: Hogarth Press, pp. 306-343.
Meltzer, D. (1967) *The Psycho-Analytical Process* Strath Tay: Clunie Press.
Money-Kyrle, R. (1968) 'Cognitive development', *Int. J. Psycho-Anal.* 49: 691-698.
—— (1971) 'The aim of psychoanalysis', in D. Meltzer (ed.) *The Collected Papers of Roger Money-Kyrle*. Strath Tay: Clunie Press, pp. 442-449.
Trowell, J. and Etchegoyen, A. (eds) (2002) *The Importance of Fathers: A Psychoanalytic Re-Evaluation*. London: Routledge.

女性气质 | Femininity

在20世纪20年代和30年代，精神分析界对女性心理学产生了广泛的争论，并对弗洛伊德的女性气质（femininity）理论提出了挑战，如卡伦·霍妮（Karen Horney, 1926, 1932）。欧内斯特·琼斯（Ernest Jones, 1935）和琼·里维埃（Joan Riviere, 1934）就是其中两位在他们关于女性性欲的论文中，特别使用了克莱因的观察的人。克莱因本人（1932, 1945）描述了大量关于对女性发展和女性气质的新观点（见"俄狄浦斯情结"）。

克莱因对内部世界的幻想描述，实际上打开了女性内在这一主题。在克莱因看来，男孩女孩的兴趣不仅在于是否存在阴茎，还在于是否可以在乳房、阴道特别是在母亲的内部空间那里找到幻想中的婴儿、父亲的阴茎和其他的丰富性（见"结合父母形象"）。想要侵入母亲并吞并她丰富性的愿望导致了受迫害的感觉，小女孩特别恐惧母亲出于报复而劫掠自己的内部空间。对克莱因来说，与弗洛伊德不同的是，克莱因认为小女孩很早就意识到自己有阴道，以及自己内在有重要的空间。

在克莱因看来，女孩想拥有阴茎并想成为男孩的欲望是她固有双性恋的一部分，就与男孩想成为女人的欲望一样。然而，克莱因认为这是次要的，女孩渴望通过父亲的阴茎受精才是最主要的，并且这个部分会因为女性地位的挫折而加剧。罗纳德·布里顿（Ronald Britton, 2002, 2003）认为，有证据表明，弗洛伊德关于女性阉割情结和阴茎嫉羡的核心观点被高估了，而且这个观点仅基于他对自己女儿安娜的案例分析。

见"俄狄浦斯情结"。

Britton, R. (2002) 'Forever father's daughter: The Athene-Antigone complex', in J. Trowell and A. Etchegoyen (eds) *The Importance of Fathers*. London: Routledge, pp. 197-218.

—— (2003) 'The female castration complex: Freud's big mistake?', in *Sex, Death, and the Superego*. London: Karnac, pp. 57-70.

Horney, K. (1926) 'The flight from womanhood', *Int. J. Psycho-Anal.* 7: 324-329.
—— (1932) 'The dread of women', *Int. J. Psycho-Anal.* 13: 348-360.
Jones, E. (1935) 'Early female sexuality', *Int. J. Psycho-Anal.* 16: 263-273.
Klein, M. (1932) *The Psychoanalysis of Children. The Writings of Melanie Klein*, Vol. 2. London: Hogarth Press.
—— (1945) 'The Oedipus complex in the light of early anxieties', in *The Writings of Melanie Klein*, Vol. 1. London: Hogarth Press, pp. 176-235.
Riviere, J. (1934) 'Review of Freud's *New Introductory Lectures*', *Int. J. Psycho-Anal.* 15: 329-339.

女性化阶段 | Femininity phase

克莱因对精神分析性发展理论的其中一个重要贡献是，确定了男孩和女孩对母亲的早期认同阶段，即"女性化阶段"。这是充满恐惧和冲突的阶段，这时两性都幻想母亲拥有丰富性：婴儿、父亲的阴茎（或多个阴茎）和危险而令人向往的粪便（也部分等同于婴儿）。孩子希望像母亲一样，也能拥有这样的丰富性。因此，出现了掠夺母亲以占有婴儿，以及摧毁竞争性婴儿的幻想。与弗洛伊德不同的是，克莱因认为存在原初女性俄狄浦斯位置。根据克莱因的说法，女孩很早就意识到自己和母亲都有阴道和内部空间。女孩的主要愿望是接受有生育能力的阴茎。她还希望以阳具的方式占有阴茎，因为在女性位置上的焦虑和挫折加剧了这个部分，这是她固有的双性恋的一部分。然而，这是次要的，并不是像弗洛伊德认为的那样，对女孩来说它是原初首要位置。

克莱因的两性女性化阶段假说，为男孩赋予了与女孩的阉割情结同等重要的情结。

> 就像在女孩的阉割情结中一样，在男性的女性化情结（femininity complex）中，最根本的是渴望得到特殊器官的欲望受挫。偷窃和破坏的倾向，与受孕、孕期和分娩的器官有关。
>
> （Klein, 1928, p. 190）

在女性中普遍存在成为男人的愿望，可能最清楚地表达为阴茎嫉毁；同样，人们在男性身上也发现了女性位置，渴望拥有乳房和生育孩子。这种愿望与对父母双方的认同紧密相连，伴随着竞争性和嫉毁，以及对梦寐以求的拥有之物的钦羡。这些认同在强度和质量上都有所不同，这取决于是钦羡或嫉毁哪个更占优势。

(Klein, 1963, p. 306)

这种情况加深了弗洛伊德已经描述过的对父亲阉割的恐惧，并使之复杂化。

男孩害怕因为破坏母亲的身体而受到惩罚，但是除了这些，他的恐惧具有更普遍的性质，在这里我们可以将它同与女孩阉割愿望有关的焦虑进行比照。他害怕自己的身体会被损毁和肢解，这种恐惧也意味着阉割……对母亲的恐惧是如此的过分，因为它与被父亲阉割的强烈恐惧相结合。以子宫为客体的破坏性倾向，也以其完整的口腔和肛门施虐的强度指向父亲的阴茎，它应该就在那里……这种焦虑将男孩置于超我的暴政之下，它吞噬、肢解和阉割，并（这个超我）由母亲和父亲的形象形成。

(Klein, 1928, p. 190)

对男孩来说，最重要的是在他的施虐冲动和爱的冲动之间取得相对平衡。这将最终决定他能在多大程度上获得稳定和爱的异性恋立场，而不是敌对和嫉毁。

施虐固着越明显，男孩对母亲的认同越发符合对女性的竞争态度，其中混杂着嫉毁和仇恨；因为他想要一个孩子，他觉得自己处于劣势，不如母亲。

(Klein, 1928, p. 190)

……成功克服这一阶段，是男孩确立稳固异性恋立场的条件……男孩经常通过加强他对拥有阴茎的骄傲感，来补偿他的女性化阶段所产生的仇恨、焦虑、嫉毁和自卑感，并把这种骄傲感移植到他的智力活动上。这种移植构成了对女性非常敌对态度的基础,并影响了他的性格形成,就像阴茎嫉毁影响女性一样。因对母亲身体的施虐攻击而感到的过度焦虑,成为他与异性关系中非常严重的干扰来源。但是,如果他的焦虑和内疚感变得不那么强烈,那正是这些感觉引起了他对复原的各种幻想,使他能够对女人有直觉性的理解。

(Klein, 1932, p. 250)

男孩对自己的爱和修复能力的信念将帮助他超越自己的女性化阶段,形成对父亲力量的认同,巩固他自己的异性恋能力。

……性能力的必要条件应该是男孩相信他的阴茎是"善良的"——也就是说,他有能力通过性行为进行复原……这个信念与他的身体内部没有遭到损坏的信念紧密相连。

(Klein, 1932, p. 251)

见"结合父母形象""俄狄浦斯情结"。

Klein, M. (1928) 'Early stages of the Oedipus conflict', in *The Writings of Melanie Klein*, Vol. 1. London: Hogarth Press, pp. 186-198.

—— (1932) *The Psychoanalysis of Children. The Writings of Melanie Klein*, Vol. 2. London: Hogarth Press.

—— (1963) 'On the sense of loneliness', in *The Writings of Melanie Klein*, Vol. 3. London: Hogarth Press, pp. 300-313.

碎片化 | Fragmentation

克莱因从两个角度考虑分裂:未整合和严重分裂。

未整合(unintegration):起初,克莱因认为婴儿早期的自我是未整合的,当未被另一个心智(母亲)抱持时,就会瓦解和产生分崩离析、支离破碎的感觉。当通常的"容器"被削弱或不存在时,缺乏整合是个体在压力或疲惫下的正常体验。短暂的破碎体验是正常发展的一部分。

严重的分裂：克莱因认为碎片化是自我在偏执-分裂心位下活跃而严重分裂的结果，在此心位，否认机制伴随着湮灭的幻想，例如，"坏"客体以及与该客体相关的自体的湮灭。在施米德伯格之后，克莱因（1930）认为碎片化是驱散破坏性冲动和迫害性焦虑的方式。碎片化表明存在极端迫害性焦虑。如果持续存在，碎片化及其伴随的失整合（disintegration）状态会削弱自我并导致极端的混淆状态。在她1946年发表的论文的附录中，克莱因将施雷伯描述为自我破碎的个体（见"混淆状态""否认""偏执-分裂心位""分裂"）。

比昂（Bion, 1957）描述，精神病人将自己的自我分裂成微小的碎片，将产生的碎片排出，并体验到自己被"怪异客体"包围（见"怪异客体"）。西格尔（Segal, 1997）在关于死本能的论文中描述了一些病人，他们内心存在的死本能使他们不仅想要消灭客体，而且想要消灭能感知的自体（见"死本能"）。

Bion, W. (1957) 'Differentiation of the psychotic from the non-psychotic personalities', *Int. J. Psycho-Anal*. 38: 266-275.

Klein, M. (1946) 'Notes on some schizoid mechanisms', in *The Writings of Melanie Klein*, Vol. 3. London: Hogarth Press, pp. 1-24.

Schmideberg, M. (1930) 'The role of psychotic mechanisms in cultural development', *Int J. Psycho-Anal*. 11: 387-418.

Segal, H. (1997) 'On the clinical usefulness of the concept of the death instinct', in *Psychoanalysis, Literature and War*. London: Routledge, pp. 17-26.

安娜·弗洛伊德 | Anna Freud

生平：安娜·弗洛伊德是弗洛伊德最小的女儿，1892年出生于维也纳，她一直陪伴着弗洛伊德直到他去世。1938年，她陪同弗洛伊德来到伦敦，在弗洛伊德去世以后她也一直住在这个家里，直到1982年她自己去世。她不仅是弗洛伊德的女儿，而且她自己也对精神分析做出了重大贡献，并扛起了忠于弗洛伊德理论立场的保守派大旗（Solnit, 1983; Yorke, 1983）。

科学贡献：1926年，安娜·弗洛伊德以主角的身份进入了以胡格-赫尔穆特（Hug-Hellmuth）开创的儿童分析圈，与梅兰妮·克莱因相对立。尽管她的反对意见后来有所改变（Freud, 1946; Geleerd, 1963），但是她在伦敦建立的儿童分析培训，即后来的安娜·弗洛伊德中心（Anna Freud Centre），自她1938年来到英国后一直独立于英国精神分析学会（见"儿童分析""论战"）。

1936年，安娜·弗洛伊德出版了她最著名的书《自我和防御机制》，她与哈特曼（他先在维也纳、后在美国）一起工作（Hartmann, 1939, 1964），通过对自我及其与其他精神装置关系的具体研究，创建了精神分析的整个发展路线。自我心理学一直是美国精神分析的主要学派。然而，直到她去世，安娜·弗洛伊德都一直对美国的自我心理学表示不满，并一直强调被自我心理学家所拒绝的地形学模型的重要性。

Freud, A. (1936) *The Ego and the Mechanisms of Defence*. London: Hogarth Press.
—— (1946) 'Preface' to *The Psycho-Analytic Treatment of Children*. London: Imago.
Geleerd, E. (1963) 'An evaluation of Melanie Klein's *Narrative of a Child Analysis*', *Int. J. Psycho-Anal.* 44: 493-506.
Hartmann, H. (1939) *Ego Psychology and the Problem of Adaptation*. London: Imago.
—— (1964) *Essays on Ego Psychology*. London: Hogarth Press.
Solnit, A. (1983) 'Anna Freud's contribution to child and applied analysis', *Int. J. Psycho-Anal.* 64: 379-390.
Yorke, C. (1983) 'Anna Freud and the psycho-analytic study and treatment of adults', *Int. J. Psycho-Anal.* 64: 391-400.

遗传连续性 | Genetic continuity

"遗传连续性"这一术语在精神分析理论和实践中具有重要作用。这是一种假设，即当前人格的心理方面与之前的发展阶段具有连续性。因此，弗洛伊德发展了这样的观点，即成人神经症源于童年时期的创伤事件和幻想。但不仅如此，人格的正常特征，如超我，被认为是由它的前身发展而来，即前一发展阶段的俄狄浦斯父母发展而来。

正是基于遗传连续性，弗洛伊德从成人的角度对儿童的心理发展做出了推论（inferences）。当弗洛伊德和小汉斯的父亲通过直接分析取自一个5岁儿童（小汉斯）的材料，来研究儿童精神分析的发展理论时，遗传连续性的理论得到了检验，这些材料涉及的发展阶段是从成人的分析中假设出来的（Freud, 1909）。

当克莱因开始分析儿童时，她发现自己也在推测比她所分析的儿童更早的发展阶段。尽管她分析了2岁9个月大的孩子，但她发现在这个年龄之前，依然有大量基础的发展需要描述。因此，她的推论也是基于遗传连续性的原则以及其他证据，这些证据最终包括了对婴儿的直接观察（见"埃丝特·比克""婴儿观察"）。

令人沮丧的是，克莱因发现她对精神分析发展理论的贡献受到了争议。韦尔德（Waelder）坚持维也纳所谓的正统精神分析，在1936年向英国精神分析学会宣读了一篇重要的论文，来告诫大家克莱因的发展理论偏离了真正的弗洛伊德理论（后来出版了另一个版本：Waelder, 1937）。他就什么是有效的精神分析推论进行了长时间的辩论。这引起了艾萨克斯的反驳，她为克莱因关于生命第一年之推论的科学性进行辩护（Isaacs, 1938）。在1943—1944年的讨论中，爆发了公开的论战［见"论战（1941—1945）"］。

关于什么是有效的和什么不是有效的精神分析推论的争论，从未真正得到解决，分析师们倾向于对彼此的推论提出异议。人们一致认为，现在在过去有它的前身，但并没有进一步延伸，没有就这些前身具体包括什么达成一致。例如，一定程度上，克莱因在遗传连续性的基础上，将超我的早期形式归因于发展的早期前生殖器期阶段（见"超我"）。基于遗传连续性，费尼切尔（Fenichel, 1931）同意很可能有"超我的前身"，但它们与超我本身是完全不同的，不应该用同一个术语来称呼，因为这些前身有一些不同的特征。因此，问题出现在术语上——如果存在遗传连续性，那么这种连续性应该如何划分？这个问题的答案取决于一系列非科学的动机，包括简单地效忠于某个特定的先前理论。

Fenichel, O. (1931) 'The pregenital antecedents of the Oedipus complex', *Int. J. Psycho-Anal.* 9: 47-70.

Freud, S. (1909) 'Analysis of a phobia in a five-year-old boy', *S.E. 10*. London:

Hogarth Press, pp. 3-149.

Isaacs, S. (1938) 'The nature of the evidence concerning mental life in the earliest years', unpublished, but incorporated into Isaacs (1952) 'The nature and function of phantasy', in M. Klein, P. Heimann, S. Isaacs and J. Riviere (eds) *Developments in Psycho-Analysis*. London: Hogarth Press, pp. 67-121.

Waelder, R. (1937) 'The problem of the genesis of psychical conflict in earliest infancy', *Int. J. Psycho-Anal.* 18: 406-473.

好客体 | Good object

克莱因在形成她的心位理论之前，就描述过婴儿将自己和其客体分为"好的"和"坏的"。

> 婴儿把母亲分为"好"母亲和"坏"母亲，把父亲分为"好"父亲和"坏"父亲，并将自己感受到的对客体的恨归属于"坏"客体或者远离它，而把自己的恢复趋势指向"好"母亲和"好"父亲。
>
> （Klein, 1932, p. 222）

到1946年，克莱因认为婴儿的首要任务是，将自体和客体好的经验与不好的经验区分开来。在这个发展的早期阶段，婴儿将他的体验具体地感知为存在内部的客体或缺乏客体。当需求得到满足时，这种体验可能是好的；当感到饥饿或焦虑时，这种体验可能是坏的。好的体验会被感知为"好"客体或"好"乳房的存在，而坏的体验会被感知为"坏"客体或"坏"乳房的存在。偏执-分裂心位的主要任务包括这种好与坏的二元分裂，这样就可以保护好的自体和好的客体免受破坏性方面的影响。早期的客体被描述为部分客体，因为它们在婴儿的头脑中是根据身体的不同部分和好坏来构思的（见"坏客体""偏执-分裂心位""部分客体""分裂"）。

在克莱因的理论中，对好客体的安全内摄是非常重要的，因为它形成了自我的核心，围绕这个核心情绪发展得以发生。第一个内摄的"好"客体是"理想"客体，因为分裂过程涉及否认所有与客体及其理想化有关的糟糕体验。克莱因经常交替使用"理想客体"和"好客体"这两个术语。"好"客体是连续体。极端"好"或"理想"客体的不现实性质使其不稳定,并不断受到来自现实的威胁,有可能出现失望,并因此突然转变为极端的坏客体。丧失或即将丧失"好"客体会导致偏执-分裂心位下的极端迫害性焦虑或迫害性内疚感,以及抑郁心位的抑郁性焦虑或抑郁性内疚感。处于抑郁心位的婴儿或个体可能会退回到防御性分裂和理想化状态,来保护自己"好的"或"理想的"自体和客体。然而,如果事情进展顺利,"好"和"坏"客体之间的极端差异会减少,客体变得更真实和更安全,婴儿接下来就会向抑郁心位活动移动,对"好"客体的丧失进行哀悼,承受内疚并努力去修复(见"否认""抑郁性焦虑""抑郁心位""内疚""理想客体""修复")。

Klein, M. (1932) *The Psychoanalysis of Children. The Writings of Melanie Klein*, Vol. 2. London: Hogarth Press.
—— (1946) 'Notes on some schizoid mechanisms', in *The Writings of Melanie Klein*, Vol. 3. London: Hogarth Press, pp. 1-24.

感恩 | Gratitude

感恩是对客体的特定感觉,需要与满足区分开来,满足是身体需要的满足。克莱因认为感恩是爱的重要表达方式之一,是嫉毁的对立面(Klein, 1957)。(比昂对此有不同的看法,他认为嫉毁的对立面是创造力。)克莱因认为,感恩的能力,就像嫉毁的先天倾向一样,有天生的成分,在表达上受到环境的影响。在克莱因看来,感恩的能力强化了人格,并给了个体内在的富足感,从而带来慷慨,以及从仇恨和怨恨中恢复过来的能力。奥肖内西(O'Shaughnessy, 2008)对这一主题进行了有益的回顾和讨论。

见"爱""嫉毁"。

Klein, M. (1957) 'Envy and gratitude', in *The Writings of Melanie Klein*, Vol. 3. London: Hogarth Press, pp. 176-235.

O'Shaughnessy, E. (2008) 'On gratitude', in P. Roth and A. Lemma (eds) *Envy and Gratitude Revisited*. London: International Psychoanalytic Association, pp. 79-91.

贪婪 | Greed

用克莱因的话来说，贪婪是"急躁、永不满足的渴望，超越了主体的需要和客体能够和愿意给予的东西"（Klein, 1957, p. 181）。这种内摄过程在其效果上是破坏性的，因为乳房被完全吞噬、吸干。尽管克莱因认为贪婪是侵略性的，且与嫉毁密切相关，然而，它们是不同的，因为嫉毁"不仅以这种方式抢劫，而且还把坏的，主要是坏的排泄物……放进母亲身体……以破坏和摧毁她"（Klein, 1957, p. 181；见"嫉毁"）。

克莱因认为贪婪的力量部分是由先天因素决定的。它会导致在内摄好客体时遇到困难。贪婪被焦虑所强化，并会导致不安全感的恶性循环。

> 一些非常贪婪的婴儿也表现出对人类产生兴趣的早期迹象，然而，他们对食物的贪婪态度也很相似。例如，渴望他人在场往往与人本身无关，而更多的是与渴望得到关注有关。这些孩子很难忍受独处，似乎总是需要食物或关注来满足自己。这表明，贪婪被焦虑所强化，而没有在内心世界稳固地建立好的客体。
>
> （Klein, 1952, p. 99）

> 毫无疑问，贪婪是由焦虑增加的——焦虑于被剥夺、被掠夺和不够好、不被爱。如此渴望爱和关注的婴儿也对自己的爱的能力缺乏安全感；所有这些焦虑加剧了贪婪。这种情况在年龄较大的儿童和成人的贪婪方面没有根本性的改变。
>
> （Klein, 1959, p. 254）

在克莱因看来，贪婪的人往往野心勃勃，这有积极的一面，但也可能与无尽的饥饿、不满有关。贪婪经常导致恶性循环，因为被贪婪地攻击和挖空的客体在幻想中成为愤恨的迫害者，会贪婪地进行回击。对迫害和资源减少的恐惧会导致进一步的贪婪的体内化，等等。

贪婪的最终结果也可能是抑制口欲冲动和限制内摄，以放过如此渴望的客体；这可能会导致厌食症和枯竭的内心世界。

Klein, M. (1952) 'On observing the behaviour of young infants', in *The Writings of Melanie Klein*, Vol. 3. London: Hogarth Press, pp. 94-121.

—— (1957) 'Envy and gratitude', in *The Writings of Melanie Klein*, Vol. 3. London: Hogarth Press, pp. 176-235.

—— (1959) 'Our adult world and its roots in infancy', in *The Writings of Melanie Klein*, Vol. 3. London: Hogarth Press, pp. 247-263.

网格图 | Grid

见"威尔弗雷德·比昂""思考和知识"。

怨怼 | Grievance

克莱因在她的作品中提到了病人的具体怨怼，但在她的一般理论中没有把怨怼作为概念性的范畴。在日常用法中，人们倾向于认为"怨怼"比"抱怨"更严重、更持久，也许也更病态，尽管词典的定义并没有指明这一区别。[例如，《钱伯斯词典》(*Chambers Dictionary*, 1993)和《牛津简明词典》(*The Shorter Oxford Dictionary*, 1964)都把"怨怼"定义为"抱怨"，把"抱怨"定义为"怨怼"。]

在美国和英国，越来越多的精神分析学家开始对怨怼及其与权利、自恋、报复和仇恨的联系感兴趣。在美国，主要的作家有默里（Murray, 1964）、罗思坦（Rothstein, 1977）、加尔德斯顿（Galdston, 1987）、兰斯基（Lansky, 2001）和拉法热（LaFarge, 2006）。在英国最关心对怨怼进行分析的作者有，罗纳德·布里顿（Ronald Britton, 1989）、约翰·斯坦纳（John Steiner, 1993, 1996）、萨莉·温特罗布（Sally Weintrobe, 2004）和迈克尔·费尔德曼（Michael Feldman, 2009）。温特罗布（Weintrobe, 2004）认为，被"怨怼"占据的个体倾向于理想化自己，否认他们对客体的依赖，而爱"抱怨"的个体倾向于针对那些未被理想化的客体，且能够意识到他们对其有依赖。

布里顿（Britton, 1989）、斯坦纳（Steiner, 1993, 1996）和费尔德曼（Feldman, 2009）强调了怨怼中的自恋因素，他们三人都引用了赫伯特·罗森菲尔德关于"破坏性自恋"的论文（Rosenfeld, 1971）。这三位作者还特别将怨怼与病人无法充分应对俄狄浦斯情结产生的情感和想法联系起来（见"俄狄浦斯情结"）。此外，费尔德曼还特别强调病人从重复性地对怨怼进行"护理"中获得敌对的、倒错的满足（Feldman, 2009）。

Britton, R. (1989) 'The missing link: Parental sexuality in the Oedipus complex', in J. Steiner (ed.) *The Oedipus Complex Today*. London: Karnac, pp. 83-101.

Feldman, M. (2009) 'Grievance: The underlying Oedipal configuration', in *Doubt, Conviction and the Analytic Process*. London: Routledge, pp. 194-215.

Galdston, R. (1987) 'The longest pleasure: A psychoanalytic study of hatred', *Int. J. Psycho-Anal.* 68: 371-378.

LaFarge, L. (2006) 'The wish for revenge', *Psychoanal. Q.* 75: 447-475.

Lansky, M. (2001) 'Hidden shame, working through, and the problem, of forgiveness in The Tempest', *J. Am. Psychoanal. Assoc.* 49: 1005-1033.

Murray, J. M. (1964) 'Narcissism and the ego ideal', *J. Am. Psychoanal. Assoc.* 12: 471-511.

Rosenfeld, H. (1971) 'A clinical approach to the psychoanalytic theory of the life and death instincts: An investigation into the aggressive aspects of narcissism', *Int. J. Psycho-Anal.* 52: 169-178.

Rothstein, A. (1977) 'The ego attitude of entitlement', *Int. Rev. Psycho-Anal.* 4: 409-417.

Steiner, J. (1993) 'Revenge, resentment, remorse and reparation', in *Psychic Retreats: Pathological Organizations in Psychotic, Neurotic and Borderline Patients*. London: Routledge, pp. 74-87.

—— (1996) 'Revenge and resentment in the "Oedipus situation" ', *Int. J. Psycho-Anal.* 77: 433-443.

Weintrobe, S. (2004) 'Links between grievance, complaint and different forms of entitlement', *Int. J. Psycho-Anal*. 85: 83-96.

内疚 | Guilt

内疚是痛苦的心理状态，当个体觉得自己违反了规则，错误地伤害了别人或给别人造成了痛苦时，就会产生内疚。在精神分析理论中，同一个词被用来涵盖相当大范围的不同情感体验，这可能让人感到困惑。

弗洛伊德强调了内疚的重要性，他还意识到无意识内疚（见"无意识内疚"）是自我惩罚、驱动失败的强大动力（Freud, 1916, 1924）。弗洛伊德把它作为其最后的心智模型——结构学模型——的核心内容，在这个模型中，自我在不断地对抗超我的攻击。自我和超我之间的冲突导致了内疚的体验，因为超我斥责自我违反了超我所体现的内在标准。

内疚，特别是"抑郁性内疚"，是克莱因抑郁心位的主要内在特征（见"抑郁心位"）。它伴随着人们意识到自己对所爱客体的攻击。这取决于抑郁心位被修通的程度，内疚的体验是在连续谱中，一端是无望的诅咒或绝望的感觉，另一端是痛苦的悔恨感，人们觉得自己能够去修复（见"修复"）。修复的能力有助于自我的力量和创造力。

在偏执-分裂心位下，"迫害性内疚"经常被提及。这与其说是对他人所受伤害的懊悔，不如说是对来自他人的危险（和可怕的）报复的恐惧。因此，内疚不是"道德上的"内疚，而是对自我生存的恐惧，它感到死亡的威胁。当内疚发展到抑郁心位时，从之前的迫害感和对死亡的恐惧中演变而来，因此最原始的抑郁性内疚合并进迫害性内疚。

见"抑郁性焦虑""修复"。

Freud, S. (1916) *Introductory Lectures on Psycho-Analysis, S.E. 15/16*. London: Hogarth Press.

—— (1924) 'The economic problem of masochism', *S.E. 19*. London: Hogarth Press, pp. 157-170.

宝拉·海曼 | Paula Heimann

生平：海曼1899年出生于但泽，父母是俄罗斯人。她先是学习医学，然后在柏林学习精神分析。她在国会大厦大火后离开，当时她被暂时逮捕，后来她到了伦敦，她的丈夫此前已搬到瑞士。在伦敦，海曼跟着克莱因重新接受训练，成为精神分析师。海曼是克莱因最坚定的支持者（与苏珊·艾萨克斯一起）。她们一起经历了20世纪40年代的困难时期，当时该组织受到了爱德华·格洛弗和从维也纳流亡的分析师的攻击。难以理解的是，海曼后来和克莱因开始产生分歧，尽管这从未公开，最终在1955年，海曼离开了"克莱因团体"（参见"克莱因团体"），令其他英国精神分析学会成员大吃一惊。她后来是协会分析师"独立学派"的重要成员，直到1982年去世。

科学贡献：海曼是1943—1944年论战的重要主角，在讨论中她宣读了一篇论文，阐述克莱因学派对内部客体的看法，还与苏珊·艾萨克斯共同宣读了关于退行的论文（均发表于1952年）。她这一阶段的工作被认为是在临床和理论上澄清克莱因提出的概念，特别是关于抑郁心位和内部客体的想法。内部客体是海曼成为英国精神分析学会会员的论文主题（Heimann, 1942）。

同化：后来，海曼继续研究了这篇论文的一个重要方面，涉及内部客体的命运。这与客体是被内摄到自我还是超我的问题有关。海曼描述了特定客体的"同化"过程，从而成为自我的一部分，有可能被内摄性认同，与此相反，某些其他客体仍然未被同化，成为内部敌对的迫害者（Heimann, 1942；见"同化"）。她的作品引发了内部世界是不同类型的内部客体关系舞台的观点，而且，是系统的克莱因学派人格结构观点的雏形。克莱因在她后来偏执-分裂心位的论文中使用了同化的概念（Klein, 1946）。

反移情：海曼最著名的论文是1950年的《论反移情》，它首次详细阐述了分析师的反移情可以作为有关病人信息的一个可能有用来源。海曼的反移情观点与弗洛伊德和克莱因的反移情观点相矛盾，后两人都认为精神分析师的反移情在很大程度上是分析师精神病理的表现（Freud, 1912; Klein, 1957, p. 226; 梅兰妮·克莱因档案，C72，威尔科姆图书馆）。海因里希·拉克（Heinrich Racker, 1948）曾写过一篇与之相似的论文，但直到1953年才出版了英文版本，而在海曼写论文的时候，她可能并不知情。在这个时期，人们对于审视反移情的本质和可能的使用，存在相当大的兴趣（见"反移情"）。

区分分析师的感受是关于病人信息的有用来源还是对病人的防御性反应，一直是人们持续兴趣和争论的来源（Money-Kyrle, 1956; Brenman Pick, 1985; Rosenfeld, 1987）。

海曼和克莱因的分歧：据珀尔·金所说，克莱因要求海曼在1950年撤回她的论文《论反移情》（King, 1983, p. 6）。海曼拒绝撤回，并因为这项当时其他人也正在考虑的重要创新而获得了荣誉（Racker, 1948; Little & Langs, 1981）。

1955年在日内瓦国际精神分析大会上，海曼发表了另一篇论文《移情解释的动力》（*The dynamics of transference interpretation*, Heimann, 1956），而克莱因给出了论文《嫉毁与感恩》的第一版。海曼后来意识到她对这篇论文有强烈的异议。在接下来的几个月里，珀尔·金说：

> 渐渐地，事情变得明朗起来，宝拉·海曼正在与梅兰妮·克莱因和她的团体分道扬镳。在1955年11月，应梅兰妮·克莱因的要求，海曼从梅兰妮·克莱因信托基金辞职，然后她向英国协会发表声明，表示她不希望再被视为克莱因团体的成员。
>
> （King, 1983, p. 7）

海曼和克莱因分歧的确切原因从未被明确描述过。

海曼成为英国精神分析学会独立学派活跃而热情的成员，并继续撰写许多论文，直到1982年去世。

Brenman Pick, I. (1985) 'Working through in the counter-transference', *Int. J. Psycho-Anal*. 66: 157-166.

Freud, S. (1912) 'Recommendations to physicians practising psychoanalysis', *S.E. 12*. London: Hogarth Press, pp. 109-120.

Heimann, P. (1942) 'A contribution to the problem of sublimation and its relation to processes of internalization', *Int. J. Psycho-Anal*. 23: 8-17.

—— (1950) 'On counter-transference', *Int. J. Psycho-Anal.* 31: 81-84.

—— (1952) 'Certain functions of introjection and projection in early infancy', in M. Klein, P. Heimann, S. Isaacs and J. Riviere (eds) *Developments in Psycho-Analysis.* London: Hogarth Press, pp. 122-167.

—— (1956) 'The dynamics of transference interpretation', *Int. J. Psycho-Anal.* 37: 303-310.

—— and Isaacs, S. (1952) 'Regression', in M. Klein, P. Heimann, S. Isaacs and J. Riviere (eds) *Developments in Psycho-Analysis.* London: Hogarth Press, pp. 169-197.

King, P. (1983) 'Paula Heimann's quest for her own identity as a psychoanalyst: An introductory memoir', in M. Tonnesmann (ed.) *About Children and Children-No-Longer: Collected Papers 1942-80.* London: Routledge (1989), pp. 1-9.

Klein, M. (1946) 'Notes on some schizoid mechanisms', in *The Writings of Melanie Klein,* Vol. 3. London: Hogarth Press, pp. 1-24.

—— (1957) 'Envy and gratitude', in *The Writings of Melanie Klein,* Vol. 3. London: Hogarth Press, pp. 176-235.

Little, M. and Langs, R. (1981) 'Dialogue: Margaret Little/Robert Langs', in *Transference Neurosis and Transference Psychosis.* New York: Jason Aronson, pp. 269-306.

Money-Kyrle, R. (1956) 'Normal counter-transference and some of its deviations', *Int. J. Psycho-Anal.* 57: 360-366.

Racker, H. (1948) 'A contribution to the problem of countertransference', *Int. J. Psycho-Anal.* 34: 313-324.

Rosenfeld, H. (1987) *Impasse and Interpretation.* London: Tavistock.

癔症 | Hysteria

克莱因：她本人很少写关于癔症的论文。她对这一主题的涉及主要是在1923年的论文《早期分析》中，其中她运用了弗洛伊德的理论来阐明这个问题：成功的升华和象征形成而不是形成症状的可能条件是什么？在这种背景下，她对弗洛伊德关于莱昂纳多·达·芬奇的论文（1911）进行质疑，并问到，鉴于他早期口交幻想的重要性（秃鹫的尾巴张开了嘴），为什么他没有发展成癔症？在癔症中，口交幻想往往表现为转化症状"癔球症（globus hystericus）"。克莱因的正式论证使她得出这样的答案：固着不应该过早发生，这样象征形成就能发挥作用，并成功地升华为非性活动。达·芬奇后来对鸟类飞行的科学兴趣就是一个例子。在克莱因后期的作品中，她没有更多地谈到癔症这个主题。

布伦曼：最近，艾瑞克·布伦曼（Eric Brenman）在论文《癔症》（*Hysteria*, 1985）中重新讨论了这个话题，他认为精神分析师再也不会遇到像弗洛伊德在19世纪末遇到的那类癔症病人。然而，布伦曼认为，患有癔症人格的病人，无论男性还是女性，仍然可以被识别出来。他以更现代的病态自恋理论来看待这种人格，并概述了他们严重的自恋困扰。他们显现为灾难性的恐惧、体验和幻想，但也在某种程度上激进地否认这些，这与经典的癔症没有什么不同，后者虽然瘫痪了，却表现出冷漠的态度，让医生相信，除了症状之外，他们都很好。布伦曼描述了，这些病人如何表现出能够与外部客体建立明显的关系。然而，这个客体被用来实现将病人维系在一起的功能，同时否认抑郁崩溃和失整合的严重可能性。尽管没有转化症状，病人还是持续尝试将分析师作为转换的目标，使他同意自己的"畸形"。布伦曼想到的是这种自恋型的自我认同，这种自我认同是肤浅的、表面的，更多的是对无所不能的幻想客体的认同，而不是对真实客体的认同。他们把这种肤浅的精神现实变成了真理，他们试图说服精神分析师和自己共谋，以对自己真正的困扰漠不关心。

布里顿：罗纳德·布里顿（Ronald Britton, 2003）在认同其他分析师［格林（Green）、科文（Kohon）和波拉斯（Bollas）］的同时提出了不同的观点。他认为癔症是一种精神分析状态，具有与边缘综合征相同的特征，但又与之不同。在癔症中，病人试图在爱的领域中占有客体，而在边缘综合征中，病人声称是在知识的领域中占有客体。布里顿解释说，癔症的人希望独占精神分析师的爱，排斥除了爱之外的任何其他现实。分析师被认为极其重要，并被邀请进入"无意识的相互爱慕的共谋伙伴关系"（2003, p. 25）。在边缘性移情中，病人坚持完整的主体间性的理解，因此分析师从任何其他第三方来源获得的知识就被系统地毁灭了。分析师常常觉得自己受到了约束和折磨。布里顿还利用这一独特的理解——癔症地要求独占的爱，重新审视弗洛伊德关于色情移情的论文：《移情-爱的观察》（*Observation on transference-love*, 1915）。他把这篇论文与弗洛伊德可能对布鲁尔与安娜·O.之间的困难以及卡尔·荣格（Karl Jung）和萨比娜·斯皮尔林（Sabina Spielrein）之间发生的实际行动化联系起来。

Brenman, E. (1985) 'Hysteria', *Int. J. Psycho-Anal.* 66: 423-432.
Britton, R. (2003) *Sex, Death, and the Superego: Experiences in Psychoanalysis*. London: Karnac.
Freud, S. (1911) 'Leonardo da Vinci and a memory of his childhood', *S.E. 11*. London: Hogarth Press, pp. 63-137.
—— (1915) 'Observation on transference-love', *S.E. 12*. London: Hogarth Press, pp. 159-171.
Klein, M. (1923) 'Early analysis', in *The Writings of Melanie Klein*, Vol. 1. London: Hogarth Press, pp. 77-105.

它我 | Id

在弗洛伊德的结构学理论中，他（1923）描述了心智的三方模型，由三个装置组成的：它我、自我和超我。它我包含了所有原始的本能禀赋，并由此产生了自我和超我。与弗洛伊德不同的观点特别地在英国精神分析学会发展起来，因为他们更加强调客体关系，尤其是费尔贝恩和克莱因的观点。

费尔贝恩：费尔贝恩（Fairbairn, 1952）摒弃了本能的概念，以冲动是建立客体关系的"策略"来代替，因为人类个体是寻求客体而不是寻求快乐。在他看来，这种从本能概念出发的重点转移为精神分析提供了一条途径得以摆脱以下模式，这种模式导致弗洛伊德假设死本能超越快乐原则（见"罗纳德·费尔贝恩"）。

克莱因：克莱因采用了临床的方法来看待它我，它不仅包括死本能（见"死本能"），而且强调本能的心理表征形式，而不是其生理起源。她将注意力转向幻想，以及作为本能表征的无意识幻想（见"无意识幻想"）。

在她的早期作品中，克莱因忠于弗洛伊德的"结构学模型"，但随着她发展自己的理论，"它我"逐渐获得了新的意义。她接受了弗洛伊德的死本能理论，并为其提供了临床参考，她的精神冲突模型关注的不是生本能和死本能本身的冲突，而是它们在无意识幻想中的表征之间的冲突。在她看来，由于精神冲突是死本能对客体关系的影响造成的,所以"它我"倾向于成为她著作中死本能的代表。弗洛伊德学派的自我和它我之间的冲突(由超我对自我的要求所激发)实际上被克莱因关于生本能和死本能之间冲突的概念所取代(见"焦虑")。

见"死本能""本能"。

Fairbairn, R. (1952) *Psycho-Analytic Studies of the Personality*. London: Routledge & Kegan Paul.
Freud, S. (1923) 'The ego and the id', *S.E. 19*. London: Hogarth Press, pp. 3-66.

理想客体 | Ideal object

弗洛伊德(Freud, 1921)描述了在爱的行为中理想化的过程,并在他自恋和自我理想的有关概念中发展了它(理想化)。

克莱因将理想化描述为早期的防御机制和分裂过程的一部分。在克莱因看来,自我的第一个行为就是分裂并投射出死本能,这在内心造成了强烈的焦虑。同时,自我也向客体投射力比多或爱的感觉。通过这种方式,自我和客体被分裂或分离成一方面是"好的"或"理想的"部分,另一方面是极坏的部分。"好的(理想的)客体的存在,使自我有时能保持强烈的爱和满足的感觉。"(Klein, 1952, pp. 70-71)克莱因经常交替使用"理想客体"和"好客体"这两个词。对她来说,"理想的客体"就是"极好的客体"。她的观点是,婴儿经历了最初的驱力和情感状态,非常地有力和强烈。因此,第一个"好客体"被认为是极好的,且考虑到分裂的极端特性,是"理想客体",因为它所有坏的方面和所有与它相关的坏经历都被否定了。克莱因认为,这种二元分裂对于自体和客体的最初保护必不可少,它是安全内摄和安置"好客体"的先决条件,自我可以在这个"好客体"周围开始凝聚。克莱因描述,婴儿创造了幻想中的强大乳房,可以保护自己免受所有的迫害体验。1952年,克莱因提出,婴儿可能会贪婪地渴望乳房的意象,以提供"无限的即时满足和永久满足"(Klein, 1952, p. 64)。当婴儿面对抑郁心位的焦虑时,他会退回到"偏执-分裂心位"的分裂过程中(见"坏客体""死本能""抑郁心位""好客体""内部客体""力比多""偏执-分裂心位""分裂")。

理想化和嫉毁：人的先天死本能或嫉毁越强，不良经历积累得越多，就越需要极端分裂。将客体理想化可以保护个体不受外界的迫害。然而，理想客体的存在也会引起嫉毁，需要严格维持分裂。这也有可能造成这样一种情况，即客体被感觉为不断地在理想化和迫害之间摆荡。

理想化和迫害：对于个体来说，"理想客体"可能被认为是迫害性的，因为它永远无法实现所提出的完美要求；理想客体被内摄到自我和超我中，并在早期严苛超我中发挥作用（见"超我"）。

理想化客体的全能内摄：自体的理想化保护自己免受内在的迫害，个体可能会全然地内摄"理想客体"，并与之认同，相信自己是好的，拥有神奇的修复能力。布里顿（Britton, 2003, p. 107）把与"理想客体"认同的自我称为"理想自我"（见"抑郁心位""躁狂性防御""自恋"）。

Britton, R. (2003) *Sex, Death, and the Superego*. London: Karnac.

Freud, S. (1921) 'Group psychology and the analysis of the ego', *S.E. 18*. London: Hogarth Press, pp. 67-143.

Klein, M. (1935) 'A contribution to the psychogenesis of manic-depressive states', in *The Writings of Melanie Klein*, Vol. 1. London: Hogarth Press, pp. 262-289.

—— (1952) 'Some theoretical conclusions regarding the emotional life of the infant', in *The Writings of Melanie Klein*, Vol. 3. London: Hogarth Press, pp. 61-73.

理想化 | Idealisation

弗洛伊德（Freud, 1921）描述了在爱的行为中理想化的过程，并在他自恋和自我理想的有关概念中发展了它（理想化）。克莱因将理想化与否认和全能一起并入躁狂性防御中，她在1940年的脚注中这样描述："理想化在儿童的心智中是必不可少的过程，因为儿童还不能以任何其他方式来应对他对迫害的恐惧（他自己的仇恨所导致的）。"（Klein, 940, p. 349）

理想化是偏执-分裂心位二元分裂过程的一部分（1946），克莱因认为自我的第一个行为是分裂,并将生和死本能投射到客体中。结果,客体被分成"好"或理想部分和"坏"部分。理想化是这种极端分裂的过程和结果,在这种极端分裂中,自体和客体的所有坏的和不足的方面都被否定和远离"好"部分,结果就是理想的、充足的、无瑕疵的自体和客体。理想化发生在幻想中,是全能的。

在克莱因的理论中,心理健康依赖于在安全内摄好(理想)客体的情况下,自我能够凝聚:"好(理想)客体的存在,使自我有时能够保持强烈的爱和满足的感觉。"(Klein, 1952, pp. 70-71)死本能的力量越大,环境越恶劣,就越需要强大的、好的替代性客体,自我可以向其寻求保护,因此更需要理想化,这是阿尔瓦雷斯(Alvarez, 1992)在谈到儿童工作时提到的一点。克莱因描述,婴儿创造了幻想中的强大乳房,可以保护它免受所有的迫害性体验(见"好客体""理想客体""内部客体""偏执-分裂心位")。

1952年,克莱因提出,婴儿可能贪婪地需要能提供"无限的即时满足和永久满足"的乳房意象(Klein, 1952, p. 64)。

理想化的陷阱:理想化包括对物质和精神现实的否认,如果自体和客体要被现实地感知,就必须放弃理想化(见"抑郁心位""象征形成")。理想客体被内摄到自我和超我中,并对早期严苛的超我产生影响。理想的客体,不管是被体验为外在的还是内在的,因为它的标准永远无法被满足,所以会产生巨大的迫害感(超我)。

对理想化好客体或者理想化坏客体的全能内摄和认同,可能会提供保护以免受嫉毁和迫害,但它也阻止了发展(见"自恋""病理性组织""投射性认同")。

Alvarez, A. (1992) *Live Company*. London: Routledge.
Freud, S. (1921) 'Group psychology and the analysis of the ego', *S.E. 18*. London: Hogarth Press, pp. 67-143.
Klein, M. (1940) 'Mourning and its relation to manic-depressive states', in *The Writings of Melanie Klein*, Vol. 1. London: Hogarth Press, pp. 344-369.
—— (1946) 'Notes on some schizoid mechanisms', in *The Writings of Melanie Klein*, Vol. 3. London: Hogarth Press, pp. 1-24.
—— (1952) 'Some theoretical conclusions regarding the emotional life of the infant', in *The Writings of Melanie Klein*, Vol. 3. London: Hogarth Press, pp. 61-93.

认同 | Identification

认同这一术语,通常与内摄、内化和体内化交替使用。然而,它们之间可以做出概念上的区分。认同是内摄这一精神过程的结果,经由内摄,客体或部分客体,或者该客体的某个方面或某种特质,被吸收到自体中,从而带来自体永久的转变。因此,有了内摄性认同这一术语。然而,并非所有的内摄都会导致认同。内摄的过程依赖于体内化的幻想,经由体内化,客体或客体的某个方面被吸收到自体中。这种体内化的幻想最适宜理解为心智的阐述,它模仿并隐喻了原始口欲体验,在摄取母乳的同时,获得了与乳房同在的感官体验和享乐(见"体内化""内摄")。内化与内摄的含义相似,克莱因在关于抑郁心位的两篇论文中(1935,1940)对这两个概念使用较多,因为它与构建内部世界的内部客体有着明显的联系。

相比之下,认同不会与投射或者排出交互使用,尽管事实上,客体已经与被投射的部分自体相认同。克莱因后期的投射性认同概念(1946)直接关联了这两个术语(见"投射性认同")。在克莱因的理论中,投射性认同和内摄性认同从精神生活的一开始就同时运作,它们的相互作用形成了内部世界,这个内部世界开始于投射性认同更占主导的偏执-分裂心位,随后进入内摄性认同增加的抑郁心位。两者都发生在发展极早期的原始过程中,当时幻想活动和现实之间几乎没有区别(见"偏执-分裂心位")。幻想"是"现实,基于这些内摄性认同和投射性认同的原始形式,幻想构建了内部世界的现实,这反过来又塑造对外部世界的组织和体验方式。

在弗洛伊德的著作中,认同这一重要概念既是防御机制,也是自我或自体形成和获得身份感的过程。弗洛伊德(1914)将自恋客体选择(基于自体模板而选择的客体)和认同联系起来,因为自体或它的某个装置是通过与客体的认同而形成。弗洛伊德(1910)将达·芬奇对同性恋客体的选择,理解为对母亲认同的结果。他对年轻男性的爱,来自自己被母亲爱着的模式。然后在1917年,弗洛伊德提出,由于口欲体内化(oral incorporation),对丧失和被责备的客体的认同在忧郁症的产生中起到了重要的作用。认同是过去客体关系的遗迹，这一概念在他的结构学理论中占有核心地位：对父母双方的认同取代了先前的俄狄浦斯依恋，促成了超我的形成（Freud, 1923）。

1921年，弗洛伊德描述了最初的认同，认为它先于对客体的选择，是原始的、婴儿式的与客体产生关联的模式，自体即客体；相比较而言，后期的认同则是自体像客体。他还提出外部客体，例如领导者，可以作为每一个个体自我理想的装置（agency），从而通过认同帮助形成群体认同。费伦齐（Ferenczi, 1909）对比了神经症病人的内摄过程与偏执病人的投射过程的优势。他建立了口欲冲动和内摄的联系，以及肛欲冲动和投射的联系。卡尔·亚伯拉罕（Karl Abraham, 1924）后来在躁郁性精神病和强迫性神经症的研究中广泛采用了这种联系。克莱因完全接受并进一步发展了这个已确立的概念，即对客体的认同在自体的建构和发展中起着核心作用。

偏执-分裂心位中的认同：在克莱因的理论中，区分两个相互重叠的东西很重要。首先，这些是内摄和投射之间的相互作用，或者说是内摄和投射的反复循环，这是婴儿期自我的基本过程，从出生起就开始运作了。其次是那些内摄性认同和投射性认同的过程，它们是更具体的防御机制，其功能在两个心位的理论中最易理解。在克莱因看来，早期自我从一开始便很活跃，但它未整合、不连贯。投射性认同在一组分裂样机制中发挥核心作用（见"偏执-分裂心位"），这组分裂样机制通过在"好的"和"坏的"部分客体关系之间建立关键的二元分裂，并使它们完全分离的方式，为整合和一致创造了条件。自相矛盾的是，自我中的这种分裂允许早期不连贯的自我发展出对"好"客体的认同，即理想化的乳房。

> 理想化的乳房是由全能的、理想化的幻想投射而成，这些幻想创造了取之不尽的、令人满意的、仁慈的和充满爱的乳房，没有任何坏的、令人沮丧的、迫害的元素，所有这些都被投射出去，并帮助创造了"坏"乳房。至关重要的是，这个"好"乳房被体验为全好的、完整的、未受损的部分客体，以便它能够让早期的不连贯自我获得更多的连贯性。在克莱因看来，对"好"乳房的内摄是正常发展的先决条件："它在自我中形成一个焦点，有助于自我的凝聚力。"（1946, p. 9）通

过内摄性认同建立起内在的"好"乳房，这个"好"乳房增强了婴儿爱和信任客体的能力，增加了对好客体和情境的内摄刺激，因而有了对抗焦虑的重要来源保障。它成为生本能的表征，并形成了早期超我有益和良性的一面。

(1952, p. 67)

这些观点表明，内摄的"好的"部分客体是不那么理想化的、分裂了的部分客体。对"好"乳房的内摄以及由此产生的认同促进了自我的整合，抵消了分裂和消散的过程，帮助婴儿进入抑郁心位。

克莱因晚期的投射性认同概念（1946）为投射概念注入了新的认识。直到那时为止，投射的认同元素似乎次要于投射中驱逐和施虐的方面，后者投射坏的部分用以对抗乳房或母亲的身体，或者企图消灭迫害者。投射性认同一个客体意味着，客体被部分的自体认同，但也意味着这部分自体得以保存，并未被消灭，客体也是如此。此外，不仅是自体中坏的部分会被投射，好的部分也会如此。好部分的投射对于好客体关系的发展和自我的整合至关重要（Klein, 1946）。只要婴儿把他的爱和好的部分投射到客体上，他就能内摄"好"客体；只要婴儿内摄客体"好的"部分，他就能投射"好"的部分。

认同与抑郁心位：内在"好"乳房为自我提供了一个焦点，围绕这个焦点，自我进一步统一以获得与整体客体建立关系。从乳房到完整母亲存在一条移动路线：母亲的身体和其蕴含的幻想内容，以及结合的父母伴侣，其中父亲的阴茎包含在母亲体内。母亲作为一个被爱的客体，需要被内摄或内化：正是这样一个客体的内在存在，才导致了抑郁性焦虑，因为自我意识到，自己没有能力保护好的内部客体免受坏的客体和自己施虐冲动的破坏。对感觉受到伤害的好的内化母亲的认同，加强了进行修复和抑制破坏性冲动的动力（Klein, 1952, p73）。来自偏执-分裂心位的偏执性焦虑需要充分减少，自我需要充分整合，以便更成功地建立既爱又恨的内部客体；如若不是，内化便会失败。如果自我无法协调好对好客体的强烈内疚和绝望，就无法发展出对好客体的爱。抑郁心位的这一核心情景，在躁狂性的、强迫性的防御和俄狄浦斯心位的共同作用下得以修通（见"抑郁心位""俄狄浦斯情结"）。正是这种持续不断的贯穿生命的修通以及再修通过程，自我才能够与自体内部所爱的父母之间建立更稳定和现实的认同，体验到他们的独立存在以及将他们的结合作为安全来源，从而更能容忍竞争和嫉妒。

近些年，一些克莱因学派的分析师（Bick, 1968; Meltzer, 1975）描述了他们称之为黏附性认同的现象（见"黏附性认同"）。这个状态在自闭症儿童或病人的认同过程中最易观察到，这是模仿性的认同，在这种认同中，自我完全没有内摄的能力，也无法将自己的一部分投射到客体中（见"皮肤"）。在空间感的发展过程中遭遇失败（见"内部现实"），所以永远不可能有投射或内摄的幻想，因为不可能有关于内在空间的幻想。这导致了缺乏第三维度的世界，唯一的可能性是，通过模仿而依附于一个缺乏内部空间的客体的外在。

Abraham, K. (1924) 'A short study of the libido, viewed in the light of mental disorders', in *Selected Papers on Psycho-Analysis*. London: Hogarth Press, pp. 418-501.

Bick, E. (1968) 'The experience of the skin in early object relations', *Int. J. Psycho-Anal.* 49: 484-488.

Ferenczi, S. (1909) 'Introjection and transference', in *First Contributions to Psycho-Analysis*. London: Hogarth Press, pp. 30-79.

Freud, S. (1910) 'Leonardo da Vinci and a memory of his childhood', *S.E. 11*. London: Hogarth Press, pp. 63-137.

—— (1914) 'On narcissism: An introduction', *S.E 14*. London: Hogarth Press, pp. 73-102.

—— (1917) 'Mourning and melancholia', *S.E. 14*. London: Hogarth Press, pp. 237-258.

—— (1921) 'Group psychology and the analysis of the ego', *S.E. 18*. London: Hogarth Press, pp. 69-143.

—— (1923) 'The ego and the id', *S.E. 19*. London: Hogarth Press, pp. 19-66.

Klein, M. (1935) 'A contribution to the psychogenesis of manic-depressive states', in *The Writings of Melanie Klein*, Vol. 1. London: Hogarth Press, pp. 262-289.

—— (1940) 'Mourning and its relation to manic-depressive states', in *The Writings of Melanie Klein*, Vol. 1. London: Hogarth Press, pp. 344-369.

—— (1946) 'Notes on some schizoid mechanisms', in *The Writings of Melanie Klein*, Vol. 3. London: Hogarth Press, pp. 1-24.

—— (1952) 'Some theoretical conclusions regarding the emotional life of the infant', in *The Writings of Melanie Klein*, Vol. 3. London: Hogarth Press, pp. 61-93.

Meltzer, D. (1975) 'Adhesive identification', *Contemp. Psychoanal.* 11: 289-301.

体内化 | Incorporation

"体内化"这一术语涉及一系列的全能幻想，这些幻想接近于身体摄入的体验，通过这些幻想，客体或部分客体被感知为已经被自体吸收。早期体内化的客体被感知为身体内部的存在，占据着空间，并在内部活跃。后期的体内化不再那么具体化，变得更具有象征性。体内化是幻想活动，是内摄过程的基础，客观上也被称为内摄性认同的防御机制。口腔登录（register of orality）是体内化的原型，但也存在其他方式的体内化幻想，例如通过皮肤、眼睛、直肠和生殖器的体内化。

见"内摄"。

婴儿观察 | Infant observation

第一次世界大战后，儿童分析的当务之急是证实弗洛伊德关于童年的观点，这些观点是他从成人期反推出来的。同样，人们感到对婴儿出生后第一年的体验进行探索极为重要，这种感受来自克莱因对较大儿童（大约2.5岁以上）的分析。在20世纪50年代早期，人们试图观察这个年龄段婴儿的发展。

问题是，人们作为外部观察者，没有直接的方法成为婴儿内部世界的倾听者。交流的可能性在这一发展阶段大大降低，而与成人的交流可以通过相互的语言进行，与大一点的儿童的交流方法是观察他们的游戏，有时也参与其中（见"儿童分析"）。因此，很有必要找到一种新的方式与婴儿工作。在克莱因看来，婴儿使用与身体有关的客体、身体的各个部分以及感觉和直接的满足感来构思一切。如果没有某种可触及的象征交流形式，是否可能进入婴儿的世界？

这个问题在1943年的"论战"中引起了激烈的辩论。当苏珊·艾萨克斯1943年的论文《幻想的本质和功能》在1948年发表时，她加入了一篇详尽的介绍，她试图验证精神分析的推论过程——如果弗洛伊德能够从成年期回溯童年，那么克莱因从童年回溯婴儿期同样有效。

克莱因本人对婴儿进行了直接观察，她根据自己的发现，解释了婴儿心智中的各种体验。有趣的是，当她的论文最终发表时（Klein, 1952），能够看到她是多么关注母亲的环境和母亲的心智状态，因为她认为这是孩子的主要环境。这有效地验证了温尼科特（Winnicott, 1960）后来的那句名言："没有单独的婴儿这回事。"约瑟夫（Joseph, 1948）在进行治疗性干预的问题上讨论了一个简短的观察。除了这些偶然的观察之外，对婴儿的兴趣进展缓慢。

非象征性交流：当人们终于了解到有不同种类的投射性认同时（Bion, 1957；见"投射性认同"），就有可能找到推进婴儿观察的方法。投射性认同不是象征形式的交流，但人们意识到，一种心理状态对另一种心理状态的直接影响可以在象征世界之外具有交流的潜质（"正常的投射性认同"）。因此，对于那些在使用自己的反应作为理解工具（见"反移情"）上变得越来越敏感的分析师，他们可以理解不需要对内部世界进行象征性表达的方法。然而，在婴儿观察的方法中，心理状态的直接影响主要发生在母婴之间。因此，从某种意义上说，母亲成了表明婴儿与客体互动的载体——相当于分析中儿童游戏的玩具。

正式的婴儿观察：1948年，埃丝特·比克开始这项工作，为儿童心理治疗师和精神分析师的学生提供培训练习（见 di Ceglie, 1987; Glucksman, 1987; Magagna, 1987）。比克在婴儿出生的第一年，每周到婴儿家中对婴儿和他们的母亲进行系统观察（Bick, 1964, 1968, 1986）。正如预期的那样，这些结果部分证实了儿童精神分析的结果，也贡献了新的发现和理论，其中一些结果至今仍处于克莱因学派思想的主流之外（见"埃丝特·比克"），例如，由原初客体抱持而产生的被动性，以及黏附性认同的性质。

比克描述了非常早期的内摄客体尝试，这可以将人格抱持在一起（见"偏执-分裂心位"）。她观察到，在母婴互动中，最初的客体特别地通过皮肤接触以及将皮肤作为涵容客体的感觉来被体验。

见"黏附性认同""皮肤"。

Bick, E. (1964) 'Notes on infant observation in psycho-analytic training', *Int. J. Psycho-Anal.* 45: 558-566.

—— (1968) 'The experience of the skin in early object relations', *Int. J. Psycho-Anal.* 49: 484-486.

—— (1986) 'Further considerations of the function of the skin in early object relations', *Br. J. Psychother.* 2: 292-299.

Bion, W. (1957) 'Differentiation of the psychotic from the non-psychotic personalities', *Int. J. Psycho-Anal.* 38: 266-275.

di Ceglie, G. (1987) 'Projective identification in mother and baby relationship', *Br. J. Psychother.* 3: 239-245.

Glucksman, M. (1987) 'Clutching at straws: An infant's response to lack of maternal containment', *Br. J. Psychother.* 3: 340-349.

Isaacs, S. (1948) 'The nature and function of phantasy', *Int. J. Psycho-Anal.* 29: 73-97.

Joseph, B. (1948) 'A technical problem in the treatment of the infant patient', *Int. J. Psycho-Anal.* 29: 58-59.

Klein, M. (1952) 'On observing the behaviour of young infants', in *The Writings of Melanie Klein*, Vol. 3. London: Hogarth Press, pp. 94-121.

Magagna, J. (1987) 'Three years of infant observation with Mrs Bick', *J. Child Psychother.* 13: 19-39.

Winnicott, D. W. (1960) 'The theory of the infant-parent relationship', *Int. J. Psycho-Anal.* 41: 585-595.

抑制 | Inhibition

抑制是指一种状态或过程，在这种状态或过程中，心理或身体单方面或多方面的活动受阻。弗洛伊德（1900）建立了关于心理能量阻塞的机械理论。而克莱因强调象征性活动的抑制，特别是在她的早期工作中，她发现，在失常的儿童身上普遍存在一种症状，即儿童对游戏的抑制。克莱因认为，是恐惧驱使着抑制。她描述，儿童是如此恐惧自身的施虐冲动，以及这些冲动可能引发报复焦虑，而这又导致他抑制了自身的心理活动。在精神病儿童身上，有时所有的心理活动都会被抑制（Klein, 1930; Rodrigue, 1955）。

克莱因（1932）扩展了这一观念，表明施虐具有抑制发展的普遍作用，并扰乱了力比多阶段的正常展开（渐成说）。

见"发展""力比多""偏执-分裂心位""施虐"。

Freud, S. (1900) *The Interpretation of Dreams*, S.E. 4/5. London: Hogarth Press.
Klein, M. (1930) 'The importance of symbol formation in the development of the ego', in *The Writings of Melanie Klein*, Vol. 1. London: Hogarth Press, pp. 219-232.
—— (1932) *The Psychoanalysis of Children. The Writings of Melanie Klein*, Vol. 2. London: Hogarth Press.
Rodrigue, E. (1955) 'The analysis of a three-year-old mute schizophrenic', in M. Klein, P. Heimann and R. Money-Kyrle (eds) *New Directions in Psycho-Analysis*. London: Tavistock (1955), pp. 140-179.

先天知识 | Innate knowledge

在克莱因学派的思想中，有两个与此相关的重要概念："无意识幻想"和比昂的"先天前概念（innate preconceptions）"。

无意识幻想：本能在心智中表现为与客体有关的无意识幻想。多样的本能引起了对客体的幻想以及与客体活跃的关系，而这些在外部现实中还未被知晓。对客体的原始概念基于涉及本能的身体感觉（见"无意识幻想"）。

例如，当新生儿感到自己的面颊贴着乳房时，先天性反射会让他寻找到乳头。无意识幻想的理论认为，婴儿对该事件产生了某种心理表征，即幻想中有可以转向和吮吸的客体。艾萨克斯（Isaacs, 1948）在她的主要论文中，不遗余力地试图传达一种思想，即身体认知实际上嵌入在身体感觉中。弗洛伊德在小汉斯的案例中曾简略地考虑这个观点："……他对阴茎的感觉使他走上了假定阴道的道路。"（Freud, 1909, p. 135）克莱因更明确地提出："……相当小的孩子，似乎对出生一无所知，却对孩子在子宫里成长这一事实有着非常明确的'知识'。"（Klein, 1927, p. 173）克莱因的批评者，对于先天知识的观点有相当大的抵触。

因此，这些与生俱来的能力包含在身体感觉中。在心理表征的过程中，这些感觉被体验为与客体的情感关系。这些被幻想的客体既不是身体的，也不是一般意义上具体的；它们被赋予了带有原初感受的位置，不论在自体之内或之外，并具有仁慈或邪恶的情感动机。因此，它们首先是情感性客体（见"部分客体"）。

克莱因学派认为，对客体以及与之相关活动的先天认知，是与成人认知截然不同的知识。婴儿无法恰当地使用听觉和视觉器官，因此他的认知局限于皮肤之下；认知局限于与某一客体分离的身份感中。这种类型的知识，虽然大不相同，但是在婴儿可以恰当地使用眼睛和耳朵这类器官时，也随之进入并形成后期对客体经验的基础（与感知觉相反）。

先天前概念：比昂（Bion, 1962）进一步研究了感觉数据转换为可用的精神内容的过程。他将感觉数据转化为无意识幻想的过程，称为客体的 α 功能（见"α 功能"）。他把先天知识称为前概念（见"前概念""思考和知识"），它从生命初始便存在，与客体的意识化实现"匹配（mate）"。用比昂的术语来说，概念经由匹配产生。他试图传达的是，客体的真实性必须满足自我的功能，这一功能将赋予客体意义。拥有意义的品质是一种天赋，它在外部客体的世界中逐渐被阐述。

见"体质因素""无意识幻想"。

Bion, W. (1962) *Learning from Experience*. London: Heinemann.

Freud, S. (1909) 'Analysis of a phobia in a five-year-old boy', *S.E. 10*. London: Hogarth Press, pp. 3-149.

Isaacs, S. (1948) 'The nature and function of phantasy', *Int. J. Psycho-Anal.* 29: 73-97.

Klein, M. (1927) 'Criminal tendencies in normal children', in *The Writings of Melanie Klein*, Vol. 1. London: Hogarth Press, pp. 170-185.

本能 | Instincts

弗洛伊德关于人类性本能的概念，相比他提及的其他本能，是更为严格的定义。在德语中，弗洛伊德使用了两个术语："Instinkt（本能）"和"Trieb（驱动力）"（Freud, 1905）。这两个术语在英语中都被翻译为"本能"，由于缺乏区别，往往导致过分强调本能的生物学意义，理解为遗传上预定的性反应，就像动物本能一样（Laplanche & Pontalis, 1973）。弗洛伊德用"Instinkt"专指动物的本能——典型的是各种由生物学注定的行为模式，这些行为模式在同物种的个体中，几乎是不变的。他还由这个术语提及一个问题，即普遍存在的原始幻想是否像动物本能一样能够遗传（Freud, 1918, p. 120）。相比之下，"Trieb"意味着普遍倾向或不可抗拒的压力本性。

弗洛伊德将"Trieb"定义为四个组成部分：压力（pressure）、来源（source）、目标（aim）与客体（object）（Freud, 1915a）。在科学全盛时期的19世纪，弗洛伊德提出"科学心理学计划"，这将使精神决定论顺应于物理定律（Freud, 1895）。随着无意识精神理论的发展，弗洛伊德清晰地提出了精神性理论（Freud, 1915b）。弗洛伊德在元心理学的经济学模型中假设，诸如力比多愿望之类的刺激会对精神器官施加内部压力，使其按照恒常性原则朝着释放压力的方向运行。压力一词指的是量化的经济学因素：力比多（见"力比多"）是能量的假设量子，给精神器官施加压力来实现愿望。驱力的来源涉及身体性欲区（口腔、肛门和生殖器），最初与生存必需的重要功能有关。婴儿的性冲动是自体性爱：它将自身从它所依赖的自我本能中分离出来，并通过幻想活动构建自身的性本能。

弗洛伊德认为，驱力会通过各种不同的组织：口腔、尿道、肛门、阳具-俄狄浦斯，最后是生殖器。驱力的目的是得到满足，但在精神分析中，目的主要涉及潜在的无意识幻想，它塑造或抑制了对客体的选择以及与该客体的实际性行为。弗洛伊德强调他对目的的大分类中的可变性：被动-主动，施虐-受虐，阳具-阉割，男性-女性。最终，客体指的是一个人或人的一部分，在现实或幻想中实现了目的。人类性欲中的客体呈现出相当大的可变性和偶然性，它的确定形式只能根据主体发展历史的变迁而"被选择"（Laplanche & Pontalis, 1973）。对本能如此复杂的定义，实际上标志着，弗洛伊德的性本能概念与狭义的生物学概念明显不同，尽管后者往往占上风。性本能具有可塑性，这不像动物本能。相比之下，弗洛伊德关于自我本能和死本能的概念，并不像性本能那样有清晰和系统的定义。

本能二元论与冲突：心理冲突是弗洛伊德精神理论的核心，它建立在对立力量的二元论之上。在弗洛伊德的地形学理论（Freud, 1915b）中，无意识和自我之间的冲突，在根本上来自被压抑的性愿望及其衍生物与自我之间的二元对立，而自我是由自我本能驱动的。然而，后者被非常松散地定义为自我保存的驱力。它从来没有像性驱力一样，得到弗洛伊德详细的概念性关注。兴趣之于自我本能，犹如力比多之于性本能（Freud, 1916—1917）。它支持自我在冲突中的防御。

弗洛伊德最初的本能二元论，受到两方面的威胁。他开始用自恋的概念来创建自我发展的理论（Freud, 1914）：自我作为整体，诞生于自恋之中，它是力比多的第一个客体，先于对客体的选择。既然自我本身是性欲化的，弗洛伊德最初的二元论松动了，留下了无法接受的本能一元论。此外，弗洛伊德和他的同事已经意识到，破坏性的施受虐倾向在精神病理学中扮演着重要角色，对这种不愉快情境的强迫性重复，也成为分析治疗的障碍。前生殖器期中力比多器官充满了极端的口腔和肛门施虐，与严苛和致命的超我有关（Freud, 1917; Abraham, 1924）。仅仅把攻击性理解为残忍和控制欲的部分本能，或者仅仅理解为性本能的成分，在概念上都是站不住脚的。破坏性攻击在人类精神中无处不在，有必要为之增加独立概念。

1920年，弗洛伊德宣布了他的第二个本能二元论（《超越快乐原则》）。死本能和生本能是对立的，生本能或爱欲包含了性本能和自我保存的自我本能。死本能最初是向内的，它力求归零，首先趋向于自我毁灭。生本能和力比多将大部分毁灭倾向转移到对外部客体的破坏性中，另一部分以施虐的形式与性本能联系在一起，还有一部分以性受虐的形式在内部继续运行（Freud, 1924）。

弗洛伊德完全清楚，他关于原始受虐的假设是推测性的，并愿意接受同行们的反驳。但他仍然继续验证它的有效性（Freud, 1920），因为重复不愉快的体验普遍存在，"在众多人身上，受虐现象无所不在"（Freud, 1937）。拉普朗什和庞泰利斯（Laplanche & Pontalis, 1973）指出，弗洛伊德（1926）没有充分利用他的第二个本能二元论，来解释各种形式的心理冲突，也从来没有给它更直接的临床意义。在弗洛伊德的著作中，死本能仍然是抽象的、推测性的生物学概念——隐藏着的神秘力量，在所有生物中，试图引导生命进入死亡。

弗洛伊德认为死本能源于原初受虐，这遭到了众多反对。许多接受本能理论和原初爱恨二元论的精神分析领军人物（琼斯、费尼切尔、安娜·弗洛伊德和哈特曼等人），都拒绝了原初受虐的概念，因为攻击性和施受虐可以用不同的方式来解释。例如，攻击性通常被理解为由于客体不可避免地带来挫折，由此触发攻击，并指向客体：要么由于需要时客体不在那里，要么由于客体的分离，因此爱和恨矛盾地结合在一起。在当代精神分析中，只有克莱因学派和拉康学派的分析团体接受了这个概念，尽管有着非常不同的阐述。

克莱因与本能理论：克莱因最先发展了将本能和客体关系的视角结合在一起的理论。费尔贝恩（Fairbairn, 1952）对弗洛伊德的狭义解读认为，弗洛伊德作为机械论思考者，在经济学模型中采用了心理能量这样陈旧的神经学概念，这导致他完全拒绝了本能的概念。费尔贝恩试图用重新定义的力比多替代心理能量，其目的不是追寻快乐，而是追寻客体。实际上，这种重新定义丢弃了弗洛伊德关于人类性本能更为微妙和复杂的理论。相比之下，克莱因悄然避开了弗洛伊德的经济学模型，而采用了其对性本能的理解中看起来中心和激进的部分。尽管它根植于身体体验，将之作为源头，但它产生了原初的心理事件，这是婴儿幻想中与客体相关的身体体验阐述。苏珊·艾萨克斯（Susan Isaacs, 1948）展示了这些被称为无意识幻想的阐述如何构成婴儿心智的实质（见"无意识幻想"）。

在克莱因早期的作品中，她观察并理解了原初场景幻想在幼儿心理生活中的普遍性和核心重要性，以及它在心智冲突中的作用。随着克莱因逐步深入自身的领域，特别是依靠亚伯拉罕以临床为基础发展出来的概念，她强调联合施虐作为心智冲突原动力的主导作用。随着施虐越来越受到重视，它变成了独立的实体和一组冲动，即使它与力比多的口欲期和肛欲期相关联，它还是造成了独立的临床现象，以及独立的防御机制（见"施虐"）。克莱因最终放弃了施虐是力比多组成部分的经典概念，并明确地转向弗洛伊德的第二个本能二元论，而其他分析师并没有真正采纳。1932年，她认为自己观察到了生死本能冲突的临床表现："……在发展的早期阶段，生本能必须最大限度地发挥它的力量，以保持与死本能的对抗。"（Klein, 1932, p. 150）克莱因接受了第二个本能二元论，并在对自我结构、客体关系以及两种心位的心灵冲突的理解中，打上了原始的克莱因印记。

Abraham, K. (1924) 'A short study of the libido, viewed in the light of mental disorder', in *Selected Papers on Psycho-Analysis*. London: Hogarth Press, pp. 418-501.

Fairbairn, W. R. D. (1952) *Psychoanalytic Studies of the Personality*. London: Tavistock.

Freud, S. (1895) 'Project for a scientific psychology', *S.E 1*. London: Hogarth Press, pp. 283-397.

—— (1905) 'Three essays on the theory of sexuality', *S.E. 7*. London: Hogarth Press, pp. 123-143.

—— (1914) 'On narcissism: An introduction', *S.E. 14*. London: Hogarth Press, pp. 67-102.

—— (1915a) 'Instincts and their vicissitudes', *S.E. 14*. London: Hogarth Press, pp. 109-117.

—— (1915b) 'The unconscious', *S.E. 14*. London: Hogarth Press, pp. 159-209.

—— (1916-1917) *Introductory Lectures on Psycho-Analysis*, *S.E. 16*. London: Hogarth Press, pp. 320-339.

—— (1917) 'Mourning and melancholia', *S.E. 14*. London: Hogarth Press, pp. 237-258.

—— (1918) 'From the history of an infantile neurosis', *S.E. 17*. London: Hogarth Press, pp. 3-122.

—— (1920) 'Beyond the pleasure principle', *S.E. 18*. London: Hogarth Press, pp. 3-64.

—— (1924) 'The economic problem of masochism', *S.E. 19*. London: Hogarth Press, pp. 159-172.

—— (1926) 'Inhibitions, symptoms and anxiety', *S.E. 20*. London: Hogarth Press, pp. 77-175.

—— (1937) 'Analysis terminable and interminable', *S.E. 23*. London: Hogarth Press, pp. 209-216.

Isaacs, S. (1948) 'The nature and function of phantasy', *Int. J. Psycho-Anal.* 29: 73-97.

Klein, M. (1932) *The Psychoanalysis of Children. The Writings of Melanie Klein*, Vol. 2. London: Hogarth Press.

Laplanche, J. and Pontalis, J.-B. (1973) *The Language of Psycho-Analysis.* London: Hogarth Press.

整合 | Integration

像弗洛伊德一样，克莱因并不认为自我或自体从一开始就是整合的或统一的，但整合是发展的任务。这项任务在她工作的不同阶段有着不同的构想。首先，直到1932年左右，克莱因一直致力于将内在的父母意象整合为成熟的超我。接下来，在1935—1946年间，她提出了抑郁心位，随着发展过程中好客体和坏客体的整合，分裂变得越来越符合现实（见"抑郁心位"）。

最后，从1946年开始，克莱因主要关注自我本身的整合（见"偏执-分裂心位"）。整合取决于爱的冲动对破坏性冲动的支配。恨只能通过爱来缓解，如果这两者被分开，就不会发生这些。

> 然而……破坏性冲动和爱的冲动的融合，客体好的方面与坏的方面的融合，唤起了焦虑，破坏性的情感或许会淹没爱的情感，并危及好客体。因此，寻求整合以防止破坏性冲动，与唯恐整合会让破坏性冲动危及好客体和自我中好的部分，这二者存在冲突。
>
> （Klein, 1963, pp. 301-302）

稳定的内化好客体是"整合而稳定自我的先决条件之一"（Klein, 1955, p. 144），它在自我中扮演着焦点角色，整合可以围绕它发生。克莱因强调，重要的是，好的或理想的部分客体乳房也是完整的。在口欲力比多的影响下，摄入的令人满意的乳房被感知为完整的，而令人挫败的乳房因为受到口腔施虐的攻击，被感知为碎片化。这个好的整体客体充当了自我的焦点（1946, pp. 5-6）。之后，爱与恨以及好与坏，在内在得以合成，而内部世界变得与外部世界更加相似。然而，完全和永久的整合是不可能的，因为在来自内部或外部的压力下，不可避免地再次出现分裂，导致需要新一轮的修通和整合。

整合在焦虑的推动与生理发展的拉动下，进入新的成熟水平。在临床实践中，克莱因学派的技术越来越强调这些整合形式中的最后一种——整合自我内部的分裂，从而丰富人格，使其体验更加完整。移情关系被视为分裂成不同的方面，其中一些被投射到分析室之外，明显体验到与分析外的客体相关。这种关系和体验的弥散，是分裂和投射性认同共同作用的结果（见"技术"）。

见"发展"。

Klein, M. (1946) 'Notes on some schizoid mechanisms', in *The Writings of Melanie Klein*, Vol. 3. London: Hogarth Press, pp. 1-24.
—— (1955) 'On identification', in *The Writings of Melanie Klein*, Vol. 3. London: Hogarth Press, pp. 141-175.
—— (1963) 'On the sense of loneliness', in *The Writings of Melanie Klein*, Vol. 3. London: Hogarth Press, pp. 300-313.

内部现实 | Internal reality

见"精神现实"。

内化 | Internalisation

见"内摄"。

内摄 | Introjection

这个术语最早由费伦齐创造，当时的精神分析学家（弗洛伊德和亚伯拉罕）在与荣格的合作中，开始研究精神病病人。费伦齐（Ferenczi, 1909）对比了偏执狂与神经症，偏执狂使用投射来排除自我中不愉快的冲动，而神经症则使用内摄将外部世界的很大一部分摄入自我，使其成为无意识幻想的客体。费伦齐第一个指出了口腔冲动和内摄之间的关系，以及肛门冲动和投射之间的关系，亚伯拉罕后来在对躁郁症的研究中，广泛采用了这种观点。

弗洛伊德（1915, 1925）在阐述中采纳了"内摄"一词，即快乐自我通过内摄所有快乐来源和投射不快乐来源而形成。弗洛伊德（1917）也提出，对丧失的、谴责性客体的内摄，带来了忧郁症中的不愉快感受。然而，弗洛伊德（1917）并不认为，在哀悼中有对丧失的所爱客体的内摄，而亚伯拉罕（Abraham, 1924）认为这种内摄是哀悼工作的一部分。当克莱因开始她的工作时，内摄和认同（见"认同"）在自我和超我的发展中起着核心作用的观念，已经是公认的了。

在克莱因的元心理学中，内摄和投射的相互作用，以及全能幻想和幻觉性地实现愿望，是婴儿精神中的主导过程。克莱因在早期便坚持，好客体和坏客体都是内摄的，好客体和坏客体都会被投射。在提出投射性认同概念之后，她的观点变得更加坚定（Klein, 1946）。对好坏客体的内摄，使得这些客体存在于内部世界或自我内部。克莱因从各种概念的角度，描述了这些内摄的内部客体的性质和功能。

作为防御机制的内摄：某些内摄是内摄性认同，作为防御机制来调节焦虑，如同投射性认同是对偏执性焦虑的类分裂防御（schizoid defences）一样。作为防御机制的内摄性认同和投射性认同，都需要区别于一般的内摄-投射循环。因此，在偏执-分裂心位，免受和消除来自"坏"乳房（包括内部的和外部的）的相关迫害性焦虑的主要方式就是，通过内摄性认同在自我内部建立"好"乳房（Klein, 1946）。同样，克莱因指出，在抑郁心位，当自我意识到自己无力保护爱的内部客体，而体验到抑郁性焦虑时，"……自我更多地进行对好客体的内摄作为防御机制"（Klein, 1935, p. 265）。内摄性认同是建立可靠人格的最重要机制之一：通过安全地拥有好客体的内部体验，以及随之而来的内在美好、自信和心理稳定的体验，来建立可靠的人格（Hinshelwood, 1991）。

克莱因（1940）在关于哀悼的论文中，提到了更为稳固的内部世界，在这个世界中，客体之间具有凝聚力并相互关联。丧失与哀悼的情形，为修通抑郁心位的冲突这项生命任务提供了机会。在哀悼的痛苦中心，具有威胁性的是自我与内部父母失去了凝聚与和谐，取而代之的是泛滥于内部世界的混乱。爱的客体并没有被消灭或被丢掉，但与它们的内在联系却处于危险之中。躁狂和胜利是控制复仇的、受损的内部父母的手段，当躁狂消退时，对爱的内部客体的渴望与悲伤重回，并允许内部客体重新建立凝聚而和谐的世界。持续的修通增强了对爱的客体的内摄性认同和自我的整合与稳定（见"抑郁心位"）。

内摄与精神装置：克莱因也使用内摄来解释精神装置的构成，如自我或超我，但对于哪种内摄有助于自我或超我的发展，并没有始终如一的基本原理。因此，"好"乳房的早期内摄对自我整合至关重要，但它也有助于形成"早期超我中助益和良善部分"（Klein, 1952, p. 67）；这在很大程度上取决于克莱因当时的写作环境。继弗洛伊德后期对无意识内疚感的日益重视，贯穿在克莱因理论中的一个特征是强调超我的严苛与古老。在早期作品中，克莱因（1926, 1928）构想了与早期俄狄浦斯情结同时存在的施虐高峰阶段。这解释了为何对早期超我中的父母形象，同时存在极度美好与极度施虐的内摄。这些严厉而扭曲的内摄是由于当爱的冲动太弱而无法减轻极端施虐冲动的破坏性时，儿童将冲动投射到俄狄浦斯客体的结果。

当克莱因（1933）完全采纳弗洛伊德的第二个驱力二元论时，她认为早期超我的施虐性，先于早期俄狄浦斯情结而存在，并与死本能对早期客体的投射相联系。直到后来构想出两个心位后，她才写道，对"好"乳房和"坏"乳房的早期内摄，"……是超我的基础，影响着早期俄狄浦斯情结的发展"（Klein, 1958, p. 240）。而严厉的超我与死本能有着更为直接的联系。1957年，克莱因基于对迫害性部分客体——报复的、吞噬的、有毒的乳房——的早期内化，介绍了嫉毁性超我的概念（1957, p. 231）。

内摄、认同和同化：宝拉·海曼（Paula Heimann, 1942）引入了有用的术语"同化"，来区分内部客体。一些内部客体通过认同而成为自我的一部分，它们作为内部资源，增强、支持和保护自我的整合和发展能力。相比之下，其他内部客体没有被同化，也不会导致认同：它们被体验为异物，在人格中作为异类存在。在正常的发展过程中，超我一开始是严厉的，而"好"乳房和"坏"乳房没有融合。迫害性的乳房没有被自我同化，而是被感知为外来客体；理想化的乳房是早期自我发展的关键，并被自我同化。但正如克莱因指出的那样，它也是良性超我的一部分，对自我有助益。作为正常发展过程中的一个规则，超我客体趋向于更加融合和完整。同时，自我和超我之间的差异，以及内部客体和外部客体的差异也在缩减（见"内部客体""超我"）。被同化的客体不再进入投射和内摄的循环。

在更为病理性的发展过程中，超我的内摄对自我造成极大的破坏，并且充满了十足的嫉毁。这样的超我无法被同化，它系统地剥夺了儿童因修复带来的满足感。比昂（Bion, 1959）采纳了嫉毁的、摧毁自我的超我这一概念，也被一些当代克莱因学派分析师采纳，如布伦曼（Brenman, 1985）、里森伯格-马尔科姆（Riesenberg-Malcolm, 1999）和奥肖内西（O'Shaughnessy, 1999）。

比昂提出的怪异客体（Bion, 1957）是对自身感知器官过度的碎片化分裂和暴力投射性认同的结果。这导致了思考能力的匮乏，并创造出无法被同化的精神病客体。在亨利·雷伊对分裂状态的描述中，过度的碎片化分裂和投射性认同导致了"病理性部分客体"（Rey, 1994）。这些客体既不能同化，也不能用于自我同一性的发展，因此在分裂状态中普遍存在不稳定的身份和身份弥散倾向。

内摄与现象学：克莱因还描述了内部客体，以便从现象学的角度捕捉体验它们的方式（Bronstein, 2001）。因此，处于偏执-分裂心位的早期"好与坏"的乳房，很大程度上是在早期愉快或痛苦的身体经验基础上由全能幻想创造。对婴儿来说，在幻想中呈现的客体与身体和感官上体验到的客体，几乎没有区别（Money Kyrle, 1968）。内部客体具备幻想中的品质，例如怀有好意或是恶意，并且拥有它们自己的生活。欣谢尔伍德为婴儿内心世界中客体的现象学提供了一幅充满情感的景象。

> 如果在婴儿的幻想中，他的内心世界中存在极坏或迫害性的客体，似乎危及自我，那么他有一个幻想是内化或内摄外部的"好"客体。例如，饥饿的儿童（他认为有坏客体从里面啃他的肚子），将体验到将母亲的乳汁内化，就像有理想的、永恒的客体进入了内在，替代了坏客体，从而拯救了他。
>
> （Hinshelwood, 1991, p. 333）

更为原始或深层的无意识客体，如内在的"好"乳房和"坏"乳房、阴茎、母亲的身体以及结合的父母，都是以具体的方式被体验到的。1940年，克莱因提到，婴儿将体内化的父母体验为内部客体，感到他们是"在自己身体内部活着的人"（1940, p. 345）。不那么无意识的幻觉变得更为表征化。在1935年的论文中，克莱因举了一个例子，病人的疑病恐惧是绦虫贯穿他的身体，导致他患上癌症。克莱因认为绦虫是更容易被理解的表征，代表着一对结合的父母，带有敌意地针对着他，他将自身的贪婪和极端施虐投射到这些客体中，从内部啃咬着他，让他有失血的恐惧。当他还是个孩子的时候，他想象胃里有一个小人向他发出错误而反常的命令，而他必须遵守（1935, p. 273）。这个例子说明了一种转变：绦虫幻想是表征，具有象征性，但也非常接近身体经验本身。这有助于解释为什么克莱因认为，在深层无意识中，内部客体被认为是"身体的存在或众多的存在"，敌意或友善地寄居在"身体内部，尤其是腹部，是由过去和当下所有形式的生理过程和感觉促成的概念"（D16, Melanie Klein Trust papers, in Hinshelwood, 1997, p. 885）。

Abraham, K. (1924) 'A short study of the libido, viewed in the light of mental disorders', in *Selected Papers on Psycho-Analysis*. London: Hogarth Press, pp. 418-501.

Bion, W. (1957) 'Differentiation of the psychotic from the non-psychotic personalities', *Int. J. Psycho-Anal.* 38: 266-275.

—— (1959) 'Attacks on linking', *Int. J. Psycho-Anal.* 40: 308-315.

Brenman, E. (1985) 'Cruelty and narrow-mindedness', *Int. J. Psycho-Anal.* 66: 273-281.

Bronstein, C. (2001) 'What are internal objects?' in *Kleinian Theory: A*

Contemporary Perspective. London: Whurr, pp. 108-124.

Ferenczi, S. (1909) 'Introjection and transference', in *First Contributions to Psycho-Analysis*. London: Hogarth Press, pp. 30-79.

Freud, S. (1915) 'Instincts and their vicissitudes', *S.E. 14*. London: Hogarth Press, pp. 117-140.

—— (1917) 'Mourning and melancholia', *S.E. 14*. London: Hogarth Press, pp. 237-258.

—— (1925) 'Negation', *S.E. 19*. London: Hogarth Press, pp. 235-239.

Heimann, P. (1942) 'A contribution to the problem of sublimation and its relation to processes of internalization', *Int. J. Psycho-Anal.* 23: 8-17.

Hinshelwood, R. D. (1991) 'Introjection', in *A Dictionary of Kleinian Thought*, 2nd edition. London: Free Association Books, pp. 331-334.

—— (1997) 'The elusive concept of internal objects (1934-43): Its role in the formation of the Klein Group', *Int. J. Psycho-Anal.* 78: 877-897.

Klein, M. (1926) 'The psychological principles of early analysis', in *The Writings of Melanie Klein,* Vol. 1. London: Hogarth Press, pp. 128-138.

—— (1928) 'Early stages of the Oedipus complex', in *The Writings of Melanie Klein*, Vol. 1. London: Hogarth Press, pp. 186-198.

—— (1933) 'The early development of conscience in the child', in *The Writings of Melanie Klein*, Vol. 1. London: Hogarth Press, pp. 248-257.

—— (1935) 'A contribution to the psychogenesis of manic-depressive states', *in The Writings of Melanie Klein,* Vol. 1. London: Hogarth Press, pp. 262-289.

—— (1940) 'Mourning and its relation to manic-depressive states', in *The Writings of Melanie Klein*, Vol. 1. London: Hogarth Press, pp. 344-369.

—— (1946) 'Notes on some schizoid mechanisms', in *The Writings of Melanie Klein*, Vol. 3. London: Hogarth Press, pp. 1-24.

—— (1952a) 'Some theoretical conclusions regarding the emotional life of the infant', in *The Writings of Melanie Klein*, Vol. 3. London: Hogarth Press, pp. 61-93.

—— (1957) 'Envy and gratitude', in *The Writings of Melanie Klein*, Vol. 3. London: Hogarth Press, pp. 176-235.

—— (1958) 'On the development of mental functioning', in *The Writings of Melanie Klein*, Vol. 3. London: Hogarth Press, pp. 236-246.

Money-Kyrle, R. (1968) 'Cognitive development', *Int. J. Psycho-Anal.* 49: 691-698.

O'Shaughnessy, E. (1999) 'Relating to the superego', *Int. J. Psycho-Anal.* 80: 861-870.

Rey, H. (1994) 'The schizoid mode of being and the space-time continuum', in J. Magagna (ed.) *Universals of Psychoanalysis in the Treatment of Psychotic and Borderline Patients*. London: Free Association Books, pp. 8-30.

Riesenberg-Malcolm, R. (1999) 'The constitution and operation of the super-ego', in *On Bearing Unbearable States of Mind*. London: Routledge, pp. 53-70.

苏珊·艾萨克斯 | Susan Isaacs

生平：苏珊·艾萨克斯生于1885年，在兰开夏郡长大，且终身保留着她的地方口音（Gardner, 1969）。她的学术成就斐然，并且在她的精神分析生涯中，一直是一位杰出的教育家。她在伦敦大学教育学院培养了几代教师，并在短期内为非常年幼的儿童开办了一所实验性的学校［剑桥麦芽屋学校（Malting House School in Cambridge）］。无论是早期，还是后来的论战中，她都是克莱因学派极具价值的人物，因为她将实践者的临床直觉带入严谨的学术辩论。1948年，她在事业的巅峰时期去世。

科学贡献：艾萨克斯的著作涉及精神分析和教育，她和克莱因一样急于区分这两者。她的精神分析工作主要是对克莱因思想的严谨阐述，并运用了许多临床案例。艾萨克斯和海曼是"论战"中的主要参与者（Isaacs, 1948; Isaacs & Heimann, 1952）。艾萨克斯敏锐的智慧和敏捷的临场发挥让克莱因学派在辩论中占据优势，赢得了胜利，但难能说服对手［见"论战（1941—1945）"］。

艾萨克斯伟大而持久的贡献是她对克莱因无意识幻想这一概念的透彻阐述，她在"论战"中陈述了这一概念，成为克莱因学派关于这一主题的经典论文（Isaacs, 1948）。这个似乎最初来自临床实践者克莱因的想法，由学术思想家艾萨克斯接手了（见"无意识幻想"）。

Gardner, D. E. M. (1969) *Susan Isaacs*. London: Methuen.

Isaacs, S. (1948) 'The nature and function of phantasy', *Int. J. Psycho-Anal*. 29: 73-97.

—— and Heimann, P. (1952) 'Regression', in M. Klein, P. Heimann, S. Isaacs and J. Riviere (eds) *Developments in Psycho-Analysis*. London: Hogarth Press (1952), pp. 169-197.

嫉妒 | Jealousy

克莱因指出，嫉毁（envy）属于二人情境，而嫉妒（jealousy）属于三人情境。像弗洛伊德一样，她认为嫉妒是俄狄浦斯情结中固有的，尽管她认为其产生的时间要远远早于弗洛伊德所说。最早，与母亲及其乳房的关系，是排他的二人关系。

> ……尽管是排他性的，但也许最多持续几个月，与父亲及其阴茎相关的幻想，开启了俄狄浦斯情结的早期阶段，在关系中引入了不止一个客体。在成人和儿童精神分析中，病人有时会通过早期排他性关系的重现，体验到极乐的幸福感……诸如此类的体验通常伴随对嫉妒和竞争情景的分析，第三个客体，最终是父亲，也参与其中。
>
> (Klein, 1952, p. 49n)

暴力和早期嫉妒的强度通常会随着新关系的补偿而减轻。

> 据我们所知，嫉妒是俄狄浦斯情境中固有的，伴随仇恨和死亡的愿望。然而，通常，获得的可以去爱的新客体——父亲和兄弟姐妹——以及发展中的自我从外部世界获得的其他补偿，在一定程度上会缓解嫉妒和不满。如果偏执和分裂的机制非常强烈，嫉妒——最终是嫉毁——则无法缓解。
>
> (Klein, 1957, p. 197)

克莱因区分了嫉毁和嫉妒，在日常用法中二者可能会被混淆。嫉毁根植于二人关系中，激起夺走和破坏他人所有物的冲动。嫉妒涉及三人关系。

> 嫉妒建立在嫉毁的基础上，但涉及至少两个人以上的关系。它主要关注的是主体认为自身应得的爱，这种爱已经被他的对手夺走，或者有被夺走的危险。
>
> (Klein, 1957, p. 181)

嫉妒是基于受挫的爱，而嫉毁则是基于对他人所有物的恨，以及想破坏它们的愿望，因此嫉妒通常比嫉毁更容易被自己和他人所接受和容忍，并且较少激起大规模的防御。在临床实践中，两者有时可能难以区分，并且可能以混合的形式出现。例如，对母亲与父亲关系的明显嫉妒，可能更多基于对在幻想中母亲能占有父亲的嫉毁，而不是对父亲得到母亲爱的嫉妒。索德雷（Sodré, 2008）以莎士比亚的《奥赛罗》（*Othello*）为例，讨论了病理性的嫉妒，展示了嫉毁和嫉妒的紧密联系。

Klein, M. (1952) 'The origins of transference', in *The Writings of Melanie Klein*, Vol. 3. London: Hogarth Press, pp. 48-56.
—— (1957) 'Envy and gratitude', in *The Writings of Melanie Klein*, Vol. 3. London: Hogarth Press, pp. 176-235.
Sodré, I. (2008) 'Even now, very now', in P. Roth and A. Lemma (eds) *Envy and Gratitude Revisited*. London: International Psychoanalytic Association, pp. 19-34.

贝蒂·约瑟夫 | Betty Joseph

早年经历：贝蒂·约瑟夫生于1917年，在伯明翰附近的米德兰地区长大。她在伯明翰大学接受了社工训练，在一个漫长的暑假中，她在伊曼纽尔·米勒（Emmanuel Miller）于伦敦东区建立的开创性儿童指导诊所工作。那时她接触到了梅兰妮·克莱因的作品，并继续在伦敦经济学院接受精神科社工的训练。她搬到了曼彻斯特附近的索尔福德，并在那里帮助建立了儿童指导诊所。在这时她对精神分析愈发感兴趣了，而曼彻斯特是当时（1940年）除伦敦外唯一有精神分析师的地方。在曼彻斯特工作的埃丝特·比克推荐了迈克尔·巴林特（Michael Balint），他曾是比克的分析师，随后约瑟夫开始接受巴林特的分析。几年后，巴林特提到，从伦敦来的一些资深同行在面试有潜力的精神分析候选人。经过苏珊·艾萨克斯和玛乔丽·布赖尔利（Marjorie Brierley）的面试后，约瑟夫被录取进入培训。巴林特决定搬到伦敦，并建议约瑟夫也搬家。1945年，约瑟夫搬到了伦敦，住在布卢姆斯伯里，最初在伦敦东区担任精神科社工。

约瑟夫加入了有趣而多元化的学生团体,其中有些人相对年轻,比如洛伊丝·门罗(Lois Monroe),而另一些人年龄则要大得多且经验丰富,比如战时服役归来的比昂和莫尼-克尔。约瑟夫在取得资格认证后,决定继续接受汉娜·西格尔的临床督导,后来则是梅兰妮·克莱因和宝拉·海曼的临床督导。约瑟夫随后与海曼进行了大约四年的分析,在海曼与克莱因决裂并退出克莱因学派的几年前。约瑟夫也很重视埃拉·夏普的督导,同时她保持着与苏珊·艾萨克斯和琼·里维埃的联系,这两位都是她敬佩的人。

约瑟夫不仅是克莱因的学生,也成为与她有密切接触的圈子成员之一,无论是专业上还是社交上。这个团体的成员包括比昂、西格尔、罗森菲尔德和雅克,他们大量地分享和讨论克莱因发展中的思想,以及团体内才华横溢的成员们的工作。

临床和理论发展:1948年,约瑟夫在她首次出版的作品中,讨论了与婴幼儿工作的问题。她还发表了几篇关于儿童和成年病人的论文,严格遵循克莱因、西格尔等人的临床和理论方法。直到20世纪70年代,她才找到了自身独特的"声音",开始发展自己对技术和心智变化的观点,非常具有影响力。尤其是在她与明显相当"正常"的病人的工作中(1971),她开始聚焦于如何通过解释触及病人。有些解释也许是"正确的"而有洞察性,但对病人几乎没有效果。她意识到,不得不试图找到病人身上可以建立联系和能对干预做出回应的部分。她在重要论文《难以触及的病人》(1975)中生动地描述这种方法,指引着她日渐专注于在分析室里病人和分析师之间发生了什么,试图跟随每时每刻发生着的事情。例如,她描述了病人对解释反应的详细观察,病人如何听到和理解,如何使用,这些解释是否缓解或增加焦虑等。

约瑟夫的工作基于这样的信念,即真正的心智变化能够通过解释工作来实现,这些解释不是基于说明性的概念化或历史性的重建,而是基于病人在治疗中的体验,以及他与分析师的互动。因此,例如在治疗倒错的病人时,约瑟夫在微小和细致的方式里,研究在移情中活现的倒错如何被看见。此外,通过跟随它浮现的时刻,能够了解倒错机制在维系病人不稳定的平衡中所发挥的作用。她的假设是,病人人格的任何重大问题或面向,包括病人历史中持续存在和产生影响的部分,都会在移情中得到表达——只要分析师能够识别和容忍它。弗洛伊德强调任何东西都不能在"缺席"的情况下被分析；约瑟夫同意这一观点，并补充道，随着对技术不断增加了解，病人在与分析师的关系中活现的东西可以更多地被识别，使得我们能够发现病人内心实际存在的和活跃的东西。

当然，约瑟夫认为最为重要的方式之一，是分析师通过自身的反移情，觉察在移情中正在发生什么。她建议，应当密切关注分析师真实的体验，他如何被微微地推动着，被无意识地操纵着，被挑衅地进入病人所需要的某种活现，他也可能从中获得满足。

约瑟夫强调与分析室中正在发生的当下工作，她感觉病人的历史始终在场，总是工作的一部分。但是像比昂一样，她认为，当历史普遍存在于分析师的心智背景，而不是被用于组织（病人的）材料时，分析工作最有效。她认为，当分析师能够跟随病人在治疗中活生生上演的历史，无论多么细微；或者，当分析室中正在被体验或谈论的部分，在分析师的心中唤起病人的历史片段时，都对促进恰当的理解和心智变化更有帮助。她强调了，从当下出发重新发现历史，与从历史出发、基于分析师的历史观去理解之间的区别。

约瑟夫的广泛影响：约瑟夫在过去35年中发展的技术理解和临床方法，在精神分析思考和实践中逐渐获得了巨大的影响力和重要地位。作为教师和临床医生，她不仅在英国，并且在欧洲多个中心和美国都受到广泛的重视，在那里她定期举办临床研讨会和讲座。1995年，约瑟夫在纽约被授予著名的西格尼奖，以表彰她的贡献。至今（到2010年），她在伦敦及海外都是备受推崇的临床教师、讲师和督导。

她发表了大量重要论文，其中一些收录于《精神平衡和精神变化》中。从1962年起，她举办了临床工作坊，这是发展她想法的重要论坛，也促进了约瑟夫与工作坊成员之间的交流。最近参加这个研讨会的一些人，通过出版他们自己和一些亲近同事的论文集《追求精神变化》（*In Pursuit of Psychic Change*, Hargreaves & Varchevker, 2004）来庆祝该机构。

贝蒂·约瑟夫的访谈已发表在梅兰妮·克莱因基金会的网站上。

Hargreaves, E. and Varchevker, A. (2004) *In Pursuit of Psychic Change*. London: Routledge.

Joseph, B. (1948) 'A technical problem in the treatment of the infant patient', *Int. J. Psycho-Anal.* 29: 58-59.

—— (1971) 'A clinical contribution to the analysis of a perversion', *Int. J. Psycho-Anal.* 52: 441-449.

—— (1975) 'The patient who is difficult to reach', in P. Giovacchini (ed.) *Tactics and Techniques in Psycho-Analytic Theory*, Vol. 2. New York: Jason Aronson, pp. 205-216.

—— (1989) *Psychic Equilibrium and Psychic Change*. London: Routledge.

梅兰妮·克莱因 | Melanie Klein

生平：梅兰妮·克莱因于1882年出生于维也纳，是四个孩子中最小的一个。根据格罗斯库特（Grosskurth, 1986）的叙述，她的父亲是位不太成功的医生，母亲开了一家花店来维持家庭的生计，直到家庭财富突然因中彩票有所增加。她的家庭崇尚学术学习并追求文化欣赏，而梅兰妮也颇有雄心壮志：她在学校成绩优异，努力追赶兄姐，特别是哥哥和她最喜欢的姐姐，而两人均早逝。

21岁时，克莱因嫁给了化学工程师阿瑟·克莱因（Arthur Klein），10个月后诞下第一个孩子梅利塔。三年后，他们的儿子汉斯也出生了，而第三个孩子埃里克于1914年出生。梅兰妮婚后常常抑郁，尤其是她和丈夫住在小城镇期间。她非常依恋母亲，而当母亲于1914年去世后，她变得极其抑郁。几乎是同一时间，她第一次听说了弗洛伊德。尤韦·彼得斯（Uwe Peters, 1985）指出，在第一次世界大战前不久，克莱因居住在布达佩斯，她的丈夫和桑多尔·费伦齐的兄弟在同一个办公室工作，这可能让她与费伦齐开始了自己的第一次分析。克莱因向布达佩斯协会的分析师报告了5岁儿子埃里克的发展情况，然后费伦齐鼓励她继续从事这项工作，并告诉她自己认为她在这方面有特殊的才能。菲莉丝·格罗斯库特（Phyllis Grosskurth, 1986, pp. 95-99）确信，克莱因也分析过梅利塔和汉斯，但克洛迪娅·弗朗克对梅兰妮·克莱因档案进行了细致的研究，表明这极不可能（Frank, 2009, pp. 17-20）。

1921年，克莱因去柏林进一步发展她与儿童的工作，她分析了16名儿童，发展出后来被称为"游戏技术"的治疗方法（Frank, 2009）。1924年，她开始了与卡尔·亚伯拉罕的分析，不幸的是亚伯拉罕因病于1925年早逝，分析终止。1924年，克莱因认识了阿利克斯·斯特雷奇，后者在给自己的丈夫詹姆斯的信中，热情地介绍了克莱因的工作，因此后来克莱因被邀请到英国做儿童分析的讲座，最终，欧内斯特·琼斯在1926年邀请她永居英国（Meisel & Kendrick, 1986）。克莱因关于儿童和成人病人的工作发展迅速，英国同行对她想法的兴趣令她欣喜。

然而在1934年4月，克莱因因儿子汉斯在奥地利的山难中丧生而悲痛欲绝，这也许促使她形成了1935年论文中的开创性新思想，《论躁郁状态的心理成因》，被公认是婴儿思维和情感发展新理论的首次而主要的论述。接着是1940年出版的《哀悼及其与躁郁状态的关系》，1946年出版的《对某些类分裂机制的评论》，1957年出版的《嫉毁与感恩》。这四篇论文给出了克莱因理论的首要和基本原则。

克莱因学派的理论，早在1934年就被克莱因的女儿梅利塔和她的分析师爱德华·格洛弗所挑战，之后还被1938年抵达伦敦的维也纳派分析师的看法挑战。1941—1945年期间，在伦敦进行的"论战"[见"论战（1941—1945）"]中，苏珊·艾萨克斯对克莱因的儿童发展理论进行了令人印象深刻的报告。西尔维娅·佩恩同样展示了令人印象深刻的协调技巧，将克莱因学派、"本土"的英国分析学派和维也纳的弗洛伊德学派团结在同一个协会里。克莱因的地位逐渐被人们接受，也成立了现在的英国精神分析学会（King & Steiner, 1991）。

"论战"之后，克莱因继续发展自身的工作，直到1960年去世。她并不总是一位容易相处的同事，尽管她在学生中备受尊敬甚至爱戴，比如詹姆斯·甘米尔（James Gammill, 1989）。她的工作激发了同行、分析师和学生的许多原创性贡献，如琼·里维埃、苏珊·艾萨克斯、宝拉·海曼、罗杰·莫尼-克尔、赫伯特·罗森菲尔德、汉娜·西格尔、威尔弗雷德·比昂、唐纳德·梅尔泽和贝蒂·约瑟夫，这一创造过程延续至当代。

Frank, C. (2009) *Melanie Klein in Berlin* (Trans. S. Leighton and S. Young). London: Routledge.

Gammill, J. (1989) 'Some personal reflections on Melanie Klein', *Melanie Klein and Object Relations*, Vol. 1: December.

Grosskurth, P. (1986) *Melanie Klein: Her World and Her Work*. New York: Alfred K. Knopf.

King, P. and Steiner, R. (1991) *The Freud-Klein Controversies 1941-45*. London: Routledge.

Klein, M. (1935) 'A contribution to the psychogenesis of manic-depressive states', in *The Writings of Melanie Klein*, Vol. 1. London: Hogarth Press, pp. 262-289.

—— (1940) 'Mourning and its relation to manic-depressive states', in *The Writings of Melanie Klein*, Vol. 1. London: Hogarth Press, pp. 344-369.

—— (1946) 'Notes on some schizoid mechanisms', in *The Writings of Melanie Klein*, Vol. 3. London: Hogarth Press, pp. 1-24.

—— (1957) 'Envy and gratitude', in *The Writings of Melanie Klein*, Vol. 3. London: Hogarth Press, pp. 176-235.

Meisel, P. and Kendrick, W. (1986) *Bloomsbury/Freud. The Letters of James and Alix Strachey 1924-1925*. London: Chatto & Windus.

Peters, U. H. (1985) *Anna Freud: A Life Dedicated to Children*. London: Weidenfeld & Nicolson.

克莱因团体 | Kleinian Group

克莱因的同行在她职业生涯的不同阶段分为不同的团体（Grosskurth, 1986）。直到20世纪40年代中期，还没有明确界定的"克莱因团体"（在英国精神分析学会里，在任何情况下的分析师团体都是"非正式的"，因为他们并未得到协会章程的明确承认）。

克莱因最早的支持者是一些英国精神分析学会的知名成员，如欧内斯特·琼斯、阿利克斯·斯特雷奇、詹姆斯·斯特雷奇（Meisel & Kendrick, 1986）和爱德华·格洛弗。尽管他们对克莱因的新理论在欧洲大陆的影响感到有些不自在，但还是决定在1926年邀请她到英国定居。其他一些人也支持她的观点，其中包括玛乔丽·布赖尔利，起初还有克莱因的女儿梅利塔·施米德伯格。

在伦敦，爱德华·格洛弗起初很热情。他为克莱因的《儿童精神分析》(1932)写了褒扬书评。欧内斯特·琼斯始终是坚定的支持者，克莱因也吸引了其他一些追随者：琼·里维埃、苏珊·艾萨克斯、尼娜·瑟尔（Nina Searl）以及稍后的宝拉·海曼。这个团体一直保持对克莱因的忠诚，并支撑她度过了1934年儿子汉斯死于登山事故的悲剧和随后的抑郁。在此期间，克莱因撰写了著名的论文《论躁郁状态的心理成因》（1935），被认为是对她全新、独特的"克莱因学派"理论的首次重要陈述。此时，格洛弗和梅利塔·施米德伯格对克莱因的思想，乃至对她个人都产生了抗拒，这些在20世纪30年代不断累积，最终在40年代的"论战"中爆发出公开的、恶毒的敌意（King & Steiner, 1991）。

与此同时，克莱因和她团体里的同行们正在讨论幻想的本质、内部客体以及抑郁心位的理论框架。我们也从梅兰妮·克莱因档案（威尔科姆图书馆）和英国精神分析学会的记录中了解到，在20世纪30年代早期，克莱因在英国精神分析研究院教授技术课程。

1945年第二次世界大战结束后，克莱因学派分析师的小团体开始发生变化。苏珊·艾萨克斯于1948年去世；琼·里维埃随着年龄的增长，对工作的兴趣逐渐减弱，尤其对与来自维也纳的经典分析师之间的激烈竞争感到不安；而宝拉·海曼最终于1955年开始寻求更大程度的专业独立性（见"宝拉·海曼"）。

当克莱因关于躁郁障碍和抑郁心位的研究在20世纪30年代问世后，成人和儿童精神病学领域对此产生了兴趣（在此之前，20世纪20年代至30年代对精神分析最感兴趣的是教育家和文学知识分子）。一些医生向克莱因寻求培训，包括W.克利福德·M.斯科特（W. Clifford M. Scott）、约翰·鲍尔比（John Bowlby）和唐纳德·温尼科特（Donald Winnicott）。对克莱因的事业来说，他们是重要人物，因为他们拥有医生资质，对一些重要机构具有影响力，并且都建立了自身的声誉。克莱因似乎从他们身上收集了一些理解类分裂机制和投射机制的重要经验，并发展出投射性认同概念。这些人中的大多数都离开了克莱因团体，或者说从未将自己视为正式成员，而该团体是在20世纪40年代安娜·弗洛伊德到达伦敦后，在争端的压力下形成的。

战后不久，一些年轻的医生，一些以前没有做过分析师的移民，来到克莱因那里接受培训。他们也许是真正的第二代，他们坚持和团体一起：包括著名的汉娜·西格尔、赫伯特·罗森菲尔德和威尔弗雷德·比昂。正是这些人，加上处于退休状态的罗杰·莫尼-克尔和后来加入的唐纳德·梅尔泽的坚定支持，推动了克莱因思想的发展。贝蒂·约瑟夫尽管没有取得医学资质，也是团体中宝贵的一员。

最终，从20世纪50年代起，不仅在英国，而且在其他国家，尤其是在拉丁美洲，以及意大利的部分区域，掀起了"受训成为克莱因学派"的广泛兴趣，这意味着在那个时期，各种各样的分析师来到英国接受克莱因学派的训练。然而值得强调的是，没有独立的"克莱因培训"，学生可以自由选择他们的分析师和督导师，所有英国协会的学生都学习广泛的课程，并接触各种思想和工作方式。自比昂在美国短暂驻留后，一小群克莱因取向的分析师就在北美发展起来。

Grosskurth, P. (1986) *Melanie Klein: Her World and Her Work*. New York: Alfred A. Knopf.
King, P. and Steiner, R. (1991) The *Freud-Klein Controversies 1941-45*. London: Routledge.
Klein, M. (1932) *The Psychoanalysis of Children. The Writings of Melanie Klein*, Vol. 2. London: Hogarth Press.
—— (1935) 'A contribution to the psychogenesis of manic-depressive states', in *The Writings of Melanie Klein*, Vol. 1. London: Hogarth Press, pp. 262-289.
Meisel, P. and Kendrick, W. (1986) *Bloomsbury/Freud: The Letters of James and Alix Strachey*. London: Chatto & Windus.

力比多 | Libido

弗洛伊德著作中的术语"力比多"有多种定义（Laplanche & Pontalis, 1973）。它有定性的含义，即带有性与爱本质的愿望和欲望。弗洛伊德始终坚持认为，力比多是性本能特有的，不涉及自我本能或他后来提出的死本能概念。对于弗洛伊德来说："它是性本能在精神生活中的动力表现。"（1923, p. 244）弗洛伊德还把力比多用做定量的概念；他假设的精神能量，是性本能转化的基础。它是"衡量在性兴奋领域发生的过程和变化的尺度"（Freud, 1905, p. 217）。

因此，弗洛伊德运用这一假设从三个方面描述了力比多投注的移植：(1) 在幻想中与各种客体的关系，这可以在梦和症状形成的初级过程运作中显现；或者，在现实中，显现为追踪客体爱在发展过程中的转变，或爱从自我力比多向客体力比多的转变，或反之亦然。(2) 升华到非性欲目标（艺术的、智力的）。(3) 兴奋的身体来源，不同的性欲区起源。

作为量化概念，力比多在弗洛伊德的经济学模型中占据核心位置（见"经济学模型"），在这个模型中，他表述了力比多的经济学服从于守恒定律和最快满足途径。弗洛伊德对无意识初级过程运作的大量描述，也许最能把握经济学模型，在无意识中精神现实占主导地位。他假设力比多投注的自由流动，是通过移植和凝缩，从一个或多个"概念表征"到新的"概念表征"：在梦和症状的形成中，替代的运作是它们变得扭曲的核心。无意识的力比多冲动要求心智通过最快的途径得到满足：通过幻觉般的愿望实现。

力比多阶段：根据经典理论，婴儿性欲的发展经历了各个力比多组织或性心理阶段。口腔阶段围绕口腔性欲区的首要性而构建，对于摄取功能在幻想中的阐述，为口腔客体关系赋予了如"吃"和"被吃"的体内化含义。肛门-虐待阶段在生命的第二年占主导地位，以肛门区为首要地位而构建，对于排泄和保留功能在幻想中的阐述，以及粪便的象征性替代物（粪便-符号），构成了肛门客体关系。这个组织的特点是增加的施虐和关系的施受虐模式。在生殖器（阴茎和阴蒂）的支配下，阳具-俄狄浦斯组织在3—5岁之间占主导地位。根据弗洛伊德的说法，在幻想中的阐述围绕着主要的符号，即阳具，这引发了阳具/阉割的二分法。客体关系围绕两个俄狄浦斯位置而组织，尽管有着激烈的竞争，但爱在其中占据优势。生殖器期组织在青春期完成，随着阉割情结带来俄狄浦斯情结解体而产生了客体（母亲到父亲）的变化，对女孩来说是性区（从阴蒂到阴道）的变化，而对男孩来说是放弃了俄狄浦斯依恋。新的二分法，即男性化/女性化出现了（见"俄狄浦斯情结"）。

卡尔·亚伯拉罕：卡尔·亚伯拉罕（Karl Abraham, 1924）对前生殖器阶段做了更精确的描述，同时描绘了他对客体爱发展的看法。弗洛伊德的每一个阶段都被分为两个，总共有六个阶段。

1. 早期口腔（吮吸）阶段是前-矛盾的（pre-ambivalent），有着古老的占有欲冲动，建立在纳入和保存好的体内化幻想之上。
2. 后期口腔（食人）阶段，随着6个月长出牙齿，引入了与施虐幻想的情感矛盾，而施虐幻想占据上风：客体被食用并被强制体内化。受损的客体在体内施展它的暴政，在忧郁症中很明显。

3. 在生命的第二年，早期肛门施虐（排泄）阶段由施虐幻想主导，用坏的粪便攻击和破坏客体，或者消灭与部分客体粪便认同的客体，这在偏执狂中很明显。

4. 后期肛门施虐（保留）阶段的特点是，施虐是以幻想的形式保留和控制客体，而不是摧毁它。占有和保存客体的冲动引起了对客体的怜悯和关心，这在强迫症中很明显。这一阶段将神经症与精神病（缺乏对力比多投注的撤回）区分开来，并形成了客体爱的初始形式，即将客体视为占有物的部分爱，这标志着个体从原发自恋中走出。

5. 从3岁开始，两个生殖器阶段的早期，即阳具－俄狄浦斯阶段非常矛盾，充满了围绕着阉割的矛盾。

6. 后期生殖器阶段，在青春期后，是后－矛盾的（post-ambivalent），伴随着真正的客体爱；俄狄浦斯选择逐渐衰减，而客体作为独立和整体的客体被爱着。对亚伯拉罕来说，在后期，从3岁开始，随着生殖器性欲的出现和增强，力比多才得以获得力量。

克莱因与力比多理论：克莱因的力比多理论分为两个阶段，即1932—1935年这段时间之前和之后。她采用了弗洛伊德生死本能的第二个二元论，以自己的方式发展理论，具有前所未有的临床意义。

1920—1932年：在早期作品中，克莱因受惠于弗洛伊德对婴儿性欲的复杂理解，以及亚伯拉罕对前生殖器期阶段基于临床的、细致的概念化理解。她展示了原初场景幻想在儿童心智生活中的普遍性，接受了俄狄浦斯情结的核心位置，同时做出了相当大的改进，认为它起始于生命的第一年。她认为阳具阶段不是女性发展的原初阶段，而是次级和防御性的。这些观点有悖于经典理论的传统，随后还有另一个发现：她发现力比多阶段具有灵活性，并不像弗洛伊德和亚伯拉罕描述的如此僵化。在她看来，生殖器的冲动和幻想——包括肛门/尿道的冲动——都出现在生命的第一年，这使得她在概念上有可能假设存在早期的俄狄浦斯情结。然而,她并没有完全抛弃力比多阶段的顺序,并且坚持阶段主导性的概念,即在某一阶段,特定的力比多冲动占据首要地位,但并不排斥其他冲动的存在。因此,在生命的第一年,口欲冲动比其他动力更具首要地位,这使得克莱因提出,发声较少的早期生殖器冲动容易被掩盖,并且可能不被注意(见"俄狄浦斯情结""超我")。

克莱因,像弗洛伊德,特别是像亚伯拉罕一样,非常专注于施虐和破坏性攻击在前生殖器阶段的作用,以及这些驱力令人震惊的去-融合作用,以致影响力比多的整体发展。克莱因早期提出施虐高峰这一概念,即施虐的目标集中在对母亲身体内部和结合父母的攻击(Klein, 1928),由于克莱因坚持经典的观点,认为爱只会随着生命第三年生殖器期的到来而增强,因此这些令人恐惧的早期精神病性焦虑和恐怖的内部意象,对于发展中的儿童来说难以克服。然而,她始终忠于亚伯拉罕关于肛门阶段早期和后期之间的开创性区别。而对客体的怜悯和关切的出现,帮助她形成了复原和强迫性修复的概念,导致了后期的修复概念(见"强迫性防御""超我")。

1935年之后:在1935年引入抑郁心位的概念后,克莱因的重点随之变化(见"抑郁心位")。在此时,克莱因开始以客体关系的质量和组织,内部和外部来看待婴儿的发展史。从那时起,她强调内部客体的积累:种类和状态,彼此之间及与自体之间的关系。内部客体的理论,与心智生活一开始便存在的无意识幻想的运作密切相关(见"内部客体""内摄")。尽管克莱因继续使用她对力比多组织内容的透彻理解,但发展的阶段观进一步失去了主导位置,她对于阶段主导的观点被吸收到更广泛的两种心位理论中(Klein, 1952;见"本能")。

力比多与第二个二元论:在弗洛伊德的第二个二元论(Freud, 1920)中,力比多被纳入自我本能,涵盖在爱欲的概念之下,爱欲是生本能的原则,其目的是保持凝聚力以建立更大的统一性,并用以留存和联合(Freud, 1938)。弗洛伊德并没有为力比多理论的这一说法发展出含义。然而,这引起两个问题。生本能的新定义,以及由此引出的力比多,似乎并不符合经济学模式中以最快途径来降低张力和保存能量的趋势。此外,目前还不清楚,在前生殖器阶段,生本能以何种形成存在,因为在经典的阶段论中,爱只是在生殖器阶段涌现为重要的动力,而施虐则主导了更早期的阶段。

相比之下，克莱因阐述了第二个驱力二元论，并赋予它从心智生活初始的具体形态。在偏执-分裂心位，乳房被积极地寻找，并被体验为强烈的力比多满足，还有爱的强烈感受，这些感受被投射而创造了理想化的"好"乳房，反过来又被内摄成为自我整合的焦点。婴儿化的客体爱混合着满足，从开始就存在，并且足够强大，可以全能地创造出理想化的部分客体，来提供保护以对抗迫害性"坏"乳房所表征的、与死本能有关的恐怖（见"偏执-分裂心位"）。

在抑郁心位，矛盾心理出现，对客体的爱服务于各种形式，先是全能修复，最终是适当的修复优先。爱或力比多也助长了这两种俄狄浦斯位置，试图修通对结合父母的仇恨所产生的冲突（见"抑郁心位""俄狄浦斯情结"）。

Abraham, K. (1924) 'A short study of the development of the libido', in *Selected Paper on Psychoanalysis*. London: Hogarth Press, pp. 418-501.

Freud, S. (1905) 'Three essays on the theory of sexuality', *S.E. 7*. London: Hogarth Press, pp. 125-245.

—— (1920) 'Beyond the pleasure principle', *S.E. 18*. London: Hogarth Press, pp. 3-64.

—— (1923) 'Two encyclopedia articles', *S.E. 18*. London: Hogarth Press, pp. 255-259.

—— (1938) 'An outline of psycho-analysis', *S.E. 23*. London: Hogarth Press, pp. 141-205.

Klein, M. (1928) 'Early stages of the Oedipus conflict', in *The Writings of Melanie Klein*, Vol. 1. London: Hogarth Press, pp. 186-197.

—— (1952) 'Some theoretical conclusions regarding the emotional life of the infant', in *The Writings of Melanie Klein*, Vol. 3. London: Hogarth Press, pp. 61-93.

Laplanche, J. and Pontalis, J.-B. (1973) *The Language of Psycho-Analysis*. London: Hogarth Press.

生本能 | Life instinct

从《儿童精神分析》（1932）开始，克莱因明确地使用弗洛伊德关于对立的生死本能的理论为其工作的基础。她经常使用"力比多"或"力比多驱力"，将其作为"生本能"的同义词。她总是把生本能和死本能联系起来。在她早期的作品中，她认为生本能是对死本能的对抗。

> ……通过与毁灭性本能的斗争，力比多逐渐巩固了自己的地位。
>
> 在生本能和死本能的两极共存中，我认为，我们可以把它们的相互作用视为精神动力过程中的基本因素。力比多和破坏倾向之间有着不可分割的联系，这使得前者在很大程度上受到后者的支配。在由死本能主导的恶性循环中，攻击性唤起了焦虑，而焦虑又增强了攻击性，但这个循环可以被蓄积起力量的力比多打破。在早期发展阶段，生本能必须最大限度地发挥它的力量，以保持自身来对抗死本能。但是这种必然性刺激了性发育。
>
> （Klein, 1932, p. 150）

在克莱因后来的工作中，平衡感出现了。生本能为自我及其防御提供动力，并将其推向整合："自我对整合和组织化的渴望，清楚地揭示了它起源于生本能。"（Klein, 1952, p. 57）克莱因（1952b）也明确地将生本能与爱联系起来。在后期作品（1957, 1958）中，她提到自我被与生俱来的生本能召唤进入行动，并且力求存在。她认为生死本能之间的平衡是一种由体质性决定的存在。

> 如果在融合中生本能占主导地位，这意味着爱的能力占据优势，那么自我就相对强大，更能承受死本能带来的焦虑并抵消它。
>
> （Klein, 1958, pp. 238-239）

见"死本能"。

Klein, M. (1932) *The Psychoanalysis of Children. The Writings of Melanie Klein*, Vol. 2. London: Hogarth Press.
—— (1952a) 'The mutual influences in the development of the ego and the id', *Psychoanal. Study Child* 7: 51-53.
—— (1952b) 'Some theoretical conclusions regarding the emotional life of the infant', in *The Writings of Melanie Klein*, Vol. 3. London: Hogarth Press, pp.61-93.
—— (1957) 'Envy and gratitude', in *The Writings of Melanie Klein*, Vol. 3. London: Hogarth Press, pp. 176-235.
—— (1958) 'On the development of mental functioning', in *The Writings of Melanie Klein*, Vol. 3. London: Hogarth Press, pp. 236-246.

联结 | Linking

在克莱因学派的理论中，联结是基础概念，与整合相关联（见"整合"）。在抑郁心位，原先被分裂的客体和自我的各个面向被结合到一起。出于同样的原因，对联结的攻击可以看作是病理性的重要特点。

精神病和对联结的攻击：克莱因的同行们，尤其是比昂、西格尔和罗森菲尔德，在与精神病病人工作时，在联结和对联结的攻击方面有重要发现。比昂在关于精神分裂症的理论（Bion, 1959）中描述了对自我本身的攻击，这代表了一种支离破碎的体验，在克莱因（1946）看来这是死本能在内部运作的结果。比昂特别指出了对内部现实觉察的攻击（见"湮灭""偏执-分裂心位"）。精神分裂症病人的一个特征是心智中的观念破裂，这被罗森菲尔德（Rosenfeld, 1947）和西格尔（Segal, 1950）所描绘。

> 精神分裂症病人的意识能忍受许多事物，但我们不能因为这一事实而忽视对压抑的内容进行解释的必要性。相较于其他人，精神分裂症病人更容易压抑不同思绪之间的联结。他们通常能够容忍他们自我中的想法和幻想，而这可能会被神经症病人所压抑；但是另一方面，他们压抑了各种幻想之间以及幻想和现实之间的联结。

(Segal, 1950, p. 118)

精神分裂症病人要攻击的,正是心理内容物之间的联结。弗洛伊德也曾描述过在严重的强迫神经症中,病人将想法和情感隔离的过程。

> 正如我之前已经解释的,此种障碍中的压抑并非由于遗忘,而是由于情感撤回而导致因果联系的断裂。这些被压抑的联系以某种阴影的形态存在,经由投射的过程转移到外部世界,从而见证那些从意识中抹去的东西。
>
> (Freud, 1909, pp. 231-232)

尽管弗洛伊德和西格尔将这个过程描述为压抑,但比昂描述了它的暴力性质。

> 可以预期,投射性认同的运用对于任何形式的思维,尤其是那些涉及物体印象之间关系的思维,将会特别严厉,因为如果这种联结可以被切断,或者最好是永不出现,那么即使现实本身不可能被摧毁,至少对现实的意识会被摧毁。
>
> (Bion, 1957, p. 50)

最终的结果是,精神分裂症病人生活在碎片化的世界中,他的心智中充满了无法使用的原初想法。

> 现在,所有这些都被攻击,直到最后,两个客体无法按某种方式结合在一起,使得既能保持各自内在特质的完整性,又能够相互联结而产生新的精神客体。
>
> (Bion, 1957, p. 50)

对联系和连接点(conjunctions)的破坏,导致病人感到"被转瞬即逝的联结碎片包围,它们现在被残酷所浸染,把客体残忍地联结在一起"(Bion, 1957, p50;见"奇异客体""精神病")。比昂将这些颗粒称为"β 元素"(见"β 元素")。这种影响朝着弗洛伊德所说的"世界性灾难"的方向发展(Freud, 1911, p. 70)。

这对心智生活而言是灾难,使得它无法在正常模式下建立。快乐自我出现了反常的扩张,取代了基于现实原则的思考,以及自体内部和其他客体之间的象征性交流，并且过度地使用分裂和投射性认同，将它们作为与恨和憎恨客体关联的具体模式。在充满灾难性混乱的、未发展的、脆弱的自我中，全能取代了思考，而全知取代了从经验中学习。

(O'Shaughnessy, 1981, p. 183)

此处除了弗洛伊德所说的世界性灾难——力比多从现实客体中的自恋性撤回，还描述了自我的全能暴力分裂和投射的观点。自我不仅是力比多爱的焦点，也成为攻击的焦点（见"自恋"）。

俄狄浦斯联结：比昂（Bion, 1959）在对精神病病人的观察之上，进一步建立了更为广泛和正式的理论。他认为，任何结合的活动都是基于一种先天倾向，即设想容器与涵容物之间的联系，通常是乳房中的乳头或阴道中的阴茎。对两个内部心智客体之间联结的攻击，就是对内部父母伴侣的攻击（见"原初场景"）。由于俄狄浦斯结合的隐义，两个心智客体的结合不仅唤起了嫉毁，并且是内在心智创造性的基础。

容器和被涵容：比昂（Bion, 1962）将阴茎和阴道或者口腔和乳头的结合，视为心智客体组合到一起的方式的原型，其中一个位于另一个内部。因此，将体验转为想法，将想法转为文字，涉及一系列重复的联结过程，模仿两个身体部分之间的生理性交（见"容器/被涵容"）。借助这一模型，比昂继续研究思想本身的性质，并描述了它的基础是思想之间的联结，以及前概念（期望）与实现的结合（见"思考和知识"）。构成思考的特定类型的联结，由符号"K"指代，它们与其他类型的联结——"L"和"H"——并存，代表着对客体的爱和恨（见"求知欲"）。

Bion, W. (1957) 'Differentiation of the psychotic from the non-psychotic personalities', *Int. J. Psycho-Anal.* 38: 266-275; republished in *Second Thoughts*. London: Heinemann (1967), pp. 43-64.
—— (1959) 'Attacks on linking', *Int. J. Psycho-Anal.* 40: 308-315.
—— (1962) *Learning from Experience*. London: Heinemann.
Freud, S. (1909) 'Notes upon a case of obsessional neurosis', *S.E. 10*. London:

Hogarth Press, pp. 153-320.

—— (1911) 'Psycho-analytic notes on an autobiographical account of a case of paranoia', *S.E. 12*. London: Hogarth Press, pp. 3-82.

Klein, M. (1946) 'Notes on some schizoid mechanisms', in *The Writings of Melanie Klein*, Vol. 3. London: Hogarth Press, pp. 1-2.

O'Shaughnessy, E. (1981) 'A commemorative essay on W. R. Bion's theory of thinking', *J. Child Psychother.* 7: 181-192.

Rosenfeld, H. (1947) 'Analysis of a schizophrenic state with depersonalization', *Int. J. Psycho-Anal.* 28: 130-139.

Segal, H. (1950) 'Some aspects of an analysis of a schizophrenic', in *The Work of Hanna Segal*. New York: Jason Aronson (1981), pp. 101-120.

丧失 | Loss

弗洛伊德（1917）描述了忧郁症和哀悼之间的相似性，以及丧失在问题本质中的核心面向。这些丧失与他之前关于阉割在儿童发展中的特殊重要性的观点有关。1926年，在他研究焦虑的本质时，他观察到许多丧失的情景：出生时的丧失、断奶、阉割等，贯穿个体整个发展周期。

内部客体的丧失：克莱因补充认为，这些丧失具有核心相似性，它们都通过创造出内部好客体不安全的感觉，而唤起了焦虑（Klein, 1940；见"抑郁心位"）。对此，她对弗洛伊德（1917）的理论做出了重大补充，在弗洛伊德的理论中，让他印象深刻的是，当外部客体没有真正丧失时，忧郁者的异常哀悼反应。克莱因还发展了亚伯拉罕（Abraham, 1924）的工作，后者描述了躁郁症病人专注于被粪便所表征的丧失客体，它们被口欲体内化到自我中，在此投下了阴影。

因此，克莱因发展了亚伯拉罕和弗洛伊德所指的方向，也丰富了她关于抑郁心位的理论。因此，对于克莱因来说，丧失和哀悼不仅仅是变迁，而是发展的核心方面。

见"抑郁性焦虑""哀悼"。

Abraham, K. (1924) 'A short study of the development of the libido', in *Selected*

Papers on Psycho-Analysis. London: Hogarth Press (1927), pp. 418-501.

Freud, S. (1917) 'Mourning and melancholia', *S.E. 14*. London: Hogarth Press, pp. 237-258.

—— (1926) 'Inhibitions, symptoms and anxiety', *S.E. 20*. London: Hogarth Press, pp. 75-176.

Klein, M. (1940) 'Mourning and its relation to manic-depressive states', in *The Writings of Melanie Klein*, Vol. 1. London: Hogarth Press, pp. 344-369.

爱 | Love

克莱因追随亚伯拉罕（Abraham, 1924）的脚步，试图理解对客体的爱，而不是像经典精神分析那样认为客体仅仅是主体用以满足自己的物品。弗洛伊德所说的"依附型的爱（anaclitic love）"是后者，本质上是有所企图而假装热情的形式。相反，通过对婴儿的直接观察和其他，克莱因描述了"满足感与给予食物的客体的密切关系，就和与食物本身的关系一样"（Klein, 1952, p. 96）。

爱、感恩和嫉毁：在克莱因看来，从一开始就存在慷慨的爱。满足感带来了对客体的感恩。然而，从一开始，满足不仅带来爱和感恩，也带来嫉毁。只要婴儿能够维系对所爱客体的感恩，并且只要真实的外部客体（母亲）有助于激发感恩，婴儿对爱和自身好部分的信念会变得更强大。在克莱因看来，婴儿安全感的重要部分在于人格中嫉毁与感恩的平衡，因为嫉毁破坏了爱和感恩，而感恩会减轻嫉毁（见"嫉毁"）。

偏执-分裂心位的爱：在偏执-分裂心位下，客体被分裂为理想、被爱的客体以及非常坏、被恨的客体。从定义上讲，爱是自恋的，因为客体是二维的，充满了夸张的投射，而不是被视为具有复杂性和不完美的个体。与理想化客体之间爱的关系，往往充满道德主义色彩；与理想化客体关联的自体被感知为正义的，而坏客体则遭到谴责，被否定为邪恶的。由于极端的投射性认同，自我的耗竭和对客体的依赖同样是极端的。这种状态本身也是不稳定的，当遭遇失望和挫败，理想化的幻想无法维系，对理想化客体的崇拜突然地让位于对不可救药的坏客体的仇恨和指责，而这反过来被感知为有极端迫害性。

抑郁心位中的爱：克莱因将抑郁心位描述为全新的情感状态——对精神分析师来说是全新的。事实上，它们更接近小说家和普通人所关注的情感。她试图传达特殊、辛酸的爱：苦苦盼望。在这里，克莱因继承了亚伯拉罕"真实的客体爱"的概念，是对整体客体的体验。抑郁心位的爱是对非理想化客体的爱，好客体也是有瑕疵和缺点的（见"抑郁心位"）。当这被建立，那么即使有缺陷，爱往往也不会激烈地转变为仇恨，一定的情绪稳定性开始发展。在这里拥有了容忍和宽恕的能力。抑郁心位的爱带有不可磨灭的关切和宽恕。

然而，有瑕疵的整体客体会带来这样的体验：好客体是或曾经是完美的，它已经被个体的攻击所伤害和破坏，带来痛苦的担心。反过来，这种担心又引起了恢复和修复愿望（见"内疚""修复"）。

见"整体客体"。

Abraham, K. (1924) 'A short study of the development of the libido', in *Selected Papers on Psycho-Analysis*. London: Hogarth Press (1927), pp. 418-501.

Klein, M. (1952) 'On observing the behaviour of young infants', in *The Writings of Melanie Klein*, Vol. 3. London: Hogarth Press, pp. 94-121.

躁狂性防御 | Manic defences

抑郁心位的痛苦贯穿一生，在大多数人内心中常需要被防御（见"抑郁心位"）。其中最重要的是躁狂性防御，轻度的躁狂状态普遍存在于每个人身上。躁狂性防御通常是全能的："全能感是躁狂的首要特征，并且躁狂建立在否认机制的基础上……"（Klein, 1935, p. 277）。躁狂性防御的重要因素是否认、全能控制和贬低客体（伴随着自我的理想化）。用克莱因（1935）的话来说："首先被否定的是精神现实，然后自我可能会继续否定大量的外部现实"（p. 277）。她评论道："自我不愿意也没有能力声明放弃内部好客体，却努力摆脱依赖它们的危险"（p277）。

> "当然了，"自我辩驳道，"某个客体被摧毁了，这并没有什么了不起，还有很多客体可以体内化。"我认为，对客体重要性的诋毁以及

对其本身的贬低，是躁狂特有的特征。

(Klein, 1935, p. 278)

因为被爱和被需要的客体，也是被恨的客体，依赖因此变得"危险"，使自我处在迫害性和抑郁性焦虑的双重危险中。同时，在躁狂中，自我"不停地努力掌握和控制所有客体，而这种努力的证据正是它的过度活跃"(p. 277)。这种控制：

>……出于两个原因是必要的：(1) 为了否认它们（自身所依赖的客体）带来的恐惧，(2) 使得客体修复机制得以运行。

(Klein, 1935, p. 278)

躁狂中涉及的机制如此重要，在20世纪30年代后期，克莱因因此提出了躁狂心位。这些防御机制保护主体免受依赖好客体而带来的痛苦后果。然而，躁狂性防御也带来了更多的问题。

>……在修复的行动中，可能会强烈地融入施虐的满足，通过对客体的征服和羞辱，对客体的超越和战胜……由修复行动带来的"良性循环"被打破。那些想要被修复的客体再次成为迫害者……修复行动的失败，使自我不得不一次次诉诸强迫性和躁狂性防御。

(Klein, 1940, p. 351)

见"对抑郁性焦虑的偏执性防御""修复"。

Klein, M. (1935) 'A contribution to the psychogenesis of manic-depressive states', in *The Writings of Melanie Klein*, Vol. 1. London: Hogarth Press, pp. 262-289.
—— (1940) 'Mourning and its relation to manic-depressive states', in *The Writings of Melanie Klein*, Vol. 1. London: Hogarth Press, pp. 344-369.

躁狂性修复 | Manic reparation

在发展的早期阶段，婴儿使用全能机制来建立自我的安全感。因此，当第一次体验到抑郁心位的压力（见"抑郁心位"），他可能会体验到爱的客体受到了不可挽回的破坏——这反映了他全能幻想的极端暴力。想修复被破坏如此彻底的客体是如此地令人痛苦，这种痛苦来自这被体验为一项极其艰巨的任务。结果，整体情境不得不被贬低，而任务则被轻视，仿佛可以通过魔法来完成修复。

在以后的生活中，即使是正常的压力也会激起轻蔑的幻想：反正无论如何，不值得为客体而烦恼。但是轻蔑和贬低是对强烈痛苦的躁狂性防御，帮助主体感觉不那么无助，减少对好客体的依赖，因为在他看来，好客体被损坏了，带来了如此沉重的责任（见"抑郁性焦虑"）。然而，最终的结果是，轻视进一步破坏了客体，可能导致恶性循环。

见"躁狂性防御""对抑郁性焦虑的偏执性防御""修复"。

男性气质 | Masculinity

见"父亲""女性气质""俄狄浦斯情结"。

自慰幻想 | Masturbation phantasies

从一开始，克莱因就对焦虑的幻想内容充满兴趣，起初她专注于性幻想。她使用了弗洛伊德自慰幻想的观点，这种幻想曾伴随着身体刺激活动，而后成为无意识。

……无意识幻想与主体的性生活有着非常重要的联系，因为这和

自慰幻想 | Masturbation phantasies | 429

在自慰期间给他性满足的幻想是一样的。在那个时候，自慰活动由两个部分组成。一个是幻想的唤起，另一个是在幻想达到顶点时，为了获得自我满足而主动采取的一些行为。起初这个行为纯粹是自体性欲的过程，为了从身体某个特定部位获得愉悦，这可以被描述为情欲。之后，这个行为与客体爱领域的愿望融为一体。

(Freud, 1908, p. 161)

克莱因将幻想具体和身体的性质阐述为客体关系的形式。尽管亚伯拉罕 (Abraham, 1921) 和费伦齐 (Ferenczi, 1921) 都将抽动症状作为自体性欲阶段的证据，但克莱因却直截了当地挑战了他们 (Klein, 1925)。相反，她描述了一例抽动个案，幻想伴随着各种身体活动；她指出，每一个动作都象征性地代表着与客体发生性行为的一部分。她以此标记她自己的方法，专注于理解本能冲动所涉及的客体关系（见"儿童分析""自恋""无意识幻想"）。它挑战了自体性欲和自恋原发阶段的观点，并坚称所有的活动都包含着无意识自慰幻想。

我想举例说明，自慰幻想对升华的影响。13岁的费利克斯在分析中产生了以下幻想：他和一些赤身裸体的漂亮女孩玩耍，他轻触、爱抚着她们的乳房。他没有看到她们的下半身。他们在一起踢足球。这个单一的性幻想……在经由分析后，引诱出了许多其他的幻想，其中一些以白日梦的形式出现，有一些则在夜晚作为手淫的替代物出现，并且都与游戏有关。这些幻想显示，他的一些固着如何转换为对游戏的兴趣。在第一个性幻想中……性交被踢足球所取代。这个游戏连同其他游戏，完全吸引了他的兴趣和野心。

(Klein, 1923, p. 90)

克莱因论证了在自恋满足的过程中，包含着与"自慰"相关的客体幻想。后来，海曼在发展克莱因学派的自恋观时（见"自恋"），将自慰描述为对内部客体情欲关系的幻想。

自体性欲，基于对内在令人满足的"好"乳房（乳头、母亲）的幻想，它被投射到婴儿自己身体的一部分上，并因此表征它。事实上，这个过程有一半是由于儿童器官的情欲特质。

(Heimann, 1952, pp. 147-148)

性欲区的存在，使得身体可以被用来产生无意识幻想，特别是强烈地通过自慰操作。因此，情欲性欲是一系列常见、人为制造的无意识幻想，旨在防御迫害性焦虑或抑郁性焦虑。梅尔泽（Meltzer, 1966）描述了通过肛门自慰来产生无意识幻想的案例。自慰幻想作为临床现象，在当代克莱因学派中已经有些过时，他们经常使用诸如"兴奋"或"情欲化防御"之类的术语，而不具体涉及病人的自慰幻想。

Abraham, K. (1921) 'Contribution to a discussion on tic', in *Selected Papers on Psycho-Analysis*. London: Hogarth Press (1927), pp. 322-325.

Ferenczi, S. (1921) 'Psycho-analytic observations on tic', in *Further Contributions to the Theory and Technique of Psychoanalysis*. London: Hogarth Press, pp. 142-174.

Freud, S. (1908) 'Hysterical phantasies and their relation to bisexuality', *S.E. 9*. London: Hogarth Press, pp. 155-166.

Heimann, P. (1952) 'Certain functions of projection and introjection in early infancy', in M. Klein, P. Heimann, S. Isaacs and J. Riviere (eds) *Developments in Psycho-Analysis*. London: Hogarth Press (1952), pp. 122-168.

Klein, M. (1923) 'Infant analysis', in *The Writings of Melanie Klein*, Vol. 1. London: Hogarth Press, pp. 77-105.

—— (1925) 'A contribution to the psychogenesis of tic', in *The Writings of Melanie Klein*, Vol. 1. London: Hogarth Press, pp. 106-127.

Meltzer, D. (1966) 'The relation of anal masturbation to projective identification', *Int. J. Psycho-Anal.* 47: 335-342.

唐纳德·梅尔泽 | Donald Meltzer

生平：唐纳德·梅尔泽出生于1922年。他在美国接受了医学和儿童精神病学的训练，于1954年来到伦敦，专门接受梅兰妮·克莱因的训练。直到1960年克莱因去世，他一直接受她的分析。

梅尔泽对临床材料的熟练运用使他成为克莱因团体的领军人物，他对儿童和成人分析的临床兴趣始终是他分析性思考和精神分析理论发展的核心。在由埃丝特·比克于塔维斯托克诊所发起的儿童心理治疗培训中，梅尔泽发挥了重要的影响，并且他与第二任妻子玛莎·哈里斯（Martha Harris）以及比克密切合作而使之进一步发展。20世纪70年代，他对技术和精神分析师培训的观点，导致他卷入了与克莱因团体和伦敦精神分析学院的冲突，最终在80年代退出。

梅尔泽著作丰富，他作为演讲者和教师在许多国家都受到了热烈欢迎，他也热爱这一工作，一直持续到2004年去世。他对克莱因学派的精神分析做出了许多贡献，特别是他对精神分析过程发展的细致理解（Meltzer, 1967），对婴儿化和倒错性欲的研究（Meltzer, 1973），对弗洛伊德、克莱因和比昂著作的诠释（Meltzer, 1978, 1986），对梦的研究（Meltze, 1984），以及关于投射性认同、自恋和边缘状态的各种研究（Meltzer, 1992；Hahn, 1994）等。在《精神分析过程》（Meltzer, 1967）中，他通过描述与内部客体的投射性认同，打开了对投射性认同的新认识，同时通过移情和反移情互动的发展，观察到病人的心智（以及分析师的心智）在分析室中的成长。

梅尔泽对教学的兴趣，促使他对克莱因学派的著作做了一些重要的评论：《克莱因学派的发展》（*The Kleinian Development,* Meltzer, 1978），呈现了与弗洛伊德临床著作相关的部分；克莱因在《儿童分析的故事》（1961）中所涉及个案的详细个案历史；最终将比昂的工作视为认知和临床发展的延续。梅尔泽还丰富了克莱因学派关于梦的研究，发展出关于做梦的修正理论，将做梦视为产生意义的无意识思考（Meltzer, 1984）。在关于梦的这本书中，他讨论了符号与象征的区别，并详细探讨了对梦的探索与解释的运用。

梅尔泽在1968年对边缘人格的描述（《恐怖、迫害和恐惧》），是对围绕破坏性冲动组织起来的自恋人格的早期讨论——罗森菲尔德（Rosenfeld, 1971a）和许多其他人做了进一步发展（见"病理性组织"）。梅尔泽对精神病儿童的持久兴趣，促使他举办了关于儿童自闭症的研究讨论会，最终集结成《自闭症探究》（*Explorations in Autism,* Meltzer et al., 1975；见"自闭症"）。他在《美的忧虑》（*The Apprehension of Beauty,* Meltzer & Williams, 1988）一书中，引入"美学冲突"作为婴儿与外部世界关系的早期发展现象,在与母亲萌芽的关系中体验到的美,既刺激了婴儿了解她的渴望,也导致婴儿遭遇了因母亲未知的神秘而造成的挫败感。梅尔泽强调美学体验带来的互惠性和对客体美学欣赏的挫败导致的病理性结果。

在《幽闭:对幽闭恐惧症现象的研究》(*The Claustrum: An Investigation into Claustrophobic Phenomena*, Meltzer, 1992),梅尔泽重新审视了投射性认同概念,他不是从投射机制的定性或定量,而是从选择要投射进入的客体的角度进行讨论。在对"侵入性认同(intrusive identification)"(他倾向于使用这个术语)详尽的现象学研究中,梅尔泽认为,这个客体是无意识幻想中母亲的身体(正如克莱因所说),居住在母亲身体各个部位的部分自体将决定认同障碍,而影响了病人病理的性质和程度。他从各种技术层面讨论如何治疗这些困难的自恋病人,特别强调了对青少年的治疗。

自20世纪70年代以来,他的观点一直是:比昂在思考和情感体验方面的工作的巩固(Meltzer, 1978),是克莱因学派的成长点。这个观点使他得以创造出认识论,并在《真诚及其他工作:唐纳德·梅尔泽论文集》(*Sincerity and other works: Collected Papers of Donald Meltzer*, Hahn, 1992)中被详细记载。

Hahn, A. (1994) *Sincerity and Other Works: Collected Papers of Donald Meltzer*. London: Karnac.
Klein, M. (1961) *Narrative of a Child Analysis*. London: Hogarth Press.
Meltzer, D. (1967) *The Psychoanalytical Process*. London: Heinemann.
—— (1968) 'Terror, persecution and dread', *Int. J. Psycho-Anal.* 49: 396-400.
—— (1973) *Sexual States of Mind*. Strath Tay: Clunie Press.
—— (1978) *The Kleinian Development*. Strath Tay: Clunie Press.
—— (1984) *Dream Life: A Re-examination of Psychoanalytic Theory and Technique*. Strath Tay: Clunie Press.
—— (1986) *Studies in Extended Metapsychology A Clinical Application of Bion's Ideas*. Strath Tay: Clunie Press.
—— (1992) *The Claustrum: An Investigation of Claustrophobic Phenomena*. Strath Tay: Clunie Press
Meltzer, D., Bremner, J., Hoxter, S., Weddell, D. and Wittenberg, I. (1975) *Explorations in Autism: A Psychoanalytic Study*. Strath Tay: Clunie Press.

Meltzer, D. and Williams, M. (1988) *The Apprehension of Beauty: The Role of Aesthetic Conflict in Development, Art and Violence.* Strath Tay: Clunie Press.

Rosenfeld, H. (1971) 'A clinical approach to the psychoanalytical theory of the life and death instincts: An investigation into the aggressive aspects of narcissism', *Int. J. Psycho-Anal.* 52: 169-178.

记忆与欲望 | Memory and desire

弗洛伊德在他的技术论文中建议发展"均匀悬浮注意（evenly-suspended attention）"（Freud, 1912），这被比昂避免"记忆"和"欲望"的建议所扩充（Bion, 1967a, 1967b, 1970, 1992）。"精神分析的观察，"比昂说，"既不关心已经发生的事情，也不关心将要发生的事情，而是关心正在发生的事情。"（Bion, 1967a, p. 17）只有通过这种方式，才能让会谈中当前的精神现实得以发展和被知晓。比昂用符号"O"代表精神现实，并这样描述它："我将用符号O来代表终极现实，表征诸如终极现实、绝对真理、神性、无限、事物本身等术语。"（Bion, 1970, p. 26）

Bion, W. R. (1967a) 'Notes on memory and desire', *Psychoanal. Forum* 2: 272-280; reprinted in E. B. Spillius (ed.) *Melanie Klein Today*, Vol. 2. London: Routledge (1988), pp. 17-21.

—— (1967b) *Second Thoughts*. London: Heinemann, pp. 143-146.

—— (1970) *Attention and Interpretation*. London: Tavistock, pp. 41-54.

—— (1992) *Cogitations*. (F. Bion, ed.) London: Karnac, pp. 294-296.

Freud, S. (1912) 'Recommendations to physicians practising psycho-analysis', *S.E.* 12. London: Hogarth Press, pp. 111-120.

心身问题 | Mind-body problem

心身关系是核心哲学问题，也是心理学家面临的问题，对精神科治疗、药物治疗以及心理治疗具有深远的影响。对于哲学家来说，这个问题一直难以解决，而心理学也许能够为哲学提供信息。

心理学家对伟大的笛卡尔二分法充满挣扎和争执，弗洛伊德也不例外。他受到19世纪自然科学——包括生理学——的卓越成果和进步的影响；而另一方面，德国"自然哲学"的浪漫主义传统，则强调黑格尔式的对哲学问题的形而上学和内省方法。二分法是指，从大脑运作的客观研究来理解心智，还是从个人经验的主观心理来理解心智。前者将心智视为决定大脑运作的基本身体与生理过程的附带现象——心智是神经生理学的副产品。19世纪90年代，当弗洛伊德开始思考无意识并有所发现时，他受到了生理心理学的吸引。在他去世后才出版的《科学心理学大纲》（Freud, 1895）中，他试图为心理功能建立生理模型。然而，这个项目被放弃了，因为"神经学家弗洛伊德被心理学家弗洛伊德超越"（Strachey, 1957, p. 163）。

弗洛伊德对心身关系的生理学观点感到不适，因为这违背了他与病人的临床经验；根据贝特尔海姆（Bettelheim）对弗洛伊德德语原作的研究，它也违背了德国人文主义哲学传统（Bettelheim, 1983）。弗洛伊德从未完全摆脱他一开始研究的生理心理学，作为神经学家的弗洛伊德和作为心理学家的弗洛伊德充分融合，使得萨洛韦（Sulloway, 1979）强调弗洛伊德的生物学面向，而贝特尔海姆则强调弗洛伊德的人文主义；两人都同样具有说服力，却也都没有真正令人信服（Young, 1986）。扬（Young, 1986）认为弗洛伊德所缺乏的，是我们至今仍在进行的工作，是我们得以讨论心智和身体的语言，事实上就是"人"（Strawson, 1959）。

心身并行论：弗洛伊德关于心身问题的立场在哲学上被称为心身并行论。心智和大脑同时存在，两者都以自己的方式运作。一方的工作不能转化为或简化为另一方的工作。大脑的运作过程是首要且决定性的，但心理事件和结构不能简化为大脑的运作过程。然而，它们必须相互关联，弗洛伊德从未拒绝二者之间的可能未来联系。但是为了发展他无意识和心智的心理学，弗洛伊德聚焦在了特定研究领域的心智主义理论上，他称之为精神现实，而忽略了它如何与大脑相关联的问题。

互动论：我们有可能采取进一步的哲学立场，认为心智诞生于大脑活动，而反过来大脑活动可能被心智所操纵。弗洛伊德及克莱因团体的后期成员，在20世纪30年代末和40年代初都在思考无意识幻想，他们指出，身体经验、本能的来源以及它们如何在无意识幻想的心智活动中得以展开，存在密切的相互作用，无意识幻想也与身体经验本身相当接近。因此，诸如饥饿等本能刺激，可以带来与"坏"客体有关的无意识幻想，坏客体带来了饥饿或胃部的疼痛。而心智也将无意识幻想作为防御策略，来对抗幻想中强烈的焦虑（Segal, 1964）。这些被阐述的防御幻想，特别在婴儿期的早期阶段，起源于身体功能。例如，排出粪便的身体活动用以启动驱逐坏客体的幻想。后来，更多的象征性表征，比如说一个人的坏话，仍然保留着与身体的联系。身体和心智之间的密切互动并不意味着精神分析就是哲学意义上的互动主义者，但它确实表明了身体和心智发展之间存在密切联系，而没有详述大脑的运作过程。

生物学和心理学：驱逐或体内化的幻想创造了自体感和身份感，而特定的幻想将自体的独特个性组合在一起。投射过程也创造了对周围社交世界的感知，反过来又通过内摄过程在个体中沉淀了社会形式。人类婴儿的发展是从身体满足的世界，进入符号和象征性满足的世界。这是从身体进入象征世界的成熟心智的渐进运动（见"α功能"）。这种运动发生在思想产生的过程中，也是心理发展的过程。这个过程在克莱因的无意识幻想的概念中虽然并未得到解释，但得到了很好的描述。

符号是身体各部位经验中固有的，因此是人类婴儿从出生起就具备的固有能力，他自身的感知表征着与客体的关系（见"无意识幻想"）。由于无论实际的客观情况如何，客体对婴儿来说都是存在的，在概念的心理世界中，它已经是符号。当婴儿能够感知客观现实时，该现实的意义是由心理表征的投注所产生。

Bettelheim, B. (1983) *Freud and Man's Soul*. London: Hogarth Press.

Freud, S. (1895) 'Project for a scientific psychology'. *S.E. 1*. London: Hogarth Press, pp. 283-397.
Segal, H. (1964) *Introduction to the Work of Melanie Klein*. London: Heinemann.
Strachey, J. (1957) 'Editor's note to "The Unconscious" ', *S.E. 14*. London: Hogarth Press, pp. 161-165.
Strawson, P. F. (1959) *Individuals: An Essay in Descriptive Metaphysics*. London: Methuen.
Sulloway, F. (1979) *Freud: Biologist of the Mind*. London: Burnett.
Young, R. (1986) 'Freud: Scientist and/or humanist', *Free Assoc.* 6: 7-35.

母亲 | Mother

克莱因的兴趣在于婴儿最早期的关系，以及这种客体关系如何支撑情感发展并影响后续的所有关系。克莱因提及的母亲是第一个喂养和照顾婴儿的人，她交替使用"母亲"和"乳房"这两个词（见"乳房"）。母亲也是婴儿最初认为与自己保持着排他关系的人（见"俄狄浦斯情结"）。克莱因对婴儿精神现实的理论基于她对儿童的观察，并从中反推。克莱因关心的是，理解婴儿最早与母亲/乳房的关系，以及怎样的扭曲会影响婴儿对母亲的感知。在生命最初的几周，婴儿通过身体产生的感知来认识母亲。克莱因认为，婴儿身体的感受被体验为对他有所意图的客体（见"内部客体"）。一开始就存在不同的"母亲"，这与婴儿对原初客体的不同体验有关。因此，存在"好"（满足的）的母亲和"坏"（剥夺或缺失）的母亲。这些"母亲"对应着彼此分离的"婴儿们"，也就是婴儿彼此分裂的分离体验状态，并且它们出于防御的目的，保持着彼此的分离（见"偏执-分裂心位""分裂"）。

哀悼 | Mourning

对克莱因来说，哀悼所涉及的精神运作是发展的一个基础且必要的部分。克莱因认为，在生命的任何阶段，哀悼涉及重新体验婴儿期的抑郁心位，包括失去童年的内部好客体,然后进行更新和恢复他们的痛苦工作。

弗洛伊德认为,忧郁者在内心背负着无法放弃的客体,而哀悼者则会设法放开这个客体,从而能够形成新的依恋。克莱因对内心世界有着更为复杂的概念,让人看到哀悼者能够以更为真实和独立的形式,在内部恢复丧失的所爱客体,在形成新依恋的任务中,自我得以增强而不是耗竭。

因此,当悲伤被充分体验,绝望达到顶峰时,对客体的爱随之涌现,哀悼者更强烈地感受到,无论是内部或外部,生活终究会继续,丧失的所爱客体得以留存在内心。在这个阶段,哀悼中的痛苦变得富有成效。我们知道,所有形式的痛苦经历有时会激发升华,甚至会给某些人带来全新的天赋……有些人开始更能欣赏周遭的人与事,在与他人的关系中更加宽容——他们变得更为智慧了……似乎在哀悼过程中的每一步前进,都会深化个体与其内部客体的关系。

(Klein, 1940, p. 360)

见"抑郁心位""丧失"。

Klein, M. (1940) 'Mourning and its relation to manic-depressive states', in *The Writings of Melanie Klein*, Vol. 1. London: Hogarth Press, pp. 344-369.

不可名状的恐惧 | Nameless dread

这是卡林·斯蒂芬(Karin Stephen, 1941)提出的术语,用来描述婴儿期极度的焦虑:"在童年时期对本能张力的无力恐惧。"(p. 181)后来,比昂赋予了"不可名状的恐惧"更为全面而具体的含义,他描述,无意义的恐惧状态来自婴儿和没有"遐想"能力的母亲在 起的情况(见"遐想")。"遐想"的概念源于比昂的涵容理论(见"容器/被涵容")。当母亲无法涵容婴儿的恐惧和赋予它意义时,这个"投射性认同-拒绝-客体"(见"思考和知识")剥夺了婴儿体验的意义,因此,他"重新投射,不是因为对死亡的恐惧变得可以忍受,而是出于不可名状的恐惧"(Bion, 1962a, p. 116)。随着投射失败的反复出现，婴儿以同样的方式内摄而形成了内部客体；该客体破坏了意义，并将主体留在神秘的无意义世界里。

> 实际上，这意味着病人感觉自己不是被真实客体和事物本身所包围，而是被怪异客体包围，它们之所以真实，仅仅因为它们是想法和概念的残余，已然被剥夺了意义并被驱逐。
>
> (Bion, 1962b, p. 99)

剥夺意义的内部客体产生了超我，对个体的行为发出充满仇恨而无意义的禁令。

Bion, W. R. (1962a) 'A theory of thinking', *Int. J. Psycho-Anal.* 43: 306-310; republished in *Second Thoughts*. London: Heinemann (1967), pp. 110-119.
—— (1962b) *Learning from Experience*. London: Heinemann.
Stephen, K. (1941) 'Aggression in early childhood', *Br. J. Med. Psychol.* 18: 178-190.

自恋 | Narcissism

关于自恋的本质，克莱因明显地背离弗洛伊德。弗洛伊德（1914）概述了自恋的几个方面。

- **原发自恋**（primary narcissism）是这样一个阶段，在这个阶段，婴儿的自我作为新统一体，被视为力比多爱的首个客体。这一阶段出现于自体性欲之后和客体爱之前：它使得自体性欲的本能达到统一。正是从永远不可能完全超越的基本位置开始，力比多扩展至客体。原发自恋被认为是无客体的，且先于婴儿对独立客体的认知（Freud, 1914）。正如克莱因（1952a）和其他作者（Laplanche & Pontalis, 1973; Segal & Bell, 1991）指出的，弗洛伊德的这一说法并不明确。然而，他在后期的工作中进一步确立了这一观点，他提出将子宫内的存在作为无客体状态的模型（Freud, 1921）。
- **继发自恋**（secondary narcissism）是指由于感到丧失或某种轻微的威胁，对客体感到失望，爱（力比多）从客体撤回至对自我的自恋爱。从客体到自我的强烈力比多撤回，被认为在精神病中发挥作用，它相当于从外部现实中撤回（Abraham, 1908; Freud, 1915）。
- **自恋的客体选择**（narcissistic object-choice）是指自我爱与自我相似的客体（Freud, 1910, 1914）。

在早期作品中，克莱因偶尔提及对弗洛伊德无客体原发自恋阶段的赞同，尽管她的主张中有明显的矛盾，例如，"俄狄浦斯冲突的开始和随之而来的施虐自慰幻想诞生于自恋阶段"（Klein, 1932, p. 171）。相反，在她1925年关于抽动的论文中，她公然反对费伦齐的观点，费伦齐认为抽动是无法分析的原发自恋症状。而她断言只要揭示"它所基于的客体关系"，抽动就可以被分析（1925, p. 121），她揭示了一位病人对内部父母性交的多重施虐幻想。在提出偏执-分裂心位和自恋性部分客体关系的概念后，克莱因对无客体原发自恋阶段概念隐含的不认同愈发明显。在《移情的起源》中，她写道：

> 多年来，我一直认为，婴儿的自体性欲和自恋，与婴儿和第一个客体的关系——外部的和内化的——是同时发生的……这一假设与弗洛伊德排除了客体关系的自体性欲和自恋阶段相矛盾。
>
> （1952a, p. 51）

这也许是克莱因与经典精神分析和自我心理学最根本的理论区别（见"美国精神分析与克莱因的关系"），克莱因在1952年写道：

> 对幼儿的分析教会了我，没有什么本能渴望、焦虑情形和心理过程不涉及客体，外部的和内部的；换言之，客体关系是情感生活的中心。
>
> （1925a, p. 53）

克莱因关于自恋的观点

<u>自恋状态和撤回</u>：克莱因指出，自体性欲和自恋意味着"对内化好客体的爱与关系，在幻想中构成了被爱着的身体和自体的一部分"（1952a, p. 51）。她进一步断言，在自体性欲满足和自恋状态中，都有撤回到内部客体的状态。她通过宝拉·海曼对一个婴儿的详细观察来说明这种撤回，这个婴儿只有在先吮吸她的手指得到自体性欲的满足后，才肯吮吸母亲的乳房。克莱因写道：

> ……自恋的回撤是由于与母亲关系的失调引起的……通过吮吸它们（她的手指），婴儿重新建立与内部乳房的关系，从而重新获得了足够的安全感，因此恢复了与外部乳房和母亲的良好关系。
>
> （1952b, p. 103）

与弗洛伊德不同的是，从外部撤回内部，并不是离开客体到自我，更确切地说是从外部客体撤回至自我的内化客体，到自恋状态。宝拉·海曼指出了这种情况的复杂性。拥有体内化好乳房的婴儿，将他的手指认同为被体内化的乳房。他可以通过吮吸自己的手指来独立产生满足，并通过这样做转向他内化的好乳房（Heimann, 1952, p. 146）。

<u>自恋性客体关系（narcissistic object-relations）</u>：在《对某些类分裂机制的评论》一文中（1946），克莱因区分了自恋状态以及自恋性客体关系和结构（Segal, 1983）。自恋状态是撤回至内摄的客体。克莱因更直接地将自恋性客体关系，与投射性认同在偏执－分裂心位之分裂结构中的作用联系起来。她坚称，分裂样的部分客体关系本质上是自恋的。克莱因写道，好与坏的部分都存在投射。好的部分，比如自我理想被投射出去，结果导致另一个人被爱和仰慕，因为这个人包含着自体中好的部分。与之类似，坏的部分被投射，客体被认同为自体中坏的部分。自恋性客体关系有强烈的控制元素，因为被投射的自体部分现在通过控制他人而得到控制。

克莱因强调投射性认同是偏执－分裂心位中处理迫害性焦虑和死本能的手段，把自恋性客体关系与焦虑、攻击性和死本能联系了起来。

<u>自恋和嫉毁</u>：西格尔（Segal, 1983）指出，克莱因并未将自恋和嫉毁直接联系起来。然而，在《嫉毁与感恩》中（1957），克莱因充分描述了投射性认同如

何贯穿在嫉毁目标的实施以及对嫉毁的防御中,例如进入客体并占有它的好品质。西格尔阐明了在克莱因自己的作品中隐含的部分。

> 克莱因将原发嫉毁描述为,由于意识到生命和美好的源泉在外部,而产生的破坏性敌意。在我看来,嫉毁和自恋如同一枚硬币的两面。
>
> (1983, p. 270)

病理性自恋:在赫伯特·罗森菲尔德关于"力比多"和"破坏性"自恋(1964)的开创性贡献中,嫉毁、破坏性和病理性自恋之间的联系得到了最为充分的概念发展。区分"正常的投射性认同"和"病理性投射性认同"(见"投射性认同")很重要。比昂(Bion, 1957, 1959)和罗森菲尔德(Rosenfeld, 1964)根据幻想中全能的程度,区分了正常的和暴力的投射性认同。当幻想是全能的,部分自体与客体的认同导致它们之间的边界消失,从而感受到个体即他者(见"全能")。罗森菲尔德区分了病理性自恋的两个方面,力比多的和破坏性的。

- **力比多自恋**:依赖产生了挫败感,从而导致攻击、偏执性焦虑和痛苦。这也激起了嫉毁,对婴儿来说尤为难以忍受,因为嫉毁增加了承认依赖和挫败的困难(Rosenfeld, 1964, p. 171)。自体同时通过全能内摄和投射性认同,来处理对两种情形的觉察,自体通过全能的内摄性认同或强行的投射性认同来占有所渴望的客体特质(Rosenfeld, 1964, p. 171)。这两个过程都创造出全能的或狂热的自我理想,从而对分离本身、嫉毁和挫败的觉察被否认。自恋性客体关系也涉及将不想要的特质和感受投射到客体中:分析师常常被想成和关联为"厕所"母亲(Rosenfeld, 1964, p. 171)。自恋状态被病人体验为理想状态:所有的不愉快都被疏散给分析师,而每一个满足或有价值的体验,例如分析师带来解脱的能力,都被病人全能地占有,他感到自己拥有所有的好。结果,对精神现实的意识被严重阻碍。力比多自恋主要以牺牲客体为代价来获得。
- **破坏性自恋**:主要以牺牲依赖的或力比多自体为代价。它基于对自体的破坏性部分或"坏"部分的全能理想化，导致它对抗所有积极的力比多客体关系，或者任何需要依赖客体的力比多部分自体（Rosenfeld, 1971, p. 246）。力比多自恋和破坏性自恋同时运作。罗森菲尔德将主导的破坏性自恋与更为暴力的嫉毁联系在一起，认为二者表现为强烈的想要摧毁分析师的愿望，因为在移情中分析师代表生命之源；以及，极端暴力的自体摧毁冲动（1971, p. 247）。一些病人的破坏性自恋如此占主导地位，以至于他们试图通过杀死充满爱和依赖的自体，来摆脱他们对客体的爱和关切。

罗森菲尔德借鉴了梅尔泽（Meltzer, 1968）的观点，即关于破坏性自恋组织的力量及其对受困的依赖性自体的诱惑性暴政的观点，展示了自体中破坏性的部分如何高度组织化并表现得像帮派，就像黑手党一样。其中的成员彼此忠诚，并效忠于领导，使得破坏性的工作更具效果和影响力，被理想化为高人一等。而想改变和想得到帮助，被体验为虚弱和失败。通常，对破坏性组织的倒错色情化，会增加它的诱惑性和它对人格中其余部分的支配力（1971, p. 249）。这种破坏性，清楚地表现为对分析坚决而慢性的阻抗，力比多自体过于虚弱，无法对抗破坏性过程。临床上，关键在于找到触及力比多自体的途径，分析全能过程的婴儿化本质。

在罗森菲尔德（Rosenfeld, 1964, 1971）的重要论文中，他将嫉毁视为高度全能认同，以及发展力比多自恋和破坏性自恋背后主要的推动因素。在他后期的工作中（1987），罗森菲尔德（Rosenfeld, 1987）更为明确地提到了诸如创伤和涵容失败等环境因素在病理性自恋发展中所起的作用。

在《僵局与解释》（1987）一书中，罗森菲尔德介绍了"薄脸皮"自恋和"厚脸皮"自恋的区别。后者对人的感受不敏感，似乎受到破坏性自恋的支配。罗森菲尔德指出，对此类病人必须坚定地面质嫉毁，以避免分析治疗陷入僵局。相比而言，薄脸皮自恋过分敏感且容易受伤，不受破坏性自恋的支配。罗森菲尔德认为，此类病人的自恋主要是对幼年自尊反复受到创伤的补偿，其次是战胜父母和分析师的途径。然而，如果认为它们是对自恋破坏性部分的认同，就会导致对病人的再次创伤，令分析治疗陷入僵局。

当代克莱因学派视角：约翰·斯坦纳的观点受到一些当代克莱因学派的支持，这个观点认为，罗森菲尔德重点强调病理性自恋中创伤和父母侵入的作用，这令他对分析僵局的原因有过度确定的性质，失去了早期的客观性和平衡感。斯坦纳认为，罗森菲尔德将创伤自恋病人的僵局过分地归因于分析师的解释态度（Steiner, 2008）。

当代克莱因学派的另一个争论，是关于罗森菲尔德区分力比多自恋和破坏性自恋的有效性。罗森菲尔德的破坏性自恋理论作为重要贡献，受到了广泛认可。然而，汉娜·西格尔质疑他的力比多自恋概念。在西格尔看来，自恋和嫉毁是一体两面。这意味着自恋总是破坏性的，因为它对独立的客体以及任何赋予生命的关系都怀有敌意（Segal, 2007）。相反，罗纳德·布里顿则认为，在临床的每个时刻区分自恋主要是力比多/防御的，还是敌意/破坏性的，是有用的。在他看来：

> 自恋性客体关系的形成可以被一种愿望所驱动，这种愿望通过使爱的客体看起来像自体一样来保存爱的能力。自恋性客体关系的形成也可以是为了消灭代表他者的客体。
>
> （Britton, 2003, p. 157）

自恋性格结构：通过使用克莱因（1935）新提出的躁狂性防御和对依赖的否认概念，琼·里维埃（Joan Riviere, 1936）最先提出了克莱因学派关于高度抗拒变化的自恋性格组织的构想。后来，梅尔泽（Meltzer, 1968）和莫尼－克尔（Money-Kyrle, 1969）描述了这个在全能的"疯狂"和"坏"自体，以及陷入困境的"清醒"自体之间建构起的人格。罗森菲尔德展示了这一组织的稳定性和复杂性，以及它在理解边缘谱系病人上的相关性。罗森菲尔德运用克莱因后期关于偏执－分裂心位病理性因素的构想（1946, 1957），诸如过度的嫉毁和暴力的投射性认同，来发展自身的理论。

20世纪70年代和80年代，涌现了一批受到罗森菲尔德影响的克莱因学派作者，他们构想出了病理性人格组织，它的形成是为了约束早期破坏性倾向的灾难性后果（Segal, 1972; O'Shaughnessy, 1981; Steiner, 1981; Joseph, 1982; Brenman, 1985; Sohn, 1985）。约翰·斯坦纳提出的病理性组织及后来的精神撤退（Steiner, 1993），整合了这些贡献的各个方面，并在其构想中充分吸收了罗森菲尔德的病理性自恋理论（见"病理性组织"）。

Abraham, K. (1908) 'The psycho-sexual differences between hysteria and dementiapraecox', in *Selected Papers of Karl Abraham*. London: Hogarth Press (1927), pp. 73-75.
Bion, W. (1957) 'Differentiation of the psychotic from the non-psychotic personalities', *Int. J. Psycho-Anal.* 38: 266-275.
—— (1959) 'Attacks on linking', *Int. J. Psycho-Anal.* 40: 308-315.
Brenman, E. (1985) 'Cruelty and narrow-mindedness', *Int. J. Psycho-Anal.* 66: 273-281.
Britton, R. (2003) 'Narcissism and narcissistic disorders', in *Sex, Death. and the Superego*. London: Karnac, pp. 151-164.
Freud, S. (1910) 'Leonardo da Vinci and a memory of his childhood', *S.E. 11.*, London: Hogarth Press, pp. 59-137.
—— (1914) 'On narcissism', *S.E. 14*. London: Hogarth Press, pp. 67-102.
—— (1917) 'Mourning and melancholia', *S.E. 14*. London: Hogarth Press, pp.,237-258.
—— (1921) 'Group psychology and the analysis of the ego', *S.E. 18*. London: Hogarth Press, pp. 67-134.
Heimann, P. (1952) 'Certain functions of introjection and projection in early infancy', in M. Klein, P. Heimann, S. Isaacs and J. Riviere (eds) *Developments in Psycho-Analysis*. London: Hogarth Press (1952), pp. 122-168.
Joseph, B. (1982) 'Addiction to near death', *Int. J. Psycho-Anal.* 63: 449-456.
Klein, M. (1925) 'A contribution to the psychogenesis of tics', in *The Writings of Melanie Klein,* Vol. 1. London: Hogarth Press, pp. 106-127.
—— (1932) *The Psychoanalysis of Children. The Writings of Melanie Klein*, Vol. 2. London: Hogarth Press.
—— (1935) 'A contribution to the psychogenesis of manic-depressive states', *Int. J. Psycho-Anal.* 16: 145-174.
—— (1946) 'Notes on some schizoid mechanisms', in *The Writings of Melanie Klein*, Vol. 3. London: Hogarth Press, pp. 1-24.
—— (1952a) 'The origins of transference', in *The Writings of Melanie Klein*, Vol. 3. London: Hogarth Press, pp. 48-56.
—— (1952b) 'On observing the behaviour of young infants', in *The Writings of*

Melanie Klein, Vol. 3. London: Hogarth Press, pp. 94-121.
—— (1957) 'Envy and gratitude', in *The Writings of Melanie Klein*, Vol. 3. London: Hogarth Press, pp. 176-235.
Laplanche, J. and Pontalis, J.-B. (1973) *The Language of Psycho-Analysis.* London: Hogarth Press.
Meltzer, D. (1968) 'Terror, persecution, dread', *Int. J. Psycho-Anal.* 49: 396-400.
Money-Kyrle, R. (1969) 'On the fear of insanity', in *The Collected Papers of Roger Money-Kyrle*. Strath Tay: Clunie Press (1978), pp. 434-441.
O'Shaughnessy, E. (1981) 'A clinical study of a defensive organisation', *Int. J. Psycho-Anal.* 62: 359-369.
Riviere, J. (1936) 'A contribution to the analysis of the negative therapeutic reaction', *Int. J. Psycho-Anal.* 17: 304-320.
Rosenfeld, H. (1964) 'On the psychopathology of narcissism', *Int. J. Psycho-Anal.* 45: 332-337; republished in *Psychotic States*. London: Hogarth Press (1965), pp. 169-179.
—— (1971) 'A clinical approach to the psycho-analytical theory of the life and death instincts: An investigation into the aggressive aspects of narcissism', *Int. J. Psycho-Anal.* 52: 169-178; reprinted in E. B. Spillius (ed.) *Melanie Klein Today*, Vol. 1. London: Routledge (1988), pp. 239-255.
—— (1987) *Impasse and Interpretation*. London: Tavistock.
Segal, H. (1972) 'A delusional system as a defence against the re-emergence of a catastrophic situation', *Int. J. Psycho-Anal.* 53: 393-401.
—— (1983) 'Some clinical implications of Melanie Klein's work', *Int. J. Psycho-Anal.* 64: 269-276.
Segal, H. and Bell, D. (1991) 'The theory of narcissism in the work of Freud and Klein', in J. Sandler (ed.) Freud's: *'On Narcissism: an Introduction'*. London: Yale University Press, pp. 149-174.
—— (2007) 'Narcissism: Comments on Ronald Britton's paper', in *Yesterday, Today and Tomorrow*. London: Routledge, pp. 230-234.
Sohn, L. (1985) 'Narcissistic organization, projective identification and the formation of the identificate', *Int. J. Psycho-Anal.* 66: 201-213.
Steiner, J. (1981) 'Perverse relationships between parts of the self', *Int. J. Psycho-Anal.* 63: 15-22.
—— (1993) *Psychic Retreats: Pathological Organizations in Psychotic, Neurotic and Borderline Patients*. London: Routledge.
—— (2008) 'A personal review of Rosenfeld's contributions to clinical

psychoanalysis', in *Rosenfeld in Retrospect: Essays on his Clinical Influence*. London: Routledge, pp. 58-84.

负性治疗反应 | Negative therapeutic reaction

弗洛伊德开始惊愕地意识到，一些病人对分析性解释反应不佳；尽管是好的解释，这些病人反而变得更糟，而不是好转。弗洛伊德被狼人触怒了，因为他"……习惯性地出现短暂的'负性反应'；每当某些事情最终得到澄清，狼人都试图去否认治疗效果"（Freud, 1917, p. 69）。这种负性反应被理解为病人对医生优越感的挑衅，但是随后不久，弗洛伊德发现这个解释并不足够。

> 有些人在分析工作中表现得很不寻常。当治疗师满怀希望地对他们说话，或者表示对治疗进展的满意时，病人却流露出不满的迹象，而且他们的情况必然会恶化。我们一开始认为，这是病人对医生的反叛，并试图证明自己比医生更胜一筹，但是后来，我们的观点变得更为深入和公正。我们更加确信，这些人不仅无法忍受任何的赞美或欣赏，而且会对治疗的进展做出相反的反应。每一种应该有结果的局部方法，对其他人来说确实会导致症状的改善或暂时停止，但对他们来说，则是疾病的暂时恶化；这些病人的病情在治疗期间没有变得更好，反而是变得更糟。他们表现出所谓的"负性治疗反应"。
>
> （Freud, 1923, p. 49）

自1923年以来，人们一直在努力去理解这个问题。基本上，我们对负性治疗反应有两种解释，弗洛伊德已有表述：要么表达无意识内疚，要么攻击分析师。

与病人无意识内疚有关的解释：里维埃在1936年有一篇重要的文献《对分析负性治疗反应的贡献》。在负性治疗反应中，里维埃强调与无意识内疚相关的客体关系的重要性——害怕要为好客体受损或死亡负责，尤其是内化的好客体（见"抑郁心位"）。她特别警告分析师不要过度解释攻击性冲动，这很可能会导致更多的负性治疗反应。她还认为，对于内疚和抑郁的病人而言，照顾他受损的内部客体的责任比让他接受任何帮助都更重要。

与攻击分析师有关的解释：病人攻击分析师，通常是因为嫉毁分析师能够理解和帮助自己。亚伯拉罕、霍妮、克莱因和罗森菲尔德是使用嫉毁攻击来解释负性治疗反应观点的主要支持者。

亚伯拉罕（Abraham, 1919）和弗洛伊德一样，发现那些表现出负性治疗反应的病人，不愿分析师对治疗进展做出任何积极的评价，这是因为病人需要表现得高人一等、阻止分析师做任何聪明的事情。亚伯拉罕将负性治疗反应主要归结为病人的嫉毁，认为这具有肛门特征。

卡伦·霍妮（Karen Horney, 1936）仔细回顾了病人的行为后，认为负性治疗反应主要是病人对分析师的嫉毁性攻击。

克莱因将负性治疗反应归因于病人对分析师的嫉毁（1957, pp. 217, 220, 222），她不仅说它是对有益解释的反应，而且描述了分析师在治疗中如何解决负性治疗反应。她说分析师可以慢慢地、逐渐地与病人一起，将病人的嫉毁与爱的感觉整合在一起。

> 因此，病人变得更容易接受分裂出去的部分（嫉毁与破坏性），越来越能抑制对所爱客体的破坏性冲动，而不是分裂自体。这意味着，对分析师的投射——将他变成危险并具有报复心的形象——也减少了，而分析师反过来发现更容易帮助病人进一步整合。也就是说，负性治疗反应的强度正在减弱。
>
> （Klein, 1957, p. 225）

罗森菲尔德（Rosenfeld, 1964, 1971, 1975, 1987）尤其关注病人自恋的、破坏性方面的作用，这个部分涉及他（病人）对分析师的嫉毁和负性治疗反应。

罗森菲尔德由此提出破坏性自恋的观点，其中涉及弗洛伊德的死本能概念，罗森菲尔德认为，死本能"与负性治疗反应尤为相关"（Rosenfeld, 1971）。在1975年和1987年，他提出了有关病人自恋的、破坏性部分的观点。

> ……这种全能存在被体验为，甚至拟人化为好朋友或权威（guru），他们利用强有力的建议和宣传手段来维持现状，这个过程通

常是无声的，且经常引发混淆。

(Rosenfeld, 1987, p. 87)

分析师努力向病人表明，病人实际上受全能感支配和囚禁，而分析师也很快意识到，自己和非常原始的超我打交道，它攻击分析师，同时贬低病人想与分析师建立建设性关系的能力和愿望。有人可能会说，分析变成分析师与病人非常原始的超我之间抢夺病人灵魂的斗争。罗森菲尔德说："在这个过程中，最让人困惑的元素是，全能的关系结构以及嫉毁的破坏性超我成功伪装成了仁慈的形象。"

(Rosenfeld, 1987, p. 88)

然而，罗森菲尔德（Rosenfeld, 1975）和埃切戈扬等人（Etchegoyen et al., 1987）也指出有必要区分：病人的负性治疗反应究竟是源自嫉毁冲动以破坏分析师的最大努力，还是病人对分析师错误解释的反应（或许同样是负性反应），因为它们是来自分析师的防御性解释。罗森菲尔德对破坏性自恋和非常原始超我的分析，后来被斯坦纳与其他人继承，用以研究人格的病理性组织（Steiner, 1987, 1993；见"病理性组织"）。

Abraham, K. (1919) 'A particular form of neurotic resistance against the psychoanalytic method', in *Selected Papers on Psycho-Analysis*. London: Hogarth Press (1927), pp. 303-311.

Etchegoyen, H., Lopez, B. and Rabih, M. (1987) 'Envy and how to interpret it', *Int. J. Psycho-Anal.* 68: 49-61.

Freud, S. (1917) 'From the history of an infantile neurosis', *S.E. 17*. London: Hogarth Press, pp. 3-123.

—— (1923) 'The ego and the id', *S.E. 19*. London: Hogarth Press, pp. 3-66.

Horney, K. (1936) 'The problem of the negative therapeutic reaction', *Psycho-Anal. Q.* 5: 29-44.

Klein, M. (1957) 'Envy and gratitude', in *The Writings of Melanie Klein*, Vol. 3. London: Hogarth Press, pp. 176-235.

Riviere, J. (1936) 'A contribution to the analysis of the negative therapeutic reaction', *Int. J. Psycho-Anal.* 17: 304-320.

Rosenfeld, H. (1964) 'On the psychopathology of narcissism: A clinical approach', *Int. J. Psycho-Anal.* 45: 332-337.
—— (1971) 'A clinical approach to the psycho-analytical theory of the life and death instincts: An investigation into the aggressive aspects of narcissism', *Int. J. Psycho-Anal.* 52: 169-178.
—— (1975) 'Negative therapeutic reaction', in P. Giovacchini (ed.) *Tactics and Techniques in Psycho-Analytic Therapy*, Vol. 2. New York: Jason Aronson, pp. 217-228.
—— (1987) *Impasse and Interpretation*. London: Tavistock.
Steiner, J. (1987) 'Interplay between pathological organizations and the paranoid-schizoid and depressive positions', *Int. J. Psycho-Anal.* 68: 69-80.
—— (1993) *Psychic Retreats: Pathological Organizations in Psychotic, Neurotic and Borderline Patients*. London: Routledge.

客体关系学派 | Object-Relations School

术语"客体关系"悄无声息地来到克莱因读者眼前。"客体关系"最终产生了完整的精神分析理论，在英国精神分析学会中尤其核心。缺乏精确定义十分重要，因为这为该术语的多种应用提供了机会。可以依据说话者与语境的不同，来广泛使用这个术语，但这个术语的主要用法特指费尔贝恩、温尼科特和巴林特的理论，更普遍的是指独立学派理论。然而，克莱因学派以及许多当代弗洛伊德学派的分析师，也坚持他们在各自的方法中处理客体关系。

因此客体关系学派包含了许多不同的理论观点，通常指那些主要关注客体状态与特征的英国分析师。它与经典精神分析或自我心理学派形成对比，后者更关注那些构成兴趣"能量"的本能冲动（见"美国精神分析与克莱因的关系"）。

客体关系学派特别包括费尔贝恩、温尼科特和巴林特，通常还包括英国精神分析学会中所谓的独立学派精神分析师（Kohon, 1986）。他们的共同点是倾向于忽略本能能量的"经济"方面，这种倾向让这些分析师有别于自我心理学家。克莱因因接受死本能而与众不同。英国精神分析学会有两种走向：一种是费尔贝恩的框架,明确指出人类根本不是在寻求快乐,而是在寻求客体;还有就是各种中间立场——双因素理论(Eagle, 1984),把对客体的强调与本能理论结合起来。而所有这些都从克莱因那里获得部分灵感。

许多英国精神分析师声称,克莱因不属于真正的客体关系学派(例如Kohon, 1986)。他们把这个术语留给了费尔贝恩、温尼科特和巴林特。例如,冈特里普(Guntrip, 1961)为推动费尔贝恩思想,勾勒出过去50年精神分析理论进展的特定地图。这张图自弗洛伊德科学神经学开始,延伸并发展至完整的、不受生物学影响的心理学理论。尽管有些夸张,冈特里普强调的维度都是这张图的显著特点。格林伯格和米切尔(Greenberg & Mitchell, 1983)也将之描述为,"驱力/结构模型"和"关系/结构模型"之间的对比。

无论是弗洛伊德开始的科学"生物论",还是费尔贝恩(和冈特里普)的纯粹"心理论",都是极端观点。人类同时既是生物学的,又是心理学的,而弗洛伊德严格的生物学解释以及费尔贝恩排斥本能的心理学最终都犯了同样错误,二者都想将整体维度(生物学-心理学)还原成单一而简化的研究领域。不幸的是,人类心灵恰好痛苦地处在整个维度上(见"心身问题"),精神分析理论需要反思这种辩证关系。当然,克莱因在这个困境中也同样分裂,因为她不断地试图平衡她对病人体验的忠诚和她对弗洛伊德科学宗旨的忠诚。她仍然不安地在生物学与心理学之间徘徊。

客体关系理论开端:随着弗洛伊德被迫越来越重视移情(见"移情"),病人的关系也越来越受到重视。移情关系是精神分析实践的基石,以实践为基础的理论(似乎是英国精神分析的特点)必然将移情关系日益推向理论和实践的中心;这就需要将自我与客体的关系移到前景中来。

活现的移情:朵拉的案例给弗洛伊德出了个难题,因为他原本打算将朵拉作为日后发表的案例。但朵拉3个月后过早退出治疗,他不得不认真思索到底哪里出了问题。他意识到,他没有充分察觉到负性移情的存在,也没有意识到在病人与分析师的活现中,关系是如何以极其真实的方式被感知的(Freud, 1905)。

然而,弗洛伊德治疗另一类病人遇到的问题,让他更坚定地走上最终将(他人)引向客体关系取向的道路。他发现,精神病性病人无法与他发展出恰当的移情。自朵拉个案起,他可能一直担心自己错过移情的元素,但实际上,他认为是精神分裂症的本质使这些病人无法向分析师投注本能能量。分析师就不可能用此让病人克服阻抗。弗洛伊德根据法官施雷伯留下的回忆录来"分析"这位法官,认为这是唯一理解精神分裂症病人心智的方式(Freud, 1911)。他发现病人遭遇了"世界灾难",意思是,他完全丧失了对整个世界的兴趣,即没有将本能能量投注(灌注)到这个世界。相反,精神分裂症病人重新构建了充满妄想和幻觉的想象世界,似乎要去填补真实世界曾经存在的地方。这两个世界的分离,真实的和个人的,是客体关系观点的重要先驱(见"精神现实")。

自恋:此时弗洛伊德(大约1913年)把一些观点组合成全新的种类。他希望面质并推翻荣格的非力比多体验主张,这激发了他的灵感。荣格是一位拥有治疗精神病病人经验的精神科医生,弗洛伊德则没有这方面经验。弗洛伊德曾在神经疗养院工作过,治疗癔症(神经症)病人等,荣格渐渐远离精神分析运动,而弗洛伊德坚持不懈地去理解精神分裂症病人,为他们的疾病提出力比多理论。因此,弗洛伊德开始真正意识到,在某种意义上,个体自己或部分自体或他自己的想法,可以成为他自身本能能量的客体。自恋概念就此产生(Freud, 1914),由此最终产生了对力比多的投注对象——客体(自体或他人)——的兴趣。

客体内摄:第二个伟大创举是弗洛伊德1917年发表的《哀悼与忧郁》。一段时间以来,弗洛伊德一直与亚伯拉罕合作,努力去理解精神病。实际上,亚伯拉罕(Abraham, 1911)也写过关于这个主题的论文,与弗洛伊德写精神分裂症法官施雷伯的论文大约出自同一时期。然而,亚伯拉罕的论文是关于躁郁性精神病的,他比弗洛伊德有优势一些。躁郁性精神病的有趣之处在于它的间歇性特征。病人会经历几个阶段,当病情缓解时,他看起来接近正常。然后,亚伯拉罕着手分析这些处于缓解期的病人。他能否像分析神经症病人那样分析这些病人?他发现这是可行的(Abraham, 1924)。这让人对躁郁症而不是精神分裂症产生了兴趣,弗洛伊德关于哀悼与忧郁的论文组成了他自己对这个疾病的反思。在这篇论文中,有对哀悼和抑郁情况(躁郁性精神病)的优美描述,而且弗洛伊德的概念思考也有了极大发展。他指出,哀悼过程是缓慢的,个体逐步放弃对已丧失的所爱客体的投注。他也指出,临床上,忧郁状态在许多方面与哀悼很相似，也需要对已丧失的所爱客体的类似放弃。他认为，二者差异在于，忧郁症不会放弃客体，而是对客体做些非常不同的事情。个体在自我内部重建客体，并在内部继续与客体保持关联。弗洛伊德认为这么做的原因是，个体对所爱客体怀有特别强烈的恨意和愤怒，结果，强烈恨意和愤怒指向自我，就好像自我就是客体。他说："客体的影子降临在自我之上。"（Freud, 1917, p. 249）他称之为"认同"（见"认同""内摄"）。

在这一点上，弗洛伊德描述了客体现象学，而没有考虑本能驱力经济学。实际上，认同过程可以导致"自我的改变"，在这个十分有趣的发现之后，弗洛伊德（Freud, 1921）于四年后指出，群体心理学基于认同之上。弗洛伊德此时已经驾轻就熟——许多精神分析概念一开始作为病人病理现象而被发现，并逐渐被视为正常心理的基本要素，这正是许多精神分析概念经历的过程。

弗洛伊德的前进方向展示，超我的发展正是基于这种认同过程，个体需要在内部建立不得不被幼儿放弃的、俄狄浦斯期爱的客体（Freud, 1923）。自我的边界不仅对定向的本能能量是可渗透的，对客体也是可渗透的。

亚伯拉罕在1925年英年早逝前的短暂时间内，发展了弗洛伊德对内化过程的理解，尤其指出了内化过程与前生殖器期冲动的关联。他追随弗洛伊德提供的线索，这些线索包括：内摄与"食人"及口腔和施虐冲动有关，以及在"投射"或驱逐中存在一个与肛门冲动有关的镜映过程。一些基本防御机制与部分本能和相应的性欲区的融合，一定要看起来非常优雅，并暗示一个理论趋于完善。他认识到，内摄和投射主要关注客体的命运，客体位于自我内外，或在内外之间移动。他开始用细致而详细的例子填充这个理论，这些例子生动地体现在他对躁郁症病人的精神病理学研究中。

儿童分析：亚伯拉罕病逝后，推动力传递给了克莱因，他曾鼓励克莱因分析儿童，发展她自己的游戏技术，这个绝佳机会为她打开一扇窗，让她可以非常清晰地看到客体关系整个领域。她为儿童个案提供了一系列的物品（玩具），观察他们把玩具按照各种关系进行排列。然后，她就可以看到，本能的愿望以客体之间的关系、以最自然的方式呈现在她眼前——就像孩子们的游戏一样（见"儿童分析""技术"）。

克莱因学派客体关系理论：克莱因利用自己的游戏技术立即发现，病人与物品——他们的玩具——玩游戏，也与分析师这个人活现了戏剧。幼儿似乎都对物品本身怀有情感（见"爱"），即使是想象的。因此，克莱因从儿童的角度注意到，物品似乎是有生命的，惹人爱也充满爱意，令人害怕又让人怜悯等，这与弗洛伊德对物品的描述大相径庭。总的来说，在儿童心智中充满着与客体的紧张关系，这些以最万物有灵和拟人化的方式被构思出来。这些客体，甚至玩具，似乎都活了，有情感也会死亡。任何人在儿童游戏里都可以轻而易举地观察到这些现象，与朝被动客体释放本能的描述相对立。

客体与本能：克莱因对弗洛伊德本能理论的忠诚总是让她觉得，自己坚定而又安全地植根于弗洛伊德学派精神分析，但她开始描述病人对客体的体验，以及与客体有关的焦虑的心理内容。克莱因发现，当与客体有关的关系被源自力比多的冲动（口腔、肛门、生殖器）所确切定义时，就可以保留"客体"与"本能"这两个概念。她发现，儿童认为客体充满了意图和动机，这些意图和动机与儿童当前活跃的特定力比多冲动有关。口欲期婴儿或许觉得，挫折与报复中的客体可能会报复并咬自己。儿童与客体的关系是一种有参与者和故事情节的幻想。因此，客体是儿童幻想生活中的东西，不仅仅是满足本能的工具。当然它们也是后者。

要在客体关系与本能之间建立理论关联似乎很难，因此，1939年，英国精神分析学会成立了研究小组，称作内部客体小组；在战时，小组断断续续地碰面，努力理解并找到方法让客体关系的观点可信。小组根据工作结果，发表了一些论文［为"论战"做出了贡献；见"论战（1941—1945）"］。最重要的是苏珊·艾萨克斯的论文（Susan Isaacs, 1948），她描述了本能如何以幻想的形式在无意识心智中找到心智表达（无意识幻想）——一种关于与客体的关系的幻想（见"无意识"）。在克莱因的客体关系立场中，这是生物、心理以及最终的社会维度的结合。

Abraham, K. (1911) 'Notes on the psycho-analytic investigation and treatment of manic-depressive insanity and allied conditions', in *Selected Papers on Psychoanalysis*. London: Hogarth Press (1927), pp. 137-156.

—— (1924) 'A short study of the development of the libido', in *Selected Papers on Psycho-Analysis*. London: Hogarth Press (1927), pp. 418-501.

Eagle, M. (1984) *Recent Developments in Psychoanalysis*. New York: McGraw-Hill.

Freud, S. (1905) 'Fragment of an analysis of a case of hysteria', *S.E. 7*. London: Hogarth Press, pp. 3-122.

—— (1911) 'Psycho-analytic notes on an autobiographical account of a case of paranoia', *S.E. 12*. London: Hogarth Press, pp. 3-82.

—— (1914) 'On narcissism', *S.E. 14*. London: Hogarth Press, pp. 67-102.

—— (1917) 'Mourning and melancholia', *S.E. 14*. London: Hogarth Press, pp. 237-258.

—— (1921) 'Group psychology and analysis of the ego', *S.E. 18*. London: Hogarth Press, pp. 67-143.

—— (1923) 'The ego and the id', *S.E. 19*. London: Hogarth Press, pp. 3-66.

Greenberg, J. and Mitchell, S. (1983) *Object Relations in Psycho-Analytic Theory*. Cambridge, MA: Harvard University Press.

Guntrip, H. (1961) *Personality Structure and Human Interaction*. London: Hogarth Press.

Isaacs, S. (1948) 'The nature and function of phantasy', *Int. J. Psycho-Anal.* 29: 73-97.

Kohon, G. (1986) *The British School of Psychoanalysis: The Independent Tradition*. *London*: Free Association Books.

客体 | Objects

"客体"是个技术性术语，在精神分析中，这个词最初由弗洛伊德在驱力理论中使用，用以表示本能冲动指向的对象，即能量冲动释放的对象，可以是人或物。非人化的客体被认为只是为了让主体寻求快乐、满足、慰藉。弗洛伊德在1914年发表了《论自恋》，描述个体如何可能成为自己本能驱力的客体。弗洛伊德的作品不仅关注本能驱力，还有客体关系的心理层面。弗洛伊德在重要的论文《哀伤与忧郁》（1917）中，探索了爱与恨在处理重要他人（客体）丧失时的重要性。丧失的客体被内摄进自我，自我可以分为与客体认同的部分，以及与已丧失客体有关系的部分。弗洛伊德将这些观点发展成超我观点（1923），即自我的一部分，以原初客体的内化为基础，然后被分裂出去。亚伯拉罕（Abraham, 1924）关注对客体的投射与内摄，以及它们在自我内外之间的运动（见"卡尔·亚伯拉罕""内部客体""超我")。

克莱因：克莱因发展了与儿童工作的技术，她观察到儿童如何展现自己的本能愿望，他们通过赋予玩具以不同特征，并利用玩具来活现关系。玩具之间的关系，以及玩具与儿童之间的关系都充满了情感，这些客体被体验为具有生命和情感（见"儿童分析"）。虽然弗洛伊德和克莱因的理论都关注客体关系，但他们的理论也与本能有关——在克莱因的框架中，客体是本能心理表征的组成部分——因此我们不认为弗洛伊德和克莱因是所谓"客体关系学派"的成员（见"内部客体""客体关系学派"）。

客体、幻想与驱力：克莱因认为，婴儿一开始就存在于客体关系之中，这些客体与自我有着根本的区别——从出生起就有客体关系。在这个阶段，婴儿体验到的和被表征在无意识幻想里的内容，都是很具体的体验，这是自体与客体的关系，在这种关系中，客体受某些好坏冲动驱使。这是因为婴儿全能地投射生死本能给客体，包含口腔、肛门、生殖器驱力，随后又全能地内摄客体。婴儿感觉幻想中的客体真实地活在主体的内部或外部，并基于对自我假定的冲动与幻想的客体建立关系。通常，这些非常原始的应对、体验和解释本能感知的方式，会产生强烈的爱意和感激，或者怨恨和嫉毁。伴随这种全能行为，非全能投射和内摄也正同步发生（见"内部客体""无意识幻想"）。

客体：克莱因的发展理论以及关于心智如何工作的理论，都关注内部与外部客体之间的关系，以及内部客体与内部世界中部分自体之间的关系。最重要的内部客体源于父母。首先，在"偏执-分裂心位"，自我和客体都分裂为"好"的与"坏"的部分客体，然后在"抑郁心位"逐步整合为整体客体和整体自我。在两个心位之间的摆荡，以及在与客体建立关系的不同方式之间的摆荡都将贯穿一生。

见"坏客体""抑郁心位""外部客体""好客体""理想客体""内部客体""内部现实""偏执-分裂心位""部分客体""整体客体"。

Abraham, K. (1924) 'A short study of the development of the libido, viewed in the light of mental disorders', in *The Selected Papers of Karl Abraham*. London: Hogarth Press (1927), pp. 418-501.

Freud, S. (1914) 'On narcissism: An introduction', *S.E. 14*. London: Hogarth Press, pp. 67-102.

—— (1917) 'Mourning and melancholia', *S.E. 14*. London: Hogarth Press, pp. 237-258.

—— (1923) 'The ego and the id', *S.E. 19*. London: Hogarth Press, pp. 3-66.

强迫性防御 | Obsessional defences

克莱因关于强迫性神经症（1932a）和强迫机制（1932b）的著作出现在她的早期工作中，但没有进一步发展。她在中期阶段（1935—1946）使用通用术语"强迫性防御"，来指代一组先前描述过的强迫机制。克莱因在关于抑郁心位的两篇论文（1935, 1940）中强调，强迫性防御作为躁狂性防御的替代，有其独立地位。她在《对某些类分裂机制的评论》（1946）中，明确地将投射性认同和强迫性胁迫他人的机制建立了具体的联系。在克莱因后期的工作中，她两次谈到强迫性防御（1952, 1957）。很明显，克莱因从未忽视强迫机制在早期发展中的重要性，而且它还附属于更原始的、分裂样的躁狂性防御。

早期：在早期，克莱因将原始焦虑情境概念化为施虐高峰阶段，在此阶段，结合父母、母亲身体的内部及其内容物都会受到攻击（1932b, p. 162）。随着早期肛门阶段让位于后期肛门阶段，强迫症状和机制在生命第二年变得很活跃（1932b, p. 162）。克莱因根据卡尔·亚伯拉罕的构想（1924）认为，这个转变意味着摧毁和驱逐的肛门施虐冲动的主导地位必须要减弱，以及通过保留和控制来保存的肛门期倾向要出现。保留的愿望伴随着对客体的怜悯和关心（1932b, p. 165）。这个变化意味着，超我不仅被感知为充满报复性、令人害怕的特点，而且有内疚感（1932b, p. 165）。强迫机制的出现与内疚感的出现有关，这为发展中的儿童提供了新方法来应对原始焦虑，以及源于早期超我的内疚。克莱因在早期著作里区分了五种相互关联的强迫机制。

1. **秩序、清洁、厌恶的反向形成**：弗洛伊德（1908, 1917）认为，象征性"行动（doing）"和"抵消（undoing）"的防御，是清洁和秩序之反向形成的基础。克莱因认为，儿童在养成清洁习惯时（比如如厕训练），充满了深切焦虑，这与他幻想用毁灭性的排泄物虐待地攻击母亲的身体有关。内部和外部客体的报复性攻击，通常导致孩子对排泄物和污垢的恐惧。假如儿童通过变得干净、有序来取悦他的客体，那么"好"粪便就成为抵御幻想中它们具有毁灭和施虐特质的证据。假如幼儿有过度清洁和有序的反向形成，这就表明，过度焦虑和内疚在活跃着。

2. **强迫性积累与给予**：弗洛伊德（1908，1917）将吝啬的强迫性人格特征，理解为肛门保留原始快乐的升华。克莱因的另一观点是，强迫性积累与给予可以抵抗母亲意象引发的恐惧，母亲要求儿童归还从她体内偷走的东西。强迫性积累与给予还被认为可以修复幻想里造成的损害，从而缓解内疚感。克莱因指出，儿童的这些防御性强迫充满不确定性和疑虑，因为："儿童感到无法从自己的小身体里，拿出这些东西归还给母亲，因为相比之下，他们从母亲身体里拿走的东西是如此巨大。"（1932b, p. 168）儿童不能肯定自己是否有能力弥补在母亲体内做出的偷盗和破坏。这种不确定性是导致对知识的强迫性渴望的动因之一，这种强迫性渴望具有迂腐、细致和过于精确的特征。

3. **对知识的强迫性渴望**：儿童渴望了解母亲体内有什么，并伴随着施虐冲动，他们想占有母亲的身体及其内容物，并以不同的施虐目的攻击它们（1932b, p. 174）。对报复性母亲的恐惧，以及儿童的不确定感和无从知晓，可能引发了儿童对知识的强迫性渴望，强调要了解每个细节，反而因此抑制了学习。埃尔娜在学习上的抑制说明，她非常害怕去了解自己在幻想中对母亲身体做的所有坏事，这严重干扰了她对整体知识的渴望（见"求知欲"）。

> 儿童最初想获得关于父亲阴茎的形状、大小和数量，以及母亲体内的粪便和孩子的信息，这种原始的、未被满足的强烈欲望转化成强迫性测量、计算和计数，等等。
>
> （Klein, 1932b, p. 175）

4. **复原（修复）的强迫性形式**：克莱因早期认为，想要复原或修复对客体的损害的全能冲动,是改变焦虑和内疚的重要方式。克莱因在早期作品中很少使用修复这个术语,这个术语的完整逻辑出现在她作品的中期阶段(见"修复")。然而,克莱因提示了如何区分更加全能的复原与强迫性复原。更加全能的复原,它的基础是:否认全能的破坏性冲动,和超乎寻常的、狂妄自大的幻想(p. 173)。强迫性复原则有两个显著特征:移植到琐事上和强迫性重复。她写道:

> 通过移植机制转移到很小的事情上,这样就能够在微不足道的成就里证明他构建出来的全能感,以及他拥有能够完美复原的能力。

(Klein, 1932b, p. 173)

然而,他构建的全能感不可避免地会引发疑虑,刺激他强迫性地重复自己的行为。

5. **强迫性胁迫他人**:强迫症病人胁迫周围人,这种胁迫常让人无法忍受,这是多种投射的结果,克莱因进行了如下描述。

> 首先,他想摆脱正在遭受的、难以忍受的强迫冲动,试图将客体当作他的它我或超我,将胁迫移植到外部。在这样做的过程中,他实际上通过折磨或征服客体满足了他的原始施虐欲望。

(Klein, 1932b, p. 166)

由于害怕受到内摄客体的破坏或攻击,因而唤起了控制意象的强迫性冲动。但他无法做到这一点,所以他就想通过投射,向外部客体施以专制。

克莱因在后期著作里使用"强迫性防御"这个简称,指的是上述五种机制的任一组合。

中期:克莱因在两篇关于抑郁心位的论文里(1935,1940),一直在区分强迫性防御和躁狂性防御,她认为这对于发展中的孩子而言是重要选择。

> 当躁狂性质的防御失败（全然否认各种来源的危险，或将其最小化的防御），自我就会交替或同时被驱使，以试图通过强迫性修复来战胜恶化或失整合的恐惧。
>
> （Klein, 1940, p. 351）

弗洛伊德提出象征性行动和抵消的概念，启发了克莱因提出更普遍的修复过程假设，与抑郁心位同时受到关注。但克莱因没有放弃她早期关于强迫性修复的工作；恰恰相反，她强调全能修复要么采取躁狂形式，要么采用强迫形式，而后者无法分解为前者。克莱因给我们留下重要标记，告诉我们二者有何区别和不同。

从时间顺序的角度来看，克莱因认为，躁狂性防御出现在生命第一年的3—6个月，此时儿童的幻想活动远远超过肌肉运动。相比之下，强迫性防御出现在生命第二年，此时儿童对身体和肌肉运动的控制更强了。躁狂性防御比强迫性防御更具全能特征（Klein, 1932b）。躁狂性修复的核心是，从根本上否认迫害性焦虑、破坏、内疚，所以不可能有真正的修复。它的幻想特征完全不切实际，也无法实现。每件事都是根据躁狂的伟大全能，通过大规模或大量的方式构思出来，还有对细节和小事的蔑视（1940, p. 353）。

强迫性修复也是全能性的，但比躁狂性修复的程度要轻。伴随的变化是，从纯粹的幻想和幻觉到肌肉运动，或者它们的心理等价物，就像使用强迫性魔法一样。它们的特点是，注重细节，对细节一丝不苟。每个强迫行为都是试图抵消迫害性焦虑和内疚。然而，因为它是全能而具体的，所以会导向不确定性和怀疑，导致强迫性重复。

克莱因提到，对内化父母的结合以及父母性交进行全能控制有两种形式，一种是躁狂形式，一种是强迫形式，两者存在重要区别。她写道，当强迫特征主导临床表现时，"……病人是如此控制，可见多想强行分开两个（或多个）客体"，而当躁狂处于上升趋势时，"病人就诉诸更暴力的方法"（1935, p. 278）。克莱因在同一论文中，更明确提到躁狂的口腔食人方面，以及对客体的谋杀。克莱因提示，强迫性修复中的掌控，涉及将父母分开或防止父母接触；而躁狂性修复中，父母的性交则被全能吞食或剥夺，所有的关切都被彻底否认。对弗洛伊德（1926）来说，触摸的禁忌是强迫性隔离防御的主要基础。可以看出，克莱因提出了通过阻止父母接触来控制父母性交的强迫模式。

这些区别表明，尽管克莱因没有进一步拓展她关于强迫机制的早期观点，但她坚持认为，强迫性防御不同于躁狂性防御，在修通抑郁心位的冲突中，也是对躁狂性防御的重要替代。

克莱因关于强迫性胁迫他人的早期观点，含蓄地包含了对投射性认同的描述。克莱因在《对某些类分裂机制的评论》（1946）中，将投射性认同与这种特定强迫机制更明确地进行了关联。她写道："因此，我们可以在婴儿期投射过程产生的特定认同中，找到强迫机制的其中一个根源。"（1946, p. 13）控制他人的强迫性需要，是人格中的自恋。这是将自体的部分，过度投射入他人的结果。修复的倾向不仅指向客体，也指向需要得到修复或恢复的自体部分（p. 13）。这种特殊的强迫性修复形式，依赖于投射性认同的类分裂机制，试图通过胁迫控制他人的形式来控制自体的某些部分。

后期：克莱因在《关于婴儿情绪生活的一些理论性结论》（1952）中再度强调，生命第二年出现的强迫性防御十分重要。她将其视为，自我在发展出修通原始焦虑能力方面的进展。她将它与类分裂防御和躁狂性防御进行对比，这也表明，克莱因认为这是婴儿发展过程中活跃的三种主要防御群，因此保留她早期关于强迫机制的著作仍然很重要。

最后，克莱因在《嫉毁与感恩》（1957, p. 221）的脚注中重申，生命第二年的强迫机制很重要，因为投射性认同的主导地位有所下降，所以内部现实更清晰，对外部世界的感知则更真实。

当代克莱因学派的贡献：近期有三篇论文探索了强迫性防御和类分裂防御的关联，然而，总体而言，在克莱因的著作中，强迫性防御与躁狂性防御形成了鲜明对比。贝蒂·约瑟夫（Betty Joseph, 1966）重申了克莱因观点，认为严重的强迫状态通常是基于之前的偏执状态而发展起来（Klein, 1932b, p. 167）。在分析一名4岁儿童的论文里，贝蒂·约瑟夫指出，在孩子的急性偏执性焦虑得到分析之后，是如何被一个强迫性组织进行接管的，这个组织僵硬且伴有控制性的沉思和仪式（Joseph, 1966, p. 184）。

在《强迫性确定与强迫性怀疑：从二到三》（*Obsessional certainty versus*

obsessional doubt: *From two to three*, Ignês Sodré, 1991）中，伊涅斯·索德雷将比昂的思维概念（见"威尔弗雷德·比昂"）与罗纳德·布里顿的俄狄浦斯情结概念（见"俄狄浦斯情结"）结合起来，并对两种强迫性思维模式进行了概念化。某些严重的强迫状态表现出分裂样的僵硬、确定性、固执性，似乎专横的观点将所有其他观点不断挡在外面，严禁持有怀疑。与此相反，在更典型的强迫性怀疑思维状态中，因被对立思想的不断振荡主导，所以无法实现确定性。索德雷将第一种状态和三角关系的排他性联系在一起，因为俄狄浦斯情境被视为主要威胁。在第二种状态中，俄狄浦斯情境无处不在，不可能建立任何平静或不受干扰的配对形式。强迫性怀疑属于不同的发展阶段，在这个阶段，俄狄浦斯冲突进入，但它是极其强烈的，似乎无法解决。

库弗（Couve, 2001）探索了强迫性组织在处理碎片化情感世界中的作用，这种碎片化的情感世界是受到了极端分裂样机制的影响的结果。他认为，驱逐和保留的肛门象征性表达及其粪便符号，为碎片化与奇异客体的底层心理图景提供了更高级的象征形式。暴力投射性认同和碎片化分裂的潜在运作，意味着象征化受到巨大影响。问题是，与更容易接近的强迫组织工作会忽略根本的障碍，而这仍然是更难以触及和难以分析的。

Abraham, K. (1924) 'A short study of the development of the libido', in *Selected Papers of Karl Abraham*. London: Hogarth Press (1927), pp. 418-501.

Couve, C. (2001) 'Obsessional dread of the dead: The relations between obsessional and schizoid organisations', *Bull. Br. Psychoanal. Soc*. 37: 1-14.

Freud, S. (1908) 'Character and anal erotism', *S.E. 9*. London: Hogarth Press, pp. 167-175.

—— (1917) 'On transformations of instinct as exemplified in anal erotism', *S.E. 17*. London: Hogarth Press, pp. 125-133.

—— (1926) 'Inhibitions, symptoms and anxiety', *S.E. 20*. London: Hogarth Press, pp. 75-176.

Joseph, B. (1966) 'Persecutory anxiety in a four year-old boy', *Int. J. Psycho-Anal*. 47: 184-189.

Klein, M. (1932a) 'An obsessional neurosis in a six-year-old girl', in *The Writings of Melanie Klein,* Vol. 2. London: Hogarth Press, pp. 35-57.

—— (1932b) 'The relations between obsessional neurosis and the early stages of the super-ego', in *The Writings of Melanie Klein,* Vol. 2. London: Hogarth Press, pp. 149-175.

—— (1935) 'A contribution to the psychogenesis of manic-depressive states', *Int. J. Psycho-Anal.* 16: 145-174; republished in *The Writings of Melanie Klein*, Vol. 1. London: Hogarth Press (1975), pp. 262-289.

—— (1940) 'Mourning and its relation to manic-depressive states', in *The Writings of Melanie Klein,* Vol. 1. London: Hogarth Press, pp. 344-369.

—— (1946) 'Notes on some schizoid mechanisms', *Int. J. Psycho-Anal.* 27: 99-110; republished in *The Writings of Melanie Klein*, Vol. 3. London: Hogarth Press (1975), pp. 1-24.

—— (1952) 'Some theoretical conclusions regarding the emotional life of the infant', in *The Writings of Melanie Klein,* Vol. 3. London: Hogarth Press, pp. 61-93.

—— (1957) 'Envy and gratitude', in *The Writings of Melanie Klein*, Vol. 3. London: Hogarth Press, pp. 176-235.

Sodré, I. (1991) 'Obsessional certainty versus doubt: From 2 to 3', in R. Schafer (ed.) *The Contemporary Kleinians of London.* Madison, CT: International Universities Press, pp. 262-278.

全能 | Omnipotence

克莱因在与幼儿的临床工作中发现，他们的大部分思维都是全能的，不符合公认的现实观点。克莱因认为这样的想法多数都是正常的：例如，儿童内摄好客体，接下来便相信这些客体会支持自己，同样重要的是他相信自己会摄入坏客体，而这些坏客体会在内部攻击自己。克莱因认为这些想法是正常发展的一部分，通常不会将其描述为全能的。

克莱因认为，全能和分裂、否认，有时也包括理想化，都是人格抵抗偏执-分裂心位焦虑的防御，还有某种程度的抑郁心位焦虑（Klein, 1935, p. 277; 1946, p. 7; 1952a, 1952b）。她还指出，全能破坏性攻击幻想，往往比全能修复与恢复的幻想更强烈和持久（Klein, 1932, pp. 172-173; Klein, 1955, p. 158）。

Klein, M. (1932) *The Psychoanalysis of Children. The Writings of Melanie Klein*,

Vol. 2. London: Hogarth Press.

—— (1935) 'A contribution to the psychogenesis of manic-depressive states', in *The Writings of Melanie Klein*, Vol. 1. London: Hogarth Press, pp. 262-289.

—— (1946) 'Notes on some schizoid mechanisms', in *The Writings of Melanie Klein*, Vol. 3. London: Hogarth Press, pp. 1-24.

—— (1952a) 'The origins of transference', in *The Writings of Melanie Klein*, Vol. 3. London: Hogarth Press, pp. 48-56.

—— (1952b) 'Some theoretical conclusions regarding the emotional life of the infant', in *The Writings of Melanie Klein*, Vol. 3. London: Hogarth Press, pp. 61-93.

—— (1955) 'On identification', in *The Writings of Melanie Klein*, Vol. 3. London: Hogarth Press, pp. 141-175.

偏执 | Paranoia

克莱因在工作初始就对儿童游戏以及人类幻想生活的暴力品质印象深刻。她很快推断出,儿童的抑制和神经症问题来自他们对自己实际的和幻想的攻击性,以及由此引发的对幻想中的报复的恐惧。她描述儿童如何可能陷入恶性循环,引起恐慌和夜惊(夜魇),并思考这些状态与成人偏执性精神病之间的关系。她治疗受到严重抑制的儿童,他们的偏执性恐惧非常强烈,以至于所有的活动,包括创造符号的能力都受到抑制,她得出结论:这些恐惧是精神病的基础(Klein, 1930;见"精神病")。

1932年,克莱因采用了弗洛伊德关于死本能及其偏转的概念,认为正是这种被投射出去的破坏性形成了"坏"客体的基础,儿童预期这些坏客体会进行破坏性、报复性攻击。克莱因描述道:"……恶性循环受死本能支配,在这个循环中,攻击导致焦虑,焦虑又强化攻击。"(Klein, 1932, p. 150)这些偏执的情感和客体关系的普遍存在,让克莱因在1935年将"抑郁心位"与先前的"偏执"心位相对比;1946年,当她引入术语"偏执-分裂心位"后,她就放弃了使用"偏执"心位这一术语(见"死本能""嫉毁""偏执-分裂心位""迫害""超我")。

Klein, M. (1930) 'The importance of symbol formation in the development of the ego', in *The Writings of Melanie Klein*, Vol. 1. London: Hogarth Press, pp. 219-232.

—— (1932) *The Psychoanalysis of Children. The Writings of Melanie Klein*, Vol. 2. London: Hogarth Press.

—— (1946) 'Notes on some schizoid-mechanisms', in *The Writings of Melanie Klein*, Vol. 3. London: Hogarth Press, pp. 1-24.

对抑郁性焦虑的偏执性防御 | Paranoid defence against depressive anxiety

克莱因首先描述了抑郁心位，然后观察到有许多针对抑郁性内疚的重要防御，她逐步将其纳入偏执-分裂心位的概念（见"抑郁心位""偏执-分裂心位"）。克莱因观察到，当抑郁性焦虑，尤其是内疚变得过于强烈时，个体会反复地从抑郁心位回撤。例如"……为了防御抑郁状态，偏执性恐惧和怀疑都被加强了"（Klein, 1935, p. 274）。据说，克莱因认为对内疚的偏执性防御是她最重要的发现。个体既为了防御也为了发展，在抑郁心位与偏执-分裂心位之间不断移动，这个观点在当代克莱因学派思想中已被广泛接受（见"偏执-分裂心位"）。

Klein, Melanie (1935) 'A contribution to the psychogenesis of manic-depressive states', in *The Writings of Melanie Klein*, Vol. 1. London: Hogarth Press, pp. 262-289.

部分客体 | Part-objects

部分客体概念源自亚伯拉罕关于体内化的观点，当谈到躁郁病人时，亚伯拉罕写道：

> ……其中一位病人过去经常幻想咬掉他非常喜欢的一位年轻女孩的鼻子、耳垂或乳房。其他时候，他常常想咬掉父亲的手指……因此，我们也许说这是对客体的部分体内化。

(Abraham, 1924, p. 487)

亚伯拉罕认为，撕咬、体内化部分客体是与客体建立爱的关系的早期形式，包含着爱与撕咬的矛盾关系。依据他的理论，与部分客体的矛盾关系阶段，先于指向整体客体真实有爱的后矛盾关系阶段。

克莱因使用儿童分析发展出不同的模型，其中矛盾（心理）指向整体客体，且是个体在"抑郁心位"达成的发展。依据克莱因理论，部分客体关系在发展上处于较早期（可能与亚伯拉罕第一个前矛盾阶段相似），是避免"偏执-分裂心位"矛盾的方法（见"抑郁心位""偏执-分裂心位"）。

部分客体关系与偏执-分裂心位：克莱因认为，婴儿期的自我及其体验未经整合，因此婴儿在任何时候都只体验或感知部分客体或母亲。在她看来，婴儿根据身体部位来界定自身体验。

> ……所有这些幻想中的客体，最初是母亲乳房。幼小的儿童只关注部分个体，而不是整体，这似乎让人感到好奇，但我们得记住，首先儿童的感知能力，无论是身体上的还是心智上的，都极其不发达，于是……幼小的儿童只关心即时满足。
>
> (Klein, 1936, p. 290)

克莱因认为，婴儿第一次感到诸如满足、痛苦或饥饿的感觉时，会认为是身体里具体的东西或客体——"好"客体、"坏"客体或部分客体——故意引发了这些体验（见"内部客体""无意识幻想"）。随着时间的推移，婴儿会将这些体验联结在一起，例如感到有人抱着，并喂养自己，母亲的全貌逐渐浮现。然而，与整合相反的是偏执-分裂心位的二元分裂，其中，婴儿的首要任务是将自己的体验——他经验到的自我和他的客体——分裂为"好的"和"坏的"。婴儿或个体相应地将自己"坏"和"好"的部分分别投射进"坏"和"好"的（部分）客体中。这些客体或部分客体因此是自恋客体，因为它们包含投射者的部分自体。客体涵容投射进来的自体部分，随后又被内摄。尤其在她的早期著作中，克莱因认为，婴儿或幼儿包含着在不同发展阶段被内摄的客体（Klein, 1929）。二元分裂将"好""坏"分开，提供秩序，让婴儿能够安全地内摄好客体，围绕好客体发展。因此，无论是从身体、道德还是时间的感知来说，这些客体都是部分客体。(见"坏客体""好客体""理想化客体"。)

作为解剖结构或功能的部分客体：比昂在1959年的论文《对联结的攻击》中表明，部分客体关系与客体功能及其生理机能有关，例如，病人的关系是指向喂养的、毒害的、关爱的还是憎恨的乳房。

整体客体关系与抑郁心位：随着婴儿认识到，母亲既提供好体验也造成坏体验，以及他所深爱的母亲也是让人憎恨的母亲，母亲逐渐被感知为整体且分离的客体，婴儿开始识别出哪些品质源自她，哪些品质源自他自己。1935年，随着她提出"抑郁心位"理论，克莱因概述了个体在获得整体客体关系的过程中，如何导致丧失了世界全能观，失去了占有母亲所有好品质的感觉，认识到自体的坏品质，以及内疚于出于仇恨而对母亲造成的伤害。所有这些都会导致婴儿或个体不同程度地退缩，并撤回到偏执-分裂心位的部分客体功能中。在部分客体关系与整体客体关系之间反复摆荡的状态，出现在抑郁心位开始的地方。

Abraham, K. (1924) 'A short history of the development of the libido', in *Selected Papers on Psychoanalysis.* London: Hogarth Press (1927), pp. 418-501.

Bion, W. (1959) 'Attacks on linking', *Int. J. Psycho-Anal.* 40: 308-315.

Klein, M. (1927) 'Criminal tendencies in normal children', in *The Writings of Melanie Klein*, Vol. 1. London: Hogarth Press, pp. 170-185.

—— (1929) 'Personification in the play of children', in *The Writings of Melanie Klein*, Vol. 1. London: Hogarth Press, pp. 199-209.

—— (1935) 'A contribution to the psychogenesis of manic-depressive states', in *The Writings of Melanie Klein*, Vol. 1. London: Hogarth Press, pp. 262-289.

—— (1936) 'Weaning', in *The Writings of Melanie Klein,* Vol. 1. London: Hogarth Press, pp. 290-305.

阴茎与阳具 | Penis and phallus

依据克莱因理论，"阴茎"一开始是部分客体，最初在无意识幻想里被设想为结合父母形象的一部分。婴儿相信，阴茎连同所有的性过程都一起存在于母亲的体内（腹部或乳房；见"结合父母形象"）。这个幻想是非常原始的版本，父母以部分客体的形式而存在，以牺牲孩子为代价，肆意满足彼此。客体的结合性质增加了孩子觉得自己被所有客体排除在外的感觉。它是建构俄狄浦斯情境最早且最原始的幻想（见"俄狄浦斯情结"）。

婴儿想了解母亲身体内部的渴望，被激起的嫉毁和嫉妒所颠覆。于是婴儿产生了强行进入母体身体的攻击和施虐幻想，通过口腔、尿道、肛门施虐等手段来掠夺并破坏母亲体内的丰富性。这包括与父亲阴茎的关系本身也受到攻击。婴儿对结合父母的攻击，为抑郁心位的冲突和焦虑做好了准备，并为在俄狄浦斯位置的帮助下完成心智工作奠定了基础。男孩和女孩与父亲阴茎发展出的关系在决定他们男性气质和女性气质方面，起着至关重要的作用。阴茎在俄狄浦斯发展中变得更加分化，与父亲更直接地联系在一起。

在正常俄狄浦斯发展中（Klein, 1945），男孩需要处理他与结合父母的相遇，以及当他将欲望从乳房转向父亲阴茎时所激起来的东西。这个同性恋位置为男孩后来的正性俄狄浦斯位置奠定了基础。假如男孩已与乳房发展出充满爱的关系，那么这也会影响他与父亲阴茎的关系。男孩通过口腔内化好的阴茎，这成为他女性俄狄浦斯情结的一部分，也为未来的创造性器官奠定了基础。假如对好父亲的信任缓解了对阉割父亲的恐惧，那么男孩就能够在两个俄狄浦斯位置反复转换、摆荡，容忍俄狄浦斯的仇恨和竞争（见"俄狄浦斯情结"）。然而这种足够好的发展很容易受到许多因素阻碍，例如，内化的极度施虐的父母伴侣或非常有破坏力的父性阴茎，被体验为极具报复心和阉割性。这种状况可能会导致男孩过度退行和恐惧生殖器欲望，无法体验到父亲和自己的阴茎具备创造力和爱。

女孩也逐渐从母亲转向父亲，她的口腔和生殖器欲望想要纳入父亲的阴茎，作为获得婴儿和礼物的来源（Klein, 1945）。女孩与乳房的良好关系增进了她与阴茎的良好关系，但女孩会因为早期女性俄狄浦斯位置而陷入与母亲的冲突，因为她抢走了母亲的伴侣。女孩恐惧报复性母亲会掠夺自己的身体内在，假如这种恐惧过度，就会影响她以后的女性气质。女孩可能会将父亲的阴茎占为己有，以转向男性位置来安抚报复性的、迫害性的母亲。但是，假如一开始没有早期内化的好乳房提供帮助，假如内部父母伴侣非常具有施虐性，或者假如有竞争性母亲被感知为极具迫害性，那么女孩在两个俄狄浦斯位置的摆荡就会遭到破坏。

在抑郁心位的正常修通中，结合父母形象逐步让位于整体客体的概念：分开的父母独立地结合在一起。个体更现实地感受到足够好的父母性交，塑造了内在相爱的父母形象，这是个体幸福和创造力的基础：性、智力、美学。在丧失和哀悼的情况下，这对伴侣（父母）有可能会暂时被干扰，但也有可能复原（见"内摄"）。

作为联结的阴茎（penis-as-link）与阳具：布里顿（Britton, 1989）清楚阐明，俄狄浦斯情结和抑郁心位的满意修通具有深远的"认知"意义，二者紧密相关。这达到了他称作"三角空间"的成就，它对思考体验的能力极其重要。

> 假如儿童心智能够忍受在爱恨之间感知到的父母联结，那么这会为他提供第三种客体关系原型，在这种关系中儿童是见证者，而不是参与者。然后第三个位置出现了，从而可以观察客体关系。由此，我们可以想象我们也被观察。
>
> （Britton, 1989, p. 87）

在缺乏这种内在三角心理结构的情况下，情绪发展和分析都会非常困难。

伯克斯特德-布林（Birksted-Breen, 1996）依据她对法国精神分析主流趋势的理解，对作为联结的阴茎和阳具进行了非常重要的区分。前者是指布里顿在三角空间概念里所描述的联结与建构的心理功能。与此相反，阳具指的是幻想中的完整性的心理空间，完满的状态，没有任何需要。阳具不属于两性的任何一方，但男孩可能更容易相信拥有阴茎就能够获得阳具。同样，女性的阴茎嫉毁往往不是嫉毁作为联结的阴茎，而是嫉毁阳具。阳具否认匮乏、性别差异、代际差异，也否认不完整、需要、依赖，以及随之产生的不可避免的冲突。阳具与亨利·雷伊（Henri Rey, 1994）所称的"躁狂阴茎"有关：它是全能客体，夸大勃起，与对精神现实的彻底否认联系在一起。这种心理结构与作为联结的阴茎非常不同，后者是真正象征化的心理区域（见"象征形成"）。

Birksted-Breen, D. (1996) 'Phallus, penis and mental space', *Int. J. Psycho-Anal.* 77:

649-657.

Britton, R. (1989) 'The missing link: Parental sexuality in the Oedipus Complex', in J. Steiner (ed.) *The Oedipus Complex Today*. London: Karnac, pp. 83-101.

Klein, M. (1945) 'The Oedipus complex in the light of early anxieties', in *The Writings of Melanie Klein*, Vol. 1. London: Hogarth Press, pp. 370-419.

Rey, H. (1994) *Universals of Psychoanalysis in the Treatment of Psychotic and Borderline States*. London: Free Association Books.

迫害 | Persecution

克莱因一开始就对儿童游戏中的暴力程度感到震惊，并很快推断出，儿童的焦虑状态，比如夜惊，与他们对自身暴力的恐惧有关。儿童感到被迫害是源于对受到报复的恐惧。克莱因觉得这种状态类似于精神病的偏执。她认为，迫害是儿童抑制的基础，她描述过一起极端案例（Klein, 1930），男孩因为恐惧自己的暴力，害怕父母报复，产生了非常强烈的被迫害感，以至于无法发展出象征的能力（见"儿童分析""偏执""精神病""施虐""象征形成"）。

偏执-分裂心位的迫害：克莱因采用了弗洛伊德的生死本能理论来建构她的理论，即死本能的存在引发了婴儿的内在迫害感或湮灭性焦虑。在克莱因的"偏执-分裂心位"理论里（Klein, 1946），死本能被婴儿作为破坏性冲动的化身而投射入客体或母亲内部，客体或母亲如今被婴儿认为是危险的迫害者。这个迫害者被内摄，构成了迫害性超我的基础（见"坏客体""偏执-分裂心位""投射性认同""超我"）。同时，力比多情感与好的自体部分被投射进"好"客体或"好"母亲中，所以与母亲的关系实际上是与两位母亲的关系：与"好"母亲的好关系，以及与"坏"母亲的坏关系或迫害性关系。

抑郁心位的迫害：随着时间的推移，假如一切发展顺利，两个版本的母亲会被整合在一起，迫害性焦虑会降低，与真实母亲的好体验让投射可以被收回。这正是迈向"抑郁心位"的转变（Klein, 1940）。然而，当婴儿意识到"好""坏"母亲实际上是同一个人，"好"母亲也被自己怨恨过和攻击过时，会出现内疚。对曾施加过伤害的这种内疚，可能会变得难以承受且有迫害性。而迫害性内疚可能会驱使个体回到偏执-分裂心位的防御性分裂，即分裂为好坏，对迫害感的恐惧没有内疚感那么让人难以承受。在修通抑郁心位中，迫害性内疚逐渐减少，抑郁性内疚慢慢浮出水面，伴随着哀悼的痛苦和修复任务。个体在迫害性焦虑和抑郁性焦虑之间往复，且持续一生（见"抑郁性焦虑""抑郁心位""对抑郁性焦虑的偏执性防御"）。

Klein, M. (1930) 'The importance of symbol formation in the development of the ego', in *The Writings of Melanie Klein*, Vol. 1. London: Hogarth Press, pp. 219-232.
—— (1940) 'Mourning and its relation to manic-depressive states', in *The Writings of Melanie Klein*, Vol. 1. London: Hogarth Press, pp. 344-369.
—— (1946) 'Notes on some schizoid mechanisms', in *The Writings of Melanie Klein*, Vol. 3. London: Hogarth Press, pp. 1-24.

拟人化 | Personification

克莱因指出，儿童在游戏里将玩具视为想象的或真实的人，因而这些人在儿童的现实生活中很重要（见"技术"），并且儿童担忧那些拟人化客体之间的关系。

拟人化在儿童所有游戏中无处不在，因而克莱因认为所有心理活动都可以视为拟人化客体之间的关系。让她印象深刻的是，儿童可以十分轻松流畅地将关系、情感和冲突转移到新客体上（见"象征形成"）。克莱因认为儿童有对人进行表征、象征化和移情的能力，这与安娜·弗洛伊德的观点相反（见"技术"）。

见"游戏"。

倒错 | Perversion

性倒错现象的存在，使弗洛伊德（1905）将人类性欲视为，建立在童年期部分本能基础上的复杂统一体。它们逐渐在力比多的组织或阶段中融合，最终在俄狄浦斯情结中达到顶峰。俄狄浦斯情结的结果对于决定成人性欲的最终形态至关重要。部分本能从一开始就独立运作，并根据来源（口腔、肛门、生殖器），或者根据目的（窥阴癖或露阴癖，控制或顺从）来界定。婴儿性欲倒错是多态性的，因为它为后来的倒错和被认为是正常性欲的发展——异性恋生殖力（heterosexual genitality）——埋下种子。尽管当代对性规范概念存在争议，但在正式的精神分析术语里依旧将性倒错定义为：通过"其他"客体达到性快感，比如恋童癖、兽交、同性恋，或者只涉及身体"其他"部位（口腔、肛门）的性行为，或者外在条件是带来愉悦的必要或充分条件（异装癖、恋物癖、窥阴癖、施受虐）。对不同性倒错的分析性理解，主要被弗洛伊德学派传统及其延伸所主导。克莱因本人和克莱因学派普遍在特定成人性倒错议题上并没有做出太多贡献。

克莱因在早期工作中遵循弗洛伊德以及亚伯拉罕关于力比多发展观点的主要原则（Klein, 1932），强调施虐是一种部分本能，在小婴儿的情感生活中，尤其在施虐高峰的阶段很普遍（见"力比多""施虐"）。在《正常儿童的犯罪倾向》（1927）中，克莱因在临床上阐述了她的小病人对母亲身体内部以及其他早期俄狄浦斯客体极端暴力的口腔食人以及肛门施虐幻想——她甚至大胆地将此与开膛手杰克联系起来。这些攻击反过来造就了可怕的内部客体（意象），构成了古老超我的一部分。正是这种内在恐惧，让儿童在不同形式的游戏里活现这些幻想，从而将它们外化、拟人化来防御。克莱因这篇论文的主要目的是支持弗洛伊德的假设，即罪犯的动机来自无意识的内疚感（Freud, 1916）。但她也坚称，这些暴力幻想必然会对后来的性生活产生重要影响。她进一步阐明，"在这里，我们找到了弗洛伊德的发现，即所有性倒错的基础都起源于儿童的早期发展。"（1927, p. 176）但克莱因没有跟随自己的直觉继续探索性倒错或成人性犯罪的领域。奇怪的是，她没有把自己在儿童身上普遍存在虐待的发现与成人的性倒错联系起来。

实际的成人性倒错：可以说克莱因学派后来倾向于认为，性倒错是早期施虐冲动扭曲性欲的表现。早期施虐概念后来被归入更广阔的死本能和嫉毁（Klein, 1957）概念之下，作为其最初表征（Klein, 1957；见"死本能""施虐"）。过度嫉毁会引发恐惧，危及与好客体的原始关系。嫉毁会干扰充分的口欲满足，成为生殖器欲望增强的刺激物。克莱因用逃入生殖力（genitality）概念来指代一种性扭曲："口欲关系变得生殖器化，生殖器倾向过多地受到口欲不满和焦虑的影响。"（1957, p. 195）她将这种早期扭曲与后来的生殖器障碍联系起来，比如强迫性自慰、滥交。尽管她没有谈及具体的性倒错，但在性倒错中往往存在强迫和肆意性行为的元素。这些不同形式的扭曲生殖力可能等同于破坏性兴奋状态。

梅尔泽（Meltzer, 1968）与罗森菲尔德（Rosenfeld, 1971），都在病人的破坏性自恋组织（见"自恋""病理性组织"）与实际性倒错的发展之间，建立了特殊的联系。罗森菲尔德指出，弗洛伊德提出过一个概念，即假设性倒错中性欲与破坏性的融合，没有减少破坏性，反而增强了对人格的影响。弗洛伊德将性倒错中破坏性的色情化，视为力比多与破坏冲动的病理性融合，类似于在混淆状态中发生的情况（Rosenfeld, 1950, 1952）。对好客体无法控制的嫉毁攻击压倒了较弱的力比多冲动，破坏了至关重要的"好""坏"区分而导致混淆。破坏性的色情化是试图处理混淆，但却巩固了这种混淆。

梅尔泽（Meltzer, 1968）在临床案例里指出，病人的破坏性自恋组织与施受虐的、肛欲的和生殖器自慰性倒错结合在一起。这种快感让病人免于自杀，但也助长了他自恋式的超然。分析揭示，病人的潜在可怕幻想，即攻击、破坏母亲身体、婴儿以及移情等同物，在复杂的自慰行为中已变得色情化。随着自恋组织松动，承受心理痛苦能力增加，病人会放弃性倒错。

梅尔泽（Meltzer, 1973）描述了性倒错中各种嫉毁与施虐冲动的幻想内容。他区分了婴儿的多态性倒错与成人的倒错性欲。他认为前者是孩子在力所能及的范围内的探索，掌控自身及父母性欲的奥秘，与父母认同的可能性。与此相反，成人性倒错则受到破坏性冲动驱使而破坏性欲，尤其是破坏父母性欲和他们的性交。

亨特（Hunter, 1954）与约瑟夫（Joseph, 1971）分析了恋物癖的案例。约瑟夫的病人呈现出高傲冷漠的自恋组织，这种自恋组织基于特定的认同，如罗森菲尔德（Rosenfeld, 1964）描述的那样，病人拥有他客体（例如他妻子）的所有有价值的属性。这会引发幽闭恐惧焦虑。他自体中依赖的部分，也是极度施虐与嫉毁的部分，首先被分裂并投射进各种外部客体中。这些残酷部分微妙而有力地活现在移情中，分析师得容纳病人有需要的部分：分析师时而兴奋，时而饱受病人折磨，病人对自己的残酷感到很满意，同时撤回到沉默里。约瑟夫在移情中的细致工作，揭示了橡胶恋物癖的功能，它就像个外壳，病人可以从情感接触中退缩回壳里，因为他害怕情感接触可能有极强的破坏性和过于危险。

克莱因学派强调早期破坏性冲动在塑造成人性欲中发挥的作用，而这也出现在罗森菲尔德对弗洛伊德最初假设的重新评估中，弗洛伊德最初在施雷伯案例（1911）中假设了关于同性恋与偏执的关系。弗洛伊德提出，有意识的同性恋情感是让人难以忍受的，于是转向对立面：将我（男人）爱他（男人），变成我恨他，通过投射，变成了他恨我，于是怨恨他就变得很合理。罗森菲尔德（Rosenfeld, 1949）依据克莱因（1946年）的论文指出，无论隐性还是显性男同性恋者，都需要充满敌意地从母亲那离开，然后转向对父亲的理想化，以否认对更具迫害性的形象的恐惧。他的病人用同性恋来抵御口欲期早期的偏执性焦虑。通过这种方式罗森菲尔德推翻了弗洛伊德最初的假设。

性格倒错和移情倒错：罗森菲尔德的病理性自恋理论（1964, 1971）从结构上阐明了，以嫉毁形式出现的过度破坏性会对婴儿心智造成严重困境。婴儿无法开始重要的结构建构，以区分什么是给予生命的和"好的"，什么是致命的和"坏的"——这是所有后期发展的基石，但这种健康的分裂受到了攻击和破坏。好乳房/母亲被感知为分离的，受到嫉毁的攻击，从而产生恐惧和混淆。这种基本的障碍会带来灾难性后果，因为会导致婴儿以绝望而全能的方式寻求保护，比如在心理上肆意掠夺客体属性（力比多自恋），或者将自体当中组织严密的、嫉毁的部分理想化为帮派，贬低对客体关系的需要、渴望和依赖，将其视为羞耻的、软弱的和可鄙的，以增强自身的优越感（负性自恋）。

莱斯利·索恩（Leslie Sohn, 1985）更喜欢用术语"识别（identificate）"而不是"认同"来描述自恋者身份认同的空洞，它基于变色龙般的满足感和成为新客体的冷漠傲慢。这些绝望的策略塑造了性格倒错，以混淆、虚假、错误识别为基础，强化了对精神现实、客体关系和心理痛苦的强烈回避，扼杀了发展潜力。实际性倒错可能会被召回，以强化自恋组织。

约翰·斯坦纳的病理性组织概念，融合了罗森菲尔德的病理性自恋观点，但又是更宽泛的概念（见"病理性组织"）。这个概念描述了类似的性格倒错，尽管重点转向了什么是倒错。病理性组织复杂地集合在一起，自体好的部分被破坏性组织吸收（例如帮派），有了健康的表象。如果我们把自体内部的分裂描述为，一个健康的自体作为无辜受害者被邪恶组织关押，那么这是错误的。相反，自体好的部分可能与自体坏的部分共谋串通。斯坦纳指出，因为倒错关系的存在，所以自体健康的部分有意允许自己受破坏性组织的控制，当这种共谋外化时，就会让分析关系产生倒错的味道（Steiner, 1981）。斯坦纳（Steiner, 1985）后来将共谋串通的倒错元素与"视而不见"的过程联系在一起，他认为这是既普遍又独特的防御过程，为病理性组织提供了"黏合剂"。斯坦纳专门使用弗洛伊德对恋物癖的理解——在恋物癖中，阉割现实既被承认又被否认——来解释"视而不见"的概念，认为它是一种心理倒错。就这样，斯坦纳在他的理论中将贝蒂·约瑟夫已开始关注的移情倒错放在了中心位置。

约瑟夫（Joseph, 1971, 1975）非常仔细地关注了，病人在分析关系中如何表现出罗森菲尔德所描述的自我分裂，以及由此产生的技术问题。约瑟夫提醒众人注意，分析师被微妙且不懈地诱惑或强制去活现病人分裂出去的部分，而分析师变得认同这个部分。她强调，定位"自我中的分裂，并澄清不同部分的活动"很重要（1975, p. 79）。她也指出，病人如何仅部分地参与进来，而让人格中更活跃的部分与分析师保持不可触及的距离，以获得倒错性愉悦（见"技术"）。约瑟夫对移情关系的倒错的关注，直接指向负性治疗反应以及对分析的长期阻抗问题（见"负性治疗反应"）。

约瑟夫1982年的论文在临床上深入阐明了由梅尔泽（Meltzer, 1968）与罗森菲尔德（Rosenfeld, 1971）提出的一个主题，即破坏性组织如何被倒错地色情化，以加强它对人格其余部分的统治。约瑟夫将病人陷入绝望和无望的状态描述为自体破坏性组织的有害形式，它的表现是对濒死上瘾。病人试图通过让分析师感到绝望和无望，并以惩罚病人作为回应，来引诱分析师成为同谋。平衡的丧失，喂养了击败分析的受虐性胜利感。而指向生命和精神健康的驱力被分裂，并投射进分析师。假如分析师没有意识到这种大规模的投射，且没有对此进行解释，那么分析会耗费多年。

Freud, S. (1905) *Three Essays on the Theory of Sexuality*, S.E. 7. London: Hogarth Press, pp. 125-245.

—— (1911) 'Psycho-analytic notes on an autobiographical account of a case of paranoia', *S.E. 12*. London: Hogarth Press, pp. 3-82.

—— (1916) 'Some character-types met with in psycho-analytic work', *S.E. 14*. London: Hogarth Press, pp. 309-333.

Hunter, D. (1954) 'Object relation changes in the analysis of fetishism', *Int. J. Psycho-Anal.* 35: 302-312.

Joseph, B. (1971) 'A clinical contribution to the analysis of a perversion', *Int. J. Psycho-Anal.* 52: 441-449.

—— (1975) 'The patient who is difficult to reach', in M. Feldman and E. Bott Spillius (eds) *Psychic Equilibrium and Psychic Change*. London: Routledge, pp. 75-87.

—— (1982) 'On addiction to near death', *Int. J. Psycho-Anal.* 63: 449-456.

Klein, M. (1927) Criminal tendencies in normal children', in *The Writings of Melanie Klein*, Vol. 1. London: Hogarth Press, pp. 170-185.

—— (1932) *The Psychoanalysis of Children. The Writings of Melanie Klein*, Vol. 2. London: Hogarth Press.

—— (1946) 'Notes on some schizoid mechanisms', in *The Writings of Melanie Klein*, Vol. 3. London: Hogarth Press, pp. 1-24.

—— (1957) 'Envy and gratitude', in *The Writings of Melanie Klein*, Vol. 3. London: Hogarth Press, pp. 176-235.

Meltzer, D. (1968) 'Terror, persecution, dread', *Int. J. Psycho-Anal.* 49: 396-400.

—— (1973) *Sexual States of Mind*. Strath Tay: Clunie Press.

Rosenfeld, H. (1949) 'Remarks on the relation of male homosexuality to paranoia, paranoid anxiety and narcissism', *Int. J. Psycho-Anal.* 30: 36-47.

—— (1950) 'Notes on the psychopathology of confusional states in chronic schizophrenia', *Int. J. Psycho-Anal.* 31: 132-137.

—— (1952) 'Notes on the psycho-analysis of the superego conflict in an acute schizophrenic patient', *Int. J. Psycho-Anal.* 33: 111-131.

—— (1964) 'On the psychopathology of narcissism: A clinical approach' in

Psychotic States. London: Hogarth Press, pp. 34-51.
—— (1971) 'A clinical approach to the psycho-analytical theory of the life and death instincts', *Int. J. Psycho-Anal.* 52: 169-178.
Sohn, L. (1985) 'Narcissistic organisation, projective identification and the formation of the identificate', *Int. J. Psycho-Anal.* 66: 201-213.
Steiner, J. (1981) 'Perverse relationships between parts of the self: A clinical illustration', *Int. J. Psycho-Anal.* 63: 241-252.
—— (1985) 'Turning a blind eye: the cover-up for Oedipus', *Int. Rev. Psycho-Anal.* 12: 161-172.

恐惧症 | Phobia

克莱因（1932）在早期工作中，一方面将恐惧症和早期进食抑制联系起来，另一方面又将恐惧症和强迫机制联系起来。她认为，恐惧症是为了涵容在超我形成的早期阶段所产生的焦虑。儿童期症状通常是婴儿神经症的一部分，旨在缓和与早期俄狄浦斯情境施虐高峰阶段有关的可怕焦虑，改变构成早期超我的可怕客体。

克莱因将儿童早期进食困难与偏执起源联系起来。她写道：

> 在食人阶段，儿童将每种食物都等同为客体，就像这些客体是由他们的器官所代表的那样，因此食物具有父亲阴茎和母亲乳房的意义，承载着儿童的爱、恨和恐惧。

(1932, p. 157)

儿童将食物等同于可怕的内部客体，害怕内部受到毒害或破坏。克莱因认为，动物恐惧症出现在生命第二年的早期肛门阶段，表现为类似于早期进食抑制中活跃的偏执性焦虑。动物恐惧症由以下几个步骤构成：第一，超我与它我被排出，通过投射，它们变得与真实客体等同。克莱因提到一个事实，即儿童经常将早期超我等同为野生、危险的动物（口腔食人、肛门施虐）。第二，儿童用不那么凶猛的动物代替野兽，这样对父亲的恐惧就能被移植到这个外部焦虑性客体上。克莱因认为，动物恐惧症"对超我的恐惧进行了影响广泛的调整"

(1932, p. 157)。

克莱因大体上同意弗洛伊德的观点，认为恐惧症建立在投射和移植的基础上（Freud, 1926）。但是，尽管弗洛伊德（1918）认为，狼人的恐惧症是俄狄浦斯阉割焦虑的替代物，克莱因还是认为，对狼的恐惧是更原始的偏执性焦虑的表达，源自对早期超我的吞噬性内摄，带有口腔食人和肛门施虐成分。对狼的恐惧主要是迫害性恐惧移植到动物身上的象征性表现，病人依然将父亲认同为吞噬性的部分客体，从而影响了狼人的男子气概，后来，弗洛伊德对此进行过描述（Klein, 1932, pp. 158-160）。相比之下，小汉斯对马的恐惧症完全没有反映出这些早期原始焦虑。相反，恐惧源自弗洛伊德描述的更发展的俄狄浦斯情境（1905）。

克莱因进一步声称，改善恐惧症的过程与后期肛门阶段出现的强迫机制有关（见"强迫性防御"）。她暗示，强迫机制不仅试图应对偏执性焦虑，像恐惧症那样，而且也试图应对内疚。这是超我的新特征，与肛门后期阶段相关，此时个体对受损客体的关心和同情会导致反向形成。与此相比，恐惧症与偏执性焦虑有更直接的关系。克莱因在后期工作中未明确阐述对恐惧症的这些早期工作，但她关于恐惧症来自迫害性焦虑与客体的投射和移植的总体观点依然有效。

当代克莱因学派的贡献：汉娜·西格尔（Hanna Segal, 1954）描述，她的病人由于过度使用碎片化分裂，试图用恐惧症把支离破碎的体验聚集在一起。她的病人发展出人群恐惧症，试图组织已投射的碎片化体验。

亨利·雷伊（Henri Rey, 1994）提出很有影响力的幽闭恐惧困境概念，这是分裂样状态的基本特征。分裂样状态——人格组织中的基本障碍——由病理性分裂样机制所引起，比如过度投射性认同、碎片化分裂（见"偏执-分裂心位"）。这些机制让病人感觉自己活在客体内部，因为在幻想中，自体的不同部分都在客体内部。对客体的依赖会创造出一种永远不能让客体脱离自己控制的需要。活在客体内部会导致幽闭恐惧症，害怕自己被强有力的客体永远困住。然而，与客体分离则会制造广场恐惧症般迫在眉睫的厄运感，害怕自身碎片化，因为病人非常依赖于活在客体内部以获得身份感。这让病人渴望回到客体内部，因为那个地方很安全。

病人在面对极具迫害性的客体时，也会产生幽闭恐惧焦虑，这种焦虑已经在客体的内部空间或远离客体的空间里被投射和移植。正如雷伊指出的那样，有幽闭恐惧症的病人感觉任何地方都不安全。幽闭恐惧困境捕捉到了雷伊赋予术语"边缘"的含义。在分裂样状态中，病人在身份认同问题上最终陷入了两种选择的困境。这两种选择既不是男性或女性，也不是同性恋或异性恋，也非大小，而总是在边缘上。雷伊提出的概念比幽闭恐惧症的实际焦虑综合征更宽泛：它是心理结构，自体试图通过自体及客体的空间组织来应对过度的偏执性焦虑，会影响身份认同发展和客体关系。病理性组织和精神撤退的概念（Steiner, 1993）在其结构中融合了雷伊的幽闭-广场恐惧症概念（见"病理性组织"）。

Freud, S. (1905) 'Analysis of a phobia in five-year-old boy', *S.E. 10*. London: Hogarth Press, pp. 5-148.
—— (1918) 'From the history of an infantile neurosis', *S.E. 17*. London: Hogarth Press, pp. 7-104.
—— (1926) 'Inhibitions, symptoms and anxiety', *S.E. 20*. London: Hogarth Press, pp. 77-175.
Klein, M. (1932) *The Psychoanalysis of Children. The Writings of Melanie Klein*, Vol. 2. London: Hogarth Press.
Rey, H. (1994) 'The schizoid mode of being and the space-time continuum (before metaphor)', in J. Magagna (ed.) *Universals of Psychoanalysis in the Treatment of Psychotic and Borderline States*. London: Free Association Books, pp. 8-30.
Segal, H. (1954) 'Schizoid mechanisms underlying phobia formation', *Int. J. Psycho-Anal.* 35: 238-241.
Steiner, J. (1993) *Psychic Retreats: Pathological Organizations in Psychotic, Neurotic and Borderline Patients*. London: Routledge.

游戏 | Play

克莱因在观察儿童游戏的基础上发展出分析儿童的方法，她像分析成人的自由联想和梦那样去分析游戏（见"儿童分析""技术"）。安娜·弗洛伊德为此批评克莱因，理由是儿童玩游戏的背后有着与成人的自由联想不同的目的。安娜·弗洛伊德认为，后者是成人与分析师在精神分析冒险旅程中共同合作的结果，但儿童无法理解精神分析的目的。克莱因对此做出回应，她首先指出，游戏与自由联想都是心智内容的相对象征性表达。其次，从第一个解释开始，儿童就理解了（无意识地理解）精神分析的本质。一开始，克莱因便以弗洛伊德对儿童游戏的关注点为模型。

> 儿童在游戏里重复着现实生活给他们留下深刻印象的每一件事，这么做可以消散印象的力量，也许可以这么说，让自己掌控局面。但另一方面，很明显，儿童的所有游戏都受到一个持续主导他们的愿望的影响，即渴望长大，能够做成年人做的事情。我们也观察到，不愉快的体验也可能适合游戏。假如医生检查了儿童的喉咙，或者在儿童身上做了一些小手术，那么我们可以确定，这些可怕的经历会成为儿童下次游戏的主题；但我们不能忽视儿童可以从另一来源获得快乐。儿童从被动体验过渡到主动游戏，将不愉快体验传递给游戏玩伴，这样就可以报复替代者。
>
> (Freud, 1920, p. 17)

这里强调的是游戏对于掌控儿童内部世界的重要性。弗洛伊德描述了儿童将被动体验转为主动体验的一面，这一点被韦尔德（Waelder, 1933）与安娜·弗洛伊德（Anna Freud, 1936）采纳。

在与安娜·弗洛伊德（Anna Freud, 1926, 1929）争论的激发下，克莱因努力阐明儿童游戏的相关过程。她认为，游戏冲动由许多成分构成，大部分因素在上述弗洛伊德的论文中指出或给了提示。这些成分包括以下。

- 人类心智在一开始就是从客体与客体的关系以及客体与主体关系来进行思考的。
- 儿童将最严重的迫害性情境外化到外部世界，以寻求从内部世界的灾难中解脱。
- 儿童的自然发展中，有一部分是寻找新客体来代替早期客体，而玩具和玩伴正是用来练习这种象征表达的方式之一。
- 儿童转向新客体，也是受到与早期客体冲突的驱动，找到新客体就可以获得喘息的机会（象征）。

所有这些过程都是无意识的，代表着儿童的心智在努力与冲动和客体造成的困难斗争。克莱因认为，对儿童来说，游戏是非常严肃的事情，并非微不足道的享乐，也不仅仅是掌控物理环境而进行的演练。

见"创造力""外化""拟人化"。

Freud, A. (1936) *The Ego and the Mechanisms of Defence*. London: Hogarth Press.
Freud, S. (1920) 'Beyond the pleasure principle', *S.E. 18*. London: Hogarth Press, pp. 7-64.
Klein, M. (1926) 'The psychological principles of early analysis', in *The Writings of Melanie Klein*, Vol. 1. London: Hogarth Press, pp. 128-138.
—— (1929) 'Personification in the play of children', in *The Writings of Melanie Klein*, Vol. 1. London: Hogarth Press, pp. 199-209.
Waelder, R. (1933) 'The psycho-analytic theory of play', *Psychoanal. Q.* 2: 208-224.

游戏技术 | Play technique

见"儿童分析""技术"。

毒害 | Poisoning

口欲水平的其中一个先天无意识幻想是，通过攻击和侵入母亲来毒害母亲的乳汁（或创造力）。然后，又害怕客体会将毒药注入主体内部以进行报复。克莱因在早期论文《儿童的发展》（1921）中描述了弗里茨害怕被女巫和士兵下毒，她将这些焦虑与他对喂食、排尿、排便、性的好奇与困惑联系起来。弗里茨会将尿液与乳汁等同起来，对父亲放入母亲体内的东西非常感兴趣，对父母的所作所为感到厌恶，有时他希望父母死去却又害怕被父母报复。克莱因在后期论文中概述了这些幻想，认为它们存在于婴儿口腔施虐后期，她写道："这些暴力的攻击方式让位于虐待狂所能设计出的最精细的隐秘攻击方式，并将排泄物等同于有毒物质。"(Klein, 1930, p. 220)克莱因后来将这些攻击与嫉毁联系在一起，认为嫉毁的目的是将"坏东西，主要是有害排泄物和自体坏的部分放入母亲体内，首先是放入乳房，以破坏和摧毁母亲"(Klein, 1957, p. 181)。

见"儿童分析""嫉毁""偏执""投射性认同""施虐""无意识幻想"。

Klein, M. (1921) 'The development of a child', in *The Writings of Melanie Klein*, Vol. 1. London: Hogarth Press, pp. 1-53.
—— (1930) 'The importance of symbol formation in the development of the ego', in *The Writings of Melanie Klein*, Vol. 1. London: Hogarth Press, pp. 219-232.
—— (1957) 'Envy and gratitude', in *The Writings of Melanie Klein*, Vol. 3. London: Hogarth Press, pp. 176-235.

心位 | Position

术语"心位"摆脱了发展时期或阶段的概念，强调发展模式，其中焦虑、防御、冲动、客体关系组成集群（最终组成两个心位："偏执-分裂"和"抑郁"），互相重叠、来回波动。相比退行到发展阶段固着点的想法［见"在偏执-分裂心位和抑郁心位之间的移动（Ps↔D）"］，心位概念表述的是更为灵活的来回过程。术语"心位"也强调关系。这两个"心位"是克莱因理论的核心结构（见"抑郁心位""偏执-分裂心位"）。

克莱因在《论躁郁状态的心理成因》（1935）中放弃了性心理阶段的框架，在概述"抑郁心位"时，将自我状态及其关系置于心位框架内。克莱因后来在《对某些类分裂机制的评论》（1946）中提出了偏执-分裂心位概念。1948年，克莱因描述了她为什么选择"心位"，而不是"阶段"这个术语。

> ……之所以选择心位，是因为——尽管这些现象首先发生在早期发展阶段——但这些现象并不局限于这些阶段，而是代表着在儿童期最初几年出现且反复重现的特定焦虑和防御集群。
>
> （Klein, 1948, p. xiii）

心位、力比多阶段和客体关系：克莱因先前使用这个术语指代力比多心位（见"力比多"）——同性恋、异性恋等（见"克莱因"，1928, p. 186）。尽管克莱因继续使用术语"口欲""肛欲""生殖器"等，但这些术语被越来越多地用来指代各类本能冲动和典型的无意识幻想，而不是指代发展阶段或严格的发展时期（见"无意识幻想"）。

心位或防御结构：一开始，克莱因随意地使用术语"心位"和"抑郁心位"，并描述了"偏执心位""躁狂心位""强迫心位"。后来，克莱因放弃了"偏执心位""躁狂心位""强迫心位"这些术语，因为它们只是指代典型的焦虑防御结构或病理性结构（Meltzer, 1978）。最终，克莱因将对应术语限定为具有发展意义的两个基本心位：伴有抑郁性焦虑的抑郁心位和伴有迫害性焦虑的偏执-分裂心位。

精神病心位：对这个术语使用从病理层面转变为发展层面，以至于混淆了克莱因的意思。许多人认为她在暗示儿童通常都是精神病性的。她竭力想纠正这一点。

> 我在以往的工作中，从发展阶段的角度描述过儿童精神病性的焦虑和机制……但是，由于个体在正常发展中，精神病焦虑和机制从来都不是唯一的主导（当然，我强调过这个事实），所以术语"精神病阶段"并不尽如人意。我现在使用术语"心位"……在我看来，这个术语更容易被联想到……在儿童发展性精神病焦虑和成人精神病二者之间存在差异：例如，从迫害性焦虑或抑郁性情感迅速转变为正常态度——这种转变对儿童来说是非常典型的。
>
> （Klein, 1935, p. 276n）

Klein, M. (1928) 'Early stages of the Oedipus complex', in *The Writings of Melanie Klein*, Vol. 1. London: Hogarth Press, pp. 186-198.

—— (1935) 'A contribution to the psychogenesis of manic-depressive states', in *The Writings of Melanie Klein*, Vol. 1. London: Hogarth Press, pp. 262-289.

—— (1946) 'Notes on some schizoid mechanisms', in *The Writings of Melanie Klein*, Vol. 3. London: Hogarth Press, pp. 1-24.

—— (1948) *The Psychoanalysis of Children*, 3rd edition. London: Hogarth Press.

Meltzer, D. (1978) *The Kleinian Development: Part II, Richard Week-by-Week*. Strath Tay: Clunie Press.

前概念 | Preconception

克莱因认为，婴儿天生就能在心理上表征躯体体验和感知（见"无意识幻想"）。当婴儿的脸被触碰，他的头就会转动并吮吸。假设新生儿具有体验的能力，那么在第一次发生吮吸反射之前的体验是什么？比昂提出了"前概念"，这是一个心理实体，等待与之"匹配"的实现。前概念是对乳房的先验知识。比昂也将前概念比作康德的"空白想法（empty thought）"。"未体验过的"前概念与实现相匹配，会产生概念。然而，前概念与挫折相匹配，会产生想法，思考由此得以发展。

见"威尔弗雷德·比昂""先天知识""思考和知识"。

原初场景 | Primal scene

弗洛伊德使用术语"原初场景"来表示婴儿或儿童对父母性交的体验。通常，他关注的是儿童亲眼看见父母性交。他在对狼人的分析中（Freud, 1918），详尽地描述了病人度假期间睡在父母卧室时遭受的创伤，病人对此怀有神秘幻想，渴望认同父母一方或双方。

这个个案史大约是在克莱因对精神分析产生兴趣的时候发表的。克莱因最早的工作主要关注儿童性理论；她很快意识到，即使最快乐的儿童也有深切的痛苦，这是由神秘、挫败、排斥和强烈的攻击性反应造成："……一系列热切和强迫性的问题，被证明是与原初场景有关的好奇心表达……之后会重复爆发愤怒。"（Klein, 1925, p. 122）总体而言，克莱因对儿童是否目睹父母性交不感兴趣（埃尔娜案例：Klein, 1932），她感兴趣的是，儿童不可避免地沉迷在父母性交的幻想中，这经常在儿童游戏里被观察到。儿童最早的原初场景概念涉及可怕的生殖器期和前生殖器期部分客体形式，因此她创造了术语"结合父母"（见"结合父母形象""俄狄浦斯情结"）。

克莱因采纳了弗洛伊德关于"原初幻想"的观点或父母伴侣的先天观点，而比昂则认为，父母性交的模板是重要的"前概念"。比昂认为，只有我们能够允许父母性交，我们才会允许广泛的心理联结，允许思考本身（例如，Bion, 1959）。莫尼-克尔观察到，我们努力想要了解原初场景的本质，但因为无法忍受而经常歪曲它："确实，每个可想象的（父母性交）表征，似乎都在无意识中大量涌现，除了正确的那个。"（Money-Kyrle, 1968, p. 417）

布里顿（Britton, 1989, 1998, 2003）写了大量论文，讨论俄狄浦斯情境中的原初场景及其变迁。他讨论了（Britton, 1989），在那些与母亲最初的安全关系未被内化的个体内部，存在原始又暴力的原初场景。他认为，个体幻想"另一房间"是父母性交的地方，它既是心智中想象力和创造力的空间（Britton, 1998, pp. 120-127），也能成为刻板的白日梦居所。

索德雷（Sodré, 1994）描述了，强迫性个体如何幻想着侵入和控制原始伴侣。饱受强迫性怀疑折磨的个体无法放弃这对伴侣让他们自由地走到一起——俄狄浦斯情结仍未解决。

Bion, W. (1959) 'Attacks on linking', *Int. J. Psycho-Anal.* 40: 308-315.
Britton, R. (1989) 'The missing link: Parental sexuality in the Oedipus complex', in J. Steiner (ed.) *The Oedipus Complex Today.* London: Karnac, pp. 83-101.
—— (1998) 'The other room and poetic space', in *Belief and Imagination.* London: Routledge, pp. 83-101.
—— (2003) *Sex, Death, and the Superego.* London: Karnac.
Freud, S. (1918) 'From the history of an infantile neurosis', *S.E. 17.* London: Hogarth Press, pp. 3-13.
Klein, M. (1925) 'A contribution to the psychogenesis of tics', in *The Writings of Melanie Klein*, Vol. 1. London: Hogarth Press, pp. 106-127.
—— (1932) 'An obsessional neurosis in a six-year-old girl', in *The Writings of Melanie Klein*, Vol. 2. London: Hogarth Press, pp. 35-57.
Money-Kyrle, R. (1968) 'Cognitive development', in D. Meltzer (ed.) *The Collected Papers of Roger Money-Kyrle.* Strath Tay: Clunie Press, pp. 416-433.
Sodré, I. (1994) 'Obsessional certainty versus obsessional doubt: From two to three', *Psychoanal. Inq.* 14: 379-392.

投射 | Projection

投射被弗洛伊德1895年首次描述，自此，其含义有很长的历史。这个术语最初源自16世纪光学和地图绘制新科学，19世纪出现在知觉心理学当中，从那里弗洛伊德将这个术语引入精神分析（见"投射性认同"）。术语"投射"有许多种用法：知觉；投射和排出；外化冲突；投射和身份认同；投射部分自体。

知觉：在生理学意义上，将特定的体验解释为投射到知觉器官的实际范围之外。尽管从生理上说，光线的影响发生在视网膜上，但视觉解读将其归因于眼睛前方或远或近的距离。同样，盲人握着白色手杖行走遇到障碍物时，他会通过握着手杖的手掌产生触感。尽管如此，他准确地将自己察觉到的物体投射向了手杖末端。这就是"投射"，这是知觉心理学中的常用方式。依据身体感觉，婴儿也以类似的方式来解读对引起这些感觉的客体的看法（见"本能""内部客体"）。因此，投射是解释知觉系统感官数据正常过程的一部分。

投射和排出：弗洛伊德（1895）已经注意到投射与偏执的关系。亚伯拉罕（Abraham, 1924）在研究忧郁症，以及在这种情况下"失去客体"或害怕失去它的重要性时，他意识到个体有重要的肛门幻想：将客体从躯体中驱逐出去。他将肛门排出冲动与投射机制联系在一起。

外化冲突：克莱因发现投射机制很重要，因为它可以在与外部客体的游戏中外化内部冲突（Klein, 1927）。个体在犯罪行为中的投射，证实了弗洛伊德关于罪犯出于无意识内疚感而犯罪的观点（Freud, 1916）。

投射和身份认同：投射在自我存在中起着主要作用："投射……源自死本能的外部偏转，在我看来，这是帮助自我摆脱危险和有害的东西，从而克服焦虑。"（Klein, 1946, p. 6）投射是一种基本的幻想活动，将客体定位于自我的内部或外部。

……用语言表达最古老的——口腔——本能冲动，判定如下："我想吃这个"，或"我想吐出来"；更笼统地说，"我想把这个吸收到我里面，而把那个排除在外"。也就是说，"它应该在我里面"或"它应该在我外面"。如我在别处所指出的那样,最初的快乐自我——想内摄一切好东西,排出一切坏东西。

(Freud, 1925, p. 237)

投射部分自体：弗洛伊德（1895）与克莱因（1946）使用的"投射"还有另一层含义,即将特定的心理状态归因于别人。因此,自我的某些部分被感知为是别人的。这是回避同性恋感觉的典型方式。他们经常被归于其他人,弗洛伊德建构了复杂的"变迁"链："我爱他"变成"我恨他","我恨他"反过来变成"他恨我"。仇恨因此归于对方。弗洛伊德（1914）在关于自恋的论文中开始研究这类关系的现象学,当他描述了自恋式的客体选择,对比于情感依附式的客体选择。然而,弗洛伊德没有将客体本身明确地界定为研究领域,术语"投射"的使用就变得混乱,克莱因的用法也体现了这种混乱。

克莱因对投射的用法：克莱因使用的术语"投射"具有上述多层含义：投射内部客体；死本能的偏转；内部冲突的外化；以及,投射部分自体。

投射内部客体：术语的这个用法源自亚伯拉罕（Abraham, 1924）,例如,因饥饿而哭喊的婴儿,觉得缺位的母亲/乳房/奶瓶是活跃的、有敌意的坏客体,是它在肚子里制造了饥饿感（见"无意识幻想"）。通过尖叫、哭泣（并且经常排便）,客体被体验为驱逐出了婴儿身体之外,在那里它就稍微没有那么可怕。

死本能的投射或偏转：克莱因认为,向外投射（或偏转）死本能,意味着向内的原始攻击性被转向外部,而针对某个外部客体。将客体投射到外部（比如客体的重新定位）,是不同于向外部客体投射冲动（本能的重新定向）的用法。

冲突的外化：克莱因最初观察儿童时发现,儿童在外部世界中通过玩具活现了一种关系,而这是因为儿童将内部冲突或内部关系投射到了外部世界中。个体对犯罪行为及法律诉讼的浓厚兴趣,可能是将特定冲动的内部冲突外化的常见情况（见"社会防御系统"）。

投射性认同：这是克莱因学派更为传统的关于投射的观点,将部分自体归于客体。因此,部分自我——例如,个体的某种心智状态,比如不被欢迎的愤怒、怨恨或其他糟糕的感受——被视为源自他人,个体完全不承认（否认）它与自己有关。克莱因还认为,个体也会将自体的良好感受和属性归于他人,她在术语"投射性认同"的定义里包括了"好的"与"坏的"属性（见"投射性认同"）。

目前，英国克莱因学派分析师对术语"投射"的用法，与术语"投射性认同"没有明显区别。"投射"倾向于指代，个体将某物从自体转移到另一个人身上的一般心理机制。"投射性认同"则涉及更详细地考虑：由谁投射了什么、投射给谁，以及产生了什么效果。如今，我们认为投射的多种形式和内容——冲动、感受、想法、部分自体和内部客体——涉及投射者对投射出去的属性存在无意识认同。确实，英国克莱因学派当前使用的"投射性认同"，实际上是对投射概念的拆解，给两个术语赋予不同的定义就变得毫无意义（Spillius，1992）。

病理性和正常的投射性认同：比昂（Bion, 1959）在此基础上区分了两种形式的投射性认同：以全能和暴力进行的病理形式，以及没有暴力并保持内部和外部现实感的"正常"形式。在病理形式的投射性认同中，自体与客体混淆，它与共情不同的是，在共情中，投射者仍然能意识到自己的独立身份感（见"共情""投射性认同"）。

Abraham, K. (1924) 'A short study of the development of the libido', in *Selected Papers on Psychoanalysis*. London: Hogarth Press (1927), pp. 418-501.
Bion, W. (1959) 'Attacks on linking', *Int. J. Psycho-Anal*. 40: 308-315.
Freud, S. (1895) 'Draft 1 - paranoia', *S.E. 1*. London: Hogarth Press, pp. 206-212.
—— (1914) 'On narcissism', *S.E. 14*. London: Hogarth Press, pp. 67-102.
—— (1916) 'Some character-types met with in analytic work: III Criminals from a sense of guilt', *S.E. 14*. London: Hogarth Press, pp. 332-333.
—— (1925) 'Negation', *S.E. 19*. London: Hogarth Press, pp. 235-239.
Klein, M. (1927) 'Criminal tendencies in normal children', in *The Writings of Melanie Klein*, Vol. 1. London: Hogarth Press, pp. 170-185.
—— (1946) 'Notes on some schizoid mechanisms', in *The Writings of Melanie Klein*, Vol. 3. London: Hogarth Press, pp. 1-24.
Spillius, E. (1992) 'Clinical experiences of projective identification', in R. Anderson (ed.) *Clinical Lectures on Klein and Bion*. London: Routledge, pp. 81-86.

在偏执-分裂心位和抑郁心位之间的移动 | Ps ↔ D

克莱因曾将从抑郁心位到偏执-分裂心位的运动,描述为对抑郁性焦虑的偏执性防御(见"对抑郁性焦虑的偏执性防御")。比昂在《精神分析的元素》(1963)中,将偏执-分裂和抑郁这两个类别之间的变化过程,描述为"失整合(disintegration)"和"再整合(reintegration)"。他清楚阐明,"良性或其他"变化的性质(1963, p. 35)取决于,这个过程是被爱(L)、恨(H)还是知识(K)所主导。比昂认为,两个心位之间(Ps↔D)发生的过程,与容器和被涵容的过程有相似之处。然而,这些描述既不明确,也不直接。例如,抑郁心位(D),可能是一个整合的例子,但也可能是通过聚集而提供涵容,类似于抑郁心位(D)而又不等同。同样,伴随着他认为投射性认同可以是正常的或病理性的观点,比昂构想出朝向偏执-分裂心位的非病理性移动。

比昂遵循了克莱因(1923, 1931)的观点,认为智力发展很大程度上依赖于情绪发展,他(1963)基于思想的联结而创建了思考理论(见"思考和知识"),这对原初场景中父母及其器官联结的主题具有重要意义(见"结合父母形象""联结")。他发展了容器模型(见"容器/被涵容")。心理内容的结合构成网络,成为容器。在创造过程中,思考涉及对先前观点和理论的拆解。要改变个体的思考方式,容器要先被消融,再重新形成。比昂认为,消融具有小型精神灾难的性质,裂解成碎片,因此向偏执-分裂心位移动(Ps)。重新形成新观点和理论是一种合成运动,让人联想到抑郁心位(D)。比昂引述庞加莱关于科学创造力的个人观点,围绕着一团未被组织的事实,寻找特定的事实并进行组织,比昂认为这很好地类比了婴儿向抑郁心位的移动,即婴儿的人格围绕内化的乳房(乳头)组织起来。

因此,创造力可以被看成在偏执-分裂心位和抑郁心位之间小范围来回移动的过程。比昂用符号"Ps↔D"表征来回的过程。比昂后来在《注意与解释》(1970, p. 124)中提出术语"耐心(patience)"和"安全感(security)",而不是偏执-分裂心位(Ps)和抑郁心位(D),以区分分析工作中所必须遭遇的痛苦、迫害和挫折，与偏执－分裂心位上的感受（见"威尔弗雷德·比昂"）。布里顿也强调，个体需要有忍受失整合的能力，他在《抑郁心位的前与后》（1998）中提出了抑郁心位路径（Dpath）的概念，这是病理性抑郁心位状态，一种病理性组织。布里顿的观点建立在斯坦纳1987年的论文《病理性组织与偏执－分裂心位和抑郁心位之间的相互作用》之上（见"病理性组织"）。

在此之前，一些与严重边缘型人格障碍工作的克莱因学派分析师，研究了偏执－分裂心位和抑郁心位之间的波动：尤其见约瑟夫（Joseph, 1978, 1989；见"贝蒂·约瑟夫""精神变化""精神平衡"）。在这两个心位之间存在一种平衡，围绕这两个心位有不断回响的波动；它们不应被视为人格发展到成熟或退行到固着点的发展阶段。相反，在整个发展过程中，会一直围绕这两个心位持续地出现波动，并且每个发展阶段都会出现Ps⟷D的波动。因此，发展和成熟存在于另一个维度，而个体放弃全能感，承认外部与内部现实是重要因素。尽管这些发展步骤通常与抑郁心位有关，但某些时刻是偏执－分裂心位在运作，其中全能感不会起很大作用，例如，正常的投射性认同（共情）取代了病理性形式（见"投射性认同"）。人的一生可能都存在关于自体生存的现实焦虑（这是典型的偏执－分裂心位的迫害性焦虑），这些焦虑可以不需要全能感也可以应对，这是人格的一个方面，被称为正常的自恋。同样，抑郁心位中的个体在一些情境中可能会恢复全能的功能运作，比如病理性哀悼状态（见"抑郁性焦虑"）。我们可以设想，两个心位间的波动（Ps⟷D）作为整体向前发展，或者有时退回到全能感，以及对分离的不现实的丧失感。

Bion, W. (1963) *Elements of Psycho-Analysis.* London: Heinemann.
—— (1970) *Attention and Interpretation.* London: Tavistock.
Britton, R. (1998) 'Before and after the depressive position: Ps(n)→D(n)→Ps(n+1)', in *Belief and Imagination.* London: Routledge, pp. 69-81.
Joseph, B. (1978) 'Different types of anxiety and their handling in the analytic situation', *Int. J. Psycho-Anal.* 59: 223-228.
—— (1989) *Psychic Equilibrium and Psychic Change.* London: Routledge.
Klein, M. (1923) 'The role of the school in the libidinal development of the child', in *The Writings of Melanie Klein,* Vol. 1. London: Hogarth Press, pp. 59-76.
—— (1931) 'A contribution to the theory of intellectual development', in *The*

Writings of Melanie Klein, Vol. 1. London: Hogarth Press, pp. 236-247.

Steiner, J. (1987) 'The interplay between pathological organisations and the paranoid-schizoid and depressive positions', *Int. J. Psycho-Anal.* 68: 69-80.

精神变化 | Psychic change

这是所有精神分析学派都持有的基本概念，但在克莱因学派的精神分析中，它一直是威尔弗雷德·比昂与贝蒂·约瑟夫特别感兴趣的话题。

比昂（Bion, 1967）关于如何避免专注于"记忆与欲望"的思考（见"记忆与欲望"），帮助克莱因学派分析师去关注每节分析中，当下情境里情感与想法的即时表达。约瑟夫（Joseph, 1989）认为，精神变化目前有两种定义，第一种涉及病人心理状态或功能的短期变化，第二种则涉及更长期且更根本的变化。

约瑟夫强调，第一种变化总在分析里发生——这不是静态过程。假如分析师一直在寻找病人的进步或退行，他可能会扰乱自己观察和跟随病人的能力，也可能让病人倍感压力，或者感觉遭受误解。

长期精神变化是病人前来分析的希望，但病人无意识中也害怕这种变化，害怕失去平衡和安全感。这类变化涉及病人向客体（包括分析师）投射情感和想法的模式有所变化；它导致病人为分离而挣扎，试图对自己的精神现实达成更现实看法。但是，为实现这些目标，分析师需要避免以某种方式向病人施压以使其顺从，而病人不可避免地会向分析师施压以使其符合自己的期待和欲望，分析师需要能够抵抗病人的这种努力。长期变化不会很快实现，这要求分析师富有想象力，宽容地理解分析中病人的"整体情境"。

Bion, W. R. (1967) 'Notes on memory and desire', *Psychoanal. Forum* 2: 272-280; reprinted in E. B. Spillius (ed.) *Melanie Klein Today,* Vol. 2. London: Routledge (1988), pp. 17-21.

Joseph, B. (1989) 'Psychic change and the psychoanalytic process', in M. Feldman and E. Spillius (eds) *Psychic Equilibrium and Psychic Change.* London: Routledge, pp. 192-202.

精神发展 | Psychic development

我们会在下文概述克莱因关于心理发展的想法演变。

- 1921(《儿童的发展》)、1923a(《学校在儿童力比多发展中的作用》)和1923b(《早期分析》)：在这三篇论文中，力比多的观点是克莱因发展观的核心，她尤其关注力比多焦虑和它的解决。此时，她认为俄狄浦斯情结是在孩子2—3岁之间发展起来的。
- 1926 (《早期分析的心理学原则》)：早期超我和俄狄浦斯情结开始于生命的第二年。早期超我很残酷，具有惩罚性。
- 1927a (《儿童分析研讨》)：攻击性首次被强调。俄狄浦斯情结和超我始于断奶。超我的严重程度是由儿童自己的施虐幻想所引起。
- 1927b (《正常儿童的犯罪倾向》)：强调爱与恨的冲突。"犯罪"是早期施虐幻想的活现。
- 1928 (《俄狄浦斯冲突的早期阶段》)：儿童将施虐投射入父母，使他们和他们的性交变得残酷，而吓到孩子——因此就产生了具有威胁性的"结合父母"的想法。男孩害怕被阉割，女孩害怕被有敌意的母亲攻击。小女孩意识到自己有阴道。克莱因此时依然主要关注由仇恨引发的问题。
- 1929 (《儿童游戏中的拟人化》)：它我和超我某些方面被归因于真实或幻想的外部客体。创造力与早期焦虑有关，表达的是想修复受损客体的冲动。
- 1930 (《象征形成在自我发展中的重要性》)：极端案例中（像这例），自我通过驱逐施虐的部分来保护自己免受焦虑，既可以让自体摆脱它，又可以攻击客体。
- 1931 (《对智力抑制理论的贡献》)：施虐是智力抑制的原因，但是施虐也是对外部世界好奇、探索的基础。对施虐的大量防御会抑制智力。对自体中的危险的恐惧，也会抑制自我探索。

- 1932（《儿童精神分析》）：这本著作采纳弗洛伊德生死本能理论；相比早期论文，更多强调了爱，促进了对作为心理功能基础的爱恨互动的研究。首次提到儿童认为父母是持续性交的"结合客体"（Ch.8，尤其是 p. 132）。

- 1933年（《儿童良知的早期发展》）：儿童的早期超我必定比真实的父母更为严酷，因为儿童将施虐投射进父母"意象"。当儿童出现最早的口腔内摄时，超我开始形成。俄狄浦斯倾向也出现在这个早期阶段。随着儿童生殖器冲动的发展，他的超我变得不那么暴虐，而逐渐发展成"良知"。

  （上述最后四部著作中提到，生殖器与积极驱力、爱与施虐都被认为会影响发展。）

- 1935（《论躁郁状态的心理成因》）（见"抑郁心位"）和1940年《哀悼及其与躁郁状态的关系》：这两篇论文标志着克莱因提出了抑郁心位的新理论，她认为婴儿在4—5月大时，能够从与部分客体进行连接发展到与整体客体进行连接。这意味着，婴儿先前只关心自己，但现在能够认同客体，开始变得关心客体和自己。他变得害怕失去所爱的好客体，体验到内疚，甚至绝望，想修复他以为是自己造成的伤害。通过这样的方式，克莱因区分了"偏执性"焦虑（后称为"迫害性"焦虑）与"抑郁性"焦虑。从这时起，克莱因不再像在早期论文中那样强调力比多发展的"阶段"。她说道，"这组焦虑与防御会在童年期头几年以及之后生活中的某些情形下出现，且反复出现"（Klein, 1952, p. 93）。新理论的第二个方面是，克莱因认为，抑郁心位的正常结果是儿童安全地内化好客体；如果失败了，很可能出现抑郁症，这意味着，遭受的躁郁症痛苦是在重复婴儿期抑郁心位的挣扎。

- 1946（《对某些类分裂机制的评论》）：这是另一篇主要对偏执-分裂心位进行描述的重要论文，克莱因认为，偏执-分裂心位在抑郁心位前出现（见"偏执-分裂心位"）。她强调爱恨情感的分裂防御，客体变成好和坏；"排出"（投射）施虐，以释放自我、攻击客体；

她提出投射性认同概念，是偏执-分裂心位的主要防御（见"投射性认同"）。她说，自我害怕湮灭时，就分裂成微小部分（碎片），导致自我分裂，就像在精神分裂症中那样，她强调自我不可能只分裂客体而不分裂自身。

- 1948（《关于焦虑与内疚的理论》）和1960（《对精神分裂症中抑郁状态的评论》）：克莱因补充说，在偏执-分裂心位上可能会出现早期形式的抑郁和内疚。
- 1952（《关于婴儿情绪生活的一些理论性结论》）：克莱因依据自己的新理论，在这篇论文中对从出生到潜伏期的早期发育进行了综述，论文内容很完整，除了没有包含她于1957年提出的原发嫉毁这个较晚期思想之外。与《俄狄浦斯冲突的早期阶段》（1928）和《儿童精神分析》（1932，特别 Ch.8, p.132）中提到的作为"结合客体"的父母相比，克莱因在这篇论文中明确提到了父母彼此快乐地互动的想法。
- 1957（《嫉毁与感恩》）：克莱因补充说，个体与嫉毁的斗争非常重要，她认为嫉毁具有体质性基础，是心理发展最后一个非常关键的特征。
- 1958（《论心智功能的发展》）：克莱因陈述了自己的观点，超我是在爱恨两种本能主要处于融合状态时发展起来的，而由强烈的破坏性产生的可怕内在形象不属于正常发展的超我，它存在于心智单独领域的"深层无意识"。

Klein, M. (1921) 'The development of a child', in *The Writings of Melanie Klein*, Vol. 1. London: Hogarth Press, pp. 1-53.

—— (1923a) 'The role of the school in the libidinal development of the child', in *The Writings of Melanie Klein*, Vol. 1. London: Hogarth Press, pp. 59-76.

—— (1923b) 'Early analysis', in *The Writings of Melanie Klein*, Vol. 1. London: Hogarth Press, pp. 77-105.

—— (1926) 'The psychological principles of early analysis', in *The Writings of Melanie Klein*, Vol. 1. London: Hogarth Press, pp. 128-138.

—— (1927a) 'Symposium on child analysis', in *The Writings of Melanie Klein*, Vol. 1. London: Hogarth Press, pp. 139-169.

—— (1927b) 'Criminal tendencies in normal children', in *The Writings of Melanie Klein*, Vol. 1. London: Hogarth Press, pp. 170-185.

—— (1928) 'Early stages of the Oedipus conflict', in *The Writings of Melanie Klein*, Vol. 1. London: Hogarth Press, pp. 186-198.

—— (1929) 'Personification in the play of children', in *The Writings of Melanie Klein*, Vol. 1. London: Hogarth Press, pp. 199-209.

—— (1930) 'The importance of symbol formation in the development of the ego', in *The Writings of Melanie Klein*, Vol. 1. London: Hogarth Press, pp. 219-232.

—— (1931) 'A contribution to the theory of intellectual inhibition', in *The Writings of Melanie Klein*, Vol. 1. London: Hogarth Press, pp. 236-247.

—— (1932) *The Psychoanalysis of Children. The Writings of Melanie Klein*, Vol. 2. London: Hogarth Press.

—— (1933) 'The early development of conscience in the child', in *The Writings of Melanie Klein*, Vol. 1. London: Hogarth Press, pp. 248-257.

—— (1935) 'A contribution to the psychogenesis of manic-depressive states', in *The Writings of Melanie Klein*, Vol. 1. London: Hogarth Press, pp. 262-289.

—— (1940) 'Mourning and its relation to manic-depressive states', *The Writings of Melanie Klein*, Vol. 1. London: Hogarth Press, pp. 344-369.

—— (1946) 'Notes on some schizoid mechanisms', in *The Writings of Melanie Klein*, Vol. 3. London: Hogarth Press, pp. 1-24.

—— (1948) 'On the theory of anxiety and guilt', in *The Writings of Melanie Klein*, Vol. 3. London: Hogarth Press, pp. 25-42.

—— (1952) 'Some theoretical conclusions regarding the emotional life of the infant', in *The Writings of Melanie Klein*, Vol. 3. London: Hogarth Press, pp. 61-93.

—— (1957) 'Envy and gratitude', in *The Writings of Melanie Klein*, Vol. 3. London: Hogarth Press, pp. 176-235.

—— (1958) 'On the development of mental functioning', *The Writings of Melanie Klein*, Vol. 3. London: Hogarth Press, 236-246.

—— (1960) 'A note on depression in the schizophrenic', *The Writings of Melanie Klein*, Vol. 3. London: Hogarth Press, pp. 264-267.

精神平衡 | Psychic equilibrium

贝蒂·约瑟夫从与普通病人和更严重病人的工作中得出结论，所有病人都想保持平衡，这是指在迫害性焦虑及抑郁性焦虑以及为了控制焦虑而发展出来的复杂防御系统之间保持平衡。

病人经常因为渴望精神改变而前来分析，但很快发现自己试图保护并捍卫传统平衡。如约瑟夫所说：

> 病人进入分析，是因为他们不满现状，想要改变，或希望改变局面。病人有改变的愿望和对更多的整合的压力；没有这部分，分析就会失败。然而，也有对改变的恐惧。病人在无意识当中知道，自己要求的改变涉及内部力量的转变，和对已建立的心理和情绪平衡的干扰，而这个平衡涉及无意识中已形成的情感、冲动、防御和内部形象，并镜映在病人在外部世界的行为中。这种平衡由紧密地、微妙地紧紧相扣的元素来维持，一个部分的干扰必然会影响到整个人格。我们的病人无意识地感觉到这一点，因此倾向于将整个分析过程视为潜在威胁。
>
> （Joseph, 1986, p. 193）

换句话说，病人前来分析，是想让分析师帮助他们更好地理解自己，但很快，如约瑟夫所说，病人很可能想让分析师"忍受"自己的焦虑，而不是帮助自己"理解"它（Joseph, 1978, p. 108）。

Joseph, B. (1978) 'Different types of anxiety and their handling in the analytic situation', in M. Feldman and E. Spillius (eds) *Psychic Equilibrium and Psychic Change*. London: Routledge (1989), pp. 106-115.

(1986) 'Psychic change and the psychoanalytic process', in M. Feldman and E. Spillius (eds) *Psychic Equilibrium and Psychic Change*. London: Routledge (1989), pp. 192-202.

精神痛苦 | Psychic pain

克莱因没有使用词语"精神痛苦",而提到了(Klein, 1940)哀悼的痛苦,这可能是非常富有成效的。然而,当代克莱因学派的著作中广泛使用精神痛苦这个概念。这是个通用术语,既适用于谱系的一端,即抑郁性痛苦——内疚和关切的痛苦;也可以适用于谱系的另一端,即非常具有迫害性的心理体验。在谱系原始末端,精神痛苦可能几乎不是精神上的,而更像是身体上的痛苦。分析工作帮助病人迈向更抑郁的精神痛苦体验,然后就可以进行修复、升华。比昂(Bion, 1970)写道:

> 存在这样的人,他们格外无法忍受痛苦或挫折(或者在他们身上,痛苦或挫折如此难以忍受),虽然能感受到痛苦,但无法承受它,因此不能说他们发现了痛苦……无法承受痛苦的病人,就无法"承受"快乐。

(Bion, 1970, p. 9)

比昂在其他地方描述到,病人需要"分析体验能提高病人承受痛苦的能力,即使病人与分析师都可能希望减轻痛苦"(Bion, 1963, p. 62)。

约瑟夫(Joseph, 1981)在《迈向精神痛苦的体验》(*Towards the experiencing of psychic pain*)中提到,当维持人格的平衡发生重大变化时,病人会在身体和精神的边界处感受到无法定义的精神痛苦。在约瑟夫看来,这种痛苦表明类分裂心智状态的出现,可能有助于病人寻求帮助。

埃布尔-赫希(Abel-Hirsch, 2006)发展了比昂与约瑟夫的某些思想。她区分了不同的体验:一种是能被拥有的,因此是能够从内部被体验为有意义的痛苦和快乐;而另一种是典型的倒错心智状态,是强加或构造的痛苦或快乐。

Abel-Hirsch, N. (2006) 'The perversion of pain, pleasure and thought: on the difference between "suffering" an experience and the "construction" of a thing to be used', in D. Nobus and L. Downing (eds) *Psychoanalytic Perspectives/Perspectives on Psychoanalysis*. London: Karnac, pp. 127-146.

Bion, W. (1963) *Elements of Psychoanalysis*. London: Heinemann.

—— (1970) *Attention and Interpretation*. London: Tavistock.

Joseph, B. (1981) 'Toward the experiencing of psychic pain', in J. Grotstein (ed.) *Do I Dare Disturb the Universe?* Beverly Hills, CA: Caesura, pp. 93-102.

Klein, M. (1940) 'Mourning and its relation to manic-depressive states', in *The Writings of Melanie Klein*, Vol. 1. London: Hogarth Press, pp. 344-369.

精神现实 | Psychic reality

内部现实或精神现实是一个精神世界，它无意识和有意识地存在于个体内部。弗洛伊德的重要出发点是认识到无意识力量的影响力，重视神经症与精神病病人说的话，假设病人正在传递对他们来说真实且可被理解的东西。克莱因用内部客体理论对此进行了阐述。

> ……她（克莱因）的发现为心智模型创造了革命性的补充，即我们不是生活在一个世界，而是两个世界中——我们生活的内部世界，就像外部世界那样真实……精神现实可以用具体的方式来处理。
>
> （Meltzer, 1981, p. 178）

内部世界：克莱因设想的内部世界充满客体和自体不同的部分，彼此相互关联（见"内部客体"）。内部客体或多或少是无意识的和原始的。婴儿早期的内部客体被具体体验为存在于身体和心智里——这是身体内部的体验（见"皮肤"）。内部客体的概念很复杂，与克莱因关于无意识幻想和生死本能的概念密不可分（见"无意识幻想"）。内摄与投射机制的全能使用，部分自体被投射进入客体，然后又被内摄，这真实地影响到了个体的内部现实。例如，攻击性被投射出去后，留给个体一种自我被削弱的感觉。个体内部世界的结构，以及内部客体与部分自体之间的关系，受到个体心智主要运作的防御集群的影响，也会反过来影响它（见"抑郁心位""偏执-分裂心位"）。

内部世界的结构：个体的内部世界被概念化为有结构的，依据克莱因学派的理论，结构与内容相互影响。例如，弗洛伊德与克莱因都将自我分为自我与超我。克莱因认为，这个区分与死本能的早期防御性分裂和投射，以及随后对严苛和理想化客体的内摄有关。死本能的强度、外部客体的状态以及与外部客体的关系，都会影响内摄进自我与超我中内容的性质，这些反过来会影响整合或分裂过程的主导程度，内部世界中客体的各个方面是否彼此严格分开，内部世界是碎片化的还是整合的。

弗洛伊德的心智模型是精神分析师在工作中使用的概念工具，而克莱因学派的观点则认为，病人对精神现实、精神结构、精神内容以及正在发生的关系存在无意识幻想。这往往可以在梦里表现出来；西格尔（Segal, 1964）有个很好的例子，她的病人报告了海军军官的梦。

> ……金字塔。有一群粗野的水手聚集在金字塔底部，头顶一本沉重的金书。有个和他同等军衔的海军军官站在书上，肩上站着海军上将。他说，上将似乎以他自己的方式从上面施加巨大压力且令人敬畏，这群水手构成了金字塔的底部，并从下面往上推。
>
> （Segal, 1964, p. 21）

病人接着描述这个梦是如何代表他自己，他的本能来自下面，而他的良心则来自上面。

克莱因因将幻想现象具体化以及将描述水平与理论水平相混淆而遭受批评。然而，病人的内部现实被物体化，正是因为病人物体化了内部现实，就仿佛精神现实等同于物质现实那样去运作。

见"内部客体""无意识幻想"。

Meltzer, D. (1981) 'The Kleinian expansion of Freudian metapsychology', *Int. J. Psycho-Anal.* 62: 177-185.

Segal, H. (1964) *Introduction to the Work of Melanie Klein*. London: Karnac.

精神病 | Psychosis

克莱因自工作之初就对精神病的主题，尤其是精神分裂症，还有偏执与躁郁型精神病感兴趣。她认为，儿童期精神病比大众公认的更为普遍和严重（Klein, 1930a, 1930b）。在克莱因著作里提到过的或被她列为在柏林综合医院治疗过的20名儿童中，克莱因认为其中4名患有精神分裂症，另外3名则是偏执（Frank, 2009, Ch.2）。克莱因在分析"埃尔娜"时特别强调了在儿童精神病方面的工作，埃尔娜是表现出强迫神经症症状的6岁儿童，克莱因逐渐认识到这个症状掩蔽了严重的偏执（Klein, 1932, Ch.3；也见 Frank, 2009, Chs.6 & 11）。

克莱因对精神分裂症的理解基于与许多病人的工作，尤其是"迪克"的案例，她在《象征形成在自我发展中的重要性》中详细描述过这个4岁儿童（Klein, 1930a）。克莱因在论文的第一部分描述了自我如何发展的理论。她说，儿童（当然还有他的自我）不仅拥有与父母的力比多关系（包含对父母性器官的看法），也有以施虐为基础的破坏性关系。因为他在幻想中攻击父母和他们的器官，也在幻想父母会攻击他进行报复。为回避预期中父母的攻击，儿童在幻想中再次将他对真实客体的攻击移植到其他象征性地代表他们的东西上，这样就创建了新的"等同"。假如象征等同变得太明显，他就发展出另一个替代者，也就是第二个象征等同，因此象征范围就会扩大，自我也发展起来。如克莱因所说：

> 足够数量的焦虑是大量象征形成与幻想的必要基础；如果要令人满意地解决焦虑，如果这个基本阶段要有良好的结果，如果自我的发展要取得成功，那自我就必须有足够的能力容忍焦虑。
>
> （Klein, 1930a, p. 221）

然而，克莱因的病人迪克正是在这里遇到了麻烦。克莱因认为，他被自己的以及父母的破坏性想法给吓住了，以致不得不放弃所有与破坏力有关的幻想和想法。这意味着，他活在受限且几乎封闭的世界里，没什么事情发生。他几乎不能说话，只对很少的几件事感兴趣，没有人能理解他。正如克莱因指出的那样：他似乎没有情感或焦虑——就像许多精神分裂症病人一样。克莱因说道："如果自我过度且过早地防御施虐，就会无法与现实建立关系、发展幻想生活。"（Klein, 1930a, p. 232）早期自我既需要一定的破坏性，也需要能够对它有一定的意识。这是克莱因后来提出的"心位"概念的前身，包含1935年和1940年提出的躁郁，1946年的偏执－分裂。在这两个心位上，个体都会利用分裂、否认、理想化、内摄、投射，以及其他各种形式的认同来防御破坏性冲动（见"抑郁心位""偏执－分裂心位"）。克莱因认为，婴儿期偏执－分裂心位是精神分裂症的固着点，婴儿期抑郁心位则是躁郁型精神病的固着点。一些评论家以此假设克莱因认为婴儿是精神病性的。然而，克莱因的观点是，正常婴儿可能会暂时使用类似于精神病病人的思考方式，但这种使用是暂时的以及是正常发展的一部分。

克莱因的同事，尤其是罗森菲尔德、比昂和西格尔，接受了她关于自我成长和心位的观点，开始与成人精神病病人工作，很快发表了许多论文，特别是在20世纪50年代（见Rosenfeld, 1947, 1949, 1950, 1952a, 1952b, 1954, 1963; Segal, 1950, 1954, 1956, 1975; Bion, 1954, 1956, 1957, 1959）。三位作者都强调，他们的技术与治疗神经症病人的技术非常接近，主要区别是：许多精神病病人很难躺在躺椅上，所以他们要么坐起来，要么来回走动。三位分析师都运用并发展了克莱因的观点。他们似乎并没有获得惊人的疗愈，但所有论文都传达出，他们的体验大大丰富了对精神病的理解，而病人同样获得了一些理解。

值得注意的是，在20世纪50年代之后，克莱因学派关于个体精神病病人的论文数量减少了。这可能是因为20世纪50年代末开始引入并增加使用了抗精神病药物，这可能意味着较少精神病病人会被他们的全科医生或亲属鼓励去做精神分析。或许正是由于这一趋势，许多精神分析师的兴趣似乎已经从精神病转向边缘状态（Steiner, 1993; Britton, 1998, 2003）。然而，亨利·雷伊、莱斯利·索恩和戴维·贝尔（David Bell）继续与精神病病人用精神分析工作，他们能够采用这种工作方式，是因为他们在精神病机构工作或与这些机构有合作（Rey, 1994; Sohn, 1995; Bell, 2007）。斯皮利厄斯、欣谢尔伍德、斯科格斯塔德（Skogstad）和他们的同事在精神科环境中与精神病病人工作，都特别关注社会与文化背景对病人的影响（Spillius, 1976, 1990; Hinshelwood & Skogstad, 2000）。

Bell, D. (2007) 'Einige Betrachtungen zum Realitätsbezug und der Funktion des Glaubens in der Schizophrenie in Britische Konzepte der Psychosentherapie'('Some observations on the relation to reality and the function of belief in schizophrenic states'), in S. Mentzos and A. Münch (eds) *Britische Konzepte der Psychosentherapie.* Göttingen: Vandenhoeck & Ruprecht.

Bion, W. (1954) 'Notes on the theory of schizophrenia', *Int. J. Psycho-Anal.* 35: 113-118.

—— (1956) 'Development of schizophrenic thought', *Int. J. Psycho-Anal.* 37: 344-346.

—— (1957) 'Differentiation of the psychotic from the non-psychotic personalities', *Int. J. Psycho-Anal.* 38: 266-275.

—— (1959) 'Attacks on linking', *Int. J. Psycho-Anal.* 40: 308-315.

Britton, R. (1998) *Belief and Imagination.* London: Routledge.

—— (2003) *Sex, Death, and the Superego.* London: Karnac.

Frank, C. (2009) *Melanie Klein in Berlin: Her First Psychoanalyses of Children.* London: Routledge.

Hinshelwood, R. D. and Skogstad, W. (2000) *Observing Organisations: Anxiety, Defence and Culture in Health Care.* London: Routledge.

Klein, M. (1930a) 'The importance of symbol formation in the development of the ego', *Int. J. Psycho-Anal.* 11: 24-39; reprinted in *The Writings of Melanie Klein,* Vol. 1. London: Hogarth Press, pp. 219-232.

—— (1930b) 'The psychotherapy of the psychoses', *Br. J. Med. Psychol.* 10: 242-244.

—— (1932) *The Psychoanalysis of Children. The Writings of Melanie Klein,* Vol. 2. London: Hogarth Press.

—— (1935) 'A contribution to the psychogenesis of manic-depressive states', *Int. J. Psycho-Anal.* 16: 145-174.

—— (1940) 'Mourning and its relation to manic-depressive states', *Int. J. Psycho-Anal.* 21: 125-153.

—— (1946) 'Notes on some schizoid mechanisms', *Int. J. Psycho-Anal.* 27: 99-110.

Rey, H. (1994) *Universals of Psychoanalysis in the Treatment of Psychotic and Borderline States.* London: Free Association Books.

Rosenfeld, H. R. (1947) 'Analysis of a schizophrenic state with depersonalization', *Int. J. Psycho-Anal.* 28: 130-139.
—— (1949) 'Remarks on the relation of male homosexuality to paranoia, paranoid anxiety, and narcissism', *Int. J. Psycho-Anal.* 30: 36-47.
—— (1950) 'Notes on the psychopathology of confusional states in chronic schizophrenias', *Int. J. Psycho-Anal. 32: 132-137.*
—— (1952a) 'Notes on the psycho-analysis of the super-ego conflict in an acute schizophrenic patient', *Int. J. Psycho-Anal.* 33: 111-131.
—— (1952b) 'Transference-phenomena and transference-analysis in an acute catatonic schizophrenic patient', *Int. J. Psycho-Anal.* 33: 457-464.
—— (1954) 'Considerations regarding the psycho-analytical approach to acute and chronic schizophrenia', *Int. J. Psycho-Anal.* 35: 135-140.
—— (1963) 'Notes on the psychopathology and psycho-analytic treatment of schizophrenia', in *Psychotic States: A Psycho-Analytical Approach.* London: Hogarth Press (1965), pp. 155-168.
Segal, H. (1950) 'Some aspects of the analysis of a schizophrenic', *Int. J. Psycho-Anal.* 3: 268-278.
—— (1954) 'A note on schizoid mechanisms underlying phobia formation', *Int. J. Psycho-Anal.* 35: 238-241.
—— (1956) 'Depression in the schizophrenic', *Int. J. Psycho-Anal.* 37: 339-343.
—— (1975) 'A psychoanalytic approach to the treatment of psychoses', in *The Work of Hanna Segal: A Kleinian Approach to Clinical Practice.* New York: Jason Aronson (1981), pp. 131-136.
Sohn, L. (1995) 'Unprovoked assaults: Making sense of apparently random violence', *Int. J. Psycho-Anal.* 76: 565-575.
Spillius, E. (1976) 'Hospital and society', *Br. J. Med. Psychiatr.* 49: 97-140.
—— (1990) 'Asylum and society', in E. Trist and H. Murray (eds) *The Social Engagement of Social Science,* Vol. 1. London: Free Association Books, pp. 586-612.
Steiner, J. (1993) *Psychic Retreats: Pathological Organizations in Psychotic, Neurotic and Borderline Patients.* London: Routledge.

实现 | Realisation

比昂使用该术语来描述将想法或预期变成具体存在的行为。他举例说，婴儿有乳房的前概念，当婴儿与真实的乳房相遇时，就产生了概念（Bion, 1962, p. 179）。比昂认为，实现的概念还包括婴儿对乳房的前概念没有与真实乳房的体验相遇的情况。在这种情况下，是负实现，是"没有乳房"，是挫折，假如婴儿能够忍受，就可能产生"思想"（Bion, 1962；见"思考和知识"）。

比昂认为，实现的观点在"O"[即物自体（thing-in-itself）]转变为现象世界（从"O"变成"K"）的过程中也发挥了作用，这使得在分析性会谈中，解释可以被构建，以及病人无意识含义的可能实现（见Bion, 1965, Ch.10; Bion, 1970, under "O"）。

约瑟夫·桑德勒（Joseph Sandler, 1976a, 1976b）使用术语"实现化（actualisation）"，它的使用与比昂的"实现（realisation）"大致相同，只是桑德勒的案例关注的是成人的体验，而不是婴儿的想象体验。

Bion, W. R. (1962) 'A theory of thinking', *Int. J. Psycho-Anal.* 43: 306-310; reprinted in E. Spillius (ed.) *Melanie Klein Today*, Vol. 1. London: Routledge, pp. 178-186.
—— (1965) *Transformations*. London: Heinemann.
—— (1970) *Attention and Interpretation*. London: Tavistock.
Sandler, J. (1976a) 'Dreams, unconscious fantasies and identity of perception', *Int. Rev. Psycho-Anal.* 3: 33-42.
—— (1976b) 'Counter-transference and role-responsiveness', *Int. Rev. Psycho-Anal.* 3: 43-47.

修复 | Reparation

克莱因很早就认识到，那些最年幼的病人对他们与之游戏的人、玩具和物品充满了大量的感受，特别是在发生暴力和残忍的事件之后。

> ……我们也许会看到孩子把母亲煮了、吃了，两兄弟分而食之……但这种具有原始倾向的表现总是伴随着焦虑，体现了儿童现在如何试图为自己所做的事进行弥补和赎罪。有时他试图修补刚刚弄坏的人和火车等。有时他通过画画、建房子等表达了同样的反应倾向。
>
> （Klein, 1927, p. 175）

> 哪怕非常小的孩子也会同他的反社会倾向做斗争，这给我的印象是令人感动……在目睹了孩子最具施虐冲动的那一刻之后，我们会看到孩子表现出爱的最大能力，以及为了被爱而愿意做出任何牺牲的愿望。
>
> （Klein, 1927, p. 176）

1929年，克莱因在《反映在艺术作品和创造冲动中的婴儿期焦虑情境》中首次使用修复这个确切的词语，它与幻想中对客体的攻击有关。她有时也会将"恢复（restitution）""复原（restoration）"和"修复（reparation）"互换使用。对克莱因来说，真正的修复是抑郁心位不可或缺的组成部分。它以爱和对独立他人的尊重为基础，包括面对丧失和损害，以及努力修复和复原自己的客体。有效的修复包含一种内疚，程度不至于压倒性地引起绝望，但可以产生关注与希望。修复通过促进抑郁状态下的良性循环而不是恶性循环，提供了摆脱绝望的途径。克莱因认为它是所有创造性活动的重要源头，实际上也是发展的核心部分："因此，力比多发展过程中的每一步都受到这种修复驱力以及最终是内疚感的刺激和增强。"（Klein, 1945, p. 410）。由于内部好客体通过修复手段得到修复和加强，因此与其密切认同的自我也就得到了修复与加强（见"抑郁心位"）。

修复也许能通过外部世界的具体行为来表达，但是这往往是完全不可能或部分不可能的；儿童对环境的控制有限，而成年人可能会后悔过去的错误行为而无法纠正。因此，许多修复必定是在内部进行，包括悲伤地承认破坏无法被修复，事实上其核心发生在心理层面。修复与升华不同，升华包括将力比多和攻击性冲动建设性地重新引导到更具象征性的活动中。修复当然与冲动有关，但是也包含了个体想要纠正攻击的影响的幻想。

躁狂性和强迫性修复：克莱因在《哀悼及其与躁郁状态的关系》（1940）中表明，修复包含或多或少的全能感，这取决于个人能力。躁狂性修复带有胜利的意味，因为它基于儿童-父母关系的逆转以及对依赖的否认，这反而给客体带来很多屈辱。在躁狂强有力地防御抑郁性焦虑的地方，修复被认为具有类似的全能能力。强迫性修复包括强迫性的、通常如魔法般重复的抵消行为，且缺乏真正的创造力。在这种情况下，就会有对客体的强行控制和掌握。

躁狂性修复和强迫性修复提供了部分解决方案，但不可避免地涉及某种程度的胜利和施虐。客体被感知为有更多的受损，可能会有进一步的内疚或对报复的恐惧。个体通过躁狂性修复和强迫性修复，在幻想中阻止内部母亲-父亲伴侣结合到一起，而在适当的修复中，他们被释放并被允许走到一起。

见"躁狂性防御""躁狂性修复""强迫性防御""抑郁心位"。

Klein, M. (1920) 'Inhibitions and difficulties at puberty', in *The Writings of Melanie Klein*, Vol. 1. London: Hogarth Press, pp. 54-58.

—— (1927) 'Criminal tendencies in normal children', in *The Writings of Melanie Klein*, Vol. 1. London: Hogarth Press, pp. 170-185.

—— (1929) 'Infantile anxiety-situations reflected in a work of art and in the creative impulse', in *The Writings of Melanie Klein*, Vol. 1. London: Hogarth Press, pp. 210-218.

—— (1940) 'Mourning and its relation to manic-depressive states', in *The Writings of Melanie Klein*, Vol. 1. London: Hogarth Press, pp. 344-369.

—— (1945) 'The Oedipus complex in the light of early anxieties', in *The Writings of Melanie Klein*, Vol. 1. London: Hogarth Press, pp. 370-419.

压抑 | Repression

弗洛伊德最初将压抑描述为防御机制，后来他（Freud, 1926, pp. 163-164, 173-174）开始把压抑与其他防御机制区分开来，安娜·弗洛伊德也是如此："压抑的意义被简化为'特殊的防御方法'。关于压抑作用的这种新概念暗示着，对其他特定的防御模式进行探究。"（A. Freud, 1936, p. 46）自我运作的一系列防御机制成为精神分析的主要研究领域（A. Freud, 1936; Fenichel, 1945）。

克莱因的临床材料也引起人们对其他机制的关注，但她面对的是与儿童的自我、身体和周围世界各种客体有关的防御机制。她开始将这些视为原始防御机制，并将它们与压抑区分开来。到了1930年，她特别声明：

> 只有在俄狄浦斯冲突的后期，对力比多冲动的防御才会出现；在早期阶段，防御直接针对伴随的破坏性冲动……这种防御具有暴力属性，与压抑机制不同。
>
> （Klein, 1930, p. 220）

接下来的几年，克莱因采用死本能和力比多之间的区分，指出了原始防御机制（包括反对来自死本能的焦虑）和压抑（处理力比多冲突和焦虑）之间的类似区别。

防御的暴力：原始防御机制与"神经症性"防御机制，二者在消除部分意识心智的暴力程度上有所不同。克莱因强调的是对人格的部分压抑（或分裂或否认），而在经典精神分析中，压抑更倾向于影响心智的内容——情感或认知——而不是它的结构。原始防御机制严重地扭曲了自我，或使自我变得贫乏。因为它们是无所不能的幻想，所以当它们运作时，就会带来真实的"自我改变"。不那么暴力的压抑，对内外现实的觉察能更好地保持。然而，原始的防御可能会影响压抑的最终品质。

早期的分裂方法从根本上影响了稍后阶段压抑的方式，这反过来决定了意识和无意识之间的互动程度。换句话说，心智各个部分彼此之间的"渗透性"在很大程度上是由早期分裂样机制的强弱决定的。

(Klein, 1952, p. 66)

克莱因在对压抑表述得最为明确的论文中说：

> 分裂机制位于压抑之下（正如弗洛伊德的概念所暗示的那样），但与导致失整合状态的最早分裂形式相比，压抑通常不会导致自体失整合。因为在这个阶段，心智的意识和无意识部分都有了更大的整合。在压抑中，分裂主要影响意识和无意识之间的划分，自体的任一部分都不会暴露在前阶段可能出现的失整合状态中。然而，个体在生命最初几个月使用分裂过程的程度，极大影响了后期对压抑的使用。如果个体没有充分克服早期的分裂样机制和焦虑，那么结果可能是，意识和潜意识之间不再有流动的界限，而是出现了僵硬的屏障。

(Klein, 1952, pp. 86-87)

压抑和分裂之间的关系可以通过纵向和横向划分来阐明。更严重的防御——分裂——将心智分成两个部分，如同它之前那样（每个部分都有客体关系和自体），两种独立关系并列共存（横向水平），而如今，压抑将更加整合的部分心智送入无意识领域，而不破坏其完整性（纵向水平）。

分裂的严重性会随着抑郁心位占上风而减弱，随之而来的是对内外现实更大的接受度："……随着对外部世界的适应性增加，个体在逐渐接近现实的层面进行分裂。"（Klein, 1935, p. 288）随着现实和外部真实客体的性质产生越来越大的影响，压抑逐渐出现。

α 元素和 β 元素：比昂（Bion, 1962）对 α 元素和 β 元素进行了区分（见"α 功能""β 元素"），是研究压抑和原始防御机制差异的另一个理论框架，比如投射性认同。α 功能是从原始感知数据中创造意义的心理过程。它产生了可用于思考和做梦的心理内容，并通过压抑进行处理。然而，如果 α 功能无法运作，心智就会积累大量的 β 元素，这些不可思考的精神内容只适合通过（病理性）投射性认同的方式进行释放，而心智则发展出释放这些积累物的装置（见"思考和知识"）。

Bion, W. (1962) *Learning from Experience*. London: Heinemann.
Fenichel, O. (1945) *The Psycho-Analytic Theory of the Neurosis*. London: Routledge & Kegan Paul.
Freud, A. (1936) *The Ego and the Mechanisms of Defence*. London: Hogarth Press.
Freud, S. (1926) 'Inhibitions, symptoms and anxiety', *S.E. 20*. London: Hogarth Press, pp. 75-175.
Klein, M. (1930) 'The importance of symbol formation in the development of the ego', in *The Writings of Melanie Klein*, Vol. 1. London: Hogarth Press, pp. 219-232.
—— (1935) 'A contribution to the psychogenesis of manic-depressive states', in *The Writings of Melanie Klein*, Vol. 1. London: Hogarth Press, pp. 262-289.
—— (1952) 'Some theoretical conclusions regarding the emotional life of the infant', in *The Writings of Melanie Klein*, Vol. 3. London: Hogarth Press, pp. 61-93.

阻抗 | Resistance

克莱因没有给阻抗下定义，但她经常使用这个术语来表示，病人对于将无意识变得可意识的过程的抗拒。因此，她将费利克斯吹口哨描述为是对分析的阻抗 (Klein, 1925, p. 122n)。费利克斯对性启蒙产生阻抗，是因为他希望保持在肛欲期，以避免了解父母的关系 (Klein, 1923, p. 99)。理查德突然中断游戏来表达阻抗，是因为他不得不压抑自己对母亲性欲渴望的觉察 (Klein, 1945, p. 375)。克莱因在《早期分析技术》(1932, pp. 16-34) 中给出了许多类似的例子。克莱因还描述了一个成年病人，病人的部分心智接受了解释，但另一部分却拒绝所有的知识 (Klein, 1946, p. 17)。

克莱因认为阻抗是焦虑和负性移情的表现。她谈到小孩子不喜欢陌生人的反应时，说道：

> 我的经验证实了我的信念，即如果我立刻把厌恶解释为焦虑和负性移情感受，并结合儿童在同一时刻提供的材料进行解释，然后追溯到儿童的原初客体——母亲，我就能马上观察到焦虑减轻了。这表现在儿童开始出现更多的正性移情，随后是更充满活力的游戏……通过

解决负性移情的某些部分，儿童就会像成年人那样增强正性移情，依据儿童期矛盾心理，这很快会再度被重新出现的负性移情所取代。

(Klein, 1927, pp. 145-146)

Klein, M. (1923) 'Early analysis', in *The Writings of Melanie Klein*, Vol. 1. London: Hogarth Press, pp. 72-105.

—— (1925) 'A contribution to the psychogenesis of tics', in *The Writings of Melanie Klein*, Vol. 1. London: Hogarth Press, pp. 106-127.

—— (1927) 'Symposium on child analysis', in *The Writings of Melanie Klein*, Vol. 1. London: Hogarth Press, pp. 139-169.

—— (1932) 'The technique of early analysis', in *The Writings of Melanie Klein*, Vol. 2. London: Hogarth Press, pp. 16-34.

—— (1945) 'The Oedipus complex in the light of early anxieties', in *The Writings of Melanie Klein*, Vol. 1. London: Hogarth Press, pp. 370-419.

—— (1946) 'Notes on some schizoid mechanisms', in *The Writings of Melanie Klein*, Vol. 3. London: Hogarth Press, pp. 1-20.

复原/恢复 | Restitution/restoration

克莱因在早年的工作中使用这些术语，并遵循亚伯拉罕（Abraham, 1924）对攻击后的修复冲动的描述。后来她用"修复"一词。

见"抑郁心位""修复"。

Abraham, K. (1924) 'A short study of the development of the libido viewed in the light of mental disorders', in *Collected Papers of Karl Abraham*. London: Hogarth Press (1927), pp. 418-501.

遐想 | Reverie

比昂（Bion, 1962a）采用这个术语来指代婴儿需要母亲的心智状态。母亲的心智需要处于平静的接收状态来容纳婴儿自身的感受，并赋予这些感受意义（见"容器/被涵容"）。我们的想法是，婴儿通过投射性认同在母亲身上诱发出他无法理解并且无法忍受的焦虑和恐怖（尤其是对死亡的恐惧）。母亲的遐想是为婴儿提供理解的过程，这种功能被称为"α 功能"（见"α 功能"）。先是通过以更有意义的形式来接受自己早期的感觉，并最终通过内摄有接受性和理解能力的母亲——"容器"本身，婴儿开始发展反思自己心智状态的能力。

当出于某种原因，母亲无法进行这种具有反思意义的遐想时，婴儿就无法从她那里获得意义感；相反，他体验到意义被剥夺的感觉，导致可怕的未知感（见"不可名状的恐惧"）。遐想状态不足的原因可能更多地存在于母亲身上，也可能更多地存在于婴儿身上。母亲可能会过于脆弱或心事重重，从而无法为她的婴儿进入遐想状态，或者她的遐想可能"无关于对孩子或孩子父亲的爱"（Bion, 1962b）。又或者，婴儿可能会嫉毁地攻击他所依赖的涵容功能（见"嫉毁"）。

温尼科特（Winnicott, 1960）的抱持概念与比昂的遐想（和涵容）概念有一定的关系，但两者来自不同的理论框架。抱持是更全面的概念，其中包括母亲提供的一系列环境。遐想则是一个更局限、更具体的术语，指的是心理功能。

Bion, W. (1962a) 'A theory of thinking', *Int. J. Psycho-Anal.* 43: 306-310.
—— (1962b) *Learning from Experience*. London: Heinemann.
Winnicott, D. W. (1960) 'The theory of the parent-infant relationship', in D. W. Winnicott (1965) *The Maturational Processes and the Facilitating Environment*. London: Hogarth Press (1965), pp. 37-55.

赫伯特·罗森菲尔德 | Herbert Rosenfeld

赫伯特·罗森菲尔德（Herbert Rosenfeld）是许多重要的临床与理论领域的先驱和创新者。在不放弃精神分析基本技术的前提下，他与西格尔（Segal, 1950）和比昂（Bion, 1956）一起开始治疗精神分裂症病人，他写下大量关于精神病和精神病机制的论文（1952, 1954, 1987）。然而他的工作并不仅限于精神病。例如，他对克莱因的投射性认同概念的澄清、他对自恋的研究以及他对移情性精神病的理解，都扩展了我们对神经症和边缘病人的理解（1971b）。

罗森菲尔德在1910年出生于纽伦堡中产阶级的犹太家庭，1935年为逃避纳粹迫害来到英国（Segal & Steiner, 1987; Grosskurth, 1989）。在几个精神病院观察了精神病病人后，他在塔维斯托克诊所接受了心理治疗师的培训，然后作为精神分析师候选人开始接受克莱因对他的分析。1945年，他获得资格认证。他身材高大、待人友好，总是面带温暖的笑容，他拥有独特的能力，能够富有想象力地把自己放到病人的位置上，从他们的角度看问题。

类分裂机制（schizoid mechanisms）：凭借第一个受训案例"米尔德丽德"（1947），罗森菲尔德开辟了新的领域，他描述了病人人格解体背后的自我碎片化现象。当然，核心主题是投射性认同，也可以用它来解释病人的偏执性恐惧，特别是害怕被分析师侵入的恐惧。后来罗森菲尔德写了关于投射性认同的经典论文，其中描述了投射性认同的不同类型和动机（1971b），这篇论文至今仍是标准参考文献。

混淆状态：在另一篇早期论文中（1950），罗森菲尔德描述，当正常的好坏分裂中断时，就会出现混淆状态。如果嫉毁占主导地位，就会对好客体而不是坏客体进行破坏性的攻击，这是交叉的分裂，从而造成病人可能无法区分好坏。这些状态特别难以忍受，往往会发展出自恋的全能感，以创造虚假的秩序。

自恋性客体关系：罗森菲尔德最原创和最重要的贡献是关于自恋的研究，记录在他的两篇经典论文中（1964, 1971a）。他很清楚，弗洛伊德错误地认为自恋的病人没法建立移情关系。相反，罗森菲尔德则表明他们的客体关系是强烈的，它基于全能的认同，客体可取的方面被占有，不可取的方面则被抛弃。这些投射和认同起到了对分离的防御作用，因此病人能够避免因挫折、嫉毁和羞辱而引起的破坏性和攻击性感受。

在他关于自恋的第二篇论文中（1971a），罗森菲尔德指出，自恋的病人除了会对自体和客体中好的成分进行理想化之外，还会对破坏性成分理想化，这些破坏性成分被转化为力量和优越感的来源。这些成分被组织成复杂的结构，通常表现为帮派或黑手党，为病人提供保护，但前提是他得遵守该组织的破坏性原则。该帮派尤其会针对病人与好客体发展依赖关系的任何举动进行威胁。

罗森菲尔德分析方法的最后阶段，1978—1987年：在他生命的最后几年，罗森菲尔德开始关注那些在童年时遭受剥夺或受到创伤的病人，在分析中他们可能会受到二次创伤，除非分析师特别注意避免这种情况。他尤其认为不应该过于频繁地解释嫉毁，病人对分析师的理想化不应该过早地被解释所干扰。他把注意力转移到分析师的错误和困难上，但一些分析师认为这种关注是不平衡的，会让他们忽视病人的作用。这似乎体现了罗森菲尔德从他经典时期的微妙平衡的转变，在经典时期，分析师和病人对分析关系的作用都得到了公正的检验，他们之间的微妙互动也得到了探索（Steiner, 2008）。另一些人则认为，这些晚期的观点赋予了病人所处环境的影响以新的和建设性的权重，以及分析师重复（或似乎重复）该环境因素可能造成的伤害。大家都同意，罗森菲尔德的后期工作提醒所有的分析师要仔细倾听病人对其干预的反应，这可以帮助分析师监测那些可能没有被识别出来的错误和态度。

《僵局与解释》（1987）：罗森菲尔德的最后一部作品是《僵局与解释》，他在书中回顾并修正了他对一些重要议题的思考。书中有一些生动的临床描述，主要代表他晚期、有所变化的观点。这些临床材料包括精神病性移情的例子，罗森菲尔德认为这是治疗中出现僵局的主要原因。他认识到，病人在压力大的时候，会调动精神病机制，因而出现短暂的精神病性移情很常见。在这些时候，病人听到的解释是具体的事实，而非想法。罗森菲尔德对这种移情-反移情互动细节的密切关注是他工作的一大亮点。

Bion, W. R. (1956) 'Development of schizophrenic thought', *Int. J. Psycho-Anal.* 37: 344-346.

Grosskurth, P. (1989) 'An interview with Herbert Rosenfeld', *Free Assoc.* 10: 23-31.

Rosenfeld H. A. (1947) 'Analysis of a schizophrenic state with depersonalization', *Int. J. Psycho-Anal.* 28: 130-139.

—— (1950) 'Notes on the psychopathology of confusional states in chronic schizophrenias', *Int. J. Psycho-Anal.* 31: 132-137.

—— (1952) 'Notes on the psycho-analysis of the super-ego conflict of an acute schizophrenic patient', *Int. J. Psycho-Anal.* 33: 111-131.

—— (1954) 'Considerations regarding the psycho-analytic approach to acute and chronic schizophrenia', *Int. J. Psycho-Anal.* 35: 135-140.

—— (1964) 'On the psychopathology of narcissism: A clinical approach', *Int. J. Psycho-Anal.* 45: 332-337.

—— (1971a) 'A clinical approach to the psychoanalytic theory of the life and death instincts: An investigation into the aggressive aspects of narcissism', *Int. J. Psycho-Anal.* 52: 169-178.

—— (1971b) 'Contribution to the psychopathology of psychotic states: The importance of projective identification in the ego structure and the object relations of the psychotic patient', in E. Spillius (ed.) *Melanie Klein Today*, Vol. 1. London: Routledge (1988), pp. 117-137.

—— (1987) *Impasse and Interpretation*. London: Tavistock.

Segal, H. (1950) 'Some aspects of the analysis of a schizophrenic', *Int. J. Psycho-Anal.* 30: 268-278

—— and Steiner, R. (1987) 'Obituary. H. A. Rosenfeld (1910-1986)', *Int. J. Psycho-Anal.* 68: 415-419.

Steiner, J. (2008) 'A personal review of Rosenfeld's contribution to clinical psychoanalysis', in *Rosenfeld in Retrospect: Some Essays on his Clinical Influence*. London: Routledge, pp. 58-84.

施虐 | Sadism

克莱因在早期工作中（1922, 1923），对自己在儿童游戏中观察到的大量攻击性感到惊讶。与此同时，弗洛伊德和亚伯拉罕也都在研究躁郁症中攻击性的普遍性（Abraham, 1911; Freud, 1917），他们将它描述为施虐，克莱因采用了他们的术语。1936年,她将施虐定义为攻击性、情欲性幻想和感受的融合(Klein, 1936, p. 293)。过度的施虐可能会抑制求知本能(见"部分本能")。

然而,施虐这个术语意味着严重的病理,而其情欲性成分已经被逐渐放弃。1932年,克莱因采用了弗洛伊德关于死本能的观点,进一步弱化了性作为攻击性组成部分的观点。现在的趋势是谈"攻击性"而不是施虐,如果使用施虐这个术语,它往往意味着比一般的攻击更加残忍,并暗指对引发痛苦感到满足(无论攻击性是指向外部,还是以受虐形式指向内部)。这与攻击的性欲化或力比多化不同,如倒错,它涉及生本能和死本能的融合。

Abraham, K. (1911) 'Notes on the psycho-analytic treatment of manic depressive insanity and allied conditions', in *Selected Papers of Karl Abraham*. London: Hogarth Press (1927), pp. 137-156.

Freud, S. (1917) 'Mourning and melancholia', *S.E. 14*. London: Hogarth Press, pp. 237-258.

Klein, M. (1922) 'Inhibitions and difficulties at puberty', in *The Writings of Melanie Klein*, Vol. 1. London: Hogarth Press, pp. 54-58.

—— (1923) 'The role of the school in the libidinal development of the child', in *The Writings of Melanie Klein*, Vol. 1. London: Hogarth Press, pp. 59-76.

—— (1932) *The Psychoanalysis of Children. The Writings of Melanie Klein*, Vol. 2. London: Hogarth Press.

—— (1936) 'Weaning', in J. Rickman (ed.) *On the Bringing up of Children*. London: Kegan Paul, pp. 31-36.

汉娜·西格尔 | Hanna Segal

生平:汉娜·西格尔出生于波兰,在英国受训成为一名医生,后来又成为精神分析师,是克莱因团体的主要成员。她的培训分析师是梅兰妮·克莱因。西格尔最先使用基本未经修正的精神分析技术分析精神分裂症住院病人。克莱因去世后,她是建立克莱因团体的领军人物,并且一直非常积极地阐明克莱因的核心概念,并使其更广为人知。她为克莱因的思想写了最终的总结(Segal, 1964, 1979b)。

汉娜·西格尔对精神分析理论和技术，以及文学、社会政治理论和美学都做出了重大贡献。在克莱因学派所有主要的思想家中，西格尔在精神分析外的世界最为人知，比如在学术界。

科学贡献：20世纪40年代和50年代，西格尔和斯科特、罗森菲尔德、比昂一起，开创性地对精神分裂症病人进行精神分析，为这个领域做出了贡献。她与一名精神分裂症病人的工作（Segal, 1950），让她了解了精神分裂症中象征形成的紊乱，为她最重要的精神分析贡献奠定了基础。这项工作在1957年关于象征形成的著名论文中得到了主要的理论阐述。在此，她表明象征功能建立在符号、被象征的事物和人之间的三方关系之上，对个体来说前者可以代表后者。在真正的象征功能中，被象征的事物与符号是不同的。然而，在更为紊乱的心智状态下，尽管象征仍然起作用，但被象征的事物与符号本身是等同的，形成了她所命名的象征等同（见"象征形成""象征等同"）。这为构成具体思维基础的心理障碍本质提供了重要的澄清。由这种混乱的象征功能所引起的与现实关系的干扰，造成了思考和行为方面的重大困难，并严重削弱了心理发展的能力。

在她关于象征形成的经典论文（1957）的后记（1979a）中，以及随后的另一篇论文中（1991），西格尔指出象征功能的紊乱是如何源于病理性投射性认同的使用，它混淆了客体与部分自体。毋庸置疑，象征形成的紊乱、病态投射性认同和现实感受损的现象与偏执-分裂心位的心理状态密切相关，这项工作发展了克莱因最初的工作假设，即精神病的固着点在于发展的原初阶段。

西格尔对创造力的本质有持久的兴趣。她在1947年报告并随后发表了论文《美学的精神分析方法》（Segal, 1952），这篇论文开辟了新的领域。这篇论文对理解创造性功能障碍做出了重要的临床贡献，并同时对美学做出了关键的理论贡献。她指出，在工作中受阻的艺术家在哀悼丧失方面存在很大的困难。

对西格尔来说，艺术家要直面痛苦的内心状况，挣扎着去真实地面对这种状况，并承受与艺术作品息息相关的困扰。因此，作品表达了他为修复这些受损内部客体而做出的努力。西格尔展示艺术作品如何因未能面对这些内部状况而被影响——一些艺术家开始被阻碍，另一些则用躁狂逃避的方式产生肤浅的作品。她的理论的另一个优点是，它将艺术表达的内在工作与对观众鉴赏力的理解联系在一起，即观察者之所以会被作品所打动，是因为他无意识地认同艺术家在创作过程中面对内心状况和克服它所做的努力。当然，这种理解并不仅仅适用于有创造力的艺术家，也适用于普遍意义上的创造力。

很明显，对西格尔来说，艺术创作需要相对稳定地达到抑郁心位，从这个心位开始，修复的动力被调动到建设性的活动中。艺术评论家阿德里安·斯托克斯阐述了这一观点（Adrian Stokes, 1963）。西格尔随后写了一系列关于创造力的论文（Segal, 1974, 1981a, 1981b, 1984）。

西格尔的核心关注点（象征功能的本质、无意识幻想的阐述和重建，以及对创造性和破坏性根源的探究）都是她在精神分析理论和技术方面可圈可点的贡献，这些都在她最早的论文中有所预示。对死亡驱力变迁的理解和对躁狂机制的阐述在她的工作中占有突出的地位。

社会政治贡献：西格尔在克莱因学派的核心思想家中独树一帜，她论证了精神分析与社会政治问题的相关性。参与创建了"防止核战争的精神分析师（Psychoanalysts for the Prevention of Nuclear War, PPNW）"组织，她在该组织的成立仪式上宣读了论文《沉默是真正的犯罪》（*Silence is the real crime*, Segal, 1987），该论文对精神分析如何理解人的破坏性以及否认它的可怕后果做了经典阐释。西格尔之后撰写的论文是关于冷战结束后躁狂胜利主义的危险和（第一次）伊拉克战争，这也是她进一步做出的重要贡献（见Segal, 1997）。

然而，西格尔在应用分析方面的工作不应该被认为不同于她的主流精神分析贡献。这两个工作领域在她的作品中相互影响、相互渗透。贝尔（Bell, 1997）在《理性与激情》（*Reason and Passion*）的导言中探讨了西格尔对精神分析和文化的贡献，该书收录了一系列受她的工作启发的论文。西格尔最近的论文集《昨天、今天和明天》于2007年出版。

可以在梅兰妮·克莱因基金会的网站上找到一段对汉娜·西格尔的采访记录，这段记录讨论了她对梅兰妮·克莱因的记忆和她自己的一些观点。

Bell, D. (1997) *Reason and Passion. A Celebration of the Work of Hanna Segal*. London: Duckworth.

Segal, H. (1950) 'Some aspects of the analysis of a schizophrenic', *Int. J. Psycho-Anal.* 31: 268-278.

—— (1952) 'A psycho-analytic approach to aesthetics', *Int. J. Psycho-Anal.* 33:196-

207.

—— (1957) 'Notes on symbol formation', *Int. J. Psycho-Anal.* 38: 391-397.

—— (1964) *Introduction to the Work of Melanie Klein.* London: Heinemann.

—— (1974) 'Delusion and artistic creativity', *Int. J. Psycho-Anal.* 1: 135-141.

—— (1979a) Postscript to 'Notes on symbol formation', in *The Work of Hanna Segal.* New York: Jason Aronson (1981), p. 60-65.

—— (1979b) *Klein.* London: Fontana.

—— (1981a) 'Psycho-analysis and freedom of thought', in *The Work of Hanna Segal.* New York: Jason Aronson, pp. 217-227.

—— (1981b) 'Manic reparation', in *The Work of Hanna Segal.* New York: Jason Aronson, pp. 147-158.

—— (1984) 'Joseph Conrad and the mid-life crisis', *Int. Rev. Psycho-Anal.* 11: 3-9.

—— (1987) 'Silence is the real crime', *Int. Rev. Psycho-Anal.* 14: 3-12.

—— (1991) 'On symbolism', in *Psychoanalysis, Literature and War.* London: Routledge, pp. 41-48.

—— (1997) 'From Hiroshima to the Gulf War and after: Socio-political expressions of ambivalence', in *Psychoanalysis, Literature and War.* London: Routledge, pp. 157-168.

—— (2007) *Yesterday, Today and Tomorrow.* London: Routledge.

Stokes, A. (1963) *Painting and the Inner World.* London: Tavistock.

自体 | Self

在弗洛伊德对结构模型（它我、自我和超我）进行描述之后，有一个重大的进展就是，研究指向了自我而不是它我，以及自我如何与客体建立关系及如何使用客体。克莱因强调的是客体关系的重要性。她倾向于交替使用"自体（self）""自我（ego）"和"主体（subject）"。术语"自我"和"主体"作为"客体（object）"的补充。后来她陈述了对弗洛伊德用法的理解，她自己也遵循了这一点，即"自体用来涵盖整个人格，它不仅包括自我，还包括弗洛伊德称之为它我（id）的本能生活，而自我是'自体有组织的部分'，它执行各种功能，比如对焦虑进行原始的和更先进的防御以及对内部和外部世界进行调解"（Klein, 1959, p. 249）。

相比之下，自我心理学对自我在结构中的作用更感兴趣，而对作为客体来源的本能生活则兴趣不大（见"无意识幻想"）。哈特曼（Hartmann, 1950）尖锐地指出了"自我"和"自体"之间的区别，他认为自我是客观描述的心理组织，而自体是自恋灌注的表征。术语"自我"是弗洛伊德的实用主义英文译者想出来的技术术语，目的是增强精神分析科学的客观性；它可以被看作对弗洛伊德使用的德语"ich"（主格我或宾格我）的变形，它赋予了更多个人或主观的内涵（Bettelheim, 1983）。

见"自我"。

Bettelheim, B. (1983) *Freud and Man's Soul.* London: Hogarth Press.
Hartmann, H. (1950) 'Comments on the psycho-analytic theory of the ego', *Psychoanal. Study Child* 5: 74-96.
Klein, M. (1959) 'Our adult world and its roots in infancy', in *The Writings of Melanie Klein*, Vol. 3. London: Hogarth Press, pp. 247-263.

皮肤 | Skin

比克（Bick, 1964）将婴儿观察作为儿童心理治疗师和精神分析师受训的一部分（见"婴儿观察"）。在此过程中，她开始注意到母婴互动中有关皮肤刺激的特殊现象。她提出了这样的观点，即在最早关系和最早的自我内摄中，皮肤接触是最重要的元素。

原初客体正是给予婴儿存在感的人——这种存在感，在发展的后期阶段，我们也许会称之为身份感。通过对母婴互动的观察，比克了解了婴儿两种截然相反的心理状态：要么是具有某种连贯性的存在感，要么是截然相反的崩解、不协调和湮灭的感觉。在婴儿出生后的最初几天和几周中，从某些事件中可以看到婴儿不协调的、不安的四肢运动，并伴随咕哝或哭泣和尖叫。这些行为通常发生在给婴儿脱衣服、洗脸，或没有抱稳他或打断他进食时。而其他一些事件则明显降低了不协调和痛苦：当有人抱着他、洗完澡后给他穿衣服、给他喂食，或者他在婴儿床里被毯子裹着。这些被区分清楚的状态与后来比克确定的心智状态相对应,即崩解成碎片(湮灭感)或涵容的感觉(见"容器/被涵容")。

对克莱因来说,婴儿在出生时就有自我,能够区分客体与自己,但比克不太确定这种天生的认知能力——她认为整个自我可能崩溃,而且在最初的几天和几周内经常如此。尽管克莱因(1946)确实描述了自我会崩解成碎片,但她没有解释极其脆弱的自我如何能够内摄和投射;这些功能似乎需要自我有一定坚实程度的稳定性和边界。在克莱因将对湮灭的恐惧描述为婴儿的主要经验之后,在1946年,她描述了婴儿在维持自我、发展身份感和保护自己免受湮灭恐惧的过程中,所进行的投射和内摄的复杂细节(见"偏执-分裂心位")。比克则在另一个框架中描述了这一点。

原初客体:将人格整合在一起防止它分崩离析,这是被动的体验,最初是从外部执行的功能。

> ……在最原始的形式中,人格的各个部分之间没有被婴儿感觉为有联结力,因此必须以被动体验的方式,通过皮肤作为边界来将它们整合在一起。
>
> (Bick, 1968, p. 484)

事实上,比克引发了对自我存在最早时刻的关注,并对这个观点进行了拓展。克莱因至少以三种方式描述了自我的最早时刻及其功能:投射死本能(Klein, 1932);内摄好客体以形成自我的核心(Klein, 1935, 1946;见"偏执-分裂心位");完成自我的初级分裂以防止过度嫉毁(Klein, 1957)。比克提出婴儿必须努力形成内摄的能力,这种能力是婴儿和母亲双方的成就:"自我和客体的原始分裂和理想化阶段现在可以被看作是建立在自体和客体被各自的'皮肤'所涵容的早期过程之上。"(Bick, 1968, p. 484)

克莱因把内部好客体描述为偏执-分裂心位和抑郁心位中自我的核心,因此内摄的能力成为先决条件。

> ……这种涵容自体各部分的内部功能,最初依赖内摄外部客体这一前提,而外部客体被体验为有能力实现涵容功能……直到涵容功能被内摄,自体内部的空间概念才可能出现。所以当在内部空间中完成了客体建构,内摄就会减弱。

(Bick, 1968, p. 484)

首要成就是获得抱持事物的空间概念,这个概念通过体验到客体把人格抱持在一起的方式获得。

皮肤:婴儿在嘴里获得乳头时,会有获得客体的体验——客体可以堵住嘴所代表的边界上的洞。比克认为,随着第一次内摄,会产生一种可以把客体内摄入其中的空间感。通过对婴儿的观察,比克似乎认为,一旦婴儿内摄了原初的涵容性客体,他就会用皮肤进行认同——或者换一种说法,皮肤接触刺激了一种体验,婴儿体验到(在无意识幻想中)客体涵容他各个部分的人格,就像嘴里的乳头一样。皮肤对年幼婴儿来说是极其重要的接收器官:"……有时我们认为皮肤是我们最亲密的拥有物,有时它只是我们真实自体和内在部分的外壳"(Schilder & Wechsler, 1935, p360)。此外,有一些乳头的"替代品"。

> 婴儿在未整合状态下,对涵容性客体的需求似乎会导致对客体的疯狂搜索——一束光、一个声音、一种气味或其他感官客体——这可以让婴儿保持注意力,从而至少在瞬间体验到各部分人格聚拢在一起。

(Bick, 1968, p. 484)

泄漏:比克描述了自我的首个成就出错的情况,她给梅尔泽和其他与自闭症儿童工作的同事(Meltzer et al., 1975)提供了自闭症特有的缺乏内部空间的理论。

缺乏内部客体将人格聚合在一起,婴儿就不能将外部客体作为容器来进行投射。那么人格只会不受控制地泄漏到无限的空间里。婴儿会经历消解或湮灭的体验,比克特别将其与对外太空的极度恐惧联系起来。

> 当婴儿出生时,他的处境就像被发射到外太空却没有穿太空服的宇航员……婴儿主要的恐惧是害怕摔成碎片或液化。当乳头从婴儿口中取出时,我们可以从婴儿的颤抖中看出这点,还有就是当他的衣服被脱掉时。

(Bick, 1986, p. 296)

施米德伯格在第一个完整的儿童分析个案报告中,也指出了"穿衣在克服偏执性焦虑中的重要作用"(Schmideberg, 1934, p. 259)。

泄漏和病理性投射性认同:这与比昂的假设形成了鲜明的对比,比昂的假设认为,原初客体是接收婴儿原始交流的客体,是由投射性认同带来的(见"容器/被涵容""联结")。比克描述了前置状态,在这种状态当中,婴儿能够生成涵容空间的幻想,这个能力是从客体那里获得的。因此,在比克看来,投射性认同这种交流形式,依赖于有客体将人格凝聚在一起的体验,来自皮肤和口腔的感知。比昂描述了婴儿后期的体验,婴儿想投射进入母亲,母亲却抵抗投射,比昂描述的并不是婴儿通过越来越猛烈地投射来强迫客体开放与涵容,而是没有客体提供容器想法的情况下,各种投射性认同都是无效的。于是就出现了完全的、无形的、彻底消解了身份感和存在的幻想。

在比昂和比克所描述的两种状态之间并没有绝对的区别,似乎比克认为一个问题会进入下一个问题,这取决于内部涵容性客体建立得有多牢固;在相反的情况下,婴儿可能觉得它只是部分皮肤,容易形成不同的"洞"。

第二层皮肤:比克认为这是特定的反应,当涵容性客体的建立特别不确定时,婴儿就会诉诸这种反应。为了发展出将自己凝聚在一起的方法,婴儿产生了全能的幻觉,从而避免了需要客体的被动体验。

> 原始皮肤的功能紊乱会导致"第二层皮肤"的形成,在这种情况下,假性独立、不适当地使用某些心理功能,或者先天的才能会取代对客体的依赖,目的是创造皮肤容器的替代品。
>
> (Bick, 1968, p. 484)

典型的例子是:言语的早熟发展——提供自己的声音——和肌肉的发展,身体明显僵硬地聚集在一起。例如,赛明顿(Symington, 1983)和戴尔(Dale, 1983)已经证明,这些概念在现代儿童心理治疗中变得多么重要。赛明顿(Symington, 1985)描述了一位成年病人身上的一些此类表现。在与严重精神紊乱的儿童(Bick, 1986)和自闭症儿童(Meltzer, 1975; Meltzer et al., 1975)的工作中,分析师发现了一个特别现象,即在没有空间可投射进入的情况下,会"黏附"在客体上。这被称为黏附或黏附性认同(见"黏附性认同")。

比克所描述的第二层皮肤现象与温尼科特（Winnicott, 1960）所描述的"假自体"现象有相似之处。假自体由一组人格特征组成，通常相当僵化，个体体验到这些并不是真正的自己，而是为了掩盖自己缺失真实的存在感。这种潜在的身份认同缺失与湮灭感的体验有关（见"湮灭"）。在温尼科特看来，这种体验源于婴儿过早地体验到外部客体是独立的。在比克看来，相同的湮灭体验源自婴儿没有充分体验到外部客体能够帮助自己把人格凝聚在一起。"第二层皮肤"和"假自体"这两个术语来自相当不同的理论背景，因此指向不同的临床实践含义。

Bick, E. (1964) 'Notes on infant observation in psycho-analytic training', *Int. J. Psycho-Anal.* 45: 558-566.
—— (1968) 'The experience of the skin in early object relations', *Int. J. Psycho-Anal.* 49: 484-486.
—— (1986) 'Further considerations of the function of the skin in early object relations', *Br. J. Psychother.* 2: 292-299.
Dale, F. (1983) 'The body as bondage', *J. Child Psychother.* 9: 33-44.
Klein, M. (1932) *The Psychoanalysis of Children. The Writings of Melanie Klein*, Vol. 2. London: Hogarth Press.
—— (1935) 'A contribution to the psychogenesis of manic-depressive states', in *The Writings of Melanie Klein,* Vol. 1. London: Hogarth Press, pp. 262-289.
—— (1946) 'Notes on some schizoid mechanisms', in *The Writings of Melanie Klein*, Vol. 3. London: Hogarth Press, pp. 1-24.
—— (1957) 'Envy and gratitude', in *The Writings of Melanie Klein,* Vol. 3. London: Hogarth Press, pp. 176-235.
Meltzer, D. (1975) 'Adhesive identification', *Contemp. Psycho-Anal.* 11: 289-310.
Meltzer, D., Bremner, J., Hoxter, S., Weddell, D. and Wittenberg, I. (1975) *Explorations in Autism*. Strath Tay: Clunie Press.
Schilder, P. and Wechsler, D. (1935) 'What do children know about the interior of the body?', *Int. J. Psycho-Anal.* 16: 355-360.
Schmideberg, M. (1934) 'The play analysis of a three-year-old girl', *Int. J. Psycho-Anal.* 15: 245-264.
Symington, J. (1983) 'Crisis and survival in infancy', *J. Child Psychother.* 9: 25-32.
—— (1985) 'The survival function of primitive omnipotence', *Int. J. Psycho-Anal.* 66: 481-487.

Winnicott, D. W. (1960) 'Ego distortion in terms of true and false self', in *The Maturational Processes and the Facilitating Environment.* London: Hogarth Press, pp. 140-152.

社会防御系统 | Social defence systems

20世纪40年代，在英国为战争（后来为和平）而进行的社会动员中，人们对社会心理学以及精神分析与军官选拔、战争神经症治疗和战俘安置等问题的可能相关性产生了浓厚兴趣。许多分析师开始对精神分析的发现在社会心理学现象中的表现方式感兴趣。这些分析师包括威尔弗雷德·比昂、哈罗德·布里杰（Harold Bridger）、西格蒙德·福克斯（Siegmund Foulkes）、托马斯·梅因（Thomas Main）、约翰·里克曼，以及稍后的埃利奥特·雅克（Elliott Jaques）和伊莎贝尔·孟席斯（Isabel Menzies）。

战后，这些思想朝着不同的方向发展，从而产生了团体分析（Pines, 1983, 1985）、治疗性社区（Main, 1946, 1977）和以塔维斯托克诊所为基础的组织性研究学校，该诊所在1948年成为塔维斯托克人类关系研究所（Rice, 1963, 1965; Trist & Emery, 1997; Trist & Murray, 1990, 1993）。

基于个体心理学概念的社会心理学存在的问题通常是，社会团体被认为好像是个体。例如，弗洛伊德早期试图将社会（Freud, 1913）理解为个体的集合体，一个参与个体典型幻想的超级个体，但他后来（Freud, 1921）奠定了理解个体心理学中聚合纽带的基础，而社会现象则从这些纽带中产生（Gabriel, 1983）。雅克（Jaques, 1953）接受了弗洛伊德关于聚合纽带的观点，"……将个体黏合在制度化的人类关系中的主要凝聚因素之一，是对精神病性焦虑的防御"（Jaques, 1953, p4），他展示了如何把这一点看作是以内摄和投射为基础的认同的结果。

比昂关于团体基本假设的研究（见"基本假设"），埃利奥特·雅克关于冰川金属公司（the Glacier Metal Company）的研究，伊莎贝尔·孟席斯关于医院护士的研究以及对煤矿和其他行业团体过程的一些研究，都在塔维斯托克研究院的发展中成为核心。这些研究同时使用了社会心理学的思想和克莱因（1946）

关于与认同结合的投射和内摄防御机制的思想。

集体防御：雅克（Jaques, 1953）描述了个体如何利用社会制度来支持他们自己的心理防御，因此这些制度是集体防御的形式，雅克称之为社会防御系统。

孟席斯-莱思（Menzies-Lyth, 1960）运用社会防御系统的想法，描述了一家医院如何在护理流程中设置特定程序，而这是每位新入职员工的必学内容。这些程序可以保护个体抵御工作中固有的焦虑，但也常常破坏机构的治疗目标——在这个案例中，是对病人的关照。

对社会和工作环境中引起的焦虑进行无意识防御这一想法已被证明是克莱因学派思想的丰富应用（Rice, 1963; Miller & Gwynne, 1973; de Board, 1979; Hinshelwood, 1987; Menzies-Lyth, 1988, 1989）。"社会防御系统"是重要的概念，它表明将个人的无意识幻想和防御机制纳入社会进程中，而不是将后者简化为个体心理学。

这些想法仍在继续发展，例如对公共服务环境下的专业工作者所承受情绪压力的反思。这项工作已经在诸如组织咨询和一些大学部门中精神分析应用研究中进行（例如 Obholzer & Roberts, 1994; Hoggett, 2000; Hinshelwood & Chiesa, 2002; Huffington et al., 2004; Armstrong, 2005; Cooper & Lousada, 2005; Clarke, Hoggett & Thompson, 2006）。

然而，现在的情况是，塔维斯托克研究院基本上已经不再将精神分析的重点放在对工作情境的理解上，而塔维斯托克诊所咨询服务机构（例如 Anton Obholzer & David Armstrong），从塔维斯托克研究院分离出来的其他机构，以及大学院系，如埃塞克斯大学、西英格兰大学、东伦敦大学和伦敦学院大学，都仍比较重视精神分析的这个侧重点。

Armstrong, D. (2005) *Organisations in the Mind: Psychoanalysis, Group Relations and Organisational Consultancy*. London: Tavistock/Karnac.

Clarke, S., Hoggett, P. and Thompson, S. (2006) *Emotion, Politics and Society*. London: Palgrave Macmillan.

Cooper, A. and Lousada, J. (2005) *Borderline Welfare, Feeling and Fear of Feeling in Modern Welfare*. London: Tavistock/Karnac.

de Board, R. (1979) *The Psycho-Analysis of Organizations*. London: Tavistock.

Freud, S. (1913) *Totem and Taboo, S.E. 13*. London: Hogarth Press, pp. 1-162.
—— (1921) 'Group psychology and the analysis of the ego', *S.E. 18*. London: Hogarth Press, pp. 67-143.
Gabriel, Y. (1983) *Freud and Society*. London: Routledge & Kegan Paul.
Hinshelwood, R. D. (1987) *What Happens in Groups*. London: Free Association Books.
—— and Chiesa, M. (2002) *Organisations, Anxieties and Defences*. London: Whurr.
Hoggett, P. (2000) *Emotional Life and the Politics of Welfare*. Basingstoke: Macmillan.
Huffington, C., Halton, W., Armstrong, D. and Pooley, J. (2004) *Working Beneath the Surface. The Emotional Life of Contemporary Organisations*. London: Tavistock/Karnac.
Jaques, E. (1953) 'On the dynamics of social structure', *Hum. Relat.* 6: 3-23.
Main, T. (1946) 'The hospital as a therapeutic institution', *Bull. Menninger Clin.* 19: 66-70.
—— (1977) 'The concept of the therapeutic community: Variations and vicissitudes', in M. Pines (ed.) *The Evolution of Group-Analysis*. London: Routledge & Kegan Paul (1983), pp. 197-217.
Menzies-Lyth, I. (1960) 'The functioning of a social system as a defence against anxiety', *Hum. Relat.* 13: 95-121.
—— (1988) *Containing Anxiety in Institutions*. London: Free Association Books.
—— (1989) *The Dynamics of the Social*. London: Free Association Books.
Miller, E. and Gwynne, G. V. (1973) *A Life Apart*. London: Tavistock.
Obholzer, A. and Roberts, V. (1994) *The Unconscious at Work: Individual and Organisational Stress in the Human Services*. London: Routledge.
Pines, M. (1983) *The Evaluation of Group-Analysis*. London: Routledge & Kegan Paul.
—— (1985) *Bion and Group Psychotherapy*. London: Routledge & Kegan Paul.
Rice, A. K. (1963) *The Enterprise and its Environment*. London: Tavistock.
—— (1965) *Learning for Leadership*. London: Tavistock.
Trist, E. and Emery, H. (1997) *The Social Engagement of Social Science. Vol. 3. The Socio-Ecological Perspective*. Philadelphia: University of Pennsylvania Press.
Trist, E. and Murray H. (1990) *The Social Engagement of Social Science. Vol. 1. The Social-Psychological Perspective*. Philadelphia: University of Pennsylvania Press.
Trist, E. and Murray H. (1993) *The Social Engagement of Social Science. Vol. 2.*

The Socio-Technical Perspective. Philadelphia: University of Pennsylvania Press.

社会 | Society

尽管克莱因学派精神分析尤为严格地聚焦于精神内部世界，并且经常因忽视外部世界而受到批评（见"外部世界/环境"），但它也产生了两种关于外部世界和社会的理论，这两种理论都使用了投射性认同的概念。第一个是埃利奥特·雅克（Elliott Jaques, 1953）的社会防御系统理论（见"社会防御系统"），第二个是比昂（Bion, 1962a, 1962b）的涵容理论（见"容器/被涵容"）。此外，比昂对团体的基本假设理论（见"基本假设"）有着强烈的克莱因学派视角倾向（Bion, 1961）。他在成为克莱因学派受训精神分析师之前就写了关于基本假设的论文，但他没有以那种形式继续发展此类思想。

汉娜·西格尔没有发展出关于精神分析和社会的独特克莱因学派理论，尽管她对社会的关注和她的左翼政治观点众所周知（Segal, 2007a, 2007b），她和摩西·劳费尔（Moses Laufer）一起创立了"防止核战争的精神分析师"联盟。

Bion, W. (1961) *Experiences in Groups*. London: Tavistock.
—— (1962a) 'A theory of thinking', *Int J. Psycho-Anal.* 43: 306-310.
—— (1962b) *Learning from Experience*. London: Heinemann.
Jaques, E. (1953) 'On the dynamics of social structure', *Hum. Relat.* 6: 3-23.
Segal, H. (2007a) *Yesterday, Today and Tomorrow*. London: Routledge.
—— (2007b) 'Interview with Jacqueline Rose', in *Yesterday, Today and Tomorrow*. London: Routledge, pp. 237-257.

分裂 | Splitting

"我认为从生命之初，自我就不仅拥有分裂自我而且拥有整合自我的需求和能力"（Klein, 1958, p. 245）。分裂的概念是克莱因理论的核心，个体在生命之初发展的基本任务是在偏执-分裂心位上实现自己和客体的"好""坏"二元分裂；个体还以其他方式分裂自己，然后在抑郁心位上痛苦地进入整合过程。

背景及弗洛伊德对这一概念的使用：它源于18世纪哲学中关于解离的观点，这个观点认为心智存在不同的部分。布洛伊勒（Bleuler, 1911）用这个词来解释精神分裂症。布鲁尔和弗洛伊德在《癔症研究》（Freud & Breuer, 1895）中提到了他们所谓的"意识的分裂"（p. 12）。然而，随着驱力理论和防御理论的发展，弗洛伊德的主要焦点转向了压抑。尽管如此，弗洛伊德仍然保留人格裂解（cleavage）或分裂的概念，且常常回到这一概念，他在探索自我的不同认同之间的冲突时尤其如此，例如在论文《论自恋：一篇导论》（1914）和《哀悼与忧郁》（1917）中，这两篇论文的发表时间都早于《自我与它我》（1923），而后者是引入术语"超我"的论文。1926年，弗洛伊德提出了更早的自我防御性改变。

> 很有可能在它急剧分裂为自我和它我，以及在形成超我之前，心理装置可能会使用与之后这些组织阶段所使用的不同的防御方法。
>
> （Freud, 1926d, p. 164）

1927年，弗洛伊德描述了自我的分裂，即一部分的自我意识到了现实，或至少对现实做出反应，而另一部分则否认现实——病人同时知道和不知道某些事情。弗洛伊德继续撰写关于分裂的论文。

> 假设在所有的精神病中都存在自我分裂的观点，如果它没有被证明适用于其他更像神经症的状态，并最终使用适用于神经症本身，就不可能引起如此多的注意。
>
> （Freud, 1940a, p. 202）

弗洛伊德关于这个主题的最后一篇论文是《防御过程中的自我分裂》（1940b）。这篇论文和由此产生的想法为博卡诺夫斯基和勒夫科维奇（Bokanowski & Lewkowicz, 2009）编辑的书奠定了基础。格罗特斯坦（Grotstein, 1985）的早期著作回顾了这个概念的历史。

克莱因关于分裂的思想

<u>好和坏的二元分裂</u>：这一想法是克莱因1946年"偏执-分裂心位"的核心发展任务，它由两个重叠的元素建立而成。

- **客体的保护性分裂**：克莱因对分裂的兴趣始于她职业生涯的开始，她在1921年的第一篇论文中提出，孩子将他不需要的部分母亲分裂出去变成女巫形象，以保护他所爱的母亲。
- **自体和客体的二元分裂**：克莱因注意到儿童身上及儿童想象中的人物身上的极端特征，她描述了接受治疗的儿童埃尔娜，她把自己表现为"魔鬼和天使"以及"善良和邪恶的公主"（1927, p. 160）。在1932年出版的《儿童精神分析》一书中，克莱因阐述了客体和自体被划分为"好"和"坏"的方式，以及这种方式如何起到保护和保存客体的作用。

> 婴儿在把母亲分为"好"母亲和"坏"母亲，把父亲分为"好"父亲和"坏"父亲的过程中，把对客体的憎恨放在了"坏"客体上，或者远离它，而将自己的修复倾向指向"好"母亲和"好"父亲，并且在幻想中补偿曾在施虐幻想中对父母-意象做出的伤害。
>
> （Klein, 1932, p. 222）

<u>作为驱逐性和破坏性活动的分裂</u>：在早期作品中（1926），克莱因认为孩子充满了攻击母亲的施虐性幻想，其结果是害怕被母亲报复。在克莱因形成把死本能投射出去的思想之前，她认为幻想性攻击既是攻击，也是对施虐的驱逐。

> 这种防御与施虐的程度一致，具有暴力的特点，与后来的压抑机制有根本的不同。与主体自身施虐相关的防御意味着驱逐，而与客体相关的防御则意味着破坏。
>
> （Klein, 1930, p. 220）

<u>作为建构性活动的分裂和投射</u>：关于驱逐的思想在前一年（1929）就出现了，当时克莱因提出，涵容"好"和"坏"不同版本的母亲会给孩子带来难以忍

受的张力，这种张力可以通过将母亲和它我的不同方面分裂并投射出去而得到缓解，从而将冲突转移到外部世界得以处理。

分裂和投射性认同：克莱因最终结合了她对分裂的思考，并在"偏执－分裂心位"（1946）的分裂和投射性认同中赋予了其核心地位。分裂的概念现在与被分裂出去的各部分的命运，及它们对客体、自我、超我和内外客体关系的影响，有着不可分割的联系。克莱因的观点是，自我的首个行为是把它的破坏性冲动和爱欲冲动分裂出来，并投射到客体上；客体相应地被分裂成"坏"和"好"的部分。

> 处理焦虑的迫切需求迫使早期的自我发展出基本的机制和防御。破坏性冲动部分向外投射（死本能的偏转），我认为，它会附着在第一个外部客体，也就是母亲的乳房上。
>
> （Klein, 1946, p. 4）

> 然而，被驱逐和投射的不仅仅是自体坏的部分，还有自体好的部分。
>
> （Klein, 1946, p. 9）

这些部分客体，现在被感觉为涵容了或成了自体的"好""坏"部分，它们被内摄到自我和超我中，这两者又相应地被分裂，投射和内摄的循环随之产生。在这篇论文中，克莱因清楚地指出，如果没有自我的相应分裂，客体就不能被分裂。

> 我相信，如果自我内部没有发生相应的分裂，自我就无法分裂客体——内部和外部的客体。因此，对内部客体状态的幻想和感觉对自我的结构有着至关重要的影响。
>
> （Klein, 1946, p. 6）

克莱因认为这种二元分裂对发展至关重要，因为如果没有这种分裂，婴儿就不能内摄和保护"好"客体，也不能使自我能够围绕这个好客体开始凝聚。

> 回到分裂的过程，我认为这是小婴儿相对稳定的先决条件。在最

初的几个月里，他主要是把好客体与坏客体分开，因此从根本上保存它——这也意味着自我的安全得到了加强……一定程度的分裂对整合必不可少，因为它保护了好客体，后来又使自我再把两个方面加以合成。

(Klein, 1957, pp. 191-192)

所有这些都发生在充满全能感、理想化和否认的幻想里。个体相信幻想的力量，当分裂出"好"和"坏"时，他会理想化"好"客体，否认客体的"坏"方面和"坏"体验。

<u>二元分裂的病理结果</u>：如果分裂变得极端或僵化，后续的整合可能很难实现。如果分裂过度，则会导致自我削弱、内摄受损。

<u>其他种类的分裂</u>：自我可以沿着其他路线分裂，例如克莱因在1946年的论文中写到的分裂自己情绪的病人。在这方面的探索中，比昂描述了"对病人和环境之间的联结或对病人不同人格方面的破坏性攻击"(Bion, 1959, p. 106)。

<u>分裂成小块／碎片化</u>：克莱因之前认为口腔施虐会导致对众多坏客体的恐惧，据此她将"好""坏"分开的二元分裂和分裂成碎片的分裂区分开来。

然而，与这种割裂共存的，似乎还有各种分裂过程……同时伴随对客体贪婪地和吞噬性地内化——首先是乳房——自我在不同程度上碎片化自己和它的客体，并以这种方式疏散了破坏性冲动和内部迫害性焦虑。

(Klein, 1957, p. 191)

自我将要以这种方式变成碎片的体验，经常被视为死本能的表现，相当多的作者描述了他们的病人身上存在极端的、未整合的、未修正的内部"坏"客体，通常被认为是破坏性的超我，它攻击并让自我碎片化，破坏发展（见"死本能""碎片化""内部客体""超我"）。比昂让大家注意到自我碎片化的影响（见"威尔弗雷德·比昂""怪异客体"）。

<u>发生在不同平面或层次上的分裂</u>：1958年，克莱因对她的理论进行了补充，指出不仅客体会被带入自我和超我，而且极端客体会位于她命名为"深层无意

识"的地方，并在那里保持未被修正的状态（见"内部客体""超我"）。克莱因在早期工作中曾提出，客体或部分客体在不同的层次或平面被带入自我，并且这取决于它们被内摄的发展阶段。她并不完全清楚这是如何运作的，但她似乎描绘了包含各种版本客体的内部世界，这些客体可能或多或少是极端的，也或多或少是整合的，主要取决于意识的水平和它们被经验修正的程度。修正似乎取决于不同层次之间边界的僵硬度或流动性。这些想法在一定程度上被费尔德曼（Feldman, 2009）所延续，他清晰地描述了他所看到的不同版本的客体关系如何在实践中运作。

<u>在抑郁心位边界和压力状态下的分裂</u>：克莱因的理论是，随着个体（婴儿或病人）的发展和力量加强，他越来越能够整合自己和客体"坏"的方面，并获得现实感知的能力。所有这些都涉及体验到丧失的痛苦感和内疚感，极端情况下可能会使得个体退回到防御性的二元分裂或更早的偏执-分裂心位的碎片化状态中。关于整合和重新分裂之间的来回变化，已有许多论述（见"抑郁心位"）。

见"坏客体""否认""好客体""理想客体""理想化""内部客体""全能感""偏执-分裂心位""投射性认同"。

后来的其他发展

<u>精神病性和非精神病性部分自体之间的分裂</u>：作为弗洛伊德思想的延续，比昂（Bion, 1957）论述了自体的精神病性和非精神病性部分之间的分裂。

<u>病理性组织与病理性内摄</u>：许多作家描述了病人使用的稳定防御系统，将自己情感脆弱的部分分裂开来，不与分析师接触。在一些个体中，核心的防御手段包括认同客体中极其强大（分裂）的部分（见"病理性组织""投射性认同""赫伯特·罗森菲尔德"）。

Bion, W. (1957) 'Differentiation of the psychotic from the non-psychotic personalities', *Int. J. Psycho-Anal.* 38: 266-275.
—— (1959) 'Attacks on linking', *Int. J. Psycho-Anal.* 40: 308-315.
Bleuler, E. (1911) 'Dementia praecox oder die Gruppe der Schizoprenien', in G. Aschaffenburg (ed.) *Handbuch der Psychiatrie*. Leipzig: Breithep & Hartel.
Bokanowski, T. and Lewkowicz, S. (2009) *On Freud's 'Splitting of the Ego In the Process of Defence'*. London: Karnac.
Feldman, M. (2009) *Doubt, Conviction and the Analytic Process*. London:

Routledge.

Grotstein, J. (1985) *Splitting and Projective Identification*. New York: Jason Aronson.

Freud, S. (1914) 'On narcissism: An introduction', *S.E. 14*. London: Hogarth Press, pp. 67-102.

—— (1917) 'Mourning and melancholia', *S.E. 14*. London: Hogarth Press, pp. 237-258.

—— (1923) 'The ego and the id', *S.E. 19*. London: Hogarth Press, pp. 3-66.

—— (1926) 'Inhibitions, symptoms and anxiety', *S.E. 20*. London: Hogarth Press, pp. 75-174.

—— (1927) 'Fetishism', *S.E. 21*. London: Hogarth Press, pp. 149-157.

—— (1940a) 'An outline of psycho-analysis', *S.E. 23*. London: Hogarth Press, pp. 139-207.

—— (1940b) 'Splitting of the ego in the process of defence', *S.E. 23*. London: Hogarth Press, pp. 271-278.

—— and Breuer, J. (1895) *Studies on Hysteria. S.E. 2*. London: Hogarth Press.

Klein, M. (1921) 'The development of the child', in *The Writings of Melanie Klein*, Vol. 1. London: Hogarth Press, pp. 1-53.

—— (1926) 'The psychological principles of early analysis', in *The Writings of Melanie Klein*, Vol. 1. London: Hogarth Press, pp. 128-138.

—— (1927) 'Symposium on child analysis', in *The Writings of Melanie Klein*, Vol. 1. London: Hogarth Press, pp. 139-169.

—— (1929) 'Personification in the play of children', in *The Writings of Melanie Klein,* Vol. 1. London: Hogarth Press, pp. 199-209.

—— (1930) 'The importance of symbol formation in the development of the ego', in *The Writings of Melanie Klein*, Vol. 1. London: Hogarth Press, pp. 219-232.

—— (1932) *The Psychoanalysis of Children. The Writings of Melanie Klein,* Vol. 2. London: Hogarth Press.

—— (1946) 'Notes on some schizoid mechanisms', in *The Writings of Melanie Klein*, Vol. 3. London: Hogarth Press, pp. 1-24.

—— (1957) 'Envy and Gratitude', in *The Writings of Melanie Klein*, Vol. 3. London: Hogarth Press, pp. 176-235.

—— (1958) 'On the development of mental functioning', in *The Writings of Melanie Klein*, Vol. 3. London: Hogarth Press, pp. 236-246.

结构 | Structure

弗洛伊德的心智模型是由不同部分组成的复杂结构，每个部分都有自己的特点，并且相互之间存在动力性冲突，相比把心智看作理性、单一意识的无差别概念，这有了很大的进步。弗洛伊德开创了两个心智结构模型：先是无意识、前意识和意识的地形学模型（Freud, 1915），后来是它我、自我和超我的结构学模型（Freud, 1923）。这两个模型之间有重叠，也有新的元素，反映了弗洛伊德越来越关注无意识内疚感的力量和认同在自体形成中的重要性。他引入了超我的新元素，与自我分离并对自我进行监督。他把超我与对父母，特别是父亲的内摄性认同联系起来。这些形象本身就是它我冲动投射的储存器。在引入结构学模型之后，自我心理学专注于研究自我的防御机制（A. Freud, 1936）和适应机制（Hartmann, 1939）的结构。克莱因更有选择性地使用了结构模型的各个方面，而没有追求进一步发展这个模型。她的工作使她最终在两个心位理论中提出了自己对心理结构的看法。

克莱因和弗洛伊德的结构学模型：在早期工作中，克莱因（1932）是以结构学模型为背景进行写作的。她是最早愿意接受弗洛伊德生死本能/驱力——第二个驱力二元论——的分析理论家之一。后来她以婴儿体验的方式对死亡驱力进行了概念化：与迫害性客体有关的湮灭性偏执性焦虑。生本能激发自我去寻求保护性防御措施。这种概念化令她能够赋予它我中的生死本能二元论以非常直接的临床意义。但是克莱因关于人格结构的观点，更多关注的是本能冲突和为对抗原始焦虑所寻求的保护方式，这些过程会导致客体与客体关系的形成，并逐渐被内化。随着内部世界在不同结构中的发展，这些内部客体和客体关系构成了内部世界。克莱因的内部世界概念可以说是弗洛伊德在其结构理论中引入新事物的特殊发展：自我和超我之间的划分，以及认同在二者形成中的重要性。

克莱因的内部世界概念包含了弗洛伊德（1915）体系的特征：幻觉般的愿望实现、初级过程思维以及精神现实和幻想活动的主导地位。克莱因指的是在更深层、更难以触及的无意识层次中，客体和客体关系非常具体的性质，以及上层中更具表征性的客体（见"内部客体""内摄"）。然而，可以说克莱因只是假设，而不是拘泥形式地坚持地形学概念。汉娜·西格尔（Hanna Segal, 2007, p. 85）认为，克莱因的内部世界模型并不包括作为地形学结构的它我。克莱因对自体的总体概念包括感知、本能、欲望和防御，这些都在客体关系中得以表达。她的自体概念意味着地形学元素，但克莱因并没有这样的地形学模型。

严苛的超我是重要的治疗关注点。克莱因从早期开始就专注于儿童早期超我的施虐性特征及其对自我发展的影响。她的内部世界概念可以被描述为是以自我的结构及其内部客体为中心的概念。克莱因并不是不考虑超我，但她更感兴趣的是探索哪些力量塑造内化的客体，以及对自我的影响。因此，一些内摄的客体仍然与自我是分离的，而自我与它们的关系促进或抑制了自我的发展。其他内部客体则更容易为自我所认同：它们可以被同化，并有助于自我的成长和整合。海曼（Heimann, 1942, 1952）开始以自我对客体的同化程度——或缺乏同化的程度——来阐述这个内部世界的建构（见"同化"）。

偏执-分裂心位和抑郁心位的结构：克莱因提供了关于自我及其内部客体的两种结构模型。在偏执-分裂心位中，由于分裂和投射性认同的主导作用，自我和客体的内部世界被分裂成理想化和迫害性的世界。全能的理想化好乳房是后来自我理想的根源。内部迫害性的乳房是迫害性超我的根源（见"超我"）。在正常的发展中，全能的投射被充分修正，从而在自体内部构建没那么理想化的"好"乳房，作为对抗内部和外部迫害性乳房的慰藉来源。"好"乳房成为友善超我的一部分，也形成了自我中促进整合的焦点（Klein, 1946）。在湮灭的恐惧下，自我可以将自己和客体进一步碎片化为更微小的部分。过度的碎片化分裂会导致极为失整合的精神病性状态。在更正常的发展中，碎片化并不占主导地位，投射的撤回和对"好"乳房的认同使自我到达与整体客体建立关系的位置。

进入抑郁心位意味着精神现实及其复杂性有了相当大的扩展。偏执性焦虑需要充分减少。自我需要充分整合，以便更成功地建立既爱又恨的内部客体。内摄的结合父母伴侣是俄狄浦斯客体：母亲的身体包含所有的性过程、幻想中的兄弟姐妹以及父亲的阴茎。正是对结合客体的既爱又恨，导致了抑郁性焦虑，自我不能保护其所爱的内部客体。投射过程得以减少，内摄性认同被用来防御抑郁性焦虑。对那些被认为受到了伤害的好母亲的认同，加强了进行修复和抑制破坏性冲动的动力。假如自我没有解决与好客体有关的湮灭性内疚与绝望感，就无法发展出对好客体的爱并认同他们。在躁狂性和强迫性的防御和俄狄浦斯位置的帮助下，抑郁心位的核心剧情得已修通（见"抑郁心位""内摄""俄狄浦斯情结"）。

贯穿一生的修通过程使自我能够与自体内部所爱的父母和其他客体建立更加稳定和现实的认同。自我有可能同时体验到他们的独立存在，以及他们彼此结合，这成为安全感的来源，缓解了可容忍的竞争与嫉妒感。一般来说，在正常的发展过程中，超我客体往往变得更加融合和整合。自我和超我之间的差距也在缩小，这些内部客体和外部客体之间的差距也在缩小，赋予心理稳定感（见"内部客体""超我"）。

对克莱因来说，心智有两种无法被跨越的自体及其客体结构。如果从偏执-分裂（Ps）结构到抑郁（D）结构的演化对心理稳定至关重要，那么这种演化永远不会完成。抑郁结构更成熟，但它经常受到偏执-分裂结构和功能的威胁。比昂（Bion, 1963）提出，这些结构在类似化学平衡的模型上处于彼此平衡的动力状态。在Ps和D之间发生了持续的运动，因此，两种结构都不具有完全或持久性的主导地位。在比昂的框架中，退行到Ps功能涉及消散和失整合，而D功能则更具有整合性。比昂提醒大家注意在不崩溃的情况下，体验和容忍偏执-分裂的混乱和失整合的积极方面（Spillius, 2007）。布里顿（Britton, 2001）进一步发展并阐述了比昂的发展和退行模型，认为这是贯穿生命和任何分析的连续过程。他还区分了服务于发展的Ps退行，和与之相对的更病理性的退行，后者是Ps和D的变体，实际上构成了精神撤退的形式（Steiner, 1993）。随着时间的推移，从Ps到D的运动越来越流畅，发展就越获益（Britton, 2001, p. 70）。

克莱因（1940）自己曾指出，生活中无处不在的丧失和哀悼如何威胁精神平衡。哀悼之痛的中心是自我和内部父母之间失去凝聚力与和谐——与所爱客体的内部关系处于危险和混乱中。复仇和受损的内部父母引起迫害性和抑郁性焦虑。躁狂性胜利是掌控他们的手段。当躁狂消退时，对所爱内部客体的渴望和悲伤又回来了，从而允许所爱的父母得以复原——在自我和其内部客体之间重新建立有凝聚力的、和谐的关系。这种持续的修通增强了对所爱客体的内摄性认同过程，以及自我的整合和稳定（见"抑郁心位"）。

克莱因并没有用地形学模型来思考心位的两种心理结构。然而，西格尔（Segal, 2001, 2007）指出，它们与弗洛伊德的第一和第二地形学结构并非毫无关系。她重申了克莱因曾指出的内容：在从偏执-分裂心位到抑郁心位的发展转变中，压抑取代了分裂，成为主要的防御机制。自体水平分裂为不同的部分，导致了意识和无意识之间的地形学划分。西格尔还表示比昂的容器和被涵容模型也与之相关。比昂（Bion, 1962）使用投射性认同概念建立了模型，婴儿不成熟的、无组织的 β 元素体验被投射到情感接纳的母亲身上，母亲将它们转化为 α 元素。容器/被涵容的内化成为精神装置的一部分，这与从偏执-分裂心位到抑郁心位的功能转变相吻合。

西格尔进一步强调，比昂把压抑看作接触屏障，是心智的一部分，β 元素和 α 元素之间不断转化。这正是象征化发生的地方，所以被弗洛伊德称为"事物表征"的原始内容，就转化为可被自我使用的语言表征。这使得人们"以必要的方式既与无意识保持联系，也与外部现实保持接触"（Segal, 2007, p. 87）。

自体和客体的病态结构：克莱因（1946）区分了正常的偏执-分裂结构和过程以及过度嫉毁时更病理性的结构和过程（Klein, 1957）。罗森菲尔德、西格尔和比昂与精神病病人的工作，帮助克莱因描绘了嫉毁在偏执-分裂心位本身所引起的严重紊乱，如下。

- 嫉毁攻击独立的乳房/母亲好的部分，如通过暴力的投射性认同进行抢夺和破坏，导致了二元分裂的失败——造成"好"和"坏"之间的混淆，以及自体和客体之间的混淆（Rosenfeld, 1952; Klein, 1957）。
- 在过度嫉毁的驱使下，人格中的精神病性部分发展出对内外部现实和所有相关觉察的憎恨（Bion, 1957）。过度的碎片化分裂和暴力的投射性认同破坏了婴儿心理功能，禁锢了他与现实接触的能力，导致其对情感生活的憎恨。
- 嫉毁使人害怕对生命本源的毁灭。克莱因（1957）详细阐述了为避免难以忍受的嫉毁体验而采取的各种防御。这些防御是改变的极大阻抗，并破坏了分析的进展。

病理性自恋：在罗森菲尔德的理论中，他描绘了由疯狂的自我理想化所建构的全能人格结构，一切美好的属性都被自欺欺人的自体所拥有，而有组织破坏性部分则被理想化且集合成帮派。这个帮派憎恨客体关系，也憎恨追求且重视客体关系的依赖性自体，帮派通过在恨中获得的负面优越感而蓬勃发展。病理性自恋人格的这两个组成部分，建立在对占有性和驱逐性投射认同的过度使用上，试图防御嫉毁性地攻击生命之源所造成的恐惧。但这些防御体现和表达了它们试图防御的恶意破坏，并具有阻碍和禁锢理智力比多自体的矛盾和悲剧效果。这种偏执－分裂心位中的基本紊乱影响了两个心位之间的修通，并造成自体及其客体结构的严重扭曲，在精神病性病人和边缘谱系病人身上都能看到（见"自恋""病理性组织"）。

病理性组织：约翰·斯坦纳关于病理性组织的总体概念（1981, 1993）整合了20世纪70年代和80年代当代克莱因学派出现的许多重要贡献（见"病理性组织"）。这些组织起源于偏执－分裂心位中的基本障碍，即二元分裂崩溃，源于与嫉毁有关的过度破坏性倾向或创伤，以及过度的碎片化分裂和投射性认同。这些组织试图重组这种崩溃，并通过重新创造性和保护性客体之间的分裂来管理随之而来的精神病性焦虑（混淆、碎片化、失整合）。它们的做法是：将自体和客体的碎片组装成自恋的组织，比如罗森菲尔德所描述的帮派或黑社会。这样的组织通过承诺为痛苦和焦虑提供庇护而伪装成保护性组织，但它们这样做的代价是自体中更力比多的部分被禁锢、无法发展。在自体的这两部分之间，往往存在具有施受虐特征的共谋勾结。力比多自体也并不无辜，它也允许自己被破坏性组织所诱惑。

病理性组织的概念也体现在，亨利·雷伊关于类分裂状态下自体和客体的幽闭场所恐惧组织的观点中（Rey, 1994）。对于类分裂状态中的病人来说，没有安全的地方：他在客体内感到幽闭恐惧，在客体外感到场所恐惧，并最终处于边缘位置。斯坦纳将病理性组织概念化为位于偏执－分裂心位和抑郁心位的边界上。它们没有表现出正常类分裂防御以及后期的正常躁狂性和强迫性防御的可逆性和流动性特征。病人体验到理想的、毫无痛苦的精神撤退，但同时如同坐牢（Steiner, 1993）。然而，当病人试图走出精神撤退之地，去面对偏执－分裂或抑郁性焦虑时，就会感到压倒性的威胁（失整合的恐慌和难以忍受的内疚），他们将再次寻求撤退性保护。僵化的平衡由此得到维持,并被证明是极其顽固而又抗拒变化的。病理性组织试图束缚过度的早期破坏性,但它们本身也极具破坏性。在极端形式中,它们严重破坏了任何情感的发展。它们有助于理解边缘谱系中不同程度的人格障碍,因为它们揭示了分裂自我和病态组合客体的缺陷性结构,提供了身份感和整合的伪装,而不是促进真正的自我发展。

摧毁自我的超我:比昂提出了"摧毁自我的超我"这个术语(1962),并将其与涵容失败联系起来(1959)。这种发展源于早期在容器/被涵容关系中的失败。这是由于母亲的心智状态阻止了遐想,且无法涵容婴儿的投射,或者婴儿无法容忍母亲拥有能力,从而引发了过度嫉毁,或者上述两个原因的结合。这种失败导致了越来越强烈的和暴力的投射性认同,而重新内摄也受到类似的暴力和力度影响。客体被感知为无法接收投射,并剥夺了婴儿带来的一切美好。这个客体被体验为故意误解的客体,导致不可名状的恐惧。这个客体被内化为病理性的超我,具有极端的摧毁自我的后果。正是这个超我,系统性地剥离一切,对一切吹毛求疵,并嫉毁地宣称"自己的道德优越感,但其实没有任何道德可言"(Bion, 1962)。

布伦曼(Brenman, 1985)描述了这种嫉毁的、全能的和残忍的超我,它驱使他的病人通过严重窄化自己的感知和思考,限制对客体的依赖,来将残忍和避免内疚正当化。奥肖内西(O'Shaughnessy, 1999)也描述了这种破坏性的超我,它的危险目的是使病人解离,攻击他与客体的联结,并引起特殊的内疚感,因为它使一切变得更糟,与良心或带来建设性和修复性活动的更整合的超我相矛盾。破坏自我的超我加深了自体分裂,并且具有阻碍发展能力的病理影响(见"内部客体""超我")。

分裂出去的精神病:比克(Bick, 1968)描述了在非常年幼婴儿身上保留着外表僵硬的人格"门面"。她描述了"第二层皮肤现象"(见"皮肤"),其目的是保护婴儿免受灾难性的崩解或消解的体验(Symington, 1983;见"毁灭")。为了保护自己免受与抱持性客体缺乏充分联结的影响,各种肌肉或语言活动提供了方法将他的注意力集中到整合状态上,而这通常由母亲的乳头和乳房来实现。

西德尼·克莱因(Sidney Klein, 1980)描述了在梦中出现的证据,梦中有被牢牢封装的客体,包含人格中分裂出去的精神病性部分,这种情况甚至可能发生在神经症病人身上。弗洛伊德（1924, p. 187）很早就提到了限制性精神病性区域的想法，作为全能幻想的独立飞地，符合主体否认令人不快的现实的愿望。

Bick, E. (1968) 'The experience of the skin in early object relations', *Int. J. Psycho-Anal.* 49: 484-486.

Bion, W. (1957) 'Differentiation of the psychotic from the non-psychotic personalities', *Int. J. Psycho-Anal.* 38: 266-275.

—— (1959) 'Attacks on linking', *Int. J. Psycho-Anal.* 40: 308-315.

—— (1962) *Learning from Experience*. London: Heinemann.

—— (1963) *Elements of Psychoanalysis*. London: Heinemann.

Brenman, E. (1985) 'Cruelty and narrow-mindedness', *Int. J. Psycho-Anal.* 66: 273-281.

Britton, R. (2001) 'Beyond the depressive position: Ps (n+1)', in C. Bronstein (ed.) *Kleinian Theory: A Contemporary Perspective*. London: Whurr, pp. 63-76.

Freud, A. (1936) *The Ego and the Mechanisms of Defence*. London: Hogarth Press.

Freud, S. (1915) 'The unconscious', *S.E. 14*. London: Hogarth Press, pp. 159-209.

—— (1923) 'The ego and the id', *S.E. 19*. London: Hogarth Press, pp. 3-66.

—— (1924) 'The loss of reality in neurosis and psychosis', *S.E. 19*. London: Hogarth Press, pp. 183-187.

Hartmann, H. (1939) *Ego Psychology and the Problem of Adaptation* (English translation, 1958). London: Imago.

Heimann, P. (1942) 'A contribution to the problem of sublimation and its relation to the process of internalization', *Int. J. Psycho-Anal.* 23: 8-17.

—— (1952) 'Preliminary notes on some defence mechanisms in paranoid states', *Int. J. Psycho-Anal.* 33: 208-213.

Klein, M. (1932) *The Psychoanalysis of Children. The Writings of Melanie Klein*, Vol. 2. London: Hogarth Press.

—— (1940) 'Mourning and its relation to manic-depressive states', in *The Writings of Melanie Klein*, Vol. 1. London: Hogarth Press, pp. 344-369.

—— (1946) 'Notes on some schizoid mechanisms', in *The Writings of Melanie Klein*, Vol. 3. London: Hogarth Press, pp. 1-24.

—— (1957) 'Envy and gratitude', in *The Writings of Melanie Klein*, Vol. 3. London: Hogarth Press, pp. 176-235.

Klein, S. (1980) 'Autistic phenomena in neurotic patients', *Int. J. Psycho-Anal.* 61: 395-402.

O'Shaughnessy, E. (1999) 'Relating to the super-ego', *Int. J. Psycho-Anal.* 80: 861-870.

Rey, H. (1994) *Universals of Psychotherapy in the Treatment of Psychotic and Borderline States*. London: Free Association Books.

Rosenfeld, H. (1952) 'Notes on the psycho-analysis of the super-ego conflict in an acute schizophrenic patient', *Int. J. Psycho-Anal.* 33: 111-131.

Segal, H. (2001) 'Changing models of the mind', in C. Bronstein (ed.) *Kleinian Theory: A Contemporary Perspective*. London: Whurr, pp. 157-164.

—— (2007) *Yesterday, Today and Tomorrow*. London: Routledge.

Spillius, E. (2007) 'Kleinian thought: Overview and personal view', in *Encounters with Melanie Klein: Selected Papers of Elizabeth Spillius*. London: Routledge, pp. 25-64.

Steiner, J. (1981) 'Perverse relationships between parts of the self: A clinical illustration', *Int. J. Psycho-Anal.* 63: 241-253.

—— (1993) *Psychic Retreats: Pathological Organisations in Psychotic, Neurotic and Borderline Patients*. London: Routledge.

Symington, J. (1983) 'Crisis and survival in infancy', *J. Child Psychother.* 9: 25-32.

象征等同 | Symbolic equation

在克莱因对儿童病人游戏的描述中，有时孩子能够象征性地游戏，而没有太多焦虑；但有时候，古老客体的象征性表征会引起焦虑，就像孩子直接与古老客体相关联一样。汉娜·西格尔对"严格意义上的象征"和"象征等同"进行区分的工作是有意义的（见"象征形成"）。西格尔在与精神分裂症病人的工作中，观察到：

> ……象征物和被象征物之间没有任何区别……递过来帆布凳子(stool)后，他脸红了，结结巴巴，咯咯地笑着道歉。他表现得就像给了我一坨真正的粪便(stool)。这不仅仅是他想把粪便给我的象征性表达。而是，他觉得他真的把它给了我。

(Segal, 1950, p. 104)

1957年在论文《关于象征形成的说明》中,西格尔举了另一个例子,并做出了重要的区分。

> 病人A……有一次被他的医生询问……为什么他在患病后不再拉小提琴了。他有些粗暴地回答说:"为什么,你希望我在公共场合自慰吗?"另一个病人B,一天晚上梦见他和年轻女孩在拉小提琴二重奏。他联想到逗弄和自慰等,从中可以清楚地看出小提琴代表了他的生殖器,而拉小提琴则代表与女孩关系中的自慰幻想。那么,这两个病人显然在相同的情况下使用了相同的象征:小提琴代表男性的生殖器,而拉小提琴代表手淫。然而,这些象征发挥功能的方式却非常不同。对A来说,小提琴已经完全等同于他的生殖器,以至于他完全无法在公共场合触摸它。
>
> (Segal, 1957, pp. 49-50)

病人A将客体与被象征物等同起来,部分是对其现实的习惯性干扰,这产生于对具体的、病理形式的投射性认同的使用(见"投射性认同")。结果是,象征物失去了与原物的区别,引起与原物相同的冲突和抑制。当无法区分被象征物和象征物时,就会出现:

> ……自我和客体之间的关系变得紊乱。部分自我和内部客体被投射到(外部)客体上,又与之认同。自体和客体之间的区分是模糊的。由于部分自我与客体相混淆,象征物——自我的创造物和功能——反过来又与被象征的客体相混淆。
>
> (Segal, 1957, p. 53)

真正的象征被认为具有自己的特征,独立于它所象征之物而存在,但在象征等同中,投射进入新的象征性客体的程度意味着它仍然过于接近原物,会引起同样的冲突和抑制。

随着进展到抑郁心位(见"抑郁心位"),整体客体得以识别,内外部世界被更好地区分,客体被体验为与自体分离,具有自己的品质,而不是在很大程度上被主体的投射所染指。因此,象征性客体可以被自由地、创造性地使用,而不会产生与它们的古老前身相关的焦虑。对外部客体的全能占有幻想被放弃，并被哀悼：

> 在象征等同中，象征-替代物被感知为原初客体……被用来否认理想客体的缺失……而严格意义上的象征……被感知为表征客体；其本身的特点得到承认、尊重和使用。当与客体分离后，当可以体验和容忍矛盾、内疚和丧失时……它便会出现。象征不是用来否认，而是用来超越丧失。
>
> （Segal 1957. p. 395）

Segal, H. (1950) 'Some aspects of the analysis of a schizophrenic', *Int. J. Psycho-Anal.* 31: 268-278; republished in *The Work of Hanna Segal*. New York: Jason Aronson, pp. 101-120.

—— (1957) 'Notes on symbol formation', *Int. J. Psycho-Anal.* 38: 391-397; republished in *The Work of Hanna Segal*. New York: Jason Aronson, pp. 49-65.

症状 | Symptom

克莱因的主要兴趣在于焦虑及其背后的客体关系，她尤其对破坏性冲动和愿望所引起的焦虑感兴趣。对克莱因而言，所有症状都与潜在的客体关系有关。在费伦齐（Ferenczi, 1921）和亚伯拉罕（Abraham, 1921）认为抽动症状是原发自恋现象，与此相反，1925年，克莱因断言抽动的基础在于客体关系。在她早期的工作中，她认为儿童充满了俄狄浦斯的嫉妒和狂怒，这是她观察到的各种症状的原因：例如，抑制性学习和强迫性行为被视为儿童试图最小化他可能对其客体造成的损害，而夜惊被认为是由于担心会被他所攻击的客体施以报复。在1932年采用弗洛伊德死本能的观点后，克莱因认为死本能是焦虑的主要原因：投射出去的死本能被体验为"坏的"可怕外部客体的存在（迫害和偏执），而留在内部或以"坏的"内部客体形式被内摄的死本能，在最糟糕的情况下，可能会导致精神病和自我的碎片化。强迫性和躁狂性活动被克莱因视为一种否认损害或修复已造成的损害的失败尝试（见"儿童分析""抑郁心位""内部客体""强迫性防御""偏执""迫害""投射性认同""精神病""象征形成")。

转换症状、疑病症和身心疾病：里维埃（Riviere, 1952）和海曼（Heimann, 1952）在自恋的框架下讨论了某些身体症状。与内部客体的关系可以达到妄想的程度，在这种情况下，个体基于对内部恶意客体的无意识幻想，发展出关于身体的奇异意识信念。这样的发展是基于将部分身体认同为被内摄的迫害性"坏"客体。梅尔泽（Meltzer, 1987）指出了心身疾病与疑病症、转换症状之间的区别，在心身疾病中，身体本身存在实际的病理变化。他使用比昂的观点，假设未经处理的感官数据的积累与身体病理之间存在联系，并认为当 α 功能失效时，心身疾病会发生在从身体本能到心理表征转化的层面上（见"α功能""癔症"）。

Abraham, K. (1921) 'Contribution to a discussion on tic', in *Selected Papers on Psycho-Analysis*. London: Hogarth Press (1927), pp. 323-325.

Ferenczi, S. (1921) 'Psycho-analytic observations on tic', in *Further Contributions to the Theory and Technique of Psycho-Analysis*. London: Hogarth Press, pp. 142-174.

Heimann, P. (1952) 'Certain functions of introjection and projection in early infancy', in M. Klein, P. Heimann, S. Isaacs and J. Riviere (eds) *Developments in Psycho-Analysis*. London: Hogarth Press, pp. 128-168.

Klein, M. (1925) 'A contribution to the psychogenesis of tics', in *The Writings of Melanie Klein,* Vol. 1. London: Hogarth Press, pp. 106-127.

—— (1932) *The Psychoanalysis of Children. The Writings of Melanie Klein*, Vol. 2. London: Hogarth Press.

Meltzer, D. (1987) *Studies in Extended Metapsychology*. Strath Tay: Clunie Press.

Riviere, J. (1952) 'General introduction', in M. Klein, P. Heimann, S. Isaacs and J. Riviere (eds) *Developments in Psycho-Analysis*. London: Hogarth Press, pp. 1-36.

牙齿 | Teeth

牙齿表征了口腔施虐的器官（见"施虐"）。长牙会产生口腔疼痛，这就产生了口腔内有迫害者咬婴儿的无意识幻想，婴儿害怕报复性攻击。对婴儿来说，牙齿让他恐惧地意识到有充满敌意的内部（部分）客体。

见"内部客体"。

思考和知识 | Thinking and knowledge

克莱因学派精神分析在理解思考、学习、知识和信念的本质等方面，都做出了重要贡献。

求知本能：对弗洛伊德来说，求知本能是部分本能，是与窥阴癖和暴露癖有关的部分力比多，但这个概念成了克莱因早期作品中的核心本能。克莱因在《俄狄浦斯冲突的早期阶段》（1928）和《象征形成在自我发展中的重要性》（1930）中认为，求知本能是探索性的，也是必要的，但不可避免地具有攻击性，包括幻想进入母亲体内寻找并经常接管或破坏里面的丰富性——特别是母亲的婴儿和父亲的阴茎。对于被报复的不可避免的恐惧，随后会抑制好奇心和学习能力。在她后来的作品中，爱和恨以更平衡的方式出现，迫害性内疚和抑郁性内疚也得到了区分，克莱因没有再提到这种求知本能。然而，关于好奇心和探索的想法却含蓄地变得更加复杂，既包含修复的动机，也包含破坏的动机。尽管克莱因没有把思考和想法紊乱作为她后来工作的核心主题，但她的两个观点是后来关于思考工作的重要起点，即关于象征的研究（Klein, 1930）和关于投射性认同的观点（Klein, 1946）。

作为假设检验的幻想：西格尔（Segal, 1974）在论文《幻想和其他心理过程》（*Phantasy and other mental processes*）中，描述了使用无意识幻想作为对现实进行检验假设的过程。这带来了对内部和外部现实的区分，并为思考和使用真正的象征奠定了基础。

比昂的思考理论：比昂在一系列论文和书籍中，使用并扩展了投射性认同的想法，将其作为发展思考理论的核心概念，对克莱因学派精神分析产生了深远的影响（Bion, 1959, 1962a, 1962b, 1963, 1965, 1967, 1970）。他经常承认自己得益于弗洛伊德《关于心理功能两条原则的构想》（1911）。在他著作的主要部分中，比昂使用了一个模型来理解思考过程，该模型被证明具有深远的影响力。

比昂的一个起点是，对于精神病病人思考断裂的研究。病人异常使用精神装置的方式，使他对正常思考有了理解。

该模型的第一部分与西格尔的想法不谋而合，即把幻想作为检验现实的假设。比昂谈到了"前概念"，即婴儿心智中预先存在发现某些事物的倾向性，比如令人满意的乳房。比昂还假设基于对口腔和乳头以及阴茎和阴道之间关系的先天预期，婴儿天生就掌握了两个客体之间的联结以及它们之间的关系。当婴儿遇到"实现"时——足够接近先天预期的东西，例如乳房——就会产生"概念"。在良好的内部和外部条件下，乳房的暂时缺失可以被容忍，前概念可以与"消极实现"（例如乳房缺失、挫折）相结合，成为对乳房的"思想"。

> "思想"和事物的缺失是一样的吗？如果没有"东西"，那么"没有东西"是否一种思想？是不是由于"没有东西"这一事实，人们认识到"它"必然是一种思想？
>
> （Bion, 1962b, p. 35）

克莱因曾指出，在偏执-分裂心位中，缺失的和带来挫折的客体被认为是坏客体。在比昂的模式中，如果婴儿有足够的能力来忍受挫折，那么"没有乳房"的经验就会转化为思想，这能帮助婴儿撑到外部乳房再次到来。因此，这是抑郁心位的另一个角度。这种能力的发展弥合了需求和满足之间的差距，从而使挫折更容易被忍受；良性的循环开始在婴儿的心理上形成。渐渐地，这种能力会发展，并能够认为，之所以会有糟糕的感觉，是由于好客体的缺失，且好客体可能会回来。

然而，当婴儿只能很少地或根本无法忍受挫折时，那么"缺失的乳房"仍然是偏执-分裂的现象，是只适合排除的糟糕经验。比昂这样写道：

> 没有能力忍受挫折会使天平向排除挫折的方向倾斜。这个结果与弗洛伊德描述的，发生在以现实原则为主导的阶段的思考特征事件大相径庭。本应是思想，是前概念和消极实现并置的产物，却变成了坏客体，与"物自体"无法区分开来，只适合于排除。因此，思考装置的发展受到干扰，取而代之的是投射性认同装置的过度发展。我为这一发展提出的运行原则是：将坏乳房排除等同于从好乳房获得营养。

(Bion, 1962a, pp. 113-114)

此外,还有"中转地",全能和全知取代了思考和从经验中学习。

如果无法忍受挫折的程度,虽然没有大到足以激活逃避机制,但又大到无法承受现实原则的支配,那么人格就会发展出全能感,以替代前概念或概念与消极实现的匹配。这就涉及假设自己无所不知,而不是借助思想和思考从经验中学习。因此,不存在区别真假的心理活动。全知取代了对真假的辨别,独断地断言某事在道德上是正确的,而另一件事则是错误的。

(Bion, 1962a, p. 114)

比昂模型的另一部分被称为"容器和被涵容"理论。奥肖内西在论文《比昂的思考理论和儿童分析新技术》(*W. R Bion's theory of thinking and new techniques in child analysis*, O'Shaughnessy, 1981)中,对该模型进行了很好的简明描述。在《思考的理论》中,比昂(Bion, 1962a)谈到了"现实的"或交流型的投射性认同,它对接收者具有实际影响。

作为现实的活动,投射性认同表现为行动,其目的是在母亲身上唤起婴儿希望摆脱的感觉。如果婴儿觉得自己正在死去,就会引起母亲的死亡恐惧。平衡良好的母亲可以接收这些,并做出治疗性的回应。这种回应方式让婴儿感觉,他那受到惊吓的人格正在以自己可以耐受的方式,被重新接纳。

(Bion, 1962a, pp. 114-115)

具有比昂所说的遐想能力的母亲,可以接纳投射来的感受,并将之转化为可以容忍的形式,让婴儿可以重新内摄。比昂将这个转化过程称为 α 功能(见"α 功能")。如果进展顺利,婴儿不仅会重新内摄特定的坏东西,将其转化为可容忍的东西,而且最终会内摄涵容或 α 功能本身,从而在他自己的心中开始出现忍受挫折和进行思考的方法。象征化、意识和无意识之间的"接触屏障"、梦的思想以及空间和时间的概念都可以得到发展。另一方面,β 功能是使心灵摆脱刺激的手段，这是消除而不是转化经验的方法。β元素（见"β元素"）只适合从心智中驱逐出去，而α元素则是梦和思考的原材料。

这一进程中的问题可能发生在环境（母体）方面，当母亲无法涵容婴儿难以忍受的体验之时。这时，婴儿将体验到被有意曲解的客体剥夺意义，从而产生特殊性质的恐惧，被称为不可名状的恐惧。另一方面，在比昂看来，婴儿拥有如此强烈的先天嫉毁，以至于他无法耐受和使用母亲的α功能。在这些情况下，α功能会发生逆转，从抑郁心位退到偏执-分裂心位，并从语言表征逆转到更具体的表征，最后退回到身体状态。

斯皮利厄斯在《当代克莱因》（*Melanie Klein Today*, Spillius, 1988），"关于思考"部分的引言中指出，思考发展的容器/被涵容模型减少了情感和认知之间的鸿沟，因为它既是关注描述情绪如何变得有意义，又是关注描述思考能力如何发展的模型。重要的是，外部客体是这个系统的组成部分。比昂的表述表明，环境是重要的，以及在哪方面是重要的。斯皮利厄斯评论说：

> 比昂并没有尽可能多地将他的三个模型联系起来。可以肯定的是，在积极实现和消极实现之间交替的反复经历，鼓励了思想和思考的发展。而缺席母亲的归来则是上述场景的重要实例，这在童年时期（和分析中）多次重复，即母亲接收和转化，或转化失败、坏乳房存在的经验。

（Spillius, 1988, p. 156）

K和-K：在《从经验中学习》中，比昂（Bion, 1962b）进一步阐述了容器/被涵容和思考的模型，以了解自己或另一个人的情感体验，他将其命名为"K"，以区别于更常见的精神分析对爱（L）和恨（H）的投注。他说，K对心理健康的重要性就像食物对身体健康的重要性一样。换句话说，K可以被看作对克莱因求知本能更精细的形式。他还描述了对"知道和真相"的回避，他称之为"-K"。对于比昂（Bion, 1957）来说，心智的两个方面之间存在动力冲突。一方面，"人格中的精神病性部分"在精神病病人中很突出，但某种程度上它存在于我们所有人身上，它试图通过驱逐投射掉一切痛苦或不安的精神内容来逃避现实。人格中的非精神病性部分可以承受并寻求真相。比昂将真相和内外部现实的准确感知视为心智的基本营养。

<u>比昂和网格图</u>：比昂（Bion, 1965）在《转化》中提出了"网格图（grid）"的想法，意指会谈后检查和分类病人精神功能类型和水平的工具。网格图的横轴代表思想的用途，纵轴代表复杂性和抽象性的成长。

<u>罗杰·莫尼-克尔</u>：莫尼-克尔（Money-Kyrle, 1968）在"认知发展"中以他自己独特的系统性方法表达了比昂在思想和象征形成方面的工作。

> 概念发展的理论必须扩展，不仅包括概念数量和范围的增长，而且每个单一概念的发展至少经过三个阶段：(1) 具体表征阶段，严格地说，这个阶段根本不具有表征性，因为表征和被表征的对象或情境之间没有区别；(2) 表意阶段，如在梦中；(3) 意识阶段，主要是言语思维。
>
> （Money-Kyrle, 1968, p. 422）

"具体表征"处于具体的无意识幻想层面。"表意文字"等同于 α 元素，是可用的精神内容。这些阶段的进展可以与朝向抑郁心位的运动联系在一起。莫尼-克尔还关注个体在空间和时间上发展出适当方向感的能力，他认为它本质上是一种能力，即意识到自己在空间和时间上与喂养的乳房是分离的，而自己是依赖它的。

莫尼-克尔（Money-Kyrle, 1968, 1971）指出，病人的困难往往源于无意识的错误概念和妄想。我们与生俱来发现真相的倾向遇到了情感的阻碍。尤其是我们对原初场景的误解，与我们难以承受基本的"生活事实"有关，即我们是父母性交的产物。其他难以知晓的基本事实还包括，我们依赖他人来滋养我们，以及生命有限这一事实。

<u>亨利·雷伊</u>：亨利·雷伊（Henri Rey, 1979, 1994）综合了克莱因、比昂和皮亚杰的思想，对空间和时间进行了概念化的发展。像比昂一样，雷伊通过对精神病病人和边缘病人的分析来触及他的主题，在这些病人那里，空间和时间被异常地感知。

<u>唐纳德·梅尔泽</u>：梅尔泽在他自己创新且富有想象力的思考中，受到比昂很大影响。1986年，他出版了论文集《扩展的元心理学研究》（*Studies in*

Extended Metapsychology），通过展示其临床应用，扩展了比昂的工作。

象征化、信念和知识：思考与象征形成密切相关。例如，克莱因在"迪克"（Klein, 1930）的案例中展示了象征形成的严重受损如何限制智力发展。克莱因的一些早期作品（Klein, 1923）也很好地说明了，仍在非常具体的层面上发挥作用的象征化，如何导致了对学业的恐惧和对学习的抑制。一旦我们了解了西格尔（Segal, 1957）对严格意义上的象征和象征等同的区分，就更容易理解了（见"象征形成"）。欧内斯特·琼斯（Jones, 1916, 1948）指出：

> 没有一种知识会被相信它的人认为是神话……象征化也是如此。只有当我们不去相信它们的字面意义和客观现实时，我们才会认识到它们是象征。
>
> （Jones, 1948, p. 132）

西格尔（Segal, 1981）提醒我们注意一个明显的悖论，即思考的自由可能被体验为对自由的限制。她说：

> 思想自由——即使往好了说，我们在这方面的自由也仍然非常有限——充其量意味着了解我们自己思想的自由，意味着了解不受欢迎的以及受欢迎的想法；焦虑的想法；那些被认为是"坏的"或"疯狂的"想法；以及建设性的想法和那些被认为是"好的"或"理智的"想法……我们的思考越是自由……我们的体验就越丰富。但就像所有的自由一样，它也被感知为束缚，因为它使我们感到要对我们的思想负责。
>
> （Segal, 1981, p. 227）

布里顿（Britton, 2008）在欣赏西格尔的作品时评论说，他从汉娜·西格尔那里了解到，精神分析赋予我们更多自由，这来自我们了解自己所相信的东西。在那之前，我们被我们所相信的东西所禁锢。他说：

> 我从汉娜·西格尔那里了解到，我们可以在"不从历史中吸取教训的人注定要重蹈覆辙"这句格言之外，再加上一句"那些无法认识到自己的符号是象征性的人，终将被它们所囚禁"……除非我们赋

予这个世界象征意义，否则我们会发现它是毫无意义的地方；除非我们为我们的行为注入象征性目的，不然我们的生活毫无满足感或意义……如果我们无知地生活在象征性的世界里，那么我们就会成为自己心智的囚徒，把我们的愿望和恐惧误认为厄运和命运，把我们的梦误认为事件本身，把我们的象征性客体误认为物质宇宙的产物，把我们的幻想误认为事实。因此，我们只能行动或反应，我们不能思考，我们无法自由思考。

(Britton, 2008)

布里顿（Britton, 1998）在他自己的论文《信念和精神现实》（*Brief and psychic reality*）中，描述了当信念被附加到幻想或想法（无论是意识的还是无意识的）中时，这个想法被视为事实，然后产生情绪和行为后果。意识到某些东西是信念而不是知识，这是次级过程，它取决于从信念本身的系统之外来看待这个信念。这取决于内在的客观性，内在的第三方立场，而这又取决于早期俄狄浦斯情境的内化和容忍。当信念未能通过现实的考验时，它就必须被放弃和哀悼——这是分析中修通的重要组成部分。

Bion, W. (1957) 'Differentiation of the psychotic from the non-psychotic personalities', *Int. J. Psycho-Anal.* 38: 266-275.
—— (1959) 'Attacks on linking', *Int. J. Psycho-Anal.* 40: 308-315.
—— (1962a) 'A theory of thinking', *Int. J. Psycho-Anal.* 43: 306-310; reprinted in *Second Thoughts*. London: Heinemann (1967), pp. 110-119.
—— (1962b) *Learning from Experience*. London: Heinemann.
—— (1963) *Elements of Psychoanalysis*. London: Heinemann.
—— (1965) *Transformations*. London: Heinemann.
—— (1967) 'Notes on memory and desire', *Psychoanal. Forum* 2: 272-280.
—— (1970) *Attention and Interpretation*. London: Heinemann.
Britton, R. (1998) 'Belief and psychic reality', in *Belief and Imagination*. London: Routledge, pp. 8-18.
—— (2008) 'Reflections on some contributions of Hanna Segal to psychoanalytic theory', Lecture given at University College London.
Freud, S. (1911) 'Formulations on the two principles of mental functioning', *S. E.*

12. London: Hogarth Press, pp. 215-226.

Jones, E. (1916) 'The theory of symbolism', *Br. J. Psychol.* 9: 181-229.

—— (1948) 'The theory of symbolism', in *Papers on Psychoanalysis*. London: Maresfield Reprints, pp. 87-144.

Klein, M. (1923) 'The role of the school in the libidinal development of the child', in *The Writings of Melanie Klein*, Vol. 1. London: Hogarth Press, pp. 59-76.

—— (1928) 'Early stages of the Oedipus conflict', in *The Writings of Melanie Klein*, Vol. 1. London: Hogarth Press, pp. 186-198.

—— (1930) 'The importance of symbol formation in the development of the ego', in *The Writings of Melanie Klein*, Vol. 1. London: Hogarth Press, pp. 219-232.

—— (1946) 'Notes on some schizoid mechanisms', in *The Writings of Melanie Klein*, Vol. 3. London: Hogarth Press, pp. 1-24.

Meltzer, D. (1986) *Studies in Extended Metapsychology*. Strath Tay: Clunie Press.

Money-Kyrle, R. (1968) 'Cognitive development', *Int. J. Psycho-Anal.* 49: 691-698; republished in *The Collected Papers of Roger Money-Kyrle*. Strath Tay: Clunie Press (1978), pp. 416-433.

—— (1971) 'The aim of psychoanalysis', *Int. J. Psycho-Anal.* 52: 103-106.

O'Shaughnessy, E. (1981) 'W.R. Bion's theory of thinking and new techniques in child analysis', in E. Spillius (ed.) *Melanie Klein Today*, Vol. 2. London: Routledge (1988), pp. 177-190.

Rey, H. (1979) 'Schizoid phenomena in the borderline', in J. LeBoit and A. Capponi (eds) *Advances in the Psychotherapy of the Borderline Patient*. New York: Jason Aronson, pp. 449-484.

—— (1994) *Universals of Psychoanalysis in the Treatment of Psychotic and Borderline States*. London: Free Association Books.

Segal, H. (1957) 'Notes on symbol formation', *Int. J. Psycho-Anal.* 38: 391-397.

—— (1974) 'Phantasy and other mental processes', in *The Work of Hanna Segal*. London: Free Association Books, pp. 41-48.

—— (1981) *Delusion and Artistic Creativity and other Psychoanalytic Essays*. New York: Jason Aronson.

Spillius, E. (1988) *Melanie Klein Today* Vol. 1. London: Routledge.

移情 | Transference

从精神分析的一开始，移情就已经为人所知，但人们对移情的理解方式及其对理论发展的影响却在不断变化。在一个多世纪的时间里，移情的概念已呈现出多种形式：起初，它是不利的事情；然后，当催眠方法呈现出自己的局限性且仅能暂时有益时，移情便是精神分析师战胜阻抗的盟友。它可以通过将工作关系转变为情感关系来呈现对分析的阻抗形式；然后，它被视为过去的再次活现，使精神分析对童年经历的细节，特别是创伤的重构变得更加清晰。另外，分析室里的活现可以被看作当下无意识幻想的外化；最后，移情可以被看作病人与分析师之间复杂的、有时是多重分裂的关系。

移情是"不利的事"：当布鲁尔第一次向弗洛伊德报告他们称之为"不利的事"（Jones, 1953）时，实际上是他意识到安娜·O.（Anna O.）已经爱上了自己。布鲁尔随即确定，他的方法对医学从业者来说有悖伦理，他离开了这个领域，将其留给弗洛伊德独自奋斗。弗洛伊德则更加谨慎。他环顾伦理问题的边界，作为受过良好教育的自然科学家，他对伦理问题采取了特有的中立态度。他决定把安娜·O.的爱作为现象来研究。这意味着在这种关系中要放弃一切个人的满足感。这种爱被认为是完全脱离分析师真实模样的现象，当他发现其他女性病人的焦虑情感以同样的方式转向他时，他并不认为这是由于他自己的个人魅力所造成的。因此，移情被重新审视——从不利和有悖伦理的发生变成了被研究的现象。

移情作为克服阻抗的方法：当弗洛伊德开始放弃使用催眠方法接近病人的无意识，他已经准备将移情作为替代手段，去克服精神分析探索中的阻抗。在那个阶段（19世纪90年代），移情被认为是病人对分析师的正性感情，分析师把它当作能量释放（见"力比多"）来使用，以阻抗回忆过去。弗洛伊德依靠病人的正性情感和忠诚来促使他放松压抑的力量。

移情阻抗：因为朵拉的案例，移情突然再次引起弗洛伊德的注意。在一般意义上，弗洛伊德已经意识到，病人可能对分析师怀有反常的敌意，以及反常的正性情感。然而，他迟迟不承认它们的重要性，直到朵拉过早地、毫不客气地中断了她的分析。弗洛伊德特别受影响，因为他曾打算使用朵拉的分析来描述未来实践的示范性案例。朵拉让他放下骄傲，并认识到这是不要实践的示范案例——至少是不知如何处理移情的示范案例。弗洛伊德要克服他的失望情绪，但这只是他必须做出调整的一部分。

负性移情的重要性意味着他对精神分析的实践和理论都要进行修正。弗洛伊德在朵拉的案例中倾向于对这种情况采取两种观点。首先，他认为导致整个分析被中断的移情是对分析工作和恢复过去记忆和幻想的阻抗形式（Freud, 1912）。通过对分析师产生强烈的感受，病人试图通过引诱或释放敌意来阻挠理解过去的过程。其次，弗洛伊德还认为朵拉和他自己之间的关系是特定关系的活现：这是她对所渴望的情人对她缺乏兴趣的报复，这个所渴望的情人是"K先生"，根本上来说是朵拉的父亲。弗洛伊德无意中发现了重复在移情中的重要性（Freud, 1915），这不再是被病人努力压抑所混淆模糊记忆的问题。

尽管在移情方面有了这一痛苦的教训，弗洛伊德仍然一如既往地不愿意完全放弃他早期的观点。即使在今天，对移情的描述有时也暗示它不仅是促进治疗发展的力量，而且也表达了对分析强烈和无效的阻抗。

无意识幻想活现：在弗洛伊德作品问世以来的几年里，关于过去活现的想法产生了新的意义。克莱因的工作促进了这一观点进一步发展。也许她的移情观点中的重要因素是，她正与儿童工作的事实，其中至少有一个儿童（丽塔）只有2岁9个月大。当时人们认为这正是创伤事件发生的时期。因此，儿童再次活现的不是来自遥远的过去，而是来自他们的当下。他们的整个游戏是对各种事件和关系的一系列活现。再现的生动性和活力让克莱因惊叹不已。那么孩子在他们的游戏中活现了什么？显然，儿童不仅活现了他们的实际经历，而且还活现了他们的幻想生活。克莱因对此十分重视。她认为，游戏是认真的，不仅仅为了娱乐，是儿童与自己最可怕的恐惧和焦虑以及他最深的欲望产生关联的方式。在分析室里，活现的关系表达了孩子努力包含他日常生活中的经历和幻想——有时是有益的，有时是创伤性的。

回到成人精神分析的实践中，这一新认识对理论和实践都产生了深远的影响。移情，在分析室中已经被视为活现，现在被视为当前幻想体验的再现。这种移情来自此时此刻会谈体验的观点，得到了无意识幻想概念发展和强调的支持（见"无意识幻想"）。然而，移情建立在病人很久以前管理自己体验的婴儿期机制上。

> ……病人注定会用他过去使用过的同样方法来处理他对分析师再次体验到的冲突和焦虑。也就是说，他离开分析师，就像他试图离开他的原初客体一样。
>
> （Klein, 1952, p. 55）

然而，遥远的"过去"并不是唯一的因素，因为个体处理焦虑和冲突的方法可能受到发生在遥远的"过去"和当下的"现在"之间其他经历的影响。

克莱因开始特别强调观察病人生成的材料。她专注于病人的焦虑以及他在过去和现在与他的客体之间的关系，她称之为他的"整体情境"。病人的经验和幻想的所有方面都应被探索。从20世纪40年代起，克莱因引入了进一步的发展。亚伯拉罕（Abraham, 1919）和随后的许多其他分析师指出了病人与分析师关系的隐匿部分，通常隐匿的是消极方面。在20世纪40年代，当克莱因开始理解分裂的重要性时，她的发展理论可以接受这一点。她可以表明，在分析性会谈的自由联想过程中给出的所有材料都可能在显示对分析师即刻移情的不同面向，即使这些材料没有明确提到分析师，或者即使它显然是童年记忆组成的（见"技术"）。

> 例如，病人关于他们的日常生活、关系和活动的报告不仅让我们深入了解自我的运作，还揭示了——如果我们探索无意识的内容——对移情情境中引发的焦虑的防御……他试图分裂与他（分析师）的关系，让他（分析师）要么是好人，要么是坏人：他把对分析师的一些情感和态度偏转到他当前生活中的其他人身上，这是"付诸行动"的一部分。
>
> （Klein, 1952, pp. 55-56）

材料中联想的顺序，实际上是对与分析师关系（无意识的）分裂出的残留物的描述，通常是这段关系中非常不成熟的方面。分析师的任务是，去理解他是如何以这无数相互冲突的方式被表征的，并且重新把它们聚集在一起，就像唐纳德·梅尔泽所描述的"移情的聚集"一样（Meltzer, 1968）。

移情中的付诸行动：在克莱因学派思想中，移情这个词已经逐渐涵盖了病人与分析师关系的所有方面。这种强调在贝蒂·约瑟夫的作品中尤为重要（见"精神变化""精神平衡"），她证明了病人使用移情不仅是为了满足他们的冲动，而且是为了支持他们的防御立场［见"（治疗室外）付诸行动/（治疗室内）付诸行动"］。病人试图"利用我们——分析师——来帮助他们缓解焦虑"（Joseph, 1978, p. 223）。约瑟夫描述了病人试图"将我们卷入他们的防御系统"的方式，有时是极其微妙的方式（Joseph, 1985）。约瑟夫使用克莱因的术语"整体情境"（Joseph, 1985）来描述病人在移情关系中表达他们有意识和无意识想法和体验的方式。

反移情：在"移情"概念的历史进程中，"反移情"概念也经历了类似的旅程。它开始时也是一种干扰和令人不快的东西，分析师对此非常警惕。精神分析师的想法是，他们可以向病人呈现空白的屏幕，因为他们实际上可能害怕自己会在多大程度上被病人所扰动（Fenichel, 1941）。然而，从大约1950年起，分析师作为空白和机械操作员的观点很快就名声扫地，原因有二：分析师在实践中无法隐藏自己的人格；分析师在治疗过程中发现自己的感受，如果经过仔细加工，对于理解病人的心智状态相当重要（见"反移情"）。

Abraham, K. (1919) 'A particular form of neurotic resistance against the psycho-analytic method', in *Selected Papers on Psychoanalysis*. London: Hogarth Press (1927), pp. 303-311.

Fenichel, O. (1941) *Problems in Psycho-Analytic Practice*. New York: The Psycho-Analytic Quarterly Inc.

Freud, S. (1912) 'The dynamics of transference', *S.E. 12*. London: Hogarth Press, pp. 97-108.

—— (1915) 'Remembering, repeating and working through', *S.E. 14*. London: Hogarth Press, pp. 121-145.

Jones, E. (1953) *The Life and Work of Sigmund Freud*, Vol. 1. London: Hogarth Press.

Joseph, B. (1978) 'Different types of anxiety and their handling in the analytic

situation', *Int. J. Psycho-Anal.* 59: 223-228.
—— (1985) 'Transference - the total situation', *Int. J. Psycho-Anal.* 66: 447-454.
Klein, M. (1952) 'The origins of transference'. in *The Writings of Melanie Klein*, Vol. 3. London: Hogarth Press, pp. 48-56.
Meltzer, D. (1968) *The Psycho-Analytic Process*. Strath Tay: Clunie Press.

治疗联盟 | Treatment alliance

治疗联盟的概念，有时也被称为"治疗性联盟（therapeutic alliance）"或"工作联盟（working alliance）"，是自我心理学中的重要概念，在英国，在许多当代弗洛伊德学派分析师的思想中也是如此。克莱因学派很少使用这个概念。

治疗联盟被认为是立足于病人和分析师"真实"或"非移情"的关系，它涉及病人是否有能力认识到自己对治疗的需要，以及是否愿意与分析师建设性地合作以实现自我理解。治疗联盟的概念并不是正性移情的同义词，正性移情通常包括理想化和否认，并可能导致病人逃避自我理解工作的色情性移情。尽管很难定义治疗联盟的概念，但分析师们发现它在临床上很有用。约瑟夫·桑德勒描述了精神分析师需要在病人分析的一开始就尝试确定病人是否有能力形成联盟，以及他是否能够在分析过程中发展出足够的适当动机来建立联盟，以使他能够经受住治疗的压力和张力（Sandler, Dare & Holder, 1973）。

贝蒂·约瑟夫对此有不同的看法，她说：

> ……这些能力的获得和发展是分析工作的一部分：朝向或远离潜在更成熟客体关系的波动和好奇的能力是我们一直在工作的成分，因此当我们工作时，这些元素在移情中出现，而不是可以进行或继续治疗的前提条件。
>
> （Joseph, 1990）

Freud, S. (1915) 'Observations on transference-love', *SE 12*. London: Hogarth Press, pp. 157-171.
Joseph, B. (1990) 'The treatment alliance and the transference – in children and

adults'. Paper given at *The Weekend Conference for English-Speaking Members of European Societies*, 12-14 October.

Sandler, J., Dare, C. and Holder, A. (1973) 'The treatment alliance', in *The Patient and the Analyst*. London: Karnac, pp. 27-36.

无意识 | The unconscious

在所有精神分析学派的发展过程中，弗洛伊德关于无意识系统的最初概念是少数相对保持不变的概念之一。无意识系统是心智中相对更原始的部分，从婴儿期开始就很活跃。它无法直接进入意识，但会以衍生物的形式显现出来。虽然不为人知，但它对个体的生活产生了支配性的影响。精神分析中的事实是，大部分精神生活是心智的意识部分无法接触的（Freud, 1915）。

弗洛伊德的无意识概念是独特的，因为作为系统，它具有与前意识和意识系统不同的精神内容、不同的属性和不同的运作模式（Freud, 1915）。主要的心理活动是通过幻想或精神现实在幻觉中满足被压抑的本能愿望。愿望通过初级过程，即凝缩和移植来实现。弗洛伊德用他的经济学模型解释了这一点，即未束缚投注的自由流动。在上层系统中，能量与精神内容绑定。弗洛伊德还提到了另一个概念化：无意识不受语言或想法同一性，而是受知觉同一性支配。时间和空间的类别被忽略，因此心理表征可以在其知觉同一性的基础上相互替代（Freud, 1915; Laplanche & Pontalis, 1973）。梦、症状、失误和移情现象是无意识足够扭曲的表达，因此可以进入意识。无意识的基石是原始幻想，它将更多的象征衍生物送入意识（Laplanche & Pontalis, 1973）。

克莱因和她的追随者完全接受了弗洛伊德的无意识概念，但他们以自己的方式发展了无意识幻想的概念（见"无意识幻想"）。另一个重要的阐述和区别在于克莱因的主张，即婴儿的心智从一开始就通过投射和内摄来进行运作。虽然这些基本过程遵循全能的、愿望满足的幻觉逻辑，但它们导向克莱因的内部世界的核心概念，它与弗洛伊德的无意识概念重叠，却是更为广阔的概念。它还允许通过重复的投射-内摄循环与外部客体世界进行更大程度的互动。

内部世界在很大程度上是无意识的，由深层无意识中的客体组成，非常具体，在接近意识时变得更具表征性（见"内部世界"）。根据两个心位的逻辑，这些客体彼此形成有组织的、结构化的关系。无意识幻想是一种或多种"内部"客体关系的活动状态。艾萨克斯写道，当本能在生理上活跃时，就会在心理上表征为与客体的关系。因此，躯体感觉被阐述为引起该感觉的客体关系的心理体验。在幻想中客体被感觉为造成了这种感觉，并根据这种感觉是愉快还是不愉快而被自我所喜爱或憎恨。通过这种方式，疼痛的感觉变成了心理表征，即与意图伤害和损害自我的"坏"客体的关系。

无意识由基本的身体和情感体验构建而成，这些体验被阐述为与客体的关系。克莱因的内部世界概念建立在幻想的首要性之上，这是建立内部客体关系的基础。克莱因在她的元心理学中避开了弗洛伊德的经济学模型，取而代之的是客体关系，焦虑和冲突的动力模式占据了中心位置（见"经济学模型"）。

Freud, S. (1915) 'The unconscious', *S.E. 14*. London: Hogarth Press, pp. 159-215.
Laplanche, J. and Pontalis, J.-B. (1973) *The Language of Psycho-Analysis*. London: Hogarth Press.

无意识内疚 | Unconscious guilt

弗洛伊德（1916）提醒大家注意，那些为了受到惩罚而犯罪的人，以及那些一旦实现渴望的成功就毁掉它的人，他们无意识的内疚感是多么强烈。诸如在强迫性神经症和忧郁症等更退行的精神病症中存在的良心的严苛性，这使他提出了超我的概念（1923），他认为超我是激发内疚的代理，在人格发展中起着核心作用。

向结构学理论的转变，导致人们对内疚及对惩罚的需要产生了广泛的精神分析兴趣。弗洛伊德在提出生与死本能的第二种二元论（1919）之后，重新审视了受虐（1924），其他分析师很快开始研究这个主题，例如格洛弗（Glover, 1926）和费尼切尔（Fenichel, 1928）。在《受虐的经济学问题》（1924）中，弗洛伊德提到了道德受虐狂和男性的女性化受虐，揭示了在被施虐超我惩罚时的受虐性色情满足。他认为，最初的受虐狂从生命之初就存在，活着的快乐要不断地重新建立，以对抗自我毁灭的受虐倾向。

克莱因利用儿童分析的丰富材料，对无意识内疚的理论做出了重大贡献。儿童分析材料显示了早期出现的悔恨、遗憾和内疚，以及它们在攻击性和施虐性客体关系中的起源（见"攻击性""超我"）。克莱因在1927年的论文中证实了弗洛伊德的观点，即犯罪行为是无意识内疚的外化处理。外部情境反映了严厉的超我对自我的施虐性内部攻击，表征为有敌意的内部客体。她证实，这背后的机制是用外部惩罚作为替代，来缓解施虐性、可怕的内部状态所激起的全然的无助感。严厉的、外部的替代惩罚被认为是不那么可怕的。它是具体的，而不是幻想的、无法控制的；它也可以通过隐瞒或诋毁指控者来加以逃避（见"犯罪"）。

使用弗洛伊德的内部状态外化理论，对于克莱因理解游戏（见"技术"）和象征形成（见"象征形成"）的过程也十分重要。外化是对可怕的内部意象（无意识内疚）的防御，同时创造了使用符号的可能性（Klein, 1929, 1930）。从一个客体到另一个客体的运动，在这里是从内部客体到外部客体的运动，也成为她儿童发展理论的基石（Klein, 1932）。当个体与一个客体的关系变得过于敌对时，就会寻找新的客体来外化和驱散这种焦虑，例如，婴儿断奶时会从让人失望并造成施虐和迫害危机的母亲，转向寻找新的客体——父亲。

Fenichel, O. (1928) 'The clinical aspect of the need for punishment', *Int. J. Psycho-Anal.* 9: 47-70.
Freud, S. (1916) 'Some character-types met with in psycho-analytic work: III Criminals from a sense of guilt', *S.E. 14*. London: Hogarth Press, pp. 332-333.
—— (1923) 'The ego and the id', *S.E. 19*. London: Hogarth Press, pp. 3-66.
—— (1924) 'The economic problem of masochism', *S.E. 19*. London: Hogarth Press, pp. 157-170.
Glover, E. (1926) 'The neurotic character', *Int. J. Psycho-Anal.* 7: 11-29.
Klein, M. (1927) 'Criminal tendencies in normal children', in *The Writings of Melanie Klein*, Vol. 1. London: Hogarth Press, pp. 170-185.
—— (1929) 'Personification in the play of children', in *The Writings of Melanie Klein*, Vol. 1. London: Hogarth Press, pp. 199-209.
—— (1930) 'The importance of symbol formation in the development of the ego', in *The Writings of Melanie Klein,* Vol. 1. London: Hogarth Press, pp. 219-232.

—— (1932) *The Psychoanalysis of Children. The Writings of Melanie Klein*, Vol. 2. London: Hogarth Press.

整体客体 | Whole object

这个术语隐含在亚伯拉罕关于客体变迁及其与力比多发展关系的著作中 (Abraham, 1924)。亚伯拉罕关于部分客体和"部分爱"的理论被克莱因赋予了全新的意义（见"部分客体"）。

抑郁心位：能够"如实"地感知一个人的能力是一项成就，这不仅仅需要感知装置的成熟。婴儿需要认识到，满足他需求的"好"客体和让他等待的"坏"客体是同一个人，即整体客体 (Klein, 1935；见"抑郁心位"）。不仅要认识到他人身体上的存在，还要认识到他人的情感现实。整体客体自身有一套非常复杂的感受和动机，此外，客体被认为能够承受痛苦，就像主体一样。客体不再由主体自身的感受和需求来定义。

爱和关切：亚伯拉罕将部分客体描述为只是满足主体需要的客体，或在后期肛门阶段被当成占有物；"真正的客体爱"只有在客体作为整体被欣赏，具有其自身的客观品质时才会出现。然而克莱因认为，爱和感恩从一开始就存在。任何带来满足的客体都会增强感恩和爱，而带来挫折的客体则会激起仇恨与偏执。在部分客体的情况下，根据婴儿的需要或满足状态，爱与恨之间会发生突然的转换，但在抑郁心位，对客体的感觉会变得稳定，并获得关切客体的新维度。达到关切的能力是一种成就，因为这对主体来说是痛苦的——客体的痛苦就是主体的痛苦。

见"抑郁心位""爱""部分客体"。

Abraham, K. (1924) 'A short study of the development of the libido', in *Selected Papers in Psycho-Analysis*. London: Hogarth Press (1927), pp. 418-501.

Klein, M. (1935) 'A contribution to the psychogenesis of manic-depressive states', *The Writings of Melanie Klein*, Vol. 1. London: Hogarth Press, pp. 262-289.

克莱因学派出版物列表
（1920—1989）

出版地通常默认为英国伦敦，除非另有说明。

1920

Klein, M. 'Der Familienroman in Statu Nascendi', *Int. Z. Psychoanal.* 6: 151–155.
Riviere, J. 'Three notes', *Int. J. Psycho-Anal.* 1: 200–203.

1921

Klein, M. 'Eine Kinderentwicklung', *Imago* 7: 251–309; (1923) 'The development of a child', *Int. J. Psycho-Anal.* 4: 419–474.
Rickman, J. 'An unanalysed case: Anal erotism, occupation and illness', *Int. J. Psycho-Anal.* 2: 424–426.

1922

Klein, M. 'Hemmungen und Schwierigkeiten im Pubertätsalter', *Die Neue Erziehung*, Vol. 4; (1975) 'Inhibitions and difficulties at puberty', in *The Writings of Melanie Klein*, Vol. 1. Hogarth Press, pp. 54–58.

1923

Isaacs, S. 'A note on sex differences from a psycho-analytic point of view', *Br. J. Med. Psychol.* 3: 288–308.
Klein, M. 'Die Rolle der Schule für die libidinöse Entwicklung des Kindes', *Int. Z. Psychoanal.* 9: 323–344; (1924) 'The role of the school in the libidinal development of the child', *Int. J. Psycho-Anal.* 5: 312–331.
—— 'Zur Frühanalyse', *Imago* 9: 222–259; (1926) 'Infant analysis', *Int. J. Psycho-Anal.* 7: 31–63.

1924

Riviere, J. 'A castration symbol', *Int. J. Psycho-Anal.* 5: 85.

1925

Klein, M. 'Zur Genese des Tics', *Int. Z. Psychoanal.* 11: 332–349; (1948) 'A contribution to the psychogenesis of tics', in *Contributions to Psycho-Analysis*. Hogarth Press, pp. 117–139.

1926

Klein, M. 'Die Psychologischen Grundlagen der Frühanalyse', *Imago* 12: 365–376; (1926) 'The psychological principles of early analysis', *Int. J. Psycho-Anal.* 8: 25–37.

Rickman, J. 'A psychological factor in the aetiology of descensus uteri, laceration of the perineum and vaginismus', *Int. J. Psycho-Anal.* 7: 363–365; (1926) *Int. Z. Psychoanal.* 12: 513–516.

—— (1926–1927) 'A survey: The development of the psycho-analytical theory of the psychoses', *Br. J. Med. Psychol.* 6: 270–294; 7: 321–374.

1927

Klein, M. 'Criminal tendencies in normal children', *Br. J. Med. Psychol.* 7: 177–192.
—— 'Symposium on child analysis', *Int. J. Psycho-Anal.* 7: 339–370.
Riviere, J. 'Symposium on lay analysis', *Int. J. Psycho-Anal.* 8: 370–377.
Searl, N. M. 'Symposium on lay analysis', *Int. J. Psycho-Anal.* 8: 377–380.

1928

Isaacs, S. 'The mental hygiene of pre-school children', *Br. J. Med. Psychol.* 8: 186–193; republished in *Childhood and After*. Routledge & Kegan Paul (1948), pp. 1–9.

Klein, M. 'Fruhstadien des Odipuskonfliktes', *Int. Z. Psychoanal.* 14: 65–77; (1928) 'Early stages of the Oedipus conflict', *Int. J. Psycho-Anal.* 9: 167–180.

—— 'Notes on "A dream of forensic interest" by D. Bryan', *Int. J. Psycho-Anal.* 9: 255–258.

Money-Kyrle, R. 'The psycho-physical apparatus', *Br. J. Med. Psychol.* 8: 132–142; republished in *The Collected Papers of Roger Money-Kyrle*. Strath Tay: Clunie Press (1978), pp. 16–27.

—— 'Morals and super-men', *Br. J. Med. Psychol.* 8: 277–284; republished in *The Collected Papers of Roger Money-Kyrle*. Strath Tay: Clunie Press (1978), pp. 28–37.

Rickman, J. *Index Psycho-Analyticus 1893–1926*. Hogarth Press.
—— *The Development of the Psycho-Analytical Theory of the Psychoses 1893–1926*. Baillière, Tindall & Cox.

1929

Isaacs, S. 'Privation and guilt', *Int. J. Psycho-Anal.* 10: 335–347; republished in *Childhood and After*. Routledge & Kegan Paul (1948), pp. 10–22.

Klein, M. 'Personification in the play of children', *Int. J. Psycho-Anal.* 19: 193–204; (1929) *Int. Z. Psychoanal.* 15: 171–182.
—— 'Infantile anxiety-situations reflected in a work of art and in the creative impulse', *Int. J. Psycho-Anal.* 10: 436–443; (1931) 'Fruhe Angstsituationen im Spiegel künstlerischer Darstellungen', *Int. Z. Psychoanal.* 17: 497–506.
Riviere, J. 'Womanliness as a masquerade', *Int. J. Psycho-Anal.* 10: 303–313.
Searl, N. M. 'The flight to reality', *Int. J. Psycho-Anal.* 10: 280–291.
—— 'Danger situations of the immature ego', *Int. J. Psycho-Anal.* 10: 423–435.

1930

Klein, M. 'The importance of symbol formation in the development of the ego', *Int. J. Psycho-Anal.* 11: 24–39; (1930) 'Die Bedeutung der Symbolbildung für die Ichentwicklung', *Int. Z. Psychoanal.* 16: 56–72.
—— 'The psychotherapy of the psychoses', *Br. J. Med. Psychol.* 10: 242–244.
Riviere, J. 'Magical regeneration by dancing', *Int. J. Psycho-Anal.* 10: 340.
Schmideberg, M. 'The role of psychotic mechanisms in cultural development', *Int. J. Psycho-Anal.* 11: 387–418.
Searl, N. M. 'The role of ego and libido in development', *Int. J. Psycho-Anal.* 11: 125–149.
Sharpe, E. F. 'Certain aspects of sublimation and delusion', *Int. J. Psycho-Anal.* 11: 12–23.
—— 'The technique of psycho-analysis', *Int. J. Psycho-Anal.* 11: 251–277, 361–386; republished in *Collected Papers in Psycho-Analysis*. Hogarth Press (1950), pp. 9–106.
Strachey, J. 'Some unconscious factors in reading', *Int. J. Psycho-Anal.* 11: 322–331.

1931

Klein, M. 'A contribution to the theory of intellectual inhibition', *Int. J. Psycho-Anal.* 12: 206–218.
Money-Kyrle, R. 'The remote consequences of psycho-analysis on individual, social and instinctive behaviour', *Br. J. Med. Psychol.* 11: 173–193; republished in *The Collected Papers of Roger Money-Kyrle*. Strath Tay: Clunie Press (1978), pp. 57–81.
Schmideberg, M. 'A contribution to the psychology of persecutory ideas and delusions', *Int. J. Psycho-Anal.* 12: 331–367.

1932

Isaacs, S. 'Some notes on the incidence of neurotic difficulties in young children', *Br. J. Educ. Psychol* 2: 71–91, 184–195.
Klein, M. *The Psychoanalysis of Children*. Hogarth Press; (1930) *Die Psychoanalyse des Kindes*. Vienna: Internationaler Psychoanalytischer Verlag.
Rickman, J. 'The psychology of crime', *Br. J. Med. Psychol.* 12: 264–269.

Riviere, J. 'Jealousy as a mechanism of defence', *Int. J. Psycho-Anal.* 13: 414–424.
Searl, N. M. 'A note on depersonalization', *Int. J. Psycho-Anal.* 13: 329–347.

1933

Isaacs, S. *Social Development in Young Children.* Routledge & Kegan Paul.
Klein, M. 'The early development of conscience in the child', in S. Lorand (ed.) *Psychoanalysis Today.* New York: Covici-Friede, pp. 149–162.
Money-Kyrle, R. 'A psycho-analytic study of the voices of Joan of Arc', *Br. J. Med. Psychol.* 13: 63–81; republished in *The Collected Papers of Roger Money-Kyrle.* Strath Tay: Clunie Press (1978), pp. 109–130.
Schmideberg, M. 'Some unconscious mechanisms in pathological sexuality and their relation to normal sexuality', *Int. J. Psycho-Anal.* 14: 225–260.
Searl, N. M. 'The psychology of screaming', *Int. J. Psycho-Anal.* 14: 193–205.
—— 'Play, reality and aggression', *Int. J. Psycho-Anal.* 14: 310–320.
—— 'A note on symbols and early intellectual development', *Int. J. Psycho-Anal.* 14: 391–397.

1934

Isaacs, S. 'Rebellious and defiant children', in *Childhood and After.* Routledge & Kegan Paul (1948), pp. 23–35.
Klein, M. 'On criminality', *Br. J. Med. Psychol.* 14: 312–315.
Middlemore, M. 'The treatment of bewitchment in a puritan community', *Int. J. Psycho-Anal.* 15: 41–58.
Money-Kyrle, R. 'A psychological analysis of the causes of war', *The Listener*; republished in *The Collected Papers of Roger Money-Kyrle.* Strath Tay: Clunie Press (1978), pp. 131–137.
Schmideberg, M. 'The play analysis of a three-year-old girl', *Int J. Psycho-Anal.* 15: 245–264.
Stephen, K. 'Introjection and projection: guilt and rage', *Br. J. Med. Psychol.* 14: 316–331.
Strachey, J. 'The nature of the therapeutic action of psycho-analysis', *Int. J. Psycho-Anal.* 15: 127–159; (1969) *Int. J. Psycho-Anal.* 50: 275–292.

1935

Isaacs, S. 'Bad habits', *Int. J. Psycho-Anal.* 16: 446–454.
—— *The Psychological Aspects of Child Development.* Evans Bros.
—— 'Property and possessiveness', *Br. J. Med Psychol.* 15: 69–78; republished in *Childhood and After.* Routledge & Kegal Paul (1948), pp. 36–46.
Klein, M. 'A contribution to the psychogenesis of manic-depressive states', *Int. J. Psycho-Anal.* 16: 145–174.
Schmideberg, M. 'The psycho-analysis of asocial children', *Int. J. Psycho-Anal.* 16: 22–48; (1932) *Int. Z. Psychoanal.* 18: 474–527.
—— 'Zum Verständnis massenpsychologischer Erscheinungen', *Imago* 21: 445–457.
—— 'The psychological care of the baby', *Mother and Child* 6: 304–308.

Sharpe, E. F. 'Similar and divergent unconscious determinants underlying the sublimation of pure art and pure science', *Int. J. Psycho-Anal.* 16: 186–202; republished in *Collected Papers on Psycho-Analysis*, Hogarth Press (1950), pp. 137–154.

1936

Isaacs, S. 'Personal freedom and family life', *New Era* 17: 238–243.
Isaacs, S., Klein, M., Middlemore, M., Searl, M. and Sharpe, E. *On the Bringing Up of Children* (ed. J. Rickman). Kegan Paul.
Klein, M. 'Weaning', in J. Rickman (ed.) *On the Bringing Up of Children*. Kegan Paul, pp. 31–36.
Rickman, J. (ed.) *On the Bringing Up of Children*. Kegan Paul.
Riviere, J. 'On the genesis of psychical conflict in earliest infancy', *Int. J. Psycho-Anal.* 17: 395–422; republished in M. Klein, P. Heimann, S. Isaacs and J. Riviere (eds) *Developments in Psycho-Analysis*. Hogarth Press (1952), pp. 37–66.
—— 'A contribution to the analysis of the negative therapeutic reaction', *Int. J. Psycho-Anal.* 17: 304–320.

1937

Isaacs, S. *The Educational Value of the Nursery School*. The Nursery School Association; republished in *Childhood and After*. Routledge & Kegan Paul (1948), pp. 47–73.
Klein, M. 'Love, guilt and reparation', in M. Klein and J. Riviere (eds) *Love, Hate and Reparation*. Hogarth Press, pp. 57–91.
Money-Kyrle, R. 'The development of war', *Br. J. Med. Psychol.* 17: 219–236; republished in *The Collected Papers of Roger Money-Kyrle*. Strath Tay: Clunie Press (1978), pp. 138–159.
Rickman, J. 'On "unbearable" ideas and impulses', *Am. J. Psychol.* 50: 248–253.
Riviere, J. 'Hate, greed and aggression', in M. Klein and J. Riviere (eds) *Love, Hate and Reparation*. Hogarth Press, pp. 3–56.
Strachey, J. 'Contribution to a symposium on the theory of the therapeutic results of psycho-analysis', *Int. J. Psycho-Anal.* 18: 139–145.

1938

Isaacs, S. 'Psychology and the school', *New Era* 19: 18–20.
Schmideberg, M. 'Intellectual inhibition and disturbances in eating', *Int. J. Psycho-Anal.* 19: 17–22.
Thorner, H. A. 'The mode of suicide as a manifestation of phantasy', *Br. J. Med. Psychol.* 17: 197–200.

1939

Isaacs, S. 'Modifications of the ego through the work of analysis', in *Childhood and After*. Routledge & Kegan Paul (1948), pp. 89–108.
—— 'Criteria for interpretation', *Int. J. Psycho-Anal.* 20: 148–160; republished in *Childhood and After*. Routledge & Kegan Paul (1948), pp. 109–121.
—— 'A special mechanism in a schizoid boy', *Int. J. Psycho-Anal.* 20: 333–339; republished in *Childhood and After*. Routledge & Kegan Paul (1948), pp. 122–128.
Money-Kyrle, R. *Superstition and Society*. Hogarth Press.
Strachey, J. 'Preliminary notes upon the problem of Akhnaton', *Int. J. Psycho-Anal.* 20: 33–42.

1940

Isaacs, S. 'Temper tantrums in early childhood in their relation to internal objects', *Int. J. Psycho-Anal.* 21: 280–293; republished in *Childhood and After*. Routledge & Kegan Paul (1948), pp. 129–142.
Klein, M. 'Mourning and its relation to manic-depressive states', *Int. J. Psycho-Anal.* 21: 125–153.
Rickman, J. 'On the nature of ugliness and the creative impulse', *Int. J. Psycho-Anal.* 21: 294–313.

1941

Middlemore, M. *The Nursing Couple*. Hamish Hamilton.
Strachey, A. 'A note on the use of the word "internal"', *Int. J. Psycho-Anal.* 22: 37–43.
Winnicott, D. W. 'The observation of infants in a set situation', *Int. J. Psycho-Anal.* 22: 229–249.

1942

Heimann, P. 'A contribution to the problem of sublimation and its relation to processes of internalization', *Int. J. Psycho-Anal.* 23: 8–17.
Klein, M. 'Some psychological considerations', in Waddington et al. (eds) *Science and Ethics*. Allen & Unwin.
Money-Kyrle, R. 'The psychology of propaganda', *Br. J. Med. Psychol.* 42: 82–94; republished in *The Collected Papers of Roger Money-Kyrle*. Strath Tay: Clunie Press (1978), pp. 160–175.

1943

Bion, W. and Rickman, J. 'Intra-group tensions in therapy: Their study as a task of the group', *Lancet* ii, 678–681; republished in *Experiences in Groups*. Tavistock (1961), pp. 11–26.

Isaacs, S. 'An acute psychotic anxiety occurring in a boy of four years', *Int. J. Psycho-Anal.* 24: 13–32; republished in *Childhood and After*. Routledge & Kegan Paul (1948), pp. 143–185.

1944

Milner, M. 'A suicidal symptom in a child of three', *Int. J. Psycho-Anal.* 25: 53–61.
Money-Kyrle, R. 'Towards a common aim: A psycho-analytical contribution to ethics', *Br. J. Med. Psychol.* 20: 105–117; republished in *The Collected Papers of Roger Money-Kyrle*. Strath Tay: Clunie Press (1978), pp. 176–197.
—— 'Some aspects of political ethics from the psycho-analytic point of view', *Int. J. Psycho-Anal.* 25: 166–171.

1945

Isaacs, S. 'Notes on metapsychology as process theory', *Int. J. Psycho-Anal.* 26: 58–62.
—— 'Fatherless children', in P Volkov (ed.) *Fatherless Children*. NEF Monograph No. 2; republished in *Childhood and After*. Routledge & Kegan Paul (1948), pp. 186–207.
—— 'Children in institutions', in *Childhood and After*. Routledge & Kegan Paul (1948), pp. 208–236.
Klein, M. 'The Oedipus complex in the light of early anxieties', *Int. J. Psycho-Anal.* 26: 11–33.
Milner, M. 'Some aspects of phantasy in relation to general psychology', *Int. J. Psycho-Anal.* 26: 143–152.
Riviere, J. 'The bereaved wife', in P. Volkov (ed.) *Fatherless Children*. NEF Monograph No. 2.
Winnicott, D. W. 'Primitive emotional development', *Int. J. Psycho-Anal.* 26: 137–142.

1946

Bion, W. 'The leaderless group project', *Bull. Menninger Clin.* 10: 77–81.
Klein, M. 'Notes on some schizoid mechanisms', *Int. J. Psycho-Anal.* 27: 99–110; republished in M. Klein, P. Heimann, S. Isaacs and J. Riviere (eds) *Developments in Psycho-Analysis*. Hogarth Press (1952), pp. 292–320.
Scott, W. C. M. 'A note on the psychopathology of convulsive phenomena in manic-depressive states', *Int. J. Psycho-Anal.* 27: 152–155.

1947

Money-Kyrle, R. 'Social conflict and the challenge to psychology', *Br. J. Med. Psychol.* 27: 215–221; republished in *The Collected Papers of Roger Money-Kyrle*. Strath Tay: Clunie Press (1978), pp. 198–209.

Rosenfeld, H. 'Analysis of a schizophrenic state with depersonalization', *Int. J. Psycho-Anal.* 28: 130–139; republished in *Psychotic States*. Hogarth Press (1965), pp. 13–33.

Scott, W. C. M. 'On the intense affects encountered in treating a severe manic-depressive disorder', *Int. J. Psycho-Anal.* 28: 139–145.

Stephen, A. 'The superego and other internal objects', *Int. J. Psycho-Anal.* 28: 114–117.

Thorner, H. A. 'The treatment of psychoneurosis in the British Army', *Int. J. Psycho-Anal.* 27: 52–59.

1948

Bion, W. 'Psychiatry in a time of crisis', *Br. J. Med. Psychol.* 21: 81–89.

Isaacs, S. 'On the nature and function of phantasy', *Int. J. Psycho-Anal.* 29: 73–97; republished in M. Klein, P. Heimann, S. Isaacs and J. Riviere (eds) *Developments in Psycho-Analysis*. Hogarth Press (1952), pp. 67–121.

—— *Childhood and After*. Routledge & Kegan Paul.

Joseph, B. 'A technical problem in the treatment of the infant patient', *Int. J. Psycho-Anal.* 29: 58–59.

Klein, M. *Contributions to Psycho-Analysis*. Hogarth Press.

—— 'A contribution to the theory of anxiety and guilt', *Int. J. Psycho-Anal.* 29: 114–123.

Munro, L. 'Analysis of a cartoon in a case of hypochondria', *Int. J. Psycho-Anal.* 29: 53–57.

Scott, W. C. M. 'Some embryological, neurological, psychiatric and psycho-analytic implications of the body schema', *Int. J. Psycho-Anal.* 29: 141–155.

—— 'Notes on the psychopathology of anorexia nervosa', *Br. J. Med. Psychol.* 21: 241–247.

—— 'Some psychodynamic aspects of disturbed perception of time', *Br. J. Med. Psychol.* 21: 111–120.

—— 'A psycho-analytic concept of the origin of depression', *Br. Med. J.* 1: 538–540; republished in M. Klein, P. Heimann and R. Money-Kyrle (eds) *New Directions in Psycho-Analysis*. Tavistock (1955), pp. 39–47.

1949

Heimann, P. 'Some notes on the psycho-analytic concept of introjected objects', *Int. J. Psycho-Anal.* 22: 8–17.

Rosenfeld, H. 'Remarks on the relation of male homosexuality to paranoia, paranoid anxiety and narcissism', *Int. J. Psycho-Anal.* 30: 36–47; republished in *Psychotic States*. Hogarth Press (1965), pp. 34–51.

Scott, W. C. M. 'The "body scheme" in psycho-therapy', *Br. J. Med. Psychol.* 22: 139–150.

Thorner, H. A. 'Notes on a case of male homosexuality', *Int. J. Psycho-Anal.* 30: 31–35.

1950

Bion, W. 'The imaginary twin', in *Second Thoughts*. Heinemann (1967), pp. 3–22.
Heimann, P. 'On counter-transference', *Int. J. Psycho-Anal.* 31: 81–84.
Klein, M. 'On the criteria for the termination of a psycho-analysis', *Int. J. Psycho-Anal.* 31: 78–80, 204.
Money-Kyrle, R. 'Varieties of group formation', *Psychoanal. Social Sci.* 2: 313–330; republished in *The Collected Papers of Roger Money-Kyrle*. Strath Tay: Clunie Press (1978), pp. 210–228.
Rosenfeld, H. 'Note on the psychopathology of confusional states in chronic schizophrenia', *Int. J. Psycho-Anal.* 31: 132–137; republished in *Psychotic States*. Hogarth Press (1965), pp. 52–62.
Segal, H. 'Some aspects of the analysis of a schizophrenic', *Int. J. Psycho-Anal.* 31: 268–278; republished in *The Work of Hanna Segal*. New York: Jason Aronson (1981), pp. 101–120; and in E. Spillius (ed.) *Melanie Klein Today*, Vol. 2. Routledge (1988), pp. 96–114.
Sharpe, E. F. *Collected Papers in Psycho-Analysis*. Hogarth Press.
Winnicott, D. W. 'Hate in the counter-transference', *Int. J. Psycho-Anal.* 30: 69–74.

1951

Jaques, E. *The Changing Culture of a Factory*. Routledge & Kegan Paul.
Klein, S. 'Contribution to a symposium on group therapy', *Br. J. Med. Psychol.* 24: 223–228.
Langer, M. *Maternidad y Sexo*. Buenos Aires: Editorial Nova.
Money-Kyrle, R. *Psycho-Analysis and Politics*. Duckworth.
—— 'Some aspects of state and character in Germany', in G. Wilbur and W. Munsterberger (eds) *Psycho-Analysis and Culture*. New York: International Universities Press, pp. 280–292; republished in *The Collected Papers of Roger Money-Kyrle*. Strath Tay: Clunie Press (1978), pp. 229–244.

1952

Bion, W. 'Group dynamics: a review', *Int. J. Psycho-Anal.* 33: 235–247; republished in M. Klein, P. Heimann and R. Money-Kyrle (eds) *New Directions in Psycho-Analysis*. Tavistock (1955), pp. 440–477; and in *Experiences in Groups*. Tavistock (1961), pp. 141–191.
Evans, G. 'Early anxiety situations in the analysis of a boy in the latency period', *Int. J. Psycho-Anal.* 33: 93–110; republished in M. Klein, P. Heimann and R. Money-Kyrle (eds) *New Directions in Psycho-Analysis*. Tavistock (1955), pp. 48–81.
Heimann, P. 'Certain functions of projection and introjection in early infancy', in M. Klein, P. Heimann, S. Isaacs and J. Riviere (eds) *Developments in Psycho-Analysis*. Hogarth Press, pp. 122–168.
—— 'Notes on the theory of the life and death instincts', in M. Klein, P. Heimann, S. Isaacs and J. Riviere (eds) *Developments in Psycho-Analysis*. Hogarth Press, pp. 321–337.

—— 'A contribution to the re-evaluation of the Oedipus complex – the early stages', *Int. J. Psycho-Anal.* 33: 84–93; republished in M. Klein, P. Heimann and R. Money-Kyrle (eds) *New Directions in Psycho-Analysis*. Tavistock (1955), pp. 23–38.

—— 'Preliminary notes on some defence mechanisms in paranoid states', *Int. J. Psycho-Anal.* 33: 208–213; republished as 'A combination of defence mechanisms in paranoid states', in M. Klein, P. Heimann and R. Money-Kyrle (eds) *New Directions in Psycho-Analysis*. Tavistock (1955), pp. 240–265.

—— and Isaacs, S. 'Regression', in M. Klein, P. Heimann, S. Isaacs and J. Riviere (eds) *Developments in Psycho-Analysis*. Hogarth Press, pp. 169–197.

Klein, M. 'Some theoretical conclusions regarding the emotional life of the infant', in M. Klein, P. Heimann, S. Isaacs and J. Riviere (eds) *Developments in Psycho-Analysis*. Hogarth Press, pp. 198–236.

—— 'On observing the behaviour of young infants', in M. Klein, P. Heimann, S. Isaacs and J. Riviere (eds) *Developments in Psycho-Analysis*. Hogarth Press, pp. 237–270.

—— 'The origins of transference', *Int. J. Psycho-Anal.* 33: 433–438.

—— 'The mutual influences in the development of the ego and the id', *Psychoanal. Study Child* 7: 51–53.

—— Heimann, P., Isaacs, S. and Riviere, J. *Developments in Psycho-Analysis*. Hogarth Press.

Milner, M. 'Aspects of symbolism in comprehension of the not-self', *Int. J. Psycho-Anal.* 34: 181–195; republished as 'The role of illusion in symbol formation', in M. Klein, P. Heimann and R. Money-Kyrle (eds) *New Directions in Psycho-Analysis*. Tavistock (1955), pp. 82–108.

Money-Kyrle, R. 'Psycho-analysis and ethics', *Int. J. Psycho-Anal.* 33: 225–234; republished in M. Klein, P. Heimann and R. Money-Kyrle (eds) *New Directions in Psycho-Analysis*. Tavistock (1955), pp. 421–440; and in *The Collected Papers of Roger Money-Kyrle*. Strath Tay: Clunie Press (1978), pp. 264–284.

Munro, L. 'Clinical notes on internalization and identification', *Int. J. Psycho-Anal.* 33: 132–143.

Riviere, J. 'General introduction', in M. Klein, P. Heimann, S. Isaacs and J. Riviere (eds) *Developments in Psycho-Analysis*. Hogarth Press, pp. 1–36.

—— 'The unconscious phantasy of an inner world reflected in examples from English literature', *Int. J. Psycho-Anal.* 33: 160–172; republished in M. Klein, P. Heimann and R. Money-Kyrle (eds) *New Directions in Psycho-Analysis*. Tavistock (1955), pp. 346–369.

—— 'The inner world in Ibsen's *Master-Builder*', *Int. J. Psycho-Anal.* 33: 173–180; republished in M. Klein, P. Heimann and R. Money-Kyrle (eds) *New Directions in Psycho-Analysis*. Tavistock (1955), pp. 370–383.

Rosenfeld, H. 'Notes on the psycho-analysis of the superego conflict in an acute catatonic patient', *Int. J. Psycho-Anal.* 33: 111–131; republished in M. Klein, P. Heimann and R. Money-Kyrle (eds) *New Directions in Psycho-Analysis*. Tavistock (1955), pp. 180–219; and in *Psychotic States*. Hogarth Press (1965), pp. 63–103; and in E. Spillius (ed.) *Melanie Klein Today*, Vol. 1. Routledge, pp. 14–51.

—— 'Transference-phenomena and transference-analysis in an acute catatonic schizophrenic patient', *Int. J. Psycho-Anal.* 33: 457–464; republished in *Psychotic States*. Hogarth Press (1965), pp. 104–116.

Sandford, B. 'An obsessional man's need to be kept', *Int. J. Psycho-Anal.* 33: 144–152; republished in M. Klein, P. Heimann and R. Money-Kyrle (eds) *New Directions in Psycho-Analysis*. Tavistock (1955), pp. 266–281.

—— 'Some psychotherapeutic work in maternity and child welfare clinics', *Br. J. Med. Psychol.* 25: 2–15.

Segal, H. 'A psycho-analytic approach to aesthetics', *Int. J. Psycho-Anal.* 33: 196–207; republished in M. Klein, P. Heimann and R. Money-Kyrle (eds) *New Directions in Psycho-Analysis*. Tavistock (1955), pp. 384–407; and in *The Work of Hanna Segal*. New York: Jason Aronson (1981), pp. 185–206.

Thorner, H. A. 'Examination anxiety without examination', *Int. J. Psycho-Anal.* 33: 153–159; republished as 'Three defences against inner persecution', in M. Klein, P. Heimann and R. Money-Kyrle (eds) *New Directions in Psycho-Analysis*. Tavistock (1955), pp. 384–407.

—— 'The criteria for progress in a patient during analysis', *Int. J. Psycho-Anal.* 33: 479–484.

1953

Davidson, A. and Fay, J. *Phantasy in Childhood*. Routledge & Kegan Paul.

Garma, A. 'The internalized mother as harmful food in peptic ulcer patients', *Int. J. Psycho-Anal.* 34: 102–110.

Jaques, E. 'On the dynamics of social structure', *Hum. Relat.* 6: 10–23; republished as 'The social system as a defence against persecutory and depressive anxiety', in M. Klein, P. Heimann and R. Money-Kyrle (eds) *New Directions in Psycho-Analysis*. Tavistock (1955), pp. 478–498.

Money-Kyrle, R. *Toward a Rational Attitude to Crime*. The Howard League; republished in *The Collected Papers of Roger Money-Kyrle*. Strath Tay: Clunie Press (1978), pp. 245–252.

Racker, H. 'A contribution to the problem of counter-transference', *Int. J. Psycho-Anal.* 34: 313–324; republished as 'The countertransference neurosis', in H. Racker (ed.) *Transference and Counter-Transference*. Hogarth Press (1968), pp. 105–126.

Segal, H. 'A necrophilic phantasy', *Int. J. Psycho-Anal.* 34: 98–101; republished in *The Work of Hanna Segal*. New York: Jason Aronson (1981), pp. 165–171.

1954

Bion, W. 'Notes on the theory of schizophrenia', *Int. J. Psycho-Anal.* 35: 113–118; expanded as 'Language and the schizophrenic', in M. Klein, P. Heimann and R. Money-Kyrle (eds) *New Directions in Psycho-Analysis*. Tavistock (1955), pp. 220–239; and republished in *Second Thoughts*. Heinemann (1967), pp. 23–35.

Heimann, P. 'Problems of the training analysis', *Int. J. Psycho-Anal.* 35: 163–168.

Hunter, D. 'Object relation changes in the analysis of fetishism', *Int. J. Psycho-Anal.* 35: 302–312.

Munro, L. 'Steps in ego-integration observed in play analysis', *Int. J. Psycho-Anal.*

35: 202–205; republished in M. Klein, P. Heimann and R. Money-Kyrle (eds) *New Directions in Psycho-Analysis*. Tavistock (1955), pp. 109–139.

Racker, H. 'Notes. on the theory of transference', *Psychoanal. Q.* 23: 78–86; republished in *Transference and Counter-Transference*. Hogarth Press (1968), pp. 71–78.

—— 'On the confusion between mania and health', *Samiksa* 8: 42–46; republished as 'Psycho-analytic technique and the analyst's unconscious mania', in H. Racker (ed.) *Transference and Counter-Transference*. Hogarth Press (1968), pp. 181–185.

Rosenfeld, H. 'Considerations regarding the psycho-analytic approach to acute and chronic schizophrenia', *Int. J. Psycho-Anal.* 35: 138–140; republished in *Psychotic States*. Hogarth Press (1965), pp. 117–127.

Segal, H. 'A note on schizoid mechanisms underlying phobia formation', *Int. J. Psycho-Anal.* 35: 238–241; republished in *The Work of Hanna Segal*. New York: Jason Aronson (1981), pp. 137–144.

1955

Bion, W. 'Language and the schizophrenic', in M. Klein, P. Heimann and R. Money-Kyrle (eds) *New Directions in Psycho-Analysis*. Tavistock, pp. 220–239.

Klein, M. 'The psycho-analytic play technique: Its history and significance', in M. Klein, P. Heimann and R. Money-Kyrle (eds) *New Directions in Psycho-Analysis*. Tavistock, pp. 3–22.

—— 'On identification', in M. Klein, P. Heimann and R. Money-Kyrle (eds) *New Directions in Psycho-Analysis*. Tavistock, pp. 309–345.

——, Heimann, P. and Money-Kyrle, R. *New Directions in Psycho-Analysis*. Tavistock.

Money-Kyrle, R. 'An inconclusive contribution to the theory of the death instinct', in M. Klein, P. Heimann and R. Money-Kyrle (eds) *New Directions in Psycho-Analysis*. Tavistock, pp. 499–509.

Rodrigue, E. 'The analysis of a three-year-old mute schizophrenic', in M. Klein, P. Heimann and R. Money-Kyrle (eds) *New Directions in Psycho-Analysis*. Tavistock, pp. 140–179.

—— 'Notes on menstruation', *Int. J. Psycho-Anal.* 36: 328–334.

Stokes, A. 'Form in art', in M. Klein, P. Heimann and R. Money-Kyrle (eds) *New Directions in Psycho-Analysis*. Tavistock, pp. 406–420.

1956

Bion, W. 'Development of schizophrenic thought', *Int. J. Psycho-Anal.* 37: 344–346; republished in *Second Thoughts*. Heinemann (1967), pp. 36–43.

Heimann, P. 'Dynamics of transference interpretations', *Int. J. Psycho-Anal.* 37: 303–310.

Jaques, E. *Measurement of Responsibility*. Tavistock.

Money-Kyrle, R. 'The world of the unconscious and the world of common sense', *Br. J. Philos. Sci.* 7: 86–96; republished in *The Collected Papers of Roger Money-Kyrle*. Strath Tay: Clunie Press (1978), pp. 318–329; and in E. Spillius (ed.) *Melanie Klein Today*, Vol. 2. Routledge (1988), pp. 22–33.

—— 'Normal counter-transference and some of its deviations', *Int. J. Psycho-Anal.* 37: 360–366; republished in *The Collected Papers of Roger Money-Kyrle.* Strath Tay: Clunie Press (1978), pp. 330–342.
Rodrigue, E. 'Notes on symbolism', *Int. J. Psycho-Anal.* 37: 147–158.
Segal, H. 'Depression in the schizophrenic', *Int. J. Psycho-Anal.* 37: 339–343; republished in *The Work of Hanna Segal.* New York: Jason Aronson (1981), pp. 121–130; and in E. Spillius (ed.) *Melanie Klein Today*, Vol. 1. Routledge (1988), pp. 52–60.

1957

Bion, W. 'Differentiation of the psychotic from the non-psychotic personalities', *Int. J. Psycho-Anal.* 38: 266–275; republished in *Second Thoughts.* Heinemann (1967), pp. 43–64; and in E. Spillius (ed.) *Melanie Klein Today*, Vol. 1. Routledge (1988), pp. 61–78.
Klein, M. *Envy and Gratitude.* Tavistock.
Racker, H. 'A contribution to the problem of psychopathological stratification', *Int. J. Psycho-Anal.* 38: 223–239; republished as 'The meanings and uses of counter-transference' in *Transference and Counter-Transference.* Hogarth Press (1968), pp. 127–173.
—— 'Analysis of transference through the patient's relations with the interpretation', in *Transference and Counter-Transference.* Hogarth Press (1968), pp. 79–104.
Segal, H. 'Notes on symbol formation', *Int. J. Psycho-Anal.* 38: 391–397; republished in *The Work of Hanna Segal.* New York: Jason Aronson (1981), pp. 49–64; and in E. Spillius (ed.) *Melanie Klein Today*, Vol. 1. Routledge (1988), pp. 87–101.
Strachey, A. *The Unconscious Motives of War.* George Allen & Unwin.

1958

Bion, W. 'On hallucination', *Int. J. Psycho-Anal.* 39: 144–146; republished in *Second Thoughts.* Heinemann (1967), pp. 65–85.
—— 'On arrogance', *Int. J. Psycho-Anal.* 39: 341–349; republished in *Second Thoughts.* Heinemann (1967), pp. 86–93.
Garma, A. 'Peptic ulcer and pseudo-peptic ulcer', *Int. J. Psycho-Anal.* 39: 104–107.
Jaques, E. 'Psycho-analysis and the current economic crisis', in J. Sutherland (ed.) *Psycho-Analysis and Contemporary Thought.* Hogarth Press, pp. 125–144.
Klein, M. 'On the development of mental functioning', *Int. J. Psycho-Anal.* 39: 84–90.
Langer, M. 'Sterility and envy', *Int. J. Psycho-Anal.* 39: 139–143.
Money-Kyrle, R. 'Psycho-analysis and philosophy', in J. Sutherland (ed.) *Psycho-Analysis and Contemporary Thought.* Hogarth Press, pp. 102–124; republished in *The Collected Papers of Roger Money-Kyrle.* Strath Tay: Clunie Press (1978), pp. 297–317.

—— 'On the process of psycho-analytical inference', *Int. J. Psycho-Anal.* 59: 129–133; republished in *The Collected Papers of Roger Money-Kyrle*. Strath Tay: Clunie Press (1978), pp. 343–352.

Pichon-Riviere, A. 'Dentition, walking and speech in relation to the depressive position', *Int. J. Psycho-Anal.* 39: 167–171.

Racker, H. 'Psycho-analytic technique', in *Transference and Counter-Transference*. Hogarth Press (1968), pp. 6–22.

—— 'Classical and present techniques in psycho-analysis', in *Transference and Counter-Transference*. Hogarth Press (1968), pp. 23–70.

—— 'Psycho-analytic technique and the analyst's unconscious masochism', *Psychoanal. Q.* 27: 555–562; republished in *Transference and Counter-Transference*. Hogarth Press (1968), pp. 174–180.

—— 'Counterresistance and interpretation', *J. Am. Psychoanal. Assoc.* 6: 215–221; republished in *Transference and Counter-Transference*. Hogarth Press (1968), pp. 186–192.

Riviere, J. 'A character trait of Freud's', in J. Sutherland (ed.) *Psycho-Analysis and Contemporary Thought*. Hogarth Press, pp. 145–149; reprinted in A. Hughes (ed.) *The Inner World and Joan Riviere*. Karnac (1991), pp. 350–354.

Rosenfeld, H. 'Some observations on the psychopathology of hypochondriacal states', *Int. J. Psycho-Anal.* 39: 121–128.

—— 'Contribution to the discussion on variations in classical technique', *Int. J. Psycho-Anal.* 39: 238–239.

—— 'Discussion on ego distortion', *Int. J. Psycho-Anal.* 39: 274–275.

Segal, H. 'Fear of death: Notes on the analysis of an old man', *Int. J. Psycho-Anal.* 39: 187–191; republished in *The Work of Hanna Segal*. New York: Jason Aronson (1981), pp. 173–182.

1959

Bion, W. 'Attacks on linking', *Int. J. Psycho-Anal.* 40: 308–315; republished in *Second Thoughts*. Heinemann (1967), pp. 93–109; and in E. Spillius (ed.) *Melanie Klein Today*, Vol. 1. Routledge (1988), pp. 87–101.

Heimann, P. 'Bemerkungen zur Sublimierung', *Psyche* 13: 397–414.

Joseph, B. 'An aspect of the repetition compulsion', *Int. J. Psycho-Anal.* 40: 213–222; republished in *Psychic Equilibrium and Psychic Change*. Routledge (1989), pp. 16–33.

Klein, M. 'Our adult world and its roots in infancy', *Hum. Relat.* 12: 291–303; republished in 'Envy and gratitude', in *The Writings of Menalie Klein*, Vol. 3. Hogarth Press, pp. 247–263.

Rosenfeld, H. 'An investigation into the psycho-analytic theory of depression', *Int. J. Psycho-Anal.* 40: 105–129.

Taylor, J. N. 'A note on the splitting of interpretations', *Int. J. Psycho-Anal.* 40: 295–296.

1960

Jaques, E. 'Disturbances in the capacity to work', *Int. J. Psycho-Anal.* 41: 357–367.

Joseph, B. 'Some characteristics of the psychopathic personality', *Int. J. Psycho-Anal.* 41: 526–531; republished in *Psychic Equilibrium and Psychic Change*. Routledge (1989), pp. 34–43.
Klein, M. 'On mental health', *Br. J. Med. Psychol.* 40: 237–241.
—— *Narrative of a Child Analysis*. Hogarth Press (1961).
—— *Our Adult World and Other Essays*. Heinemann (1963).
—— 'Some reflections on the Oresteia', in *Our Adult World and Other Essays*. Heinemann (1963), pp. 23–54.
—— 'On the sense of loneliness', in *Our Adult World and Other Essays*. Heinemann (1963), pp. 99–116.
Menzies-Lyth, I. 'The functioning of a social system as a defence against anxiety', *Hum. Relat.* 11: 95–121; republished as Tavistock Pamphlet No. 3. Tavistock Institute of Human Relations (1970); and in *Containing Anxiety in Institutions: Selected Essays*, Vol. 1. Free Association Books (1988), pp. 43–85.
Money-Kyrle, R. 'On prejudice – a psycho-analytical approach', *Br. J. Med. Psychol.* 33: 205–209; republished in *The Collected Papers of Roger Money-Kyrle*. Strath Tay: Clunie Press (1978), pp. 353–360.
Racker, H. 'A study of some early conflicts through their return in the patient's relation with the interpretation', *Int. J. Psycho-Anal.* 41: 47–58.
Rosenfeld, H. 'A note on the precipitating factor in depressive illness', *Int. J. Psycho-Anal.* 41: 512–513.
—— 'On drug addiction', *Int. J. Psycho-Anal.* 41: 467–475.
Soares de Souza, D. 'Annihilation and reconstruction of object-relationships in a schizophrenic girl', *Int. J. Psycho-Anal.* 41: 554–558.
Stokes, A. 'A game that must be lost', *Int. J. Psycho-Anal.* 41: 70–76.
Williams, H. W. 'A psycho-analytic approach to the treatment of the murderer', *Int. J. Psycho-Anal.* 41: 532–539.

1961

Bion, W. *Experiences in Groups*. Tavistock.
——, Segal, H. and Rosenfeld, H. 'Melanie Klein', *Int. J. Psycho-Anal.* 42: 4–8.
Klein, M. *Narrative of a Child Analysis*. Hogarth Press.
Money-Kyrle, R. *Man's Picture of his World*. Duckworth.

1962

Bick, E. 'Child analysis today', *Int. J. Psycho-Anal.* 43: 328–332; republished in M. Harris and E. Bick (eds) *The Collected Papers of Martha Harris and Esther Bick*. Strath Tay: Clunie Press (1987), pp. 104–113; and in E. Spillius (ed.) *Melanie Klein Today*, Vol. 2. Routledge (1988), pp. 168–176.
Bion, W. *Learning from Experience*. Heinemann.
—— 'A theory of thinking', *Int. J. Psycho-Anal.* 43: 306–310; republished in *Second Thoughts*. Heinemann (1967), pp. 110–119; and in E. Spillius (ed.) *Melanie Klein Today*, Vol. 1. Routledge (1988), pp. 178–186.
Grinberg, L. 'On a specific aspect of countertransference due to the patient's projective identification', *Int. J. Psycho-Anal.* 43: 436–440.

Langer, M. 'Selection criteria for the training of psycho-analytic students', *Int. J. Psycho-Anal.* 43: 272–276.
Rosenfeld, H. 'The superego and the ego-ideal', *Int. J. Psycho-Anal.* 43: 258–263.
Segal, H. 'The curative factors in psycho-analysis', *Int. J. Psycho-Anal.* 43: 212–217; republished in *The Work of Hanna Segal*. New York: Jason Aronson (1981), pp. 69–80.
Stokes, A. 'On resignation', *Int. J. Psycho-Anal.* 43: 175–181.

1963

Bion, W. *Elements of Psycho-Analysis*. Heinemann.
Grinberg, L. 'Relations between psycho-analysts', *Int. J. Psycho-Anal.* 44: 363–367.
Meltzer, D. 'A contribution to the metapsychology of cyclothymic states', *Int. J. Psycho-Anal.* 44: 83–97.
—— 'Concerning the social basis of art', in A. Stokes (ed.) *Painting and the Inner World*. Tavistock, pp. 19–45.
Money-Kyrle, R. 'A note on migraine', *Int. J. Psycho-Anal.* 44: 490–492; republished in *The Collected Papers of Roger Money-Kyrle*. Strath Tay: Clunie Press (1978), pp. 361–365.
Rosenfeld, H. 'Notes on the psychopathology and psycho-analytic treatment of depressive and manic-depressive patients', in *Psychiatric Research Report No. 17*. Washington: American Psychiatric Association, pp. 73–83.
—— 'Notes on the psychopathology and psycho-analytic treatment of schizophrenia', in *Psychiatric Research Report No. 17*. Washington: American Psychiatric Association, pp. 61–72.
Segal, H. and Meltzer, D. 'Narrative of a child analysis', *Int. J. Psycho-Anal.* 44: 507–513.

1964

Bick, E. 'Notes on infant observation in psycho-analytic training', *Int. J. Psycho-Anal.* 45: 558–566; republished in M. Harris and E. Bick (eds) *The Collected Papers of Martha Harris and Esther Bick*. Strath Tay: Clunie Press (1987), pp. 240–256.
Bicudo, V. L. 'Persecuting guilt and ego restriction', *Int. J. Psycho-Anal.* 45: 358–363.
Grinberg, L. 'On two kinds of guilt: their relation with normal and pathological aspects of mourning', *Int. J. Psycho-Anal.* 45: 366–371.
Hoxter, S. 'The experience of puberty', *J. Child Psychother.* 1(2): 13–26.
Langer, M., Puget, J. and Teper, E. 'A methodological approach to the teaching of psycho-analysis', *Int. J. Psycho-Anal.* 45: 567–574.
Meltzer, D. 'The differentiation of somatic delusions from hypochondria', *Int. J. Psycho-Anal.* 45: 246–250.
O'Shaughnessy, E. 'The absent object', *J. Child Psychother.* 1(2): 134–143.
Rosenfeld, H. 'On the psychopathology of narcissism: A clinical approach', *Int. J. Psycho-Anal.* 45: 332–337; republished in *Psychotic States*. Hogarth Press (1965), pp. 169–179.

—— 'The psychopathology of hypochondriasis', in *Psychotic States*. Hogarth Press (1965), pp. 180–199.
—— 'An investigation into the need of neurotic and psychotic patients to act out during analysis', in *Psychotic States*. Hogarth Press (1965), pp. 200–216.
—— 'The psychopathology of drug addiction and alcoholism', in *Psychotic States*. Hogarth Press (1965), pp. 217–242.
—— 'Object relations of the acute schizophrenic patient in the transference situation', in P. Solomon and B. C. Glueck (eds) *Recent Research on Schizophrenia*. Washington: American Psychiatric Association, pp. 59–68.
Segal, H. *Introduction to the Work of Melanie Klein*. Heinemann; republished by Hogarth Press (1973).
—— 'Phantasy and other mental processes', *Int. J. Psycho-Anal*. 45: 191–194; republished in *The Work of Hanna Segal*. New York: Jason Aronson (1981), pp. 41–48.
Williams, A. H. 'The psychopathology and treatment of sexual murderers', in I. Rosen (ed.) *The Pathology and Treatment of Sexual Deviation*. Oxford: Oxford University Press, pp. 351–377.

1965

Bion, W. *Transformations*. Heinemann.
Harris, M. 'Depression and the depressive position in an adolescent boy', *J. Child Psychother*. 1: 33–40; republished in M. Harris and E. Bick (eds) *The Collected Papers of Martha Harris and Esther Bick*. Strath Tay: Clunie Press (1987), pp. 53–63; and in E. Spillius (ed.) *Melanie Klein Today*, Vol. 2. Routledge (1988), pp. 158–167.
Jaques, E. 'Death and the mid-life crisis', *Int. J. Psycho-Anal*. 46: 502–514; republished in E. Spillius (ed.) *Melanie Klein Today*, Vol. 2. Routledge (1988), pp. 226–248.
Klein, S. 'Notes on a case of ulcerative colitis', *Int. J. Psycho-Anal*. 46: 342–351.
Lush, D. 'Treatment of depression in an adolescent', *J. Child Psychother*. 1(3): 26–32.
Money-Kyrle, R. 'Success and failure in mental maturations', in *The Collected Papers of Roger Money-Kyrle*. Strath Tay: Clunie Press (1978), pp. 397–406.
Rosenbluth, D. 'The Kleinian theory of depression', *J. Child Psychother*. 1: 20–25.
Rosenfeld, H. *Psychotic States*. Hogarth Press.
Stokes, A. *The Invitiation to Art*. Tavistock.

1966

Grinberg, L. 'The relation between obsessive mechanisms and states of self-disturbance. Depersonalization', *Int. J. Psycho-Anal*. 46: 177–183.
Harris, M. and Carr, H. 'Therapeutic consultations', *J. Child Psychother*. 1(4): 13–31; republished in M. Harris and E. Bick (eds) *The Collected Papers of Martha Harris and Esther Bick*. Strath Tay: Clunie Press (1987), pp. 38–52.
Joseph, B. 'Persecutory anxiety in a four-year-old boy', *Int. J. Psycho-Anal*. 47: 184–188.

Malin, A. S. and Grotstein, J. S. 'Projective identification in the therapeutic process', *Int. J. Psycho-Anal.* 47: 26–31.
Meltzer, D. 'The relation of anal masturbation to projective identification', *Int. J. Psycho-Anal.* 47: 335–342; republished in E. Spillius (ed.) *Melanie Klein Today*, Vol. 1. Routledge (1988), pp. 102–116.
Money-Kyrle, R. 'A note on the three caskets', in *The Collected Papers of Roger Money-Kyrle*. Strath Tay: Clunie Press (1978), p. 407.
—— 'British schools of psycho-analysis', in S. Arieti (ed.) *American Handbook of Psychiatry*. New York: Basic Books, pp. 225–229; republished in *The Collected Papers of Roger Money-Kyrle*. Strath Tay: Clunie Press (1978), pp. 408–425.
Racker, H. 'Ethics and psycho-analysis and the psycho-analysis of ethics', *Int. J. Psycho-Anal.* 47: 63–80.
Rodrigue, E. 'Transference and a-transference phenomena', *Int. J. Psycho-Anal.* 47: 342–348.
Stokes, A. 'On being taken out of one's self, *Int. J. Psycho-Anal.* 47: 523–530.

1967

Bion, W. 'Notes on memory and desire', *Psycho-Anal. Forum* 2: 272–273, 279–280; republished in E. Spillius (ed.) *Melanie Klein Today*, Vol. 2. Routledge (1988), pp. 17–21.
—— *Second Thoughts*. Heinemann.
Bleger, J. 'Psycho-analysis of the psycho-analytic frame', *Int. J. Psycho-Anal.* 48: 511–519.
—— *Simbiosis y Ambiguedad*. Buenos Aires: Paidos.
Boston, M. 'Some effects of external circumstances on the inner experience of two child patients', *J. Child Psychother.* 2(1): 20–32.
Grinberg, L., Langer, M., Liberman, D., de Rodrigue, E. and de Rodrigue, G. 'The psycho-analytic process', *Int. J. Psycho-Anal.* 48: 496–503.
Meltzer, D. *The Psycho-Analytic Process*. Heinemann.
Pick, I. 'On stealing', *J. Child Psychother.* 2(1): 67–79.
Rodrigue, E. 'Severe bodily illness in childhood', *Int. J. Psycho-Anal.* 48: 290–293.
Segal, H. 'Melanie Klein's technique', in B. Wolman (ed.) *Psycho-Analytic Techniques*. New York: Basic Books, pp. 188–190; republished in *The Work of Hanna Segal*. New York: Jason Aronson (1981), pp. 3–24.

1968

Bick, E. 'The experience of the skin in early object relations', *Int. J. Psycho-Anal.* 49: 484–486; republished in M. Harris and E. Bick (eds) *The Collected Papers of Martha Harris and Esther Bick*. Strath Tay: Clunie Press (1987), pp. 114–118; and in E. Spillius (ed.) *Melanie Klein Today*, Vol. 1. Routledge (1988), pp. 187–191.
Gosling, R. 'What is transference?', in J. Sutherland (ed.) *The Psycho-Analytic Approach*. Baillière, Tindall & Cassell, pp. 1–10.
Grinberg, L. 'On acting-out and its role in the psycho-analytic process', *Int. J. Psycho-Anal.* 49: 171–178.

Harris, M. 'The child psychotherapist and the patient's family', *J. Child Psychother.* 2(2): 50–63; republished in M. Harris and E. Bick (eds) *The Collected Papers of Martha Harris and Esther Bick*. Strath Tay: Clunie Press (1987), pp. 18–37.

Jaques, E. 'Guilt, conscience and social behaviour', in J. Sutherland (ed.) *The Psycho-Analytic Approach*. Baillière, Tindall & Cassell, pp. 31–43.

Meltzer, D. 'Terror, persecution, dread', *Int. J. Psycho-Anal.* 49: 396–400; republished in *Sexual States of Mind*. Strath Tay: Clunie Press (1973), pp. 99–106; and in E. Spillius (ed.) *Melanie Klein Today*, Vol. 1. Routledge (1988), pp. 230–238.

Money-Kyrle, R. 'Cognitive development', *Int. J. Psycho-Anal.* 49: 691–698; republished in *The Collected Papers of Roger Money-Kyrle*. Strath Tay: Clunie Press (1978), pp. 416–433; and in J. Grotstein (ed.) *Do I Dare Disturb the Universe?* Beverly Hills, CA: Caesura (1981), pp. 537–550.

Munro, L. 'Comment on the paper by Alexander and Isaacs on the psychology of the fool', *Int. J. Psycho-Anal.* 49: 424–425.

Racker, H. *Transference and Counter-Transference*. Hogarth Press.

Rodrigue, E. 'The fifty thousand hour patient', *Int. J. Psycho-Anal.* 50: 603–613.

Rosenbluth, D. '"Insight" as an aim of treatment', *J. Child Psychother.* 2(2): 5–19.

Spillius, E. B. 'Psycho-analysis and ceremony', in J. Sutherland (ed.) *The Psycho-Analytic Approach*. Baillière, Tindall & Cassell, pp. 52–77; republished in E. Spillius (ed.) *Melanie Klein Today*, Vol. 2. Routledge (1988), pp. 259–283.

1969

Brenman, E. 'The psycho-analytic point of view', in S. Klein (ed.) *Sexuality and Aggression in Maturation: New Facets*. Baillière, Tindall & Cassell, pp. 1–13.

Grinberg, L. 'New ideas: conflict and evolution', *Int. J. Psycho-Anal.* 50: 517–528.

Meltzer, D. 'The relation of aims to methodology in the treatment of children', *J. Child Psychother.* 2(3): 57–61.

Menzies-Lyth, I. 'The motor-cycle: growing up on two wheels', in S. Klein (ed.) *Sexuality and Aggression in Maturation: New Facets*. Baillière, Tindall & Cassell, pp. 37–49; republished in I. Menzies-Lyth (ed.) *The Dynamics of the Social: Selected Essays*, Vol. 2. Free Association Books (1989), pp. 142–157.

—— 'Some methodological notes on a hospital study', in S. H. Foulkes and G. Stewart-Price (eds) *Psychiatry in a Changing Society*. Tavistock, pp. 99–112; republished in I. Menzies-Lyth (ed.) *Containing Anxiety in Institutions: Selected Essays*, Vol. 1. Free Association Books (1988), pp. 115–129.

Money-Kyrle, R. 'On the fear of insanity', in *The Collected Papers of Roger Money-Kyrle*. Strath Tay: Clunie Press (1978), pp. 434–441.

Rosenfeld, H. 'On the treatment of psychotic states by psycho-analysis: An historical approach', *Int. J. Psycho-Anal.* 50: 615–631.

Williams, A. H. 'Murderousness', in L. Blom-Cooper (ed.) *The Hanging Question*. Duckworth.

1970

Bion, W. *Attention and Interpretation*. Tavistock.

Brenner, J. 'Some factors affecting the placement of a child in treatment', *J. Child Psychother.* 2(4): 63–67.

Grinberg, L. 'The problem of supervision in psycho-analytic education', *Int. J. Psycho-Anal.* 51: 371–383.

Jackson, J. 'Child psychotherapy in a day school for maladjusted children', *J. Child Psychother.* 2(4): 54–62.

Jaques, E. *Work, Creativity and Social Justice.* Heinemann.

Menzies-Lyth, I. 'Psychosocial aspects of eating', *J. Psychosom. Res.* 14: 223–227; republished in *The Dynamics of the Social: Selected Essays*, Vol. 2. Free Association Books (1989), pp. 142–157.

Riesenberg-Malcolm, R. 'El espejo: Una fantasia sexual perversa en una mujer, vista como defensa contra un derrume psicotico', *Rev. Psicoanal.* 27: 793–826; republished as 'The mirror: A perverse sexual phantasy in a woman seen as a defence against psychotic breakdown', in E. Spillius (ed.) *Melanie Klein Today*, Vol. 2. Routledge (1988), pp. 115–137.

Rioch, M. J. 'The work of Wilfred Bion on groups', *Psychiatry* 33: 56–66.

Rosenbluth, D. 'Transference in child psychotherapy', *J. Child Psychother.* 2(4): 72–87.

Szur, R. 'Acting-out', *J. Child Psychother.* 2(4): 23–38.

Thorner, H. A. 'On compulsive eating', *J. Psychosom. Res.* 14: 321–325.

Wittenberg, I. *Psycho-Analytic Insight and Relationships: A Kleinian Approach.* Routledge & Kegan Paul.

1971

Harris, M. 'The place of once weekly treatment in the work of an analytically trained child psychotherapist', *J. Child Psychother.* 3(1): 31–39.

Joseph, B. 'A clinical contribution to the analysis of a perversion', *Int. J. Psycho-Anal.* 52: 441–449; republished in *Psychic Equilibrium and Psychic Change.* Routledge (1989), pp. 51–56.

Money-Kyrle, R. 'The aim of psycho-analysis', *Int. J. Psycho-Anal.* 52: 103–106; republished in *The Collected Papers of Roger Money-Kyrle.* Strath Tay: Clunie Press (1978), pp. 442–449.

Rosenfeld, H. 'A clinical approach to the psycho-analytical theory of the life and death instincts: an investigation into the aggressive aspects of narcissism', *Int. J. Psycho-Anal.* 52: 169–178; republished (1988) in E. Spillius (ed.) *Melanie Klein Today*, Vol. 1. Routledge (1988), pp. 235–255.

—— 'Contribution to the psychopathology of psychotic states: The importance of projective identification in the ego structure and the object relations of the psychotic patient', in P. Doucet and C. Laurin (eds) *Problems of Psychosis.* Amsterdam: Excerpta Medica, pp. 115–128; republished in E. Spillius (ed.) *Melanie Klein Today*, Vol. 1. Routledge (1988), pp. 117–137.

Rustin, M. 'Once-weekly work with a rebellious adolescent girl', *J. Child Psychother.* 3(1): 40–48.

Wittenberg, I. 'Extending fields of work', *J. Child Psychother.* 3(1): 22–30.

1972

Boston, M. 'Psychotherapy with a boy from a children's home', *J. Child Psychother.* 3(2): 53–67.

Hoxter, S. 'A study of a residual autistic condition and its effects upon learning', *J. Child Psychother.* 3(2): 21–39.

Rosenfeld, H. 'A critical appreciation of James Strachey's paper on the nature of the therapeutic action of psycho-analysis', *Int. J. Psycho-Anal.* 53: 455–461.

Segal, H. 'The role of child analysis in the general psycho-analytic training', *Int. J. Psycho-Anal.* 53: 147–161.

—— 'A delusional system as a defence against re-emergence of a catastrophic situation', *Int J. Psycho-Anal.* 53: 393–403.

—— 'Melanie Klein's technique of child analysis', in B. Wolman (ed.) *Handbook of Child Psycho-Analysis*. New York: Van Nostrand Rheinhold, pp. 401–414; republished in *The Work of Hanna Segal*. New York: Jason Aronson (1981), pp. 25–37.

—— 'A propos des objets internes' (A note on internal objects), *Nouv. Rev. Psychanal.* 10: 153–157.

1973

Etchegoyen, R. H. 'A note on ideology and technique', *Int. J. Psycho-Anal.* 54: 485–486.

Harris, M. 'The complexity of mental pain seen in a six-year-old child following sudden bereavement', *J. Child Psychother.* 3(3): 35–45; republished in M. Harris and E. Bick (eds) *The Collected Papers of Martha Harris and Esther Bick*. Strath Tay: Clunie Press (1987), pp. 89–103.

Meltzer, D. *Sexual States of Mind*. Strath Tay: Clunie Press.

1974

Bion, W. *Bion's Brazilian Lectures 1*. Rio de Janeiro: Imago Editora.

Grinberg, L. and Grinberg, R. 'The problem of identity and the psychoanalytic process', *Int. Rev. Psycho-Anal.* 1: 499–507.

Henry, G. 'Doubly deprived', *J. Child Psychother.* 3(4): 15–28.

Hughes, A. 'Contributions of Melanie Klein to psycho-analytic technique', in V. J. Varma (ed.) *Psychotherapy Today*. Constable, pp. 106–123.

Klein, S. 'Transference and defence in manic states', *Int. J. Psycho-Anal.* 55: 261–268.

Meltzer, D. 'Mutism in infantile autism, schizophrenia and manic depressive states: The correlation of clinical psychopathology and linguistics', *Int. J. Psycho-Anal.* 55: 397–404.

Rosenfeld, H. 'Discussion on the paper by Greenson on transference: Freud or Klein?', *Int. J. Psycho-Anal.* 55: 49–51.

Segal, H. 'Delusion and artistic creativity', *Int. Rev. Psycho-Anal.* 1: 135–141; republished in *The Work of Hanna Segal*. New York: Jason Aronson (1981), pp.

207–216; and in E. Spillius (ed.) *Melanie Klein Today*, Vol. 2. Routledge (1988), pp. 249–258.

1975

Bion, W. *Bion's Brazilian Lectures 2*. Rio de Janeiro: Imago Editora.
——— *A Memoir of the Future: 1. The Dream*. Rio de Janeiro: Imago Editora.
Grinberg, L., Sor, D. and Tabak de Bianchedi, E. *Introduction to the Work of Bion*. Strath Tay: Clunie Press.
Harris, M. 'Some notes on maternal containment in "good enough" mothering', *J. Child Psychother*. 4: 35–51; republished in M. Harris and E. Bick (eds) *The Collected Papers of Martha Harris and Esther Bick*. Strath Tay: Clunie Press (1987), pp. 141–163.
Joseph, B. 'The patient who is difficult to reach', in P. Giovacchini (ed.) *Tactics and Techniques in Psycho-Analytic Therapy*, Vol. 2. New York: Jason Aronson, pp. 205–216; republished in E. Spillius (ed.) *Melanie Klein Today*, Vol. 2. Routledge (1988), pp. 48–60; and in B. Joseph (ed.) *Psychic Equilibrium and Psychic Change*. Routledge (1989), pp. 75–87.
Meltzer, D. 'Adhesive identification', *Contemp. Psycho-Anal*. 11: 289–310.
———, Bremner, J., Hoxter, S., Weddell, D. and Wittenberg, I. *Explorations in Autism*. Strath Tay: Clunie Press.
Menzies-Lyth, I. 'Thoughts on the maternal role in contemporary society', *J. Child Psychother*. 4: 5–14; republished in *Containing Anxiety in Institutions: Selected Essays*, Vol. 1. Free Association Books (1988), pp. 208–221.
Rey, H. 'Intra-psychic object-relations: The individual and the group', in L. Wolberg and M. Aronson (eds) *Group Therapy: An Overview*. New York: Stratton, pp. 84–101.
Rosenfeld, H. 'The negative therapeutic reaction', in P. Giovacchini (ed.) *Tactics and Techniques in Psycho-Analytic Therapy*, Vol. 2. New York: Jason Aronson, pp. 217–228.
Segal, H. 'A psycho-analytic approach to the treatment of schizophrenia', in M. Lader (ed.) *Studies of Schizophrenia*. Ashford: Headley Bros, pp. 94–97.
Turquet, P. 'Threats to identity in the large group', in L. Kreeger (ed.) *The Large Group*. Constable, pp. 87–144.

1976

Bion, W. 'Emotional turbulence', 'On a quotation from Freud', and 'Evidence', in *Clinical Seminars and Four Papers*. Abingdon: Fleetwood Press (1987).
Grinberg, L., Gear, M. C. and Liendo, E. C. 'Group dynamics according to a semiotic model based on projective identification and counteridentification', in L. R. Wolberg et al. (eds) *Group Therapy*, New York: Stratton, pp. 167–179.
Harris, M. 'Infantile elements and adult strivings in adolescent sexuality', *J. Child Psychother*. 4(2): 29–44; republished in M. Harris and E. Bick (eds) *The Collected Papers of Martha Harris and Esther Bick*. Strath Tay: Clunie Press (1987), pp. 121–140.
Jaques, E. *A General Theory of Bureaucracy*. Heinemann.

Meltzer, D. 'The delusion of clarity of insight', *Int. J. Psycho-Anal.* 57: 141–146.
Orford, E. 'Some effects of the absence of his father on an eight-year-old boy', *J. Child Psychother.* 4(2): 53–74.

1977

Alvarez, A. 'Problems of dependence and development in an excessively passive autistic boy', *J. Child Psychother.* 4(3): 25–46.
Bion, W. *A Memoir of the Future: 2. The Past Presented.* Rio de Janeiro: Imago Editora.
—— *Seven Servants.* New York: Jason Aronson.
—— 'Emotional disturbance', in P. Hartocollis (ed.) *Borderline Personality Disorders.* New York: International Universities Press, pp. 3–13; republished in *Two Papers: The Grid and Caesura.* Rio de Janeiro: Imago Editora, pp. 1–34.
—— 'On a quotation from Freud', in P. Hartocollis (ed.) *Borderline Personality Disorders.* New York: International Universities Press, pp. 511–517; republished in *Two Papers: The Grid and Caesura.* Rio de Janeiro: Imago Editora, pp. 35–56.
Grinberg, L. 'An approach to the understanding of borderline patients', in P. Hartocollis (ed.) *Borderline Personality Disorders.* New York: International Universities Press, pp. 123–141.
Grotstein, J. S. 'The psycho-analytic concept of schizophrenia', *Int. J. Psycho-Anal.* 58: 403–452.
Harris, M. 'The Tavistock training and philosophy', in D. Daws and M. Boston (eds) *The Child Psychotherapist.* Aldershot: Wildwood, pp. 291–314; republished in M. Harris and E. Bick (eds) *The Collected Papers of Martha Harris and Esther Bick.* Strath Tay: Clunie Press, pp. 259–282.
Segal, H. 'Counter-transference', *Int. J. Psycho-Anal. Psychother.* 6: 31–37; republished in *The Work of Hanna Segal.* New York: Jason Aronson (1981), pp. 81–88.
—— 'Psycho-analysis and freedom of thought' [Inaugural Lecture, Freud Memorial Professor, University College, London, H. K. Lewis]; republished in *The Work of Hanna Segal.* New York: Jason Aronson (1981), pp. 217–227; and in J. Sandler (ed.) *Dimensions of Psychoanalysis.* Karnac (1989), pp. 51–63.
—— and Furer, M. 'Psycho-analytic dialogue: Kleinian theory today', *J. Am. Psychoanal. Assoc.* 25: 363–385.

1978

Bion, W. *Four Discussions with W.R. Bion.* Strath Tay: Clunie Press.
Elmhurst, S. I. 'Time and the pre-verbal transference', *Int. J. Psycho-Anal.* 59: 173–180.
Etchegoyen, R. H. 'Some thoughts on transference perversion', *Int. J. Psycho-Anal.* 59: 45–53.
Grinberg, L. 'The "razor's edge" in depression and mourning', *Int. J. Psycho-Anal.* 59: 245–254.
Grotstein, J. S. 'Inner space: Its dimensions and its co-ordinates', *Int. J. Psycho-Anal.* 59: 55–61.
Jaques, E. *Health Services.* Heinemann.

Joseph, B. 'Different types of anxiety and their handling in the analytic situation', *Int. J. Psycho-Anal.* 59: 223–228; republished in *Psychic Equilibrium and Psychic Change*. Routledge (1989), pp. 106–115.

Meltzer, D. *The Kleinian Development*. Strath Tay: Clunie Press.

—— 'A note on Bion's concept "reversal of alpha-function"', in *The Kleinian Development*. Strath Tay: Clunie Press, pp. 119–126; republished in J. Grotstein (ed.) *Do I Dare Disturb the Universe?* Beverly Hills, CA: Caesura (1981), pp. 529–535.

—— 'Routine and inspired interpretations', *Contemp. Psycho-Anal.* 14: 210–225.

Money-Kyrle, R. *The Collected Papers of Roger Money-Kyrle*. Strath Tay: Clunie Press.

—— 'On being a psycho-analyst', in *The Collected Papers of Roger Money-Kyrle*. Strath Tay: Clunie Press, pp. 457–465.

Rosenfeld, H. 'Notes on the psychopathology and psycho-analytic treatment of some borderline states', *Int. J. Psycho-Anal.* 59: 215–221.

Saunders, K. 'Shakespeare's "The Winter's Tale", and some notes on the analysis of a present-day Leontes', *Int. Rev. Psycho-Anal.* 5: 175–178.

Segal, H. 'On symbolism', *Int. J. Psycho-Anal.* 55: 315–319.

Tustin, F. 'Psychotic elements in the neurotic disorders of children', *J. Child Psychother.* 4(4): 5–17.

Williams, A. H. 'Depression, deviation and acting-out', *J. Adolesc.* 1: 309–317.

Wittenberg, I. S. 'The use of "here and now" experiences in a teaching conference on psychotherapy', *J. Child Psychother.* 4(4): 33–50.

1979

Bion, W. *A Memoir of the Future: 3. The Dawn of Oblivion*. Strath Tay: Clunie Press.

—— 'Making the best of a bad job', in *Clinical Seminars and Four Papers*. Abingdon: Fleetwood Press (1987), pp. 247–257.

Gallwey, P. L. G. 'Symbolic dysfunction in the perversions: Some related clinical problems', *Int. Rev. Psycho-Anal.* 6: 155–161.

Grinberg, L. 'Counter-transference and projective counter-identification', *Contemp. Psycho-Anal.* 15: 226–247.

Grotstein, J. S. 'Who is the dreamer who dreams the dream and who is the dreamer who understands it?', *Contemp. Psycho-Anal.* 15: 110–169; republished in *Do I Dare Disturb the Universe?*. Beverly Hills, CA: Caesura (1981), pp. 357–416.

Harris, M. 'L'apport de l'observation de l'interaction mère-enfant', *Nouv. Rev. Psychanal.* 19: 99–112; republished in M. Harris and E. Bick (eds) *The Collected Papers of Martha Harris and Esther Bick*. Strath Tay: Clunie Press (1987), pp. 225–239.

Hinshelwood, R. D. 'The community as analyst', in R. D. Hinshelwood and N. Manning (eds) *Therapeutic Communities: Reflections and Progress*. Routledge & Kegan Paul, pp. 103–112.

Menzies-Lyth, I. 'Staff support systems: task and anti-task in adolescent institutions', in R. D. Hinshelwood and N. Manning (eds) *Therapeutic Communities: Reflections and Progress*. Routledge & Kegan Paul, pp. 197–207;

republished in I. Menzies-Lyth (ed.) *Containing Anxiety in Institutions: Selected Essays*, Vol. 1. Free Association Books (1988), pp. 222–235.

Money-Kyrle, R. 'Looking backwards – and forwards', *Int. Rev. Psycho-Anal.* 60: 265–272.

Rey, H. 'Schizoid phenomena in the borderline', in J. LeBoit and A. Capponi (eds) *Advances in Psychotherapy of the Borderline Patient*. New York: Jason Aronson, pp. 449–484; republished in E. Spillius (ed.) *Melanie Klein Today*, Vol. 1. Routledge (1988), pp. 203–229.

Rhode, M. 'One life between two people', *J. Child Psychother.* 5: 57–68.

Rosenfeld, H. 'Difficulties in the psycho-analytic treatment of the borderline patient', in J. LeBoit and A. Capponi (eds) *Advances in Psychotherapy of the Borderline Patient*. New York: Jason Aronson, pp. 187–206.

—— 'Transference psychosis in the borderline patient', in J. LeBoit and A. Capponi (eds) *Advances in Psychotherapy of the Borderline Patient*. New York: Jason Aronson, pp. 485–510.

Segal, H. *Klein*. Fontana.

Steiner, J. 'The border between the paranoid-schizoid and the depressive positions in the borderline patient', *Br. J. Med. Psychol.* 52: 385–391.

1980

Alvarez, A. 'Two regenerative situations in autism: reclamation and becoming vertebrate', *J. Child Psychother.* 6: 69–80.

Bion, W. *Bion in São Paulo and New York*. Strath Tay: Clunie Press.

—— *Bion's Brazilian Lectures 3*. Rio de Janeiro: Imago Editora; republished in *Clinical Seminars and Four Papers*. Abingdon: Fleetwood Press (1987), pp. 1–220.

Brenman, E. 'The value of reconstruction in adult psycho-analysis', *Int. J. Psycho-Anal.* 61: 53–60.

Elmhirst, S. I. 'Bion and babies', *Annu. Psycho-Anal.* 8: 155–167; republished in J. Grotstein (ed.) *Do I Dare Disturb the Universe?* Beverly Hills, CA: Caesura (1981), pp. 83–91.

—— 'Transitional objects and transition', *Int. J. Psycho-Anal.* 61: 367–373.

Gammil, J. 'Some reflections on analytic listening and the dream screen', *Int. J. Psycho-Anal.* 61: 375–381.

Grinberg, L. 'The closing phase of the psycho-analytic treatment of adults and the goals of psycho-analysis', *Int. J. Psycho-Anal.* 61: 25–37.

Grotstein, J. S. 'A proposed revision of the psycho-analytic concept of primitive mental states', *Contemp. Psycho-Anal.* 16: 479–546.

—— 'The significance of the Kleinian contribution to psycho-analysis', *Int. J. Psycho-Anal. Psychother.* 8: 375–498.

Klein, S. 'Autistic phenomena in neurotic patients', *Int. J. Psycho-Anal.* 61: 395–402; republished in J. Grotstein (ed.) *Do I Dare Disturb the Universe?* Beverly Hills, CA: Caesura (1981), pp. 103–114.

Wilson, S. 'Hans Andersen's nightingale', *Int. Rev. Psycho-Anal.* 7: 483–486.

1981

Etchegoyen R. H. 'Instances and alternatives of the interpretative work', *Int. Rev. Psycho-Anal.* 8: 401–421.

Gosling, R. 'A study of very small groups', in J. Grotstein (ed.) *Do I Dare Disturb the Universe?* Beverly Hills, CA: Caesura, pp. 633–645.

Grinberg, L. 'The "Oedipus" as a resistance against the "Oedipus" in psycho-analytic practice', in J. Grotstein (ed.) *Do I Dare Disturb the Universe?* Beverly Hills, CA: Caesura, pp. 341–355.

Grotstein, J. S. *Do I Dare Disturb the Universe?* Beverly Hills, CA: Caesura.

—— *Splitting and Projective Identification.* New York: Jason Aronson.

—— 'Wilfred R. Bion: The man, the psycho-analyst, the mystic', in *Do I Dare Disturb the Universe?* Beverly Hills, CA: Caesura, pp. 1–35.

Harris, M. 'The individual in the group: on learning to work with the psycho-analytic method', in J. Grotstein (ed.) *Do I Dare Disturb the Universe?* Beverly Hills, CA: Caesura, pp. 647–660; republished in M. Harris and E. Bick (eds) *The Collected Papers of Martha Harris and Esther Bick.* Strath Tay: Clunie Press (1987), pp. 332–339.

Jaques, E. 'The aims of psycho-analytic treatment', in J. Grotstein (ed.) *Do I Dare Disturb the Universe?* Beverly Hills, CA: Caesura, pp. 417–425.

Joseph, B. 'Toward the experiencing of psychic pain', in J. Grotstein (ed.) *Do I Dare Disturb the Universe?* Beverly Hills, CA: Caesura, pp. 93–102; republished in *Psychic Equilibrium and Psychic Change.* Routledge (1989), pp. 88–99.

—— 'Defence mechanisms and phantasy in the psychological process', *Bull. Eur. Psycho-Anal. Fed.* 17: 11–24; republished in *Psychic Equilibrium and Psychic Change.* Routledge (1989), pp. 116–126.

Mancia, M. 'On the beginning of mental life in the foetus', *Int. J. Psycho-Anal.* 62: 351–357.

—— and Meltzer, D. 'Ego-ideal functions and the psychoanalytic process', *Int. J. Psycho-Anal.* 62: 243–249.

Mason, A. 'The suffocating superego: psychotic break and claustrophobia', in J. Grotstein (ed.) *Do I Dare Disturb the Universe?* Beverly Hills, CA: Caesura, pp. 139–166.

Meltzer, D. 'The relation of splitting of attention to splitting of self and objects', *Contemp. Psycho-Anal.* 17: 232–238.

—— 'The Kleinian expansion of Freudian metapsychology', *Int. J. Psycho-Anal.* 62: 177–185.

Menzies-Lyth, I. 'Bion's contribution to thinking about groups', in J. Grotstein (ed.) *Do I Dare Disturb the Universe?* Beverly Hills, CA: Caesura, pp. 661–666; republished in *The Dynamics of the Social: Selected Essays*, Vol. 2. Free Association Books (1989), pp. 19–25.

O'Shaughnessy, E. 'A clinical study of a defensive organization', *Int. J. Psycho-Anal.* 62: 359–369; republished in E. Spillius (ed.) *Melanie Klein Today*, Vol. 1. Routledge (1988), pp. 292–310.

—— 'A commemorative essay on W.R. Bion's theory of thinking', *J. Child Psychother.* 7: 181–192; republished in E. Spillius (ed.) *Melanie Klein Today*, Vol. 2. Routledge (1988), pp. 177–190.

Riesenberg-Malcolm, R. 'Expiation as a defence', *Int. J. Psycho-Anal. Psychother.* 8: 549–570.
—— 'Melanie Klein: Achievements and problems', *Rev. Psicoanal.* 3: 52–63; republished in English in R. Langs (ed.) *The Yearbook of Psychoanalysis and Psychotherapy*, Vol. 2. Emerson, NJ: Newconcept Press (1986), pp. 306–321.
—— 'Technical problems in the analysis of a pseudo-compliant patient', *Int. J. Psycho-Anal.* 62: 477–484.
Rosenfeld, H. 'On the psychopathology and treatment of psychotic patients', in J. Grotstein (ed.) *Do I Dare Disturb the Universe?* Beverly Hills, CA: Caesura, pp. 167–179.
Segal, H. *The Work of Hanna Segal*. New York: Jason Aronson.
—— 'The function of dreams', in J. Grotstein (ed.) *Do I Dare Disturb the Universe?* Beverly Hills, CA: Caesura, pp. 579–587; republished in *The Work of Hanna Segal*. New York: Jason Aronson, pp. 89–97.
—— 'Manic reparation', in *The Work of Hanna Segal*. New York: Jason Aronson, pp. 147–158.
Thorner, H. A. 'Notes on the desire for knowledge', in J. Grotstein (ed.) *Do I Dare Disturb the Universe?* Beverly Hills, CA: Caesura, pp. 589–599.
—— 'Either/or: A contribution to the problem of symbolization and sublimation', *Int. J. Psycho-Anal.* 62: 455–464.
Tustin, F. *Autistic States in Children*. Routledge & Kegan Paul.
—— 'Psychological birth and psychological catastrophe', in J. Grotstein (ed.) *Do I Dare Disturb the Universe?* Beverly Hills, CA: Caesura, pp. 181–196.

1982

Bion, W. *The Long Weekend, 1897–1919*. Abingdon: Fleetwood.
Brenman, E. 'Separation: A clinical problem', *Int. J. Psycho-Anal.* 63: 303–310.
Etchegoyen, R. H. 'The relevance of the "here and now" transference interpretation for the reconstruction of early development', *Int. J. Psycho-Anal.* 63: 65–75.
Harris, M. 'Growing points in psycho-analysis inspired by the work of Melanie Klein', *J. Child Psychother.* 8: 165–184.
Jaques, E. *The Form of Time*. Heinemann.
Joseph, B. 'On addiction to near death', *Int. J. Psycho-Anal.* 63: 449–456; republished in E. Spillius (ed.) *Melanie Klein Today*, Vol. 1. Routledge (1988), pp. 293–310; and in *Psychic Equilibrium and Psychic Change*. Routledge (1989), pp. 127–138.
Meltzer, D., Milana, G., Maiello, S. and Petrelli, D. 'The conceptual distinction between projective identification (Klein) and container-contained (Bion)', *J. Child Psychother.* 8: 185–202.
Rustin, M. 'Finding a way to the child', *J. Child Psychother.* 8: 145–150.
Segal, H. 'Early infantile development as reflected in the psycho-analytical process: Steps in integration', *Int. J. Psycho-Anal.* 63: 15–22.
Steiner, J. 'Perverse relationships between parts of the self: A clinical illustration', *Int. J. Psycho-Anal.* 63: 241–252.
Williams, A. H. 'Adolescence, violence and crime', *J. Adolesc.* 5: 125–134.
Wittenberg, I. 'On assessment', *J. Child Psychother.* 8: 131–144.

1983

Alvarez, A. 'Problems in the use of the counter-transference: Getting it across', *J. Child Psychother.* 9: 7–23.

Boston, M. and Szur, R. *Psychotherapy with Severely Deprived Children*. Routledge & Kegan Paul.

Cornwall, J. (Symington) 'Crisis and survival in infancy', *J. Child Psychother.* 9: 25–32.

Dale, F. 'The body as bondage', *J. Child Psychother.* 9: 33–45.

Etchegoyen, R. H. 'Fifty years after the mutative interpretation', *Int. J. Psycho-Anal.* 64: 445–459.

Folch, T. E. de 'We – versus I and you', *Int. J. Psycho-Anal.* 64: 309–320.

Hinshelwood, R. D. 'Projective identification and Marx's concept of man', *Int. Rev. Psycho-Anal.* 10: 221–226.

Joseph, B. 'On understanding and not understanding: Some technical issues', *Int. J. Psycho-Anal.* 64: 291–298; republished in *Psychic Equilibrium and Psychic Change*. Routledge (1989), pp. 139–150.

Mancia, M. 'Archaeology of Freudian thought and the history of neurophysiology', *Int. Rev. Psycho-Anal.* 10: 185–192.

O'Shaughnessy, E. 'On words and working through', *Int. J. Psycho-Anal.* 64: 281–289; republished in E. Spillius (ed.) *Melanie Klein Today*, Vol. 2. Routledge (1988), pp. 138–151.

Rosenfeld, H. 'Primitive object relations and mechanisms', *Int. J. Psycho-Anal.* 64: 261–267.

Segal, H. 'Some clinical implications of Melanie Klein's work', *Int. J. Psycho-Anal.* 64: 269–276.

Sohn, L. 'Nostalgia', *Int. J. Psycho-Anal.* 64: 203–211.

Spillius, E. B. 'Some developments from the work of Melanie Klein', *Int. J. Psycho-Anal.* 64: 321–332.

Taylor, D. 'Some observations on hallucinations: Clinical applications of some developments of Melanie Klein's work', *Int. J. Psycho-Anal.* 64: 299–308.

Williams, M. H. '"Underlying pattern" in Bion's *Memoir of the Future*', *Int. Rev. Psycho-Anal.* 10: 75–86.

Wilson, S. 'Experiences in groups: Bion's debt to Freud', *Group Anal.* 16: 152–157.

Wittenberg, I., Henri, G. and Osbourne, E. *The Emotional Experience of Learning and Teaching*. Routledge & Kegan Paul.

1984

Barrows, K. 'A child's difficulties in using his gifts and imagination', *J. Child Psychother.* 10: 15–26.

Bianchedi, E., Antar, R., Fernandez Bravo de Podetti, M. R., Grassano de Piccolo, E., Miravent, I., Pistiner de Cortinas, L., Scalozub de Boschan, L. and Waserman, M. 'Beyond Freudian metapsychology: The metapsychological points of view of the Kleinian School', *Int. J. Psycho-Anal.* 65: 389–398.

Grinberg, L. and Rodriguez, J. F. 'The influence of Cervantes on the future creator of psycho-analysis', *Int. J. Psycho-Anal.* 65: 155–168.

Klein, S. 'Delinquent perversion: Problems in assimilation: A clinical study', *Int. J. Psycho-Anal.* 64: 307–314.

Meltzer, D. *Dream Life*. Strath Tay: Clunie Press.

—— 'A one-year-old goes to nursery', *J. Child Psychother.* 19: 89–104.

Segal, H. 'Joseph Conrad and the mid-life crisis', *Int. Rev. Psycho-Anal.* 11: 3–9.

Tustin, F. 'Autistic shapes', *Int. Rev. Psycho-Anal.* 11: 279–290.

Waddell, M. 'The long weekend', *Free Assoc.* Pilot Issue: 72–84.

Wilson, S. 'Character development in *Daniel Deronda*: A psycho-analytic view', *Int. Rev. Psycho-Anal.* 11: 199–206.

1985

Alvarez, A. 'The problem of neutrality: Some reflections on the psychoanalytic attitude in the treatment of borderline and psychotic children', *J. Child Psychother.* 11: 87–103.

Bion, W. *All My Sins Remembered* and *The Other Side of Genius*. Abingdon: Fleetwood.

Brenman, E. 'Cruelty and narrow-mindedness', *Int. J. Psycho-Anal.* 66: 273–281; republished in E. Spillius (ed.) *Melanie Klein Today*, Vol. 1. Routledge (1988), pp. 256–270.

—— 'Hysteria', *Int. J. Psycho-Anal.* 66: 423–432.

Brenman Pick, I. 'Working through in the counter-transference', *Int. J. Psycho-Anal.* 66: 157–166; republished in E. Spillius (ed.) *Melanie Klein Today*, Vol. 2. Routledge (1988), pp. 34–47.

—— 'Development of the concepts of transference and counter-transference', *Psychoanal. Psychother.* 1: 13–23.

—— 'Breakdown in communication: On finding the child in the analysis of an adult', *Psychoanal. Psychother.* 1: 57–62.

—— 'Male sexuality: A clinical study of forces that impede development', *Int. J. Psycho-Anal.* 66: 415–422.

Dresser, I. 'The use of transference and counter-transference in assessing emotional disturbance in children', *Psychoanal. Psychother.* 1: 95–106.

Etchegoyen, R. H. 'Identification and its vicissitudes', *Int. J. Psycho-Anal.* 66: 3–18.

——, Barutta, R., Bonfanti, L., Gazzaro, A., de Santa Colan, F., Suguier, G. and de Berenstein, S. 'On the existence of two working levels in the process of working through', *J. Melanie Klein Soc.* 12(1): 58–81.

—— and Ribah, M. 'The psycho-analytic theory of envy', *J. Melanie Klein Soc.* 13(1): 50–80.

Gallwey, P. 'The psychodynamics of borderline personality', in D. E. Farrington and J. Gunn (eds) *Aggression and Dangerousness*. Chichester: Wiley, pp. 127–152.

Goldie, L. 'Psycho-analysis in the National Health Service general hospital', *Psychoanal. Psychother.* 1: 23–34.

Grinberg, L. 'Bion's contribution to the understanding of the individual and the group', in M. Pines (ed.) *Bion and Group Psychotherapy*. Routledge & Kegan Paul, pp 176–191.

Herman, N. *My Kleinian Home*. Quartet.

Hinshelwood, R. D. 'Questions of training', *Free Assoc.* 2: 7–18.

Hughes, A., Furgiuele, P. and Bianco, M. 'Aspects of anorexia nervosa in the therapy of two adolescents', *J. Child Psychother.* 11(1): 17–33.

Jackson, J. 'An adolescent's difficulties in using his mind: Some technical problems', *J. Child Psychother.* 11(1): 105–119.

Jackson, M. 'A psycho-analytical approach to the assessment of a psychotic patient', *Psychoanal. Psychother.* 1: 11–22.

Joseph, B. 'Transference: The total situation', *Int. J. Psycho-Anal.* 66: 447–454; republished in E. Spillius (ed.) *Melanie Klein Today*, Vol. 2. Routledge (1988), pp. 61–72; and in *Psychic Equilibrium and Psychic Change*. Routledge (1989), pp. 156–167.

Klein, S. 'The self in childhood: A Kleinian point of view', *J. Child Psychother.* 11(2): 31–47.

Lucas, R. 'On the contribution of psycho-analysis to the management of psychotic patients in the National Health Service', *Psychoanal. Psychother.* 1: 2–17.

Menzies-Lyth, I. 'The development of the self in children in institutions', *J. Child Psychother.* 11: 49–64; republished in *Containing Anxiety in Institutions: Selected Essays*, Vol. 1. Free Association Books (1989), pp. 236–258.

Segal, H. 'The Klein–Bion model', in A. Rotherstein (ed.) *Models of the Mind*. New York: International Universities Press, pp. 35-47.

Segal, J. *Phantasy in Everyday Life*. Penguin.

Sohn, L. 'Narcissistic organization, projective identification and the formation of the identificate', *Int. J. Psycho-Anal.* 66: 201–213; republished in E. Spillius (ed.) *Melanie Klein Today*, Vol. 1. Routledge (1988), pp. 271–292.

—— 'Anorexic and bulimic states of mind in the psycho-analytic treatment of anorexic/bulimic patients and psychotic patients', *Psychoanal. Psychother.* 1: 49–55.

Steiner, J. 'Turning a blind eye: The cover-up for Oedipus', *Int. Rev. Psycho-Anal.* 12: 161–172.

—— 'The training of psychotherapists', *Psychoanal. Psychother.* 1: 56–63.

Steiner, R. 'Some thoughts about tradition and change arising from an examination of the British Psycho-Analytical Society's Controversial Discussions 1943–1944', *Int. Rev. Psycho-Anal.* 12: 27–71.

Symington, J. (Cornwall) 'The establishment of female genital sexuality', *Free Assoc.* 1: 57–75.

—— 'The survival function of primitive omnipotence', *Int. J. Psycho-Anal.* 66: 481–487.

Thorner, H. A. 'On repetition: Its relationship to the depressive position', *Int. J. Psycho-Anal.* 66: 231–236.

Williams, M. H. 'The tiger and "O": A reading of Bion's *Memoir* and autobiography', *Free Assoc.* 1: 33–56.

1986

Bick, E. 'Further considerations of the function of the skin in early object relations: Findings from infant observation integrated into child and adult analysis', *Br. J. Psychother.* 2: 292–299.

Britton, R. 'The infant in the adult', *Psychoanal. Psychother.* 2: 31–44.

Grosskurth, P. *Melanie Klein*. Hodder & Stoughton.
Hinshelwood, R. D. 'A "dual" materialism', *Free Assoc.* 4: 36–50.
—— 'Electicism: The impossible project', *Free Assoc.* 5: 23–27.
Joseph, B. 'Envy in everyday life', *Psychoanal. Psychother.* 2: 23–30; republished in *Psychic Equilibrium and Psychic Change*. Routledge (1989), pp. 181–191.
Meltzer, D. *Studies in Extended Metapsychology*. Strath Tay: Clunie Press.
—— 'On first impressions', *Contemp. Psycho-Anal.* 22: 467–470.
Menzies-Lyth, I. 'Psycho-analysis in non-clinical contexts: On the art of captaincy', *Free Assoc.* 5: 65–78.
O'Shaughnessy, E. 'A three-and-a-half-year-old boy's melancholic identification with an original object', *Int. J. Psycho-Anal.* 67: 173–179.
Piontelli, A. *Backwards in Time*. Strath Tay: Clunie Press.
Rey, J. H. 'Reparation', *J. Melanie Klein Soc.* 4(1): 5–11.
—— 'The schizoid mode of being and the space-time continuum', *J. Melanie Klein Soc.* 4(2): 12–52.
—— 'Psycholinguistics, object relations theory and the therapeutic process', *J. Melanie Klein Soc.* 4(2): 53–72.
—— 'The psychodynamics of psycho-analytic and psycholinguistic structures', *J. Melanie Klein Soc.* 4(2): 73–92.
—— 'Psychodynamics of depression', *J. Melanie Klein Soc.* 4(2): 93–116.
Riesenberg-Malcolm, R. 'Interpretation: The past in the present', *Int. Rev. Psycho-Anal.* 13: 433–443; republished in E. Spillius (ed.) *Melanie Klein Today*, Vol. 2. Routledge (1988), pp. 73–89.
Steiner, R. 'Responsibility as a way of hope in the nuclear era: Some notes on F. Fornari's *Psycho-Analysis of War*', *Psychoanal. Psychother.* 2: 75–82.
Tustin, F. *Autistic Barriers in Neurotic Patients*. Karnac.
Waddell, M. 'Concept of the inner world in George Eliot's work', *J. Child Psychother.* 12: 109–124.
Williams, A. H. 'The ancient mariner: Opium, the saboteur of self-therapy', *Free Assoc.* 6: 123–144.

1987

Bion, W. *Clinical Seminars and Four Papers*. Abingdon: Fleetwood Press.
Etchegoyen, R. H., Lopez, B. and Rabih, M. 'Envy and how to interpret it', *Int. J. Psycho-Anal.* 68: 49–61.
Harris, M. 'Depressive paranoid and narcissistic features in the analysis of a woman following the birth of her first child and the death of her own mother', in M. Harris and E. Bick (eds) *The Collected Papers of Martha Harris and Esther Bick*. Strath Tay: Clunie Press, pp. 53–63.
—— 'Towards learning from experience in infancy and childhood', in M. Harris and E. Bick (eds) *The Collected Papers of Martha Harris and Esther Bick*. Strath Tay: Clunie Press, pp. 164–178.
—— 'The early basis of adult female sexuality and motherliness', in M. Harris and E. Bick (eds) *The Collected Papers of Martha Harris and Esther Bick*. Strath Tay: Clunie Press, pp. 185–200.

—— 'A baby observation: The absent mother', in M. Harris and E. Bick (eds) *The Collected Papers of Martha Harris and Esther Bick*. Strath Tay: Clunie Press, pp. 219–224.

—— 'Bion's conception of a psycho-analytic attitude', in M. Harris and E. Bick (eds) *The Collected Papers of Martha Harris and Esther Bick*. Strath Tay: Clunie Press, pp. 340–344.

Herman, N. *Why Psychotherapy?* Free Association Books.

Hinshelwood, R. D. 'The psychotherapist's role in a large psychiatric institution', *Psychoanal. Psychother.* 2: 207–215.

—— *What Happens in Groups*. Free Association Books.

Mason, A. 'A Kleinian perspective on clinical material presented by Martin Silverman', *Psycho-Anal. Inq.* 7: 189–197.

Meltzer, D. 'On aesthetic reciprocity', *J. Child Psychother.* 13(2): 3–14.

Obholzer, A. 'Institutional dynamics and resistance to change', *Psychoanal. Psychother.* 2: 201–206.

Pasquali, G. 'Some notes on humour in psycho-analysis', *Int. Rev. Psycho-Anal.* 14: 231–236.

Piontelli, A. 'Infant observation from before birth', *Int. J. Psycho-Anal.* 68: 453–463.

Rhode, E. *On Birth and Madness*. Duckworth.

Rosenfeld, H. *Impasse and Interpretation*. Tavistock.

Segal, H. 'Silence is the real crime', *Int. Rev. Psycho-Anal.* 14: 3–12; republished in *J. Melanie Klein Soc.* 5(1): 3–17.

Steiner, J. 'The interplay between pathological organization and the paranoid-schizoid and depressive positions', *Int. J. Psycho-Anal.* 68: 69–80; republished in E. Spillius (ed.) *Melanie Klein Today*, Vol. 1. Routledge (1988), pp. 324–342.

Steiner, R. 'A world wide trade mark of genuineness', *Int. Rev. Psycho-Anal.* 14: 33–102.

Tognoli Pasquali, L. 'Reflections on Oedipus in Sophocles' tragedy and in clinical practice', *Int. Rev. Psycho-Anal.* 14: 475–482.

1988

de Bianchedi, E., Scalozub de Boschan, L., Pistiner de Cortinas, L. and Grassano de Piccolo, E. 'Theories on anxiety in Freud and Melanie Klein: Their meta-psychological status', *Int. J. Psycho-Anal.* 69: 359–368.

Brenman Pick, I. 'Adolescence: Its impact on patient and analyst', *Int. Rev. Psycho-Anal.* 15: 187–194.

Dresser, I. 'An adopted child in analysis', *Psychoanal. Psychother.* 3: 235–246.

Elmhirst, S. I. 'The Kleinian setting for child analysis', *Int. Rev. Psycho-Anal.* 15: 5–12.

Etchegoyen, R. H. 'The analysis of Little Hans and the theory of sexuality', *Int. Rev. Psycho-Anal.* 15: 37–43.

Folch, T. E. de 'Communication and containing in child analysis: Towards terminability', *Int. J. Psycho-Anal*, 69: 105–112; republished in E. Spillius (ed.) *Melanie Klein Today*, Vol. 1. Routledge, pp. 206–217.

—— 'Guilt bearable and unbearable: A problem for the child in analysis', *Int. Rev. Psycho-Anal.* 15: 13–24.

Hughes, A. 'The use of manic defence in the psycho-analysis of a ten-year-old girl', *Int. Rev. Psycho-Anal.* 15: 157–164.

Joseph, B. 'Projection and projective identification: Clinical aspects', in E. Spillius (ed.) *Melanie Klein Today*, Vol. 1. Routledge, pp. 138–150; republished in J. Sandler (ed.) *Projection, Identification, Projective Identification*. Karnac, pp. 65–76; and in *Psychic Equilibrium and Psychic Change*. Routledge (1989), pp. 168–180.

—— 'Object relations and clinical practice', *Psycho-Anal. Q.* 57: 626–642; republished in *Psychic Equilibrium and Psychic Change*. Routledge (1989), pp. 203–215.

Mancia, M. 'The dream as religion of the mind', *Int. J. Psycho-Anal.* 69: 419–426.

Meltzer, D. and Williams, M. H. *The Apprehension of Beauty*. Strath Tay: Clunie Press.

Menzies-Lyth, I. *Containing Anxiety in Institutions: Selected Essays*, Vol. 1. Free Association Books.

—— 'A psychoanalytic perspective on social institutions', in E. Spillius (ed.) *Melanie Klein Today*, Vol. 2. Routledge, pp. 284–299.

Piontelli, A. 'Pre-natal life and birth as reflected in the analysis of a two-year-old psychotic girl', *Int. Rev. Psycho-Anal.* 15: 73–81.

Rey, H. 'That which patients bring to analysis', *Int. J. Psycho-Anal.* 69: 457–470.

Riesenberg-Malcolm, R. 'The constitution and operation of the super-ego', *Psychoanal. Psychother.* 3: 149–159.

—— 'Construction as reliving history', *Bull. Eur. Psycho-Anal. Fed.* 31: 3–12.

Rustin, M. 'Encountering primitive anxieties: Some aspects of infant observation as a preparation for clinical work with children and families', *J. Child Psychother.* 14(2): 15–28.

Sanders, K. *A Matter of Interest*. Strath Tay: Clunie Press.

Spillius, E. B. *Melanie Klein Today: Developments in Theory and Practice*, Vols 1 and 2. Routledge.

Steiner, R. '"Paths to Xanadu . . ." Some notes on the development of dream displacement and condensation in Sigmund Freud's *Interpretation of Dreams*', *Int. Rev. Psycho-Anal.* 15: 415–454.

Symington, J. (Cornwall) 'The analysis of a mentally handicapped youth', *Int. Rev. Psycho-Anal.* 15: 243–250.

Tustin, F. 'The "black hole" – a significant element in autism', *Free Assoc.* 11: 35–50.

—— 'Psychotherapy with children who cannot play', *Int. Rev. Psycho-Anal.* 15: 93–106.

Waddell, M. 'Infantile development: Kleinian and post-Kleinian theory, infant observation practice', *Br. J. Psychother.* 4: 313–328.

1989

Berke, J. *The Tyranny of Malice*. New York: Simon & Schuster.

Britton, R. 'The missing link: Parental sexuality and the Oedipus complex', in J. Steiner (ed.) *The Oedipus Complex Today: Clinical Implications*. Karnac, pp. 83–101.

——, Feldman, M. and O'Shaughnessy, E. *The Oedipus Complex Today: Clinical Implications*. Karnac.
Feldman, M. 'The Oedipus complex: Manifestations in the inner world and the therapeutic situation', in R. Britton, M. Feldman and E. O'Shaughnessy (eds) *The Oedipus Complex Today: Clinical Implications*. Karnac, pp. 103–128.
Herman, N. *Too Long a Child*. Free Association Books.
Hinshelwood, R. D. 'Little Hans's transference', *J. Child Psychother*. 15(1): 63–78.
—— 'Social possession of identity', in B. Richards (ed.) *Crises of the Self*. Free Association Books, pp. 75–83.
Jackson, M. 'Treatment of the hospitalized borderline patient: A Kleinian perspective', *Psycho-Anal. Inq.* 9: 554–569.
—— and Tarnopolsky, A. 'The borderline personality', in R. Bluglass and P. Bowden (eds) *The Principles and Practice of Forensic Psychiatry*. Churchill Livingston.
Joseph, B. *Psychic Equilibrium and Psychic Change*. Routledge.
—— 'Psychic change and the psycho-analytic process', in *Psychic Equilibrium and Psychic Change*. Routledge, pp. 192–202.
—— 'On passivity and aggression: their interrelationship', in *Psychic Equilibrium and Psychic Change*. Routledge, pp. 67–74.
Meltzer, D. 'Concerning the stupidity of evil', *Melanie Klein and Object Relat*. 7(1): 19–21.
Menzies-Lyth, I. *The Dynamics of the Social: Selected Essays*, Vol. 2. Free Association Books.
Obholzer, A. 'Psycho-analysis and the political process', *Psychoanal. Psychother*. 4: 55–66.
O'Shaughnessy, E. 'The invisible Oedipus complex', in R. Britton, M. Feldman and E. O'Shaughnessy (eds) *The Oedipus Complex Today: Clinical Implications*. Karnac, pp. 129–150.
—— 'Seeing with meaning and emotion', *J. Child Psychother*. 15(2): 27–31.
Piontelli, A. 'A study on twins before birth', *Int. Rev. Psycho-Anal*. 16: 413–426.
Sandler, J. *Dimensions of Psychoanalysis*. Karnac.
Sayers, J. 'Melanie Klein and mothering', *Int. Rev. Psycho-Anal*. 16: 363–376.
Steiner, D. 'The internal family and the facts of life', *Psychoanal. Psychother*. 4: 31–42.
Steiner, J. 'The psycho-analytic contribution of Herbert Rosenfeld', *Int. J. Psycho-Anal*. 70: 611–617.
Steiner, R. '"It's a new kind of diaspora . . ."' *Int. Rev. Psycho-Anal*. 16: 35–78.
Temperley, J. 'Psychoanalysis and the threat of nuclear war', in B. Richards (ed.) *Crises of the Self*. Free Association Books, pp. 259–267.
Waddell, M. 'Living in two worlds: Psychodynamic theory and social work practice', *Free Assoc*. 15: 11–35.
—— 'Experience and identification in George Eliot's novels', *Free Assoc*. 17: 7–27.
—— 'Growing up', *Free Assoc*. 17: 90–105.